Schaum's
Überblicke und Aufgaben

Chemie

Übersetzung der 8. Auflage

Jerome L. Rosenberg, Ph.D.
Professor of Biological Sciences, Emeritus
University of Pittsburgh

Lawrence M. Epstein, Ph.D.
Associate Professor of Chemistry, Emeritus
University of Pittsburgh

Deutsche Ausgabe herausgegeben von
Joachim Roll und Uwe Strotmann

McGraw-Hill International (UK) Ltd.

London • New York • San Francisco • St. Louis • Auckland • Bogotà • Caracas • Lisbon • Madrid • Mexico City • Milan • Montreal • New Dehli • San Juan • Singapore • Sydney • Tokyo • Toronto

Jerome L. Rosenberg studierte physikalische Chemie an der Columbia University, wo er 1944 den M.A. erwarb und 1948 promovierte. Seine Forschungstätigkeit schlägt sich an vielen Institutionen und in zahlreichen Beiträgen zur Photosynthese und zur molekularen Struktur der Elektronen nieder. Zunächst Professor für Chemie, dann Dekan der Fakultät für "Arts and Sciences" und Vizedekan der Universität von Pittsburgh, ist er heute als Emeritus für Biologie deren Ehrenmitglied und Beauftragter für die Integration der Forschung. Rosenberg ist mit der Herausgabe von *Schaum's Outline of College Chemistry* seit der dritten Auflage (1949) verbunden.

Lawrence M. Epstein begann seine Laufbahn als Chemie-Ingenieur. Er machte seinen M.S. 1952 und promovierte 1955 an der Polytechnischen Universität mit einer Arbeit über physikalische Chemie. Er forschte danach bei Westinghouse auf dem Gebiet der Strahlungschemie und der Spektroskopie des Mössbauer-Effekts. Danach war er bis zu seinem Ruhestand 1986 Dozent und Supervisor des gesamten Chemieprogramms der Universität Pittsburgh.

Titel der Originalausgabe:
Schaum's Outline of Theory and Problems of College Chemistry
Eighth edition
Jerome L. Rosenberg, Lawrence M. Epstein

Herausgeber der deutschen Ausgabe:
Prof. Dr. **Joachim Roll**
Fachbereich Chemie- und Materialtechnik
Abteilung Recklinghausen
Fachhochschule Gelsenkirchen
Recklinghausen, Deutschland
Prof. Dr. **Uwe Strotmann**
Fachbereich Versorgungs- und Entsorgungstechnik
Fachhochschule Gelsenkirchen
Gelsenkirchen, Deutschland

McGraw-Hill

A Division of the ***McGraw-Hill*** *Companies*

The McGraw-Hill Publishing Company – Regional Office for Continental Europe (Eastern Europe, French- and German-speaking Countries)
Emil-von-Behring-Strasse 2
D-60439 Frankfurt am Main, Deutschland
Tel. 0049-69-580105; Fax 0049-69-5801102

Redaktionelle Verantwortung: Sandra Fabiani
Herstellungsleitung: Gino La Rosa
Übersetzung: Uwe Reuther, Erlangen, Deutschland
Lektorat und Koordination der Übersetzung: Verlags-Service Dr. Lothar Johannes, Herbertingen, Deutschland
Photosatz und Satz: BaMa, Trezzo sull'Adda, Italien
Druck und Bindung: Tipleco, San Bonico, Italien

ISBN 3-89028-943-6
Printed in Italy

Vorwort

Dieses Buch faßt die Prinzipien der Chemie auf allen Gebieten zusammen, setzt die Lösungen quantitativer Probleme zu diesen Grundlagen in Bezug und soll so den Studenten der Chemie unterstützen. Obwohl das Buch ein Lehrbuch mit dessen Problemstellungen und vollständigen, detaillierten Lösungen nicht ersetzen soll, deckt es doch die Thematik eines ersten Chemiekurses ab. Es führt den Studenten hin auf die vielen Standard-Lehrbücher etwa zur vollständigen Nomenklatur, zur deskriptiven Chemie der Elemente und zur ausführlichen Darstellung und Illustration der Grundlagenchemie. Sowohl die Aufgaben mit Lösungen als auch die Zusatzaufgaben sind so angelegt, daß ein unterschiedlicher Schwierigkeitsgrad innerhalb jedes Teilgebiets ermöglicht wird.

Einige wichtige Abhandlungen waren in der 6. Auflage hinzugekommen, vor allem zur kinetischen Theorie von Gasen, eine formal strengere Behandlung der Thermochemie, eine aktuelle Behandlung atomarer Eigenschaften und von chemischen Bindungen sowie ein Kapitel über chemische Kinetik.

In der siebten Auflage wurden ältere Kapitel überarbeitet und enger an die Methodik von Lehrbüchern angepaßt, um den Studienanfänger tiefer in die Berechnungsaufgaben einzuführen. Ferner wurden einige Änderungen der Schreibweise vorgenommen und der Gebrauch der SI-Schreibweise erweitert. Die Vielfalt von Aufgaben aus der Stöchiometrie wurde erweitert, vor allem in den Kapiteln über Gase und Lösungen, und gleichzeitig haben wir einige der sehr komplexen Aufgaben herausgenommen, die sich auf dem Gebiet des Gleichgewichts von Gasen und Flüssigkeiten ergaben. In der Behandlung chemischer Bindungen wurden die molekularen Bahnen zugunsten der VSEPR-Theorie zurückgenommen und schließlich ein Kapitel zum Thema "Organische und Biochemie" eingefügt als Anpassung an die allgemeine Entwicklung in den Lehrbüchern.

In dieser achten Auflage passen wir uns der Sprache und dem Stil der derzeit gebräuchlichsten Lehrbücher an (Beispiel: Anstatt "Molekulargewicht" benutzen wir weitestgehend den Term "molekulare Masse", u. ä.). Mindestens 15% der Aufgaben in jedem Kapitel sind neu und ersetzen ältere, die wir herausgenommen haben, um so der Praxis in Laboratorien und in der Industrie und ihrer Umgebung besser zu entsprechen. Der Gebrauch von SI-Einheiten wurde ausweitet, aber Liter und Atmosphäre beibehalten, wo wir dies für angebracht halten.

JEROME L. ROSENBERG

LAWRENCE M. EPSTEIN

Vorwort

Inhalt

Kapitel 1
Grössen und Einheiten

EINLEITUNG

Die meisten Messungen und Berechnungen in Chemie und Physik befassen sich mit verschiedenen Arten von *Größen*, z.B. Länge, Volumen, Masse oder Energie. Jede Meßgröße besteht sowohl aus einer Zahl als auch aus einer Einheit. Die *Einheit* gibt gleichzeitig die Art der Dimension und die Referenzgröße an, die als Grundlage für den Vergleich verwendet wird. Für die Dimension der Länge werden viele Einheiten allgemein verwendet, z.B. Inch, Yard, Meile, Zentimeter, Kilometer. Die *Zahl* gibt logischerweise an, wie viele der Referenzeinheiten in der gemessenen Größe enthalten sind. Daher bedeutet die Aussage, daß die Länge eines Raumes 20 Meter beträgt, daß der Raum 20mal so lang wie ein Meter ist. Ein Meter ist in diesem Fall die Einheit der Länge, die für den Vergleich gewählt wurde. Obwohl die Angabe *20 Meter* die Dimension einer Länge hat, ist *20* eine reine Zahl und damit dimensionslos. Sie stellt das Verhältnis zweier Längen dar, der des Raumes und der der Referenz "Meter".

Es wird vorausgesetzt, daß der Leser mit dem Gebrauch von Exponenten, speziell mit der Exponentialschreibweise, und den Regeln für signifikante Stellen vertraut ist. Wenn nicht, sollten die Anhänge A und B zusammen mit Kapitel 1 durchgearbeitet werden.

MASS-SYSTEME

Größenrechnungen werden stark vereinfacht, wenn die Einheit für jede Art von Messung als Kombination der Einheiten von ausgewählten Referenzgrößen ausgedrückt wird. Die drei unabhängigen Referenzgrößen der Mechanik sind *Länge, Masse* und *Zeit*. Als Beispiele, wie man andere Größen zu den Referenzgrößen in Beziehung setzt, mögen die folgenden Fälle dienen: Die Einheit der Geschwindigkeit ist definiert als die Einheit Länge geteilt durch die Einheit Zeit, die Einheit des Volumens ist die dritte Potenz der Einheit Länge usw. Andere Referenzgrößen, so wie jene, die verwendet werden, um elektrische und thermische Phänomene auszudrücken, werden wir später einführen. Im englischsprachigen Raum sind noch immer mehrere Einheitensysteme in Gebrauch, so daß ab und zu Umrechnungen von Werten von einem System in ein anderes nötig sind, z.B. Inch in Zentimeter oder Pfund in Kilogramm.

INTERNATIONALES EINHEITENSYSTEM

Innerhalb der weltweiten wissenschaftlichen Gemeinschaft gibt es große Fortschritte im Hinblick auf die Akzeptanz eines gemeinsamen internationalen Systems von Referenzeinheiten. Dieses System, bekannt als SI nach dem französischen Namen Système International d'Unités, wurde von vielen internationalen Körperschaften, einschließlich der International Union of Pure and Applied Chemistry, übernommen. Im SI-System enthalten sind die Einheiten für *Länge*, *Masse* und *Zeit*, nämlich der *Meter*, das *Kilogramm* und die *Sekunde* mit den Symbolen m, kg und s.

Um Werte auszudrücken, die wesentlich größer oder kleiner als die Standardeinheiten sind, kann man Gebrauch von Vielfachen oder Bruchteilen dieser Einheiten machen, die durch die Verwendung von bestimmten vorgegebenen Potenzen von zehn als Multiplikatoren definiert sind. Diese sind in Tabelle 1-1 zusammengestellt. Die Abkürzung für den Multiplikator wird dem Symbol der Basiseinheit ohne jeden Abstand oder Interpunktion vorangestellt. Daher schreibt man Picosekunde (10^{-12} s) ps und Kilometer (10^3 m) km. Da die SI-Referenzeinheit für die Masse, das Kilogramm, aus historischen Gründen bereits ein Präfix hat, sollten die Vielfachen für die Masse durch Anwendung des Multiplikators auf die Einheit *Gramm* anstatt auf das *Kilogramm* gebildet werden. Daher sind 10^{-9} kg ein Mikrogramm (10^{-6} g), abgekürzt als µg.

Zusammengesetzte Einheiten können durch die Anwendung algebraischer Operationen auf die einfachen Einheiten gebildet werden.

BEISPIEL 1 Die Einheit für das Volumen in SI ist der Kubikmeter (m^3), da

$$\text{Volumen} = \text{Länge} \cdot \text{Länge} \cdot \text{Länge} = m \cdot m \cdot m = m^3$$

Tabelle 1-1. Vielfache und Bruchteile von Einheiten

Präfix	Abkürzung	Multiplikator	Präfix	Abkürzung	Multiplikator
dezi	d	10^{-1}	deka	da	10
centi	c	10^{-2}	hekto	h	10^{2}
milli	m	10^{-3}	kilo	k	10^{3}
micro	µ	10^{-6}	mega	M	10^{6}
nano	n	10^{-9}	giga	G	10^{9}
pico	p	10^{-12}	tera	T	10^{12}
femto	f	10^{-15}	peta	P	10^{15}
atto	a	10^{-18}	exa	E	10^{18}

Die Einheit für die Geschwindigkeit ist die Einheit für die Länge (Entfernung) geteilt durch die Einheit für die Zeit, oder Meter pro Sekunde (m/s), da

$$\text{Geschwindigkeit} = \frac{\text{Entfernung}}{\text{Zeit}} = \frac{\text{m}}{\text{s}}$$

Die Einheit für die Dichte ist die Einheit der Masse geteilt durch die Einheit des Volumens, oder das Kilogramm pro Kubikmeter (kg/m³), da

$$\text{Dichte} = \frac{\text{Masse}}{\text{Volumen}} = \frac{\text{kg}}{\text{m}^3}$$

Tabelle 1-2. Einige SI- und nicht-SI-Einheiten

Physikalische Größe	Einheitenname	Einheitensymbol	Definition
Länge	Ångström	Å	10^{-10} m
	Inch	in	$2{,}54 \cdot 10^{-2}$ m exakt
Fläche	Quadratmeter (SI)	m^2	
Volumen	Kubikmeter (SI)	m^3	
	Liter	l	dm^3, 10^{-3} m^3
	Kubikzentimeter	cm^3, ml	
Masse	atomare Masseneinheit (Dalton)	u	$1{,}66054 \cdot 10^{-27}$ kg
	Pfund	lb	0,45359237 kg
Dichte	Kilogramm pro Kubikmeter (SI)	kg/m^3	
	Gramm pro Milliliter, oder	g/ml, oder	
	Gramm pro Kubikzentimeter	g/cm^3	
Kraft	Newton (SI)	N	$kg \cdot m/s^2$
Druck	Pascal (SI)	Pa	N/m^2
	Bar	bar	10^5 Pa
	Atmosphäre	atm	101 325 Pa
	Torr (Millimeter Quecksilber)	torr (mm Hg)	atm/760 oder 133,32 Pa

Symbole für zusammengesetzte Einheiten können in einem der folgenden Formate ausgedrückt werden:

1. Multiplikation von Einheiten. Beispiel: *Kilogramm Sekunde.*
   (a) Punkt $\mathrm{kg \cdot s}$
   (b) Leerzeichen $\mathrm{kg\ \ s}$
   (*in diesem Buch nicht verwendet*)
2. Division von Einheiten. Beispiel: *Meter pro Sekunde.*
   (a) Divisionszeichen $\frac{\mathrm{m}}{\mathrm{s}}$ oder m/s
   (b) Negative Potenz $\mathrm{m \cdot s^{-1}}$ (oder $\mathrm{m\ s^{-1}}$)

Beachten Sie, daß der Ausdruck *pro* in der ausgeschriebenen Definition gleichbedeutend mit *geteilt durch* in der mathematischen Notation ist. Beachten sie auch, daß außer am Ende eines Satzes hinter den Symbolen kein Punkt steht.

Unter Berücksichtigung lange gewachsener Traditionen haben die verschiedenen internationalen Komissionen anerkannt, daß wenige nicht-SI-Einheiten in einigen Gebieten der Wissenschaft und in bestimmten Ländern während einer Übergangszeit in Gebrauch bleiben. Tabelle 1-2 stellt einige Einheiten der Größen Länge, Masse und Zeit zusammen, sowohl SI als auch nicht-SI, die in diesem Buch verwendet werden. Weitere Einheiten werden in den folgenden Kapiteln eingeführt.

TEMPERATUR

Die *Temperatur* kann als diejenige Eigenschaft eines Körpers definiert werden, die den Wärmefluß bestimmt. Zwei Körper besitzen dieselbe Temperatur, wenn zwischen ihnen kein Wärmeaustausch stattfindet, sobald sie in Kontakt gebracht werden. Die Temperatur ist eine unabhängige Dimension, die nicht als eine Kombination von Masse, Länge und Zeit definiert werden kann. Die SI-Einheit der Temperatur ist das *Kelvin*, und 1 Kelvin (K) ist definiert als der 273,16te Teil der Temperatur des *Tripelpunkts*. Die Temperatur des *Tripelpunkts* ist jene Temperatur, bei der Wasser nur unter dem Druck des Wasserdampfes im Gleichgewicht mit Eis steht. Der *Tripelpunkt* liegt 0,01 K über dem *normalen Gefrierpunkt* des Wassers, bei dem Wasser und Eis im Gleichgewicht zusammen mit Luft bei Standard-Atmosphärendruck vorliegen. Die SI-Einheit der Temperatur ist so definiert, daß 0 K dem absoluten Nullpunkt der Temperatur entspricht; die SI- oder Kelvin-Skala wird oft als *absolute Temperaturskala* bezeichnet. Obwohl der absolute Nullpunkt niemals tatsächlich erreichbar ist, hat man sich ihm doch schon bis auf 10^{-4} K genähert.

ANDERE TEMPERATURSKALEN

Auf der allgemein gebräuchlichen *Celsius*-Skala entspricht eine Temperaturdifferenz von einem Grad exakt 1 K. Der normale Siedepunkt von Wasser ist 100 °C, der normale Gefrierpunkt 0 °C und der absolute Nullpunkt –273,15 °C.

Eine Temperaturdifferenz von einem Grad auf der *Fahrenheit*-Skala entspricht exakt 5/9 K. Der Siede- und Gefrierpunkt von Wasser sowie der absolute Nullpunkt liegen hier bei 212 °F, 32 °F und –459,67 °F. Die Beziehungen zwischen diesen drei Skalen, dargestellt in Abb. 1-1, werden durch die folgenden linearen Gleichungen beschrieben, in denen die Temperatur auf der SI-Skala durch T und auf den anderen Skalen durch t symbolisiert wird.

$$\frac{t}{°\mathrm{C}} = \frac{T}{\mathrm{K}} - 273{,}15 \qquad \text{oder} \qquad t = \left(\frac{T}{\mathrm{K}} - 273{,}15\right)°\mathrm{C}$$

$$\frac{t}{°\mathrm{F}} = \frac{9}{5}\left(\frac{t}{°\mathrm{C}}\right) + 32 \qquad \text{oder} \qquad t = \left[\frac{9}{5}\left(\frac{t}{°\mathrm{C}}\right) + 32\right]°\mathrm{F}$$

$$\frac{t}{°\mathrm{C}} = \frac{5}{9}\left(\frac{t}{°\mathrm{F}} - 32\right) \qquad \text{oder} \qquad t = \frac{5}{9}\left(\frac{t}{°\mathrm{F}} - 32\right)°\mathrm{C}$$

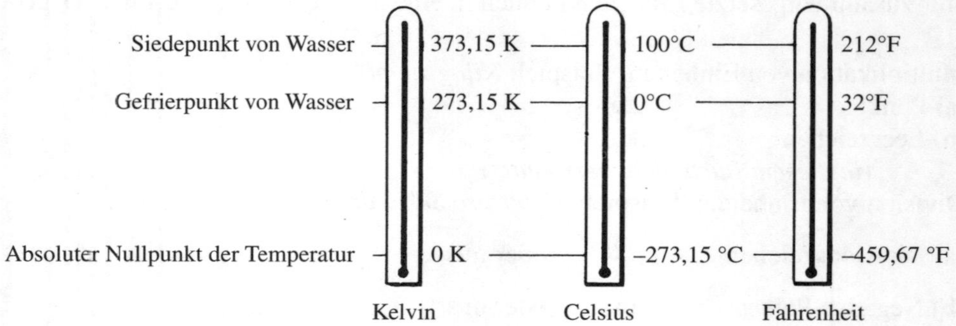

Abb. 1-1

Hier stellen die Verhältnisse *T*/K, *t*/ °C, *t*/ °F dimensionslose numerische Maße der Temperatur auf der Kelvin-, Celsius- bzw. Fahrenheit-Skala dar. Lesen Sie die Gleichung oben links folgendermaßen: Die Temperatur in Grad *Celsius* entspricht der Temperatur in Kelvin minus 273,15.

GEBRAUCH UND MISSBRAUCH VON EINHEITEN

Die Einheiten (z.B. cm, kg, g/ml, ft/s) müssen als notwendiger Teil der vollständigen Angabe einer physikalischen Größe angesehen werden. Es ist genauso unsinnig, die Zahl einer Meßgröße von ihrer Einheit zu trennen wie das Etikett von einer Reagenzienflasche im Labor zu entfernen. Wenn physikalische Größen mathematischen Operationen unterworfen werden, dann müssen die Einheiten mit den Zahlen zusammen betrachtet und denselben Operationen wie die Zahlen unterworfen werden. Größen können nicht direkt addiert oder subtrahiert werden, solange sie nicht nur dieselbe Dimension, sondern auch dieselbe Einheit besitzen.

BEISPIEL 2 Es ist offensichtlich, daß wir nicht 5 Stunden (Zeit) zu 20 Kilometer/Stunde (Geschwindigkeit) addieren können, da *Zeit* und *Geschwindigkeit* unterschiedliche physikalische Bedeutung haben. Wenn wir 2 lb (Masse) und 4 kg (Masse) addieren sollen, dann müssen wir zunächst lb in kg oder kg in lb umrechnen. Es ist jedoch möglich, Größen verschiedener Art durch Multiplikation oder Division zu verknüpfen, wobei *die Einheiten und die Zahlen* den algebraischen Gesetzen der Quadrierung, Kürzung usw. unterliegen. Daher:

1. $6\,\mathrm{l} + 2\,\mathrm{l} = 8\,\mathrm{l}$
2. $(5\ \mathrm{cm})(2\ \mathrm{cm}^2) = 10\ \mathrm{cm}^3$
3. $(3\ \mathrm{ft}^3)(200\ \mathrm{lb/ft}^3) = 600\ \mathrm{lb}$
4. $(2\ \mathrm{s})(3\ \mathrm{m/s}^2) = 6\ \mathrm{m/s}$
5. $\dfrac{15\ \mathrm{g}}{3\ \mathrm{g/cm}^3} = 5\ \mathrm{cm}^3$

FAKTOR-MARKIERUNGSMETHODE

Beim Lösen von Problemen kann man sich bewußt durch die Einheiten auf den richtigen Weg zur Kombination der gegebenen Werte führen lassen. Solche Techniken werden in Lehrbüchern als *Faktor-Markierungsmethode*, *Einheiten-Faktor-Methode* oder *Dimensionsanalyse* bezeichnet. Kurz gesagt, man gelangt von einer gegebenen Einheit zur gewünschten Einheit, indem man mit einem Bruch, dem *Einheiten-Faktor,* multipliziert. In diesem müssen Zähler und Nenner dieselbe Größe repräsentieren.

BEISPIEL 3 Rechnen Sie 5,00 Inch in Zentimeter um. Der entsprechende Einheiten-Faktor ist 2,54 cm/1 in, damit sind 5,00 in · 2,54 cm/1 in = 12,7 cm. Beachten Sie, daß 1 in und der entsprechende Wert 2,54 cm eindeutig dieselbe Größe repräsentieren. Beachten Sie auch, daß der reziproke Wert eines Einheits-Faktors ebenfalls ein Einheits-Faktor sein muß. Wenn man in obiger Rechnung allerdings irrtümlich den Kehrwert angewendet hätte, würde das Ergebnis 1,97 in^2/cm lauten, und diese unsinnige Einheit würde sofort zeigen, daß ein Fehler vorliegt.

Die *Faktor-Markierungsmethode* kann auch auf die Verwendung von *Einheiten-Faktoren* (oder *Umrechnungs-Faktoren*) ausgedehnt werden, in denen Zähler und Nenner äquivalent sind, aber verschiedene Dimensionen besitzen.

BEISPIEL 4 Wieviel Gramm wiegen sieben Nägel, deren Gewicht per Gros 0,765 kg beträgt? (1 Gros = 12 Dutzend = 144 Stck.)

$$7\ \text{Nägel} \cdot \frac{1\ \text{Gros Nägel}}{144\ \text{Nägel}} \cdot \frac{0,765\ \text{kg}}{1\ \text{Gros Nägel}} \cdot \frac{1000\ \text{g}}{1\ \text{kg}} = 37,2\ \text{g}$$

Der Bruch in der Mitte der obigen Gleichung ist ein *Einheiten-Faktor* mit gemischten Dimensionen. Außerdem sind in diesem Fall Zähler und Nenner nicht vollständig äquivalent, stellen aber für diese bestimmte Sorte Nägel verknüpfte Maße dar. In den folgenden Kapiteln werden Sie in den chemischen Berechnungen vielen ähnlichen Beispielen begegnen.

ABSCHÄTZUNG NUMERISCHER LÖSUNGEN

Wenn ein Taschenrechner richtig funktioniert und korrekt bedient wird, dann ist die Lösung auch richtig. Aber wenn das nicht der Fall ist, wird eine falsche Lösung dann auch erkannt? Eine sehr wichtige Fähigkeit ist es daher, zunächst überschlagsmäßig eine ungefähre Lösung zu bestimmen. Besonders wichtig ist dabei die richtige Größenordnung, die durch die Stellung des Dezimalkommas bzw. der Zehnerpotenz angegeben wird, da hier besonders leicht Fehler passieren, obwohl die Zahl selbst korrekt ist.

BEISPIEL 5 Nehmen Sie folgende Multiplikation: 122 g · 0,051 8 = 6,32 g. Eine überschlagsmäßige Rechnung ergibt, daß 0,051 8 etwas mehr ist als 1/20, und 1/20 von 122 ist etwas mehr als 6. Daher sollte die Lösung etwas größer als 6 sein, was auch der Fall ist. Wenn die Lösung fälschlich als 63,2 g oder 0,632 g angegeben wäre, würde eine überschlagsmäßige Überprüfung ergeben, daß der Dezimalpunkt an der falschen Stelle steht.

BEISPIEL 6 Berechnen Sie die Leistung, die nötig ist, um eine Masse von 639 kg in 2,120 Minuten um 20,74 m anzuheben. Die Lösung ist:

$$\frac{639\ \text{kg} \cdot 20,74\ \text{m} \cdot 9,81\ \text{m} \cdot \text{s}^{-2}}{2,120\ \text{min} \cdot 60\ \text{s / min}} = 1022\ \text{J / s} = 1022\ \text{Watt}$$

Überprüfen Sie den Zahlenwert der Lösung durch Abschätzung.

Dieses Beispiel beinhaltet Vorgehensweisen und Einheiten, die für Sie ungewohnt sind, so daß Sie nicht so leicht beurteilen können, ob das Resultat "sinnvoll" ist oder nicht. Schreiben Sie daher jeden Wert in Exponentialschreibweise hin und verwenden Sie jeweils eine signifikante Stelle. Dann kombinieren Sie in Gedanken die Zehnerpotenzen und die Multiplikatoren getrennt voneinander, um das Ergebnis, wie unten dargestellt, abzuschätzen.

Zähler = $6 \cdot 10^2 \cdot 2 \cdot 10^1 \cdot 1 \cdot 10^1 = 12 \cdot 10^4$
Nenner = $2 \cdot 6 \cdot 10^1 = 12 \cdot 10^1$
Zähler/Nenner = 1000 überschlagsmäßig, im Vergleich zum berechneten Wert von 1022.

Aufgaben und Lösungen

EINHEITEN AUF DER GRUNDLAGE VON MASSE UND LÄNGE

1.1. Die folgenden Beispiele zeigen Umrechnungen zwischen verschiedenen Einheiten der Länge, des Volumens oder der Masse.

1 Inch = 2,54 cm = 0,025 4 m = 25,4 mm = $2,54 \cdot 10^7$ nm
1 Fuß = 12 in = 12 in · 2,54 cm/in = 30,48 cm = 0,304 8 m = 304,8 mm
1 Liter = 1 dm^3 = 10^{-3} m^3
1 Meile = 5 280 ft = $1,609 \cdot 10^5$ cm = $1,609 \cdot 10^3$ m = 1,609 km = $1,609 \cdot 10^6$ mm
1 Pound = 0,453 6 kg = 453,6 g = $4,536 \cdot 10^5$ mg
1 metrische Tonne = 1 000 kg = 10^6 g

1.2. Rechnen Sie 3,50 yards in (*a*) Millimeter und (*b*) Meter um. Die Brücke zwischen den englischen Längenmaßen und dem SI (dem metrischen System) ist der Einheiten-Faktor (s. Tabelle 1-2) 1 in/2,54 cm.

(*a*)
$$3{,}50\ \text{yd} \cdot \frac{36\ \text{in}}{1\ \text{yd}} \cdot \frac{2{,}54\ \text{cm}}{1\ \text{in}} \cdot \frac{10\ \text{mm}}{1\ \text{cm}} = 3{,}20 \cdot 10^3\ \text{mm}$$

Berücksichtigen Sie, daß die Verwendung von drei aufeinanderfolgenden Umrechnungsfaktoren nötig war. Die Einheiten yd, in und cm kürzen sich heraus, und es bleibt die gewünschte Einheit mm übrig.

(*b*)
$$3{,}20 \cdot 10^3\ \text{mm} \cdot \frac{1\ \text{m}}{10^3\ \text{mm}} = 3{,}20\ \text{m}$$

1.3. Rechnen Sie (*a*) 14,0 cm und (*b*) 7,00 m in inch um.

(*a*)
$$14{,}0\ \text{cm} = (14{,}0\ \text{cm})\left(\frac{1\ \text{in}}{2{,}54\ \text{cm}}\right) = 5{,}51\ \text{in} \quad \text{oder} \quad 14{,}0\ \text{cm} = \frac{14{,}0\ \text{cm}}{2{,}54\ \text{cm / in}} = 5{,}51\ \text{in}$$

Faktoren wie $\frac{1\ \text{in}}{2{,}54\ \text{cm}}$ werden Ihnen häufig in der Form 1 in/2,54 cm begegnen, speziell auf Computerbildschirmen, da es so möglich ist, die ganze Rechnung in einer Textzeile unterzubringen, z.B. (14,0 cm)(1 in/2,54 cm) = 5,51 in.

(*b*)
$$7{,}00\ \text{m} = (7{,}00\ \text{m})(100\ \text{cm}/1\ \text{m})(1\ \text{in}/2{,}54\ \text{cm}) = 276\ \text{in}$$

1.4. Wieviele Quadratinch sind in einem Quadratmeter enthalten?

$$1\ \text{m} = (1\ \text{m})(100\ \text{cm}/1\ \text{m})(1\ \text{in}/2{,}54\ \text{cm}) = 39{,}37\ \text{in}$$
$$1\ \text{m}^2 = (1\ \text{m})^2 = (39{,}37\ \text{in})^2 = 1550\ \text{in}^2$$

oder alternativ:

$$1\ \text{m}^2 = (1\ \text{m})^2\ (100\ \text{cm}/1\ \text{m})^2\ (1\ \text{in}/2{,}54\ \text{cm})^2$$
$$= [(100)^2/(2{,}54)^2]\ \text{in}^2 = 1550\ \text{in}^2$$

Berücksichtigen Sie, daß ein Umrechnungsfaktor gleich eins ist und daher ohne Änderung seines Wertes quadriert (oder in eine beliebige Potenz gesetzt) werden darf.

1.5. (*a*) Wieviele Kubikzentimeter sind in einem Kubikmeter enthalten? (*b*) Wie viele Liter enthält ein Kubikmeter? (*c*) Wieviele Kubikzentimeter sind in einem Liter enthalten?

(*a*)
$$1\ \text{m}^3 = (1\ \text{m})^3 \left(\frac{100\ \text{cm}}{1\ \text{m}}\right)^3 = \left(10^2\ \text{cm}\right)^3 = 10^6\ \text{cm}^3$$

(*b*)
$$1\ \text{m}^3 = (1\ \text{m})^3 \left(\frac{100\ \text{cm}}{1\ \text{m}}\right)^3 \left(\frac{1\ \text{l}}{1\ \text{dm}^3}\right) = 10^3\ \text{l}$$

(*c*)
$$1\ \text{l} = 1\ \text{dm}^3 = (1\ \text{dm})^3 \left(\frac{10\ \text{cm}}{1\ \text{dm}}\right)^3 = 10^3\ \text{cm}^3$$

1.6. Berechnen Sie das Fassungsvermögen (in Litern) eines Tanks mit einer Länge von 0,6 m, einer Breite von 10 cm und einer Tiefe von 50 mm.

Rechnen Sie in Dezimeter um, da 1 l = 1 dm^3.

$$\begin{aligned}\text{Volumen} &= (0{,}6\ \text{m})(10\ \text{cm})(50\ \text{mm})\\ &= (0{,}6\ \text{m})\left(\frac{10\ \text{dm}}{1\ \text{m}}\right)\cdot(10\ \text{cm})\left(\frac{1\ \text{dm}}{10\ \text{cm}}\right)\cdot(50\ \text{mm})\left(\frac{1\ \text{dm}}{100\ \text{mm}}\right)\\ &= (6\ \text{dm})(1\ \text{dm})(0{,}5\ \text{dm}) = 3\ \text{dm}^3 = 3\ \text{l}\end{aligned}$$

1.7. Bestimmen Sie die Masse von 66 lb Schwefel in (*a*) Kilogramm und (*b*) in Gramm. (*c*) Berechnen Sie die Masse von 3,4 kg Kupfer in (engl.) Pfund.

(*a*) 66 lb = (66 lb)(0,453 6 kg/lb) = 30 kg oder 66 lb = (66 lb)(1 kg/2,2 lb) = 30 kg

(*b*) 66 lb = (66 lb)(453,6 g/lb) = 30 000 g oder 3,0 · 104 g

(*c*) 3,4 kg = (3,4 kg)(2,2 lb/kg) = 7,5 lb

SUBSTANZEINHEITEN

1.8. Fettsäuren breiten sich spontan auf einer Wasseroberfläche aus und bilden einen monomolekularen Film. Ein Lösung von 0,10 mm^3 Stearinsäure in Benzol wird in einen mit Wasser gefüllten Trog getropft. Die Säure ist in Wasser unlöslich, breitet sich aber auf der Oberfläche aus und bildet einen zusammenhängenden Film mit einer Fläche von 400 cm^2, nachdem das gesamte Benzol verdampft ist. Wie groß ist die durchschnittliche Filmdicke in (*a*) Nanometern und (*b*) Ångström?

$$1\ \text{mm}^3 = (10^{-3}\ \text{m})^3 = 10^{-9}\ \text{m}^3 \qquad 1\ \text{cm}^2 = (10^{-2}\ \text{m})^2 = 10^{-4}\ \text{m}^2$$

(*a*) $$\text{Filmdicke} = \frac{\text{Volumen}}{\text{Fläche}} = \frac{(0{,}10\ \text{mm}^3)(10^{-9}\ \text{m}^3/\text{mm}^3)}{(400\ \text{cm}^2)(10^{-4}\ \text{m}^2/\text{cm}^2)} = 2{,}5\cdot 10^{-9}\ \text{m} = 2{,}5\ \text{nm}$$

(*b*) $$=2{,}5\cdot 10^{-9}\ \text{m}\cdot 10^{10}\ \text{Å/m} = 25\ \text{Å}$$

1.9. Ein Druck von einer Atmosphäre entspricht 101,3 kPa. Rechnen Sie diesen Druck in pounds force (lbf) pro Quadratinch um.

Ein pound force (lbf) ist äquivalent zu 4,448 N.

$$1\ \text{atm} = 101{,}3\ \text{kPa} = (101{,}3\cdot 10^3\ \text{N/m}^2)\left(\frac{1\ \text{lbf}}{4{,}448\ \text{N}}\right)\left(\frac{2{,}54\cdot 10^{-2}\ \text{m}}{1\ \text{in}}\right)^2 = 14{,}69\ \text{lbf/in}^2$$

Beachten sie, daß der Umrechnungsfaktor zwischen m und in quadriert wurde, um den Umrechnungsfaktor zwischen m^2 und in^2 zu erhalten.

1.10. Ein Weltklasse-Sprinter läuft die 100 Meter in etwa 10,0 Sekunden. Drücken Sie diese Geschwindigkeit in (*a*) Meilen pro Stunde und (*b*) Kilometern pro Stunde aus. Teil (*b*) sollte zuerst gelöst werden, da er ausschließlich metrische Einheiten enthält.

(*b*) $$\frac{100\ \text{m}}{10{,}0\ \text{s}}\cdot\frac{1\ \text{km}}{1000\ \text{m}}\cdot\frac{60\ \text{s}}{1\ \text{min}}\cdot\frac{60\ \text{min}}{1\ \text{h}} = 36{,}0\ \text{km/h}$$

(*a*) Unter Verwendung der Information aus Aufgabe 1.1. ergibt sich:

36,0 km/h · 1 mi/1,609 km = 22,4 mi/h

1.11. Die 7,9 Millionen Bewohner von New York City hatten 1978 einen täglichen Pro-Kopf-Verbrauch von 656 Litern Wasser. Wieviel metrische Tonnen (103 kg) Natriumfluorid (45 Gewichts-% Fluor) wären pro Jahr nötig, um dieses Wasser zur Härtung der Zähne mit einer Dosis von 1 Teil (nach Gewicht) Fluor auf eine Million Teile Wasser zu versetzen? Die Dichte von Wasser beträgt 1,000 g/cm^3 oder 1,000 kg/l.

Pro Jahr benötigte Wassermenge in Tonnen:

$$= \left(7,9 \cdot 10^6 \text{ Personen}\right)\left(\frac{656 \text{ l Wasser}}{\text{Personen} \cdot \text{Tag}}\right)\left(\frac{365 \text{ Tage}}{\text{Jahr}}\right)\left(\frac{1 \text{ kg Wasser}}{1 \text{ l Wasser}}\right)\left(\frac{1 \text{ metrische Tonne}}{1000 \text{ kg}}\right)$$

$$= 1,89 \cdot 10^9 \frac{\text{metrische Tonnen Wasser}}{\text{Jahr}}$$

Beachten Sie, daß sich alle Einheiten außer metrische Tonnen Wasser/Jahr herauskürzen. Diese Einheit erscheint im Ergebnis.

Masse Natriumfluorid (in Tonnen), die pro Jahr benötigt wird:

$$= \left(1,89 \cdot 10^9 \frac{\text{(metrische) Tonnen Wasser}}{\text{Jahr}}\right)\left(\frac{1 \text{ Tonne Fluor}}{10^6 \text{ Tonnen Wasser}}\right)\left(\frac{1 \text{ Tonne Natriumfluorid}}{0,45 \text{ Tonnen Fluor}}\right)$$

$$= 4,2 \cdot 10^3 \frac{\text{(metrische) Tonnen Natriumfluorid}}{\text{Jahr}}$$

1.12. In einer Messung der Luftverschmutzung wurde Luft mit einem Volumenstrom von 26,2 Litern pro Minute 48 Stunden lang durch einen Filter gesaugt. Der Filter zeigte durch die eingeschlossenen Feststoffpartikel einen Massenzuwachs von 0,0241 Gramm. Drücken Sie die Konzentration der festen Verschmutzungen in der Luft in Mikrogramm pro Kubikmeter aus.

$$[(0{,}0241 \text{ g})(10^6 \text{ µg}/1 \text{ g})/(48{,}0 \text{ h})(60 \text{ min/h})]$$
$$\cdot (1 \text{ min}/26{,}2 \text{ l}) \cdot (1 \text{ l}/1 \text{ dm}^3) \cdot (10 \text{ dm}/1 \text{ m})^3 = 319 \text{ µg/m}^3$$

Die Lösung wurde folgendermaßen abgeschätzt:

$\text{Zähler} = 2 \cdot 10^{-2} \cdot 10^6 \cdot 1 \cdot 1 \cdot 1 \cdot 10^3 = 2 \cdot 10^7$
$\text{Nenner} = 5 \cdot 10^1 \cdot 6 \cdot 10^1 \cdot 3 \cdot 10^1 = 9 \cdot 10^4$
Zähler/Nenner = 222 oder ungefähr 200

1.13. Berechnen Sie die Dichte (in g/cm³) eines Körpers, der 420 g wiegt (d.h. eine Masse von 420 g besitzt) und ein Volumen von 52 cm³ hat.

$$\text{Dichte} = \frac{\text{Masse}}{\text{Volumen}} = \frac{420 \text{ g}}{52 \text{ cm}^3} = 8,1 \text{ g / cm}^3$$

1.14. Drücken Sie die Dichte des obigen Körpers in der Standard-SI-Einheit kg/m³ aus.

$$\left(8,1 \text{ g / cm}^3\right)\left(\frac{1 \text{ kg}}{1000 \text{ g}}\right)\left(\frac{100 \text{ cm}}{1 \text{ m}}\right)^3 = 8,1 \cdot 10^3 \text{ kg / m}^3$$

1.15. Welches Volumen nehmen 300 g Quecksilber ein? Die Dichte von Quecksilber beträgt 13,6 g/cm³.

$$\text{Volumen} = \frac{\text{Masse}}{\text{Dichte}} = \frac{300 \text{ g}}{13,6 \text{ g / cm}^3} = 22,1 \text{ cm}^3$$

1.16. Die Dichte von Gußeisen beträgt 7 200 kg/m³. Berechnen Sie seine Dichte in Pfund pro Kubikfuß.

$$\text{Dichte} = \left(7200 \frac{\text{kg}}{\text{m}^3}\right)\left(\frac{1 \text{ lb}}{0,4536 \text{ kg}}\right)\left(\frac{0,3048 \text{ m}}{1 \text{ ft}}\right)^3 = 449 \text{ lb / ft}^3$$

Die beiden Umrechnungsfaktoren stammen aus Aufgabe 1.1.

1.17. Ein Gußkörper einer Legierung in Form einer Scheibe wog 50,0 g. Die Scheibe war 0,250 inch dick und hatte einen kreisförmigen Querschnitt mit 1,380 inch Durchmesser. Wie groß ist die Dichte der Legierung in g/cm³?

$$\text{Volumen} = \left(\frac{\pi d^2}{4}\right)h = \left(\frac{\pi(1,380 \text{ in})^2(0,250 \text{ in})}{4}\right)\left(\frac{2,54 \text{ cm}}{1 \text{ in}}\right)^3 = 6,13 \text{ cm}^3$$

$$\text{Dichte der Legierung} = \frac{\text{Masse}}{\text{Volumen}} = \frac{50,0 \text{ g}}{6,13 \text{ cm}^3} = 8,15 \text{ g/cm}^3$$

1.18. Die Dichte von Zink ist 455 lb/ft³. Berechnen Sie die Masse in Gramm von 9,00 cm³ Zink.

Drücken sie zunächst die Dichte in g/cm³ aus.

$$\left(455\frac{\text{lb}}{\text{ft}^3}\right)\left(\frac{1 \text{ ft}}{30,48 \text{ cm}}\right)^3\left(\frac{453,6 \text{ g}}{1 \text{ lb}}\right) = 7,29\frac{\text{g}}{\text{cm}^3}$$

$$(9,00 \text{ cm}^3)(7,29 \text{ g/cm}^3) = 65,5 \text{ g}$$

1.19. Batteriesäure hat eine Dichte von 1,285 g/cm³ und enthält 38,0 Gewichts-% H_2SO_4. Wieviel Gramm reiner H_2SO_4 sind in einem Liter Batteriesäure enthalten?

1 cm³ Säure hat eine Masse von 1,285 g. Dann hat 1 l Säure (1000 cm³) eine Masse von 1 285 g. Da 38,0 Gewichts-(oder Massen-)% der Säure aus reiner H_2SO_4 besteht, ist die Anzahl Gramm H_2SO_4 in 1 l Batteriesäure

$$0,380 \cdot 1285 \text{ g} = 488 \text{ g}$$

Die obige Lösung kann formal folgendermaßen geschrieben werden:

$$\text{Masse von } H_2SO_4 = (1285 \text{ g Säure})\left(\frac{38 \text{ g } H_2SO_4}{100 \text{ g Säure}}\right) = 488 \text{ g } H_2SO_4$$

Es wird davon ausgegangen, daß Zähler und Nenner des Umrechnungsfaktors

$$\frac{38 \text{ g } H_2SO_4}{100 \text{ g Säure}}$$

äquivalente Größen darstellen. Obwohl die Beziehung 38 g H_2SO_4 = 100 g Säure keine allgemeingültige Aussage so wie "1 in entspricht 2,54 cm" darstellt, entsprechen 38 g H_2SO_4 bei der vorliegenden Mischung immer 100 g Säure. Mathematisch kann man davon ausgehen, daß beide Größen bei dieser Aufgabe gleich sind, da eine Größe die andere enthält. In den folgenden Kapiteln wird zusätzlich zu den allgemeingültigen Umrechnungsfaktoren freier Gebrauch von solchen Umrechnungsfaktoren gemacht, die nur für bestimmte Fälle gelten.

1.20. (*a*) Berechnen Sie, welche Masse reine HNO_3 pro cm³ hat, wenn die konzentrierte Säure 69,8 Gew.-% HNO_3 enthält und eine Dichte von 1,42 g/cm³ hat. (*b*) Bestimmen Sie, welche Masse reiner HNO_3 in 60,0 cm³ der konzentrierten Säure enthalten ist. (*c*) Welches Volumen der konzentrierten Säure enthält 63,0 g reiner HNO_3?

(*a*) 1 cm³ der Säure hat eine Masse von 1,42 g. Da 69,8 % der Gesamtmasse der Säure aus reiner HNO_3 bestehen, ist die Anzahl Gramm HNO_3 in 1 cm³ der Säure

$$0,698 \cdot 1,42 \text{ g} = 0,991 \text{ g}$$

(*b*) Masse der HNO_3 in 60,0 cm³ der Säure = (60,0 cm³)(0,991 g/cm³) = 59,5 g HNO_3

(*c*) 63,0 g HNO_3 sind in

$$\frac{63,0 \text{ g}}{0,991 \text{ g/cm}^3} = 63,6 \text{ cm}^3 \text{ Säure}$$

enthalten.

TEMPERATUR

1.21. Ethylalkohol (*a*) siedet bei 78,5 °C und (*b*) gefriert bei –117 °C bei einer Atmosphäre Druck. Wandeln Sie diese Werte in die Fahrenheit-Skala um.

Verwenden Sie

$$t=\left[\frac{9}{5}\left(\frac{t}{°\mathrm{C}}\right)+32\right]°\mathrm{F}$$

(*a*) $$t=\left[\tfrac{9}{5}(78{,}5)+32\right]°\mathrm{F}=(141+32)°\mathrm{F}=173\ °\mathrm{F}$$

(*b*) $$t=\left[\tfrac{9}{5}(-117)+32\right]°\mathrm{F}=(-211+32)°\mathrm{F}=-179\ °\mathrm{F}$$

1.22. Quecksilber (*a*) siedet bei 675 °F und (*b*) erstarrt bei –38 °F bei einer Atmosphäre Druck. Drücken sie diese Temperaturen in Grad Celsius aus.

Verwenden Sie

$$t=\frac{5}{9}\left(\frac{t}{°\mathrm{F}}-32\right)°\mathrm{C}$$

(*a*) $$t=\tfrac{5}{9}(675-32)°\mathrm{C}=\tfrac{5}{9}(643)°\mathrm{C}=357\ °\mathrm{C}$$

(*b*) $$t=\tfrac{5}{9}(-38{,}0-32{,}0)°\mathrm{C}=\tfrac{5}{9}(-70{,}0)°\mathrm{C}=-38{,}9\ °\mathrm{C}$$

1.23. Wandeln Sie (*a*) 40 °C und (*b*) –5 °C in die Kelvin-Skala um.

Verwenden Sie $$T=\left(\frac{t}{°\mathrm{C}}+273\right)\mathrm{K}$$

(*a*) $$T=(40+273)\mathrm{K}=313\ \mathrm{K}$$

(*b*) $$T=(-5+273)\mathrm{K}=268\ \mathrm{K}$$

1.24. Rechnen Sie (*a*) 220 K und (*b*) 498 K in die Celsius-Skala um.

Verwenden Sie $$t=\left(\frac{T}{\mathrm{K}}-273\right)°\mathrm{C}$$

(*a*) $$t=(220-273)°\mathrm{C}=-53\ °\mathrm{C}$$

(*b*) $$t=(498-273)°\mathrm{C}=225\ °\mathrm{C}$$

1.25. Während der Durchführung eines Experiments stieg die Labortemperatur um 0,8 °C an. Drücken Sie diesen Anstieg in Grad Fahrenheit aus.

Temperatur*intervalle* werden anders umgerechnet als Temperatur*werte*. Für Intervalle gilt, wie aus Abb. 1-1 ersichtlich ist:

$$100\ °\mathrm{C}=180\ °\mathrm{F}\quad \text{oder}\quad 5\ °\mathrm{C}=9\ °\mathrm{F}$$

Daher gilt: $$0{,}8\ °\mathrm{C}=(0{,}8\ °\mathrm{C})\left(\frac{9\ °\mathrm{F}}{5\ °\mathrm{C}}\right)=1{,}4\ °\mathrm{F}$$

Zusatzaufgaben

EINHEITEN AUF DER GRUNDLAGE VON MASSE ODER LÄNGE

1.26. (*a*) Drücken Sie 3,69 m in Kilometern, Zentimetern und Millimetern aus. (*b*) Drücken Sie 36,24 mm in Zentimetern und in Metern aus.

Lösung: (*a*) 0,003 69 km, 369 cm, 3 690 mm; (*b*) 3,624 cm, 0,036 24 m

1.27. Berechnen Sie die Anzahl von (*a*) Millimetern in 10 in, (*b*) Fuß in 5 m, (*c*) Zentimetern in 4 ft 3 in.

Lösung: (*a*) 254 mm; (*b*) 16,4 ft; (*c*) 130 cm

1.28. Wandeln Sie das Molvolumen 22,4 Liter in Kubikzentimeter, Kubikmeter und Kubikfuß um.

Lösung: 22 400 cm^3, 0,022 4 m^3, 0,791 ft^3

1.29. Drücken Sie das Gewicht (die Masse) von 32 g Sauerstoff in Milligramm, Kilogramm und Pfund aus.

Lösung: 32 000 mg, 0,032 kg, 0,070 5 lb

1.30. Wieviel Gramm sind 5,00 lb Kupfersulfat? Wieviel Pfund sind 4,00 kg Quecksilber? Wieviele Milligramm sind 1 lb 2 oz Zucker?

Lösung: 2 270 g, 8,82 lb, 510 000 mg

1.31. Rechnen Sie das Gewicht (die Masse) eines Kleinwagens von 2 176 lb in (*a*) Kilogramm, (*b*) metrische Tonnen, (*c*) U.S. Tonnen (1 Tonne = 2000 lb) um.

Lösung: (*a*) 987 kg; (*b*) 0,987 metrische Tonnen; (*c*) 1,088 Tonnen (U.S.)

1.32. Die Farbe von Licht hängt von seiner Wellenlänge ab. Die längstwellige sichtbare Strahlung am roten Ende des sichtbaren Spektrums hat eine Wellenlänge von $7{,}8 \cdot 10^{-7}$ m. Drücken Sie diese Länge in Mikrometern, Nanometern und Ångström aus.

Lösung: 0,78 µm, 780 nm, 7 800 Å

1.33. Die tägliche Nahrung eines durchschnittlichen Menschen sollte nicht mehr als 60 g Fett enthalten. Eine bestimmte Packung Schokoladenplätzchen trägt die Aufschrift "1 Portion entspricht 3 Plätzchen" und "Fett: 6 Gramm pro Portion". Wieviele Plätzchen darf man essen, bevor man 50 % der empfohlenen Fettmenge überschreitet?

Lösung: 15 Plätzchen

1.34. In einem Platinkristall sind die Zentren der einzelnen Atome entlang der Richtung der dichtesten Packung 2,8 Å voneinander entfernt. Wieviele Atome würden auf einer Linie von 1 cm Länge entlang dieser Richtung liegen?

Lösung: $3{,}5 \cdot 10^7$

1.35. Das blaue Irisieren von Schmetterlingsflügeln rührt von Riefen her, die laut elektronenmikroskopischer Messung einen Abstand von 0,15 µm haben. Wie groß ist dieser Abstand in Zentimetern? Vergleichen sie diesen Abstand mit der Wellenlänge von blauem Licht, etwa 4500 Å.

Lösung: $1{,}5 \cdot 10^{-5}$ cm, 1/3 der Wellenlänge von blauem Licht

1.36. Ein durchschnittlicher Mensch benötigt pro Tag etwa 2,00 mg Riboflavin (Vitamin B2). Wieviel Pfund Käse müßte ein Mensch pro Tag essen, wenn dieser seine einzige Quelle für Riboflavin wäre und wenn der Käse pro Gramm 5,5 µg Riboflavin enthält?

Lösung: 0,80 lb/Tag

1.37. Wenn eine Probe gesunden menschlichen Blutes auf das 200fache seines ursprünglichen Volumens verdünnt und dann in einer 0,10 mm dicken Schicht mikroskopisch untersucht wird, finden sich auf einem Quadrat von 100 · 100 Mikrometern Größe durchschnittlich 30 rote Blutkörperchen. (*a*) Wieviele rote Blutzellen sind in einem Kubikmillimeter Blut enthalten? (*b*) Die roten Blutkörperchen haben eine durchschnittliche Lebensdauer von einem Monat, und das Blutvolumen eines Erwachsenen ist etwa 5 l. Wieviele rote Blutkörperchen werden pro Sekunde im Knochenmark des Erwachsenen produziert?

Lösung: (*a*) $6 \cdot 10^6$ Zellen/mm³; (*b*) $1 \cdot 10^7$ Zellen/s

1.38. Ein poröser Katalysator für chemische Reaktionen hat eine innere Oberfläche von 800 m² pro cm³ Schüttvolumen. Fünfzig Prozent des Schüttvolumens bestehen aus den Poren (Löchern), während die anderen 50 Prozent des Volumens aus fester Substanz bestehen. Nehmen Sie an, daß alle Poren zylindrische Röhrchen mit gleichmäßigem Durchmesser d und Länge l sind und daß die gemessene innere Oberfläche der gewölbten Gesamtoberfläche der Röhrchen entspricht. Wie groß ist der Durchmesser jeder Pore? (*Hinweis:* Berechnen Sie die Zahl der Röhrchen n pro cm³ Schüttvolumen in Abhängigkeit von l und d, indem Sie die Formel für das Zylindervolumen verwenden. $V = 1/4\ \pi d\ 2l.$ Wenden Sie dann die Oberflächen-Formel $S = \pi dl$ auf die Zylinderoberfläche von n Röhrchen an.)

Lösung: 25 Å

1.39. Nehmen Sie an, daß ein Gummireifen von seiner Oberfläche pro Umdrehung eine ein Molekül dicke Schicht verliert. (Als "Molekül" sollten sie eine Monomereinheit zugrundelegen.) Nehmen Sie an, daß die Moleküle eine durchschnittliche Dicke von 7,50 Å haben und daß die Lauffläche des Reifens einen Radius von 35,6 cm und eine Breite von 19,0 cm hat, (*a*) Um wieviel nimmt der Radius des Reifens ab (in mm) und (*b*) welches Volumen Gummi (in cm³) verliert jeder Reifen auf einer 483 km langen Fahrt von Pittsburgh nach Philadelphia?

Lösung: (*a*) 0,162 mm; (*b*) 68,8 cm³

SUBSTANZEINHEITEN

1.40. Die Dichte von Wasser beträgt bei 4 °C 1,000 g/cm³. Berechnen Sie die Dichte von Wasser in Pfund pro Kubikfuß bei dieser Temperatur.

Lösung: 62,4 lb/ft³

1.41. Sehen Sie sich Aufgabe 1.39. nochmals an. Berechnen Sie den Massenverlust (in Gramm) eines jeden Reifens auf der Fahrt, wenn die Lauffläche des Reifens eine Dichte von 963 kg/m³ hat.

Lösung: 66,3 g

1.42. Das Silica-Gel, das verwendet wird, um verpackte Überseefracht vor Feuchtigkeit zu schützen, hat eine Oberfläche von 6,0 · 105 m² pro Kilogramm. Wie groß ist diese Oberfläche in Quadratfuß pro Gramm?

Lösung: $6{,}5 \cdot 10^3$ ft²/g

1.43. Es besteht Grund zu der Annahme, daß sich die Länge eines Tages, gemessen an der Rotationsperiode der Erde, gleichmäßig mit etwa 0,001 s pro Jahrhundert verlängert. Wie groß ist diese Abweichung in parts per billion?

Lösung: $3 \cdot 10^{-4}$ s pro 10^9 s

1.44. Der Bromgehalt von normalem Meerwasser beträgt, nach Gewicht, 65 parts per million. Wieviele Kubikmeter Meerwasser müssen aufgearbeitet werden, um 0,61 kg Brom zu gewinnen, wenn Sie eine 100 %ige Ausbeute annehmen? Nehmen Sie an, daß die Dichte von Meerwasser $1{,}0 \cdot 10^3$ kg/m³ beträgt.

Lösung: 9,4 m³

1.45. Eine wichtige physikalische Größe hat den Wert 8,314 Joule oder 0,082 06 Liter · Atmosphären. Wie lautet der Umrechnungsfaktor von Liter · Atmosphären auf Joule?

Lösung: 101,3 J/l · atm

1.46. Finden Sie die Dichte von Ethylalkohol heraus, wenn 80,0 cm^3 63,3 g wiegen.

Lösung: 0,791 g/cm^3

1.47. Berechnen Sie das Volumen von 40 kg Tetrachlorkohlenstoff in Litern. Die Dichte beträgt 1,60 g/cm^3.

Lösung: 25 l

1.48. Ein bestimmter Kunststoffschaum hat eine Dichte von 17,7 kg/m^3. Berechnen Sie die Masse einer Isoliertafel mit 4,0 ft Breite, 8,0 ft Länge und 4,0 in Dicke in Pfund.

Lösung: 11,8 lb

1.49. Luft wiegt etwa 8 lb pro 100 Kubikfuß. Berechnen Sie ihre Dichte in (*a*) Gramm pro Kubikfuß, (*b*) Gramm pro Liter, (*c*) Kilogramm pro Kubikmeter.

Lösung: (*a*) 36 g/ft^3; (*b*) 1,3 g/l; (*c*) 1,3 kg/m^3

1.50. Die Schätzwerte für den Kaloriengehalt von Nahrungsmitteln sind: 9,0 cal/g für Fett und 5,0 cal/g für Kohlenhydrate und Proteine. Ein bestimmtes Frühstücks-Muffin enthält 14 Gew.-% Fett, 64 % Kohlenhydrate und 7 % Proteine (der Rest besteht aus Wasser, das keine Kalorien hat). Erfüllt dieses Gebäck das für die U.S.-Bevölkerung empfohlene Kriterium, daß 30 % oder weniger der Kalorien vom Fett stammen sollten?

Lösung: Ja, 26 % der Kalorien stammen vom Fett.

1.51. Ein Holzblock mit den Abmessungen 10 in · 6,0 in · 2,0 in wiegt 3 lb 10 oz. Wie groß ist die Dichte des Holzes in SI-Einheiten?

Lösung: 840 kg/m^3

1.52. Eine Legierung wurde zu einer flachen Scheibe mit 31,5 mm Durchmesser und einer Dicke von 4,5 mm geformt. Durch das Zentrum wurde ein Loch mit 7,5 mm Durchmesser gebohrt. Die Scheibe wog 20,2 g. Wie groß ist die Dichte der Legierung in SI-Einheiten?

Lösung: 6 100 kg/m^3

1.53. Ein Glasgefäß wog leer 20,237 6 g und 20,310 2 g, nachdem es bis zu einer eingeätzten Markierung mit Wasser von 4 °C gefüllt wurde. Dasselbe Gefäß wurde dann getrocknet und wiederum bis zur Markierung bei 4 °C mit einer Lösung gefüllt. Das Gefäß wog nun 20,330 0 g. Wie groß ist die Dichte der Lösung?

Lösung: 1,273 g/cm^3

1.54. Eine Probe Bleischrot mit einem Gewicht von 321 g wurde in einen Meßzylinder gefüllt, der teilweise mit Isopropylalkohol gefüllt war (hoch genug, um das Blei vollständig zu bedecken). Daraufhin stieg der Alkoholspiegel um 28,3 ml. Wie groß ist die Dichte von Blei in SI-Einheiten? (Die Dichte von Isopropylalkohol beträgt 0,785 g/cm^3.)

Lösung: $1{,}13 \cdot 10^4$ kg/m^3

1.55. Eine Probe konzentrierter Schwefelsäure enthält 95,7 Gewichts-% H_2SO_4, und ihre Dichte beträgt 1,84 g/cm^3. (*a*) Wieviel Gramm reiner H_2SO_4 sind in einem Liter der Säure enthalten? (*b*) Wieviele Kubikzentimeter der Säure enthalten 100 g reiner H_2SO_4?

Lösung: (*a*) 1 760 g; (*b*) 56,8 cm^3

1.56. Eine schnelle Methode zur Dichtebestimmung macht sich das Archimedesche Prinzip zunutze, das besagt, das die auf ein eingetauchtes Objekt wirkende Auftriebskraft gleich dem Gewicht der verdrängten Flüssigkeitsmenge ist. Ein Magnesiumstab, der mit einem feinen Faden an einer Waage befestigt war, wog in Luft 31,13 g und 19,35 g, wenn er komplett in Hexan getaucht war (Dichte 0,659 g/cm^3). S. Abb. 1-2. Berechnen Sie die Dichte dieser Magnesiumprobe in SI-Einheiten.

Lösung: 1 741 kg/m^3

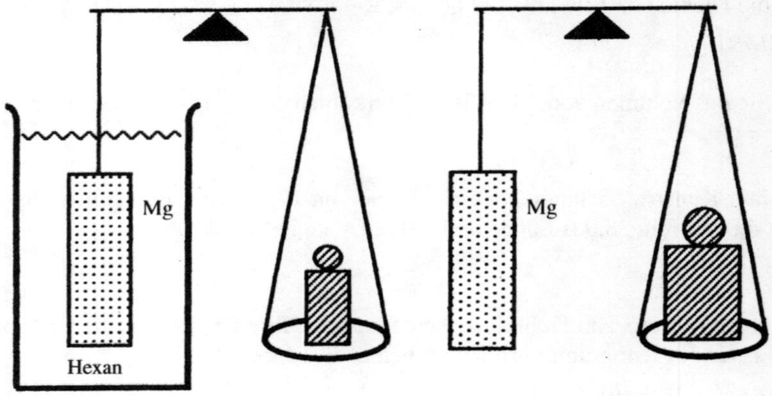

Abb. 1-2

1.57. Ein elektrolytischer Verzinnungsprozeß ergibt eine Beschichtung mit einer Dicke von einem 30 millionstel Inch. Wieviele Quadratmeter können mit einem Kilogramm Zinn beschichtet werden? Die Dichte beträgt 7 300 kg/m³.

Lösung: 180 m²

1.58. Ein Stück Blattgold (Dichte 19,3 g/cm³) mit einem Gewicht von 1,93 mg kann weiter zu einem transparenten Film mit einer Fläche von 14,5 cm² ausgeschlagen werden. (*a*) Wie groß ist das Volumen von 1,93 mg Gold? (*b*) Wie groß ist die Dicke des transparenten Films in Angström?

Lösung: (*a*) $1{,}00 \cdot 10^{-4}$ cm³; (*b*) 690 Å

1.59. Ein Stück Kapillarrohr wurde in der folgenden Art und Weise geeicht: Eine saubere Probe des Rohrs wog 3,247 g. Ein Quecksilberfaden, der in das Rohr gesaugt wurde, nahm eine Länge von 23,75 mm an (unter dem Mikroskop bestimmt). Das Gewicht des mit Quecksilber gefüllten Rohres betrug 3,489 g. Die Dichte von Quecksilber ist 13,60 g/cm³. Berechnen Sie den Durchmesser der Bohrung der Kapillare, wenn Sie davon ausgehen, daß diese einen gleichförmigen Zylinder darstellt.

Lösung: 0,98 mm

1.60. Man glaubt, daß der General Sherman-Baum im Sequoia-Nationalpark das schwerste lebende Gebilde ist. Berechnen Sie die Masse des Stammes, wenn seine durchschnittliche Dichte mit 850 kg/m³ angenommen wird und wenn sie davon ausgehen, daß seine Form durch zwei Kegelstümpfe mit einem unteren und oberen Durchmesser von 11,2 und 5,6 m, bzw. 5,6 und 3,3 m sowie Höhen von 2,4 und 80,6 m angenähert werden kann. Ein Kegelstumpf ist ein Teil eines Kegels, der von zwei auf der Kegelachse senkrecht stehenden Flächen begrenzt wird. Das Volumen eines Kegelstumpfes ist gegeben durch

$$\tfrac{1}{3}\pi h\left(r_1^2 + r_2^2 + r_1 r_2\right)$$

wobei h die Höhe und r_1 sowie r_2 die Radien der kreisförmigen Begrenzungsflächen des Stumpfes darstellen.

Lösung: $1{,}20 \cdot 10^6$ kg = 1200 metrische Tonnen

TEMPERATUR

1.61. Wandeln Sie um: (*a*) 88 °F in °C; 16 °F in °C; 130 °F in °C. (*b*) 35 °C in °F; 2 °C in °F; –29 °C in °F.

Lösung: (*a*) 31 °C, –9 °C, 54 °C; (*b*) 95 °F, 36 °F, –20 °F

1.62. Wandeln Sie die folgenden Temperaturwerte um: –149,7 °C in °F; –396,0 °F in °C; 1 555 °C in °F

Lösung: –237,5 °F, –237,8 °C, 2 831 °F

1.63. Die Temperatur von Trockeneis (Sublimationstemperatur bei Normaldruck) ist –109 °F. Ist das höher oder niedriger als die Temperatur von siedendem Ethan (ein Bestandteil von Flaschengas), die –88 °C beträgt?

Lösung: Höher

1.64. Gabriel Fahrenheit schlug im Jahr 1714 als Nullpunkt für seine Skala die niedrigste Temperatur vor, die durch eine Eis/Kochsalzmischung erreichbar ist und für den 100°-Punkt die höchste bekannte normale Körpertemperatur eines Tieres. Drücken Sie diese "Extreme" in Grad Celsius aus.

Lösung: –17,8 °C, 37,8 °C

1.65. Natriummetall existiert in einem sehr großen Temperaturbereich als Flüssigkeit. Es schmilzt bei 98 °C und siedet bei 892 °C. Drücken Sie die Größe dieses Bereichs in Grad Celsius, Kelvin und Grad Fahrenheit aus.

Lösung: 794 °C, 794 K, 1 429 °F

1.66. Wandeln Sie 298 K, 892 K und 163 K in Grad Celsius um.

Lösung: 25 °C, 619 °C, –110 °C

1.67. Drücken Sie 11 K und 298 K in Grad Fahrenheit aus.

Lösung: –440 °F, 77 °F

1.68. Wandeln Sie 23 °F in Grad Celsius und in Kelvin um.

Lösung: –5 °C, 268 K

1.69. Bei welcher Temperatur haben die Celsius– und die Fahrenheit–Skala denselben numerischen Wert?

Lösung: – 40 °

1.70. Ein mit Wasser stabilisierter elektrischer Lichtbogen erreichte eine Temperatur von 25 600 °F. Wie ist das Verhältnis dieser Temperatur zur der einer Sauerstoff/Acetylenflamme von 3500 °C auf der absoluten Temperaturskala?

Lösung: 3,84

1.71. Konstruieren Sie eine Temperaturskala, auf der der Gefrierpunkt und der Siedepunkt des Wassers bei 100 ° und 400 ° liegen und das Temperaturintervall einem konstanten Vielfachen des Intervalls auf der Celsius-Skala entspricht. Wo liegt der absolute Nullpunkt auf dieser Skala und wo der Schmelzpunkt von Schwefel, der 444,6 °C beträgt?

Lösung: –719 °, 1 433,8 °

Kapitel 2

Atom- und Molekülmassen. Molare Masse

ATOME

Nach der Atomtheorie, wie sie von John Dalton 1805 vorgestellt wurde, stellte man sich alle Atome eines gegebenen Elements identisch vor. In den folgenden Jahrzehnten setzten sich die Chemiker das Ziel, die relativen Massen der Atome verschiedener Elemente durch präzise quantitative chemische Analyse herauszufinden. Mehr als hundert Jahre nach Daltons Vorschlag zeigten Untersuchungen an radioaktiven Substanzen, daß nicht alle Atome eines gegebenen Elements identisch sind.

Moderne Atommassen-Tabellen müssen dieser Tatsache Rechnung tragen, da eine der Eigenschaften, die diese verschiedenen Arten von Atomen eines gegebenen Elements unterscheidet, die Atommasse ist. Ein Element kann in verschiedenen *isotopen* Formen existieren, und alle Atome desselben Isotops sind identisch.

KERNE

Jedes Atom besitzt einen positiv geladenen Kern, der über 99,9 Prozent der Gesamtmasse des Atoms ausmacht. Obwohl die Struktur des Atomkerns noch nicht vollständig verstanden ist, kann man jeden Kern als aus zwei unterschiedlichen Teilchen aufgebaut beschreiben. Diese beiden Teilchenarten, genannt *Nukleonen*, sind das *Proton* und das *Neutron*, und sie weisen fast dieselbe Masse auf. Von den beiden besitzt nur das Proton eine Ladung, deren Vorzeichen positiv ist. Die Gesamtladung eines jeden Kerns ist gleich der Anzahl der Protonen mal der Ladung eines Protons. Die Größe der Protonenladung kann tatsächlich als *die* grundlegende Einheit für die Ladung bei Atom- und Kernphänomenen angesehen werden, da keine kleinere Ladung als diese bei einem freien Teilchen gefunden wurde. Die in dieser Einheit ausgedrückte Kernladung ist dann gleich der Zahl der Protonen in dem Atomkern.

Die Atome aller Isotope eines Elements haben dieselbe Anzahl von Protonen. Diese Zahl wird *Ordnungszahl,* kurz Z genannt und ist für ein Element charakteristisch. Die Kerne verschiedener Isotope unterscheiden sich jedoch in der Anzahl von Neutronen und damit in der Gesamtzahl von Nukleonen pro Kern. Die Gesamtzahl der Nukleonen A wird *Nukleonenzahl* oder *Massenzahl* genannt. Die Zahl der Neutronen ist daher $A - Z$. Atome der unterschiedlichen isotopischen Formen eines Elements werden *Nuklide* genannt und durch die Verwendung der hochgestellten Nukleonenzahl links vom Elementsymbol unterschieden. Daher bezieht sich ^{15}N auf das Stickstoffisotop mit der Nukleonenzahl 15.

RELATIVE ATOMMASSEN

Die Massen der einzelnen Atome sind sehr klein. Selbst das schwerste Atom hat eine geringere Masse als $5 \cdot 10^{-25}$ kg. Daher hat es sich als sinnvoll erwiesen, eine spezielle Einheit zu definieren, in der die Massen der Atome ohne Verwendung von Exponenten ausgedrückt werden können. Diese Einheit wird als *atomare Masseneinheit* bezeichnet, und ihr wird das Symbol u zugewiesen. (Biochemiker bezeichnen diese Einheit manchmal auch als das *Dalton.*) Sie ist definiert als exakt 1/12 der Masse eines ^{12}C-Atoms. Daher beträgt die Masse eines ^{12}C-Atoms exakt 12 u; die Masse des ^{23}Na-Atoms ist 22,989 8 u. Tabelle 2-1 stellt die Massen einiger Nuklide zusammen, die in diesem Kapitel und in Kapitel 21 Verwendung finden werden.

Die meisten chemischen Reaktionen unterscheiden nicht merklich zwischen den verschiedenen Isotopen. Zum Beispiel betragen die Prozentsätze der Eisen-Atome ^{54}Fe, ^{56}Fe, ^{57}Fe und ^{58}Fe in allen Eisenerzen, Meteoriten und synthetisch hergestellten Eisenverbindungen 5,8, 91,8, 2,1 und 0,3 %. Für chemische Zwecke ist die *mittlere Masse* eines Eisenatoms in dieser natürlichen Isotopenmischung von Interesse. Diese mittleren Massen sind ebenfalls in der Einheit u tabelliert und durch $A_r(E)$ gekennzeichnet. Darin stellt E das Symbol für ein spezielles Element dar. Der Begriff *relative Atommasse (Ar)* bzw. *Atommasse* soll die mittlere Atommasse bezeichnen, wohingegen der Begriff *Nuklidmasse* verwendet wird, wenn man auf ein spezielles Isotop eines Elements Bezug nimmt. A_r-Werte, die am Ende dieses

Tabelle 2-1. Einige Nuklidmassen

^{1}H	1.007 83 u	^{12}C	12.000 00 u	^{17}O	16.999 13 u	^{35}Cl	34.968 85 u
^{2}H	1.007 83	^{13}C	13.003 35	^{18}O	17.999 16	^{37}Cl	36.965 90
^{3}H	1.007 83	^{14}C	14.003 24	^{18}F	18.000 94	^{36}Ar	35.967 55
^{4}He	1.007 83	^{16}C	16.014 70	^{18}Ne	18. 005 71	^{38}Ar	37.962 73
^{6}He	1.007 83	^{14}C	14.003 07	^{28}Si	27.976 93	^{40}Ar	39.962 38
^{6}Li	1.007 83	^{15}C	15.000 11	^{29}Si	28.976 49	^{87}Rb	86.909 19
^{7}Li	1.007 83	^{16}C	16.006 10	^{30}Si	29.973 77		
^{7}Be	1.007 83	^{16}C	15.994 91	^{32}S	31.972 07		

Buches zusammengestellt sind, bilden die Grundlage für praktisch jede chemische Gewichtsberechnung. A_r-Werte wurden ursprünglich durch genaue chemische Analyse bestimmt, aber praktisch alle neueren Werte stellen das gewichtete Mittel der mittels Massenspektrometrie bestimmten Nuklidmassen dar.

DAS MOL

An einem normalen chemischen Experiment ist eine extrem große Zahl von Atomen oder Molekülen beteiligt. Es war daher sinnvoll, einen neuen Begriff, das *Mol*, zu definieren, das eine Ansammlung einer großen, festgelegten Zahl von fundamentalen chemischen Einheiten in einer Größe beschreibt, die vergleichbar zu den in einem konkreten Experiment verwendeten Mengen ist. Tatsächlich ist das Mol im SI-System als die Einheit für eine der dimensionsmäßig unabhängigen Größen, der *Stoffmenge*, anerkannt. Die Abkürzung der Einheit lautet *mol*. Ein Mol Atome eines beliebigen Elements ist definiert als die Stoffmenge, die die gleiche Anzahl von Atomen enthält, wie C-Atome in genau 12 g reinem ^{12}C vorhanden sind. Diese Zahl wird die *Avogadro-Konstante* N_A genannt. Ihr Wert kann mit dem Wert von u (aufgeführt in Tabelle 1-2) wie folgt verknüpft werden:

$$\text{Masse von 1 mol } ^{12}\text{C-Atomen} = N_A \cdot (\text{Masse eines } ^{12}\text{C-Atoms})$$

$$12 \text{ g/mol} = N_A \cdot 12 \text{ u}$$

$$N_A = \frac{12 \text{ g/mol}}{12 \text{ u}} = \frac{1 \text{ g/mol}}{1 \text{ u}} = \frac{1 \text{ g/mol}}{\left(1{,}66054 \cdot 10^{-27} \text{ kg}\right)\left(10^3 \text{ g/kg}\right)}$$

$$= 6{,}022\,1 \cdot 10^{23} \text{ /mol}$$

Im Ausdruck für N_A kürzen sich alle Einheiten außer Mol, das im Nenner übrigblieb, heraus. Daher ist die Einheit mol^{-1}.

Lassen Sie uns nun ein Mol Atome der Atommasse A_r eines anderen Elements betrachten. Die mittlere Masse eines Atoms dieses Elements beträgt A_r u, und die Masse eines Mols dieser Atome ist $N_A \cdot A_r$ u oder einfach A_r g/mol. Mit anderen Worten ist die Masse in Gramm eines Mols Atome eines bestimmten Elements gleich der Atommasse, und A_r kann damit die Einheit g/mol zugeordnet werden. Daher entspricht "ein Mol Gold" 197.0 g Gold.

Wie man später sehen wird, kann das Mol auch dazu verwendet werden, um sich auf N_A elementare Einheiten zu beziehen, die keine Atome darstellen, wie z.B. Formeleinheiten, Moleküle und geladene Teilchen.

SYMBOLE, SUMMENFORMELN, MOLARE MASSEN

Das Symbol für ein Element wird verwendet, um es als verschieden von anderen Elementen zu kennzeichnen. In einer Summenformel bezeichnet das Symbol ein Atom des Elements. Molekulare Substanzen bestehen aus unabhängigen Molekülen, in denen zwei oder mehr Atome fest aneinander gebunden sind. Die Summenformel für eine molekulare Substanz besteht aus den Symbolen für die Atome in einem Molekül. So lautet die Summenformel für Kohlendioxid CO_2. Beachten Sie die Verwendung der tiefgestellten 2, die anzeigt, daß jedes Molekül zusätzlich zu dem einen Kohlenstoffatom zwei Sauerstoffatome enthält. Die Molekülmasse von CO_2 ist die Summe in u der Atommasse von Kohlenstoff plus zweimal der Atommasse von Sauerstoff. Die *molare Masse* von CO_2 ist (wie oben erläutert) die Masse in Gramm, die zahlenmäßig gleich der Molekülmasse in u ist. Die Molekülmasse beträgt in diesem Fall 12,0 + 2(16,0) = 44,0 u, und die molare Masse ist 44,0 g. Daher entspricht "ein Mol Kohlendioxid" 44,0 g Kohlendioxid, und die Summenformel CO_2 kann auch dazu verwendet werden, um sich auf 1 Mol Kohlendioxid zu beziehen.

Viele häufig vorkommenden Substanzen sind ihrer Natur nach ionisch. Die Atome, die in der Form geladener Teilchen als *Ionen* bezeichnet werden, sind in einem großen, regulären Raumgitter angeordnet. In einem solchen Fall bezeichnet die *Summenformel* die relative Anzahl der Atome der vorhandenen Elemente.

Fe_3O_4 bezieht sich auf eine Verbindung, in der für jeweils 4 Sauerstoffatome 3 Eisenatome vorhanden sind. Wenn die tiefgestellten Zahlen die kleinstmöglichen ganzen Zahlen sind, die die relative Anzahl der Atome ausdrücken, dann spricht man von einer *empirischen Formel*. Fe_3O_4 ist ein Beispiel dafür; dies ist eine beschreibende Bezeichung für dieses spezielle Eisenoxid. In einigen Zusammenhängen wird Fe_3O_4 auch dazu verwendet, um eine bestimmte Menge der Verbindung zu bezeichnen, und zwar jene Menge, die 3 mol Eisenatome und 4 mol Sauerstoffatome enthält. Diese Menge der Verbindung enthält N_A kleinste Formeleinheiten (wobei die Formeleinheit aus 3 Eisenatomen und 4 Sauerstoffatomen besteht) und wird daher ein *Mol* Fe_3O_4 genannt. Die molare Masse von Fe_3O_4 ist zahlenmäßig identisch mit der Masse einer *Formeleinheit* in u, in diesem Fall 3(55,85) + 4(16,00) = 231,55 u. Daher ist "ein Mol Fe_3O_4" 231,55 g Fe_3O_4.

Die Bezeichung "Atomgewicht" war anstelle "Atommasse" weit verbreitet. Gleiches gilt für "Molekülgewicht" statt "molare Masse." (Viele Autoren verwendeten selbst für ionische Substanzen "Molekülgewicht" statt "molare Masse".) Da "Gewicht" keine Masse beschreibt, sondern eine Kraft, wird von dieser Angewohnheit abgeraten. Der Anfänger muß jedoch mit den alten Bezeichnungen vertraut sein, da diese die chemische Literatur dominieren. Der Begriff "molare Masse" ist wegen seiner allgemeinen Anwendbarkeit, die sich auf die Avogadro-Zahl von Molekülen, Ionen, Formeleinheiten oder einzelnen Atome beziehen kann (so ist die molare Masse von Gold 197,0 g/mol, die molare Masse des Hydroxid-Ions OH^- 17,0 g/mol), eine besonders begrüßenswerte Änderung.

Aufgaben und Lösungen

ATOMMASSE

2.1. Durch massenspektrometrische Analyse hat man herausgefunden, daß in der Natur die relativen Häufigkeiten der verschiedenen Isotope von Silicium 92,23% ^{28}Si, 4,67% ^{29}Si und 3,10% ^{30}Si betragen. Berechnen Sie aus diesen Informationen und den Nuklidmassen die Atommasse von Silicium.

Die Atommasse ist die mittlere Masse der drei Nuklide, jeweils mit der eigenen relativen Häufigkeit gewichtet. Die Nuklidmassen sind in Tabelle 2-1 angegeben.

$$A_r = (0{,}922\,3)(27{,}977) + (0{,}046\,7)(28{,}976) + (0{,}031\,0)(29{,}974)$$
$$= 25{,}803 + 1{,}353 + 0{,}929 = 28{,}085$$

2.2. Natürlich vorkommender Kohlenstoff besteht aus den zwei Isotopen ^{12}C und ^{13}C. Wie groß sind die prozentualen Anteile der beiden Isotope in einer Probe, deren Atommasse 12,011 12 beträgt?

Wenn x = %-Anteil ^{13}C, dann ist 100 – x der prozentuale Anteil von ^{12}C.

$$A_r = 12{,}011\ 12 = \frac{(12{,}000\ \ 00)(100-x)+(13{,}003\ \ 35)x}{100}$$

$$= 12{,}011\ \ 12 + \frac{(13{,}003\ \ 35 - 12{,}000\ \ 00)x}{100} = 12{,}000\ \ 00 + (0{,}010\ \ 003\ \ 35)$$

Daher ist $$x = \frac{12,011\ 12 - 12,000\,00)}{0,010\ 0335} = \frac{0,011\ 12}{0,010\,0335} = 1,108\%\ ^{13}\mathrm{C}$$

und $$100 - x = 98,892\%\ ^{12}\mathrm{C}$$

2.3. Vor 1961 wurde eine physikalische Atommassenskala verwendet, die auf der Zuweisung von 16,000 00 zu ^{16}O basierte. Wie groß wäre die physikalische Atommasse von ^{12}C auf der alten Skala?

Das Verhältnis der Massen zweier beliebiger Nuklide muß unabhängig von der Festlegung eines Referenzpunktes sein.

$$\left(\frac{A_r \text{ of } ^{12}\mathrm{C}}{A_r \text{ of } ^{16}\mathrm{O}}\right)_{\text{alte Skala}} = \left(\frac{A_r \text{ of } ^{12}\mathrm{C}}{A_r \text{ of } ^{16}\mathrm{O}}\right)_{\text{heutige Skala}} = \frac{12,000\,00}{15,994\,91}$$

oder $$\left(A_r \text{ of } ^{12}\mathrm{C}\right)_{\text{alte Skala}} = (16,000\,00)\left(\frac{12,000\,00}{15,994\,91}\right) = 12,003\,82$$

2.4. Eine Probe von 1,527 6 g $CdCl_2$ wurde durch einen elektrolytischen Prozeß in metallisches Cadmium und cadmiumfreie Produkte umgewandelt. Das Gewicht metallischen Cadmiums war 0,936 7 g. Wie groß ist die aus diesem Experiment bestimmte Atommasse von Cadmium, wenn die Atommasse von Chlor als 35,453 zugrundegelegt wird?

In diesem Buch werden wir die Stoffmenge in der Einheit des Chemikers, dem Mol, ausdrücken. Wir werden das Symbol $n(\mathrm{X})$ verwenden, um uns auf die Anzahl von Molen einer Substanz oder chemischen Verbindung X zu beziehen. Da bei den meisten Laborarbeiten Massen durch Wägung bestimmt werden, wird der Ausdruck "Gewicht" (wie im zweiten Satz dieser Aufgabe) allgemein auch da verwendet, wo "Masse" präziser wäre. Solange dies zu keiner Zweideutigkeit führt, werden wir den allgemeinen Gepflogenheiten folgen und uns nicht um eine Unterscheidung zwischen "Masse" und "Gewicht" kümmern. In diesem Fall berechnen wir zunächst die Anzahl Mol Cl-Atome in der abgewogenen Probe.

Gewicht von $CdCl_2$	= 1,527 6 g
Gewicht von Cd in $CdCl_2$	= 0,936 7 g
Gewicht von Cl in $CdCl_2$	= 0,590 9 g

$$n(\mathrm{Cl}) = 0,590\,9\ \mathrm{g} \cdot \frac{1\ \mathrm{mol}}{33,453\ \mathrm{g}} = 0,016\,667\ \mathrm{mol}$$

Aus der Summenformel $CdCl_2$ erkennen wir, daß die Anzahl der Mole Cd genau die Hälfte der Anzahl von Molen Cl beträgt.

$$n(\mathrm{Cd}) = \tfrac{1}{2}n(\mathrm{Cl}) = \tfrac{1}{2}(0,016667) = 0,008\,333\ \mathrm{mol}$$

Die Atommasse ist die Masse pro Mol.

$$A_r(\mathrm{Cd}) = \frac{0,9367\ \mathrm{g}}{0,008\,333\ \mathrm{mol}} = 112,41\ \mathrm{g/mol}$$

2.5. In einer chemischen Bestimmung der Atommasse von Vanadium wurden 2,893 4 g reines $VOCl_3$ einer Reihe von Reaktionen unterworfen, in deren Folge das gesamte in dieser Probe enthaltene Chlor in AgCl umgewandelt wurde. Das Gewicht des AgCl betrug 7,180 1 g. Wie groß ist der experimentelle Wert für die Atommasse des Vanadiums, wenn die Atommassen von Ag und Cl mit 107,868 und 35,453 angenommen werden?

Diese Aufgabe ähnelt Aufgabe 2.4, außer daß n(Cl) über n(AgCl) bestimmt werden muß. Die drei Cl-Atome des $VOCl_3$ werden in 3 Formeleinheiten AgCl umgewandelt, dessen molare Masse 143,321 beträgt (die Summe aus 107,868 und 35,453).

$$n(\text{AgCl}) = 7{,}1801\ \text{g} \cdot \frac{1\ \text{mol}}{143{,}321\ \text{g}} = 0{,}050098\ \text{mol}$$

Aus der Summenformel AgCl ergibt sich:

$$n\ (\text{Cl}) = n(\text{AgCl}) = 0{,}050\ 098\ \text{mol Cl}$$

Ebenso folgt aus der Summenformel $VOCl_3$:

$$n(\text{V}) + \tfrac{1}{3}n(\text{Cl}) = \tfrac{1}{3}(0{,}050098) = 0{,}016699\ \text{mol V}$$

Um das Gewicht von Vanadium in der abgewogenen $VOCl_3$-Probe zu bestimmen, müssen wir die Gewichte des enthaltenen Chlors und Sauerstoffs abziehen. Wenn wir die Masse einer Substanz oder chemischen Verbindung X mit m(X) bezeichnen, dann gilt:

$$m(\text{X}) = n(\text{X}) \cdot \mathcal{M}(\text{X})$$

worin $\mathcal{M}$(X) die molare Masse von X darstellt. Beachten Sie, daß $\mathcal{M}$(X) gleich A_r(X) ist, wenn X ein einzelnes Atom ist.

$$m(\text{Cl}) = n(\text{Cl}) \cdot A_r(\text{Cl}) = (0{,}050\ 098\ \text{mol})(35{,}453\ \text{g/mol}) = 1{,}776\ 1\ \text{g Cl}$$

Beachten Sie, daß aus der Summenformel $VOCl_3$ n(O) = n(V) folgt

$$m(\text{O}) = n(\text{O}) \cdot A_r(\text{O}) = (0{,}016\ 699\ \text{mol})(15{,}999\ \text{g/mol}) = 0{,}267\ 2\ \text{g O}$$

Durch Differenzbildung ergibt sich

$$m(\text{V}) = m(\text{VOCl3}) - m(\text{V}) - m(\text{Cl})$$
$$= (2{,}893\ 4 - 0{,}267\ 2 - 1{,}776\ 1)\ \text{g} = 0{,}850\ 1\ \text{g}$$

Dann ist

$$A_r\ (\text{V}) = \frac{m(\text{V})}{n(\text{V})} = \frac{0{,}850\ \ 1\ \text{g}}{0{,}016\ \ 699\ \text{mol}} = 50{,}91\ \text{g / mol}$$

Beachten Sie, daß dieser Wert vom richtigen etwas abweicht. Der Unterschied liegt im experimentellen Fehler bei der Bestimmung begründet.

MOLMASSEN

2.6. Bestimmen Sie die molare Masse von (*a*) Kaliumhexachloroiridat(IV) K_2IrCl_6 und (*b*) die molare Masse von Trifluorsilan $SiHF_3$.

Kaliumhexachloroiridat(IV) existiert im Gegensatz zu Trifluorsilan nicht in durch die empirische Formel beschriebenen diskreten Molekülen. Der Ausdruck "molare Masse" bezieht sich in beiden Fällen auf die Masse von N_A Formeleinheiten, die, in Gramm ausgedrückt, numerisch äquivalent zur Summe aller A_r ist, die in der Formel erscheinen (für jedes Element muß A_r mit der Anzahl von Atomen, die in der Formel vorkommen, multipliziert werden).

(*a*) 2 K = 2(39,098)	= 78,20		(*b*) 1 Si = 1(28,086)	= 28,086
1 Ir = 1(192,22)	= 192,22		1 H = 1(1,008)	= 1,008
6 Cl = 6(35,453)	= 212,72		3 F= 3(18,998 4)	= 56,005
molare Masse	= 483,14		molare Masse	= 86,089

Beachten Sie, daß die Atommassen nicht alle mit der gleichen Anzahl signifikanter Stellen oder mit der gleichen Zahl von Dezimalstellen in u-Einheiten bekannt sind. Im allgemeinen finden die in Anhang B diskutierten Regeln für signifikante Stellen Anwendung. Der Wert von Ar(Ir) ist nur auf 0,01 u genau bekannt. Beachten Sie, daß es nötig war, die Atommasse von Cl auf 0,001 u genau zu verwenden, um das 6fache der Atommasse von Cl auf 0,01 u genau auszudrücken. Ebenso wurde bei der Atommasse von Fluor eine zusätzliche Stelle verwendet, um die maximale Signifikanz bis zur letzten Stelle in der Summenspalte zu erhalten.

2.7. Wieviel (*a*) Gramm H_2S, (*b*) Mol H und S, (*c*) Gramm H und S, (*d*) Moleküle H_2S und (*e*) Atome H und S sind in 0,400 mol H_2S enthalten?

Die Atommasse von H ist 1,008 und die von S 32,066. Die Molekülmasse von H_2S beträgt 2(1,008) + 32,066 = 34,08.
Beachten Sie, daß es nicht nötig war, die Molekülmasse auf 0,001 u auszudrücken, obwohl die Atommassen mit dieser Genauigkeit bekannt sind. Da der limitierende Faktor in dieser Aufgabe $n(H_2S)$ mit einer Genauigkeit von 1 zu 400 ist, ist der Wert von 34,08 (mit einer Genauigkeit von 1 zu über 3000) für die Molekülmasse mehr als ausreichend.

(*a*) Anzahl Gramm der Verbindung = (Anzahl Mol) · (Masse von 1 mol)

Anzahl Gramm H_2S = (0,400 mol)(34,08 g/mol) = 13,63 g H_2S

(*b*) Ein Mol H_2S enthält 2 mol H und 1 mol S. Dann enthalten 0,400 mol H_2S

$$(0{,}400 \text{ mol } H_2S)\left(\frac{2 \text{ mol H}}{1 \text{ mol } H_2S}\right) = 0{,}800 \text{ mol H}$$

und 0,400 mol S.

(*c*) Anzahl Gramm des Elements = (Anzahl Mol) · (Masse von 1 mol)

Anzahl Gramm von H = (0,800 mol)(1,008 g/mol) = 0,806 g H

Anzahl Gramm von S = (0,400 mol)(32,066 g/mol) = 12,83 g S

(*d*) Anzahl von Molekülen = (Anzahl mol) · (Anzahl Moleküle in 1 mol)

= (0,400 mol)(6,02 · 10^{23} Moleküle/mol) = 2,41 · 10^{23} Moleküle

(*e*) Anzahl Atome des Elements = (Anzahl Mol) · (Anzahl Atome pro Mol)

Anzahl Atome H = (0,800 mol)(6,02 · 10^{23} Atome/Mol) = 4,82 · 10^{23} Atome H

Anzahl Atome S = (0,400 mol)(6,02 · 10^{23} Atome/Mol) = 2,41 · 10^{23} Atome S

2.8. Wieviel Mol Atome sind in (*a*) 10,02 g Kalzium, (*b*) 92,91 g Phosphor enthalten? (*c*) Wieviel Mol molekularen Phosphors sind in 92,91 g Phosphor enthalten, wenn die Summenformel des Moleküls P_4 ist? (*d*) Wieviele Atome sind in 92,91 g Phosphor enthalten? (*e*) Wieviele Moleküle sind in 92,91 g Phosphor enthalten?

Die Atommassen von Ca und P sind 40,08 und 30,974. Daher gilt

1 mol Ca = 40,08 g Ca   1 mol P = 30,974 g P

(*a*)
$$n(\text{Ca}) = \frac{\text{Masse von Ca}}{\text{Atommasse von Ca}} = \frac{10{,}02 \text{ g}}{40{,}08 \text{ g / mol}} = 0{,}250 \text{ mol Ca Atome}$$

(*b*)
$$n(\text{P}) = \frac{\text{Masse von P}}{\text{Atommasse von P}} = \frac{92{,}91 \text{ g}}{30{,}974 \text{ g / mol}} = 3{,}000 \text{ mol P Atome}$$

(*c*) Die molare Masse von P4 beträgt (4)(30,974) = 123,90. Daher ist

$$n(P_4) = \frac{\text{Masse von } P_4}{\text{molare Masse von } P_4} = \frac{92{,}91 \text{ g}}{123{,}90 \text{ g / mol}} = 0{,}7500 \text{ mol } P_4 \text{ Moleküle}$$

(*d*) Anzahl Atome P = (3,000 mol)(6,022 · 10^{23} Atome/Mol) = 1,807 · 10^{24} Atome P

(*e*) Anzahl Moleküle P_4 = (0,750 0 mol)(6,022 · 10^{23} Moleküle/Mol)

= 4,517 · 10^{23} Moleküle P_4

2.9. Wieviele Mole stellen (*a*) 6,35 g CO_2, (*b*) 9,11 g SiO_2, (*c*) 15,02 g $Ca(NO_3)_2$ dar?

Ziehen Sie die Tabelle oder das Periodensystem am Ende dieses Buches zu Rate, um die entsprechenden Atommassen herauszufinden. Aus diesen ergibt sich:

$$\text{molare Masse von } CO_2 = 12{,}01 + 2(16{,}00) = 44{,}01 \text{ g/mol}$$

$$\text{molare Masse von } SiO_2 = 28{,}09 + 2(16{,}00) = 60{,}09 \text{ g/mol}$$

$$\text{molare Masse von } Ca(NO_3)_2 = 40{,}08 + 2[14{,}01 + 3(16{,}00)] = 164{,}10 \text{ g/mol}$$

(*a*) Menge $CO_2 = 6{,}35 \text{ g} \cdot (1 \text{ mol}/44{,}01 \text{ g}) = 0{,}1443 \text{ mol } CO_2$
(*b*) Menge $SiO_2 = 9{,}11 \text{ g} \cdot (1 \text{ mol}/60{,}09 \text{ g}) = 0{,}1516 \text{ mol } SiO_2$
(*c*) Menge $Ca(NO_3)_2 = 15{,}02 \text{ g} \cdot (1 \text{ mol}/164{,}10 \text{ g}) = 0{,}0915 \text{ mol } Ca(NO_3)_2$

Das Ergebnis (*a*) ist ein Maß für die Anzahl von CO_2-Molekülen (CO_2 ist normalerweise ein Gas, in dem die CO_2-Moleküle voneinander getrennt sind und eine individuelle physikalische Identität besitzen). SiO_2 dagegen ist ein kompliziert aufgebauter Feststoff (Quartz), in dem jedes Silicium-Atom von mehr als zwei Sauerstoff-Atomen und jedes Sauerstoff-Atom von mehr als einem Silicium-Atom umgeben ist, so daß keine physikalisch getrennte Ansammlung von einem Silicium-Atom mit zwei Sauerstoff-Atomen vorkommt. Das Ergebnis (*b*) stellt eine Zählung der Anzahl von SiO_2-Formeleinheiten dar. $Ca(NO_3)_2$ ist ein Ionenkristall, die gegebene Probe enthält 0,0915 mol Kalzium-Ionen und die doppelte Anzahl Nitrat-Ionen.

MULTIPLE PROPORTIONEN

2.10. Es sind drei übliche gasförmige Verbindungen von Stickstoff und Sauerstoff mit unterschiedlicher elementarer Zusammensetzung bekannt: (A) Lachgas mit 63,65% Stickstoff, (B) ein farbloses Gas, das 46,68% Stickstoff und (C) ein braunes Gas, das 30,45% Stickstoff enthält. Zeigen Sie, daß diese Daten das *Gesetz der multiplen Proportionen* untermauern.

Nach dem Gesetz der multiplen Proportionen stehen die relativen Mengen eines Elements in Verbindungen mit einer festgelegten Menge eines zweiten Elements in einer Reihe von Substanzen im Verhältnis kleiner, ganzer Zahlen.

Nachfolgend sind die Massen von N, die Masse von O (erhalten durch Differenzbildung) und die Masse von N pro Gramm O auf der Grundlage von jeweils 100 g jeder Verbindung tabelliert.

	Verbindung A	**Verbindung B**	**Verbindung C**
g N	63,65	46,68	30,45
g O	36,35	53,32	69,55
(g N)/(g O)	1,751 0	0,875 5	0,437 8

Die relativen Mengen an Stickstoff in den drei Fällen werden nicht beeinflußt, wenn alle drei Werte durch den kleinsten geteilt werden.

$$1{,}7510 : 0{,}8755 : 0{,}4378 = \frac{1{,}7510}{0{,}4378} : \frac{0{,}8755}{0{,}4378} : \frac{0{,}4378}{0{,}4378} = 4{,}000 : 2{,}000 : 1{,}000$$

Die relativen Mengen stehen im Rahmen der Meßgenauigkeit tatsächlich im Verhältnis kleiner, ganzer Zahlen, nämlich 4, 2 und 1.

Das Gesetz der multiplen Proportionen war ein wichtiger Beitrag zur Glaubwürdigkeit der Daltonschen Atomtheorie. Es wurde gefunden, bevor die relativen Atommassen gut bekannt waren (beachten Sie, daß in obiger Rechnung keine A_r-Werte beteiligt waren). Es folgt jedoch logisch aus der Prämisse, daß alle Atome desselben Elements die gleiche (unveränderliche) Masse besitzen und daß Verbindungen die Elemente in den relativen Verhältnissen einfacher ganzer Zahlen enthalten.

Zusatzaufgaben

ATOMMASSEN

2.11. Natürlich vorkommendes Argon besteht aus drei Isotopen, deren Atome in den folgenden Mengen vorkommen: 0,34% ^{36}Ar, 0,07% ^{38}Ar und 99,59% ^{40}Ar. Berechnen Sie aus diesen Daten und denen der Tabelle 2-1 die Atommasse von Argon.

Lösung: 39,948

2.12. Natürlich vorkommendes Bor besteht aus 80,22% ^{11}B (Nuklidmasse = 11,009) und 19,78% eines anderen Isotops. Wie groß muß die Nuklidmasse des anderen Isotops sein, wenn die Atommasse 10,810 beträgt?

Lösung: 10,01

2.13. ^{35}Cl und ^{37}Cl sind die einzigen natürlich vorkommenden Chlorisotope. Welche prozentuale Verteilung entspricht der Atommasse 35,452 7?

Lösung: 24,23% ^{37}Cl

2.14. Wie groß muß das Verhältnis von ^{15}N- zu ^{14}N-Atomen in natürlich vorkommendem Stickstoff sein, um der Atommasse von 14,006 74 für Stickstoff Rechnung zu tragen? Vernachlässigen Sie dabei die geringe Menge ^{16}N

Lösung: 0,003 69

2.15. Es gab einst eine chemische Atommassenskala, die auf der Zuordnung des Werts 16,000 0 zu natürlich vorkommendem Sauerstoff basierte. Wie groß wäre die Atommasse von Silber auf einer solchen Skala, wenn aktuelle Werte verfügbar gewesen wären? Die Atommassen von Sauerstoff und Silber auf der gegenwärtigen Skala betragen 15,999 4 und 107,868 2.

Lösung: 107,872

2.16. Die Nuklidmasse von ^{90}Sr wurde auf der alten physikalischen Skala (^{16}O = 16,000 0) mit 89,936 bestimmt. Rechnen Sie diesen Wert auf die gegenwärtige Skala um, auf der die Atommasse von ^{16}O 15,994 9 beträgt.

Lösung: 89,907

2.17. In einer chemischen Atommassenbestimmung wurde der Zinngehalt von 3,769 2 g $SnCl_4$ zu 1,717 0 g bestimmt. Wie groß ist der aus diesem Experiment bestimmte Wert für die Atommasse von Zinn, wenn die Atommasse von Chlor mit 35,453 angenommen wird?

Lösung: 118,65

2.18. Eine Probe von 12,584 3 g $ZrBr_4$ wurde aufgelöst. Nach einigen chemischen Umwandlungen wurde alles enthaltene Brom als AgBr ausgefällt. Der Silbergehalt des AgBr war 13,216 0 g. Legen Sie für die Atommassen von Silber und Brom 107,868 und 79,904 zugrunde. Wie groß ist der aus diesem Experiment erhaltene Wert für die Atommasse von Zr?

Lösung: 91,23

2.19. Die Atommasse von Schwefel wurde ermittelt, indem man 6,298 4 g Na_2CO_3 mit Schwefelsäure zersetzte und die gebildete Menge Na_2SO_4 wog. Das Gewicht wurde mit 8,438 0 g bestimmt. In dieser Reaktion erscheint das gesamte Natrium des Edukts (Na_2CO_3) auch im Produkt (Na_2SO_4). Berechnen Sie aus diesem Experiment die Atommasse von Schwefel.

Lösung: 32,017

MOLARE MASSE

2.20. Bestimmen Sie die Molekülmasse (oder die Masse der Formeleinheit) auf 0,01 u genau von: (*a*) LiOH, (*b*) H_2SO_4, (*c*) O_2, (*d*) S_8, (*e*) $Ca_3(PO_4)_2$, (*f*) $Fe_4[Fe(CN)_6]_3$.

Lösung: (*a*) 23,95, (*b*) 98,08, (*c*) 32,00, (*d*) 256,53, (*e*) 310,18, (*f*) 859,28

2.21. Wieviel Gramm jedes der enthaltenen Elemente sind in einem Mol von (*a*) CH_4, (*b*) Fe_2O_3, (*c*) Ca_3P_2 vorhanden? Wieviele Atome jedes Elements sind in dieser Menge der Verbindung enthalten?

Lösung: (*a*) 12,01 g C, 4,032 g H; $6{,}02 \cdot 10^{23}$ Atome C, $2{,}41 \cdot 10^{24}$ Atome H
(*b*) 111,69 g Fe, 48,00 g O; $1{,}204 \cdot 10^{24}$ Atome Fe, $1{,}81 \cdot 10^{24}$ Atome O
(*c*) 120,23 g Ca, 61,95 g P; $1{,}81 \cdot 10^{24}$ Atome Ca, $1{,}204 \cdot 10^{24}$ Atome P

2.22. Berechnen Sie die Anzahl Gramm in einem Mol von jeder der folgenden gewöhnlichen Substanzen: (*a*) Calzit, $CaCO_3$; (*b*) Quartz, SiO_2; (*c*) Rohrzucker, $C_{12}H_{22}O_{11}$; (*d*) Gips, $CaSO_4 \cdot 2H_2O$; (*e*) Bleiweiß, $Pb(OH)_2 \cdot 2PbCO_3$.

Lösung: (*a*) 100,09 g; (*b*) 60,09 g; (*c*) 342,3 g; (*d*) 172,2 g; (*e*) 775,7 g

2.23. Wie groß ist die mittlere Masse in Kilogramm von (*a*) einem Helium-Atom, (*b*) einem Fluor-Atom, (c) einem Neptunium-Atom?

Lösung: (*a*) $6{,}65 \cdot 10^{-27}$ kg; (*b*) $3{,}15 \cdot 10^{-26}$ kg; (*c*) $3{,}94 \cdot 10^{-25}$ kg

2.24. Wie groß ist die Masse von einem Molekül (*a*) CH_3OH, (*b*) $C_{60}H_{122}$, (*c*) $C_{1\,200}H_{2\,000}O_{1\,000}$?

Lösung: (*a*) $5{,}32 \cdot 10^{-26}$ kg; (*b*) $1{,}40 \cdot 10^{-24}$ kg; (*c*) $5{,}38 \cdot 10^{-23}$ kg

2.25. Wieviel Mol Atome sind in (*a*) 32,7 g Zn, (*b*) 7,09 g Cl, (*c*) 95,4 g Cu, (*d*) 4,31 g Fe, (*e*) 0,378 g S enthalten?

Lösung: (*a*) 0,500 mol; (*b*) 0,200 mol; (*c*) 1,50 mol; (*d*) 0,077 2 mol; (*e*) 0,011 8 mol

2.26. Wieviel Mol werden durch (*a*) 24,5 g H_2SO_4, (*b*) 4,00 g O_2 repräsentiert?

Lösung: (*a*) 0,250 mol; (*b*) 0,125 mol

2.27. (*a*) Wieviel Mol Cd und N sind in 132,4 g $Cd(NO_3)_2 \cdot 4H_2O$ enthalten? (*b*) Wieviele Moleküle Kristallwasser sind in der gleichen Menge enthalten?

Lösung: (*a*) 0,429 mol Cd, 0,858 mol N; (*b*) $1{,}033 \cdot 10^{24}$ Wassermoleküle

2.28. Wieviel Mol Fe und S sind in (*a*) 1 mol FeS_2 (Pyrit), (*b*) 1 kg FeS_2 enthalten? (*c*) Wieviel Kilogramm S sind in exakt 1 kg FeS_2 enthalten?

Lösung: (*a*) 1 mol Fe, 2 mol S; (*b*) 8,33 mol Fe, 16,7 mol S; (*c*) 0,535 kg S

2.29. In einer bestimmten öffentlichen Wasserversorgung waren 0,10 ppb (parts per billion) Chloroform $CHCl_3$ enthalten. Wieviele Moleküle $CHCl_3$ enthielt ein 0,05 ml-Tropfen dieses Wassers?

Lösung: $2{,}5 \cdot 10^{10}$

MULTIPLE PROPORTIONEN

2.30. Überprüfen Sie das Gesetz der multiplen Proportionen für ein Element X, das Oxide mit einem prozentualen Anteil an X von 77,4%, 63,2%, 69,6% und 72,0% bildet. Wenn die Verbindung mit 77,4% X gleich XO ist, welches Element ist X dann, und was sind die anderen Verbindungen?

Lösung: Die relativen Mengen von X, die sich mit einer festgelegten Menge Sauerstoff verbinden, sind 2, 1, 4/3 und 3/2. Die relativen Mengen Sauerstoff, die sich mit einer festgelegten Menge X verbinden, sind 1, 2, 3/2 und 4/3. Da $A_r(X) = 54{,}8$ ist, ist X = Mn, und die anderen Verbindungen haben die empirischen Formeln MnO_2, Mn_2O_3 und Mn_3O_4.

Kapitel 3

Formeln und stöchiometrische Rechnungen

EMPIRISCHE FORMELN AUS DER ZUSAMMENSETZUNG

Nach der in Kapitel 2 gegebenen Definition drückt eine empirische Formel die relative Anzahl von Atomen der verschiedenen Elemente in einer Verbindung unter Verwendung der kleinstmöglichen ganzzahligen Werte aus. Diese Werte können gefunden werden, indem man analytische Daten über die gewichtsmäßige Zusammensetzung einer festgelegten Menge der Verbindung in die Menge eines jeden Elements umrechnet, ausgedrückt in der Molzahl der Atome. Betrachten Sie eine Verbindung, deren Analyse 17,09% Magnesium, 37,93% Aluminium und 44,98% Sauerstoff ergibt. (Wenn nicht anders vermerkt, sind mit Prozentzahlen immer *Gewichts*prozent gemeint, d.h. die Anzahl Gramm eines Elements pro 100 g der Verbindung.) Tabelle 3-1 zeigt ein systematisches Schema für die Handhabung der Daten.

Tabelle 3-1

(1) Element E	(2) Masse von E in einer fixierten Menge der Verbindung (in diesem Fall 100 g) m (E)	(3) Atommasse von E A_r(E)	(4) Menge von E in Anzahl Mol Atome $n(\mathrm{E}) = \frac{m(\mathrm{E})}{A_r(\mathrm{E})}$	(5) $\frac{n(\mathrm{E})}{\text{kleinstes } n(\mathrm{E})}$
Mg	17,09 g	24,31 g/mol	0,703 mol	1,00
Al	37,93 g	26,98 g/mol	1,406 mol	2,00
O	44,98 g	16,00 g/mol	2,812 mol	4,00

Die Zahlen in Spalte (4) geben die Anzahl Mol der Atome der enthaltenen Elemente in einer festgelegten Menge der Verbindung an, die als Basis gewählt wird. In diesem Fall sind das 100 g. Jeder Satz von Zahlen, der durch Multiplikation oder Division jeder der Zahlen in Spalte (4) mit einem bestimmten Faktor erhalten wird, weist dasselbe Verhältnis auf wie die Zahlen in (4). Der Satz in Spalte (5) ist ein solches Beispiel. Er wurde durch Division jedes n(E)-Wertes in (4) durch den *kleinsten* Eintrag in (4), 0,703, erhalten. Spalte (5) zeigt, daß die relative Molzahl der Atome, und daher die relative Zahl der Atome selbst, von Mg, Al und O in dieser Verbindung 1:2:4 beträgt. Daher lautet die empirische Formel $MgAl_2O_4$.

ZUSAMMENSETZUNG AUS DER FORMEL

Die Existenz einer Formel für eine Verbindung impliziert, daß zwischen den Gewichten zweier beliebiger Elemente in der Verbindung oder zwischen dem Gewicht eines beliebigen Elements und dem Gewicht der gesamten Verbindung ein fester Zusammenhang besteht. Diesen Zusammenhang kann man am besten erkennen, wenn man die Formel, wie in Tabelle 3-2 für Al_2O_3 gezeigt, in einer vertikalen Form schreibt.

Die Summe der Einträge für die Elemente in Spalte (4) entspricht der molaren Masse der Verbindung. Die Einträge in Spalte (5) stellen den *relativen* Anteil der verschiedenen Elemente in der Verbindung dar. Diese Zahlen sind in Wirklichkeit dimensionslos (g/g) und daher in jeder Masseneinheit gleich. Daher enthält 1 Gramm (Pfund, Tonne, usw.) Al_2O_3 0,529 Gramm (Pfund, Tonne, usw.) Al und 0,471 Gramm (Pfund, Tonne, usw.) O. Es ist offensichtlich, daß die Summe der zusammensetzenden Bruchteile einer jeden Verbindung gleich 1,000 sein muß.

Der *Prozentsatz* von Aluminium in Al_2O_3 ist die Anzahl Gewichtsteile Al in 100 Gewichtsteilen Al_2O_3. Daraus folgt, daß der Prozentsatz durch eine Zahl ausgedrückt wird, die 100mal so groß ist wie der entsprechende Bruchteil. Daher sind die Prozentsätze von Aluminium und Sauerstoff 52,9% und 47,1%. Die Summe der enthaltenen Prozentsätze einer jeden Verbindung muß 100,0% betragen.

Tabelle 3-2

(1)	(2) n (E) pro Mol Verbindung	(3) A_r(E) (Atommasse des Elements)	(4) m (E) pro Mol Verbindung n (E)· A_r(E)	(5) m (E) pro g Verbindung
Al_2	2 mol	27,0 g/mol	54,0 g	$\frac{54,0 \text{ g Al}}{102,0 \text{ g } Al_2O_3} = 0,529 \text{ g Al / g } Al_2O_3$
O_2	3 mol	16,0 g/mol	48,0 g	$\frac{48,0 \text{ g O}}{102,0 \text{ g } Al_2O_3} = 0,471 \text{ g O / g } Al_2O_3$
Al_2O_3	1 mol		Molmasse=102,0	**Probe:** 1,000

Manchmal wird die Zusammensetzung einer Substanz bezüglich eines bestimmten Elements als eine einfache Verbindung ausgedrückt, die aus diesem Element erzeugt werden kann. So kann der Aluminium-Gehalt eines Glases als 1,3% Al_2O_3 angegeben werden. Das bedeutet, daß das Gewicht von Al_2O_3, das man erhält, wenn man das gesamte in 100 g des Glases enthaltene Aluminium in Al_2O_3 umwandelt, 1,3 g betragen würde. Diese Konvention bedeutet nicht, daß das im Glas enthaltene Aluminium in der chemischen Form Al_2O_3 vorliegt. In vielen Fällen sind Oxid-Notationen das Ergebnis von historischen Fehlern in der Zuordnung chemischer Strukturen zu komplexen Verbindungen. Welcher Ursprung auch zugrunde liegen mag, es ist in jedem Fall eine geradlinige Vorgehensweise, die Daten durch die Anwendung eines *quantitativen Faktors*, wie er in Spalte (5) der Tabelle 3-2 zu finden ist, zur direkten elementaren Zusammensetzung (oder umgekehrt) umzuwandeln. Das Verhältnis

$$\frac{54,0 \text{ g Al}}{102,0 \text{ g } Al_2O_3} \quad \text{oder} \quad \frac{102,0 \text{ g } Al_2O_3}{54,0 \text{ g Al}}$$

wird quantitativer Faktor genannt und kann als spezieller Umwandlungsfaktor in numerischen Problemen Verwendung finden. (Siehe die Lösung von Aufgabe 1.19.)

NICHTSTÖCHIOMETRISCHE FAKTOREN

Die Berechnung von Größen auf der Grundlage von Formeln und Gleichungen (Kapitel 4) wird *Stöchiometrie* genannt. Die Verwendung von Umrechnungsfaktoren ist selbst dann üblich, wenn die relativen Proportionen nicht durch eine chemische Formel fixiert sind. Betrachten Sie eine in der Schmuckherstellung verwendete Silberlegierung mit einem Silbergehalt von 86%. Faktoren, die auf dieser Zusammensetzung basieren, zum Beispiel

$$\frac{0,86 \text{ g Al}}{1 \text{ g Legierung}} \quad \text{oder} \quad \frac{100 \text{ g Legierung}}{86 \text{ g Ag}}$$

können bei allen Aufgabenstellungen, die Legierungen dieser speziellen Zusammensetzung zum Inhalt haben, als Umrechnungsfaktoren verwendet werden. Sie werden *nichtstöchiometrische Faktoren* genannt.

NUKLID-MOLMASSEN UND CHEMISCHE FORMELN

Die Molmasse einer Verbindung, berechnet aus den Atommassen der zusammensetzenden Elemente, ist die mittlere Masse (in u) eines Moleküls, gemittelt aus den verschiedenen isotopischen Formen der einzelnen enthaltenen Elemente. Eine Nuklid-Molmasse kann für ein Molekül, das aus bestimmten Nukliden aufgebaut ist, auf demselben Weg berechnet werden wie die normale Molmasse aus den Atommassen der einzelnen Elemente.

Ein *Massenspektrometer* ist ein Gerät, das Teilchen verschiedener isotopischer Zusammensetzung trennt und ihre individuellen Massen bestimmt. Wenn eine Nuklid-Masse einer unbekannten Verbindung durch Massenspektrometrie mit großer Genauigkeit bekannt ist, kann die exakte Molekülformel oft direkt aus dieser Information abgeleitet werden, ohne eine quantitative Analyse der chemischen Zusammensetzung zu Rate ziehen zu müssen.

BEISPIEL 1 Betrachten Sie die drei Gase CO, N_2 und C_2H_4. Da ^{12}C, ^{16}O, ^{14}N und ^{1}H alle anderen Isotope bei weitem überwiegen, wird das Massenspektrometer in allen drei Fällen das Vorhandensein eines Teilchens der ungefähren Masse 28 anzeigen. Wenn diese Messung aber mit einer großen Genauigkeit durchgeführt wird, können die drei Gase leicht auf der Grundlage ihrer verschiedenen Nuklid-Massen unterschieden werden. Deren Berechnung ist unten gezeigt.

$^{12}C^{16}O$ 12,000 0
15,994 9
27,994 9 u

$^{14}N_2$ 2(14,003 07) = 28,006 1 u

$^{12}C_2{}^1H_4$ 2(12,000 0) = 24,000 0
4(1,007 83) = 4,031 3
28,031 3 u

BEISPIEL 2 Bestimmen Sie die Formel einer organischen Verbindung, deren dominierende nuklidische Spezies eine exakte molekulare Masse von 44,025 hat. Es ist bekannt, daß keine Elemente außer C, H, O und N vorhanden sind.

Die Anzahl der Kohlenstoffatome in dem Molekül n(C) muß mindestens 1 sein, sonst läge keine organische Verbindung vor. n(C) kann nicht größer als 3 sein, da 4 Kohlenstoffatome 48 zur Gesamtmasse des Moleküls beitragen würden. Diese beträgt aber nur 44. Ähnliche Einschränkungen gelten für die Anzahl von O- oder N-Atomen pro Molekül. Die möglichen Kombinationen von C, O und N, die mit der limitierenden Masse in Einklang stehen, sind in Spalte (1) von Tabelle 3-3 aufgeführt.

Spalte (2) stellt die Massenzahlen der (C, O, N)-Gerüste zusammen. Spalte (3) gibt die Anzahl von Wasserstoffatomen an, die nötig ist, um die Massenzahl des Moleküls auf 44 zu bringen. Spalte (4) zeigt die maximale Zahl von Wasserstoffatomen, die mit den Regeln für die Molekülstruktur, wie sie in den Kapiteln 9 und 15 diskutiert werden, in Einklang steht. Eine solche Regel lautet, daß n(H, max) gleich zweimal der Zahl der Kohlenstoffatome plus der Zahl der Wasserstoffatome plus 2 ist. Spalte (5) stellt die erlaubten Formeln zusammen, die konsistent mit der Gesamtmasse und allen Annahmen und Regeln sind. Beachten Sie, daß alle Gerüste, für die die Zahl in Spalte (3) (= die fehlende Masse, die durch Wasserstoff aufgefüllt werden muß) die Zahl in Spalte (4) (= die für das Gerüst nach den Valenzregeln maximal erlaubte Zahl von Wasserstoffatomen) übersteigt, ausgelassen sind. Spalte (6) tabelliert die Nuklid-Molmasse für die erlaubten Formeln, berechnet aus den Nuklidmassen in Tabelle 2-1. Wenn man die berechnete Molekülmasse mit dem experimentellen Wert von 44,025 vergleicht, erkennt man, daß C_2OH_4 die einzige erlaubte Summenformel ist, die in der geforderten Genauigkeit mit den Daten übereinstimmt. Daher muß dies die Summenformel der Substanz sein.

Tabelle 3-3

(1) (C, O, N) Gerüst	(2) Massenzahl des Gerüsts	(3) 44 minus Massenzahl des Gerüsts	(4) n(H, max)	(5) Molekülformel	(6) Nuklid-Molmasse
C	12	32	4		
C_2	24	20	6		
C_3	36	8	8	C_3H_8	44,063
CO	28	16	4		
CO_2	44	0	4	CO_2	43,990
C_2O	40	4	6	C_2H_4O	44,026
CN	26	18	5		
CN_2	40	4	6	CH_4N_2	44,037
C_2N	38	6	7	C_2H_6N	44,050
CON	42	2	5	CH_2NO	44,014

(Nicht alle erlaubten Summenformeln in Spalte (5) stellen stabile chemische Substanzen dar. Trotzdem könnten sie gegebenfalls in einem Massenspektrum erscheinen, da dieses nicht nur stabile Verbindungen enthält, sondern auch Ionen und Zerfallsprodukte.)

Aufgaben und Lösungen

BERECHNUNG VON FORMELN

3.1. Leiten Sie die empirische Formel eines Kohlenwasserstoffes ab, dessen Analyse die folgende prozentuale Zusammensetzung ergab: C = 85,63%, H = 14,37%.

Die tabellarische Lösung, basierend auf 100 g der Verbindung, sieht wie folgt aus:

E	m(E)	A_r(E)	$n(\text{E}) = \frac{m(\text{E})}{A_r(E)}$	$\frac{n(\text{E})}{7{,}129 \text{ mol}}$
C	85,63 g	12,011 g/mol	7,129 mol	1,000
H	14,37 g	1,008 g/mol	14,26 mol	2,000

Darin bedeuten E = Element; m(E) = Masse des Elements pro 100 g der Verbindung; A_r(E) = Atommasse des Elements; n(E) = Menge des Elements pro 100 g der Verbindung, ausgedrückt in der Molzahl der Atome.

Die Vorgehensweise der Division von n(E) durch n(C) ist gleichbedeutend damit, die Anzahl von Atomen eines jeden Elements pro Kohlenstoffatom herauszufinden. Das Verhältnis von H- zu C-Atomen ist 2:1. Daher lautet die empirische Formel CH_2. (Die Formeln C_2H_4, C_3H_6, C_4H_8 usw. beinhalten die gleiche prozentuale Zusammensetzung wie CH_2, aber für die empirische Formel werden die kleinstmöglichen ganzzahligen Werte gewählt.)

Es gibt keine stabile Verbindung mit der Formel CH_2. Um die Summenformel zu bestimmen, ist es notwendig, die molare Masse zu kennen. Wenn dieser Kohlenwasserstoff ein Gas oder eine leicht verdampfbare Flüssigkeit wäre, könnte seine molare Masse, wie in Kapitel 5 gezeigt, aus der Dichte des Gases abgeschätzt werden. Wie lautet die Summenformel unter der Annahme, daß eine solche Bestimmung eine Molmasse von etwa 55 g/mol ergibt?

Die Masse einer Formeleinheit von CH_2 ist 14. Da 55 sehr nahe an $4 \cdot 14$ (aber sehr weit entfernt von $3 \cdot 14$ oder $5 \cdot 14$) liegt, muß die Summenformel C_4H_8 sein.

3.2. Eine Verbindung ergab laut Analyse folgende prozentuale Zusammensetzung: K = 26,57%, Cr = 35,36 %, O = 38,07%. Leiten Sie die empirische Formel der Verbindung ab.

Die übliche tabellarische Lösung, angewendet auf 100 g Substanz, sieht wie folgt aus:

(1) E	(2) m(E)	(3) A_r(E)	(4) $n(\text{E}) = \frac{m(\text{E})}{A_r(E)}$	(5) $\frac{n(\text{E})}{0{,}6800 \text{ mol}}$	(6) $\frac{n(\text{E})}{0{,}6800 \text{ mol}} \cdot 2$
K	26,57 g	39,10 g/mol	0,680 0 mol	1,000	2
Cr	35,36 g	52,00 g/mol	0,680 0 mol	1,000	2
O	38,07 g	16,00 g/mol	2,379 mol	3,499	7

Im Gegensatz zu den vorherigen Beispielen sind die Zahlen in Spalte (5) nicht alle ganzzahlig. Die Verhältnisse der Anzahl der Atome zweier Elemente in einer Verbindung müssen aber kleine ganze Zahlen sein, um eines der Postulate der Daltonschen Atomtheorie zu erfüllen. Wenn wir den experimentellen und rechnerischen Fehler berücksichtigen, erkennen wir, daß der Eintrag für Sauerstoff in Spalte (5) von 3,499 im Rahmen der Meßgenauigkeit 3,500 oder 7/2 ist und damit tatsächlich dem Verhältnis kleiner ganzer Zahlen entspricht. Durch derartige Rundung und Multiplikation aller Werte in Spalte (5) mit 2 kommen wir zum Satz der kleinsten ganzzahligen Werte, die die relative Anzahl der Atome in der Verbindung richtig beschreibt. Diese Werte sind in Spalte (6) tabelliert. Die Formel lautet daher $K_2Cr_2O_7$.

3.3. Eine Probe von 15,00 g eines hydratisierten Salzes, $Na_2SO_4 \cdot xH_2O$, enthielt 7,05 g Wasser. Bestimmen Sie die empirische Formel des Salzes.

Hydrate sind Verbindungen, die locker an andere Einheiten gebundene Wassermoleküle enthalten. Aus solchen Verbindungen kann das Wasser normalerweise durch Erhitzen entfernt und dann durch Befeuchten wieder zugeführt werden. Man kann die Na_2SO_4- und H_2O-Gruppen daher als die Einheiten sehen, aus denen die Verbindung aufgebaut ist. Die Masse ihrer Formeleinheit nimmt dann die Stelle der Atommassen ein. Es ist in diesem Fall deutlich bequemer, die tabellarische Lösung auf 15,00 g der Verbindung zu beziehen (die 15,00 – 7,05 = 7,95 g Na_2SO_4 enthalten).

X	m(X)	$\mathcal{M}$(X)	$n(X) = \frac{m(X)}{\mathcal{M}(X)}$	$\frac{n(X)}{0{,}0559 \text{ mol}}$
Na_2SO_4	7,95 g	142,1 g/mol	0,055 9 mol	1,00
H_2O	7,05 g	18,02 g/mol	0,391 mol	6,99

Das Molverhältnis von H_2O zu Na_2SO_4 beträgt im Rahmen der zulässigen Fehlerbreite 7 zu 1 und die empirische Formel lautet daher $Na_2SO_4 \cdot 7H_2O$.

3.4. Eine Probe von 2,500 g Uran wurde an der Luft erhitzt. Das so erhaltene Oxid wog 2,949 g. Bestimmen Sie die empirische Formel des Oxids.

2,949 g des Oxids enthalten 2,500 g U und 0,449 g O (erhalten durch Subtraktion der Anfangs- von der Endmasse). Die Rechnung zeigt, daß 2,949 g des Oxids 0,028 06 mol Sauerstoff-Atome und 0,010 50 mol Uran-Atome enthalten oder 2,672 mol Sauerstoff-Atome pro Mol Uran-Atome. Der kleinste ganzzahlige Multiplikator, der daraus ganze Zahlen erzeugt, ist 3.

$$\frac{n(\text{O})}{n(\text{U})} = \frac{2{,}672 \text{ mol O}}{1{,}000 \text{ mol U}} = \frac{3(2{,}672 \text{ mol O})}{3(1{,}000 \text{ mol U})} = \frac{8{,}02 \text{ mol O}}{3{,}00 \text{ mol U}}$$

Die empirische Formel lautet U_3O_8.

Es muß betont werden, daß es äußerst wichtig ist, die Rechnungen mit so vielen signifikanten Stellen durchzuführen, wie es die analytische Genauigkeit erfordert. Wenn Zahlen im Verhältnis 2,67:1 mit 2 multipliziert worden wären und das erhaltene Ergebnis von 5,34:2 auf 5:2 abgerundet worden wäre, hätte man die falsche Formel erhalten. Dieses Vorgehen wäre aber ungerechtfertigt gewesen, da es bei der Analyse des Sauerstoffs einen Fehler von 34 zu 500 vorausgesetzt hätte. Als der Multiplikator 3 gewählt wurde, wurde unter der Annahme eines Fehlers von 2 zu 800 bei der Analyse des Sauerstoffs von 8,02 auf 8,00 abgerundet, was eher einer sinnvollen Fehlertoleranz entspricht.

3.5. Eine Probe von 1,367 g einer organischen Verbindung wurde in einem Strom trockenen Sauerstoffs verbrannt und ergab 3,002 g CO_2 sowie 1,640 g H_2O. Wie lautet die empirische Formel der Verbindung, wenn diese nur C, H und O enthielt?

Es ist notwendig, quantitative Faktoren für CO_2 und H_2O zu verwenden, um herauszufinden, wie viel C und H in den Verbrennungsprodukten und damit in der ursprünglichen Probe vorhanden waren.

$$m(\text{C}) = \left(\frac{1 \text{ mol C}}{1 \text{ mol CO}_2}\right)(3{,}002 \text{ g CO}_2) = \left(\frac{12{,}01 \text{ g C}}{44{,}01 \text{ g CO}_2}\right)(3{,}002 \text{ g CO}_2) = 0{,}819 \text{ g C}$$

$$m(\text{H}) = \left(\frac{1 \text{ mol H}}{1 \text{ mol H}_2\text{O}}\right)(1{,}640 \text{ g H}_2\text{O}) = \left[\frac{2(1{,}008 \text{ g H})}{18{,}02 \text{ g H}_2\text{O}}\right](1{,}640 \text{ g H}_2\text{O}) = 0{,}1835 \text{ g H}$$

Die Sauerstoffmenge in der ursprünglichen Probe kann nicht aus dem Gewicht der Verbrennungsprodukte erhalten werden, da das CO_2 und das H_2O Sauerstoff enthalten, der teilweise aus dem in der Verbindung enthaltenen Sauerstoff und teilweise aus dem im Verbrennungsprozeß verwendeten Sauerstoffstrom stammt. Dennoch ist es möglich, den Sauerstoffgehalt der Probe durch Differenzbildung zu ermitteln.

$$m(\text{O}) = m(\text{Substanz}) - m(\text{C}) - m(\text{H}) = 1{,}367 \text{ g} - 0{,}819 \text{ g} - 0{,}184 \text{ g} = 0{,}364 \text{ g}$$

Das Problem kann nun mittels der üblichen Vorgehensweise gelöst werden. Die Anzahl Mol der aufbauenden Atome in 1,367 g der Verbindung berechnen sich zu C 0,068 2, H 0,182 0 und O 0,022 8. Diese Zahlen stehen im Verhältnis 3:8:1, und die empirische Formel lautet C_3H_8O.

AUFGABEN ZUR SUBSTANZZUSAMMENSETZUNG

3.6. Ein Streifen elektrolytisch reinen Kupfers, der 3,178 g wog, wird im Sauerstoffstrom stark erhitzt, bis er komplett zu 3,978 g des schwarzen Oxids umgewandelt ist. Wie lautet die prozentuale Zusammensetzung des Oxids?

$$\begin{aligned} \text{Gesamtgewicht des scharzen Oxids} &= 3{,}978\text{ g} \\ \text{Gewicht des Kupfers im Oxid} &= \underline{3{,}178\text{ g}} \\ \text{Gewicht des Sauerstoffs im Oxid} &= 0{,}800\text{ g} \end{aligned}$$

$$\text{Anteil Kupfer} = \frac{\text{Gewicht des Kupfers im Oxid}}{\text{Gesamtgewicht des Oxids}} = \frac{3{,}178\text{ g}}{3{,}978\text{ g}} = 0{,}799 = 79{,}9\%$$

$$\text{Anteil Sauerstoff} = \frac{\text{Gewicht des Sauerstoffs im Oxid}}{\text{Gesamtgewicht des Oxids}} = \frac{0{,}800\text{ g}}{3{,}978\text{ g}} = 0{,}201 = 20{,}1\%$$

Probe: 100,0%

3.7. (*a*) Bestimmen Sie den Prozentsatz von Eisen in $FeCO_3$, Fe_2O_3 und Fe_3O_4. (*b*) Wieviele Kilogramm Eisen könnte man aus 2,000 kg Fe_2O_3 erhalten?

(*a*) Die molare Masse von $FeCO_3$ beträgt 115,86, von Fe_2O_3 159,69 und von Fe_3O_4 231,54. Betrachten Sie 1 mol von jeder Verbindung.

$$\text{Anteil von Fe in FeCO}_3 = \frac{m(1\text{ mol Fe})}{m(1\text{ mol FeCO}_3)} = \frac{55{,}847\text{ g}}{115{,}86\text{ g}} = 0{,}482\,0 = 48{,}20\%$$

$$\text{Anteil von Fe in Fe}_2\text{O}_3 = \frac{m(2\text{ mol Fe})}{m(1\text{ mol Fe}_2\text{O}_3)} = \frac{2(55.847\text{ g})}{159{,}69\text{ g}} = 0{,}699\,4 = 69{,}94\%$$

$$\text{Anteil von Fe in Fe}_3\text{O}_4 = \frac{m(3\text{ mol Fe})}{m(1\text{ mol Fe}_2\text{O}_4)} = \frac{3(55{,}847\text{ g})}{231{,}54\text{ g}} = 0{,}723\,6 = 72{,}36\%$$

(*b*) Aus (*a*) ergibt sich, daß das Gewicht von Fe in 2,000 kg Fe_2O_3 $0{,}699\,4 \cdot 2{,}000$ kg = 1,399 kg beträgt.

3.8. Berechnen Sie aus der Formel K_2CO_3 die prozentuale Zusammensetzung von Kaliumcarbonat.

Ein Mol K_2CO_3 enthält:

$$\begin{aligned} 2\text{ mol K} = 2(39{,}098\,3) &= 78{,}197\text{ g K} \\ 1\text{ mol C} = 1(12{,}011) &= 12{,}011\text{ g C} \\ 3\text{ mol O} = 3(15{,}999\,4) &= \underline{47{,}998}\text{ g O} \\ \text{molare Masse von K}_2\text{CO}_3 &= 138{,}206\text{ g} \end{aligned}$$

$$\text{Anteil von K in K}_2\text{CO}_3 = \frac{78{,}197}{138{,}208} = 0{,}565\,8 = 56{,}58\%$$

$$\text{Anteil von C in K}_2\text{CO}_3 = \frac{12{,}011}{138{,}206} = 0{,}086\,9 = 8{,}69\%$$

$$\text{Anteil von O in K}_2\text{CO}_3 = \frac{47{,}998}{138{,}206} = 0{,}347\,3 = 34{,}73\%$$

Probe: 100,0%

3.9. (*a*) Berechnen Sie den prozentualen Anteil von CaO in $CaCO_3$. (*b*) Wieviel Kilogramm CaO können aus 1 Tonne Kalkstein gewonnen werden, der 97% $CaCO_3$ enthält?

(*a*) Der quantitative Faktor kann unter Berücksichtigung des Erhalts der Ca-Atome ermittelt werden. 1 mol $CaCO_3$ enthält 1 mol Ca, was dieselbe Menge Ca ist, die in 1 mol CaO vorkommt. Daher ist der

$$\text{Anteil von CaO in CaCO}_3 = \frac{\text{molare Masse CaO}}{\text{molare Masse CaCO}_3} = \frac{56,1}{100,1} = 0,560 = 56,0\%$$

(*b*) Gewicht von $CaCO_3$ in 1 Tonne Kalkstein = 0,970(1 000 kg) = 970 kg $CaCO_3$

Gewicht von CaO = (Anteil von CaO in $CaCO_3$)(Gewicht von $CaCO_3$)

= 0,56(970 kg) = 543,2 kg CaO in 1 Tonne Kalkstein

3.10. Wieviel 58%ige Schwefelsäurelösung braucht man, wenn 150 g H_2SO_4 benötigt werden?

x sei die Masse der Schwefelsäurelösung

$$\left(\frac{58,0 \text{ g H}_2\text{SO}_4}{100 \text{ g Lösung}}\right)x = 150 \text{ g H}_2\text{SO}_4$$

$$x = 259 \text{ g Lösung}$$

Die Verwendung eines inversen Umrechnungsfaktors vermeidet die Anwendung von Algebra:

$$(150 \text{ g H}_2\text{SO}_4)\left(\frac{100 \text{ g Lösung}}{58,0 \text{ g H}_2\text{SO}_4}\right) = 259 \text{ g Lösung}$$

3.11. Wieviel Kalzium steckt in der Menge $Ca(NO_3)_2$, die 20,0 g Stickstoff enthält?

Es ist nicht notwendig, das Gewicht $Ca(NO_3)_2$ zu bestimmen, welches 20,0 g Stickstoff enthält. Die Beziehung zwischen zwei Elementen, die eine Verbindung aufbauen, kann direkt aus der Formel ermittelt werden.

$$\text{Gewicht von Ca} = (20,0 \text{ g N})\left(\frac{1 \text{ mol Ca}}{2 \text{ mol N}}\right) = (20,0 \text{ g N})\left[\frac{40,08 \text{ g Ca}}{2(14,01 \text{ g N})}\right] = 28,6 \text{ g Ca}$$

3.12. (*a*) Wieviel H_2SO_4 könnte man aus 500 kg Schwefel erzeugen? (*b*) Wieviele Kilogramm Glaubersalz $Na_2SO_4 \cdot 10H_2O$ können aus 1 000 kg H_2SO_4 erhalten werden?

(*a*) Die Formel H_2SO_4 zeigt an, daß 1 mol S (32,07 g S) 1 mol H_2SO_4 (98,08 g H_2SO_4) ergeben. Wir nehmen an, daß der Schwefel vollständig verbraucht wird. Dann gilt, da das *Verhältnis* zweier Bestandteile unabhängig von der verwendeten Masseneinheit ist:

$$\text{Gewicht von H}_2\text{SO}_4 = (500 \text{ kg S})\left(\frac{98,08 \text{ kg H}_2\text{SO}_4}{32,07 \text{ kg S}}\right) = 1529 \text{ kg H}_2\text{SO}_4$$

(*b*) 1 mol H_2SO_4 (98,08 g H_2SO_4) ergibt 1 mol $Na_2SO_4 \cdot 10H_2O$ (322,2 g $Na_2SO_4 \cdot 10H_2O$), da beide Verbindungen eine Sulfat-Gruppe (SO_4) pro Formeleinheit enthalten. Dann gilt:

$$\text{Gewicht von Na}_2\text{SO}_4 \cdot 10\text{H}_2\text{O} = (1.000 \text{ kg S})\left(\frac{322,2 \text{ kg Na}_2\text{SO}_4 \cdot 10\text{H}_2\text{O}}{98,08 \text{ kg H}_2\text{SO}_4}\right)$$

$$= 3,285 \text{ kg Na}_2\text{SO}_4 \cdot 10\text{H}_2\text{O}$$

3.13. Wieviele Tonnen $Ca_3(PO_4)_2$ müssen in einem elektrischen Ofen mit Kohlenstoff und Sand umgesetzt werden, um 1 Tonne Phosphor zu erzeugen? Nehmen Sie eine vollständige Umwandlung des Phosphors an.

Die Formel $Ca_3(PO_4)_2$ zeigt, daß in 1 mol $Ca_3(PO_4)_2$ (310,2 g $Ca_3(PO_4)_2$) 2 mol P (2 · 30,974 g = 61,95 g P) enthalten sind. Damit erhalten wir nach Umwandlung von Gramm in Tonnen im Gewichtsverhältnis:

$$\text{Gewicht von } Ca_3(PO_4)_2 = (1 \text{ Tonne P})\left(\frac{310{,}2 \text{ Tonnen } Ca_3(PO_4)_2}{61{,}95 \text{ Tonnen P}}\right) = 5{,}01 \text{ Tonnen } Ca_3(PO_4)_2$$

3.14. Eine Silbermünze von 5,82 g Gewicht wird in Salpetersäure aufgelöst. Nachdem man zur Lösung Natriumchlorid gegeben hat, wird das gesamte Silber als AgCl ausgefällt. Der AgCl-Niederschlag wiegt 7,20 g. Bestimmen Sie den prozentualen Anteil an Silber in der Münze.

$$\text{Anteil von Ag in AgCl} = \frac{\text{molare Masse Ag}}{\text{molare Masse AgCl}} = \frac{107{,}9}{143{,}3} = 0{,}753$$

$$\text{Masse von Ag in 7,20 g AgCl} = (0{,}753)(7{,}20 \text{ g}) = 5{,}42 \text{ g Ag}$$

Da die 5,82 g schwere Münze 5,42 g Silber enthält, gilt:

$$\text{Anteil von Ag in der Münze} = \frac{5{,}42 \text{ g}}{5{,}82 \text{ g}} = 0{,}931 = 93{,}1\% \text{ Ag}$$

3.15. Eine Probe eines verunreinigten sulfidischen Erzes enthält 42,34% Zn. Ermitteln Sie den prozentualen Anteil von reinem ZnS in der Probe.

Die Formel ZnS zeigt, daß 1 mol ZnS 1 mol Zn enthält. Daher lautet ein passender Umrechnungsfaktor

$$\frac{1 \text{ molare Masse ZnS}}{1 \text{ molare Masse Zn}} = \frac{97{,}46 \text{ g ZnS}}{65{,}39 \text{ g Zn}}$$

Betrachten Sie eine 100,0-g-Probe; sie enthält 42,34 g Zn. Dann:

$$(42{,}34 \text{ g Zn})\left(\frac{97{,}46 \text{ g ZnS}}{65{,}39 \text{ g Zn}}\right) = 63{,}11 \text{ g ZnS in 100 g Probe oder } 63{,}11\% \text{ reines ZnS}$$

3.16. Düngemittel sind Verbindungen, die normalerweise dazu verwendet werden, den Boden mit Kalium, Stickstoff und Phosphor zu versorgen. Welche prozentualen Anteile dieser drei wichtigen Elemente sollten auf dem Etikett stehen, wenn ein Sack Düngemittel aus fast reinem KNO_3 (Kaliumnitrat) besteht?

Betrachten Sie ein Mol reines KNO_3. Dieses enthält:

1 mol K =	39,10 g
1 mol N =	14,01 g
3 mol O = 3(16,00) =	48,00 g
molare Masse von KNO3 =	101,11 g

Prozentualer Anteil K = (39,10 g K/101,11 g Verbindung) · 100% = 38,67%

Prozentualer Anteil N = (14,01 g N/101,11 g Verbindung) · 100% = 13,86%

(Der prozentuale Anteil von P ist natürlich Null.)

3.17. (*a*) Eine Bitumen-Kohle aus Pennsylvania wurde folgendermaßen analysiert: Exakt 2,500 g wurden in einen Porzellantiegel eingewogen. Nachdem 1 Stunde bei 110 °C getrocknet wurde, wog der wasserfreie Rückstand 2,415 g. Der Tiegel wurde dann mit einem ventilierten Deckel verschlossen und stark erhitzt, bis keine flüchtigen Substanzen mehr vorhanden waren. Der zurückbleibende Koks wog 1,528 g. Der Tiegel wurde dann ohne Deckel weiter erhitzt, bis alle Kohlenstoffflecken verschwunden waren. Die übrigbleibende Asche wog 0,245 g. Wie ist die *ungefähre analytische Zusammensetzung* dieser Kohle, d.h. der prozentuale Anteil von Feuchtigkeit, flüchtiger verbrennbarer Materie (FVM), gebundenem Kohlenstoff (GK) und Asche?

$$\begin{aligned}\text{Feuchtigkeit} &= 2{,}500\text{ g} - 2{,}415\text{ g} &&= 0{,}085\text{ g}\\ \text{FVM} &= 2{,}415\text{ g} - 1{,}528\text{ g} &&= 0{,}887\text{ g}\\ \text{GK} &= 1{,}528\text{ g} - 0{,}245\text{ g} &&= 1{,}283\text{ g}\\ & &\text{Asche} &= \underline{0{,}245\text{ g}}\\ & &\text{Gesamt} &\quad 2{,}500\text{ g Kohle}\end{aligned}$$

$$\text{Feuchtigkeitsanteil} = \frac{0{,}085\text{ g}}{2{,}500\text{ g}} = 0{,}034 = 3{,}4\%$$

Genauso berechnen sich die anderen prozentualen Anteile mit 35,5% FVM, 51,3% GK und 9,8 % Asche.

(*b*) Auf der "trockenen Basis" hat eine Kohleprobe folgende Analyse: 21,06 % FVM, 71,80% GK und 7,14% Asche. Wie lautet diese Analyse auf der "nassen Basis", wenn die in der Kohle vorhandene Feuchtigkeit 2,49% beträgt?

Betrachten Sie als Grundlage 100,0 g feuchter Kohle. Davon sind 100,0 g – 2,49 g = 97,51 g trockene Kohle. Die Gewichte von FVM, GK und Asche betragen dann:

$$\begin{aligned}\text{FVM} &\quad (0{,}210\,6)(97{,}5) &&= 20{,}5\text{ g oder }20{,}5\%\text{ von 100 g feuchter Kohle}\\ \text{GK} &\quad (0{,}718\,0)(97{,}5) &&= 70{,}0\text{ g oder }70{,}0\%\text{ von 100 g feuchter Kohle}\\ \text{Asche} &\quad (0{,}071\,4)(97{,}5) &&= 7{,}0\text{ g oder }7{,}0\%\text{ von 100 g feuchter Kohle}\end{aligned}$$

Die Summe der obigen Prozentsätze plus der 2,5% Feuchtigkeit beläuft sich auf 100%.

3.18. Ein bestimmter Dünger "A" enthält 38,7% K, 13,9% N und keinen P. Ein anderer Dünger "B" enthält 12,2% N, 26,9% P und kein K. Wie groß sind die prozentualen Anteile von K, N und P in einem Dünger, der aus einer Mischung gleicher Mengen von A und B besteht?

Wir könnten jeweils 100 g mischen. Darin wären dann enthalten:

	K	N	P
Aus A	38,7 g	13,9 g	0
Aus B	0	12,2 g	26,9 g
Gesamt *m*	38,7 g	26,1 g	26,9 g

Prozentsatz = $(m/200\text{g}) \cdot 100\%$ = 19,4% K, 13,1% N, 13,5% P

Der Hersteller möchte eine Mischung von A und B auf den Markt bringen, in der die beiden Elemente K und P zu gleichen Teilen enthalten sind. Welches Verhältnis von A zu B muß verwendet werden?

Betrachten Sie 100 g der Mischung. Wenn x = g von A, dann ist $100 - x$ = g von B. Setzen Sie in der Mischung %K = %P: $0{,}387x = 0{,}269(100 - x)$. Wenn wir das lösen, erhalten wir: $x = 41{,}0$ g von A und $(100 - x) = 59{,}0$ g von B.

3.19. Wenn man zur Gewinnung von Aluminium aus Silikat-Erzen den *Bayer-Prozeß* einsetzt, geht durch die Bildung eines nicht verwertbaren Schlamms immer etwas Aluminium verloren. Der Schlamm hat die folgende mittlere Formel: $3Na_2O \cdot 3Al_2O_3 \cdot 5SiO_2 \cdot 5H_2O$. Da Aluminium- und Natrium-Ionen in der Lösung, aus der sich der Niederschlag bildet, immer im Überschuß vorhanden sind, ist die Fällung des Siliciums in dem Schlamm quantitativ. Ein bestimmtes Erz enthielt (nach Gewicht) 13% Kaolin ($Al_2O_3 \cdot 2SiO_2 \cdot 2H_2O$) und 87% Gibbsit ($Al_2O_3 \cdot 3H_2O$). Wieviel Prozent des gesamten Aluminiums in diesem Erz lassen sich mit dem Bayer-Prozeß gewinnen?

Betrachten Sie 100 g Erz, das 13 g Kaolin und 87 g Gibbsit enthält.

$$\text{Gewicht von Al in 13 g Kaolin} = 13\text{ g Kaolin} \cdot \frac{2\text{ mol Al}}{1\text{ mol Kaolin}} = 13 \cdot \frac{54,0}{258} = 2,7\text{ g Al}$$

$$\text{Gewicht von Al in 87 g Gibbsit} = 87\text{ g Gibbsit} \cdot \frac{2\text{ mol Al}}{1\text{ mol Gibbsit}} = 87 \cdot \frac{54,0}{156} = 30,1\text{ g Al}$$

Gesamtgewicht von Al in 100 g Erz = 2,7 g + 30,1 g = 32,8 g

Kaolin enthält die gleiche Anzahl von Al- und Si-Atomen und 13 g Kaolin enthalten 2,7 g Al. Der Schlamm enthält pro 5 Si-Atome 6 Al-Atome, bzw. für 5 Si-Atome im Kaolin gehen 6 Al-Atome verloren. Daher bedingt die Ausfällung des gesamten Si aus 13 g Kaolin den Verlust von 6/5(2,7 g) = 3,2 g Al.

$$\text{Rückgewinnbarer Anteil Al} = \frac{\text{rückgewinnbares Al}}{\text{Gesamt} - \text{Al}} = \frac{(32,8 - 3,2)\text{ g}}{32,8\text{ g}} = 0,90 = 90\%$$

3.20. Ein Staub wurde teilweise getrocknet und enthielt danach 50% Silikate und 7% Wasser. Der ursprüngliche Staub enthielt 12% Wasser. Wie groß ist der prozentuale Anteil von Silikaten in der ursprünglichen Probe?

Wenn man annimmt, daß beim Trocknungsprozeß ausschließlich Wasser abgegeben wird, hatten der ursprüngliche und der getrocknete Staub folgende Zusammensetzungen:

	% Wasser	% Silikate	% Andere
Ursprünglich	12	x	$88 - x$
Getrocknet	7	50	43

Das Verhältnis von Silikaten zu anderen Trockensubstanzen muß in beiden Proben gleich sein, daher gilt

$$\frac{x}{88 - x} = \frac{50}{43}$$

Die Lösung lautet $x = 47$, d.h. der ursprüngliche Staub enthielt 47% Silikate.

3.21. Bronze ist eine Legierung aus Kupfer und Zinn. Eine Probe von 0,655 4 g einer bestimmten Bronze wurde in Salpetersäure aufgelöst und das Zinn entfernt. Nach entsprechender Vorbehandlung der Lösung ergab eine Titration mit Natriumthiosulfat einen Kupfergehalt von 8,351 Millimol. Berechnen Sie die prozentualen Anteile von Kupfer und Zinn in dieser Bronze.

%Cu = 100% · [8,351 · 10^{-3} mol Cu · 63,55 g Cu/mol Cu]/0,655 4-g-Probe

= 80,97%

%Sn = 100,00% – 80,97% = 19,03%

3.22. Ein Nugget aus Gold und Quartz wiegt 100 g und hat eine Dichte von 6,4 g/cm3. Die Dichten von Gold bzw. Quartz betragen 19,3 bzw. 2,65 g/cm³. Bestimmen Sie das Gewicht des Goldes in dem Nugget.

Wenn x = Gramm Gold im Nugget, dann sind 100 g – x = Gramm Quartz im Nugget.

Volumen des Nuggets = (Volumen des Golds im Nugget) + (Volumen von Quartz im Nugget)

$$\frac{100\text{ g}}{6,4\text{ g / cm}^3} = \frac{x}{19,3\text{ g / cm}^3} + \frac{100\text{ g} - x}{2,65\text{ g / cm}^3}$$

daraus folgt x = 68 g Gold.

MOLARE MASSE

3.23. Ein aus einem bakteriellen Ansatz isoliertes, gereinigtes Cytochrom-Protein enthielt 0,376% Eisen. Was kann über die molare Masse des Proteins ausgesagt werden?

Das Protein muß mindestens ein Eisenatom pro Molekül enthalten. Wenn es nur eins mit einem Gewicht von 55,8 u = 55,8 Dalton enthält, dann ist die molare Masse $\mathcal{M}$ gegeben durch

$$0{,}003\,76\ \mathcal{M} = 55{,}8 \text{ Dalton}$$
$$\mathcal{M} = 14\,800 \text{ Dalton}$$

Wenn das Protein-Molekül x Eisen-Atome enthält, dann beträgt die molare Masse 14 800x Dalton.
Die hier vorgestellte Methode ist zur Bestimmung einer *minimalen* molaren Masse einer makromolekularen Substanz nützlich, wenn eine Analyse für einen der nur in kleineren Mengen vorkommenden Bestandteile durchgeführt werden kann. Häufig ist es möglich, die ungefähre molare Masse durch eine physikalische Methode wie z.B. den osmotischen Druck oder die Sedimentationsgeschwindigkeit zu bestimmen und damit einen (ganzzahligen) Wert für x festzulegen.

3.24. Das Hydrolysat eines gereinigten Pepsins von Rindern wurde einer Aminosäure-Analyse unterworfen. Die in der geringsten Menge vorkommende Aminosäure war Lysin $C_6H_{14}N_2O_2$, und die isolierte Menge Lysin war 0,43 g pro 100 g Protein. Wie groß ist die minimale molare Masse des Proteins?

Proteine enthalten keine freien Aminosäuren, sondern chemisch verbundene Aminosäuren, die nach Abbau durch Hydrolyse in die freien Aminosäuren überführt werden können. Die molare Masse von freiem Lysin beträgt 146. $\mathcal{M}$ sei die minimale molare Masse des Proteins. Das Protein-Molekül muß mindestens so schwer sein, damit es eine Lysin-Einheit enthalten kann (analog Aufgabe 3.23).

$$\text{Anzahl Mol Lysin} = \text{Anzahl Mol Protein}$$

$$0{,}43 \cdot \frac{1 \text{ mol}}{146 \text{ g}} = 100 \text{ g} \cdot \frac{1 \text{ mol}}{\mathcal{M} \text{ g}}$$

Daraus ergibt sich $\mathcal{M}$ = 34 000.

3.25. Ungesättigte Polyester aus Maleinsäure ($C_4H_4O_4$) und Ethylenglykol ($C_2H_6O_2$) finden breite Anwendung für verstärkte Harzstrukturen (mit Styrol und Glasfasern). Eine Probe von 5,00 g eines Polyesters wurde aufgelöst und mit 0,004 20 mol Natriumhydroxid (NaOH) behandelt. Diese Menge reichte gerade aus, um alle Säure-"Endgruppen" zu neutralisieren. Wie groß ist die mittlere molare Masse des Polyesters, wenn pro Molekül zwei Endgruppen vorhanden sind?

$$2 \cdot \text{Anzahl Mol Polyester} = \text{Anzahl Mol NaOH}$$
$$\text{Anzahl Mol Polyester} = 0{,}004\,20/2 = 0{,}002\,10 \text{ mol}$$

$\mathcal{M}$ = molare Masse = 5,00 g/0,002 10 mol = 2 380 g/mol.

FORMELN AUS EXAKTEN NUKLID-MOLMASSEN

3.26. Es wurde eine organische Verbindung hergestellt, die mindestens ein und nicht mehr als zwei Schwefelatome pro Molekül enthalten kann. Die Verbindung enthielt keinen Stickstoff, Sauerstoff könnte allerdings enthalten sein. Die massenspektrometrisch bestimmte molare Masse der vorherrschenden nuklidischen Spezies war 110,020. (*a*) Wie lauten die erlaubten Summenformeln, die mit der Masse von 110 und den Daten über die molekulare Zusammensetzung übereinstimmen? (*b*) Wie lautet die Summenformel der Verbindung?

(*a*) Das Gerüst der Verbindung kann aus den Elementen C, O und S aufgebaut sein. Die Zahl der denkbaren Gerüste kann durch die folgenden Überlegungen reduziert werden: (i) Die maximale Zahl von Kohlenstoffatomen ist 6, da die Masse von 7 Kohlenstoff- und einem Schwefelatom mit 116 bereits den gegebenen Wert übersteigen würde. (ii) Die maximale Zahl von Wasserstoffatomen ist

$2n(C) + 2 = 14$. (iii) Das (C, O, S)-Gerüst muß deshalb zwischen 96 und 110 (einschließlich) zur Masse beitragen. Jetzt ergibt sich bereits eine recht kurze Liste (Tabelle 3-4).

Tabelle 3-4

(1) (C, O, S) Gerüst	**(2)** Massenzahl des Gerüstes	**(3)** 110 – (2)	**(4)** *n* (H, Masse)	**(5)** Summenformel	**(6)** Nuklid-Molmasse
CO_4S	108	2	4	CH_2O_4S	109,967
CO_2S_2	108	2	4	$CH_2O_2S_2$	109,949
C_2O_3S	104	6	6	$C_2H_6O_3S$	110,004
C_2OS_2	104	6	6	$C_2H_6OS_2$	109,986
C_3O_2S	100	10	8		
C_3OS_2	100	10	8		
C_4OS	96	14	10		
C_5OS	108	2	12	C_5H_2OS	109,983
C_6S	104	6	14	C_6H_6S	110,019

(*b*) Von den sechs Formeln, die mit der bekannten Masse in Einklang stehen, hat nur C_6H_6S die exakt richtige Molekülmasse.

Zusatzaufgaben

BERECHNUNG VON FORMELN

3.27. Wie lauten die empirischen Formeln für die Vanadiumchloride, die 58,0%, 67,8% und 73,6% Chlor enthalten?

Lösung: VCl_2, VCl_3, VCl_4

3.28. Eine Verbindung enthält 21,6% Natrium, 33,3% Chlor und 45,1% Sauerstoff. Leiten Sie die empirische Formel ab. Verwenden Sie als Molmassen n = 23,0, Cl = 35,5, O = 16,0.

Lösung: $NaClO_3$

3.29. Wenn 1,010 g Zink-Dampf an Luft verbrannt werden, entstehen 1,257 g des Oxids. Wie lautet die empirische Formel des Oxids?

Lösung: ZnO

3.30. Eine Verbindung hat die folgende prozentuale Zusammensetzung: H = 2,24%, C = 26,69%, O = 71,07%. Ihre molare Masse beträgt 90. Leiten Sie die Summenformel ab.

Lösung: $H_2C_2O_4$

3.31. Bestimmen Sie die einfachste Formel für eine Verbindung mit folgender Zusammensetzung: Cr = 26,52%, S = 24,52%, O = 48,96%

Lösung: $Cr_2S_3O_{12}$ oder $Cr_2(SO_4)_3$

3.32. Eine Probe von 3,245 g eines Titanchlorids wurde mit Natrium zu metallischem Titan reduziert. Nachdem das gebildete Natriumchlorid ausgewaschen worden war, wurde das zurückgebliebene Metall getrocknet und das Gewicht mit 0,819 g bestimmt. Wie lautet die empirische Formel dieses Titanchlorids?

Lösung: $TiCl_4$

3.33. Berechnen Sie die Formel einer Verbindung, die als Hydrat vorliegt und 44,6% Ytterbium sowie 27,5% Chlor enthält.

Lösung: $YbCl_3 \cdot 6H_2O$

3.34. Die Analyse einer organischen Verbindung ergab einen Gehalt von 47,37% Kohlenstoff und 10,59% Wasserstoff. Es wird angenommen, daß der Rest aus Sauerstoff besteht. Wie lautet die empirische Formel der Verbindung?

Lösung: $C_3H_8O_2$

3.35. Leiten Sie die empirischen Formeln von Mineralen her, die die folgenden Zusammensetzungen haben: (*a*) $ZnSO_4$ = 56,14%, H_2O = 43,86%; (*b*) MgO = 27,16%, SiO_2 = 60,70%, H_2O = 12,14%; (*c*) Na = 12,10%, Al = 14,19%, Si = 22,14%, O = 42,09%, H_2O = 9,48%.

Lösung: (*a*) $ZnSO_4 \cdot 7H_2O$; (*b*) $2\,MgO \cdot 3SiO_2 \cdot 2H_2O$; (*c*) $Na_2Al_2Si_3O_{10} \cdot 2H_2O$

3.36. Die Analyse eines Borans (einer Verbindung, die nur Bor und Wasserstoff enthält) ergab einen Borgehalt von 88,45%. Wie lautet seine empirische Formel?

Lösung: B_5H_7

3.37. Ein bei der Polymerisation von Butadien verwendeter, experimenteller Katalysator enthält 23,3% Co, 25,3% Mo und 51,4% Cl. Wie lautet seine empirische Formel?

Lösung: $Co_3Mo_2Cl_{11}$

3.38. Eine Probe von 1,500 g einer Verbindung, die nur C, H und O enthält, wurde vollständig verbrannt. Die einzigen Verbrennungsprodukte waren 1,738 g CO_2 und 0,711 g H_2O. Wie lautet die empirische Formel der Verbindung?

Lösung: $C_2H_4O_3$

3.39. Die Elementaranalyse zeigt, daß eine organische Verbindung C, H, N und O als einzige elementare Bestandteile enthält. Eine Probe von 1,279 g wurde vollständig verbrannt, daraus erhielt man 1,60 g CO_2 und 0,77 g H_2O. Eine getrennt abgewogene Probe von 1,625 g enthielt 0,216 g Stickstoff. Wie lautet die empirische Formel der Verbindung?

Lösung: $C_3H_7O_3N$

3.40. Stuck ist ein ungewöhnliches Hydrat des Kalziumsulfats ($CaSO_4$), das 6,20% H_2O enthält. Wie lautet seine Formel?

Lösung: $2CaSO_4 \cdot H_2O$ oder $CaSO_4 \cdot 1/2H_2O$

3.41. Ein Kohlenwasserstoff, der 92,3% C und 7,74% H enthält, hat eine molare Masse von etwa 79 (bestimmt durch Messung der Gasdichte). Wie lautet die Summenformel?

Lösung: C_6H_6

ZUSAMMENSETZUNG

3.42. Eine Legierung wurde durch Zusammenschmelzen von 10,6 lb Wismut, 6,4 lb Blei und 3,0 lb Zinn hergestellt. (*a*) Wie ist die prozentuale Zusammensetzung der Legierung? (*b*) Wieviel von jedem Metall wird benötigt, um 70,0 g Legierung herzustellen? (*c*) Welche Menge der Legierung kann aus 4,2 lb Zinn hergestellt werden?

Lösung: (*a*) 53% Bi, 32% Pb, 15% Sn; (*b*) 37,1 g Bi, 22,4 g Pb, 10,5 g Sn; (*c*) 28 lb Legierung

3.43. Berechnen sie den prozentualen Anteil von Kupfer in jedem der folgenden Minerale: Cuprit Cu_2O; Kupfer-Pyrit $CuFeS_2$; Malachit $CuCO_3 \cdot Cu(OH)_2$. Wieviele Kilogramm Cuprit ergeben 500 kg Kupfer?

Lösung: 88,82%, 34,63%, 57,48%; 563 kg

3.44. Wie groß ist der Stickstoffgehalt (Düngemittel-Einstufung) von NH_4NO_3? Von $(NH_4)_2SO_4$? Von NH_3?

Lösung: 35,0% N, 21,2% N, 82,3% N

3.45. Bestimmen Sie die prozentuale Zusammensetzung von (*a*) Silberchromat Ag_2CrO_4; (*b*) Kalziumpyrophosphat $Ca_2P_2O_7$.

Lösung: (*a*) 65,03% Ag, 15,67% Cr, 19,29% O; (*b*) 31,54% Ca, 24,38% P, 44,08% O

3.46. Ermitteln Sie den prozentualen Anteil von Arsen in einem Polymer der empirischen Formel C_2H_8AsB.

Lösung: 63,6% As

3.47. Die Spezifikationen für ein Transistor-Material verlangen nach einem Bor-Atom pro 10^{10} Silizium-Atomen. Wie groß ist der Bor-Gehalt von 1 kg eines solchen Materials?

Lösung: $4 \cdot 10^{-11}$ kg B

3.48. Die reinste Form von Kohlenstoff wird durch die Zersetzung von reinem Zucker $C_{12}H_{22}O_{11}$ (durch Entfernung des enthaltenen Wassers) erhalten. Wieviel Gramm Kohlenstoff können aus 500 g Zucker maximal gewonnen werden?

Lösung: 211 g C

3.49. Der sogenannte "Vinyl"-Kunststoff ist ein Polymer des Vinylchlorids CH_2CHCl. (*a*) Wie groß ist der prozentuale Anteil von Chlor in diesem Kunststoff und (*b*) wie groß ist er im Vergleich zum Chlorgehalt in normalem Kochsalz NaCl?

Lösung: (*a*) 56,7%, (*b*) normales Kochsalz enthält 60,7% Chlor

3.50. Welche Menge CuO wird benötigt, um 200 kg Kupfer zu erhalten?

Lösung: 250 kg CuO

3.51. Normales Salz NaCl kann im geschmolzenen Zustand zu Natrium und Chlor elektrolysiert werden. Elektrolyse einer wäßrigen Lösung ergibt Natriumhydroxid (NaOH), Wasserstoff und Chlor. Die beiden letzten Produkte können zur Bildung von Chlorwasserstoff (HCl) verwendet werden. Wieviel engl. Pfund metallischen Natriums und flüssigen Chlors kann man aus 1 Tonne Salz erhalten? Alternativ, wie viele engl. Pfund NaOH und Chlorwasserstoff?

Lösung: 787 lb Na, 1 213 lb flüssiges Cl_2, 1 370 lb NaOH, 1 248 lb HCl

3.52. Berechnen Sie die Menge Zink, die in einer metrischen Tonne Erz mit einem Zinkit (ZnO)-Gehalt von 60,0% enthalten sind.

Lösung: 482 kg Zn

3.53. Wieviel Phosphor ist in 5,00 g der Verbindung $CaCO_3 \cdot 3Ca_3(PO_4)_2$ enthalten? Und wieviel P_2O_5?

Lösung: 0,902 g P, 2,07 g P_2O_5

3.54. Eine Probe von 10,00 g Roherz enthält 2,80 g HgS. Wie groß ist der prozentuale Anteil von Quecksilber in dem Erz?

Lösung: 24,1% Hg

3.55. Eine Methode zur Analyse des Oxalsäuregehalts einer Lösung beinhaltet die Bildung des unlöslichen Komplexes $Mo_4O_3(C_2O_4)_3 \cdot 12H_2O$. (*a*) Wieviel Gramm dieses Komplexes bilden sich pro Gramm Oxalsäure $H_2C_4O_4$, wenn 1 mol des Komplexes aus der Reaktion mit 3 mol Oxalsäure entstehen? (*b*) Wieviel Gramm Molybdän sind in der Menge des Komplexes enthalten, die aus 1 g Oxalsäure gebildet wird?

Lösung: (*a*) 3,38 g Komplex; (*b*) 1,42 g Mo

3.56. Ein landwirtschaftliches Insektizid enthält 18% As. Drücken Sie das als prozentualen Anteil As_2O_5 aus.

Lösung: 28% As_2O_5

3.57. Drücken Sie den Kaliumgehalt eines Düngers in Prozent Kalium aus, wenn er mit 6,8% K_2O angegeben ist.

Lösung: 5,6% K

3.58. Eine typische Analyse eines Pyrex-Glases ergab 12,9% B_2O_3, 2,2% Al_2O_3, 3,8% Na_2O, 0,4% K_2O; der Rest war SiO_2. Nehmen Sie an, daß die Prozentsätze der Oxide sich zu 100% addieren. Wie groß ist das Verhältnis von Silizium- zu Bor-Atomen in dem Glas?

Lösung: 3,6

3.59. Ein Stück Bleilot mit einem Gewicht von 3,00 g wurde in verdünnter Salpetersäure aufgelöst und dann mit verdünnter H_2SO_4 behandelt. Dadurch wurde das Blei als $PbSO_4$ ausgefällt, welches nach Waschen und Trocknen 2,93 g wog. Die Lösung wurde zur Ausfällung von Zinnsäure neutralisiert. Diese wurde dann durch Erhitzung zersetzt und es entstanden 1,27 g SnO_2. Wie lautet die Analyse des Lotes in % Pb und % Sn?

Lösung: 66,7% Pb, 33,3% Sn

3.60. Bestimmen Sie das zur Herstellung einer metrischen Tonne H_2SO_4 nötige Gewicht von Schwefel.

Lösung: 327 kg S

3.61. Eine Probe verunreinigten Cuprits enthält 66,6% Kupfer. Wie groß ist der prozentuale Anteil von reinem Cu_2O in der Probe?

Lösung: 75,0% Cu_2O

3.62. Eine Probe von 8,41 g kalter Creme verlor durch Erhitzen auf 110 °C 5,83 g Feuchtigkeit. Der Rückstand verlor nach Extraktion mit Wasser und Trocknung 1,27 g wasserlösliches Glycerol. Der Rest bestand aus Öl. Berechnen Sie die Zusammensetzung dieser Creme.

Lösung: 69,3% Feuchtigkeit, 15,1% Glycerol, 15,6% Öl

3.63. Ein Haushaltszement hat die folgenden analytischen Daten: Eine Probe von 28,5 g enthielt nach Versetzen mit Aceton einen Rückstand von 4,6 g Aluminium-Pulver. Das Filtrat ergab nach Entfernung des Acetons und des Lösungsmittels 3,2 g gebundener Nitrozellulose, die wiederum 0,8 g eines benzollöslichen Binders enthielt. Berechnen Sie die Zusammensetzung dieses Zements.

Lösung: 16,2% Al, 72,6% Lösungsmittel, 2,8% Binder, 8,4% Nitrozellulose

3.64. Eine Kohle enthält 2,4% Wasser. Nach Trocknung enthält der feuchigkeitsfreie Rückstand 71,0% Kohlenstoff. Bestimmen Sie den prozentualen Anteil Kohlenstoff in der "nassen" Kohle.

Lösung: 69,3% C

3.65. Ein bestimmtes Fertig-Frühstück enthält 0,637% Salz (NaCl). Drücken Sie das als Milligramm Natrium pro 60,0 Gramm Zubereitung aus.

Lösung: 150 mg Natrium

3.66. Ein Literkolben enthält eine Mischung zweier Flüssigkeiten (A und B) des spezifischen Gewichts von 1,4. (Spezifisches Gewicht bedeutet die Dichte relativ zu der von Wasser.) Das spezifische Gewicht von Flüssigkeit A ist 0,8, das von Flüssigkeit B 1,8. Welche Volumina jeder Flüssigkeit wurden in den Kolben gegeben? Nehmen Sie an, daß bei der Mischung keine Volumenänderung eintritt.

Lösung: 400 ml von A und 600 ml von B

3.67. Wenn ein Zinksulfid (ZnS)-Erz geröstet wird, wird der gesamte Schwefel als SO_2 an die Atmosphäre abgegeben. (*a*) Wieviel Kubikmeter Luft werden für eine sichere Entsorgung des Abgases aus dem Röstprozeß von 1,00 metrischen Tonnen Zinksulfid benötigt, wenn pro Kubikmeter Luft maximal 0,060 mg SO_2 erlaubt sind? (*b*) Wie groß ist die Fläche, die von einem solchen Volumen Luft bedeckt wird, wenn die Höhe 1,00 km betragen würde?

Lösung: (*a*) $1{,}10 \cdot 10^{10}$ m³; (*b*) $1{,}10 \cdot 10^{7}$ m² (über 4,2 Quadratmeilen!)

3.68. Ein Taconit-Erz bestand aus 35,0% Fe_3O_4, der Rest waren silikatische Verunreinigungen. Wieviele Tonnen dieses Erzes muß man aufarbeiten, um eine Tonne metallischen Eisens zu erhalten, wenn die Ausbeute (*a*) 100% beträgt, (*b*) nur 75% beträgt?

Lösung: (*a*) 3,94 Tonnen; (*b*) 5,25 Tonnen

3.69. Eine typische Formulierung für eine kationische Asphalt-Emulsion verlangt 0,5% Talg-Amin-Emulgator und 70% Asphalt. Der Rest besteht aus Wasser und wasserlöslichen Inhaltsstoffen. Wieviel Asphalt-Emulsion kann pro (engl.) Pfund Emulgator hergestellt werden?

Lösung: 140 lb

3.70. Uranhexafluorid UF_6 wird im Gasdiffusionsprozeß zur Trennung von Uranisotopen verwendet. Wieviel Kilogramm elementaren Urans können pro Kilogramm gebundenem Fluor in UF_6 umgewandelt werden?

Lösung: 2,09 kg

MOLARE MASSEN

3.71. Eine der frühesten Methoden zur Bestimmung der Molmasse von Proteinen basierte auf chemischer Analyse. Ein Hämoglobin-Präparat enthielt 0,335% Eisen. (*a*) Wie groß ist die molare Masse, wenn das Hämoglobin-Molekül ein Eisen-Atom enthält? (*b*) Wie groß ist die molare Masse, wenn es 4 Eisen-Atome enthält?

Lösung: (*a*) 16 700; (*b*) 66 700

3.72. Eine polymere Verbindung, Tetrafluorethylen, kann durch die Formel $(C_2F_4)_x$ dargestellt werden, wobei x eine sehr große Zahl ist. Das Material wurde durch Polymerisation von C_2F_4 in der Gegenwart eines schwefelhaltigen Katalysators hergestellt, der als Kern für das Wachstum des Polymers fungiert. Das Endprodukt enthielt 0,012% S. Wie groß ist der Wert für x, wenn jedes Polymermolekül (*a*) 1 Schwefel-Atom enthält, (*b*) 2 Schwefel-Atome enthält? Nehmen Sie in beiden Fällen an, daß der Katalysator nicht merklich zur Gesamtmasse des Polymers beiträgt.

Lösung: (*a*) 2 700; (*b*) 5 300

3.73. Ein Peroxidase-Enzym, isoliert aus menschlichen roten Blutkörperchen, enthielt 0,29% Selen. Wie groß ist die minimale molare Masse des Enzyms?

Lösung: 27 000 Dalton (27 000 u)

3.74. Eine Polystyrol-Probe, die durch Erhitzen von Styrol mit Tribrombenzoylperoxid unter Ausschluß von Luft hergestellt wurde, hat die Formel $Br_3C_6H_3(C_8H_8)_n$. Die Zahl *n* hängt von den Herstellungsbedingungen ab. Eine auf diese Art und Weise hergestellte Polystyrol-Probe enthielt 10,46% Brom. Wie groß ist *n*?

Lösung: 19

FORMELN AUS EXAKTEN NUKLID-MOLMASSEN

In jeder der folgenden Aufgaben ist die angegebene Nuklid-Molmasse die jener Spezies, die die häufigsten Nuklide jedes ihrer Elemente enthält.

3.75. Aus den Samen einer Pflanze wurde ein Alkaloid extrahiert und gereinigt. Es war bekannt, daß das Molekül 1 Stickstoff-Atom, nicht mehr als 4 Sauerstoff-Atome und außer C und H keine weiteren Elemente mehr enthielt. Die massenspektrometrisch bestimmte Nuklid-Molmasse beträgt 297,138. (*a*) Wieviele Summenformeln stehen mit der Masse 297 und den anderen bekannten Fakten (außer der exakten Molmasse) in Einklang? (*b*) Wie lautet wahrscheinlich die Summenformel?

Lösung: (*a*) 17; (*b*) $C_{18}O_3NH_{19}$

3.76. Ein organischer Ester wurde in einem Massenspektrometer zersetzt. Ein ionisches Zerfallsprodukt hatte eine Nuklid-Molmasse von 117,090. Wie lautet die Summenformel dieses Produkts, wenn vorher bekannt ist, daß die enthaltenen Elemente nur C, O und H sind und daß im Molekül nicht mehr als 4 Sauerstoff-Atome vorhanden sind?

Lösung: $C_6O_2H_{13}$

3.77. Ein Zwischenprodukt bei der Synthese eines natürlich vorkommenden Alkaloids hat eine massenspektrometrisch bestimmte Nuklid-Molmasse von 205,147. Es ist bekannt, daß die Verbindung nicht mehr als 1 Stickstoff-Atom und nicht mehr als 2 Sauerstoff-Atome pro Molekül enthält. (*a*) Wie lautet die wahrscheinlichste Summenformel der Verbindung? (*b*) Wie genau müßte die Messung sein, um die zweitwahrscheinlichste Summenformel auszuschließen?

Lösung: (*a*) $C_{13}ONH_{19}$ (die Nuklid-Molmasse beträgt 205,147). (*b*) Die zweitwahrscheinlichste Molmasse beträgt 205,159 für $C_{14}OH_{21}$. Die Fehlertoleranz des experimentellen Wertes sollte die Hälfte der Differenz zwischen 205,147 und 205,159 nicht überschreiten, d.h. sie sollte kleiner als 0,006 sein oder etwa 1 zu 35 000.

Kapitel 4

Rechnen mit chemischen Gleichungen (Stöchiometrie)

EINFÜHRUNG

Bilanzierte Formelgleichungen sind die Grundlage für alle stöchiometrischen Berechnungen in der Chemie. Das Aufstellen von Gleichungen fördert auch das Verständnis für chemische Reaktionen. Wenn zwei oder mehrere Substanzen miteinander reagieren (oder sich eine Substanz zersetzt) und dabei eine neue Verbindung oder Verbindungen entstehen, ist eine chemische Reaktion eingetreten. Die neu entstandenen Substanzen werden als die *Produkte* der Reaktion bezeichnet, die Ausgangsverbindungen als die *Reaktanden* oder Ednikite. Eine chemische Reaktion beschreibt einen solchen Vorgang, in dem die Formeln der Reaktanden auf der linken Seite stehen. Anf der rechten Seite der Gleichung stehen die Produkte. Der Reaktionspfeil trennt die Edukt- von der Produktseite. In einer *bilanzierten Gleichung* geben Koeffizienten die Anzahl der Moleküle (oder Atome) der beteiligten Reaktionspartner an. Diese Koeffizienten müssen die Daltonsche Forderung erfüllen, nach der bei einer chemischen Reaktion keine Atome erzeugt oder vernichtet werden können.

AUFSTELLEN VON CHEMISCHEN GLEICHUNGEN

Die *Anzahl reagierender und gebildeter Moleküle* wird durch die Koeffizienten vor den Formeln angegeben, die diese Moleküle darstellen. Zum Beispiel wird die Verbrennung von Ammoniak mit Sauerstoff durch die Gleichung

$$\underset{\text{(4 Moleküle)}}{4NH_3} + \underset{\text{(3 Moleküle)}}{3O_2} \rightarrow \underset{\text{(2 Moleküle)}}{2N_2} + \underset{\text{(6 Moleküle)}}{6H_2O}$$

beschrieben, in der die Koeffizienten 4, 3, 2 und 6 indizieren, daß 4 Moleküle NH_3 mit 3 Molekülen O_2 unter Bildung von 2 Molekülen N_2 und 6 Molekülen H_2O reagieren. Die Gleichung bedeutet notwendigerweise nicht, daß 4 Moleküle NH_3 mit 3 Molekülen O_2 wie gezeigt vollständig reagieren. Einige Reaktionen zwischen chemischen Substanzen laufen nach Durchmischung der Reaktanden fast augenblicklich ab, einige benötigen eine bestimmte Zeit zur quantitativen Umsetzung, und wieder andere laufen selbst nach einer unendlich langen Zeit nicht vollständig ab. Die Gleichung kann jedoch folgendermaßen interpretiert werden: Wenn eine Zahl von NH_3- und O_2-Molekülen vermischt wird, entsteht eine bestimmte Zahl von N_2- und H_2O-Molekülen. Zu einem gegebenen Zeitpunkt ist jedoch nicht gesagt, daß NH_3 oder O_2 vollständig verbraucht sind, aber jede stattfindende Reaktion läuft nach der oben genannten Gleichung ab.

In der obigen Reaktion lagern sich die Atome in den sieben beteiligten Molekülen ($4NH_3$, $3O_2$) so um, daß sie acht Moleküle bilden (2 N_2, $6H_2O$). *Die Anzahl der beteiligten Atome auf jeder Seite der Gleichung muß für jedes Element gleich sein.* Daher wird die Gleichung bilanziert und geprüft, indem man die Bilanz der Atome eines jeden Elements (4N, 12H, 6O) ermittelt.

Die Anzahl der Atome eines jeden Elements, die in einer Verbindung vorkommt, ermittelt man durch Multiplikation der tiefgestellten Zahl hinter dem Elementsymbol mit dem Koeffizienten der Formel. Die Bezeichnung $4NH_3$ bedeutet daher, daß in jedem der 4 NH_3-Moleküle 3 Wasserstoffatome enthalten sind. In einigen komplexeren Formeln müssen mehrere tiefgestellte Zahlen multipliziert werden, bevor man mit dem Koeffizienten der Gesamtformel multipliziert. Daher sind in 3 Molekülen $(NH_4)_2SO_4$ 24 Wasserstoffatome enthalten, da jedes der 3 Ammoniumsulfat-Moleküle 2 NH_4-Gruppen enthält, von denen wiederum jedes 4 H-Atome enthält.

ERRECHNEN VON MASSENVERHÄLTNISSEN AUS GLEICHUNGEN

Da 1 mol einer beliebigen Substanz aus N_A Molekülen besteht (s. Kapitel 2), kann aus den Stoffmengen (ausgedrückt in mol) der Reaktionspartner die Anzahl der beteiligten Moleküle bestimmt werden. Unter Verwendung der relativen Molekülmassen NH_3 = 17g/mol, O_2 = 32g/mol, N_2 = 28g/mol und H_2O = 18 zeigt die Verbrennungsgleichung,

$$\underset{(4\ \text{mol}=68\ \text{g})}{4NH_3} + \underset{(3\ \text{mol}=96\ \text{g})}{3O_2} \rightarrow \underset{(2\ \text{mol}=56\ \text{g})}{2N_2} + \underset{(6\ \text{mol}=108\ \text{g})}{6H_2O}$$

daß 4 mol NH_3 (4 · 17 g NH_3) mit 3 mol O_2 (3 · 32 g O_2) unter Bildung von 2 mol N_2 (2 · 28 g N_2) und 6 mol H_2O (6 · 18 g H_2O) reagieren. Allgemeiner gesprochen zeigt die Gleichung an, daß die Massen von NH_3, O_2, N_2 und H_2O, die bei der Reaktion verbraucht oder gebildet werden, immer ein Massenverhältnis von 68:96:56:108 (oder 17:24:14:27) bilden.

In allen Fällen verlangt das Gesetz der Massenerhaltung, daß die Summe der Massen der Edukte (68 + 96) gleich der Summe der Massen der resultierenden Produkte (56 + 108) ist.

Die große Bedeutung der obigen Massenbeziehungen kann wie folgt zusammengefaßt werden:

1. Die Massen der beteiligten Reaktionspartner auf beiden Seiten der Gleichungen sind gleich. Es gilt das Gesetz der Massenerhaltung.
2. Massenverhältnisse hängen nicht von den Reaktionsbedingungen ab; Wasser als Reaktionspartner kann beispielsweise als Flüssigkeit oder Dampf vorliegen.
3. Massenverhältnisse sind unabhängig von den Summenformeln. Im obigen Beispiel wären die Massen oder die Anzahl der Atome unverändert, wenn man annehmen würde, daß Sauerstoff als Ozon ($2O_3$) anstatt als Sauerstoffmolekül ($3O_2$) vorliegen würde. In beiden Fällen wäre die Gleichung mit 6 Sauerstoffatomen auf jeder Seite ausgeglichen. Dieses Prinzip ist dann wichtig, wenn die tatsächlichen Summenformeln unbekannt sind. Massenverhältnisse sind genauso für viele Gleichungen gültig, an denen Moleküle beteiligt sind, die sich zersetzen können (S_8, P_4, H_6F_6, N_2O_4, I_2 usw.), wie für industriell bedeutende Polymere wie Stärke, Zellulose, Nylon, synthetischen Kautschuk, Silikone usw. Dabei ist es unerheblich, ob empirisch ermittelte Formeln oder Summenformeln verwendet werden.

DER LIMITIERENDE REAKTAND

Normalerweise steht man vor dem Problem, aus der Masse eines gegebenen Reaktanden oder Produkts die Masse von einer (oder mehreren) an der Reaktion beteiligten Substanz zu berechnen. Es wird oft angenommen, daß eine ausreichende (oder überschüssige) Menge aller Reaktanden vorhanden ist, auch wenn sie nicht ausdrücklich genannt ist. Wenn die Massen von *zwei* verschiedenen Reaktanden angegeben sind, stehen Sie vor dem Problem zu bestimmen, welcher von den beiden im Überschuß vorliegt. Sie können die Ausbeute eines Produkts berechnen, indem Sie jede der angegebenen Reaktanden-Mengen nacheinander einsetzen. Der Reaktand, der die kleinere Ausbeute ergibt, ist der *limitierende* Reaktand und der andere der *überschüssige* Reaktand. Alternativ können Sie die gegebenen Massen in Mol umrechnen und das Molverhältnis mit dem vergleichen, das von der bilanzierten Gleichung gefordert wird.

TYPEN CHEMISCHER REAKTIONEN

Das Geschick im Aufstellen von Gleichungen wird durch Übung schnell zunehmen, vor allem wenn man lernt, verschiedene häufig auftretende Arten von Reaktionen zu erkennen. Die Erkennung des Reaktionstyps hilft auch oft dabei, die Produkte einer Reaktion vorherzusagen, wenn diese nicht angegeben sind. Einige Beispiele von relativ leicht vorherzusagenden Reaktionstypen sind im folgenden aufgeführt:

1. *Verbrennungsreaktionen*: Überschüssiger Sauerstoff (normalerweise aus der Luft) verbindet sich mit organischen Substanzen (Kohlenstoff, Wasserstoff und Sauerstoff) zu Kohlendioxid und Wasser (H_2O) als einzigen Produkten.

$$C_2H_6O + 3O_2 \rightarrow 2CO_2 + 3H_2O$$

2. *Substitutions-(Verdrängungs-)Reaktionen*: Ein Element ersetzt ein anderes in einer Verbindung.

$$Zn + CuSO_4 \rightarrow ZnSO_4 + Cu$$
$$2Mg + TiCl_4 \rightarrow 2MgCl_2 + Ti$$

3. *Doppelte Ersetzungs-Reaktionen (Metathese)*: Sehr häufig bei ionischen Reaktionen in Lösung; Atome oder Gruppen von Atomen "tauschen die Partner", wenn sich dabei ein unlösliches Salz ergibt.

$$AgNO_3 + NaCl \rightarrow NaNO_3 + AgCl \text{ (unlöslich)}$$
$$BaCl_2 + Na_2SO_4 \rightarrow 2NaCl + BaSO_4 \text{ (unlöslich)}$$

4. *Säure-Base-Reaktionen (Neutralisation)*: Eine Säure, die H^+-Ionen beisteuert, und eine Base, die OH^--Ionen zur Verfügung stellt, durchlaufen eine Metathese-Reaktion, und es entsteht Wasser (H_2O oder HOH) und ein Salz.

$$HCl + NaOH \rightarrow NaCl + HOH$$
$$H_2SO_4 + Mg(OH)_2 \rightarrow MgSO_4 + 2HOH$$

Für zwei sehr einfache Reaktionsarten, die Kombination und die Zersetzung, gibt es unglücklicherweise keine einfache Möglichkeit zur Vorhersage der Produkte.

5. *Kombinationsreaktionen*: Elemente oder Substanzen verbinden sich einfach zu einem Produkt,

$$2SO_2 + O_2 \rightarrow 2SO_3$$
$$P_4 + 6Cl_2 \rightarrow 4PCl_3 \quad \text{oder} \quad P_4 + 10Cl_2 + 4PCl_5$$

Die Reaktionen sind abhängig von den stöchiometrischen Verhältnissen der Reaktanden und den Temperatur- und Druckbedingungen.

6. *Zersetzung*: Ein einzelner Reaktand wird durch Wärme oder elektrischen Strom in zwei oder mehr Produkte zersetzt.

$$2H_2O \xrightarrow{\text{(elektr.)}} 2H_2 + O_2$$
$$2HgO \xrightarrow{\text{(Wärme)}} 2Hg + O_2 \quad \text{oder} \quad 4HgO \xrightarrow{\text{(Wärme)}} 2Hg_2O + O_2$$

Die Reaktionen sind abhängig von der Temperatur und dem Sauerstoffangebot.

Aufgaben und Lösungen

4.1. Richten Sie die folgenden „Gleichungsgerüste" ein:

(*a*) $FeS_4 + O_2 \rightarrow Fe_2O_3 + SO_2$ (*b*) $C_7H_6O_2 + O_2 \rightarrow CO_2H_2O$

(*a*) Es gibt keine festgelegten Regeln für das Bilanzieren von Gleichungen. Häufig muß der Weg von "Versuch und Irrtum" beschritten werden. Es ist normalerweise hilfreich, von der komplexesten Formel auszugehen. Fe_2O_3 beinhaltet zwei verschiedene Elemente und eine größere Gesamtzahl von Atomen als die anderen Verbindungen, daher könnten wir damit beginnen. Wir erkennen, daß die Sauerstoffatome in den Molekülen O_2 und SO_2 in Paaren vorkommen, nicht aber in der Formeleinheit Fe_2O_3. Wenn wir die Gleichung mit Symbolen schreiben, die die *ganzzahligen* Koeffizienten repräsentieren,

$$wFeS_4 + xO_2 \rightarrow yFe_2O_3 + zSO_2$$

dann ist die Gesamtzahl von $2x$ Sauerstoffatomen auf der linken Seite für jeden ganzzahligen Wert von x gerade. Die Gesamtzahl auf der rechten Seite $3y + 2z$ kann gerade oder ungerade sein, je nachdem, ob y gerade oder ungerade ist. Wir schließen aus der geforderten Gleichheit von $2x$ und $3y + 2z$, daß y geradzahlig sein muß. Wir können jetzt als kleinste gerade Zahl 2 ausprobieren und von diesem Ausgangspunkt aus die weiteren Überlegungen anstellen.

$$wFeS_2 + xO_2 \rightarrow 2Fe_2O_3 + zSO_2$$

Um die Eisenatome auszugleichen, muß w gleich 4 sein.

$$4FeS_2 + xO_2 \rightarrow 2Fe_2O_3 + zSO_2$$

Um den Schwefel auszugleichen, muß z gleich 8 sein.

$$4FeS_2 + xO_2 \rightarrow 2Fe_2O_3 + 8SO_2$$

Um schließlich den Sauerstoff auszugleichen, muß $2x = 6 + 16$ sein (d.h. $x = 11$).

$$4FeS_2 + 11O_2 \rightarrow 2Fe_2O_3 + 8SO_2$$

Beachten Sie, daß der Koeffizient der einfachsten Substanz, in diesem Fall elementarer Sauerstoff, zuletzt bestimmt wurde. Das ist die übliche Methode, wenn man das Einrichten der Gleichung mit der komplexesten Substanz beginnt.

(*b*) Die komplexeste Verbindung in dieser Gleichung ist $C_7H_6O_2$. Wir können 1 Molekül dieser Substanz annehmen und sofort die Koeffizienten für CO_2 und H_2O ermitteln, die zu einem Ausgleich von C bzw. H führen.

$$C_7H_6O_2 + xO_2 \rightarrow 7CO_2 + 3H_2O$$

Der Ausgleich der Sauerstoffatome wird zuletzt durchgeführt, weil eine Änderung von x nicht mit dem Ausgleich der anderen Elemente interferiert. Ein arithmetischer Ausgleich erfordert nun für x einen Wert von $\frac{15}{2}$, was folgende Gleichung ergibt:

$$C_7H_6O_2 + \tfrac{15}{2}O_2 \rightarrow 7CO_2 + 3H_2O$$

Die Regel der ganzzahligen Koeffizienten ist jetzt verletzt, obwohl die Gleichung ausgeglichen ist. Das korrekte Verhältnis wird beibehalten und die Bruchzahl eliminiert, wenn man jeden Koeffizienten mit 2 multipliziert.

$$2C_7H_6O_2 + 15O_2 \rightarrow 14CO_2 + 6H_2O$$

Dies ist die korrekte Gleichung. Man kann sie als Verbrennungsreaktion bezeichnen. Die Vorgehensweise für die Bilanzierung ist für zahllose andere Verbrennungsreaktionen die gleiche.

4.2. Vervollständigen Sie die folgenden Gleichungen und bilanzieren Sie sie. [Anmerkung: Bariumphosphat $Ba_3(PO_4)_2$ ist sehr unlöslich; Zinn ist ein reaktiveres Metall als Silber.]

(*a*) $Ba(NO_3) + Na_3PO_4 \rightarrow$ (*b*) $Sn + AgNO_3 \rightarrow$ (*c*) $HC_2H_3O_2 + Ba(OH)_2 \rightarrow$

(*a*) Ermitteln Sie die Produkte dieser Methathese-Reaktion, indem Sie die Partner vertauschen. Damit ergibt sich das Gleichungsgerüst. Beachten Sie, daß der linke Partner in jeder Verbindung ein einzelnes Metallkation ist, wohingegen der rechte Partner ein komplexes Amion darstellt. Kapitel 9 behandelt die Frage, wie man die Formeln der Produktverbindungen korrekt ermittelt.

$$Ba(NO_3)_2 + Na_3PO_4 \rightarrow NaNO_3 + Ba_3(PO_4)_2$$

Betrachten Sie die Formel der komplexesten Verbindung $Ba_3(PO_4)_2$ und setzen Sie bei den Reaktanden die Koeffizienten 3 und 2 ein, um die Ba-Atome und die PO_4-Gruppen zu bilanzieren. Dann gleicht der Koeffizient 6 für $NaNO_3$ gleichzeitig die Na-Atome und die NO_3-Gruppen aus. Das Endergebnis lautet:

$$3Ba(NO_3)_2 + 2Na_3PO_4 \rightarrow 6NaNO_3 + Ba_3(PO_4)_2$$

(*b*) Ermitteln Sie die Produkte dieser Substitutionsreaktion, indem Sie Ag und Sn vertauschen. Damit erhalten Sie das Gleichungsgerüst:

$$Sn + AgNO_3 \rightarrow Ag + Sn(NO_3)_2$$

Ein Molekül der komplexesten Verbindung $Sn(NO_3)_2$ bedingt 2 Moleküle $AgNO_3$, was wiederum 2Ag-Atome bedingt.

$$Sn + 2AgNO_3 \rightarrow 2Ag + Sn(NO_3)_2$$

(*c*) Wenn Sie erkennen, daß hier eine Säure-Base-Reaktion vorliegt, können Sie sofort die bilanzierte Form ermitteln, wenn Sie genügend Säure-Moleküle zur Verfügung stellen, um dieselbe Zahl von Protonen (H^+) und Hydroxyd-Ionen (OH^-) zu erhalten. Dies entspricht dann gleichzeitig der Zahl der Wassermoleküle. (Die Formel für Essigsäure $HC_2H_3O_2$ wurde in dieser Art und Weise geschrieben, um zu verdeutlichen, daß nur ein H-Atom im Molekül ein acides H-Atom ist.)

$$2HC_2H_3O_2 + Ba(OH)_2 \rightarrow Ba(C_2H_3O_2)_2 + 2H_2O$$

4.3. Natriumhydroxid (NaOH) wird industriell häufig durch die Reaktion von Na_2CO_3 mit gelöschtem Kalk $Ca(OH)_2$ hergestellt. Wieviel Gramm NaOH können durch die Behandlung von 1 kg Na_2CO_3 mit $Ca(OH)_2$ erhalten werden?

Schreiben Sie zunächst die bilanzierte Gleichung für die Reaktion hin:

$$\underset{(1\text{ mol}=106{,}0\text{ g})}{Na_2CO_3} + Ca(OH_2) \rightarrow \underset{(2\text{ mol}=2(40{,}0)=80{,}0\text{ g})}{2NaOH} + CaCO_3$$

Das entsprechende Massenverhältnis 106 g/80 g genügt, um die Aufgabe zu lösen. Wir zeigen drei prinzipielle Methoden, die zum gleichen Ergebnis führen.

Erste Methode:

$$106{,}0\text{ g } Na_2CO_3 \text{ ergeben } 80{,}0\text{ g NaOH}$$

Daher ergibt

$$1\text{ g } Na_2CO_3 \text{ ergeben } \frac{80{,}0}{106{,}0}\text{ g NaOH}$$

und

$$1000\text{ g } Na_2CO_3 \text{ ergeben } 1000 \cdot \frac{80{,}0}{106{,}0} = 755\text{ g NaOH}$$

Zweite Methode:

Wie in Kapitel 2 wird das Symbol $n(X)$ für die Stoffmenge der Substanz X verwendet. $m(X)$ stellt die Masse der Verbindung X dar. Die Stoffmenge von 1 000 g Na_2CO_3 wird nun ermittelt:

$$n(Na_2CO_3) = \frac{1000\text{ g}}{106{,}0\text{ g / mol}} = 9{,}434\text{ mol } Na_2CO_3$$

Aus den Koeffizienten der eingerichteten Gleichung ergibt sich: 1 mol Na_2CO_3 reagiert zu 2 mol NaOH, und 9,434 mol Na_2CO_3 reagieren zu 2(9,434) = 18,87 mol NaOH.

$$m(\text{NaOH}) = (18{,}87\text{ mol NaOH})(40{,}0\text{ g NaOH/mol NaOH}) = 755\text{ g NaOH}$$

Dritte Methode:

X sei die Masse (g) an NaOH, die aus 1 000 g Na_2CO_3 erhalten wird. Es ist bekannt, daß 106,0 g Na_2CO_3 80,0 g NaOH ergeben. Daher gilt:

$$\frac{106{,}0\text{ g } Na_2CO_3}{80\text{ g NaOH}} = \frac{1000\text{ g } Na_2CO_3}{x}$$

$$x = (1000\text{ g } Na_2CO_3)\left(\frac{80{,}0\text{ g NaOH}}{106{,}0\text{ g } Na_2CO_3}\right) = 755\text{ g NaOH}$$

Anmerkung: Es sollte klar sein, daß 1 000 kg Na_2CO_3 755 kg NaOH und 1 000 Tonnen Na_2CO_3 755 Tonnen NaOH ergeben.

4.4. Die Gleichung für die Herstellung von Phosphor in einem elektrischen Ofen lautet:

$$2Ca_3(PO_4)_2 + 6SiO_2 + 10C \rightarrow 6CaSiO_3 + 10CO + P_4$$

Bestimmen Sie
(*a*) die Stoffmeng des gebildeten Phosphors pro eingesetztem Mol $Ca_3(PO_4)_2$;
(*b*) Die Masse (g) des gebildeten Phosphors pro Mol eingesetztem $Ca_3(PO_4)_2$;
(*c*) Die Masse (g) des gebildeten Phosphors pro g eingesetztem $Ca_3(PO_4)_2$;
(*d*) Die Masse (kg) des gebildeten Phosphors pro kg eingesetztem $Ca_3(PO_4)_2$;
(*e*) Die Masse (t) des Phosphors, der aus einer Tonne $Ca_3(PO_4)_2$ gewonnen werden kann;
(*f*) Die Stoffmengen (Mol) an SiO_2 und C, die pro Mol $Ca_3(PO_4)_2$ benötigt werden.

(*a*) Aus der Gleichung ergibt sich, daß aus 2 mol $Ca_3(PO_4)_2$ 1 mol P_4 oder $^1/_2$ mol P_4 pro Mol $Ca_3(PO_4)_2$ erhalten wird.
(*b*) Die molare Masse von P_4 ist 124 g/mol. Dann ist $^1/_2$ mol P_4 = $^1/_2 \cdot 124$ = 62 g P_4.
(*c*) Ein Mol $Ca_3(PO_4)_2$ (319 g) ergibt $^1/_2$ mol P_4 (62 g). Dann ergibt 1 g $Ca_3(PO_4)_2$ $^{62}/_{310}$ = 0,20 g P_4.
(*d*) 0,20 kg; die relativen Mengen sind, unabhängig von der Einheit, gleich.
(*e*) 0,20 Tonnen; Begründung s. oben.
(*f*) Aus den Koeffizienten der bilanzierten Gleichung ergibt sich, daß pro Mol $Ca_3(PO_4)_2$ 3 mol SiO_2 und 5 mol C benötigt werden.

4.5. Salzsäure wurde ursprünglich durch Erhitzen von NaCl mit konzentrierter H_2SO_4 hergestellt. Wieviel Schwefelsäure mit einem Gehalt von 90,0 Gew.-% H_2SO_4 wird für die Herstellung von 1 000 kg konzentrierter Salzsäure mit einem Gehalt von 42,0 Gew.-% HCl benötigt?

(1) Die Menge reiner HCl in 1 000 kg 42 %iger Säure ist (0,420)(1 000 kg) = 420 kg.

(2) Bestimmen Sie die Menge H_2SO_4, die zur Produktion von 420 kg HCl nötig ist (H_2SO_4 = 98,1 g/mol, HCl = 36,46 g/mol).

$$2\,NaCl + \underset{(1\ mol=96{,}1\ g)}{H_2SO_4} \rightarrow Na_2SO_4 + \underset{[2\ mol=2(36{,}46)=72{,}92\ g]}{2HCl}$$

Aus der Gleichung folgt:

$$72{,}92\ g\ HCl \quad \text{benötigen} \quad 98{,}1\ g\ H_2SO_4$$

$$1\ g\ HCl \quad \text{benötigt} \quad \frac{98{,}1}{72{,}92}\ g\ H_2SO_4$$

$$1\ kg\ HCl \quad \text{benötigt} \quad \frac{98{,}1}{72{,}92}\ kg\ H_2SO_4$$

und
$$420\ kg\ HCl \quad \text{benötigen} \quad (420)\left(\frac{98{,}1}{72{,}92}\ kg\right) = 565\ kg\ H_2SO_4$$

(3) Bestimmen Sie zum Schluß die Menge 90,0%iger H_2SO_4-Lösung, die 565 kg reiner H_2SO_4 enthält.

Da 0,900 kg reiner H_2SO_4 1 kg 90%iger Lösung entsprechen, gilt:

$$565\ kg\ H_2SO_4 \cdot \frac{1\ g\ Lösung}{0{,}900\ kg\ H_2SO_4} = 628\ kg\ Lösung$$

4.6. Bevor die Öffentlichkeit auf die Umweltverschmutzung aufmerksam wurde, war es üblich, die Leistung von Kraftstoffen durch Zusatz von Bleiverbindungen zu verbessern. Ein spezielles 100-Oktan-Flugbenzin enthielt pro Liter Produkt 1,00 cm^3 Tetraethylblei $(C_2H_5)Pb$ der Dichte 1,66 g/cm^3. Diese Verbindung wird folgendermaßen hergestellt:

$$4C_2H_5Cl + 4NaPb \rightarrow (C_2H_5)_4Pb + 4NaCl + 3Pb$$

Wieviel Gramm Ethylchlorid C_2H_5Cl werden benötigt, um genug Tetraethylblei für 1,00 l Kraftstoff zu erzeugen?

Die Masse von 1,00 cm^3 $(C_2H_5)_4Pb$ beträgt (1,00 cm^3)(1,66 g/cm^3) = 1,66 g; dies ist die Menge, die pro Liter benötigt wird. In Mol ausgedrückt:

$$\text{Nötige Molzahl } (C_2H_5)_4Pb = \frac{1{,}66\ g}{323\ g/mol} = 0{,}005\ 14\ mol$$

Die chemische Gleichung zeigt, daß pro mol $(C_2H_5)_4Pb$ 4 mol C_2H_5Cl benötigt werden. Daher werden 4(0,005 14) = 0,020 6 mol C_2H_5Cl gebraucht.

$$m(C_2H_5Cl) = 0{,}020\ 6\ mol \cdot 64{,}5\ g/mol = 1{,}33\ g\ C_2H_5Cl$$

4.7. Eine Lösung, die 2,00 g $Hg(NO_3)_2$ enthält, wurde zu einer Lösung von 2,00 g Na_2S gegeben. Berechnen Sie die Masse von HgS, die sich nach folgender Reaktion bildet.

$$Hg(NO_3)_2 + Na_2S \rightarrow HgS + 2NaNO_3$$

Die Besonderheit dieser Aufgabe besteht darin, daß die Anfangsmengen *zweier* Reaktanden angegeben sind. Daher ist es zunächst nötig zu bestimmen, ob eine Substanz im Überschuß vorliegt und welche das ist. Der einfachste Ansatz ist die Bestimmung der Stoffmenge für die beiden Substanzen.

$$n\left[Hg(NO_3)_2\right] = \frac{2{,}00\ g}{324{,}6\ g/mol} = 6{,}16 \cdot 10^{-3}\,mol\ Hg(NO_3)_2$$

$$n(Na_2S) = \frac{2,00 \text{ g}}{78,0 \text{ g / mol}} = 2,56 \cdot 10^{-2} \text{ mol } Na_2S$$

Die Gleichung zeigt, daß äquimolare Mengen der Reaktanden nötig sind. Daher benötigt die gegebene Menge $Hg(NO_3)_2$ lediglich $6,16 \cdot 10^{-3}$ mol Na_2S. Die gegebene Menge Na_2S übersteigt dies bei weitem. In diesem Fall ist $Hg(NO_3)_2$ der *limitierende* Reaktant und bestimmt die Menge des gebildeten Produkts.

$$\text{Menge von HgS} = [6,16 \cdot 10^{-3} \text{mol Hg}(NO_3)_2] \left[\frac{1 \text{ mol HgS}}{1 \text{ mol Hg}(NO_3)_2}\right] \left(\frac{232 \text{ g HgS}}{1 \text{ mol HgS}}\right) = 1,43 \text{ g HgS}$$

Die Menge überschüssigen Na_2S ist $2,56 \cdot 10^{-2}$ mol minus der verbrauchten $6,16 \cdot 10^{-3}$ mol oder $1,94 \cdot 10^{-2}$ mol. Das sind $1,94 \cdot 10^{-2}$ mol · 78,0 g/mol = 1,51 g.
Die Menge des $NaNO_3$ beträgt

$$\left(6,16 \cdot 10^{-3} \text{mol Hg}(NO_3)_2\right) \left(\frac{2 \text{ mol } NaNO_3}{1 \text{ mol Hg}(NO_3)_2}\right) \left(\frac{85,0 \text{ g } NaNO_3}{1 \text{ mol } NaNO_3}\right) = 1,05 \text{ g } NaNO_3$$

Alles in allem wurden die 4,00 g der Reagenzien zu 1,43 g HgS und 1,05 g des Nebenprodukts $NaNO_3$ umgewandelt, und es blieben noch 1,51 g des überschüssigen Reagenz Na_2S übrig. (Beachten Sie, daß die Summe der Produktmassen 3,99 g beträgt. Das entspricht im Rahmen des Rundungsfehlers den ursprünglichen 4,00 g.)

4.8. Wieviel Gramm $Ca_3(PO_4)_2$ können nach der Reaktion

$$3CaCl_2 + 2K_3PO_4 \rightarrow Ca_3(PO_4)_2 + 6KCl$$

durch Mischen einer Lösung mit 5,00 g $CaCl_2$ mit einer Lösung mit 8,00 g K_3PO_4 erzeugt werden?

$$n(CaCl_2) = \frac{5,00 \text{ g}}{111,0 \text{ g / mol}} = 4,50 \cdot 10^{-2} \text{ mol} \qquad n(K_3PO_4) = \frac{8,00 \text{ g}}{212,3 \text{ g / mol}} = 3,77 \cdot 10^{-2} \text{ mol}$$

$$\left(4,50 \cdot 10^{-2} \text{mol } CaCl_2\right) \left(\frac{2 \text{ mol } K_3PO_4}{3 \text{ mol } CaCl_2}\right) = 3,00 \cdot 10^{-2} \text{mol } K_3PO_4$$

werden für die gegebene Menge $CaCl_2$ benötigt. Daher liegt das K_3PO_4 im Überschuß vor, und $CaCl_2$ ist der *limitierende* Reaktand.

$$\text{Menge von } Ca_3(PO_4)_2 = \left(4,50 \cdot 10^{-2} \text{mol } CaCl_2\right) \left[\frac{1 \text{mol } Ca_3(PO_4)_2}{3 \text{mol } CaCl_2}\right] \left[\frac{310,2 \text{ g } Ca_3(PO_4)_2}{1 \text{mol } Ca_3(PO_4)_2}\right]$$

$$= 4,65 \text{ g } Ca_3(PO_4)_2$$

Wenn wir die Berechnung mit K_3PO_4 statt mit $CaCl_2$ begonnen hätten, dann würden

$$\left(3,77 \cdot 10^{-2} \text{mol } K_3PO_4\right) \left(\frac{3 \text{mol } CaCl_2}{2 \text{mol } K_3PO_4}\right) = 5,66 \text{ mol } CaCl_2$$

für die gegebene Menge K_3PO_4 benötigt. Da dieser Wert größer ist als die gegebene Menge $CaCl_2$, ergibt sich wiederum, daß $CaCl_2$ der *limitierende* Reaktand ist.

Die Rechnung kann durch Vervollständigung der Massenbilanz überprüft werden.

Überschüssiges K_3PO_4 = [(3,77 – 3,00) · 10^{-2} mol] (212,3 g/mol) = 1,63 g

$$\text{Menge von KCl} = \left(4,50 \cdot 10^{-2} \text{mol } CaCl_2\right) \left(\frac{6 \text{mol KCl}}{3 \text{mol KCl}}\right) = 6,71 \text{ g KCl}$$

Die Summe der Mengen an Produkt, Nebenprodukt und überschüssigem Reagens beläuft sich auf 4,65 + 6,71 + 1,63 = 12,99 g in Übereinstimmung mit den 8,00 + 5,00 = 13,00 g der Reaktanden.

4.9. Wie groß ist der prozentuale Anteil von freiem SO_3 in einem Oleum (einer Lösung von SO_3 in H_2SO_4), das mit „109% H_2SO_4" etikettiert ist? Eine solche Angabe bezieht sich auf 109 g Gesamtgewicht reiner H_2SO_4, das nach Zugabe der entsprechenden Menge Wasser zu 100 g Oleum entstehen würde.

Neun g Wasser reagieren mit dem gesamten freien SO_3 in 100 g Oleum und bilden 109 g H_2SO_4. Die Gleichung $H_2O + SO_3 \rightarrow H_2SO_4$ zeigt an, daß 1 mol H_2O (18 g) mit 1 mol SO_3 (80 g) reagieren. Dann

$$(9\ \mathrm{g\,H_2O})\left(\frac{80\ \mathrm{g\,SO_3}}{18\ \mathrm{g\,H_2O}}\right) = 40\ \mathrm{g\,SO_3}$$

Daher enthalten 100 g des Oleums 40 g SO_3, der Anteil des freien SO_3 in dem Oleum beträgt 40%.

4.10. $KClO_4$ kann durch die folgende Abfolge von Reaktionen hergestellt werden:

$$Cl_2 + 2KOH \rightarrow KCl + KClO + H_2O$$
$$3KClO \rightarrow 2KCl + KClO_3$$
$$4KClO_3 \rightarrow 3KClO_4 + KCl$$

Wieviel Cl_2 wird benötigt, um durch die obige Reaktionsfolge 100 g $KClO_4$ herzustellen?

Das Problem wird folgenderweise gelöst:

$$n(\mathrm{KClO}) = n(\mathrm{Cl_2})$$
$$n(\mathrm{KClO_3}) = \tfrac{1}{3}n(\mathrm{KClO}) = \tfrac{1}{3}n(\mathrm{Cl_2})$$
$$n(\mathrm{KClO_4}) = \tfrac{3}{4}n(\mathrm{KClO_3}) = \left(\tfrac{3}{4}\right)\left(\tfrac{1}{3}\right)n(\mathrm{Cl_2}) = \tfrac{1}{4}n(\mathrm{Cl_2})$$
$$n(\mathrm{KClO_4}) = \frac{100\ \mathrm{g\,KClO_4}}{138{,}6\ \mathrm{g\,KClO_4/mol\,KClO_4}} = 0{,}721\ 5\ \mathrm{mol\,KClO_4}$$
$$n(\mathrm{Cl_2}) = 4(0{,}721\ 5) = 2{,}886\ \mathrm{mol\,Cl_2}$$
$$m(\mathrm{Cl_2}) = (2{,}886\ \mathrm{mol\,Cl_2})(70{,}9\ \mathrm{g\,Cl_2/mol\,Cl_2}) = 205\ \mathrm{g\,Cl_2}$$

4.11. Eine Probe von 1,204 8 g verunreinigtem Na_2CO_3 wird aufgelöst und mit einer Lösung von $CaCl_2$ zur Reaktion gebracht. Nach Fällung, Filtration und Trocknung hatte das entstandene $CaCO_3$ eine Masse von 1,026 2 g. Berechnen Sie die prozentuale Reinheit des Na_2CO_3 unter der Annahme, daß die Verunreinigungen nichts zum Gewicht des Niederschlags beitragen.

Die Gleichung für die Reaktion lautet wie folgt:

$$Na_2CO_3 + CaCl_2 \rightarrow CaCO_3 + 2NaCl$$

Die Menge des $CaCO_3$ sollte zuerst berechnet werden:

$$n(\mathrm{CaCO_3}) = \frac{1{,}026\,2\ \mathrm{g\,CaCO_3}}{100{,}09\ \mathrm{g\,CaCO_3/mol}} = 0{,}010\ \ 253\ \mathrm{mol}$$

Aus den Koeffizienten der bilanzierten Gleichung ergibt sich:

$$n(\mathrm{Na_2CO_3}) = n(\mathrm{CaCO_3}) = 0{,}010\ 253\ \mathrm{mol}$$

Berechnen Sie nun die Masse von reinem Na_2CO_3 in der Probe.

$$m(\mathrm{Na_2CO_3}) = (0{,}010\ 253\ \mathrm{mol})(105{,}99\ \mathrm{g\,Na_2CO_3/mol}) = 1{,}086\ 7\ \mathrm{g\,Na_2CO_3}$$

Die prozentuale Reinheit erhält man durch Division der Masse von Na_2CO_3 durch die Masse der Probe und Multiplikation mit 100.

$$\%\ \text{Reinheit} = \frac{1{,}086\,7\ \mathrm{g}}{1{,}204\,8\ \mathrm{g}}(100\%) = 90{,}20\%$$

4.12. Eine Mischung aus NaCl und KCl wog 5,489 2 g. Die Probe wurde in Wasser aufgelöst und mit einem Überschuß einer Lösung von Silbernitrat zur Reaktion gebracht. Das entstandene AgCl wog 12,705 2 g. Wie groß war der Prozentsatz von NaCl in der Mischung?

Die beiden Parallel-Reaktionen lauten:

$$NaCl + AgNO_3 \rightarrow AgCl + NaNO_3 \qquad KCl + AgNO_3 \rightarrow AgCl + KNO_3$$

Daß die Anzahl der Cl-Atome erhalten bleibt, muß die Anzahl gebildeter Mole AgCl der *Summe* der Molzahl von NaCl und KCl entsprechen.

$$n(\text{AgCl}) = \frac{12{,}7052 \text{ g AgCl}}{143{,}321 \text{ g AgCl / mol}} = 0{,}088649 \text{ mol} = n(\text{NaCl}) + n(\text{KCl})$$

Wenn x = Masse von NaCl und y = Masse von KCl, dann gilt:

$$\frac{x}{58{,}443 \text{ g / mol}} + \frac{y}{74{,}551 \text{ g / mol}} = 0{,}088649 \text{ mol} \qquad (1)$$

Eine zweite Gleichung für die unbekannten Massen lautet folgendermaßen:

$$x + y = 5{,}489\,2 \text{ g} \qquad (2)$$

Wenn man aus (*1*) und (*2*) y eliminiert und nach x auflöst, erhalten wir für $x = m(\text{NaCl}) = 4{,}062\,4$ g. Dann ist

$$\%\text{NaCl} = \frac{4{,}0624 \text{ g}}{5{,}4892 \text{ g}}(100\%) = 74{,}01\%\ \text{NaCl}$$

Zusatzaufgaben

BILANZIEREN VON GLEICHUNGEN

Gleichen Sie die folgenden Gleichungen aus:

4.13. $C_2H_4(OH)_2 + O_2 \rightarrow CO_2 + H_2O$

4.14. $Li + H_2O \rightarrow LiOH + H_2$

4.15. $Sn + SnCl_4 \rightarrow SnCl_2$

4.16. $Ba(OH)_2 + AlCl_3 \rightarrow Al(OH)_3 + BaCl_2$

4.17. $KHC_8H_4O_4 + KOH \rightarrow K_2C_8H_4O_4 + H_2O$

4.18. $C_2H_2Cl_4 + Ca(OH)_2 \rightarrow C_2HCl_3 + CaCl_2 + H_2O$

4.19. $(NH_4)_2Cr_2O_7 \rightarrow N_2 + Cr_2O_3 + H_2O$

4.20. $Zn_3Sb_2 + H_2O \rightarrow Zn(OH)_2 + SbH_3$

4.21. $HClO_4 + P_4O_{10} \rightarrow H_3PO_4 + Cl_2O_7$

4.22. $C_6H_5Cl + SiCl_4 + Na \rightarrow (C_6H_5)_4Si + NaCl$

4.23. $Sb_2S_3 + HCl \rightarrow H_3SbCl_6 + H_2S$

4.24. $IBr + NH_3 \rightarrow NI_3 + NH_4Br$

4.25. $SF_4 + H_2O \rightarrow SO_2 + HF$

4.26. $Na_2CO_3 + C + N_2 \rightarrow NaCN + CO$

4.27. $K_4Fe(CN)_6 + H_2SO_4 + H_2O \rightarrow K_2SO_4 + FeSO_4 + (NH_4)_2SO_4 + CO$

4.28. $Fe(CO)_5 + NaOH \rightarrow Na_2Fe(CO)_4 + Na_2CO_3 + H_2O$

4.29. $H_3PO_4 + (NH_4)2MoO_4 + HNO_3 \rightarrow (NH_4)_3PO_4 \cdot 12MoO_3 + NH_4NO_3 + H_2O$

4.30. Identifizieren Sie jeden der folgenden Reaktionstypen, schreiben Sie die Produkte auf und gleichen Sie die Gleichung aus.

(*a*) $HCl + Mg(OH)_2 \rightarrow$
(*b*) $PbCl_2 + K_2SO_4 \rightarrow$
(*c*) $CH_3CH_2OH + O_2$ (Überschuß) $\rightarrow$
(*d*) $NaOH + H_2C_6H_6O_6 \rightarrow$
(*e*) $Fe + AgNO_3 \rightarrow$

Teillösungen (*a*) Säure-Base (Neutralisation), Produkte sind H_2O und $MgCl_2$; (*b*) doppelte Substitution (Metathese), Produkte sind KCl und $PbSO_4$; (*c*) Verbrennung, Produkte sind CO_2 und H_2O; (*d*) Säure-Base-Reaktion (Neutralisation), Produkte sind $Na_2C_6H_6O_6$ und H_2O; (*e*) Verdrängung, Produkte sind $Fe(NO_3)_2$ und Ag.

MASSENBEZIEHUNGEN

4.31. Betrachten Sie die Verbrennung von Amylalkohol $C_5H_{11}OH$.

$$2C_5H_{11}OH + 15O_2 \rightarrow 10CO_2 + 12H_2O$$

(*a*) Wieviel Mol O_2 werden für die Verbrennung von 1 mol Amylalkohol benötigt? (*b*) Wieviel Mol H_2O werden für jedes verbrauchte Mol O_2 gebildet? (*c*) Wieviel Gramm CO_2 werden für jedes verbrannte Mol Amylalkohol produziert? (*d*) Wieviel Gramm CO_2 werden für jedes verbrannte Gramm Amylalkohol produziert? (*e*) Wieviel Tonnen CO_2 entstehen pro verbrannter Tonne Amylalkohol?

Lösung: (*a*) 7,5 mol O_2; (*b*) 0,80 mol H_2O; (*c*) 220 g CO_2; (*d*) 2,49 g CO_2; (*e*) 2,49 Tonnen CO_2

4.32. Ein tragbarer Wasserstoffgenerator nützt die Reaktion $CaH_2 + 2H_2O \rightarrow Ca(OH)_2 + 2H_2$. Wieviel Gramm H_2 können mit einer 50 g-Kartusche CaH_2 erzeugt werden?

Lösung: 4,8 g H_2

4.33. Iod kann durch die Reaktion $2NaIO_3 + 5NaHSO_3 \rightarrow 3NaHSO_4 + 2Na_2SO_4 + H_2O + I_2$ hergestellt werden. Wieviel $NaIO_3$ und wieviel $NaHSO_3$ müssen eingesetzt werden, um ein Kilogramm Iod zu erzeugen?

Lösung: 1,56 kg $NaIO_3$, 2,05 kg $NaHSO_3$

4.34. Die Edelgasverbindung XeF_2 kann durch Behandlung mit NaOH sicher entsorgt werden:

$$4NaOH + 2XeF_2 \rightarrow 2Xe + O_2 + 4NaF + 2H_2O$$

Berechnen Sie die Masse von Sauerstoff, die nach obiger Reaktion aus 85,0 g XeF_2 mit einem Überschuß von NaOH-Lösung entsteht.

Lösung: 8,03 g O_2

4.35. Wieviel Eisen(III)oxid kann durch die folgenden Reaktionen aus 6,76 g $FeCl_3 \cdot 6H_2O$ erzeugt werden?

$$FeCl_3 \cdot 6H_2O + 3NH_3 \rightarrow Fe(OH)_3 + 3NH_4Cl$$
$$2Fe(OH)_3 \rightarrow Fe_2O_3 + 3H_2O$$

Lösung: 2,00 g Fe_2O_3

4.36. (*a*) Wieviel (engl.) Pfund ZnO werden gebildet, wenn 1 lb Zinkblende ZnS an Luft stark erhitzt wird?

$$2ZnS + 3O_2 \rightarrow 2ZnO + 2SO_2$$

(*b*) Wieviele Tonnen ZnO entstehen aus 1 Tonne ZnS? (*c*) Wieviele Kilogramm ZnO werden aus 1 kg ZnS entstehen?

Lösung: (*a*) 0,835 lb; (*b*) 0,835 Tonnen; (*c*) 0,835 kg

4.37. Wieviel Kilogramm flüssigen Sauerstoffs sollten pro Kilogramm Butan C_4H_{10} in einem mit Butan betriebenen Raketenmotor vorgesehen werden, um vollständige Verbrennung zu erreichen?

$$2C_4H_{10} + 13O_2 \rightarrow 8CO_2 + 10H_2O$$

Lösung: 3,58 kg

4.38. Das Insektizid Chloropicrin CCl_3NO_2 kann billig durch einen Prozeß hergestellt werden, der die folgende Reaktion nützt:

$$CH_3NO_2 + 3Cl_2 \rightarrow CCl_3NO_2 + 3HCl$$

Wieviel Nitromethan CH_3NO_2 wird zur Herstellung von 500 g Chloropicrin benötigt?

Lösung: 186 g

4.39. Ethylalkohol (C_2H_5OH) kann durch die Fermentation von Glucose ($C_6H_{12}O_6$) nach folgender Gleichung erzeugt werden:

$$C_6H_{12}O_6 \rightarrow 2C_2H_5OH + 2CO_2$$

Wieviel metrische Tonnen Alkohol können aus 2,00 metrischen Tonnen Glucose erzeugt werden?

Lösung: 1,02 metrische Tonnen

4.40. Wieviele Kilogramm H_2SO_4 können aus 1 kg Cu_2S hergestellt werden, wenn jedes S-Atom in Cu_2S in 1 Molekül H_2SO_4 umgewandelt wird?

Lösung: 0,616 kg

4.41. (*a*) Wieviel Wismutnitrat $Bi(NO_3)_3 \cdot 5H_2O$ wird aus einer Lösung von 10,4 g Wismut in Salpetersäure gebildet?

$$Bi + 4HNO_3 + 3H_2O \rightarrow Bi(NO_3)_3 \cdot 5H_2O + NO$$

(*b*) Wieviel 30%ige Salpetersäure (die 30 Gew.-% HNO_3 enthält) wird benötigt, um mit dieser Menge Wismut vollständig abzureagieren?

Lösung: (*a*) 24,1 g; (*b*) 41,8 g

4.42. Eine der Reaktionen, die in der Ölindustrie verwendet wird, um die Oktanzahl von Kraftstoffen zu verbessern, basiert auf folgender Reaktion:

$$C_7H_{14} \rightarrow C_7H_8 + 3H_2$$

Die beiden Kohlenwasserstoffe, die in dieser Gleichung erscheinen, sind Flüssigkeiten; der Wasserstoff fällt gasförmig an. Wie groß ist die prozentuale Abnahme des Flüssigkeitsgewichtes, die den Ablauf der obigen Reaktion begleitet?

Lösung: 6,2%

4.43. Im für die Reinigung von Nickel verwendeten *Mond-Prozeß* wird das flüchtige Nickel-Carbonyl $Ni(CO)_4$ durch die folgende Reaktion hergestellt:

$$Ni + 4CO \rightarrow Ni(CO)_4$$

Wieviel CO wird zur Verflüchtigung jedes Kilogramms Nickel benötigt?

Lösung: 1,91 kg CO

4.44. Wenn man Kupfer mit einem Überschuß von Schwefel erhitzt, bildet sich Cu_2S. Wieviel Gramm Cu_2S können hergestellt werden, wenn 100 g Kupfer mit 50 g Schwefel erhitzt werden?

Lösung: 125 g Cu_2S

4.45. Der „Thermit"-Prozeß ist als Methode zum Schweißen von Eisen von historischem Interesse:

$$2Al + Fe_2O_3 \rightarrow 2Fe + Al_2O_3$$

Berechnen Sie die maximale Menge Aluminium, die zur Erzeugung einer Thermit-Mischung zu 500 g Eisen(III)oxid gegeben werden kann, wenn reines Eisen erzeugt werden soll, das nicht mit überschüssigem Aluminium legiert ist.

Lösung: 169 g Aluminium

4.46. Eine Mischung aus 1 Tonne CS_2 und 2 Tonnen Cl_2 wird durch ein heißes Reaktionsrohr geleitet, wo folgende Reaktion stattfindet:

$$CS_2 + 3Cl_2 \rightarrow CCl_4 + S_2Cl_2$$

(*a*) Wieviel CCl_4 kann durch vollständige Reaktion des limitierenden Ausgangsmaterials gewonnen werden? (*b*) Welches Ausgangsmaterial liegt im Überschuß vor und wieviel davon bleibt nach der Reaktion übrig?

Lösung: (*a*) 1,45 Tonnen CCl_4; (*b*) 0,28 Tonnen CS_2

4.47. Ein Gramm (Trockengewicht) einer Grünalge war in der Lage, durch Photosynthese pro Stunde $4{,}7 \cdot 10^{-3}$ mol CO_2 zu absorbieren. Wie lange würde die Alge brauchen, um ihr eigenes Gewicht zu verdoppeln, wenn alle gebundenen Kohlenstoff-Atome nach der Photosynthese als Stärke $(C_6H_{10}O_5)_n$ gespeichert werden? Vernachlässigen Sie den Anstieg des photosynthetischen Umsatzes durch die Zunahme der lebenden Materie.

Lösung: 7,9 h

4.48. Kohlenstoffdisulfid kann aus dem Abfallprodukt SO_2 erzeugt werden. Die Gesamtreaktion lautet:

$$5C + 2SO_2 \rightarrow CS_2 + 4CO$$

Wieviel CS_2 kann aus 450 kg Abfall-SO_2 mit überschüssigem Kohlenstoff erzeugt werden, wenn das SO_2 zu 82 % umgesetzt wird?

Lösung: 219 kg

4.49. Silikat-Erze können durch Zusammenschmelzen mit Natriumcarbonat löslich gemacht werden. Eine vereinfachte Gleichung für den Vorgang lautet:

$$2Na_2CO_3 + SiO_2 \rightarrow Na_4SiO_4 + 2CO_2$$

Berechnen Sie die minimale Menge Na_2CO_3, die nötig ist, um eine Probe von 0,500 g eines Erzes zu lösen, die laut Analyse 19,1 % Siliciumdioxid (SiO_2) enthält.

Lösung: 0,337 g (Anmerkung: Normalerweise wird ein großer Überschuß verwendet, z.B. etwa 3 g.)

4.50. Die chemische Formel für das chelatisierende Agens Versen lautet $C_2H_4N_2(C_2H_2O_2Na)_4$. Wie groß wäre das Aufnahmevermögen reinen Versens, ausgedrückt in mg gebundenes $CaCO_3$ pro Gramm Chelatbildner, wenn jedes Mol dieser Verbindung ein Mol Ca^{2+} binden könnte? Hier wird die Menge von Ca^{2+} als die Menge $CaCO_3$ ausgedrückt, die es bilden könnte.

Lösung: 264 mg $CaCO_3$ pro g

4.51. Wenn CaC_2 in einem elektrischen Ofen nach der Gleichung

$$CaO + 3C \rightarrow CaC_2 + CO$$

hergestellt wird, enthält das Rohprodukt typischerweise 85% CaC_2 und 15% CaO, das nicht reagiert hat. Wieviel CaO muß für 50 Tonnen (*a*) gebildeten CaC_2; (*b*) gebildeten Rohprodukts in den Ofen gegeben werden?

Lösung: (*a*) 53 Tonnen CaO; (*b*) 45 Tonnen CaO

4.52. Die Kunststoffindustrie verwendet große Mengen Phthalsäureanhydrid $C_8H_4O_3$, das durch kontrollierte Oxidation von Naphthalin hergestellt wird:

$$2C_{10}H_8 + 9O_2 \rightarrow 2C_8H_4O_3 + 4CO_2 + 4H_2O$$

Da ein gewisser Teil des Naphthalins zu anderen Produkten oxidiert wird, erhält man üblicherweise nur 70 Prozent der von der obigen Gleichung vorausgesagten maximalen Ausbeute. Wieviel Phthalsäureanhydrid könnte man in der Praxis durch die Oxidation von 100 lb $C_{10}H_8$ erhalten?

Lösung: 81 lb

4.53. Die empirische Formel eines kommerziellen Ionen-Austauscherharzes lautet $C_8H_7SO_3Na$. Das Harz kann zur Enthärtung von Wasser nach folgender Formel verwendet werden:

$$Ca^{2+} + 2C_8H_7SO_3Na \rightarrow (C_8H_7SO_3)Ca + 2Na^+$$

Wie groß ist die maximale Aufnahmekapazität des Harzes für Ca^{2+} (ausgedrückt in Mol pro Gramm Harz)?

Lösung: 0,002 4 mol · Ca^{2+} · /g · Harz

4.54. Das Insektizid Chlordan wird durch folgenden zweistufigen Prozeß hergestellt:

$$C_5Cl_6 \text{ (Hexachlorcyclopentadien)} + C_5H_6 \text{ (Cyclopentadien)} \rightarrow C_{10}H_6Cl_6$$
$$C_{10}H_6Cl_6 + Cl_2 \rightarrow C_{10}H_6Cl_8 \text{ (Chlordan)}$$

(*a*) Berechnen Sie, wieviel Chlordan aus 500 g C_5Cl_6 hergestellt werden kann. (*b*) Wie groß ist der prozentuale Anteil von Chlor in Chlordan?

Lösung: (*a*) 751 g; (*b*) 69,2% Cl

4.55. Kommerzielles „Natriumhydrosulfit" ist 90%iges $Na_2S_2O_4$. Wieviel des handelsüblichen Produkts könnten aus 100 Tonnen Zink und der nötigen Menge der anderen Reaktanden hergestellt werden? Die Reaktionsfolge ist wie folgt:

$$Zn + 2SO_2 \rightarrow ZnS_2O_4$$
$$ZnS_2O_4 + Na_2CO_3 \rightarrow ZnCO_3 + Na_2S_2O_4$$

Lösung: 296 Tonnen

4.56. Fluorkohlenstoff-Polymere können durch Fluorierung von Polyethylen nach der Reaktion:

$$(CH_2)_n + 4nCoF_3 \rightarrow (CF_2)_n + 2nHF + 4nCoF_2$$

hergestellt werden, wobei *n* eine große ganze Zahl ist. Das CoF_3 kann durch folgende Reaktion regeneriert werden:

$$2CoF_2 + F_2 \rightarrow 2CoF_3$$

(*a*) Wieviel Kilogramm Fluor werden pro gebildetem Kilogramm Fluorkohlenstoff $(CF_2)_n$ verbraucht, wenn das in der ersten Reaktion gebildete HF nicht wiederverwendet werden kann?
(*b*) Wie groß ist der Gesamtverbrauch an Fluor pro Kilogramm Fluorkohlenstoff, wenn das HF aufgefangen und zu Wasserstoff und Fluor elektrolysiert werden kann und wenn dieses Fluor dazu verwendet wird, das CoF_3 zu regenerieren?

Lösung: (*a*) 1,52 kg; (*b*) 0,76 kg

4.57. Ein Prozeß, der zur Entfernung organisch gebundenen Schwefels aus Kohle vor deren Verbrennung entwickelt wurde, umfaßt die folgenden Reaktionen:

$$X\text{–}S\text{–}Y + 2NaOH \rightarrow X\text{–}O\text{–}Y + Na_2S + H_2O \qquad X, Y\text{: Org. Reste}$$
$$CaCO_3 \rightarrow CaO + CO_2$$
$$Na_2S + CO_2 + H_2O \rightarrow Na_2CO_3 + H_2S$$
$$CaO + H_2O \rightarrow Ca(OH)_2$$
$$Na_2CO_3 + Ca(OH)_2 \rightarrow CaCO_3 + 2NaOH$$

Wieviel Kalkstein ($CaCO_3$) muß zersetzt werden, um genügend $Ca(OH)_2$ zur Regeneration der im ursprünglichen Auslaugungsprozeß verwendeten NaOH zur Verfügung zu stellen, wenn 100 metrische Tonnen einer Kohle mit einem Schwefelgehalt von 1,0% behandelt werden sollen?

Lösung: 3,12 metrische Tonnen

4.58. Man kann Silber aus den Lösungen seiner Salze entfernen, indem man es mit metallischem Zink nach folgender Gleichung zur Reaktion bringt:

$$Zn + 2Ag^+ \rightarrow Zn^{2+} + 2Ag$$

Ein 50-g-Stück Zink wurde in ein 100 l-Gefäß geworfen, das 3,5 g Ag^+ /l enthielt. (*a*) Welcher Reaktand wurde vollständig verbraucht? (*b*) Wieviel der anderen Substanz blieb übrig?

Lösung: (*a*) Zink; (*b*) 1,9 g Ag^+ /l

4.59. Die folgende Reaktion läuft ab, bis das limitierende Edukt vollständig verbraucht ist:

$$2Al + 3MnO \rightarrow Al_2O_3 + 3Mn$$

Eine Mischung aus 100 g Al und 200 g MnO wird erhitzt, um die Reaktion zu starten. Welche Ausgangssubstanz blieb übrig und wieviel?

Lösung: Al, 49 g

4.60. Eine Mischung aus $NaHCO_3$ und Na_2CO_3 wog 1,023 5 g. Die gelöste Mischung wurde mit überschüssigem $Ba(OH)_2$ zur Reaktion gebracht. Es entstanden 2,102 8 g $BaCO_3$ nach folgenden Gleichungen:

$$Na_2CO_3 + Ba(OH)_2 \rightarrow BaCO_3 + 2NaOH$$
$$NaHCO_3 + Ba(OH)_2 \rightarrow BaCO_3 + NaOH + H_2O$$

Wie groß war der prozentuale Anteil $NaHCO_3$ in der ursprünglichen Mischung?

Lösung: 39,51% $NaHCO_3$

4.61. Eine Mischung aus NaCl und NaBr, die 3,508 4 g wog, wurde gelöst und mit einer zur vollständigen Fällung des Chlorids und Bromids als AgCl und AgBr ausreichenden Menge von $AgNO_3$ behandelt. Der gewaschene Niederschlag wurde mit KCN behandelt, um die Silbersalze in Lösung zu bringen; danach wurde die entstandene Lösung elektrolysiert. Die Gleichungen lauten:

$$NaCl + AgNO_3 \rightarrow AgCl + NaNO_3$$
$$NaBr + AgNO_3 \rightarrow AgBr + NaNO_3$$
$$AgCl + 2KCN \rightarrow KAg(CN)_2 + KCl$$
$$AgBr + 2KCN \rightarrow KAg(CN)_2 + KBr$$
$$4KAg(CN)_2 + 4KOH \rightarrow 4Ag + 8KCN + 2H_2O$$

Nachdem der letzte Schritt vollständig abgelaufen war, wog das abgeschiedene metallische Silber 5,502 8 g. Wie war die Zusammensetzung der ursprünglichen Mischung?

Lösung: 65,23% NaCl, 34,77% NaBr

Kapitel 5
Gase

VOLUMEN VON GASEN

Anders als Flüssigkeiten und Feststoffe nehmen Gase ein Volumen ein, das stark von Druck und Temperatur abhängt. Besonderes Augenmerk ist daher auf jene Faktoren zu richten, die das Volumen von Gasen beeinflussen.

DRUCK

Druck ist definiert als eine Kraft, die senkrecht auf die Flächeneinheit einer Oberfläche wirkt.

$$\text{Druck} = \frac{\text{Kraft, die senkrecht auf eine Fläche wirkt}}{\text{Fläche, auf die sich die Kraft verteilt}}$$

$$\text{Druck (in Pascal)} = \frac{\text{Kraft (in Newton)}}{\text{Fläche (in Quadratmetern)}}$$

Daher ist das *Pascal* definiert durch $1\ \text{Pa} = 1\ \text{N/m}^2 = (1\ \text{kg} \cdot \text{m/s}^2)/\text{m}^2 = 1\ \text{kg/m} \cdot \text{s}^2$.

Der von einer Flüssigkeitssäule ausgeübte Druck beträgt

$$\begin{aligned} \text{Druck} &= \text{Höhe} \cdot \text{Dichte der Flüssigkeit} \cdot \text{Erdbeschleunigung} \\ \text{Druck (in Pa)} &= \text{Höhe (in m)} \cdot \text{Dichte (in kg/m}^3) \cdot 9{,}81\ \text{m/s}^2 \end{aligned}$$

STANDARD-ATMOSPHÄRENDRUCK

Luft hat ein Gewicht und übt daher einen Druck aus. Der Atmosphärendruck rührt vom Gewicht der auf einer Fläche lastenden Luftsäule her. Der *Normdruck* beträgt 101 325 Pa bei 0 °C. Das entspricht etwa dem mittleren Druck der Atmosphäre in Meereshöhe bzw. dem Druck, der von einer 760 mm hohen Quecksilbersäule bei 0 °C und in Meereshöhe ausgeübt wird. Das *Torr* ist definiert als 760 torr = 1 atm. Im Rahmen der Aufgaben in diesem Buch werden Torr und Millimeter Quecksilbersäule (mmHg) als identisch angesehen. Das *Bar* ist definiert als 1 bar = 10^5 Pa.

$$\begin{aligned} 1\ \text{atm} &= 101\ 325\ \text{Pa} \\ &= 1{,}01\ 325\ \text{bar} \\ &= 760\ \text{torr} \end{aligned}$$

DRUCKMESSGERÄTE

Der Druck eines Gases wird häufig durch den Anschluß eines Manometers an das Gefäß bestimmt. Das Manometer enthält eine Flüssigkeit, normalerweise Quecksilber, deren Höhe direkt als Druckeinheit in mmHg (d.h. Torr) ablesbar ist. Ein Manometer mit geschlossenem Rohr (Abb. 5-1(*a*)) wird anfangs ganz bis zum geschlossenen Ende gefüllt, so daß die Höhe des Quecksilberspiegels direkt einen absoluten Wert für den Druck des Gases darstellt. Ein Manometer mit offenem Rohr zeigt den Unterschied zwischen dem Druck des Gases und dem Außendruck an. In Abb. 5-1(*b*) ist der Gasdruck geringer als der Außendruck, in Abb. 5-1(*c*) ist er größer.

Es wird noch eine Vielzahl anderer Geräte verwendet, um Drücke zu messen. Die am häufigsten anzutreffenden sind Zeigergeräte, die analog zu dem Manometer mit offenem Rohr in Abb. 5-1(*c*) den relativen Druck angeben (das ist die Druckdifferenz zum Außendruck). Absolut anzeigende Manometer (analog zu Abb. 5-1(*a*)) sind normalerweise als solche gekennzeichnet. Die meisten Manometer, die von Autofahrern zur Überprüfung des Reifendrucks verwendet werden, zeigen den relativen Druck an.

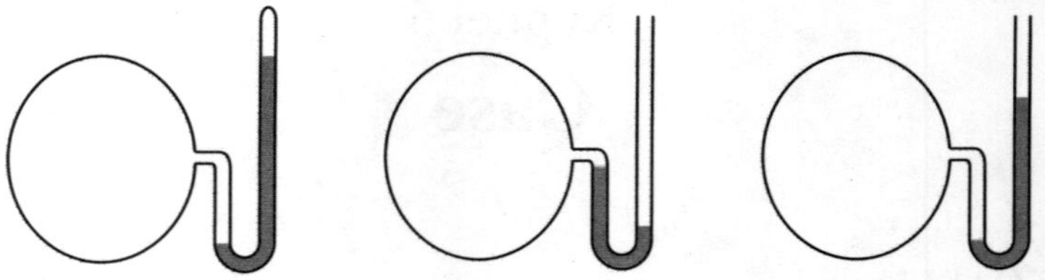

(*a*) Manometer mit geschlossenem Rohr

(*b*) Manometer mit offenem Rohr, $P_{Gas} < P_{Atmosphäre}$

(*c*) Manometer mit offenem Rohr, $P_{Gas} > P_{Atmosphäre}$

Abb. 5-1

NORMALBEDINGUNGEN

Normalbedingungen bedeuten eine Temperatur von 0 °C (273,15 K, für die meisten Aufgaben in diesem Buch auf 273 K abgerundet) und normalem Atmosphärendruck (1 atm = 760 torr). Da sowohl das Volumen als auch die Dichte eines jeden Gases durch Schwankungen von Temperatur und Druck verändert werden, ist es für Vergleichszwecke üblich, alle Gasvolumina auf Normalbedingungen zu beziehen.

GASGESETZE

Man hat erkannt, daß alle Gase bei ausreichend niedrigem Druck und ausreichend hoher Temperatur drei einfachen Gesetzen gehorchen. Diese Gesetze beschreiben die Zusammenhänge zwischen Volumen, Druck und Temperatur von Gasen. Wenn ein Gas diesen Gesetzen gehorcht, dann sagt man, daß es sich wie ein *ideales Gas* verhält. Diese Gesetze, die unten näher beschrieben werden, können nur auf Gase angewendet werden, die durch eine Temperatur- oder Druckänderung keine chemische Änderung erfahren. Ein Beispiel eines Gases, das diese Forderung nicht erfüllt, ist NO_2, das bei hohen Drücken oder niedriger Temperatur zu N_2O_4 dimerisiert.

DAS GESETZ VON BOYLE-MARIOTTE

Das Volumen einer gegebenen Masse eines idealen Gases ist umgekehrt proportional zum Druck, unter dem das Gas steht, wenn die Temperatur konstant gehalten wird. Mathematisch gesprochen ist das Produkt aus Druck und Volumen einer gegebenen Masse eines Gases konstant. Wenn wir also die Eigenschaften eines idealen Gases unter zwei verschiedenen Bedingungen, die wir als *Anfangs-* und *Endzustand* bezeichnen wollen, vergleichen, können wir die folgende Gleichung formulieren, die bei konstanter Temperatur anwendbar ist:

$$(PV)_{\text{Anfang}} = (PV)_{\text{Ende}} \quad \text{oder} \quad P_1V_1 = P_2V_2$$

Ein bestimmter Index, 1 oder 2, bezieht sich jeweils auf einen gegebenen Zustand des Gases; 1 bezeichnet normalerweise den Anfangs- und 2 den Endzustand. Dieses Gesetz stellt die direkteste Möglichkeit dar, um zu überprüfen, inwieweit ein reales Gas ideales Verhalten zeigt.

DAS GESETZ VON CHARLES

Bei konstantem Druck hängt das Volumen einer gegebenen Masse eines Gases direkt von der *absoluten Temperatur* ab. Dann gilt bei konstantem Druck

$$\left(\frac{V}{T}\right)_{\text{Anfang}} = \left(\frac{V}{T}\right)_{\text{Ende}} \quad \text{oder} \quad \frac{V_1}{T_1} = \frac{V_2}{T_2}$$

wobei T_1 und T_2 die *absolute* Temperatur des Gases unter den beiden verglichenen Bedingungen angeben.

DAS GESETZ VON GAY-LUSSAC

Bei konstantem Volumen hängt der Druck einer gegebenen Masse eines Gases direkt von der *absoluten Temperatur* ab. Damit gilt bei konstantem Volumen:

$$\frac{P_1}{T_1} = \frac{P_2}{T_2}$$

KOMBINIERTES GASGESETZ

Man kann zur Ableitung eines Gasgesetzes, das sich auf alle möglichen Arten von Zustandsänderungen anwenden läßt, zwei beliebige der drei oben genannten Gasgesetze kombinieren:

$$\frac{P_1 \ V_1}{T_1} = \frac{P_2 \ V_2}{T_2} = \text{konstant}$$

für eine festgelegte Masse des Gases (s. Aufgabe 5.6.).

Da sich viele Berechnungen an Gasen damit beschäftigen, aus einem gegebenen Anfangsvolumen ein bestimmtes Endvolumen zu berechnen, wird das kombinierte Gasgesetz oft in der folgenden Form geschrieben:

$$V_2 = V_1\left(\frac{T_2}{T_1}\right)\left(\frac{P_1}{P_2}\right) \quad \text{(bei gegebener Masse)}$$

Dieser Ausdruck bedeutet, daß das Volumen einer gegebenen Masse eines Gases direkt proportional zur absoluten Temperatur und umgekehrt proportional zum Druck ist. Beachten Sie, daß für die Angabe der Drücke P_1 und P_2 sowie für die Volumina V_1 und V_2 jede passende (absolute) Einheit verwendet werden kann, während T_1 und T_2 in Kelvin angegeben werden müssen.

DICHTE EINES IDEALEN GASES

Während das Volumen der gegebenen Masse eines Gases steigt, fällt die Masse pro Einheitsvolumen (also die Dichte) proportional ab. Daher ändert sich die Dichte (d) eines Gases umgekehrt proportional mit seinem Volumen. Für ein ideales Gas läßt sich das kombinierte Gasgesetz damit folgendermaßen schreiben:

$$d_2 = d_1\frac{V_1}{V_2} = d_1\left(\frac{T_1}{T_2}\right)\left(\frac{P_2}{P_1}\right)$$

DALTONS GESETZ DER PARTIALDRÜCKE

Der *Partialdruck* einer Komponente einer Gasmischung ist derjenige Druck, den diese Komponente ausüben würde, wenn sie allein das gesamte Volumen der Mischung einnähme. Nach dem Daltonschen Gesetz ist der Gesamtdruck einer Gasmischung gleich der Summe der Partialdrücke der Einzelkomponenten. Das Daltonsche Gesetz gilt exakt nur für ideale Gase. Bei Drücken von nur einigen Atmosphären oder darunter können Gasmischungen als ideale Gase betrachtet werden, und damit kann dieses Gesetz bei den Berechnungen in diesem Buch als Näherung Verwendung finden.

AUFFANGEN VON GASEN ÜBER EINER FLÜSSIGKEIT

Wenn ein Gas über einer flüchtigen Flüssigkeit, so wie Wasser, aufgefangen wird, muß man eine Korrektur für die Menge des Wasserdampfes, die zusammen mit dem Gas anwesend ist, vornehmen. Ein Gas, das über Wasser aufgefangen wird, ist mit Wasserdampf gesättigt. Dieser nimmt das gesamte Gasvolumen ein und übt einen Partialdruck aus. Der Partialdruck von Wasserdampf ist für jede Temperatur eine Konstante und unabhängig von der Art oder dem Druck des eingeschlossenen Gases. Dieser Wert für den Dampfdruck von Wasser als Funktion der Temperatur ist in Handbüchern oder anderen Referenzwerken tabelliert. Wenn man den Gesamtdruck (den des Gases *plus* den des Wasserdampfes) mißt, muß der Dampfdruck des Wassers vom Gesamtdruck abgezogen werden, um den Partialdruck des Gases zu erhalten:

$$\text{Druck des Gases} = (\text{Gesamtdruck}) - (\text{Dampfdruck von Wasser})$$

Wenn ein Gas über Quecksilber aufgefangen wird, ist es nicht nötig, eine Korrektur für den Dampfdruck des Quecksilbers anzubringen, da dieser bei normalen Temperaturen vernachlässigbar gering ist.

ABWEICHUNGEN VOM IDEALEN VERHALTEN

Die oben diskutierten Gesetze gelten streng genommen nur für ideale Gase. Allein die Tatsache, daß sämtliche Gase durch Kompression und ausreichende Kühlung verflüssigt werden können, ist ein Hinweis darauf, daß alle Gase bei hohen Drücken und niedrigen Temperaturen kein ideales Verhalten mehr zeigen. Ideale Eigenschaften beobachtet man bei niedrigen Drücken und hohen Temperaturen. Das sind Bedingungen, die weit von denen des flüssigen Zustands entfernt sind. Bei Drücken unterhalb einiger Atmosphären sind fast alle Gase ausreichend "dünn", um das ideale Gasgesetz mit einer geringen Abweichung anwenden zu können.

Aufgaben und Lösungen

DRUCK

5.1. Berechnen Sie den Druckunterschied zwischen der Ober- und Unterseite eines Gefäßes, das exakt 76 cm hoch ist, wenn man es bei 25 °C mit (*a*) Wasser und (*b*) Quecksilber füllt. Die Dichte von Quecksilber beträgt bei 25 °C 13,53 g/cm³; die von Wasser 0,997 g/cm³.

Unter Verwendung der äquivalenten Werte für Höhe und Dichte in SI-Einheiten ergibt sich:

(*a*)
$$\begin{aligned}\text{Druck} &= \text{Höhe} \cdot \text{Dichte} \cdot g \\ &= (0{,}76\ \text{m})(997\ \text{kg/m}^3)(9{,}81\ \text{m/s}^2) = 7{,}43 \cdot 10^3\ \text{Pa}\end{aligned}$$

oder 7,43 kPa.

(*b*)
$$\text{Druck} = (0{,}76\ \text{m})(13\,530\ \text{kg/m}^3)(9{,}81\ \text{m/s}^2) = 100{,}9 \cdot 10^3\ \text{Pa}$$

oder 100,9 kPa.

5.2. Wie hoch müßte eine Luftsäule sein, um eine Barometeranzeige von 76 cm Quecksilbersäule zu bewirken, wenn die Atmosphäre eine gleichmäßige Dichte von 1,2 kg/m³ hätte? Die Dichte von Quecksilber beträgt $13{,}53 \cdot 10^3$ kg/m³.

$$\begin{aligned}\text{Druck von Hg} &= \text{Luftdruck} \\ \text{Höhe Hg} \cdot \text{Dichte von Hg} \cdot g &= \text{Höhe Luftsäule} \cdot \text{Dichte von Luft} \cdot g \\ (0{,}76\ \text{m})(13\,530\ \text{kg/m}^3) &= h(1{,}2\ \text{kg/m}^3)\end{aligned}$$

$$h = \frac{(0{,}76\ \text{m})(13\,530\ \text{kg/m}^2)}{1{,}2\ \text{kg/m}^3} = 8{,}6\ \text{km}$$

Tatsächlich sinkt die Dichte der Luft mit zunehmender Höhe, so daß die Atmosphäre weit höher als 8,6 km reicht. Moderne Flugzeuge fliegen normalerweise höher als 8,6 km (28 000 ft).

GASGESETZE

5.3. Eine bestimmte Masse Sauerstoff nimmt bei einem Druck von 740 torr ein Volumen von 5,00 l ein. Bestimmen Sie das Volumen derselben Masse Gas bei 760 torr, wenn die Temperatur konstant bleibt.

Abbildung 5-2 illustriert eine Möglichkeit, um diese Veränderung herbeizuführen und zu beobachten. Der Standarddruck beträgt 760 torr. Das Boyle-Mariottesche Gesetz liefert:

$$P_1V_1 = P_2V_2 \qquad \text{oder} \qquad V_2 = \frac{P_1}{V_2}V_1 = \frac{740 \text{ torr}}{760 \text{ torr}}(5{,}00 \text{ l}) = 4{,}87 \text{ l}$$

Beachten Sie, daß jede beliebige Druck- und Volumeneinheit gewählt werden kann (in diesem Fall Torr und l), da nur die Verhältnisse gleicher Größen in der Gleichung auftauchen.

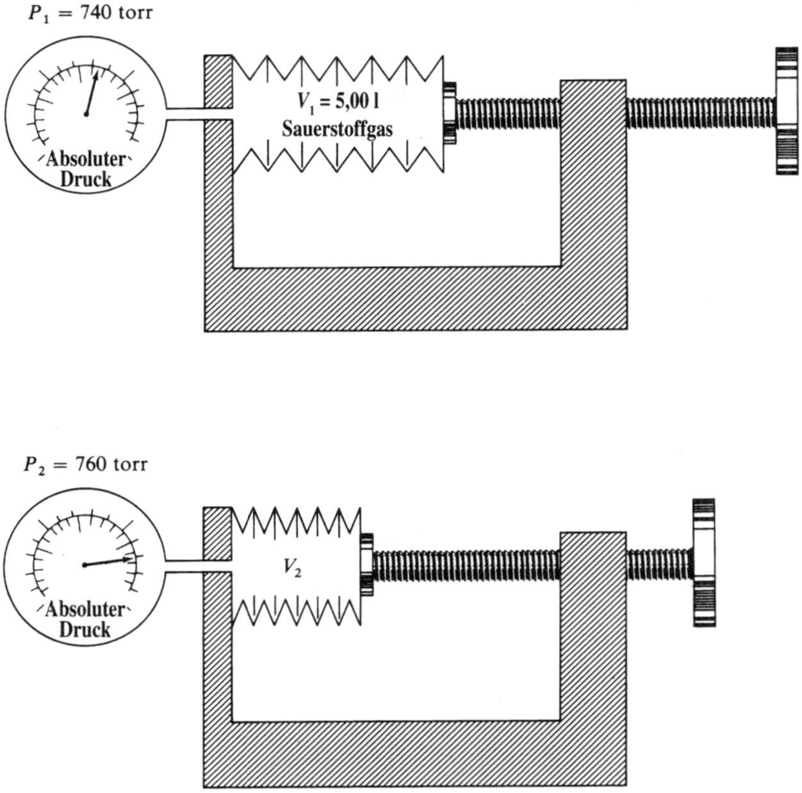

Abb. 5-2

5.4. Eine bestimmte Masse Neongas nimmt bei 100 °C ein Volumen von 200 cm³ ein. Berechnen Sie das Volumen bei 0 °C, wenn der Druck konstant bleibt.

Abbildung 5-3 illustriert diese Änderung. Nach dem Gesetz von Charles ergibt sich:

$$\frac{V_1}{T_1} = \frac{V_2}{T_2} \qquad \text{oder} \qquad V_2 = \frac{T_2}{T_1}V_1 = \frac{(0+273)\text{ K}}{(100+273)\text{ K}}(200 \text{ cm}^3) = 146 \text{ cm}^3$$

In den Gasgesetzen muß die absolute Temperatur verwendet werden.

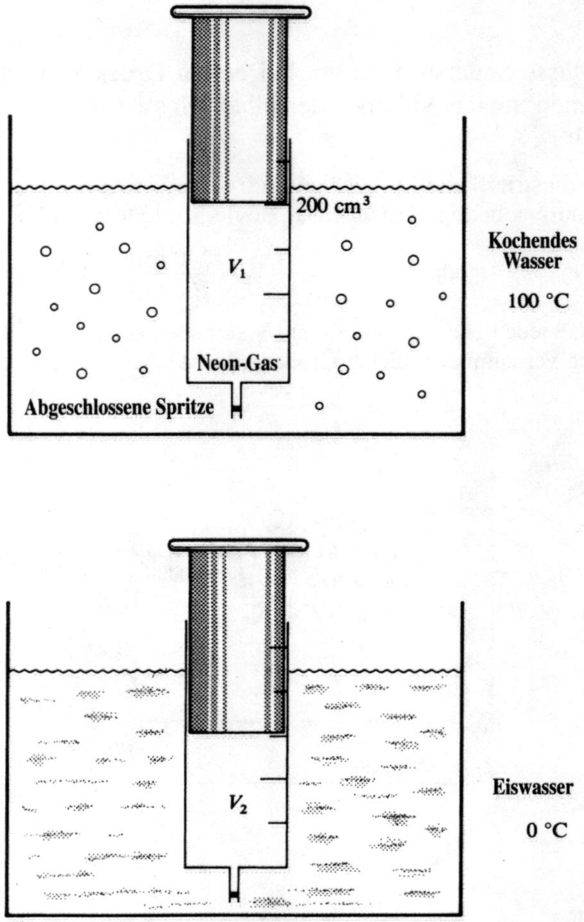

Abb. 5-3

5.5. Ein Stahltank enthält Kohlendioxid bei 27 °C unter einem Druck von 12,0 atm. Bestimmen Sie den Gasdruck im Inneren, wenn der Tank und sein Inhalt auf 100 °C aufgeheizt werden.

S. Abbildung 5-4. Das Gay-Lussacsche Gesetz liefert:

$$\frac{P_1}{T_1} = \frac{P_2}{T_2} \qquad \text{oder} \qquad P_2 = \frac{T_2}{T_1} P_1 = \frac{(100+273)\ \text{K}}{(27+273)\ \text{K}}(12{,}0\ \text{atm}) = 14{,}9\ \text{atm}$$

5.6. Leiten Sie das kombinierte Gasgesetz aus dem Boyleschen und dem Charlesschen Gesetz her.

Stellen Sie sich ein Gas vor, das, wie unten gezeigt, in zwei Schritten expandiert:

$$\boxed{P_1 V_1 T_1} \xrightarrow{T \text{ ist konstant}} \boxed{P_2 V_a T_1} \xrightarrow{P \text{ ist konstant}} \boxed{P_2 V_2 T_2}$$

$$P_1 V_1 = P_2 V_a \qquad \frac{V_a}{T_1} = \frac{V_2}{T_2} \qquad \text{daher} \qquad V_a = \frac{T_1 V_2}{T_2}$$

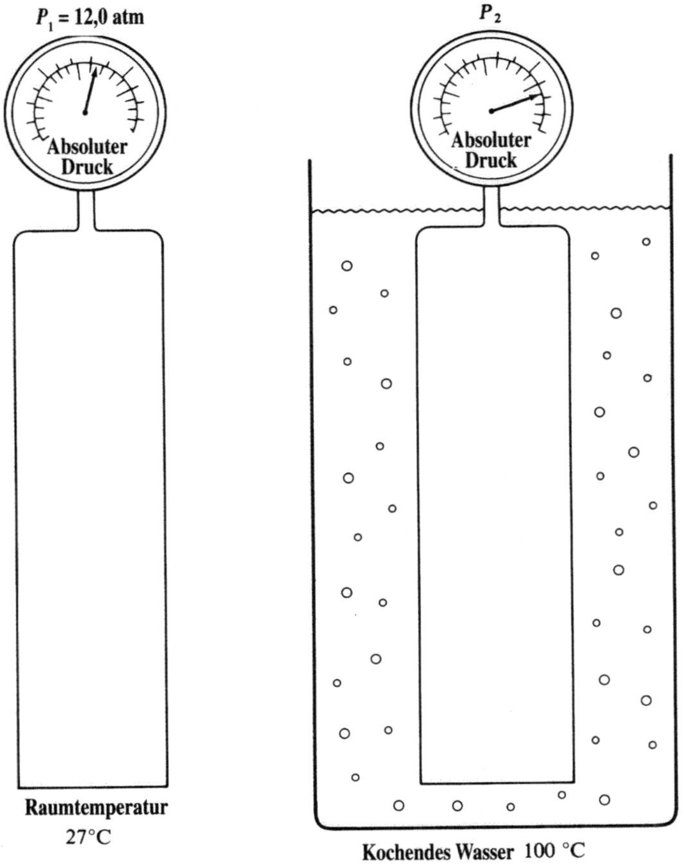

Abb. 5-4

Ersetzen Sie den Ausdruck für V_a in der linken Gleichung durch die rechte Gleichung:

$$P_1V_1 = P_2\frac{T_1V_2}{T_2} \qquad \text{oder} \qquad \frac{P_1V_1}{T_1} = \frac{P_2V_2}{T_2}$$

5.7. Bestimmen Sie das Volumen von 20,0 l Ammoniak (5 °C und 760 torr) bei 30 °C und 800 torr.

S. Abbildung 5-5. Das kombinierte Gasgesetz ergibt (5 °C = 278 K, 30 °C = 303 K):

$$\frac{P_1V_1}{T_1} = \frac{P_2V_2}{T_2} \qquad \text{oder} \qquad V_2 = V_1\left(\frac{T_2}{T_1}\right)\left(\frac{P_1}{P_2}\right) = (20{,}0\ \text{l})\left(\frac{303\ \text{K}}{278\ \text{K}}\right)\left(\frac{760\ \text{torr}}{800\ \text{torr}}\right) = 20{,}7\ \text{l}$$

5.8. Ein Liter Gas wurde bei 1,00 atm und –20 °C abgemessen und auf 40 °C aufgewärmt. Bei welchem Druck wird sein Volumen auf einen halben Liter reduziert?

Das kombinierte Gasgesetz liefert:

$$\frac{P_1V_1}{T_1} = \frac{P_2V_2}{T_2} \qquad \text{oder} \qquad P_2 = P_1\left(\frac{V_1}{V_2}\right)\left(\frac{T_2}{T_1}\right) = (1\ \text{atm})\left(\frac{1\ \text{l}}{\frac{1}{2}\ \text{l}}\right)\left(\frac{313\ \text{K}}{253\ \text{K}}\right) = 2{,}47\ \text{atm}$$

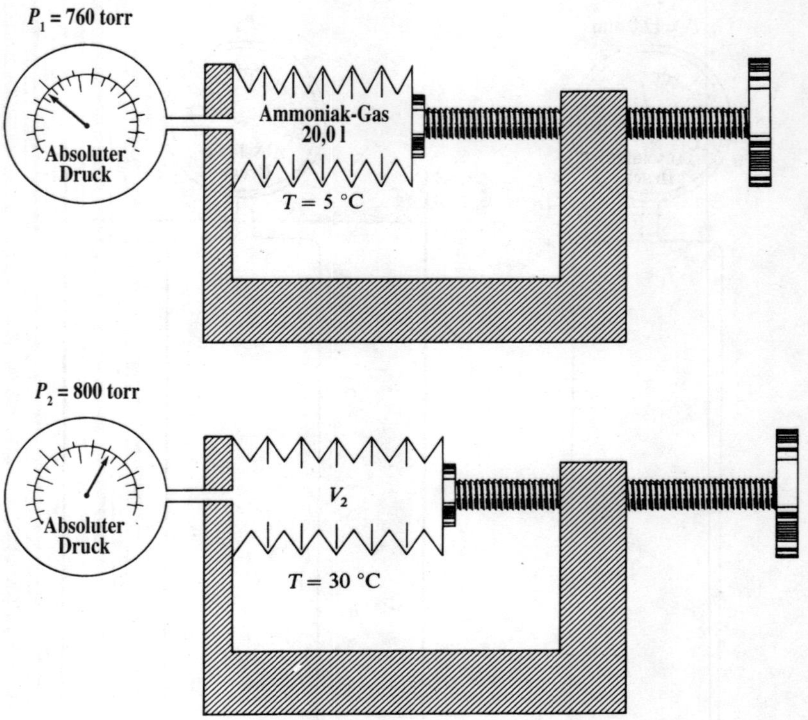

Abb. 5-5

5.9. Ein Autofahrer füllte seine Reifen bei einer Temperatur von –2,8 °C auf einen Druck von 2,07 bar auf. Nach einer langen Fahrt bemerkte er, daß der Druck auf 2,36 bar gestiegen war. Schätzen Sie die Temperatur der Luft in den Reifen ab. Gehen sie davon aus, daß das Reifenmanometer den relativen Druck angibt, daß das Volumen der Reifen konstant bleibt und daß der Umgebungsdruck 1,00 Atmosphären beträgt.

Wir wissen, daß 1 atm gleich 1,013 bar ist. Daher beträgt der Anfangs- bzw. Enddruck (2,07 + 1,013) bzw. (2,36 + 1,013) bar. Da der absolute Nullpunkt bei 0 °C ≙ 273 K liegt, ist die absolute Temperatur 273 K – 2,8 K ≙ 270,2 K. Die Anwendung des Gay-Lussacschen Gesetzes (für eine Zustandsänderung bei konstantem Volumen) liefert:

$$T_2 = T_1 \cdot P_2/P_1 = 270{,}2\ \text{K} \cdot (2{,}36\ \text{bar} / 2{,}07\ \text{bar}) = 308\ \text{K}$$
$$308\ \text{K} \triangleq 35\ °\text{C}$$

Diese Aufgabe zeigt, daß jede Einheit des Drucks oder der Temperatur verwendet werden kann, vorausgesetzt, daß sie jeweils alle gleich sind.

5.10. Ein bestimmter Behälter faßt bei 150 °C und 100 kPa Druck 6,00 g CO_2. Wieviel Gramm CO_2 passen bei 30 °C und demselben Druck in den Behälter?

Das Volumen des Behälters sei V_1, und das Volumen von 6,00 g CO_2 bei 30 °C sei V_2. Dann gilt nach dem Charlesschen Gesetz:

$$V_2/V_1 = (30 + 273)/(150 + 273) = 0{,}716$$

Da 6,00 g CO_2 ein Volumen von 0,716 V_1 einnehmen, benötigt die Füllung des Behälters (V_1)

$$6{,}00\ \text{g}/0{,}716 = 8{,}38\ \text{g}\ CO_2$$

GASDICHTE

5.11. Die Dichte von Helium beträgt unter Normalbedingungen 0,178 6 kg/m³. Berechnen Sie die sich ergebende Dichte, wenn eine gegebene Masse Helium unter Normalbedingungen durch Änderung der Temperatur und des Drucks auf das 1,500fache seines Ausgangsvolumens expandiert wird.

Die Dichte des Gases ist umgekehrt proportional zu seinem Volumen

$$\text{Resultierende Dichte} = (0{,}178\ 6\ \text{kg/m}^3)\left(\frac{1}{1{,}500}\right) = 0{,}119\ 1\ \text{kg/m}^3$$

Beachten Sie, daß 1 kg/m³ = 1 g/l ist.

5.12. Die Dichte von Sauerstoff bei Normalbedingungen beträgt 1,43 g/l. Bestimmen Sie die Dichte von Sauerstoff bei 17 °C und 700 torr.

Das kombinierte Gasgesetz zeigt, daß die Dichte eines idealen Gases umgekehrt proportional zur absoluten Temperatur und direkt proportional zum Druck ist.

$$d_2 = d_1\left(\frac{T_1}{T_2}\right)\left(\frac{P_2}{P_1}\right) = (1{,}43\ \text{g/l})\left(\frac{273\ \text{K}}{290\ \text{K}}\right)\left(\frac{700\ \text{torr}}{760\ \text{torr}}\right) = 1{,}24\ \text{g/l}$$

PARTIALDRUCK

5.13. Eine Gasmischung bei 760 torr enthält (bezogen auf das Volumen) 65,0% Stickstoff, 15,0% Sauerstoff und 20,0% Kohlendioxid. Wie groß ist der Partialdruck eines jeden Gases in Torr?

Eine grundlegende Eigenschaft von idealen Gasen ist, daß jede Komponente einer Gasmischung das gesamte Volumen der Mischung einnimmt.
Die prozentuale Zusammensetzung (bezogen auf das Volumen) bezieht sich auf die Volumina der einzelnen Gase *vor* der Mischung, wobei jedes Volumen beim selben Druck und derselben Temperatur bestimmt wurde. Daher werden 65 Volumenteile Stickstoff, 15 Volumenteile Sauerstoff und 20 Volumenteile Kohlendioxid, jeweils gemessen bei 760 torr, in der Summe 100 Volumenanteile bei 760 torr ergeben.
Wenn das Volumen einer Komponente durch den Mischvorgang vergrößert wird, muß sein Druck entsprechend proportional abnehmen (Boyle-Mariottesches Gesetz).

$$\text{Partialdruck von } N_2 = (760\ \text{torr})\left(\tfrac{65}{100}\right) = 494\ \text{torr}$$

$$\text{Partialdruck von } O_2 = (760\ \text{torr})\left(\tfrac{15}{100}\right) = 114\ \text{torr}$$

$$\text{Partialdruck von } CO_2 = (760\ \text{torr})\left(\tfrac{20}{100}\right) = 152\ \text{torr}$$

Überprüfung: Gesamtdruck = Summe der Partialdrücke = 760 torr

5.14. In einer Gasmischung betragen die Partialdrücke der Komponenten bei 20 °C: Wasserstoff 200 torr; Kohlendioxid 150 torr; Methan 320 torr; Ethylen 105 torr. Wie groß ist (*a*) der Gesamtdruck der Mischung und (*b*) der prozentuale Volumenanteil von Wasserstoff?

(*a*) Gesamtdruck der Mischung = Summe der Partialdrücke = 200 + 150 + 320 + 105 = 775 torr

(*b*) Durch die Anwendung des Boyle-Mariotteschen Gesetzes kann gezeigt werden, daß der Bruchteil des Gesamtdruckes (wenn alle Gase das gleiche Volumen einnehmen) gleich dem Bruchteil des Gesamtvolumens ist (wenn jedes Gas unter dem gleichen Druck steht).

$$\text{Volumenanteil } H_2 = \frac{\text{Partialdruck von } H_2}{\text{Gesamdruck der Mischung}} = \frac{200\ \text{torr}}{775\ \text{torr}} = 0{,}258 = 25{,}8\%$$

5.15. Ein 200 ml-Behälter enthielt Sauerstoff bei 200 torr, ein 300 ml-Behälter Stickstoff bei 100 torr (s. Abb. 5-6). Die beiden Gefäße wurden dann verbunden, so daß jedes Gas das gesamte Volumen ausfüllte. Wie groß war der Partialdruck eines jeden Gases in der Mischung, und wie hoch war der Gesamtdruck, wenn Sie annehmen, daß keine Temperaturänderung eingetreten war?

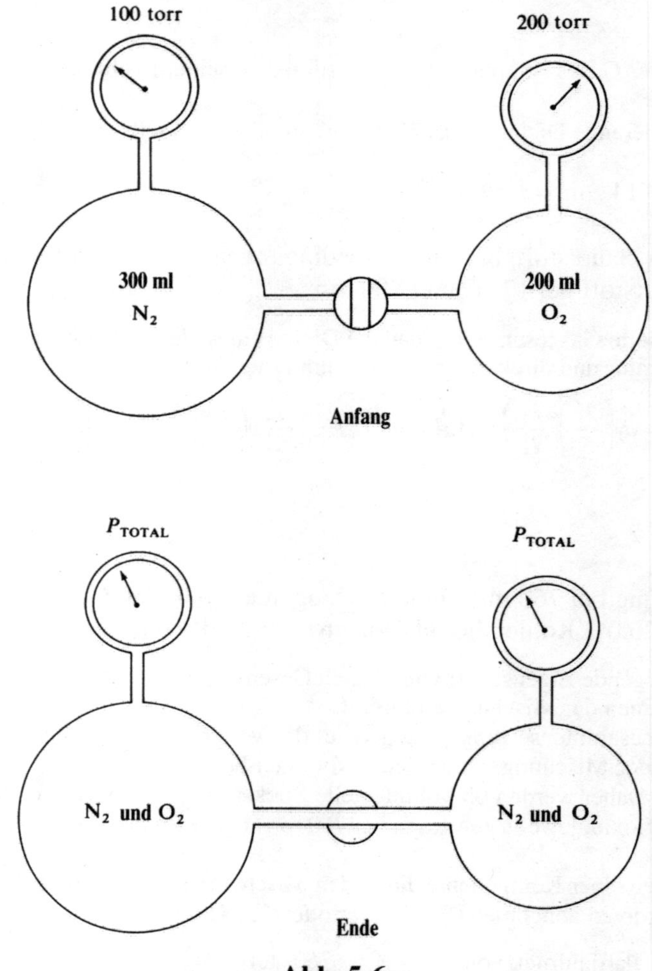

Abb. 5-6

Das Endvolumen betrug 500 ml.

$$\text{Sauerstoff } P_{\text{Ende}} = P_{\text{Anfang}}\left(\frac{V_{\text{Anfang}}}{V_{\text{Ende}}}\right) = (200 \text{ torr})\left(\frac{200}{500}\right) = 80 \text{ torr}$$

$$\text{Stickstoff } P_e = P_a\left(\frac{V_a}{V_e}\right) = (100 \text{ torr})\left(\frac{300}{500}\right) = 60 \text{ torr}$$

$$\text{Gesamtdruck} = (80 \text{ torr}) + (60 \text{ torr}) = 140 \text{ torr}$$

GASE ÜBER EINER FLÜSSIGKEIT

5.16. Exakt 100 cm³ Sauerstoff wurden über Wasser von 23 °C und 800 torr aufgefangen. Berechnen Sie das Volumen des trockenen Sauerstoffs bei Normaldruck. Der Dampfdruck von Wasser bei 23 °C ist 21,1 torr.

Das aufgefangene Gas ist tatsächlich eine Mischung aus Sauerstoff und Wasserdampf. Der Partialdruck des Wasserdampfes in der Mischung bei 23 °C beträgt 21,1 torr. Daher gilt:

Druck des trockenen Sauerstoffs = (Gesamtdruck) – (Dampfdruck von Wasser)
= (800 torr) – (21 torr) = 779 torr

Daher gilt für den trockenen Sauerstoff: V_1 = 100 cm³, T_1 = 23 + 273 = 296 K, P = 779 torr. Unter Normalbedingungen gilt:

$$V_2 = V_1\left(\frac{T_2}{T_1}\right)\left(\frac{P_1}{P_2}\right) = (100\ \text{cm}^3)\left(\frac{273\ \text{K}}{296\ \text{K}}\right)\left(\frac{799\ \text{torr}}{760\ \text{torr}}\right) = 94{,}5\ \text{cm}^3$$

5.17. In einem exakt 6 Minuten dauernden Experiment zum Grundmetabolismus atmete ein Patient 52,5 l Luft aus (Volumenmessung bei 20 °C in wasserhaltiger Atmosphäre). Der Dampfdruck von Wasser bei 20 °C beträgt 17,5 torr. Der barometrische Druck betrug 750 torr. Die ausgeatmete Luft enthielt 16,75 Vol.-% Sauerstoff, die eingeatmete Luft 20,32 Vol.-% Sauerstoff (trockener Zustand). Berechnen Sie die Sauerstoffaufnahme des Patienten in cm³ (unter Normalbedingungen) pro Minute; vernachlässigen Sie dabei die Löslichkeit der Gase im Wasser und die Differenz im Gesamtvolumen von eingeatmeter und ausgeatmeter Luft.

Volumen trockener Luft unter Normalbedingungen $= (52{,}5\ \text{l})\left(\frac{273\ \text{K}}{293\ \text{K}}\right)\left[\frac{(750-17{,}5)\ \text{torr}}{760\ \text{torr}}\right] = 47{,}1\ \text{l}$

Geschwindigkeit des Sauerstoffverbrauchs $= \dfrac{\text{Volumen verbrauchten Sauerstoffs (Normalbed.)}}{\text{Zeit, in der dieses Volumen verbraucht wurde}}$

$$= \frac{(0{,}203\ 2 - 0{,}167\ 5)(47{,}1\ \text{l})}{6\ \text{min}} = 0{,}280\ \text{l/min}$$

$$= 280\ \text{cm}^3/\text{min}$$

5.18. Eine Gasmenge wird in einem graduierten Rohr über Quecksilber aufgefangen. Das Volumen des Gases bei 20 °C beträgt 50,0 cm³, und der Quecksilberspiegel im Rohr liegt 200 mm über dem äußeren Quecksilberspiegel, wie in Abb. 5-7 gezeigt. Das Barometer zeigt 750 torr an. Berechnen Sie das Volumen unter Standardbedingungen.

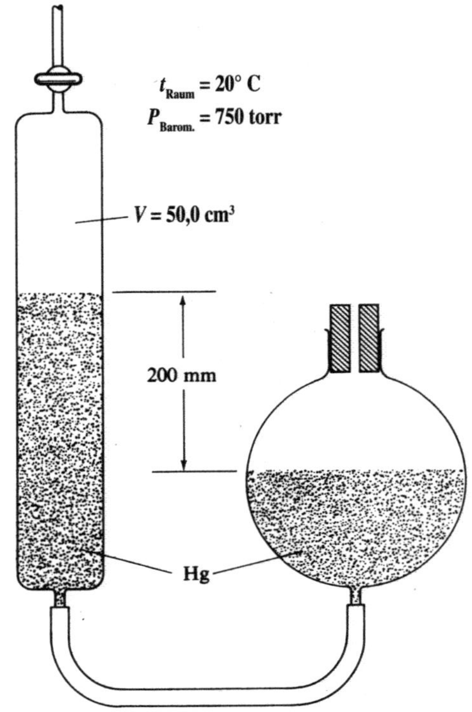

Abb. 5-7

Nachdem ein Gas über einer Flüssigkeit aufgefangen wurde, wird das Meßgefäß nach Möglichkeit so eingestellt, daß der Flüssigkeitsspiegel innerhalb und außerhalb des Meßgefäßes gleich hoch ist. Wenn dies nicht durchführbar ist, ist es nötig, die Auswirkung des Pegelunterschieds zu berechnen.

Der Dampfdruck von Hg bei 20 °C ist vernachlässigbar klein, und die Art von Korrektur für das Auffangen über Wasser wie in den Aufgaben 5.16. und 5.17. ist hier nicht nötig.

Da der Quecksilberspiegel im Rohr 200 mm höher als der äußere liegt, ist der Druck des Gases 200 mmHg = 200 torr geringer als der Atmosphärendruck von 750 torr.

$$\text{Volumen unter Normalbed.} = (50{,}0\ \text{cm}^3)\left(\frac{273\ \text{K}}{293\ \text{K}}\right)\left[\frac{(750-200)\ \text{torr}}{760\ \text{torr}}\right] = 33{,}7\ \text{cm}^3$$

Zusatzaufgaben

5.19. Der Dampfdruck von Wasser bei 25 °C beträgt 23,8 torr. Drücken Sie das in (*a*) Atmosphären; (*b*) Kilopascal aus.

Lösung: (*a*) 0,031 3 atm; (*b*) 3,17 kPa

5.20. Man weiß, daß Kampher eine kristalline Phasenumwandlung bei einer Temperatur von 148 °C und einem Druck von $3{,}09 \cdot 10^9$ N/m² durchläuft. Wie groß ist der Druck für die Phasenumwandlung in Atmosphären?

Lösung: $3{,}05 \cdot 10^4$ atm

5.21. Ein wasserstoffgefüllter Wetterballon hat am Boden bei einem Luftdruck von 753 torr ein Volumen von 48,0 ft³. Berechnen Sie sein Volumen auf dem Berggipfel, von dem er gestartet werden soll, wenn dort die Temperatur genauso hoch ist wie im Tal, der Druck aber nur 652 torr beträgt. (Sie können den Druckanteil der gespannten Ballonhülle auf den Gasdruck vernachlässigen.)

Lösung: 55,4 ft³

5.22. Ein Zylinder mit beweglichem Stempel enthält zehn Liter Wasserstoff bei 1 atm Druck. Der Stempel wird so weit bewegt, bis dieselbe Masse Gas bei derselben Temperatur ein Volumen von 2 l einnimmt. Berechnen Sie den Druck im Zylinder.

Lösung: 5 atm

5.23. An der Anode einer kommerziellen Elektrolysezelle wird bei einer Temperatur von 647 °C Chlorgas mit einer Geschwindigkeit von 3,65 l/min entwickelt. Auf seinem Weg zur Absaugpumpe wird es auf 63 °C abgekühlt. Berechnen Sie die Produktionsgeschwindigkeit bei dieser Temperatur unter der Annahme, daß der Druck konstant geblieben ist.

Lösung: 1,33 l/min

5.24. Eine bestimmte Menge Wasserstoff wird in einer Platinkammer mit konstantem Volumen eingeschlossen. Wenn die Kammer in ein Eiswasserbad getaucht wird, beträgt der Druck des Gases 1 000 torr. (*a*) Wie hoch ist die Temperatur (°C), wenn das Manometer einen absoluten Druck von 100 torr anzeigt? (*b*) Welcher Druck wird angezeigt, wenn man die Kammer auf 100 °C erwärmt?

Lösung: (*a*) –246 °C; (*b*) 1 366 torr

5.25. Da Heliumgas sehr wertvoll ist, wurde der Inhalt eines kleinen Passagierballons während einer Überholung zur Zwischenlagerung abgepumpt. Normalerweise enthält der Ballon 18 700 ft³ Helium bei 31 °C und 1,00 atm (14,7 lbf/in², oder psi). Wieviele Stahlzylinder werden zur Lagerung benötigt, wenn jeder Zylinder 2,50 ft³ faßt, die Lagertemperatur 11 °C beträgt und die Zylinder bis zu einem Druck von 2 000 psi zugelassen sind?

Lösung: 52 Zylinder (berechneter Wert: 51,4 Zylinder)

5.26. Eine bestimmte Masse Gas nimmt bei 50 °C und 785 torr ein Volumen von 350 ml ein. Welches Volumen benötigt das Gas unter Normalbedingungen?
Lösung: 306 ml

5.27. Ein bei einer Reaktion entstandenes Gas wird in einem Gefäß, wie in Abb. 5-7 gezeigt, aufgefangen. Zunächst betrug sein Volumen 47,3 cm^3 bei einem Außendruck von 752 torr, einer Raumtemperatur von 26 °C und einem Hg-Spiegel, der im Vorratsgefäß 279 mm tiefer lag als im Auffangrohr. Am nächsten Tag maß ein Assistent das Volumen erneut, allerdings bei einer Raumtemperatur von 17 °C und einem Außendruck von 729 torr. Außerdem stellte er das Vorratsgefäß so ein, daß die Flüssigkeitsspiegel gleich hoch lagen. Welches abgelesene Volumen erwartet man?
Lösung: 29,8 cm^3

5.28. Exakt 500 cm^3 Stickstoff werden über Wasser von 25 °C und 755 torr aufgefangen. Das Gas ist mit Wasserdampf gesättigt. Berechnen Sie das Volumen trockenen Stickstoffs bei Normalbedingungen Der Dampfdruck von Wasser bei 25 °C beträgt 23,8 torr.
Lösung: 441 cm^3

5.29. Ein trockenes Gas nahm bei Normalbedingungen ein Volumen von 127 cm^3 ein. Welches Volumen hätte es eingenommen, wenn dieselbe Masse über Wasser bei 23 °C und einem Gesamt-Gasdruck von 745 torr aufgefangen worden wäre? Der Dampfdruck von Wasser bei 23 °C beträgt 21 torr.
Lösung: 145 cm^3

5.30. Eine bestimmte Masse eines Gases nimmt bei –30 °C und 556 Pa ein Volumen von 0,825 l ein. Wie groß ist der Druck, wenn das Volumen auf 1 l und die Temperatur auf 20 °C verändert werden?
Lösung: 553 Pa

5.31. Ein Druckgefäß von 57,3 l Inhalt hat ein Sicherheitsventil, das bei 875 kPa öffnet. Eine chemische Reaktion soll bei Normalbedingungen 472 l eines gasförmigen Produkts freisetzen. Wäre es klug, diese Menge in dem beschriebenen Gefäß zu lagern, wenn die Raumtemperatur auf 105 °F steigen kann?
Lösung: Nein; der Enddruck wäre 959 kPa

5.32. Die Dichte eines Gases bei Normalbedingungen stellt eine einfache Meßmethode für die molare Masse dar (s. Aufgabe 6.1.). Für eine normalerweise flüssige Substanz ist es aber nötig, die Gasdichte bei einer höheren Temperatur und reduziertem Druck zu messen. Berechnen Sie die Dichte eines Gases in g/l (identisch mit kg/m^3) bei Normalbedingungen, das bei 98 °C und 638 torr eine Dichte von 3,45 g/l besitzt.
Lösung: 5,59 g/l

5.33. Ein bestimmtes Gefäß faßt bei Normalbedingungen 2,55 g Neon. Welche Masse Neon kann es bei 100 °C und 10,0 atm fassen?
Lösung: 18,7 g

5.34. Auf einem Berggipfel zeigt das Thermometer 10 °C an, das Barometer 700 mmHg. Am Fuß des Berges beträgt die Temperatur 30 °C und der Druck ist 760 mmHg. Vergleichen Sie die relative Dichte der Luft auf dem Gipfel mit der im Tal.
Lösung: 0,986 (Gipfel) zu 1,000 (Tal)

5.35. Ein Volumen von 95 cm^3 Stickstoffoxid wird bei 27 °C in einem graduierten Rohr über Quecksilber aufgefangen. Der innere Quecksilberspiegel des Rohrs liegt 60 mm über dem äußeren, wenn das Barometer 750 torr anzeigt. (*a*) Berechnen Sie das Volumen derselben Gasmasse bei Normalbedingungen; (*b*) welches Volumen würde dieselbe Gasmasse bei 40 °C und einem Außendruck von 745 torr einnehmen, wenn der innere Quecksilberspiegel des Rohrs 25 mm unter dem äußeren liegt?
Lösung: (*a*) 78 cm^3; (*b*) 89 cm^3

5.36. Bei einer bestimmten Höhe in der oberen Atmosphäre wird die Temperatur auf –100 °C und die Dichte auf den 10^{-9}ten Teil der Dichte der Erdatmosphäre bei Normalbedingungen geschätzt. Wie groß ist der Druck in Torr in dieser Höhe, wenn man eine gleichförmige Zusammensetzung der Erdatmosphäre annimmt?
Lösung: $4{,}82 \cdot 10^{-7}$ torr

5.37. Bei 0 °C und 1 atm beträgt die Dichte von Stickstoff 1,25 kg/m³. Eine Menge Stickstoff, die unter Normalbedingungen ein Volumen von 1 500 cm³ einnimmt, wurde bei 0 °C auf 575 atm komprimiert. Das beobachtete Volumen betrug im Widerspruch zum Gesetz von Boyle-Mariotte 3,92 cm³. Wie groß war die endgültige Dichte dieses nichtidealen Gases?
Lösung: 478 kg/m³

5.38. Die Atmung einer Hefezellensuspension wurde durch den Druckabfall des Gases über der Zellsuspension gemessen. Die Apparatur (s. Abb. 5-8) wurde so ausgelegt, daß das Gas in einem konstanten Volumen von 16,0 cm³ eingeschlossen war und die gesamte Druckänderung durch die Sauerstoffaufnahme

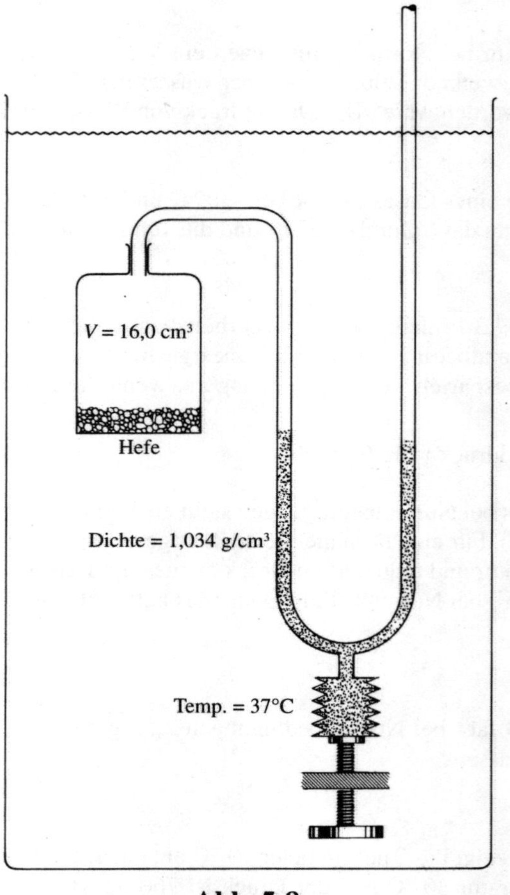

Abb. 5-8

der Zellen verursacht wurde. Der Druck wurde mit einem Manometer gemessen, dessen Flüssigkeit eine Dichte von 1,034 g/cm³ hatte. Die Flüssigkeitszufuhr war einstellbar, so daß der Flüssigkeitsspiegel auf der geschlossenen Seite konstant gehalten werden konnte. Die gesamte Apparatur befand sich in einem Thermostat bei 37 °C. In einer 30 min. langen Beobachtungsperiode fiel die Flüssigkeit in der offenen Seite des Manometers um 37 mm. Berechnen Sie die Geschwindigkeit des Sauerstoffverbrauchs durch die Zellen in mm³ O_2 (Normalbedingungen) pro Stunde, wenn Sie die Löslichkeit des Sauerstoffs in der Hefesuspension vernachlässigen.
Lösung: 105 mm³ /h

5.39. Eine Mischung aus N_2, NO und NO_2 wurde durch selektive Absorption der Stickoxide analysiert. Das Anfangsvolumen der Mischung betrug 2,74 cm^3. Nach Behandlung mit Wasser, das das NO_2 absorbierte, betrug das Volumen noch 2,02 cm^3. Eine Eisensulfatlösung wurde dann mit dem übrigen Gas geschüttelt, um das NO zu absorbieren. Danach war das Volumen auf 0,25 cm^3 gefallen. Alle Volumina wurden beim Außendruck gemessen. Wie groß war der prozentuale Volumenanteil eines jeden Gases in der ursprünglichen Mischung, wenn man den Wasserdampf vernachlässigt?

Lösung: 9,1% N_2, 64,6% NO, 26,3% NO_2

5.40. Ein Ball mit einem Innenvolumen von 60 cm^3 wurde mit Luft bis zu einem Druck von 1,35 atm gefüllt. Ein unehrlicher Spieler füllte eine Spritze bei 1,00 atm bis zur 25 cm^3-Markierung mit Luft und injizierte sie in den Handball. Berechnen Sie den Druck innerhalb des manipulierten Handballs unter der Annahme, daß sich sein Volumen nicht verändert hat.

Lösung: 1,77 atm

5.41. Ein 250 ml-Gefäß enthielt Krypton bei 500 torr. Ein 450 ml-Gefäß enthielt Helium bei 950 torr. Die Inhalte der beiden Gefäße wurden gemischt, indem man einen Hahn öffnete, der beide Gefäße verband. Berechnen Sie den resultierenden Gesamtdruck und den prozentualen Volumenanteil jedes Gases in der Mischung, wenn alle Operationen bei der gleichen, konstanten Temperatur durchgeführt wurden. Vernachlässigen Sie das Volumen des Hahns.

Lösung: 789 torr, 22,6% Kr, der Rest He

5.42. Ein Vakuum-Rohr aus Glas wurde in der Fabrik bei 750 °C mit einem Restluftdruck von $4{,}5 \cdot 10^{-7}$ torr zugeschmolzen. Dann wurde ein Metall-"Getter" betätigt, der den gesamten Sauerstoff verbrauchte (der in Luft zu 21 Vol.-% enthalten ist). Wie groß war der Restdruck in dem Rohr bei 22 °C?

Lösung: $1{,}03 \cdot 10^{-7}$ torr

5.43. Der Dampfdruck von Wasser beträgt bei 80 °C 355 torr. Ein 100 ml-Gefäß enthielt bei 80 °C wassergesättigten Sauerstoff, der Gesamtdruck betrug 760 torr. Der Inhalt des Gefäßes wurde bei derselben Temperatur in ein 50 ml-Gefäß gepumpt. Wie groß waren die Partialdrücke von Sauerstoff und Wasserdampf, und wie hoch war der Gesamtdruck im resultierenden Gleichgewichtszustand? Vernachlässigen Sie das Volumen von Wasser, das kondensieren könnte.

Lösung: 810 torr, 355 torr, 1 165 torr

5.44. Eine Gasprobe wurde in einer Apparatur ähnlich der in Abb. 5-7 gezeigten aufgefangen, nur daß die Sperrflüssigkeit in diesem Fall Wasser war. Bei 17 °C betrug das Gasvolumen 67,3 cm^3, der barometrische Druck betrug 723 torr, und der Wasserspiegel im Vorratsgefäß lag 210 mm unter dem im Sammelrohr. Später am Tag wärmte sich der Raum auf 34 °C auf und das Barometer stieg auf 741 torr. Der Experimentator regelte das Vorratsgefäß langsam so ein, daß die Pegelhöhen gleich waren. Welches Volumen wurde jetzt abgelesen? Der Dampfdruck von Wasser ist bei 17 °C 14,5 torr und bei 34 °C 39,9 torr. Die Dichte von Quecksilber beträgt das 13,6fache der von Wasser.

Lösung: 70,4 cm^3

Kapitel 6

Das ideale Gasgesetz und die kinetische Gastheorie

DAS GESETZ VON AVOGADRO

Das Gesetz von Avogadro besagt, daß *gleiche Volumina aller Gase unter denselben Temperatur- und Druckbedingungen die gleiche Anzahl von Molekülen enthalten.* Das heißt, daß 1 l (oder ml, m^3 oder eine andere Volumeneinheit) Sauerstoff die gleiche Anzahl von Molekülen enthält wie 1 l (oder ml, usw.) Wasserstoff oder jedes andere Gas, vorausgesetzt, daß die Volumina unter den gleichen Bedingungen gemessen werden. Das Gesetz von Avogadro setzt uns in die Lage, relative Massen von Molekülen (Molmassen) von Gasen zu bestimmen. Die Vorgehensweise zeigt Beispiel 1.

BEISPIEL 1 1 l Sauerstoff wiegt unter Normalbedingungen 1,43g, 1 l Kohlenmonoxid 1,25g. Nach dem Gesetz von Avogadro enthält 1 l Kohlenmonoxid (Standardbedingungen) die gleiche Anzahl von Molekülen wie 1 l Sauerstoff (Standardbedingungen). Daher muß ein Molekül Kohlenmonoxid 1,25/1,43 mal so viel wiegen wie ein Sauerstoffmolekül. Wenn wir also die Molmasse von Sauerstoff als 32 g/mol annehmen, beträgt die Molmasse von Kohlenmonoxid

$$\frac{1,25}{1,43} \cdot 32\,\text{g/mol} = 28\,\text{g/mol}$$

Wenn sie exakt angewendet wird, kann die Gasdichte-Methode für die Bestimmung von Atommassen, speziell der leichteren Elemente, verwendet werden. Selbst grobe Gasdichte-Messungen können zusammen mit Daten über die chemische Zusammensetzung und bekannten Atommassen dazu verwendet werden, die Molmasse und damit die Summenformel einer gasförmigen Verbindung zu bestimmen.

BEISPIEL 2 Ein Siliciumhydrid, das die empirische Formel SiH_3 besitzt, hat unter Normalbedingungen eine Gasdichte von 2,9 g/l. Durch Vergleich mit Sauerstoff, dessen Molmasse und Dichte bekannt sind, folgt für die Molmasse des Hydrids

$$\frac{2,9}{1,43} \cdot 32\,\text{g/mol} = 65\,\text{g/mol}$$

Obwohl diese geschätzte Molmasse mit einem Fehler von bis zu 10 Prozent behaftet sein kann, ist sie doch ausreichend genau, um die Summenformel Si_2H_6 (Molmasse 62,2 g/mol) zu ermitteln und SiH_3 (31,1g/mol), Si_3H_9 (93,3g/mol) und höhere Vielfache der Masse der empirischen Formeleinheit auszuschließen.

MOLVOLUMEN

Wenn 1 mol eines beliebigen Gases die gleiche Anzahl von Molekülen, N_A, enthält wie 1 mol eines beliebigen anderen Gases (Kapitel 2) und wenn die gleiche Anzahl von Molekülen gleichen Volumina unter Normalbedingungen entspricht (Gesetz von Avogadro), dann hat 1 mol eines beliebigen Gases unter Standardbedingungen das gleiche Volumen wie 1 mol eines anderen Gases. Das *Molvolumen* eines Gases unter Normalbedingungen beträgt 22,414 l. Weil reale Gase Abweichungen vom idealen Verhalten (und damit von Avogadros Gesetz) zeigen, kann das tatsächlich beobachtete Molvolumen eines Gases unter Standardbedingungen leicht von 22,414 l abweichen. Normalerweise ist es niedriger. In diesem Kapitel wird der gerundete Wert 22,4 l für alle realen Gase verwendet.

IDEALES GASGESETZ

Wenden wir das kombinierte Gasgesetz (Kapitel 5) auf 1 mol eines idealen Gases an (die tiefgestellte Null gibt Normalbedingungen an):

$$\frac{PV}{T} = \frac{P_0V_0}{T_0} = \frac{(1\ \text{atm})(22{,}4\ \ 1/\text{mol})}{273\ \ \text{K}} = 0{,}082\ \ 1\ \ 1 \cdot \text{atm} \cdot \text{K}^{-1} \cdot \text{mol}^{-1}$$

Dieses Größe R = 0,0821 l · atm·K^{-1} · mol^{-1} ist als die *allgemeine Gaskonstante* bekannt. Für n mol eines idealen Gases bei gleicher Temperatur und gleichem Druck wäre das Volumen *n* mal so groß. Daher ist $PV/T = nR$, oder

$$PV = nRT$$

Dieses ist das *ideale Gasgesetz*; es sollte zusammen mit dem numerischen Wert von R bekannt sein. Der obige Wert von R wird verwendet, wenn *P* in Atmosphären, *V* in Litern, *T* in Kelvin und *n* in Mol angegeben sind. Wenn *P* und *V* in SI-Einheiten angegeben sind (Pascal und Kubikmeter), dann muß

$$R = 8{,}314\,5\ \text{J} \cdot \text{K}^{-1} \cdot \text{mol}^{-1}$$

verwendet werden.

Die Masse (in Gramm) des vorhandenen Gases ist gegeben durch

$$w = n\mathcal{M}$$

worin $\mathcal{M}$ die molare Masse in Gramm pro Mol angibt; oder durch

$$w = dV$$

worin *d* die Gasdichte in Gramm pro Liter angibt, wenn *V* in Litern gerechnet wird. Daher kann das ideale Gasgesetz auch folgendermaßen geschrieben werden:

$$PV = \left(\frac{w}{\mathcal{M}}\right)RT$$

$$P = \left(\frac{d}{\mathcal{M}}\right)RT$$

Bei einem idealen Gas ist *V* proportional zu *n*, wenn *P* und *T* konstant sind. Daher kann das umständliche Konzept des Volumen-Prozentsatzes (oder Bruchteils), das in Aufgabe 5,12 diskutiert wurde, jetzt durch Molprozent oder Molenbruch ersetzt werden. Hier nimmt man an, daß jedes Gas das gesamte Volumen der Mischung einnimmt, aber jeweils unter seinem eigenen Partialdruck aufweist.

ERRECHNEN VON GASVOLUMINA AUS GLEICHUNGEN

Eine chemische Gleichung, die die Reaktion oder Entstehung von zwei oder mehr gasförmigen Substanzen darstellt, gibt direkt die *Volumina* der an der Reaktion teilnehmenden Gase an, wenn *T* und *P* konstant sind. Die Volumina stehen in direkter Beziehung zu der Anzahl der Moleküle, die in der Gleichung angegeben sind, und können errechnet werden, ohne die reagierenden Massen der Gase heranzuziehen. Beispiel:

$$4NH_3(\mathit{Gas}) + 3O_2(\mathit{Gas}) \rightarrow 2N_2(\mathit{Gas}) + 6H_2O(\mathit{Dampf})$$

4 Moleküle	3 Moleküle	2 Moleküle	6 Moleküle
4 mol	3 mol	2 mol	6 mol
4 × 22.4 l	3 × 22.4 l	2 × 22.4 l	6 × 22.4 l
4 l	3 l	2 l	6 l
4 ft^3	3 ft^3	2 ft^3	6 ft^3

Die obige Interpretation ist so lange gültig, wie das entstehende Wasser unter den angegebenen Temperatur- und Druckbedingungen im gasförmigen Zustand bleibt. Unter Normalbedingungen würde das Wasser zu einer vernachlässigbaren Flüssigkeit kondensieren, und daher würden 7 l der Edukte nur 2 statt 8 l Produkte ergeben.

STÖCHIOMETRIE DER GASE

In chemischen Reaktionen, an denen Gase beteiligt sind, können die Mengen einiger Edukte oder Produkte in Masseneinheiten angegeben sein. Diese Probleme lassen sich durch dieselben Methoden lösen, wie sie in Kapitel 4 vorgestellt wurden, nur daß die Anzahl der Mole eines Gases aus seinem Volumen, Temperatur und Druck durch Anwendung des idealen Gasgesetzes errechnet werden können. Wie immer verwenden wir die ausgeglichene Reaktionsgleichung zur Ermittlung der relativen Anzahl von Molen für alle Edukte und Produkte.

BEISPIEL 3 Kohlendioxid kann aus der rückgeführten Luft an Bord eines Raumschiffes entfernt werden, indem man diese über Lithiumhydroxid leitet.

$$2LiOH(s) + CO_2(g) \rightarrow Li_2CO_3(s) + H_2O(g)$$

Berechnen Sie, wieviel Gramm LiOH in obiger Reaktion verbraucht werden, wenn man 100 l Luft überleitet, die bei 29 °C und 776 torr 1,20% CO_2 enthält.

$$n_{CO_2} = \frac{(0{,}012\ 0)(100\ \text{l})[776\ \text{torr} / (760\ \text{torr} / \text{atm})]}{0.082\ 1\ \text{l} \cdot \text{atm} \cdot \text{K}^{-1} \cdot \text{mol}^{-1} \cdot 302\ \text{K}} = 0{,}049\ 4\ \text{mol}$$

$$n_{LiOH_2} = 2(n_{CO_2}) = 2(0{,}049\ 4\ \text{mol}) = 0{,}098\ 8\ \text{mol}$$

$$\text{Menge von LiOH} = (0{,}098\ 8\ \text{mol})(23{,}9\ \text{g mol}^{-1}) = 2{,}36\ \text{g}$$

GRUNDLEGENDE ANNAHMEN DER KINETISCHEN GASTHEORIE

Das ideale Gasgesetz kann allein aus theoretischen Überlegungen hergeleitet werden, indem man einige Annahmen über die Natur der Gase und die Bedeutung der Temperatur zugrundelegt. Eine derartige Herleitung findet sich in jedem Lehrbuch der physikalischen Chemie. Dennoch sollen hier die grundlegenden Annahmen vorgestellt werden.

1. Ein Gas besteht aus einer sehr großen Anzahl von Molekülen, die sich in einem Zustand ständiger zufälliger Bewegung befinden. Ein Molekül hat eine vernachlässigbare Größe. Der Druck ist eine Folge der Kräfte von Zusammenstößen der Moleküle mit einer Oberfläche, wie etwa der Behälterwand.
2. Zusammenstöße zwischen Molekülen oder zwischen Molekülen und einer inerten Oberfläche sind ideal elastisch. Die gesamte kinetische Energie der Gasmoleküle ändert sich dadurch nicht.
3. Zwischen den Molekülen wirken außer Zusammenstößen keine Kräfte. Daher bewegt sich ein Molekül zwischen zwei Zusammenstößen geradlinig mit gleichbleibender Geschwindigkeit.
4. Die mittlere kinetische Energie pro Gasmolekül, $(\frac{1}{2}mu^2)_{gem}$, ist unabhängig von der Natur des Gases und direkt proportional zur Temperatur. Die kinetische Energie ist hier durch die physikalische Formel definiert, wobei m die Molmasse und u die Geschwindigkeit der Moleküle ist. Diese Aussage kann als eine exaktere Definition von Temperatur angesehen werden als die qualitative Erklärung, die in Kapitel 1 vorgestellt wurde. Eine Liste einiger üblicher Energieeinheiten ist in Tab. 6-1 angegeben.

Tabelle 6-1. Einige übliche Energieeinheiten

Einheit	Einheitensymbol	ungefäre Definition
Joule (SI)	J	$m^2 \cdot kg \cdot s^{-2} = N \cdot m$
Kalorie	cal	4.184 J
Kilokalorie	kcal	10^3 cal
Kalorie	Cal	10^3 cal

GRUNDZÜGE DER KINETISCHEN GASTHEORIE

(*a*) Ein auf den obigen Annahmen 1, 2 und 3 basierendes mechanisches Argument zeigt, daß für ein aus *N* Molekülen bestehendes Gas gilt

$$PV = \frac{2}{3} N \left[\left(\frac{1}{2} mu^2 \right)_{\text{gem}} \right]$$

(*b*) Mittels Annahme 4 kann die Geschwindigkeitsverteilung von Gasmolekülen in geschlossener mathematischer Form (*Maxwell-Boltzmann-Verteilung*) vorausgesagt werden. Abb. 6-1 zeigt für

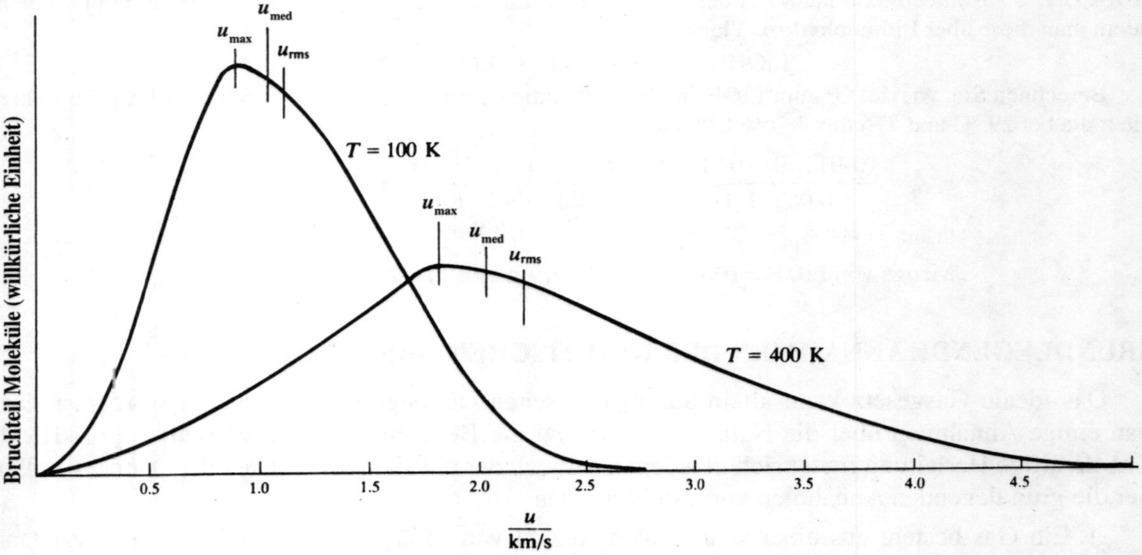

Abb. 6-1

Wasserstoff einige Darstellungen des Anteils von Molekülen, die Geschwindigkeiten nahe einem gegebenen Wert *u* haben, als Funktion von *u* bei zwei verschiedenen Temperaturen. Die Geschwindigkeit, bei der die Verteilungskurve ein Maximum aufweist, wird *wahrscheinlichste Geschwindigkeit*, u_{max}, genannt. Sie ist etwas kleiner als die mittlere Gechwindigkeit, u_{med}. Eine weitere Geschwindigkeit (etwas größer als u_{med}) ist die Wurzel aus dem Mittelwert des Geschwindigkeitsquadrates, u_{rms}; sie ist definiert als die Geschwindigkeit, bei der die kinetische Energie eines Moleküls gleich der mittleren kinetischen Energie der Gesamtheit ist, also

$$\tfrac{1}{2} m(u_{\text{rms}})^2 = (\tfrac{1}{2} mu^2)_{\text{med}}$$

Für die Maxwell-Boltzmann-Verteilung gilt:

$$u_{\text{max}} = \left(\frac{2RT}{\mathcal{M}} \right)^{1/2} \qquad u_{\text{med}} = \left(\frac{8RT}{\pi \mathcal{M}} \right)^{1/2} \qquad u_{\text{rms}} = \left(\frac{3RT}{\mathcal{M}} \right)^{1/2}$$

(*c*) Aus den Ergebnissen von (*a*) und (*b*) und unter Verwendung von $N = nN_A$ und $N_A m = \mathcal{M}$ können wir das ideale Gasgesetz ableiten.

$$PV = \frac{2N}{3} \left(\frac{mu_{\text{rms}}^2}{2} \right) = \frac{2nN_A}{3} \left(\frac{3mRT}{2\mathcal{M}} \right) = nRT$$

Die Übereinstimmung der obigen Gleichung mit dem empirisch ermittelten idealen Gasgesetz bestätigt die wichtige Definition der Temperatur in Annahme 4 (s.o.)

(*d*) Die Frequenz der Molekülzusammenstöße mit einer Einheitsfläche der Behälterwand wird durch folgende Gleichung vorausgesagt, also

$$Z = \frac{N_A P}{(2\pi \mathcal{M} RT)^{1/2}}$$

Damit ist der Teilchenstrom eines Gases, der aus einem kleinen Loch im Behälter ins Vakuum *effundiert* (ausströmt), genau gleich der Zahl der Moleküle, die pro Zeiteinheit mit einer Wandfläche zusammenstoßen würden, die genauso groß wie die Fläche des Loches ist. Aus obiger Gleichung ergibt sich, daß die Ausströmraten zweier Gase, die beide unter gleichem Druck stehen und die gleiche Temperatur haben, im Verhältnis

$$\frac{Z_1}{Z_2} = \left(\frac{\mathcal{M}_2}{\mathcal{M}_1}\right)^{1/2}$$

stehen, wobei $\mathcal{M}$ die Molmasse angibt. Somit erklärt das *Grahamsche Effusionsgesetz*, daß die Effusionsgeschwindigkeiten zweier Gase bei gleichen Drücken und Temperaturen umgekehrt proportional zur Quadratwurzel ihrer Dichten sind. (Nach dem idealen Gasgesetz ist die Gasdichte proportional zur Molmasse.)

(*e*) Die inverse Abhängigkeit der mittleren Geschwindigkeit und der Effusionsgeschwindigkeit von der Quadratwurzel der Molmasse zeigt sich in der Behandlung anderer Transporterscheinungen, wie *Diffusion*, *Wärmeleitung* und *laminarem Fluß*, obwohl die Theorie in der Behandlung dieser Phänomene nicht so exakt ist, da sie um eine detaillierte Betrachtung der Natur intermolekularer Stöße erweitert werden muß, ein Prozeß, der einige nichtideale Eigenschaften von Gasen beinhaltet. Aufgabe 6.60 beschäftigt sich mit einem wichtigen Fall der Diffusion, nämlich dem Vorgang, bei dem ein Gas sich mit einem anderen Gas vermischt, um seine Konzentration in der gesamten Gasmischung auszugleichen. In diesem Buch wird von der Annahme ausgegangen, daß die relativen Diffusionsgeschwindigkeiten zweier Gase umgekehrt proportional zu den Quadratwurzeln ihrer Molmassen sind, wie das exakt für die Effusion gilt.

Aufgaben und Lösungen

VOLUMEN UND MOLMASSEN VON GASEN

6.1. Bestimmen Sie die ungefähre Molmasse eines Gases, wenn 560 cm^3 unter Standardbedingungen 1,55 g wiegen.

$$PV = \left(\frac{w}{\mathcal{M}}\right)RT$$

$$\mathcal{M} = \frac{wRT}{PV} = \frac{(1{,}55\,\text{g})(0{,}0821\,\text{l}\cdot\text{atm}\cdot\text{K}^{-1})(273\,\text{K})}{(1\,\text{atm})(0{,}560\,\text{l})} = 62{,}0\,g\cdot\text{mol}^{-1}$$

Eine weitere Methode:

molare Masse = Gewicht von 1 l unter S.T.D. · Anzahl von Litern pro Mol unter S.T.D.

$$= \left(\frac{1{,}55\text{ g}}{0{,}560\text{ l}}\right)(22{,}4\text{ l / mol}) = 62{,}0\text{ g / mol}$$

Diese zweite Methode ist schneller, wenn die Daten bei Standardbedingungen gegeben sind.

6.2. Bei 18 °C und 765 Torr wiegen 1,29 l eines Gases 2,71 g. Berechnen Sie die ungefähre Molmasse des Gases.

Bei einer anderen Rechenvariante, wandeln Sie zunächst die gegebenen Daten des Gases in Mol um, anstatt wie in Aufgabe 6.1 auf eine Formel für $\mathcal{M}$ zurückzugreifen.

$$PV = nRT \qquad n = \frac{PV}{RT} \qquad P = \frac{765}{760}\text{atm} \qquad T = (18+273)\text{K} = 291\text{K}$$

$$n = \frac{(\frac{765}{760}\text{atm})(1{,}29\text{L})}{(0{,}08211\cdot\text{atm}\cdot\text{K}^{-1}\cdot\text{mol}^{-1})(291\text{ K})} = 0{,}0544\text{ mol}$$

Damit ist $\mathcal{M}$ = 2,71 g/0,0544 mol = 49,8 g/mol.

6.3. **Bestimmen Sie das Volumen, das von 4 g Sauerstoff unter Standardbedingungen eingenommen wird. Molmasse von Sauerstoff ist 32 g/mol.**

Volumen von 4,0 g O_2 unter Normalbedingungen = Anzahl Mol in 4,0 g O_2 · Normal-Molvolumen

$$= \left(\frac{4,0\,\mathrm{g}}{32\,\mathrm{g/mol}}\right)(22,4\,\mathrm{l/mol}) = 2,8\,\mathrm{l}$$

6.4. **Welches Volumen würden 15,0 g Argon bei 90 °C und 735 Torr einnehmen?**

$$V = \frac{wRT}{\mathcal{M}P} = \frac{(15,0\,\mathrm{g})(0,0821\,\mathrm{l \cdot atm \cdot K^{-1} \cdot mol^{-1}})(363\mathrm{K})}{(39,9\,\mathrm{g/mol})(\frac{735}{760}\,\mathrm{atm})} = 11,6\,\mathrm{l}$$

Eine weitere Methode:

Unter Normalbedingungen würde diese Menge Argon ein Volumen von

$$V_1 = \left(\frac{15,0\,\mathrm{g}}{39,9\,\mathrm{g/mol}}\right)(22,4\,\mathrm{l/mol}) = 8,4\,\mathrm{l}$$

einnehmen.
Diese Aufgabe kann durch die übliche Methode zur Umrechnung von Normalbedingungen auf andere Bedingungen ergänzt werden.

$$V_2 = V_1\left(\frac{T_2}{T_1}\right)\left(\frac{P_1}{P_2}\right) = (8,4\,\mathrm{l})\left(\frac{363\mathrm{K}}{273\mathrm{K}}\right)\left(\frac{760\mathrm{torr}}{735\mathrm{torr}}\right) = 11,6\,\mathrm{l}$$

6.5. **Berechnen Sie die ungefähre Dichte von Methan, CH_4, bei 20 °C und 5,00 atm. Die Molmasse von Methan beträgt 16,0 g/mol.**

$$PV = \left(\frac{w}{M}\right)RT \qquad P = \left(\frac{w}{V \cdot M}\right)RT = \left(\frac{d}{M}\right)RT$$

$$d = \frac{MP}{RT} = \frac{(16,0\mathrm{g \cdot mol^{-1}})(5,00\mathrm{atm})}{(0,0821\,\mathrm{l \cdot atm \cdot K^{-1} \cdot mol})(293\mathrm{K})} = 3,33\mathrm{g/l}$$

Eine weitere Methode:

$$\text{Dichte} = \frac{\text{Masse von 1 mol}}{\text{Volumen von 1 mol}} = \frac{16,0\,\mathrm{g}}{(22,4\,\mathrm{l})\left(\frac{1,00\mathrm{atm}}{5,00\mathrm{atm}}\right)\left(\frac{293\mathrm{K}}{273\mathrm{K}}\right)} = 3,33\mathrm{g/l}$$

6.6. **Trockene Luft besteht aus etwa 21 mol-% O_2, 78 mol-% N_2 und 1 mol-% Ar. Wie groß ist die mittlere (d.h. "scheinbare") Molmasse trockener Luft? Berechnen Sie die Dichte trockener Luft unter Normalbedingungen.**

Berechnen Sie die Masse von 22,4 l Luft unter Normalbedingungen, d.h. 1 mol Gas, welches 0,21 mol O_2, 0,78 mol N_2 und 0,01 mol Ar enthält.

$$(0,21\,\mathrm{mol})(32,0\,\mathrm{g/mol}) + (0,78\,\mathrm{mol})(28,0\,\mathrm{g/mol}) + (0,01\,\mathrm{mol})(39,95\,\mathrm{g/mol}) = 29\,\mathrm{g}$$

Die Masse von 22,4 l eines Gases unter Normalbedingungen würde seiner Molmasse entsprechen, wenn es sich um ein reines Gas handeln würde. Daher scheint die Molmasse von Luft 29 g/mol zu betragen. Ihre Dichte beträgt

$$\frac{29\,\mathrm{g}}{22,4\mathrm{L}} = 1,29\,\mathrm{g/l}$$

6.7. Eine organische Verbindung wurde einer Elementaranalyse unterworfen: C = 55,8%, H = 7,03%, O = 37,2%. Eine 1,500 g-Probe wurde verdampft und nahm bei 100 °C und 740 Torr ein Volumen von 530 cm³ ein. Wie lautet die Summenformel der Verbindung?

Die ungefähre Molmasse, berechnet aus den Gasdichte-Daten, beträgt 89,0 g/mol. Die empirische Formel, berechnet aus den Daten über die prozentuale Zusammensetzung, ist C_2H_3O, und die molare Masse der empirischen Formeleinheit ist 43,0. Die exakte Molmasse muß daher (2)(43,0) = 86,0 betragen, da dies das einzige ganzzahlige Vielfache von 43,0 ist, das ausreichend nah am ungefähren Wert 89 g/mol liegt. Das Molekül muß daher die doppelte Anzahl von Atomen wie in der empirischen Formel enthalten, und die Summenformel lautet damit $C_4H_6O_2$.

Eine weitere Methode:

Anstatt die empirische Formel auszurechnen, können wir die Daten über die chemische Zusammensetzung dazu verwenden, die Stoffmenge jedes Elements in 89 g der Verbindung auszurechnen.

$$n(C) = \frac{(0,558)(89\ \text{g})}{12,0\ \text{g}/\text{mol}} = 4,1 \qquad n(H) = \frac{(0,0703)(89\ \text{g})}{1,01\ \text{g}/\text{mol}} = 6,2 \qquad n(O) = \frac{(0,372)(89\ \text{g})}{16,0\ \text{g}/\text{mol}} = 2,1$$

Diese Zahlen sind eine Näherung der Zahl der Atome in einem Molekül, die kleinen Abweichungen von den ganzzahligen Werten resultieren aus der Ungenauigkeit der Molmassenbestimmung. Die Summenformel $C_4H_6O_2$ erhält man ohne die Beurteilung einer empirischen Formel.

6.8. Quecksilber-Diffusionspumpen können im Labor verwendet werden, um ein Hochvakuum zu erzeugen. Normalerweise werden zwischen die Pumpe und das zu evakuierende System Kühlfallen geschaltet. Diese bewirken die Kondensation von Quecksilber-Dampf und verhindern die Rückdiffusion von Quecksilber in das System. Der Maximaldruck von Quecksilber, der in dem System herrschen kann, ist der Dampfdruck von Quecksilber bei der Temperatur der Kühlfalle. Berechnen Sie die Anzahl der Quecksilbermoleküle in der Gasphase pro Volumeneinheit in einer Kühlfalle, die bei –120 °C betrieben wird. Der Dampfdruck von Quecksilber bei dieser Temperatur beträgt 10^{-16} Torr.

$$\text{Mol pro Liter} = \frac{n}{v} = \frac{P}{RT} = \frac{(10^{-16}/760)\text{atm}}{(0,0821\ \text{l}\cdot\text{atm}\cdot\text{K}^{-1}\cdot\text{mol}^{-1})(153\text{K})} = 1,0\cdot 10^{-20}\ \text{mol}/\text{l}$$

Moleküle pro Liter = $(1,0 \cdot 10^{-20}$ mol/l)(6,0 $\cdot 10^{23}$ Moleküle/mol) = $6 \cdot 10^{3}$ Moleküle/l

oder 6 Moleküle/cm³.

CHEMISCHE REAKTIONEN VON GASEN

In jeder der vier folgenden Aufgaben weisen alle Gase die gleiche Temperatur und den gleichen Druck auf.

6.9. Welches Volumen Wasserstoff wird benötigt, um mit 12 l Chlor zu Chlorwasserstoff zu reagieren? Welches Volumen Chlorwasserstoff wird dabei gebildet?

Die eingerichtete Reaktionsgleichung für diese Reaktion lautet:

$$\underset{\text{(1 molekül)}}{H_2(Gas)} + \underset{\text{(1 molekül)}}{Cl_2(Gas)} \rightarrow \underset{\text{(2 moleküle)}}{2HCl(Gas)}$$

Die Gleichung zeigt, daß 1 Molekül H_2 mit einem Molekül Cl_2 reagiert und dabei 2 Moleküle HCl bildet. Nach dem Gesetz von Avogadro benötigen aber die gleiche Anzahl von *Gas*molekülen unter den gleichen Temperatur- und Druckbedingungen gleiche Volumina. Daher zeigt die Gleichung auch, daß 1 Volumenteil H_2 mit einem Volumenteil Cl_2 reagiert und sich dabei 2 Volumenteile HCl (*Gas*) bilden. Daher reagieren 12 l H_2 mit 12 l Cl_2 und bilden 2 · 12 l = 24 l HCl.

6.10. Welches Volumen Wasserstoff reagiert mit 6 m³ Stickstoff zu Ammoniak? Welches Volumen Ammoniak entsteht dabei?

$$N_2(Gas) + 3H_3(Gas) \rightarrow 2NH_3(Gas)$$

Da nur Gase beteiligt sind, zeigt die Gleichung, daß 1 Volumenteil N_2 mit 3 Volumenteilen H_2 zu 2 Volumenteilen NH_3 reagiert. Daher reagieren 6 m³ N_2 mit 3 · 6 = 18 m³ H_2 zu 2 · 6 = 12 m³ NH_3.

6.11. Vierundsechzig Liter NO werden mit 40 l O_2 gemischt. Man läßt folgende Reaktion quantitativ ablaufen:

$$2NO(Gas) + O_2(Gas) \rightarrow 2NO_2(Gas)$$

Berechnen Sie das Gesamtvolumen an Gas nach Ablauf der Reaktion.

Da das benötigte Volumen an Sauerstoff nur die Hälfte von dem des NO beträgt, werden $\frac{1}{2}(64) = 32$ l O_2 verbraucht, und 40 – 32 = 8 l bleiben übrig. Das gebildete Volumen NO_2 ist genauso groß wie das des verbrauchten NO. Das Endvolumen wird also 64 l NO_2 plus 8 l überschüssiges O_2 oder insgesamt 72 l sein.

6.12. Welches Volumen O_2 wird unter Normalbedingungen für die vollständige Verbrennung von 1 mol Kohlenstoffdisulfid CS_2 benötigt? Welche Volumina CO_2 und SO_2 werden unter Normalbedingungen gebildet?

$$\underset{(1\,mol)}{CS_2(Flüssig)} + \underset{(3\,mol)}{3O_2(Gas)} \rightarrow \underset{(1\,mol)}{CO_2(Gas)} + \underset{(2\,mol)}{2SO_2(Gas)}$$

Die Gleichung zeigt, daß 1 mol CS_2 mit 3 mol O_2 reagiert und dabei 1 mol CO_2 sowie 2 mol SO_2 gebildet werden. Ein mol eines *Gases* unter Standardbedingungen nimmt 22,4 l ein. Daher

Volumen von 3 mol O_2 unter Normalbedingungen = 3(22,4) = 67,2 l O_2
Volumen von 1 mol CO_2 unter Normalbedingungen = 1(22,4) = 22,4 l CO_2
Volumen von 2 mol SO_2 unter Normalbedingungen = 2(22,4) = 44,8 l SO_2

6.13. Wieviele Liter Sauerstoff (unter Normalbedingungen) können aus 100 g Kaliumchlorat gewonnen werden?

$$\underset{(2\,mol)}{2KClO_3(Fest)} \rightarrow 2KCl + \underset{(3\,mol)}{3O_2(Gas)}$$

Eine Methode:

Die Gleichung zeigt, daß aus 2 mol $KClO_3$ 3 mol O_2 entstehen. Wie in vorhergehenden Kapiteln bezeichnet das Symbol *n* die Anzahl der Mole.

$$n(KClO_3) = \frac{100\ g}{122{,}6\ g\ /\ mol} = 0{,}816 mol\ KClO_3$$

$$n(O_2) = \tfrac{3}{2} n(HClO_3) = \tfrac{3}{2}(0{,}186) = 1{,}224 mol\ O_2$$

Volumen von 1,224 mol O_2 unter Normalbedingungen = (1,224 mol O_2)(22,4 l/mol) = 27,4 l O_2

Eine weitere Methode:

Die Gleichung zeigt, daß 2 mol $KClO_3$ [2(122,6) = 245,2 g] 3 Molvolumina O_2 [3(22,4 l) = 67,2 l] ergeben. Daraus folgt:

245,2 g $KClO_3$ ergeben 67,2 l O_2 unter Normalbedingungen

1 g $KClO_3$ ergibt $\frac{67,2}{245,2}$ l O_2 unter Normalbedingungen und

100 g $KClO_3$ ergeben $100\left(\frac{67,2}{245,2}\ \mathrm{l}\right) = 27,4\ \mathrm{l}\ O_2$ unter Normalbedingungen

Bemerkung: In keinem der Lösungsansätze war es nötig, die *Masse* des gebildeten Sauerstoffs zu berechnen.

6.14. Welches Volumen Sauerstoff kann bei 18 °C und 750 Torr aus 100g $KClO_3$ erhalten werden?

Diese Aufgabe ist identisch mit Aufgabe 6.13., nur daß die 27,4 l Sauerstoff bei 0 °C und 760 Torr in Liter Sauerstoff bei 18 °C und 750 Torr umgerechnet werden müssen. $(27,4\ \mathrm{l})\left[\frac{(273+18)\mathrm{K}}{273\mathrm{K}}\right]\left(\frac{760\mathrm{torr}}{750\mathrm{torr}}\right) = 29,6\ \mathrm{l}$

Eine weitere Methode:

Wenn wir nicht von Standardbedingungen ausgehen, berechnen wir den Druck direkt aus der Anzahl der Mole.

$$V = \frac{nRT}{P} = \frac{(1,244\mathrm{mol})(0,0821\ \mathrm{l}\cdot\mathrm{atm}\cdot\mathrm{K}^{-1}\cdot\mathrm{mol}^{-1})(291\mathrm{K})}{\frac{750}{760}\ \mathrm{atm}} - 29,6\ \mathrm{l}$$

6.15. Wieviel Gramm Zink müssen in Schwefelsäure aufgelöst werden, um 500 cm³ Wasserstoff bei 20 °C und 770 Torr zu erhalten?

$$\underset{(1\mathrm{mol})}{\mathrm{Zn}(s)} + H_2SO_4 \rightarrow ZnSO_4 + \underset{(1\mathrm{mol})}{H_2(g)}$$

Finden Sie zunächst unter Verwendung des idealen Gasgesetzes die Stoffmenge H_2 (in mol) heraus.

$$n(H_2) = \frac{PV}{RT} = \frac{(\frac{770}{760}\ \mathrm{atm})(0,500\ \mathrm{l})}{(0,0821\ \mathrm{l}\cdot\mathrm{atm}\cdot\mathrm{K}^{-1}\cdot\mathrm{mol}^{-1})(293\ \mathrm{K})} = 0,021\ 1\ \mathrm{mol}\ H_2$$

0,021 mol Zn reagieren mit 0,021 mol H_2. 0,021 mol Zn weisen eine Masse von 1,38 g auf.

0,021 1 mol H_2 · (1 mol Zn/1 mol H_2) · (65,4 g Zn/1 mol Zn) = 1,38 g Zn

6.16. Erdgas enthält 84% (vol/vol) CH_4, 10% C_2H_6, 3% C_3H_8 und 3% N_2. Wenn man eine Abfolge katalytischer Reaktionen dazu nützen könnte, mit einer Effizienz von 100% alle Kohlenstoffatome des Gases zu Butadien C_4H_6 umzusetzen, wieviel Butadien könnte aus 100 g des Gases erzeugt werden?

Molmassen: CH_4 = 16 g/mol, C_2H_6 = 30 g/mol, C_3H_8 = 44 g/mol, N_2= 28 g/mol, C_4H_6 = 54 g/mol. Die Angabe "Volumenprozent" einer Gasmischung entspricht "Mol-Prozent", da eine bestimmte Stoffmenge eine Gases ein bestimmtes Volumen aufweist.

100 mol Mischung = 84 mol CH_4 + 10 mol C_2H_6 + 3 mol C_3H_8 + 3 mol N_2
= 84(16 g CH_4) + 10(30 g C_2H_6) + 3(44 g C_3H_8) + 3(28 g N_2)
= 1860 g Erdgas

Die Stoffmenge C in mol in 100 mol Mischung beträgt 84(1) + 10(2) + 3(3) = 113 mol C. Da 4 mol Kohlenstoff 1 mol (54 g) C_4H_6 ergeben, ergeben 113 mol C

$(\frac{113}{4}\ \mathrm{mol})(54\mathrm{g}\ /\ \mathrm{mol}) = 1530\ \mathrm{g}\ C_4H_6$

Dann ergeben 1860 g Erdgas 1530 g C_4H_6

und 100 g Erdgas $\frac{100}{1860}(1530\ \mathrm{g}) = 82\ \mathrm{g}\ C_4H_6$

6.17. Eine Reaktionsmischung für die Verbrennung von SO_2 wurde durch Öffnen eines Hahns, der zwei getrennte Kammern verbindet, hergestellt. Eine Kammer hat ein Volumen von 2,125 l und ist mit SO_2 bei einem Druck von 0,750 atm gefüllt, die andere hat ein Volumen von 1,500 l und enthält O_2 bei einem Druck von 0,500 atm; beide Gase hatten eine Temperatur von 80 °C. (*a*) Wie war der Molenbruch des SO_2 in der Mischung, wie hoch der Gesamtdruck und die Partialdrücke? (*b*) Wenn die Mischung über einen Katalysator geleitet wurde, der die Bildung von SO_3 katalysiert, und dann in die ursprünglichen beiden verbundenen Gefäße zurückgeleitet wurde: Was waren die Molenbrüche in der Endmischung, und wie hoch war der endgültige Gesamtdruck? Nehmen Sie an, daß die Endtemperatur 80 °C beträgt und daß die Umwandlung von SO_2 vollständig stattfindet, solange O_2 zur Verfügung steht.

(*a*)
$$n(\mathrm{SO_2}) = \frac{PV}{RT} = \frac{(0{,}750\,\mathrm{atm})(2{,}125\ \mathrm{l})}{(0{,}0821\ \mathrm{l\cdot atm\cdot K^{-1}\cdot mol^{-1}})(353\ \mathrm{K})} = 0{,}0550\,\mathrm{mol}$$
$$n(\mathrm{O_2}) = \frac{PV}{RT} = \frac{(0{,}500\,\mathrm{atm})(1{,}500\ \mathrm{l})}{(0{,}0821\ \mathrm{l\cdot atm\cdot K^{-1}\cdot mol^{-1}})(353\ \mathrm{K})} = 0{,}0259\,\mathrm{mol}$$

Der jeweilige Molenbruch wird ermittelt, indem man die Stoffmenge in mol der Komponente durch die Summe der Stoffmengen in der Mischung teilt. x möge das Symbol für den Molenbruch sein.

$$x(\mathrm{SO_2}) = \frac{n(SO_2)}{n(SO_2)+n(O_2)} = \frac{0{,}0550\ \mathrm{mol}}{(0{,}0550+0{,}0259)\ \mathrm{mol}} = \frac{0{,}0550}{0{,}0809} = 0{,}680$$
$$x(\mathrm{O_2}) = \frac{0{,}0259}{0{,}0809} = 0{,}320$$

Beachten Sie, daß der Molenbruch dimensionslos ist und daß die Summe der Molenbrüche 1 sein muß.

Der Gesamtdruck vor der Reaktion kann am besten herausgefunden werden, wenn man das Gesamtvolumen (2,125 l + 1,500 l = 3,625 l) und die Gesamtstoffmenge n (0,080 9 mol) verwendet.

$$P(\mathrm{ges}) = \frac{nRT}{V} = \frac{(0{,}0809\,\mathrm{mol})(0{,}0821\ \mathrm{l\cdot atm\cdot K^{-1}\cdot mol^{-1}})(353\,\mathrm{K})}{(3{,}625\ \mathrm{l})} = 0{,}647\,\mathrm{atm}$$

Partialdrücke in einer Mischung lassen sich leicht berechnen, wenn man die entsprechenden Molenbrüche mit dem Gesamtdruck multipliziert. Diese Behauptung kann wie folgt bewiesen werden:

$$\frac{P(X)}{P(\mathrm{ges})} = \frac{n(X)RT/V}{nRT/V} = \frac{n(X)}{n}x(X) \qquad \text{daher ist} \qquad P(X) = x(X)P(\mathrm{ges})$$

Daher ist:

$$\mathrm{P(SO_2)} = x(\mathrm{SO_2}) \cdot \mathrm{P(ges)} = (0{,}680)(0{,}647\ \mathrm{atm}) = 0{,}440\ \mathrm{atm}$$
$$\mathrm{P(O_2)} = x(\mathrm{O_2}) \cdot \mathrm{P(ges)} = (0{,}320)(0{,}647\ \mathrm{atm}) = 0{,}207\ \mathrm{atm}$$

Die Summe der Partialdrücke muß natürlich mit dem Gesamtdruck übereinstimmen.

(*b*) Die chemische Gleichung für die Reaktion lautet

$$2SO_2 + O_2 \rightarrow 2SO_3$$

Alle Verbindungen sind unter den experimentellen Bedingungen Gase. Die Stoffmenge O_2, die für die stöchiometrische Umwandlung nötig ist, ist die Hälfte der Stoffmenge von SO_2; aber die zur Verfügung stehende Stoffmenge O_2 war mit 0,025 9 weniger als die Hälfte von 0,055 0. Daher wurde alles O_2 verbraucht, und ein Überschuß SO_2 war vorhanden.

Für die Mengen der reagierenden oder gebildeten Gase gilt:

$$n(\mathrm{O_2}) = 0{,}0259\ \mathrm{mol}$$
$$n(\mathrm{SO_2})\ \text{verwendet} = 2\cdot n(\mathrm{O_2}) = (2)(0{,}0259\ \mathrm{mol}) = 0{,}0518\ \mathrm{mol}$$

Die Stoffmenge des Produkts ist

$$n(SO_3) = n(SO_2) \text{ verwendet} = 0{,}0518 \text{ mol}$$

so daß (0,055 0 – 0,051 8)mol = 0,003 2 mol SO_2 übrig bleiben. Nachdem die Reaktion beendet ist, gilt:

$$x(SO_3) = \frac{n(SO_3)}{n(SO_3) + n(SO_2)} = \frac{0{,}0518 \text{ mol}}{(0{,}0518 + 0{,}0032) \text{ mol}} = \frac{0{,}0518}{0{,}0550} = 0{,}942$$

$$x(SO_2) = \frac{n(SO_2)}{n(SO_3) + n(SO_2)} = \frac{0{,}0032}{0{,}055\ 0 \text{ mol}} = 0{,}058$$

$$P(\text{ges}) = \frac{n(\text{ges})RT}{V} = \frac{(0{,}0550 \text{ mol})(0{,}0821 \text{ l} \cdot \text{atm} \cdot \text{K}^{-1})(353 \text{ K})}{3{,}625 \text{ l}} = 0{,}440 \text{ atm}$$

Beachten Sie, daß der endgültige *Gesamt*druck gleich dem anfänglichen *Partial*druck von SO_2 ist. Das ist der Fall, weil die einzigen Gase, die am Ende vorhanden sind, SO_2 und SO_3 sind. Weil jedes Mol SO_3 auf Kosten eines Mols SO_2 entstand, muß die Summe der Stoffmengen beider Gase der anfänglichen Stoffmenge von SO_2 entsprechen. Der endgültige Gesamtdruck ist geringer als der anfängliche, weil der Verbrauch von Sauerstoff einen Abfall in der Gesamtstoffmenge der Gase verursacht hat.

KINETISCHE GASTHEORIE

6.18 (*a*) Zeigen Sie, wie der Wert von *R* in l · atm · K^{-1} · mol^{-1} vom entsprechenden Wert in SI-Einheiten abgeleitet werden kann.
(*b*) Drücken Sie *R* in Kalorien aus.

(*a*)

$$R = 8{,}3145 \text{ J} \cdot \text{K}^{-1} \cdot \text{mol}^{-1}$$
$$= (8{,}3145 \text{ N} \cdot \text{m} \cdot \text{K}^{-1} \cdot \text{mol}^{-1})\left(\frac{1 \text{ atm}}{1{,}013 \cdot 10^5 \text{N} \cdot \text{m}^{-2}}\right)\left(\frac{10^3 \text{dm}^3}{1 \text{m}^3}\right)\left(\frac{1 \text{ l}}{\text{dm}^3}\right)$$
$$= 0{,}0821 \text{ l} \cdot \text{atm} \cdot \text{K}^{-1} \cdot \text{mol}^{-1}$$

(*b*)

$$R = (8{,}3145 \text{ J} \cdot \text{K}^{-1} \cdot \text{mol}^{-1})\left(\frac{1 \text{ cal}}{4{,}184 \text{ J}}\right) = 1{,}987 \text{ cal} \cdot \text{K}^{-1} \cdot \text{mol}^{-1}$$

6.19. Berechnen Sie die Wurzel aus dem Mittelwert des Geschwindigkeitsquadrates u_{rms} von H_2 bei 0 °C.

$$u_{\text{rms}} = \left(\frac{3RT}{\mathcal{M}}\right)^{1/2} = \left[\frac{3(8{,}3145 \text{ J} \cdot \text{K}^{-1} \cdot \text{mol}^{-1})(273 \text{ K})}{(2{,}016 \text{ g/mol})(1 \text{kg}/1000 \text{ g})}\right]^{1/2}$$
$$= 1837(\text{J/kg})^{1/2} = 1{,}84 \cdot 10^3\left(\frac{\text{kg} \cdot \text{m}^2/\text{s}^2}{\text{kg}}\right)^{1/2} = 1{,}84 \cdot 10^3 \text{m/s}$$

oder 1,84 km/s

6.20. Berechnen Sie die relativen Effusionsgeschwindigkeiten von H_2 und CO_2 durch ein feines Loch.

$$\frac{r(H_2)}{r(CO_2)} = \sqrt{\frac{\mathcal{M}(CO_2)}{\mathcal{M}(H_2)}} = \sqrt{\frac{44}{2{,}0}} = 4{,}7$$

Zusatzaufgaben

VOLUMINA, MOLMASSEN UND REAKTIONEN VON GASEN

6.21. Wenn 200 cm^3 eines Gases unter Normalbedingungen 0,268 g wiegen, wie groß ist dann seine Molmasse?

Lösung: 30,0 g/mol

6.22. Berechnen Sie das Volumen von 16 g Distickstoffoxid N_2O unter Normalbedingungen.

Lösung: 8,1 l

6.23. Welches Volumen nehmen 1,216 g SO_2-Gas bei 18 °C und 755 Torr ein?

Lösung: 456 cm^3

6.24. Ein Chemiker will die Molmasse einer flüssigen Verbindung ermitteln, fürchtet aber, daß diese sich unter Wärmeeinwirkung zersetzt. Deshalb injiziert er (mit einer Spritze) eine Probe von 0,436 g der Flüssigkeit in einen 5,00 l-Kolben, der bei 17 °C mit Argon gefüllt und an den ein offenes Rohrmanometer angeschlossen ist. Die Flüssigkeit verdampft in dem großen Kolben vollständig und bewirkt einen Anstieg des Hg-Spiegels von 16,7 mm auf 52,4 mm. Berechnen Sie die Molmasse der Verbindung.

Lösung: 44,2 g/mol

6.25. Berechnen Sie das Gewicht von 2,65 l Kohlendioxid-Gas bei 34 °C und 1,047 atm Druck.

Lösung: 4,84 g

6.26. Bestimmen Sie die Dichte von H_2S-Gas bei 27 °C und 2,00 atm.

Lösung: 2,77 g/l

6.27. Finden Sie die Molmasse eines Gases heraus, dessen Dichte bei 40 °C und 785 Torr 1,286 kg/m^3 beträgt.

Lösung: 32,0 g/mol

6.28. Ein zusammengefallener Ballon und seine Last wiegen 216 kg. Berechnen Sie, wieviele Kubikmeter Wasserstoffgas er enthalten muß, um ihn bei –12 °C und einem Luftdruck von 628 Torr von einem Berggipfel zu starten. Die Dichte von Luft beträgt unter diesen Bedingungen 1,11 g/l.

Lösung: 210 m^3

6.29. Eine der Methoden, die Temperatur im Inneren der Sonne zu schätzen, basiert auf dem idealen Gasgesetz. Berechnen Sie die Temperatur unter der Annahme, daß das Zentrum aus Gasen besteht, deren mittlere Molmasse 2,0 g/mol beträgt und deren Dichte und Druck $1{,}4 \cdot 10^3$ kg/m^3 bzw. $1{,}3 \cdot 10^9$ atm betragen.

Lösung: $2{,}3 \cdot 10^7$ K

6.30. Eine elektrische Röhre wurde während der Herstellung bei einem Druck von $1{,}2 \cdot 10^{-5}$ torr bei 27 °C verschlossen. Ihr Volumen beträgt 100 cm^3. Berechnen Sie die Anzahl der Gasmoleküle, die sich noch in der Röhre befinden.

Lösung: $3{,}9 \cdot 10^{13}$ Moleküle

6.31. Eines der wichtigen Kriterien für die Verwendung von Wasserstoff als Fahrzeugtreibstoff ist seine Kompaktheit. Vergleichen Sie die verfügbare Anzahl von Wasserstoffatomen pro Kubikmeter (*a*) in Wasserstoffgas unter einem Druck von 14,0 MPa bei 300 K; (*b*) in flüssigem Wasserstoff bei 20 K mit einer Dichte von 70,0 kg/m^3; (*c*) in der festen Verbindung $DyCo_3H_5$, die bei 300 K eine Dichte von 8200 kg/m^3 hat und aus der aller Wasserstoff zur Verbrennung zur Verfügung gestellt werden kann.

Lösung: (*a*) $0{,}68 \cdot 10^{28}$ Atome/m^3; (*b*) $4{,}2 \cdot 10^{28}$ Atome/m^3; (*c*) $7{,}2 \cdot 10^{28}$ Atome/m^3

6.32. Ein leerer Gastank aus Stahl wiegt mit Ventil 125 lb. Sein Fassungsvermögen ist 1,5 ft^3. (*a*) Wie hoch ist der Prozentsatz von O_2 am Gesamtgewicht des vollen Tanks nach Füllung des Tanks mit Sauerstoff auf 2000 lbf/in^2 absolutem Druck bei 25 °C? Nehmen Sie die Gültigkeit des idealen Gasgesetzes an. (Eine Atmosphäre Druck entspricht 14,7 lbf/in^2.)

Reines Sauerstoffgas ist wegen des Gewichtes des notwendigen Druckzylinders nicht unbedingt die kompakteste Quelle für Sauerstoff bei größenkritischen Tanksystemen. Weitere kompakte Quellen sind Wasserstoffperoxid und Lithiumperoxid. Die Sauerstoff liefernden Reaktionen sind

$$2H_2O_2 \rightarrow 2H_2O + O_2 \qquad 2Li_2O_2 \rightarrow 2Li_2O + O_2$$

(*b*) Bewerten Sie eine 65 Gew.-%ige Lösung von H_2O_2 in H_2O und (*c*) Bewerten Sie reines Li_2O_2 bezüglich des Prozentanteils "verfügbaren" Sauerstoffs am Gesamtgewicht. Vernachlässigen Sie die Behältergewichte. Vergleichen Sie mit Teilaufgabe (*a*).

Lösung: (*a*) 12% (*b*) 31% (*c*) 35%. Sowohl (*b*) als auch (*c*) sind, basierend auf Gewichtsprozent, effizienter als (*a*).

6.33. Eine Probe von 0,331 g reinen Ammoniumcarbonats $(NH_4)_2CO_3 \cdot H_2O$ wird in ein evakuiertes Pyrolyse-Rohr von 30,0 cm³ Volumen und einer Druckfestigkeit von 45,0 atm eingebracht. Die Probe wird auf 250 °C bis zur vollständigen Zersetzung erhitzt:

$$(NH_4)_2CO_3 \cdot H_2O \rightarrow 2NH_3 + CO_2 + 2H_2O$$

(*a*) Befindet sich flüssiges Wasser im Rohr? (*b*) Explodiert das Rohr? (Der Dampfdruck von Wasser bei 250 °C beträgt 39,2 atm.)

Lösung: (*a*) Nein, $p(H_2O)$ = 8,30 atm (*b*) Nein, p(Gesamt) = 20,7 atm

6.34. Ein Eisenmeteorit wird auf seinen Gehalt an Argon-Isotopen untersucht. Die Menge von ^{36}Ar beträgt 0,200 mm³ (Normalbedingungen) pro Kilogramm Meteorit. Wenn jedes ^{36}Ar Atom durch ein einziges kosmisches Ereignis gebildet wurde, wie viele solcher Ereignisse müssen dann pro Kilogramm Meteorit stattgefunden haben?

Lösung: $5{,}4 \cdot 10^{15}$

6.35. Drei flüchtige Verbindungen eines bestimmten Elements haben folgende, auf Normalbedingungen zurückgerechnete Gasdichten: 6,75, 9,56 und 10,08 kg/m³. Die drei Verbindungen enthalten 96,0%, 33,9% und 96,4% des fraglichen Elements. Was ist die wahrscheinlichste Molmasse des Elements?

Lösung: 72,6, obwohl die Daten 72,6/n (n positiv ganzzahlig) nicht ausschließen

6.36. Chemische Absorbentien können verwendet werden, um von Astronauten auf kurzen Raumflügen ausgeatmetes CO_2 zu entfernen. In Bezug auf die Absorptionskapazität pro Gewichtseinheit ist Li_2O eine der effizientesten Substanzen. Wenn die Reaktionsgleichung

$$Li_2O + CO_2 \rightarrow Li_2CO_3$$

lautet, wie hoch ist dann die Absorptionseffizienz von reinem Li_2O in Litern CO_2 (Normalbedingungen) pro Kilogramm?

Lösung: 752 l/kg

6.37. Eine Mischung aus Methan, CH_4 und Ethan C_2H_6 übte einen Druck von 2,33 atm aus, wenn sie in einem bestimmten Gefäß bei einem Druck *p* und einer Temperatur *T* eingeschlossen war. Sie wurde mit überschüssigem Sauerstoff gemischt und vollständig zu CO_2 und H_2O verbrannt. Nachdem alles H_2O und der überschüssige Sauerstoff entfernt worden waren, wurde das CO_2 in den ursprünglichen Behälter geleitet, wo sein Druck 3,02 atm betrug (Messung bei demselben Druck *p* und derselben Temperatur *T* wie bei der ursprünglichen Mischung). Berechnen Sie die Molenbrüche der Gase in der ursprünglichen Mischung.

Lösung: $x(CH_4) = 0{,}704$, $x(C_2H_6) = 0{,}296$

6.38. Exakt 500 cm³ eines Gases wiegen unter Standardbedingungen 0,581 g. Die Zusammensetzung des Gases ist wie folgt: C = 92,24%, H = 7,76%. Leiten Sie die Summenformel ab.

Lösung: C_2H_2

6.39. Ein Kohlenwasserstoff hat die folgende Zusammensetzung: C = 82,66%, H = 17,34%. Die Dampfdichte beträgt bei 30 °C und 75 Torr 0,230 8 g/l. Bestimmen Sie die Molmasse und die Summenformel.

Lösung: 58,2 g/mol, C_4H_{10}

6.40. Wieviel Gramm Sauerstoff sind in 10,5 l Sauerstoff enthalten, der sich über Wasser bei 25 °C und 740 Torr befindet? Der Dampfdruck von Wasser bei 25 °C beträgt 24 Torr.

Lösung: 12,9 g

6.41. Ein geöffneter, leerer Kolben wog 24,173 g. Der Kolben wurde mit dem Dampf einer organischen Flüssigkeit gefüllt und unter Umgebungsdruck bei 100 °C verschlossen. Bei Raumtemperatur wog der Kolben dann 25,002 g. Der Kolben wurde daraufhin geöffnet und bei Raumtemperatur mit Wasser gefüllt, wonach er 176 g wog. Der Umgebungsdruck betrug 725 mmHg. Alle Wägungen wurden bei einer Raumtemperatur von 25 °C durchgeführt. Wie groß ist die Molmasse des organischen Dampfes? Berücksichtigen Sie den Auftrieb der Luft bei der Wägung des verschlossenen Kolbens. Benutzen Sie dabei 1,18 g/l für die Dichte der Luft bei 25 °C und 1 atm.

Lösung: 213 g/mol

6.42. Ein eifriger Student macht sich daran, den sprichwörtlichen Bleiballon zu entwerfen. Er nimmt eine Kugelform vom Radius *r* und einem Hüllengewicht von 5,00 g/cm² an. Der Ballon soll bei einer Raumtemperatur von 25 °C und einem Druck von 711 Torr mit Helium (He) gefüllt werden. Unter diesen Bedingungen beträgt die Dichte der Luft 1,10 g/l. Für eine Kugel mit Radius *r* beträgt die Fläche der Hülle $4pr^2$ und das Volumen ist $4pr^3/3$. Berechnen Sie, wie groß der Radius sein muß, damit der Ballon vom Boden abhebt! Wieviel muß er wiegen?

Lösung: r = 158 m; Gewicht = $1{,}82 \cdot 10^7$ kg, einschließlich Hülle und He.

6.43. Eine Probe von 50 cm³ einer Wasserstoff-Sauerstoff-Mischung wurde bei 18 °C in eine Gasbürette gefüllt und unter Umgebungsdruck verschlossen. Eine Funkenentladung wurde durch die Probe geschickt, so daß die Bildung von Wasser vollständig ablaufen konnte. Das entstandene reine Gas hatte unter Umgebungsdruck ein Volumen von 10 cm³. Wie groß war der anfängliche Molenbruch von Wasserstoff in der Mischung, (*a*) wenn das nach der Entladung übrigbleibende Gas Wasserstoff war, (*b*) wenn das übrigbleibende Gas Sauerstoff war?

Lösung: (*a*) 0,73; (*b*) 0,53

6.44. Wieviel Wasserdampf ist in einem würfelförmigen Raum mit einer Kantenlänge von 4,0 m vorhanden, wenn die relative Feuchte 50% und die Temperatur 27 °C beträgt? Der Dampfdruck von Wasser bei 27 °C beträgt 26,7 Torr. Die relative Feuchte gibt den Partialdruck von Wasser als Prozentsatz des Dampfdrucks an.

Lösung: 0,82 kg

6.45. Eine Ladung nasser Kleider in einem Wäschetrockner enthält 0,983 kg Wasser. Angenommen, die Luft verläßt den Trockner mit Wasserdampf gesättigt (bei 48 °C und 738 Torr Gesamtdruck): Wie hoch ist dann das Volumen trockener Luft bei 24 °C und 738 Torr, das nötig ist, um die Kleider zu trocknen? Der Dampfdruck von Wasser bei 48 °C beträgt 83,7 Torr.

Lösung: $1{,}070 \cdot 10^4$ l

6.46. Ethangas C_2H_6 verbrennt an Luft nach der Reaktionsgleichung $2C_2H_6 + 7O_2 \rightarrow 4CO_2 + 6H_2O$. Berechnen Sie die Anzahl (*a*) der gebildeten Mole CO_2 und H_2O, wenn 1 mol C_2H_6 verbrannt wird; (*b*) der Liter O_2, die nötig sind, um 1 l C_2H_6 zu verbrennen; (*c*) der gebildeten Liter CO_2, wenn 25 l C_2H_6 verbrannt werden; (*d*) der gebildeten Liter (Normalbedingungen) CO_2, wenn 1 mol C_2H_6 verbrannt wird; (*e*) der gebildeten Mole CO_2, wenn 25 l (Normalbedingungen) C_2H_6 verbrannt werden; (*f*) der gebildeten Gramm CO_2, wenn 25 l (Normalbedingungen) C_2H_6 verbrannt werden.

Lösung: (*a*) 2 mol CO_2, 3 mol H_2O; (*b*) 3,5 l; (*c*) 50 l; (*d*) 44,8 l; (*e*) 2,23 mol; (*f*) 98,2 g

6.47. Reiner Stickstoff kann durch die Zersetzung einer wässrigen Lösung von Ammoniumnitrit NH_4NO_2 erzeugt werden:

$$NH_4NO_2 \rightarrow N + 2H_2O$$

Wenn 56,0 ml Stickstoff über Wasser bei 42 °C und einem Gesamtdruck von 778 Torr aufgefangen werden, wie groß ist dann die Masse des zersetzten NH_4NO_2? Der Dampfdruck von Wasser bei 42 °C beträgt 61 Torr.

Lösung: 0,131 g

6.48. Lithium reagiert mit Wasserstoff unter Bildung des Hydrids LiH. Manchmal ist das Produkt mit nicht umgesetztem Lithiummetall kontaminiert, und das Ausmaß der Verunreinigung kann durch Messung der Menge des entwickelten Wasserstoffgases bestimmt werden, wenn man eine Probe mit Wasser reagieren läßt:

$$LiH + H_2O \rightarrow LiOH_2 + H_2$$
$$2Li + 2H_2O \rightarrow 2LiOH + H_2$$

Eine Probe von 0,205 g verunreinigtem LiH ergibt 561 ml Gas (bestimmt über Wasser bei 22 °C und einem Gesamtdruck von 731 Torr). Berechnen Sie den Gehalt an Lithiummetall in Gewichtsprozent in der Probe. Der Dampfdruck von Wasser bei 22 °C beträgt 20 Torr.

Lösung: 37 %

6.49. Eine Mischung aus 5,00 g Wasser, 5,00 g Methanol (CH_3OH) und 5,00 g Ethanol (C_2H_5OH) wird in ein großes, verschlossenes und vorher evakuiertes Gefäß gegeben und erhitzt, bis die gesamte Flüssigkeit verdampft ist. Wie groß ist der der Partialdruck von Ethanol, wenn der Gesamtdruck 2,57 atm beträgt?

Lösung: 0,514 atm

6.50. Fünfzig Gramm Aluminium sollen mit einem 10%igen Überschuß H_2SO_4 behandelt werden. Die Reaktionsgleichung für den Vorgang ist

$$2Al + 3H_2SO_4 \quad Al_2(SO_4)_3 + 3H_2$$

(*a*) Welches Volumen konzentrierter Schwefelsäure von der Dichte 1,80 g/cm³ und einem Gehalt von 96,5 Gew.-% H_2SO_4 muß verwendet werden? (*b*) Welches Volumen Wasserstoff würde über Wasser bei 20 °C und 785 Torr aufgefangen werden? Der Dampfdruck von Wasser bei 20 °C beträgt 17,5 Torr.

Lösung: (*a*) 173 cm³; (*b*) 66,2 l

6.51. Eine Probe von 0,750 g fester Benzoesäure $C_7H_6O_2$ wurde in einen Autoklaven gebracht, der mit 10,0 atm O_2 bei 25 °C gefüllt war. Die Benzoesäure verbrannte vollständig zu Wasser und CO_2, solange Sauerstoff vorhanden war. Wie groß waren die Molenbrüche von CO_2 und Wasserdampf in der entstandenen Gasmischung, die auf die ursprüngliche Temperatur gebracht worden war? Der Dampfdruck von Wasser bei 25 °C beträgt 23,8 Torr. Vernachlässigen Sie sowohl das Volumen, das von nicht-gasförmigen Substanzen eingenommen wird, als auch die Löslichkeit von CO_2 in Wasser. (Der Wasserdruck in der Gasphase kann den Dampfdruck von Wasser nicht übersteigen, daher kondensiert der Großteil des Wassers zu Flüssigkeit.)

Lösung: $x(CO_2) = 0{,}213$, $x(H_2O) = 0{,}003\,2$

6.52. Zwei Gase in miteinander verbundenen Gefäßen wurden in Kontakt gebracht, indem man einen Hahn öffnete. Ein Gefäß hatte ein Volumen von 0,250 l und enthielt NO bei 800 torr und 220 K; das andere hatte ein Volumen von 0,100 l und enthielt O_2 bei 600 Torr und 220 K. Die Reaktion, bei der N_2O_4 (*fest*) gebildet wird, verbraucht den limitierenden Reaktanden vollständig. (*a*) Wie groß ist der Druck und wie ist die Zusammensetzung des bei 220 K übrigbleibenden Gases nach Beendigung der Reaktion, wenn man den Dampfdruck von N_2O_4 vernachlässigt? (*b*) Welche Menge N_2O_4 wird gebildet?

Lösung: (*a*) 229 Torr NO; (*b*) 0,402 g N_2O_4

6.53. Die industrielle Produktion von NH_3 unter Verwendung einer Erdgasquelle kann durch folgende, vereinfachte Folge von Reaktionen beschrieben werden:

$$CH_4 + H_2O \rightarrow CO + 3H_2 \qquad (1)$$
$$2CH_4 + O_2 \rightarrow 2CO + 4H_2 \qquad (2)$$
$$CO + H_2O \rightarrow CO_2 + H_2 \qquad (3)$$
$$N_2 + 3H_2 \rightarrow 2NH_3 \qquad (4)$$

Beurteilen Sie die Gesamteffizienz eines Prozesses, bei dem 1200 m³ (Normalbedingungen) Erdgas 1,00 Tonnen NH_3 liefern, unter der Annahme, (I) daß lediglich die oben genannten Reaktionen und die chemische Absorption von CO_2 ablaufen, (II) daß Erdgas nur aus CH_4 besteht, (III) daß Luft aus 80 % N_2 und 20 % O_2 besteht, und (IV) daß das Verhältnis der Umwandlung von CH_4 durch die Prozesse (*1*) und (*2*) durch Zugabe von Sauerstoff zur Reaktion (*2*) kontrolliert wird. Und zwar wird genau so viel Luft zugegeben, daß das Molverhältnis von N_2 zu H_2 exakt 1:3 beträgt. (*a*) Wie viele Mole NH_3 werden pro Mol Erdgas gebildet, wenn man eine quantitative Umwandlung des Erdgases unter den genannten Bedingungen annimmt? (*b*) Wieviel Prozent der in (*a*) berechneten maximalen Ausbeute beträgt die tatsächliche Ausbeute?

Lösung: (*a*) 2,29 mol NH_3/mol CH_4; (*b*) 48 Prozent

KINETISCHE GASTHEORIE

6.54. Berechnen Sie das Verhältnis von (*a*) u_{rms} zu u_{max}; (*b*) u_{med} zu u_{max}

Lösung: (*a*) 1,22; (*b*) 1,13

6.55. Bei welcher Temperatur haben N_2-Moleküle dieselbe mittlere Geschwindigkeit wie He-Atome bei 300 K?

Lösung: 2 100 K

6.56. Bei welcher Temperatur wäre die wahrscheinlichste Geschwindigkeit von CO-Molekülen doppelt so groß wie bei 0 °C?

Lösung: 819 °C

6.57. Zeigen Sie, daß das ideale Gasgesetz auch als $P = {}^2/_3\, e$ formuliert werden kann, wobei e die kinetische Energie pro Volumeneinheit ist.

6.58. Wie ist das Verhältnis der mittleren molekularen kinetischen Energie von UF_6 zu der von He, beide bei 300 K?

Lösung: 1,000

6.59. Wie groß ist die kinetische Energie eines Mols CO_2 bei 400 K (*a*) in Kilojoule (*b*) in Kilokalorien?

Lösung: (*a*) 4,99 kJ; (*b*) 1,192 kcal

6.60. Uran-Isotope werden getrennt, indem man sich die verschiedenen Diffusionsgeschwindigkeiten der beiden Isotopen-Verbindungen von UF_6 zunutze macht. Eine Verbindung enthält Uran der Atommasse 238 g/mol, die andere solches der Atommasse 235 g/mol. Wie groß ist das Verhältnis der Diffusionsgeschwindigkeiten, wenn Grahams Gesetz Gültigkeit hat?

Lösung: UF_6 mit ^{235}U ist um den Faktor 1,004 schneller.

6.61. Der Druck in einem Gefäß mit reinem Sauerstoff fiel innerhalb von 47 min. von 2 000 Torr auf 1 500 Torr, als der Sauerstoff durch ein kleines Loch ins Vakuum entwich. Als dasselbe Gefäß mit einem anderen Gas gefüllt wurde, fiel der Druck innerhalb von 74 min. von 2 000 Torr auf 1 500 Torr. Wie groß ist die Molmasse des zweiten Gases?

Lösung: 79 g/mol

6.62. Ein großer, mit Helium bei 2 000 lbf/in^2 gefüllter Zylinder hat ein kleines Leck, durch das Helium mit einer Geschwindigkeit von 3,4 mmol pro Stunde in einen evakuierten Raum entweicht. Wie lange dauert es, bis 10 mmol CO durch ein ähnliches Leck entweichen, wenn das CO unter dem gleichen Druck steht?

Lösung: 7,8 h

6.63. Berechnen Sie die mittlere Geschwindigkeit eines Stickstoffmoleküls in Luft bei einer Raumtemperatur von 25 °C. Hinweis: Wenn Sie SI-Einheiten für *R* und die Molmasse verwenden, dann ergibt sich *u* in m/s.

Lösung: 475 m/s

6.64. Wie groß ist die mittlere Geschwindigkeit eines Stickstoffmoleküls in der Luft im Vergleich zu der eines Sauerstoffmoleküls in der Luft? (Luft besteht aus etwa 20 mol-% Sauerstoff und 80 mol-% Stickstoff.)

Lösung: Die Stickstoffatome bewegen sich 1,07 mal so schnell wie die Sauerstoffmoleküle (Stickstoff ist 7% schneller.)

6.65. Sie haben gelernt, daß in einer Mischung jedes Gas einen Partialdruck ausübt, der proportional zu seinem Molenbruch ist. Trotzdem trifft das durchschnittliche N_2-Molekül in einem mit Luft gefüllten Kasten wegen seiner größeren Geschwindigkeit die Wand öfter als ein durchschnittliches O_2-Molekül, was man dahingehend interpretieren könnte, daß der Stickstoff mehr als 80% zum Druck beiträgt. Erklären Sie diesen scheinbaren Widerspruch!

Lösung: Obwohl das durchschnittliche O_2-Molekül weniger oft mit der Wand zusammenstößt (um den Faktor 1/1,07), besitzt es einen Impuls, der 1,07 mal größer ist als der des durchschnittlichen N_2-Moleküls (siehe Aufgabe 6,64). Die Kraftübertragung eines Zusammenstoßes hängt aber vom Impuls ab.

Kapitel 7

Energieumsätze bei chemischen Reaktionen

WÄRME

Wärme ist eine Form von Energie. In natürlichen Prozessen tendieren andere Energieformen wie mechanische, chemische und elektrische Energie dazu, sich in Wärmeenergie umzuwandeln. Wenn eine beliebige andere Energieform in Wärmeenergie umgewandelt wird oder umgekehrt, dann ist die Wärmeenergie exakt identisch der Menge der umgewandelten Energie.

Um die Temperatur einer Substanz zu erhöhen, ist die Zufuhr von Wärmeenergie nötig (wenn andere Variablen konstant bleiben). Wenn die Substanz wieder auf die Ausgangstemperatur abgekühlt wird, wird dieselbe Wärmemenge wieder abgegeben. Ein Feststoff benötigt zum Schmelzen oder Sublimieren die Zufuhr von Wärme; genauso braucht eine Flüssigkeit zum Verdampfen eine Wärmezufuhr. Bei der Umkehr eines solchen Phasenübergangs wird dieselbe Wärmemenge wieder freigesetzt.

Die meistverwendeten Einheiten zum Ausdruck der Größe "Wärme" sind in Tabelle 6-1 aufgeführt. Die Verwendung der SI-Einheit, dem Joule, das auf mechanischen Größen basiert, betont die Umwandelbarkeit der verschiedenen Energieformen. Chemiker haben lange Zeit die Kalorie und die Kilokalorie verwendet, verwenden heute aber allgemein das Joule und das Kilojoule.

WÄRMEKAPAZITÄT

Die *Wärmekapazität* eines Körpers ist die Menge an Wärme, die benötigt wird, um die Temperatur des Körpers um 1 K zu erhöhen. Die Wärmekapazität kann selbst von der Temperatur abhängen. Für Reinstoffe wird häufig Gebrauch von Größen wie der *molaren Wärmekapazität* (Wärmekapazität pro Mol) und der *spezifischen Wärmekapazität* (Wärmekapazität pro Einheitsmasse, oft auch einfach *spezifische Wärme* genannt) gemacht.

Die mittlere spezifische Wärmekapazität von Wasser beträgt:

$$1{,}00\ \text{cal/g} \cdot \text{K} = 4{,}184\ \text{kJ/kg} \cdot \text{K}$$

Die Abweichungen von diesem Mittelwert zwischen Gefrier- und Siedepunkt betragen stets weniger als 1 Prozent.

KALORIMETRIE

Ein Objekt, das einen Temperaturwechsel durchläuft, ohne daß dabei eine chemische Reaktion oder ein Phasenübergang stattfindet, nimmt eine Wärmemenge auf (oder gibt sie ab), die gleich der (mittleren) Wärmekapazität, multipliziert mit dem Temperaturunterschied, ist.

$$\text{Wärmeaustausch} = (\text{Wärmekapazität}) \cdot (\text{Temperaturunterschied})$$

Die Erwärmung oder Abkühlung eines Körpers von bekannter Wärmekapazität kann man sich bei der *Kalorimetrie*, der Messung von Wärmemengen, zunutze machen.

ENERGIE UND ENTHALPIE

Wenn ein System Wärme aufnimmt, kann ein Teil dieser Energie zur Verrichtung von Arbeit verwendet werden, so wie dem Anheben eines Gewichtes, der Expansion gegen die Atmosphäre oder dem Betrieb einer Batterie, während ein Teil im System selbst als Energie der inneren Bewegung von Atomen oder Molekülen, als Energie für die Umlagerung von Atomen im Zuge chemischer Reaktionen oder als Wechselwirkungsenergie zwischen Atomen und Molekülen gespeichert wird. Dieser gespeicherte Anteil ist als *innere Energie U* bekannt. Die Wärmemenge, die ein beliebiges System aufnimmt, während es eine Änderung wie einen Temperaturanstieg, eine Änderung des physikalischen Zustands oder eine chemische Reaktion durchläuft, hängt in gewisser Weise von den Bedingungen ab, unter denen der Vorgang abläuft. Präziser gesagt, ist die aufgenommene Wärmemenge exakt gleich zum Anstieg von U, wenn vom System keine Arbeit geleistet wird. Dies wäre der Fall bei einer normalen chemischen Reaktion ohne Zufuhr elektrischer Energie, die in einem geschlossenen Gefäß durchgeführt wird, so daß keine Expansion gegen die äußere Atmosphäre eintreten kann. Der Anstieg von U kann durch ΔU dargestellt werden. (Das Δ-Symbol für die Differenz ist aus der Mathematik entliehen. ΔU ist die Energiedifferenz, die den Vorgang begleitet und ist definiert als Endwert von U minus dem anfänglichen Wert.)

Die meisten chemischen Reaktionen, Aufwärm- oder Abkühlungsvorgänge und Wechsel der physikalischen Zustandsform finden aber häufiger in offenen als in geschlossenen Gefäßen statt. Wegen der Expansionen oder Kontraktionen des Volumens, die während des Vorgangs auftreten können, kann durch das reagierende System an dessen Umgebung Arbeit geleistet werden oder umgekehrt. In einem solchen Fall verlangt das Prinzip der Energieerhaltung, daß die aufgenommene Wärmemenge sich um den kleinen, aber deutlichen Beitrag dieser Arbeit ändert. Man kann daher eine neue Funktion, die *Enthalpie H*, definieren, die einfach mit dem Wärmestrom in einem offenen Gefäß (oder einem mit konstantem Innendruck) verknüpft ist. Laut Definition ist $H = U + p \cdot V$. Die bei einem Vorgang unter konstantem Druck aufgenommene Wärmemenge ist exakt gleich zu ΔH, dem Anstieg von H.

Wenn Q die vom betrachteten System aus seiner Umgebung *aufgenommene* Wärmemenge ist, kann man zusammenfassend formulieren:

$$Q_v \text{ (bei konstantem Volumen)} = \Delta U$$

$$Q_p \text{ (bei konstantem Druck)} = \Delta H$$

Diese Gleichungen gelten dann als exakt, wenn das System von arbeitsleistenden Systemen wie Batterien abgekoppelt ist. Jeder Term in diesen Gleichungen kann beliebiges Vorzeichen haben. Für einen *endothermen* Vorgang ist Q positiv, d.h. vom betrachteten System wird Wärme aufgenommen. Für einen *exothermen* Vorgang ist Q negativ, d.h. Wärme wird entwickelt. Die meisten thermochemischen Problemstellungen in diesem Buch werden sich mit ΔH befassen. Obwohl uns die absoluten Werte von U und H unbekannt sein können, stellen die obigen Gleichungen die experimentelle Grundlage für eine Bestimmung von Unterschieden in diesen Funktionen dar.

ENTHALPIEÄNDERUNGEN BEI VERSCHIEDENEN VORGÄNGEN

Temperaturänderung einer Substanz

Wenn eine Substanz der Wärmekapazität C mit einem Temperaturintervall ΔT erwärmt oder abgekühlt wird, gilt:

$$Q = C\Delta T$$

Vorausgesetzt, daß C unabhängig von der Temperatur ist (dies wird ab jetzt als gegeben angesehen). Man verwendet häufig Indices zur Kennzeichnung von Wärmekapazitäten, die bei konstantem Druck bzw. konstantem Volumen gemessen wurden (C_p und C_v). Im besonderen gilt:

$$\Delta H = C_p\Delta T$$

Die Größen C und H sind *extensiv*, d.h. sie sind proportional der Stoffmenge, die den Vorgang durchläuft. Wir werden kleine Symbole verwenden, um uns auf die Masseneinheit zu beziehen. Daher geben c, c_p und c_v die spezifischen Wärmekapazitäten an und für eine Materialprobe der Masse w gilt:

$$C = cw$$

Wenn in den Aufgaben in diesem Buch kein Index angegeben ist, ist C_p gemeint.

Phasenumwandlung einer Substanz

Die Wärmemenge, die benötigt wird, um eine Substanz zu schmelzen, wird manchmal *latente Schmelzwärme Q* (Schmelz) genannt. Für das Schmelzen von Eis etwa kann folgender Vorgang formuliert werden:

$$H_2O(s) \rightarrow H_2O(l) \qquad 0\ ^\circ C, 1\ \text{atm}$$

Darin bezeichen (s) und (l) den festen bzw. flüssigen Aggregatzustand.

$$\Delta H = Q \text{ (Schmelz)} = (80\ \text{cal/g})(18{,}0\ \text{g/mol}) = 1{,}44\ \text{kcal/mol} = 6{,}02\ \text{kJ/mol}$$

Analog ist ΔH für die Verdampfung gleich der *latenten Verdampfungswärme*, wenn konstante Temperatur und konstanter Druck vorliegen. Die latente Verdampfungswärme für Wasser bei 100 °C und 1,013 bar beträgt 540 cal/g oder 9,72 kcal/mol = 40,7 kJ/mol. ΔH für einen Sublimationsvorgang entspricht der latenten Wärme für die Umwandlung einer Substanz vom festen in den gasförmigen Zustand.

Chemische Reaktion

Ein ΔH-Wert, der einer chemischen Gleichung zugeordnet ist, definiert die Enthalpieänderung, die eintritt, wenn die umgesetzte Anzahl Mol eines jeden Reaktanten gleich seinem Koeffizienten in der bilanzierten Gleichung ist.

$$C(\mathit{Graphit}) + O_2(g) \rightarrow CO_2(g) \qquad \Delta H = -393{,}51 \text{ kJ}$$
$$H_2(g) + I_2(s) \rightarrow 2HI(g) \qquad \Delta H = +52{,}72 \text{ kJ}$$

Bei den obigen Reaktionen werden 393,51 kJ *freigesetzt*, wenn 1 mol gasförmiges CO_2 aus Graphit und Sauerstoff gebildet wird und 52,72 kJ *aufgenommen*, wenn sich aus Wasserstoff und festem Iod 2 mol gasförmiges HI bilden.

Die *Standard-Bildungsenthalpie* $\Delta H°_f$ einer Substanz ist die Enthalpieänderung, die die Bildung *eines Mols* der Substanz aus den Elementen begleitet, wenn alle Substanzen sich in ihrem normalen, stabilen Zustand bei der angegebenen Temperatur und 1 bar Druck befinden. Zum Beispiel ist bei 25 °C der *Standardzustand* für H_2, O_2, Cl_2 oder N_2 das reine Gas bei 1,013 bar Druck; der *Standardzustand* von Brom oder Quecksilber ist die Flüssigkeit; der *Standardzustand* von Eisen, Natrium oder Iod ist der Festkörper; der *Standardzustand* von Kohlenstoff ist Graphit, diese Modifikation ist stabiler als Diamant. Für Ionen in wäßriger Lösung ist der Standardzustand eine ein-molave Lösung ohne Wechselwirkung zwischen den Ionen. Unter Bezug auf die Beispiele im vorhergehenden Abschnitt beträgt die Standardbildungsenthalpie von $CO_2(g)$ –393,51 kJ/mol und von $HI(g)$ +26,36 kJ/mol (die Hälfte des Enthalpieanstiegs von +52,72 kJ bei der Bildung von 2 mol HI). Das hochgestellte ° wird in $\Delta H_f°$ und überall dort verwendet, wo auf Standardbedingungen des Drucks (1,013 bar) und für gelöste Substanzen auf die Standardkonzentration 1 mol hingewiesen werden soll.

In Tabelle 7-1 sind einige Werte für $\Delta H_f°$ bei 25 °C aufgeführt. Beachten Sie, daß keine Einträge für $H_2(g)$, $I_2(s)$, C(*Graphit*) und alle anderen Elemente in Ihren Standardzuständen vorhanden sind. Ihre $\Delta H_f°$-Werte sind definitionsgemäß gleich Null, genauso wie der Wert für $H^+(aq)$.

REGELN DER THERMOCHEMIE

Die innere Energie und die Enthalpie eines Systems hängen nur vom *Zustand* des Systems ab, der von äußeren Parametern wie Druck und Temperatur bestimmt wird. (Zum Beispiel ist der Beitrag der kinetischen Energie eines idealen Gases zu U nur von der Temperatur bestimmt, wenn Sie sich an Kapitel 6 erinnern.) Wenn das System vom Anfangs- in den Endzustand übergeht, hängen ΔU und ΔH nur von diesen beiden Zuständen ab und sind unabhängig vom Weg, auf dem die Zustandsänderung stattgefunden hat. Diese Unabhängigkeit vom Weg beinhaltet zwei wichtige Regeln der Thermochemie:

1. ΔU und ΔH für rückwärts laufende Prozesse sind exakt die negativen Werte des entsprechenden vorwärts laufenden Prozesses.

BEISPIEL 1 ΔH für das Schmelzen eines Mols Eis beträgt 1 440 cal/mol, da man experimentell beobachtet, daß beim Schmelzen von 1 mol bei konstanter Temperatur von 273 K und konstantem Druck von 1 atm 1 440 cal aufgenommen werden. Dann ist ΔH für den Gefrierprozeß –1 440 cal/mol; diese Wärmemenge muß vom Wasser auf die Umgebung übertragen werden, um es gefrieren zu lassen.

2. Wenn man sich einen Vorgang als in mehreren Stufen ablaufend vorstellen kann, dann ist ΔH für den Gesamtvorgang gleich der Summe der Enthalpieänderungen für die Einzelschritte. (Diese Regel wird als *Hess'scher Satz der konstanten Wärmesumme* bezeichnet.)

Tabelle 7-1. Standard-Bildungsenthalpien bei 25 °C

Substanz	ΔH_f°/kcal · mol^{-1}	ΔH_f°/kJ · mol^{-1}	Substanz	ΔH_f°/kcal · mol^{-1}	ΔH_f°/kJ · mol^{-1}
Al_2O_3 (*s*)	–400,50	–1 675,7	HNO_3 (*l*)	–41,61	–174,10
B_2O_3 (*s*)	–304,20	–1 272,8	H_2O (*g*)	–57,80	–241,81
Br (*g*)	+26,73	+111,84	H-O (*l*)	–68,32	–285,83
C (*Diamant*)	+0,45	+1,88	H_2O_2 (*l*)	–44,88	–187,8
CF_4 (*g*)	220,9	–924,7	H_2S (*g*)	–4,93	–20,6
Ch_3OH (*g*)	–47,96	-200,7	H_2S (*aq, undiss*)	–9,5	–39,7
C_9H_{20} (*l*)	–65,85	–275,5	I_2 (*g*)	+14,92	+62,4
$(CH_3)N_2H_2$ (*l*)	+13,3	+55,6	KCl (*s*)	–104,42	–436,9
$C(NO_2)_4$ (*l*)	+8,8	+36,8	$KClO_3$ (*s*)	–95,06	–397,7
CO (*g*)	–26,42	–110,53	$KClO_4$ (*s*)	–103,6	–433,5
CO_2 (*g*)	–94,05	–393,51	$LiAlH_4$ (*s*)	–24,21	–101,3
CaO (*s*)	–151,6	–634,3	Li_2O (*s*)	–143,1	–598,7
$Ca(OH)_2$ (*s*)	–235,80	–986,6	N_2H_4 (*l*)	+12,10	+50,63
$CaCO_3$ (*s*)	–288,5	–1 206,9	NO (*g*)	+21,45	+89,75
ClF_3 (*l*)	–45,3	–190	NO_2 (*g*)	+8,60	+35,98
Cl^- (*aq*)	–39,95	–167,16	N_2O_4 (*g*)	+2,19	+9,16
Cu^{2+} (*aq*)	+15,49	+64,8	N_2O_4 (*l*)	–4,66	–19,50
$CuSO_4$ (*s*)	–184,36	–771,36	O_3 (*g*)	+34,1	+142,7
Fe^{2+} (*aq*)	–21,3	–89,1	OH^- (*aq*)	–54,97	–229,99
Fe_2O_3 (*s*)	–197,0	–824,2	PCl_3 (*l*)	–76,4	–319,7
FeS (*s*)	–23,9	–100,0	PCl_3 (*g*)	–68,6	-287,0
H^+ (*aq*)	0,0	0,0	PCl_5 (*g*)	–89,6	–374,9
HBr (*g*)	–8,70	–36,38	$POCl_3$ (*g*)	–133,48	–558,48
HCl (*g*)	–22,06	–92,31	SO_2 (*g*)	–70,94	–296,81
HF (*g*)	–64,8	–271,1	SO_3 (*g*)	–94,58	–395,72
HI (*g*)	+6,30	+26,36	Zn^{2+} (*aq*)	–36,78	–153,89

BEISPIEL 2 Es ist unmöglich, die exakte Wärmemenge zu messen, die bei der Verbrennung von C zu CO entsteht, weil die Verbrennung nicht exakt auf der Stufe des CO angehalten werden kann. Wir können aber exakt die Wärmemenge messen, die bei der Verbrennung von C zu CO_2 freigesetzt wird (393,5 kJ pro Mol) und auch die bei der Verbrennung von CO zu CO_2 freigesetzte Wärmemenge (283,0 kJ pro Mol CO). Die Enthalpieänderung für die Verbrennung von C zu CO wird durch Berechnung aus den beiden experimentell bestimmten Reaktionsgleichungen ermittelt. Wenn zwei Gleichungen addiert oder subtrahiert werden, müssen die entsprechenden Enthalpieänderungen nach dem Hess'schen Satz ebenfalls addiert oder subtrahiert werden. Daher gilt:

$$2C(\textit{Graphit}) + 2O_2(g) \rightarrow 2CO_2(g) \qquad \Delta H^\circ = (2\text{ mol})(-393{,}5\text{ kJ/mol}) = -787{,}0\text{ kJ}$$
$$2CO(g) + O_2(g) \rightarrow 2CO_2(g) \qquad \Delta H^\circ = (2\text{ mol})(-283{,}0\text{ kJ/mol}) = -566{,}0\text{ kJ}$$

Wenn wir die zweite Gleichung (sowohl die chemische als auch die enthalpische) von der ersten abziehen und –2CO auf die rechte Seite bringen, erhalten wir:

$$2C(\textit{Graphit}) + O_2(g) \rightarrow 2CO(g) \qquad \Delta H^\circ = -221{,}0\text{ kJ}$$

Daher kann man die Standard-Bildungsenthalpie ΔH°_f für die Bildung von CO(*g*) bestimmen als

$$\frac{-221{,}0\text{ kJ}}{2\text{ mol } CO} = -110{,}5\text{ kJ / mol}$$

BEISPIEL 3 Die Sublimationswärme einer Verbindung ist die Summe der Schmelzwärme und der Verdampfungswärme dieser Substanz *bei der gleichen Temperatur*.

BEISPIEL 4 Aus dem Hess'schen Satz folgt, daß

Die Enthalpieänderung einer jeden Reaktion gleich der Summe der Bildungsenthalpien aller Produkte minus der Summe aller Bildungsenthalpien der Edukte ist, wobei jeder ΔH_f-Wert mit der Anzahl Mol der Substanz in der bilanzierten Gleichung zu multiplizieren ist:

$$\Delta H_r = \Sigma \Delta H_f^\circ \text{ (Produkte)} - \Sigma \Delta H_f^\circ \text{ (Edukte)}$$

Daher gilt für die Reaktion

$$PCl_5(g) + H_2O(g) \rightarrow POCl_3(g) + 2HCl(g)$$

(1)	$P(weiß) + \frac{3}{2}Cl_2(g) + \frac{1}{2}O_2(g)$	$\rightarrow POCl_3(g)$		–558,5 kJ
(2)	$H_2(g) + Cl_2(g)$	$\rightarrow 2HCl(g)$		–184,6 kJ
(3)	$PCl_5(g)$	$\rightarrow P(weiß)$	$+\frac{5}{2}Cl_2(g)$	+374,9 kJ
(4)	$H_2O(g)$	$\rightarrow H_2(g)$	$+\frac{1}{2}O_2(g)$	+241,8 kJ
SUMME	$PCl_5(g) + H_2O(g)$	$\rightarrow POCl_3(g) + 2HCl(g)$		–126,4 kJ

Die ΔH°-Angaben sind für (1) ΔH_f° für $POCl_3$; (2) zweimal ΔH_f° für HCl; (3) und (4) der negative Wert für ΔH_f° von PCl_5 bzw. H_2O. Die ΔH_f°-Werte stammen alle aus Tabelle 7-1. Beachten Sie die Verwendung gebrochener Koeffizienten in den Formelgleichungen für einige der Verbindungen. Dies ist in der Thermochemie nicht unüblich.

Dieses Beispiel zeigt, wie eine relativ kleine Anzahl von tabellierten Bildungsenthalpien zur Berechnung der Enthalpieänderung vieler chemischer Reaktionen herangezogen werden kann.

REICHWEITE THERMOCHEMISCHER RECHNUNGEN

Das Ergebnis von Beispiel 4 (s. oben) gilt strenggenommen nur für die Standardzustände der beteiligten Substanzen. (Die Ausdehnung dieser Rechnungen auf andere Temperatur- und Druckbedingungen würde den Rahmen dieses Buches sprengen. Solche Berechnungen sind aber sehr logisch aufgebaut und Bestandteil von Kursen in physikalischer Chemie.) Berechnungen von ΔH° sind dennoch *äußerst nützlich*, weil ΔH nicht sehr empfindlich auf die Bedingungen reagiert (von Extremen einmal abgesehen) und der ΔH°-Wert uns in den meisten Fällen eine gute qualitative Abschätzung der Reaktionsenergie liefert. Zum Beispiel warnt uns das Ergebnis von Beispiel 4 vor einer heftigen Reaktion, wenn wir einen Behälter mit PCl_5 an feuchter Luft öffnen! Die ΔH°-Berechnung ist auch wichtig, weil sie den ersten Schritt zur Berechnung von ΔH bei anderen Bedingungen und zur Berechnung von ΔG° (s. Kapitel 16) darstellt. ΔG° wiederum bestimmt die "Freiwilligkeit" des Ablaufs einer Reaktion und Gleichgewichtszustände.

Aufgaben und Lösungen

WÄRMEKAPAZITÄT UND KALORIMETRIE

7.1. (*a*) Wieviel Joule braucht man, um 100 g Kupfer (c = 0,389 J/g · K) von 10 °C auf 100 °C zu erhitzen? (*b*) Die Wärmemenge aus (*a*) wird 100 g Aluminium (c = 0,908 J/g · K) bei 10 °C zugeführt. Was wird wärmer, Kupfer oder Aluminium?

(*a*) $\Delta H = C\Delta T = (0{,}389 \text{ J/g} \cdot \text{K})(100 \text{ g})[(100 - 10)\text{K}] = 3\,500 \text{ J}$

(*b*) Da die spezifische Wärmekapazität von Kupfer geringer als die von Aluminium ist, wird weniger Energie verbraucht, um eine bestimmte Masse Kupfer um 1 K zu erwärmen, als für die gleiche Masse Aluminium. Daher wird das Kupfer wärmer.

7.2. Wenn man ein Kilogramm Anthrazit-Kohle verbrennt, entstehen etwa 30 500 kJ Wärme. Welche Menge an Kohle ist nötig, um 4,0 kg Wasser von Raumtemperatur (20 °C) zum Siedepunkt zu erhitzen (bei 1 atm Druck), wenn angenommen wird, daß dafür die gesamte Wärmemenge zur Verfügung steht?

$$\Delta H(\text{Wassererwärmung}) = C\Delta T = (4{,}184\ \text{kJ/kg}\cdot\text{K})(4{,}0\ \text{kg})[(100\text{–}20)\text{K}] = 1\,399\ \text{kJ}$$

$$\text{nötige Kohlemenge} = \frac{1339\ \text{kJ}}{30\,500\ \text{kJ / kg}} = 0{,}044\ \text{kg} = 44\ \text{g}$$

7.3. Ein Dampfboiler ist aus Stahl hergestellt und wiegt 900 kg. Der Boiler enthält 400 kg Wasser. Nehmen Sie an, daß 70% der Wärme an den Boiler und das Wasser abgegeben wird. Welche Wärmemenge ist nötig, um alles von 10 °C auf 100 °C zu erhitzen? Die spezifische Wärmekapazität von Stahl beträgt 0,11 kcal/kg · K.

$$\Delta H(\text{zur Erwärmung}) = C(\text{total})\Delta T = [C(\text{Boiler}) + C(\text{Wasser})]\Delta T$$
$$= [(0{,}11)(900)\text{kcal/K} + (1{,}00)(400)\text{kcal/K}](90\ \text{K}) = 44\,900\ \text{kcal}$$

$$\text{nötige Wärmemenge} = \frac{44\,900\ \text{kcal}}{0{,}70} = 64\,000\ \text{kcal}$$

7.4. In einem Kupfer-Kalorimeter wurden genau drei Gramm Kohlenstoff zu CO_2 verbrannt. Die Masse des Kalorimeters beträgt 1500 g und die Masse des Wassers im Kalorimeter 2 000 g. Die Anfangstemperatur war 20,0 °C, die Endtemperatur 31,3 °C. Berechnen Sie die Verbrennungswärme von Kohlenstoff in Joule pro Gramm. Die spezifische Wärmekapazität von Kupfer beträgt 0,389 J/g · K.

$$q(\text{Kalorimeter}) = C(\text{total})\Delta T = [C(\text{Cu}) + C(\text{H}_2\text{O})]\Delta T$$
$$= [(0{,}389\ \text{J/g}\cdot\text{K})(1500\ \text{g}) + (4{,}184\ \text{J/g}\cdot\text{K})(2000\ \text{g})][31{,}3 - 20{,}0)\text{K}]$$
$$= 1{,}012 \cdot 10^5\ \text{J}$$

$$\text{Heizwert von Kohlenstoff} = \frac{1{,}012\cdot 10^5\ \text{J}}{3{,}00\ \text{g}} = 3{,}37\cdot 10^4\ \text{J / g}$$

7.5. Eine Probe von 1,250 g Benzoesäure $C_7H_6O_2$ wurde in eine Verbrennungsbombe gebracht. Die Bombe wurde unter hohem Druck mit überschüssigem Sauerstoff gefüllt, verschlossen und in einen Eimer mit Wasser getaucht, der als Kalorimeter diente. Die Wärmekapzität der gesamten Apparatur wurde zu 10 134 J/K bestimmt: Bombe, Eimer, ein Thermometer und Wasser. Die Oxidation der Benzoesäure wurde durch einen elektrischen Funken in der Probe gezündet. Nach vollständiger Verbrennung der Probe zeigte das ins Wasser tauchende Thermometer eine Temperatur an, die 3,256 K höher war als vor der Verbrennung. Wie groß ist ΔE pro Mol in einem Bombenkalorimeter verbrannter Benzoesäure? Nehmen Sie an, daß für den Funken keine Korrektur nötig ist. (Dies ist ein Vorgang bei konstantem Volumen.)

$$q(\text{Säure}) = -q(\text{Kalorimeter}) = -(10\,134\ \text{J/K})(3{,}256\ \text{K}) = -33{,}00\ \text{kJ}$$

$$\Delta E(\text{Verbrennung}) = \frac{q\ (\text{Säure})}{\text{Molzahl Säure}} = \frac{-33{,}00\ \text{kJ}}{(1{,}250\ \text{g}) / (122{,}1\ \text{g / mol})} = -3\,223\ \text{kJ / mol}$$

7.6. Eine Probe von 25,0 g einer Legierung wurde auf 100,0 °C erhitzt und in einen Becher mit 90 g Wasser von 25,32 °C geworfen. Die Temperatur des Wassers stieg auf einen Endwert von 27,18 °C. Wie groß ist die spezifische Wärme der Legierung, wenn Sie Wärmeverluste an den Raum und die Wärmekapazität des Bechers selbst vernachlässigen?

Wärmeverlust der Legierung = vom Wasser aufgenommene Wärmemenge

$(25{,}0\ \text{g})(c)[(100{,}0 - 27{,}2)\text{K}] = (90\ \text{g})(4{,}184\ \text{J/g} \cdot \text{K})[(27{,}18 - 25{,}32)\text{K}]$

daraus ergibt sich $c = 0{,}385\ \text{J/g} \cdot \text{K}$

7.7. Berechnen Sie die sich ergebende Temperatur t, wenn 150 g Eis von 0 °C mit 300 g Wasser von 50 °C gemischt werden.

1. Betrachten Sie die vom Eis absorbierte und die vom Wasser abgegebene Wärme.

$$\Delta H(\text{Schmelz}) = (80\ \text{cal/g})(150\ \text{g}) = 1{,}20 \cdot 10^4\ \text{cal}$$

$$\Delta H(\text{Erhitzung von 150 g von 0 °C auf Endtemperatur}) = C\Delta T = (1{,}00\ \text{cal/g} \cdot \text{K})(150\ \text{g})[(t - 0)\text{K}]$$

2. Berücksichtigen Sie nun die Enthalpieänderung des warmen Wassers.

$$\Delta H = C\Delta T = (1{,}00\ \text{cal/g} \cdot \text{K})(300\ \text{g})[(t - 50)\text{K}]$$

worin vermutlich $t < 50$ ist, wenn das warme Wasser Wärme verliert.

3. Die Summe der ΔH-Werte muß gleich Null sein, weil kein Wärmeaustausch des in (1) und (2) behandelten Gesamtsystems mit der Umgebung angenommen wird.

$$1{,}20 \cdot 10^4 + 150t + 300(t - 50) = 0$$

Daraus ergibt sich $t = 6{,}7$ °C.

Anmerkung: Wenn die Eismenge statt 150 g 200 g betragen hätte, hätte die obige Vorgehensweise ein Ergebnis von $t = -2$ °C geliefert. Diese Lösung ist physikalisch unsinnig, da die Endtemperatur nicht außerhalb des Bereichs der Ausgangstemperaturen liegen kann. In diesem Fall bedeutet das Ergebnis, daß nicht genügend warmes Wasser vorhanden ist, um das gesamte Eis zu schmelzen. Die Endtemperatur muß daher 0 °C betragen. Sie können dann berechnen, daß noch 12,5 g nicht geschmolzenes Eis übrig sind.

7.8. Wieviel Wärme wird frei, wenn 20 g Wasserdampf von 100 °C kondensiert und auf 20 °C abgekühlt werden?

Die Verdampfungswärme von Wasser bei 100 °C beträgt:

$$(40{,}7\ \text{kJ / mol})\left(\frac{1\ \text{mol}}{18{,}02\ \text{g}}\right) = 2{,}26\ \text{kJ / g}$$

$$\Delta H(\text{Kondensation}) = -(\text{Masse}) \cdot (\text{Verdampfungswärme}) = -(20\ \text{g})(2{,}26\ \text{kJ/g}) = -45{,}2\ \text{kJ}$$

$$\Delta H(\text{Abkühlung}) = C\Delta T = (4{,}184\ \text{J/g} \cdot \text{K})(20\ \text{g})[(20-100)\text{K}] = -6{,}7\ \text{kJ}$$

$$\Delta H(\text{Gesamt}) = -45{,}2 - 6{,}7 = -51{,}9\ \text{kJ}$$

Die abgegebene Wärmemenge beträgt 51,9 kJ.

7.9. Welche Wärmemenge wird benötigt, um 40 g Eis ($c = 0{,}5\ \text{cal/g} \cdot \text{K}$) von –10 °C in Dampf von 120 °C ($c = 0{,}5\ \text{cal/g} \cdot \text{K}$) zu verwandeln?

ΔH(Eis von –10 °C auf 0 °C erhitzen) = $C\Delta T = (0{,}5\ \text{cal/g} \cdot \text{K})(40\ \text{g})(10\ \text{K}) = 0{,}2\ \text{kcal}$

ΔH(Schmelzen von Eis bei 0 °C) = (Masse) · Schmelzwärme) = (40 g)(80 cal/g) = 3,2 kcal

ΔH(Wasser von 0 °C auf 100 °C erhitzen) = $C\Delta T = (1{,}00\ \text{cal/g} \cdot \text{K})(40\ \text{g})(100\ \text{K}) = 4{,}0\ \text{kcal}$

ΔH(Verdampfung bei 100 °C) = (Masse) · (Verdampfungswärme) = (40 g)(540 cal/g) = 21,6 kcal

ΔH(Dampf von 100 °C auf 120 °C erhitzen) = $C\Delta T = (0{,}5\ \text{cal/g} \cdot \text{K})(40\ \text{g})(20\ \text{K}) - 0{,}4\ \text{kcal}$

ΔH(Gesamt) = (0,2 + 3,2 + 4,0 + 21,6 + 0,4)kcal = 29,4 kcal

7.10. Wie groß ist die Verdampfungswärme von Wasser pro Gramm bei 25 °C und 1 atm?

Wir können für den Vorgang folgende thermochemische Gleichung aufschreiben:

$$H_2O(l) \rightarrow H_2O(g)$$

$\Delta H°$ kann durch Subtraktion von $\Delta H_f°$ der Reaktanten von $\Delta H_f°$ der Produkte (s. Tabelle 7-1) ermittelt werden.

$$\Delta H° = \Delta H_f° \text{ (Produkte)} - \Delta H_f° \text{ (Reaktanten)} = -241{,}81 - (-285{,}83) = 44{,}02 \text{ kJ}$$

Die Verdampfungsenthalpie pro Gramm beträgt:

$$\frac{44{,}02 \text{ kJ / mol}}{18{,}02 \text{ g / mol}} = 2{,}44 \text{ kJ}$$

Beachten Sie, daß die Verdampfungswärme bei 25 °C größer ist als bei 100 °C (2,26 kJ/g).

THERMOCHEMISCHE GLEICHUNGEN

7.11. Die thermochemische Gleichung für die Verbrennung von Ethylen-Gas C_2H_4 lautet:

$$C_2H_4\ (g) + 3O_2\ (g) \rightarrow 2CO_2\ (g) + 2H_2O\ (l) \qquad \Delta H° = -1\,410 \text{ kJ}$$

Wieviele Kilogramm Wasser von 20 °C können durch Verbrennung von 1 m³ C_2H_4-Gas, abgemessen bei S.T.D., in Dampf von 100 °C umgewandelt werden, wenn man 70 Prozent Effizienz annimmt?

$$n(C_2H_4) = \frac{(1 \text{ m}^3)(1{,}000 \text{ l / m}^3)}{22{,}4 \text{ l / mol}} = 44{,}6 \text{ mol}$$

$$\Delta H \text{ (1 m}^3) = n(C_2H_4) \times \Delta H \text{ (1 mol)} = (44{,}6 \text{ mol})(-1\,410 \text{ kJ/mol}) = -6{,}29 \times 104 \text{ kJ}$$

Die nutzbare Wärme ist dann $(0{,}70)(6{,}29 \times 10^4 \text{ kJ}) = 4{,}40 \times 10^4$ kJ.

Betrachten Sie den Gesamtvorgang in zwei Stufen:

H_2O (l, 20°C) → H_2O (l, 100°C)	$\Delta H = (4{,}184 \text{ kJ/kg} \cdot \text{K})(80 \text{ K})$	=	335 kJ/kg
H_2O (l, 100°C) → H_2O (g, 100°C)	$\Delta H = (40{,}7 \text{ kJ/mol})/(0{,}018\,02 \text{ kg/mol})$	=	2 259 kJ/kg
	ΔH (Gesamt) =		2 594 kJ/kg

Die Masse w des umgewandelten Wassers ist dann gleich der verfügbaren Wärmemenge geteilt durch die pro Kilogramm benötigte Wärme:

$$w(H_2O) = \frac{4{,}40 \cdot 10^4 \text{ kJ}}{2\,594 \text{ kJ / kg}} = 17{,}0 \text{ kg}$$

7.12. Berechnen Sie $\Delta H°$ für die Reduktion von Eisenoxid durch Aluminium (Thermit-Reaktion) bei 25 °C.

Wir müssen mit einer bilanzierten Gleichung für die Reaktion beginnen. Wir können dann unter jede Formel in Klammern die der Tabelle 7-1 entnommene Bildungsenthalpie schreiben und jeden Enthalpiewert mit der entsprechenden Molzahl der bilanzierten Reaktionsgleichung multiplizieren. Denken Sie daran, daß $\Delta H_f°$ für jedes Element in seinem Standardzustand definitionsgemäß gleich Null ist.

	2Al +	Fe_2O_3	→	2Fe +	Al_2O_3
$(n\Delta H_f°)$/kJ:	2(0)	1(–824,2)		2(0)	1(–1 675,7)

Dann ist $\Delta H°$ der Reaktion gegeben durch:

$$\Delta H° = (\text{Summe der } n\,\Delta H_f° \text{ der Produkte}) - (\text{Summe der } n\,\Delta H_f° \text{ der Reaktanten})$$
$$= -1\,675{,}7 - (-824{,}2) = -851{,}5 \text{ kJ}$$

Dies ist D$H°$ für die Reduktion von 1 mol Fe_2O_3.

7.13. $\Delta H_f°$ für N (g) (nicht der Standardzustand von Stickstoff) wurde zu 472,7 kJ/mol bestimmt, für O (g) zu 249,2 kJ/mol. Berechnen Sie D$H°$ für folgende hypothetische Reaktion in der oberen Atmosphäre:

$$N\ (g) + O\ (g) \rightarrow NO\ (g)$$

$$\begin{array}{llll} & N\,(g) + O\,(g) \rightarrow NO\,(g) \\ (nH_f^\circ)/\text{kJ:} & 472{,}7 \quad 249{,}2 \quad\quad 89{,}7 \end{array}$$

worin ΔH_f° für NO (g) aus Tabelle 7-1 entnommen wurde. Dann ist:

$$\Delta H^\circ = 89{,}7 - (472{,}7 + 249{,}2) = -632{,}2\text{ kJ} = \frac{-632{,}2\text{ kJ}}{4{,}184\text{ kJ / kcal}} = -151{,}1\text{ kcal}$$

7.14. Berechnen Sie die Zersetzungsenthalpie von $CaCO_3$ in CaO und CO_2.

$$\begin{array}{llll} & CaCO_3\,(s) \rightarrow & CaO\,(s) + & CO_2\,(g) \\ (nH_f^\circ)/\text{kJ:} & -288{,}5 & -151{,}6 & 94{,}0 \end{array}$$

$$\Delta H^\circ = (-151{,}6 - 94{,}0) - (-288{,}5) = 42{,}9\text{ kcal} = 179{,}5\text{ kJ}$$

Dies ist die Enthalpieänderung für die Zersetzung von 1 mol $CaCO_3$. Ein positiver Wert signalisiert eine endotherme Reaktion.

7.15. (*a*) Berechnen Sie die Neutralisationsenthalpie einer starken Säure durch eine starke Base in Wasser. (*b*) Die durch Neutralisation von HCN (schwache Säure) mit NaOH freigesetzte Wärme ist 12,1 kJ/mol. Wieviele Kilojoule werden aufgenommen, wenn 1 mol HCN in Wasser ionisiert wird?

(*a*) Die grundlegende Gleichung für die Neutralisation lautet:

$$\begin{array}{llll} & H^+\,(aq) + & OH^- \rightarrow & H_2O\,(l) \\ (nH_f^\circ)/\text{kJ:} & 0 & -230{,}0 & -285{,}8 \end{array}$$

Daher ist $\Delta H^\circ = -285{,}8 - (-230{,}0) = -55{,}8$ kJ.

(*b*) Die Neutralisation von HCN (aq) durch NaOH (aq) kann als die Summe zweier Vorgänge interpretiert werden, nämlich der Ionisation von HCN (aq) und der Neutralisation von H^+ (aq) durch OH^- (aq). (Da NaOH eine starke Base ist, impliziert "NaOH (aq)" die vollständige Ionisation und daher muß keine getrennte thermochemische Gleichung für die Ionisation aufgestellt werden.) Wir können daher den folgenden thermochemischen Zyklus konstruieren:

	$HCN\,(aq) \rightarrow H^+\,(aq) + CN^-\,(aq)$	ΔH° (Ionisation)	= x
	$H^+\,(aq) + OH^-\,(aq) \rightarrow H_2O\,(l)$	ΔH°	= –55,8 kJ
SUMME	$HCN\,(aq) + OH^-\,(aq) \rightarrow H_2O\,(l) + CN^-\,(aq)$	ΔH° (Experiment)	= 12,1 kJ

ΔH° (experimentell) ist negativ, da bei der Neutralisation Wärme frei wird.
Nach dem Prinzip der Additivität ergibt sich:

$$x + (-55{,}8) = -12{,}1 \qquad \text{oder} \qquad x = 43{,}7\text{ kJ}$$

Der Ionisationsprozeß ist also mit 43,7 kJ/mol endotherm.

7.16. Die bei der Verbrennung von Acetylen-Gas C_2H_2 entwickelte Wärme beträgt bei 25 °C 1 299,1 kJ/mol. Bestimmen Sie die Bildungsenthalpie von Acetylen-Gas.

Die vollständige Verbrennung einer organischen Verbindung beinhaltet die Bildung von CO_2 und H_2O.

$$\begin{array}{lllll} & C_2H_2\,(g) + & 5/2\,O_2\,(g) \rightarrow & 2CO_2\,(g) + & H_2O\,(l) \qquad \Delta H^\circ = -1\,299{,}1\text{ kJ} \\ (nH_f^\circ)/\text{kJ:} & x & 0 & 2(-393{,}5) & -258{,}8 \end{array}$$

Daher gilt $$-1\,299{,}1 = [2(-393{,}5) + (-285{,}8)] - x$$

Auflösung ergibt: $x = \Delta H^\circ_f$ für C_2H_2 (g) = 226,3 kJ/mol.

7.17. Welche Wärmemenge ist nötig, um nach der unten gegebenen Gleichung 1 kg CaC_2 herzustellen?

$$\begin{array}{lcccc} & CaO\,(s) + & 3C\,(s) \rightarrow & CaC_2\,(s) + & CO\,(g) \\ (nH_f^\circ)/\mathrm{kJ:} & -643{,}3 & 0 & -59{,}4 & -110{,}5 \end{array}$$

$$\Delta H^\circ = -(59{,}4 + 110{,}5) - (-634{,}3) = +\,464{,}4\ \mathrm{kJ}$$

Dies ist die Wärmemenge, die zur Bildung von 1 mol CaC_2 nötig ist; 1 kg CaC_2 benötigt dann:

$$\left(\frac{1000\ \mathrm{g\ CaC_2}}{64{,}10\ \mathrm{g\ CaC_2\ /\ mol}}\right)(464{,}4\ \mathrm{kJ\ /\ mol}) = 7\,245\ \mathrm{kJ}$$

7.18. Wieviele Kilojoule Wärme werden bei der Herstellung eines Mols H_2S aus FeS und verdünnter Salzsäure frei?

$$\begin{array}{lcccc} & FeS\,(s) + & 2H^+\,(aq) \rightarrow & Fe^{2+}\,(aq) + & H_2S\,(g) \\ (nH_f^\circ)/\mathrm{kJ:} & -100{,}0 & 0 & -89{,}1 & -20{,}6 \end{array}$$

Da HCl und $FeCl_2$ starke Elektrolyte darstellen, muß Chlorid nicht in die bilanzierte Gleichung aufgenommen werden.

$$\Delta H^\circ = -(89{,}1 + 20{,}6) + 100{,}0 = -9{,}7\ \mathrm{kJ/mol\ H_2S}$$

Zusatzaufgaben

WÄRMEKAPAZITÄT UND KALORIMETRIE

7.19. Wieviele Kalorien werden benötigt, um die folgenden Substanzen von 15 °C auf 65 °C zu erhitzen: (*a*) 1,0 g Wasser; (*b*) 5,0 g Pyrex-Glas; (*c*) 20 g Platin? Die spezifische Wärmekapazität von Pyrex-Glas beträgt 0,20 cal/g · K, die von Platin 0,032 cal/g · K.

Lösung: (*a*) 50 cal; (*b*) 50 cal; (*c*) 32 cal

7.20. Die Verbrennung von 5,00 g Koks erhöhte die Temperatur von 1,00 kg Wasser von 10 °C auf 47 °C. Berechnen Sie den Heizwert von Koks.

Lösung: 7,4 kcal/g = 31 kJ/g

7.21. Wieviele Kilogramm Wasser von 15 °C können durch Verbrennung von 200 l Methan CH_4, abgemessen unter S.T.D., auf 95 °C erhitzt werden, wenn 50 Prozent der entstehenden Wärme genutzt werden können? Die Verbrennungswärme von Methan beträgt 891 kJ/mol.

Lösung: 11,9 kg

7.22. Die Verbrennungswärme von Ethangas C_2H_6 beträgt 1 561 kJ/mol. Wieviele Liter Ethan, abgemessen unter S.T.D., müssen verbrannt werden, um genügend Wärme zur Umwandlung von 50 kg Wasser von 10 °C in Dampf von 100 °C zu erzeugen, wenn 60 Prozent der Wärme genutzt werden können?

Lösung: 3 150 l

7.23. Eine Probe von 45,0 g einer Legierung wurde auf 90,0 °C erhitzt und dann in einen Becher mit 82,0 g Wasser von 23,50 °C geworfen. Die Temperatur des Wassers stieg auf einen Endwert von 26,25 °C. Wie groß ist die spezifische Wärmekapazität der Verbindung?

Lösung: 0,329 J/g · K = 0,079 cal/g · K

7.24. Wie groß ist die spezifische Wärmekapazität einer Substanz in Btu/lb · °F, wenn sie als *h* cal/g · K gegeben ist?

Lösung: *h* Btu/lb · °F

7.25. Bestimmen Sie die sich ergebende Temperatur, wenn 1 kg Eis von 0 °C mit 9 kg Wasser von 50 °C gemischt wird. Die Schmelzenthalpie von Eis beträgt 80 cal/g = 335 J/g.

Lösung: 37 °C

7.26. Welche Wärmemenge wird benötigt, um 10 g Eis von 0 °C in Dampf von 100 °C zu verwandeln? Die Verdampfungswärme von Wasser bei 100 °C beträgt 540 cal/g = 2 259 J/g.

Lösung: 7,2 kcal = 30 kJ

7.27. Eine Kaffeetasse aus Polystyrolschaum kann als billiges Kalorimeter für Messungen dienen, die keine große Genauigkeit verlangen. Zu 25,0 ml Wasser von 24,33 °C in einer solchen Tasse wurde eine Menge von 1,00 g KCl (*s*) gegeben. Dieses löste sich nach einer kurzen Zeit leichten Rührens mit dem Thermometer vollständig auf. Die niedrigste erreichte Temperatur war 22,12 °C. Schätzen Sie $\Delta H°$ für die Lösungswärme von KCl in kJ/mol ab. Sie können davon ausgehen, daß die Lösung dieselbe Wärmekapazität wie das Wasser hat und daß die Wärmekapazität der Tasse selbst und des Thermometers vernachlässigbar ist.

Lösung: $\Delta H°$ (Lösung) = +17,2 kJ/mol

7.28. In einem Eis-Kalorimeter läßt man eine chemische Reaktion in thermischem Kontakt mit einer Eis/Wasser-Mischung von 0 °C ablaufen. Jedwede durch die Reaktion freigesetzte Wärmemenge wird dazu verwendet, etwas Eis zu schmelzen; die Volumenänderung der Eis/Wasser-Mischung zeigt das Ausmaß des Schmelzens an. Wenn in einem solchen Kalorimeter auf 0 °C vorgekühlte Lösungen von je 1,00 Millimol $AgNO_3$ und NaCl gemischt wurden, schmolzen 0,20 g Eis. Wie groß ist ΔH für die Reaktion $Ag^+ + Cl^- \rightarrow AgCl$, wenn bei diesem Experiment ein vollständiger Ablauf der Reaktion angenommen wird?

Lösung: –67 kJ = –16 kcal

7.29. Eine Probe von 15,3 g einer bestimmten organischen Flüssigkeit bei Raumtemperatur 26,2 °C wurde in die Reaktionskammer eines Eiskalorimeters geschüttet, wo sie vermutlich auf 0,0 °C abkühlte. Der Anstieg des Wasserspiegels zeigte an, daß 3,09 g Eis geschmolzen war. Berechnen Sie die spezifische Wärme der Flüssigkeit.

Lösung: $c = 0{,}616$ cal/g · K = 2,58 J/g · K

THERMOCHEMISCHE GLEICHUNGEN

7.30. Wie groß ist die Sublimationswärme von festem Iod bei 25 °C?

Lösung: 14,92 kcal/mol I_2 = 62,4 kJ/mol I_2

7.31. Ist der Lösungsvorgang von H_2S-Gas in Wasser endotherm oder exotherm? In welchem Ausmaß?

Lösung: exotherm mit 4,6 kcal/mol = 19,1 kJ/mol

7.32. Welche Wärmemenge wird frei, wenn 1 mol HCl (*g*) in einer großen Menge Wasser gelöst wird? (*Hinweis*: HCl ist in verdünnter Lösung vollständig dissoziiert.)

Lösung: 17,9 kcal = 74,8 kJ

7.33. Die Standard-Bildungsenthalpie von H (*g*) wurde zu 218,0 kJ/mol bestimmt. Berechnen Sie für die folgenden beiden Reaktionen $\Delta H°$ in Kilojoule:

(*a*) H (*g*) + Br (*g*) → HBr (*g*) (*b*) H (*g*) + Br_2 (*l*) → HBr (*g*) + Br (*g*)

Lösung: (*a*) –366,2 kJ; (*b*) –142,6 kJ

7.34. Bestimmen Sie $\Delta H°$ für die Zersetzung von 1 mol festem $KClO_3$ in festes KCl und gasförmigen Sauerstoff.

Lösung: –10,9 kcal = –45,5 kJ

7.35. Die durch Neutralisation von CsOH mit allen starken Säuren freigesetzte Wärmemenge ist 13,4 kcal/mol. Die durch Neutralisation von CsOH mit HF (schwache Säure) freigesetzte Wärmemenge ist 16,4 kcal/mol. Berechnen Sie $\Delta H°$ für die Dissoziation von HF in Wasser.

Lösung: –3,0 kcal/mol

7.36. Berechnen Sie die entstehende Wärmemenge, wenn 1 kg gebrannter Kalk (CaO) laut folgender Gleichung gelöscht wird:

$$CaO\ (s) + H_2O\ (l) \rightarrow Ca(OH)_2\ (s)$$

Lösung: 282 kcal = 1 180 kJ

7.37. Die bei der vollständigen Verbrennung von 1 mol CH_4-Gas zu CO_2 (*g*) und H_2O (*l*) freigesetzte Wärme beträgt 890 kJ. Bestimmen Sie die Bildungsenthalpie von 1 mol CH_4-Gas.

Lösung: –75 kJ/mol

7.38. Die bei der vollständigen Verbrennung von 1 g Stärke $(C_6H_{10}O_5)_x$ in CO_2 (*g*) und H_2O (*l*) entstehende Wärme beträgt 17,48 kJ. Berechnen Sie die Standard-Bildungsenthalpie von 1 g Stärke.

Lösung: –5,88 kJ

7.39. Die bei der Auflösung von $CuSO_4$ entstehende Wärme beträgt 73,1 kJ/mol. Wie groß ist $\Delta H_f°$ für SO_4^{2-} (*aq*)?

Lösung: –909,3 kJ/mol

7.40. Die Lösungswärme von $CuSO_4 \cdot 5H_2O$ in einer großen Menge Wasser beträgt 5,4 kJ/mol (endotherm). Berechnen Sie die Reaktionswärme für:

$$CuSO_4\ (s) + 5H_2O\ (l) \rightarrow CuSO_4 \cdot 5H_2O\ (s)$$

Verwenden Sie die Daten aus Aufgabe 7.39.

Lösung: 78,5 kJ (exotherm) = 18,8 kcal

7.41. Die bei der Verbrennung von 1 mol C_2H_6 (*g*) und 1 mol C_2H_4 (*g*) in CO_2 (*g*) und H_2O (*l*) freigesetzte Wärme beträgt 1 559,8 kJ bzw. 1 410,8 kJ. Berechnen Sie ΔH für die folgende Reaktion: $C_2H_4\ (g) + H_2\ (g) \rightarrow C_2H_6\ (g)$.

Lösung: –136,8 kJ

7.42. Die Auflösung von $CaCl_2 \cdot 6H_2O$ in einem großen Volumen Wasser ist mit 14,6 kJ/mol endotherm. Für die Reaktion

$$CaCl_2\ (s) + 6H_2O\ (l) \rightarrow CaCl_2 \cdot 6H_2O\ (s)$$

ist ΔH = –97,0 kJ. Wie groß ist die Lösungswärme von wasserfreiem $CaCl_2$ in einem großen Volumen Wasser?

Lösung: 82,4 kJ/mol (exotherm)

7.43. Die Hydrolyse ist eine wichtige organische Reaktion, bei der ein großes organisches Molekül mit Hilfe eines Wassermoleküls in zwei kleinere Moleküle gespalten wird. Da sowohl bei den Reaktanten als auch bei den Produkten die gleiche Menge und Art von chemischen Bindungen vorhanden sind, könnte man einen nur kleinen Energieunterschied erwarten. Berechnen Sie $\Delta H°$ für die Gasphasenhydrolyse von Dimethylether, basierend auf Tabelle 7-1 und folgenden zusätzlichen Bildungswärme-Werten: CH_3OCH_3 (*g*) –185,4 kJ/mol; CH_3OH (*g*) –201,2 kJ/mol. Die Reaktion lautet:

$$CH_3OCH_3\ (g) + H_2O\ (g) \rightarrow 2CH_3OH\ (g)$$

Lösung: $\Delta H° = +24{,}8$ kJ

7.44. Die kommerzielle Produktion von Wassergas nützt die Reaktion C (*s*) + H_2O (*g*) → H_2 (*g*) + CO (*g*). Die für diese endotherme Reaktion nötige Wärme kann durch Zusatz einer begrenzten Menge Sauerstoffs und Verbrennung eines Teils des Kohlenstoffs zu Kohlendioxid aufgebracht werden. Wieviel Gramm Kohlenstoff müssen zu CO_2 verbrannt werden, um genug Wärme für die Umwandlung von 100 g Kohlenstoff in Wassergas zur Verfügung zu stellen? Vernachlässigen Sie alle Wärmeverluste an die Umgebung.

Lösung: 33,4 g

7.45. Die reversible Reaktion

$$Na_2SO_4 \cdot 10\ H_2O \rightarrow Na_2SO_4 + 10\ H_2O \qquad \Delta H = +\ 18{,}8\ \text{kcal}$$

läuft bei Temperaturen über 32,4 °C vollständig nach rechts ab, während das Gleichgewicht unterhalb dieser Temperatur vollständig auf der linken Seite liegt. Dieses System wurde in einigen Solarhäusern zum Heizen bei Nacht mit der während des Tages aufgefangenen Energie der Sonnenstrahlung verwendet. Wieviele Kubikfuß Brenngas können durch die Umkehrung der Dehydratisierung einer festen Menge von 100 lb $Na_2SO_4 \cdot 10H_2O$ pro Nacht gespart werden? Nehmen Sie an, daß der Brennwert des Gases 2 000 Btu/ft³ beträgt.

Lösung: 5,3 ft³

7.46. Ein wichtiges Kriterium für die Eignung von Brennstoffreaktionen für Raketen ist der Brennwert in Kilojoule entweder pro Gramm Reaktant oder pro Kubikzentimeter Reaktant. Berechnen Sie beide Größen für jede der folgenden Reaktionen:

(*a*) N_2H_4 (*l*) + 2 H_2O_2 (*l*) → N_2 (*g*) + 4 H_2O (*g*)
(*b*) 2 $LiBH_4$ (*s*) + $KClO_4$ (*s*) → Li_2O (*s*) + B_2O_3 (*s*) + KCl (*s*) + 4 H_2 (*g*)
(*c*) 6 $LiAlH_4$ (*s*) + 2 $C(NO_2)_4$ (*l*) → 3 Al_2O_3 (*s*) + 3 Li_2O (*s*) + 2 CO_2 (*g*) + 4 N_2 (*g*) + 12 H_2 (*g*)
(*d*) 4 HNO_3 (*l*) + 5 N_2H_4 (*l*) → 7 N_2 (*g*) + 12 H_2O (*g*)
(*e*) 7 N_2O_4 (*l*) + C_9H_{20} (*l*) → 9 CO_2 (*g*) + 10 H_2O (*g*) + 7 N_2 (*g*)
(*f*) 4 ClF_3 (*l*) + $(CH_3)_2N_2H_2$ (*l*) → 2 CF_4 (*g*) + N_2 (*g*) + 4 HCl (*g*) + 4 HF (*g*)

Verwenden Sie folgende Werte für die Dichte: N_2H_4 (*l*) 1,01 g/cm³; H_2O_2 (*l*) 1,46 g/cm³; $LiBH_4$ (*s*) 0,66 g/cm³; $KClO_4$ (*s*) 2,52 g/cm³; $LiAlH_4$ (*s*) 0,92 g/cm³; $C(NO_2)_4$ (*l*) 1,65 g/cm³; HNO_3 (*l*) 1,50 g/cm³; N_2O_4 (*l*) 1,45 g/cm³; C_9H_{20} (*l*) 0,72 g/cm³; ClF_3 (*l*) 1,77 g/cm³; $(CH_3)_2N_2H_2$ (*l*) 0,78 g/cm³. Nehmen Sie bei der Berechnung der Volumina der Reaktionsmischungen an, daß die Reaktanten im stöchiometrischen Verhältnis vorliegen.

Lösung: (*a*) 6,4 kJ/g, 8,2 kJ/cm³; (*b*) 8,3 kJ/g, 12,4 kJ/cm³; (*c*) 11,4 kJ/g, 14,6 kJ/cm³; (*d*) 6,0 kJ/g, 7,5 kJ/cm³; (*e*) 7,2 kJ/g, 8,9 kJ/cm³; (*f*) 6,0 kJ/g, 9,1 kJ/cm³

7.47. Ein frühes Modell des Concorde-Überschallflugzeuges verbrauchte bei Reisegeschwindigkeit 4 700 Gallonen Flugbenzin pro Stunde. Die Dichte des Treibstoffs betrug 6,65 Pfund pro Gallone und ΔH der Verbrennung betrug –10 500 kcal/kg. Drücken Sie den Energieverbrauch während des Überschallfluges in Megawatt aus (1 MW = 10^6 W = 10^6 J/s).

Lösung: 173 MW

7.48. Zwei Lösungen von anfangs 25,08 °C wurden in einer isolierten Flasche gemischt. Eine Lösung bestand aus 400 ml einer schwachen einprotonigen Säure der Konzentration 0,200 mol/l. Die andere bestand aus 100 ml einer NaOH-Lösung von 0,800 mol/l. Nach dem Mischen stieg die Temperatur auf 26,25 °C an. Welche Wärmemenge wird bei der Neutralisation von einem Mol der Säure entwickelt? Nehmen Sie an, daß die Dichten aller Lösungen 1,00 g/cm³ betragen und daß ihre spezifische Wärmekapazitäten alle 4,2 J/g · K sind. (Diese Annahmen verursachen einen Fehler von mehreren Prozent, aber die aufeinanderfolgenden Fehler gleichen sich im Endergebnis teilweise aus.)

Lösung: 31 kJ/mol

7.49. Eine Grubenlampe alter Bauart verbrennt Acetylen C_2H_2, das *in situ* durch Auftröpfeln von Wasser auf Calciumcarbid CaC_2 erzeugt wird. Der Entwickler der Lampe beschäftigt sich mit der Frage, wie heiß die Calciumcarbid-Kammer werden wird. Berechnen Sie die entstehende Wärme in Kilojoule pro Liter (S.T.D.) entstandenem C_2H_2. (Aufgabe 7.16. liefert zusätzliche Daten.)

$$CaC_2\ (s) + 2\ H_2O\ (l) \rightarrow Ca(OH)_2\ (s) + C_2H_2\ (g)$$

Lösung: 5,77 kJ/l ($\Delta H° = -129{,}3$ kJ/mol)

7.50. (*a*) Wie groß ist die Verbrennungswärme von C_2H_2 im Vergleich zu der Wärme, die bei seiner Entstehung aus Calciumcarbid anfällt? (*b*) Wenn man die Entstehungsreaktion zur Verbrennungsreaktion addiert, folgt für die Gesamtreaktion in der Lampe:

$$CaC_2\ (s) + H_2O\ (l) + {}^5/_2\ O_2 \rightarrow Ca(OH)_2\ (s) + 2\ CO_2\ (g)$$

Berechnen Sie $\Delta H°$ für die obige Reaktion und vergleichen Sie mit den getrennten Rechnungen in den Aufgaben 7.49. und 7.50. (*a*).

Lösung: (*a*) Verbrennungswärme = 58,0 kJ/l ($\Delta H = -1\ 299$ kJ/mol). Dies ist etwa das Zehnfache des Lösungswertes aus Aufgabe 7.49. (*b*) $\Delta H° = -1\ 428{,}4$ kJ/mol, das ist exakt die Summe der beiden vorherigen Berechnungen (–129,3 –1 299,1).

Kapitel 8

Struktur von Atomen

ABSORPTION UND EMISSION VON LICHT

Von historischer Bedeutung bei der Entwicklung der modernen Atomtheorie war die Erkenntnis, daß die charakteristischen Lichtabsorptionen und -emissionen einzelner Atome relativ schmale *Linien* im Spektrum zeigen, die eng begrenzten Wellenlängen entsprechen, obwohl vielatomige Moleküle mehr oder weniger breite *Banden* der Absorption und Emission im sichtbaren und ultravioletten Teil des Spektrums aufweisen. Das Linienspektrum eines jeden Elements ist charakteristisch für dieses Element, so daß die Atomspektroskopie für viele Arten chemisch komplex zusammengesetzter Materialien als genaue Analysenmethode verwendet werden kann.

Die Ausschöpfung der spektralen Information verlangt die Betrachtung zweier Aspekte des Lichts, seines Wellen- und seines Teilchencharakters.

Wellencharakter des Lichts

Ein Lichtstrahl ist mit einer elektromagnetischen Störung verbunden, die sich periodisch in Richtung des Strahls ausbreitet. Die Entfernung zwischen zwei aufeinanderfolgenden Intensitätsmaxima der Störung wird *Wellenlänge* genannt und üblicherweise mit dem Symbol λ bezeichnet. Die *Frequenz* ist die Anzahl solcher Maxima, die einen gegebenen Punkt pro Sekunde passieren. Sie erhält normalerweise das Symbol ν. Die übliche Einheit für die Frequenz ist das *Hertz* mit dem Symbol Hz, wobei 1 Hz = 1 s^{-1}. Das Produkt aus Wellenlänge und Frequenz ist äquivalent zur Fortpflanzungsgeschwindigkeit, die üblicherweise das Symbol c erhält.

$$c = \lambda\nu$$

Die Geschwindigkeit des Lichts im Vakuum ist mit $2{,}998 \cdot 10^8$ m/s für alle Wellenlängen gleich, so daß zwischen Wellenlänge und Frequenz eine einfache umgekehrte Proportionalität existiert. Die Lichtgeschwindigkeit in der Atmosphäre ist um weniger als ein Tausendstel gegenüber dem Wert im Vakuum reduziert, so daß der obige Wert für die meisten Laboranwendungen akzeptabel ist. Häufig wird noch ein anderer Wert, die Wellenzahl $\bar{\nu}$ verwendet. Sie ist definiert als $1/\lambda$ oder als ν/c. Die meistverwendete Einheit für die Wellenzahl ist cm^{-1}.

Teilchencharakter des Lichts

Die Lichtenergie wird in Form einzelner Einheiten oder *Quanten* (Singular: *Quantum*) absorbiert, emittiert oder in andere Energieformen umgewandelt. Die Einheit selbst, oft als Lichtpartikel bezeichnet, heißt *Photon*. Die Energie eines Photons ist proportional zu seiner Frequenz:

$$\varepsilon = h\nu = (6{,}626 \cdot 10^{-34}\,\text{J} \cdot \text{s})\,\nu$$

Die allgemeingültige Proportionalitätskonstante h wird *Planck'sches Wirkungsquantum* genannt.

Obwohl das sichtbare Licht, für das das menschliche Auge empfindlich ist, auf den Wellenlängenbereich von 400 bis 700 nm beschränkt ist, bezieht sich die obige Diskussion auf Strahlung beliebiger Wellenlänge. Bei der Untersuchung von Materie verwenden Chemiker routinemäßig Strahlungen, deren Wellenlänge von 0,1 nm (Röntgenstrahlung) bis zu einigen Zentimetern (Mikrowellen) reicht.

WECHSELWIRKUNG VON LICHT MIT MATERIE

Ein großer Schritt zum Verständnis der Atomstruktur war die Erklärung des Wasserstoff-Spektrums durch Bohr. Er stellte folgende Postulate auf:

1. Das Elektron des Wasserstoffatoms rotiert in stabilen, kreisförmigen Bahnen um den Kern.
2. In jeder stabilen Bahn wird die für die kreisförmige Bewegung des Elektrons nötige Zentripetalkraft durch die elektrostatische Anziehung zwischen dem negativ geladenen Elektron und dem positiv geladenen Kern ausgeübt. Die Energie des Atoms ist die Summe der

potentiellen Energie der elektrostatischen Wechselwirkung zwischen Kern und Elektron und der kinetischen Energie der Bewegung des Elektrons.

3. Nur bestimmte stabile Bahnen sind erlaubt, nämlich solche, deren Bahndrehimpuls das ganzzahlige Vielfache von $h/2p$ ist. (Dies ist dasselbe h, das in der Gleichung für die Energie eines Photons vorkommt.)
4. Ein Elektron kann sich nur durch Absorption oder Emission eines Energiebetrages von einer stabilen Bahn auf eine andere bewegen, der exakt dem Unterschied der Energien beider Bahnen entspricht. Wenn diese Energie in Form von Licht aufgenommen oder abgegeben wird, muß die nötige Energiedifferenz von einem Photon geliefert oder aufgenommen worden sein, so daß gilt:

$$h\nu = |\Delta E|$$

wobei ΔE den Unterschied zwischen den Energien der Ziel- und der Ausgangsbahn darstellt.

Diese Bohr'sche Theorie konnte die beobachteten Serien von Spektrallinien des Wasserstoffs zufriedenstellend erklären. Die vorausgesagten Bahnenergien sind in der einfachsten Form der Theorie gegeben durch:

$$E(n) = -\frac{me^4 Z^2}{8\varepsilon_0^2 h^2 n^2}$$

Worin m und e die Masse und die Ladung des Elektrons, ε_0 die Permittivität des Vakuums und Z die Ordnungszahl des Kerns (1 im Fall von Wasserstoff) darstellen. Beachten Sie, daß die Energie bezüglich des Zustands der unendlichen Entfernung von Elektron und Kern (dem die Energie 0 zugewiesen wurde) negativ ist. In SI-Einheiten ist:

$m = 9{,}109\,5 \cdot 10^{-31}$ kg $\quad e = 1{,}602 \cdot 10^{-19}$ C $\quad \varepsilon_0 = 8{,}854 \cdot 10^{-12}$ C²/N · m²

Die vorausgesagten erlaubten Wellenzahlen, die im Spektrum beobachtet werden, sind:

$$\bar{\nu} = \frac{|E(n_2) - E(n_1)|}{hc} = \frac{me^4 Z^2}{8\varepsilon_0^2 h^3 c}\left|\frac{1}{n_1^2} - \frac{1}{n_2^2}\right|$$
$$= RZ^2\left|\frac{1}{n_1^2} - \frac{1}{n_2^2}\right|$$

worin $n_1 < n_2$ für Absorption und $n_1 > n_2$ für Emission gilt. Die Größe R,

$$R = \frac{me^4}{8\varepsilon_0^2 h^3 c}$$

wird *Rydberg-Konstante* genannt. Sie hat den Wert 109 737 cm⁻¹. (Der für ^{1}H beobachtete Wert ist wegen des Effekts der *reduzierten Masse* um 0,06% geringer. In Einklang mit einer Verfeinerung der Bohr'schen Theorie steigt R mit zunehmender Nuklidmasse bis auf ein Maximum von 109 737 cm⁻¹ an.) Die vorausgesagten Radien der Bahnen sind:

$$r(n) = \frac{n^2}{Z} a_0 \quad \text{wobei gilt:} \quad a_0 = \frac{h^2 \varepsilon_0}{\pi m e^2}$$

Für Wasserstoff ($Z = 1$) ist der vorausgesagte Wert der ersten Bohr'schen Bahn ($n = 1$) $a_0 = 5{,}29 \cdot 10^{-11} = 0{,}529$ Å.

Selbst wenn die Bohr'sche Theorie sorgfältig ausgearbeitet und verbessert wird, läßt sie sich nur auf Wasserstoff und wasserstoffähnliche Teilchen wie He^+ und Li^{2+} anwenden; sie erklärt weder die Spektren von Atomen, die auch nur 2 Elektronen enthalten noch die Existenz und Stabilität chemischer Verbindungen. Der nächste Fortschritt setzte ein Verständnis der Wellennatur der Materie voraus.

TEILCHEN UND WELLEN

De Broglie postulierte, daß nicht nur das Licht die dualen Eigenschaften von Wellen und Teilchen zeigt, sondern auch Materieteilchen Welleneigenschaften haben. Die Wellenlänge dieser Teilchenwellen ist gegeben durch:

$$\lambda = \frac{h}{mv}$$

Wobei m und v die Masse bzw. die Geschwindigkeit des Teilchens darstellen. Das Planck'sche Wirkungsquantum ist so klein, daß die Wellenlängen nur für Teilchen atomarer oder subatomarer Masse in einem beobachtbaren Bereich liegen.

Einer experimentellen Bestätigung der de Broglie-Beziehung für einen Strahl monoenergetischer Elektronen folgte die theoretische Entwicklung der *Quantenmechanik* oder *Wellenmechanik*, die die erfolgreiche Voraussage der stabilen Energieniveaus des Wasserstoffatoms von Bohr reproduzieren konnte. Darüberhinaus ist dieser leistungsfähige neue Formalismus prinzipiell auf Mehrelektronensysteme und mehratomige Moleküle anwendbar. Die Bohr'schen Postulate werden durch die *Schrödinger-Gleichung* ersetzt, die durch die Anwendung partieller Differentialgleichungen gelöst werden muß. Die Gleichung hat mathematische Ähnlichkeit zur Beschreibung von physikalischen Wellen und die willkürliche Einführung ganzzahliger Werte in der Bohr'schen Theorie findet in der Quantenmechanik durch die Forderung, daß wellenähnliche Lösungen der Gleichung stetig, abgeschlossen und eindeutig sein müssen, ihre Berechtigung. Die zeitunabhängigen Lösungen der Wellengleichung entsprechen den Zuständen fester Energiewerte wie in der Bohr'schen Theorie und in vielen Fällen, einschließlich dem des Wasserstoffatoms, fester Bahndrehimpulse. Viele andere beschreibende Eigenschaften wie der Aufenthaltsort eines Elektrons sind nicht fest definiert, sondern werden durch eine Wahrscheinlichkeitsverteilung über einen Bereich numerischer Werte dargestellt. Im Wasserstoffatom ist das Elektron nicht auf eine zweidimensionale Bahn beschränkt, sondern wird durch eine Welle beschrieben, die sich über den dreidimensionalen Raum erstreckt. Die Amplitude der Welle zeigt die unterschiedliche Wahrscheinlichkeit an, das Elektron an den entsprechenden Stellen relativ zum Kern zu finden.

Orbitale

Eine Lösung der Schrödinger-Gleichung für ein Elektron muß drei Quantenbedingungen erfüllen, die den drei Dimensionen des Raumes entsprechen. Jede Quantenbedingung führt einen ganzzahligen Wert, die *Quantenzahl*, in die Lösung ein. Eine eigenständige Lösung, die eine Wahrscheinlichkeitsverteilung für den Aufenthaltsort des Elektrons beschreibt, existiert für jeden erlaubten Satz der drei Quantenzahlen. Eine solche Lösung wird *Orbital* genannt; sie ist vergleichbar einer hypothetischen photographischen Aufnahme eines Elektrons mit einer ausreichend langen Belichtungszeit, um jede Raumregion mit der gewichteten Wahrscheinlichkeit, das Elektron in dieser Region zu finden, darzustellen. Diese drei Quantenzahlen werden normalerweise wie folgt bezeichnet:

1. *Hauptquantenzahl* n: Diese Zahl bestimmt fast ausschließlich die Energie des Orbitals in Einelektronen-Systemen und stellt auch für Mehrelektronensysteme den wichtigsten bestimmenden Faktor für die Energie dar.
2. *Drehimpulsquantenzahl* l: Diese Zahl definiert die Form des Orbitals und bestimmt zusammen mit n den mittleren Abstand des Elektrons vom Kern.
3. *Magnetische Quantenzahl* m_l: Diese Zahl bestimmt die Ausrichtung des Orbitals im Raum.

Zusätzlich zu den drei Dimensionen des Raumes, die die relativen Positionen des Elektrons und des Kerns angeben, gibt es intern für das Elektron eine vierte Dimension, die sich auf den Spin des Elektrons um eine innere Achse bezieht und durch das magnetische Moment, das mit dem Spin verbunden ist, charakterisiert wird. Die mit dem Elektronenspin verknüpfte Quantenzahl wird üblicherweise mit m_s bezeichnet.

Jede der vier Quantenzahlen kann nur bestimmte Werte annehmen:

(*a*) n kann jeden positiven, ganzzahligen Wert annehmen. Man sagt, daß sich Elektronen, die den gleichen Wert für n aufweisen, in derselben *Schale* befinden. Schalen werden wie folgt durch Großbuchstaben bezeichnet:

n	1	2	3	4	5	6	7
Bezeichnung	*K*	*L*	*M*	*N*	*O*	*P*	*Q*

(*b*) *l* kann jeden ganzzahligen Wert von 0 bis *n*–1 annehmen. Aus historischen Gründen werden Orbitale mit einem bestimmten *l*-Wert mit charakteristischen Buchstaben bezeichnet.

l	*0*	*1*	*2*	*3*	*4*
Bezeichnung	*s*	*p*	*d*	*f*	*g*

Ein Orbital wird üblicherweise mit seiner Hauptquantenzahl, gefolgt von einem Buchstaben für seinen *l*-Wert, bezeichnet; z.B. 1*s*, 2*p*, 3*s*. Man sagt, daß sich Elektronen mit gleichen Werten für *n* und *l* in derselben *Unterschale* befinden.

(*c*) m_l kann jeden ganzzahligen Wert von $-l$ bis $+l$ annehmen. Diese Regel ergibt die korrekte *Anzahl* von Orbitalen $2l + 1$, die mit einer gegebenen Kombination von *n* und *l* verknüpft ist. Daher gibt es drei "*p*"-Orbitale, die zu $m_l = 1$, 0 und –1gehören. Es ist jedoch in der Chemie normalerweise bequemer, einen Satz von drei neuen Orbitalen (ausgerichtet an der *x*, *y* bzw. *z*-Achse) zu verwenden, die aus dem Basissatz durch einen mathematischen Mischvorgang erhalten werden. Ähnlich kann man für einen Satz von fünf "*d*"-Orbitalen vorgehen, und so weiter.

(*d*) m_s kann entweder $+\frac{1}{2}$ oder $-\frac{1}{2}$ sein.

Die Wahrscheinlichkeit, ein Elektron in verschiedenen Entfernungen *r* vom Wasserstoffkern anzutreffen, sind in Abb. 8-1 für einige (*n*, *l*)-Kombinationen dargestellt. Die Formen von *s*-, *p*- und *d*-Orbitalen zeigt Abb. 8-2. Eine Betrachtung von Abb. 8-1 zeigt ein Detail, das als exakte mathematische Folge der Theorie resultiert: Wenn $l = n - 1$ ist, dann ist die wahrscheinlichste Entfernung des Elektrons vom Kern exakt gleich dem Radius des Bohr'schen Orbitals n^2a_0. Allgemein kann man sagen, daß die mittlere Entfernung des Elektrons vom Kern mit steigendem *n* ebenfalls ansteigt. Dieselbe Abbildung zeigt für alle erlaubten *l*-Werte außer dem Maximalwert für gegebenes *n* einen weiteren interessanten Aspekt und zwar die Existenz von Minima mit der Wahrscheinlichkeit Null, die sphärischen *Knotenflächen* um den Kern entsprechen, auf denen das Elektron nie gefunden werden kann.

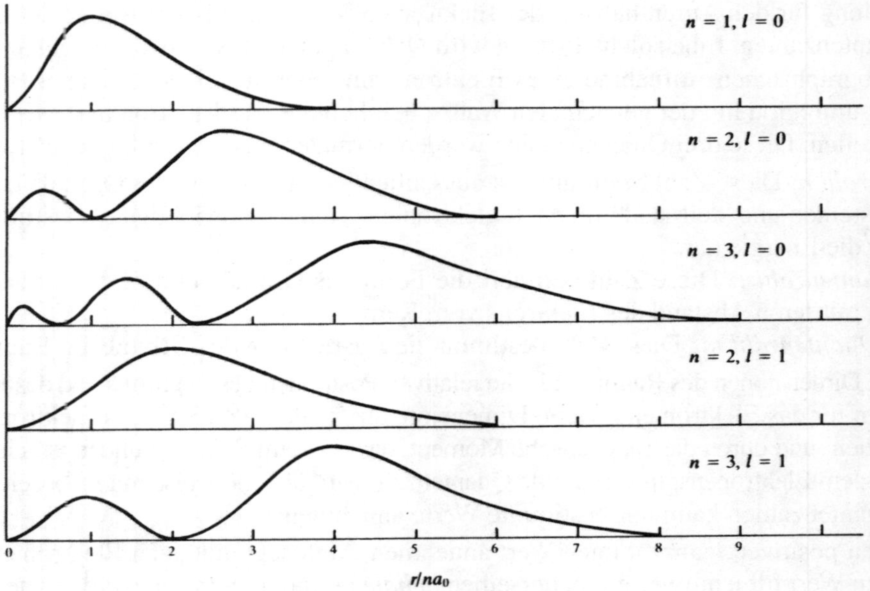

Abb. 8-1

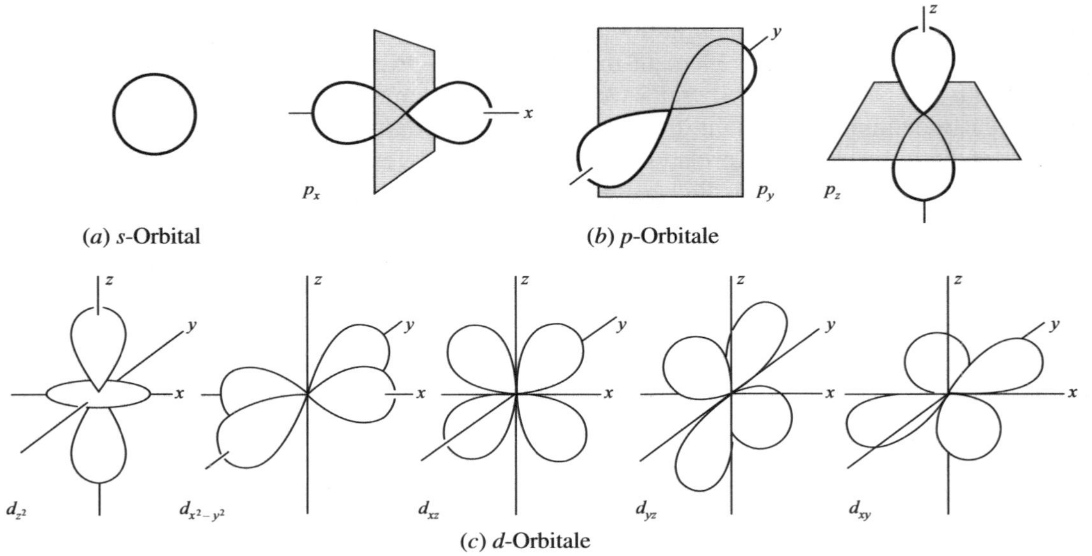

Abb. 8-2 Winkelabhängigkeit von Orbitalen

Abb. 8-2 zeigt, daß *s*-Orbitale kugelsymmetrisch um den Kern angeordnet sind. Jedes *p*-Orbital ist entlang der positiven und negativen Halbachsen einer der kartesischen Achsen angeordnet und besitzt eine *Knotenebene* mit Aufenthaltswahrscheinlichkeit Null senkrecht zu dieser Achse am Kernort. Von den für einen gegebenen *n*-Wert fünf erlaubten *d*-Orbitalen haben nur vier dieselbe Form. Jedes dieser vier sieht wie ein dreidimensionales vierblättriges Kleeblatt aus, mit den höchsten Aufenthaltswahrscheinlichkeiten entlang der *x*- und *y*-Achsen im Fall von $d_{x^2-y^2}$ und zwischen den Achsen im Fall von d_{xy}, d_{xz} und d_{yz}. Jedes dieser Orbitale besitzt zwei aufeinander senkrecht stehende Knotenebenen durch den Kern. Das fünfte *d*-Orbital d_{z^2} hat Maxima in $+z$ und $-z$-Richtung und eine zweite Konzentration in der (x, y)-Ebene. Dieses Orbital besitzt zwei konische Knotenflächen durch den Kern, eine oberhalb der (x, y)-Ebene und eine darunter, die die $+z$ und $-z$-Lappen von dem torusförmigen Ring der Aufenthaltswahrscheinlichkeit in der (x, y)-Ebene abgrenzen.

PAULI-PRINZIP

Das *Ausschluß-Prinzip von Pauli* besagt, daß zwei Elektronen in einem Atom nicht in allen vier Quantenzahlen übereinstimmen dürfen. Dieses Prinzip setzt die folgenden Grenzen für die Anzahl von Elektronen in den verschiedenen (n, l)-Orbital-Zuordnungen:

Orbital	Maximalzahl von Elektronen $2(2l+1)$
1s, 2s, 3s, usw.	2
2p, 3p, 4p, usw.	6
3d, 4d, 5d, usw.	10
4f, 5f, 6f, usw.	14

Da die Schrödinger-Gleichung für Atome mit vielen Elektronen nicht mehr analytisch gelöst werden kann, ist es allgemeine Praxis, die Elektronenkonfiguration durch die Zuordnung von Elektronen zu *wasserstoffähnlichen* Orbitalen anzunähern, die dieselben Bezeichnungen wie für Wasserstoff erhalten und dieselben räumlichen Eigenschaften (Symmetrie, Knotenflächen, usw.) aufweisen.

Die Elektronen eines gegebenen Atoms werden vorzugsweise die Orbitale mit der geringsten Energie besetzen. Das *Aufbauprinzip* beschreibt detailliert die Vorgehensweise, durch die jedem zusätzlichen Elektron für jedes folgende Element mit wachsender Ordnungszahl sein Orbital zugewiesen wird. Obwohl n die Orbitalenergie bereits weitgehend bestimmt, darf man bei Atomen mit vielen Elektronen die Bedeutung von l nicht übersehen. Der Grund dafür ist, daß die gesamte Elektronenwolke dazu tendiert, die positive Kernladung von einem jeden Testelektron abzuschirmen, und diese Abschirmung ist für die unterschiedlichen Orbitalarten ebenfalls unterschiedlich. Speziell gilt: Je höher sein l-Wert, desto mehr vermeidet ein Elektron die Region nahe dem Kern, desto weniger wird es angezogen und desto höher (d.h. näher an Null) liegt es auf der Energieskala. Solche Betrachtungen führen zu der nachstehenden Reihenfolge, in der die einzelnen Orbitalarten aufgefüllt werden:

$$1s < 2s < 2p < 3s < 3p < 4s < 3d < 4p < 5s < 4d < 5p < 6s < 5d \cong 4f < 6p < 7s < 6d \cong 5f$$

Die Anwendung des Aufbauprinzips sagt die Konfiguration der Elemente mit niedrigem Z in ihrem Grundzustand, oder dem Zustand geringster Energie, exakt voraus (eine Ausnahme zeigt Aufgabe 8.10.) Dies sind auch die wichtigsten Elemente. Bei Elementen mit höherem Z finden sich häufiger Ausnahmen, da die äußeren Energieniveaus sehr dicht beieinander liegen und diffizilere Überlegungen eine Rolle spielen. Die Diskussionen der Elektronenkonfiguration in diesem Kapitel beziehen sich stets auf die Elemente in ihrem Grundzustand.

ELEKTRONENKONFIGURATIONEN

Die Position eines Elements im Periodensystem spiegelt die Konfiguration seiner äußersten Elektronenschale wieder. In den Gruppen I und II (1 und 2) sind diese Konfigurationen ns^1 und ns^2, wobei n die Nummer der Periode ist, in der das Element steht, während der Exponent von s die Anzahl von s-Elektronen im Niveau n angibt, und in den Gruppen III bis VIII (13 bis 18) sind sie ns^2np^1 bis ns^2np^6. Diese beiden Sätze von Elementen (manchmal s-Block und p-Block genannt) stellen die *Hauptgruppenelemente* dar. Was die Gruppen 3 bis 12, die *Übergangselemente,* angeht, so lauten die äußeren Konfigurationen in den Perioden 4 und 5 $ns^2(n{-}1)d^1$ bis $ns^2(n{-}1)d^{10}$, aber es gibt einige Anomalien, und die Auffüllung der d-Schale findet nicht gleichmäßig statt. Bei den Übergangselementen der Perioden 6 und 7 werden vor der vollständigen Füllung der $(n{-}1)d$-Orbitale die $(n{-}2)f$-Orbitale aufgefüllt. Während der Füllung der f-Schale treten zahlreiche Anomalien auf. Die zusätzlichen 14 Elemente in Periode 6 sind die *Lanthaniden* und die in Periode 7 die *Actiniden*. Diese 28 Elemente werden meist getrennt unter dem Hauptkörper des Periodensystems dargestellt.

Die Außenelektronen, oft als *Valenzelektronen* bezeichnet, sind primär für die chemischen Eigenschaften der Elemente verantwortlich. Daher zeigen Elemente derselben Gruppe starke Ähnlichkeiten. Rufen Sie sich in Erinnerung, daß das erste Periodensystem aufgestellt wurde, indem man ähnliche Elemente in der gleichen Gruppe anordnete, viele Jahrzehnte bevor etwas über die Elektronenkonfiguration bekannt war.

Die Elektronen unterhalb der Valenzelektronen sind genau wie im entsprechenden Edelgas (Gruppe VIII oder 18) angeordnet. $_{21}$Sc etwa hat einen Kern von 18 Elektronen (angeordnet wie in $_{18}$Ar), eingeschlossen innerhalb einer Valenzschale der Konfiguration $3d^14s^2$. (Beachten Sie, daß das Subscript vor einem Elementsymbol zur Angabe der Ordnungszahl verwendet werden kann.) Die gesamte Konfiguration von Sc kann dann als [Ar]$3d^14s^2$ geschrieben werden.

ATOMRADIEN

Die Elektronenwolke um ein Atom macht das Konzept der Atomgröße etwas ungenau. Dennoch ist es nützlich, sich auf eine Atomgröße oder einen Atomradius zu beziehen. Konkret kann man den experimentell bestimmten Abstand zweier chemisch gebundener Atome willkürlich teilen, um mit dem groben Bild, daß zwei gebundene Atome zwei sich berührende Kugeln darstellen, zu zwei Radien zu gelangen. Wenn die Bindung kovalent ist (s. Kapitel 9), wird der Radius *Kovalenzradius* genannt, wenn sie ionisch ist, stellt der Radius einen *Ionenradius* dar. Der Radius für eine nichtbindende Situation kann ebenfalls als Abstand der dichtesten nichtbindenden Annäherung definiert werden; eine solche Größe wird *van der Waals-Radius* genannt. Diese drei Konzepte der Atomgröße sind in Abb. 8-3 dargestellt.

Man beobachtet die folgenden Verallgemeinerungen bezüglich der Atomgröße:

1. Innerhalb einer gegebenen Gruppe des Periodensystems nimmt der Radius mit steigender Ordnungszahl zu. Diese Tatsache ist verbunden mit dem höheren n der äußersten Schale.

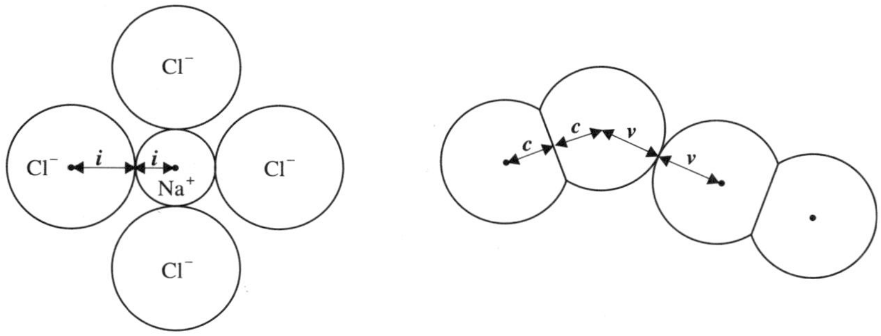

(*a*) Ausschnitt aus dem NaCl-Kristall, der die Ionenradien (*i*) zeigt

(*b*) Zwei Cl_2-Moleküle in flüssigem Cl_2, die sich berühren und die Kovalenzradien (c) sowie die van der Waals-Radien (ν) verdeutlichen

Abb. 8-3

2. Innerhalb einer gegebenen Periode des Periodensystems nehmen die Kovalenzradien normalerweise mit steigender Ordnungszahl ab. Dies liegt an den Tatsachen, daß (I) die Größe eines Atoms von der mittleren Entfernung seiner Außenelektronen abhängt, (II) innerhalb einer Periode kein Wechsel von n der Außenelektronen eintritt und (III) die Kernladung mit zunehmender Ordnungszahl ansteigt.
3. Ionenradien von Kationen sind im Vergleich zu den Kovalenzradien der entsprechenden Atome relativ klein, da normalerweise alle Außenelektronen (mit dem höchsten n) entfernt werden. Anionenradien sind nur wenig größer als die van der Waals-Radien der entsprechenden Atome, da die zusätzlichen Elektronen gleiches n besitzen. Dennoch sind die Kovalenzradien dieser Atome beträchtlich kleiner, da sie über gemeinsame Elektronen an ihre Nachbarn gebunden sind.
4. Innerhalb einer Gruppe steigen die Ionenradien mit zunehmender Ordnungszahl an. Innerhalb einer Periode nehmen die Kationenradien genau wie die Anionenradien mit zunehmender Ordnungszahl ab; allerdings gibt es einen diskontinuierlichen Anstieg, wenn man vom letzten Kation in einer Periode zum ersten Anion geht.

IONISATIONSENERGIEN

Die Bohr'sche Formel für die Energieniveaus im Wasserstoffatom sagt voraus, daß höhere Energieniveaus näher und näher zusammenrücken und sich asymptotisch einem Grenzwert von Null nähern, wenn $n \to \infty$ geht. An dieser Grenze wird das Atom ionisiert. Die zur Ionisierung eines isolierten gasförmigen Atoms notwendige Mindestenergie kann spektroskopisch, thermochemisch oder elektrisch bestimmt werden. Bei der elektrischen Methode wird das Beschleunigungspotential gemessen, das einem Beschußelektron (nicht dem Elektron im fraglichen Atom) gerade genügend Energie verleiht, um das gebundene Elektron von seinem Atom zu trennen. Auf diese Weise kann die Ionisationsenergie direkt in elektrischen Einheiten gemessen werden. Das *Elektronenvolt* ist die Energiemenge, die einem Elektron übertragen wird, das durch eine Potentialdifferenz von 1 V beschleunigt wird.

$$1\ \text{eV} = (\text{Ladung des Elektrons}) \cdot (\text{Potentialdifferenz}) = (1{,}602\,2 \cdot 10^{-19}\ \text{C})(1\ \text{V}) = 1{,}602\,2 \cdot 10^{-19}\ \text{J}$$

Beachten Sie, daß 1 V = 1 J/C ist.

Ionisationsenergien (I.E.) wurden für alle Atome bestimmt. Da der Ionisationsprozeß endotherm ist, sind sie alle positiv. Man beobachtete einige interessante Trends:

1. Innerhalb einer Gruppe des Periodensystems nimmt die erste Ionisierungsenergie mit zunehmender Ordnungszahl ab. Dies liegt an der zunehmenden Größe des Atoms und der abneh-

menden Anziehungskraft, die der Kern auf ein entfernteres Außenelektron ausübt. (Diese Regel wird von den Übergangsmetallen nicht strikt befolgt.)

2. Innerhalb einer Periode nimmt Ionisationsenergie mit steigender Ordnungszahl zu. Jedoch können Atome, bei denen gerade eine neue Unterschale oder die zweite Hälfte einer Unterschale aufgefüllt wird, niedrigere Ionisationsenergien besitzen als das vorhergehende Atom.
3. Die Ionisationsenergie für jede folgende Ionisationsstufe ist immer größer als bei der vorhergehenden Stufe. So ist die zweite Ionisationsenergie für Magnesium beträchtlich größer als die erste (etwa das doppelte), da das zurückbleibende Mg^{2+} gegenüber Mg^{+} die doppelte elektrostatische Anziehung auf das entfernte Elektron ausübt. Jedoch ist die zweite Ionisationsenergie des Natriums viele Male größer als die erste, da das zweite Elektron aus der $n = 2$-Schale statt aus der mit $n = 3$ entfernt werden muß.

ELEKTRONENAFFINITÄT

Einige freie Atome können ein weiteres Elektron aufnehmen und bilden dann ein stabiles, gasförmiges Anion. Dies tritt hauptsächlich bei Elementen mit fast abgeschlossenen *p*-Unterschalen auf. Zum Beispiel:

$$Cl(g) + e^-(g) \rightarrow Cl^-(g) \qquad \Delta H = -3{,}61\ \text{eV}$$

Man sagt, daß Chlor eine Elektronenaffinität (E.A.) von 3,61 eV aufweist. In diesem Buch bedeutet eine negative Elektronenaffinität wie in obigem Beispiel eine exotherme Elektronenaufnahme.

MAGNETISCHE EIGENSCHAFTEN

Die magnetischen Eigenschaften makroskopischer Massenansammlungen beruhen auf den Eigenschaften der einzelnen Atome. Wir haben bemerkt, daß mit dem Elektronenspin ein magnetisches Moment einhergeht. Die magnetischen Momente zweier Elektronen, die dasselbe Orbital besetzen (also gleiche Werte für n, l und m_l aufweisen), löschen sich gegenseitig aus, da die zwei Werte von m_s gleich großen, aber entgegengesetzt gerichteten Spindrehmomenten und damit gleichgroßen aber entgegengesetzten magnetischen Momenten entsprechen. Atome, Ionen oder Verbindungen, in denen mindestens ein Orbital einfach besetzt ist, können daher ein magnetisches Moment besitzen. Man sagt, daß eine solche Substanz *paramagnetisch* ist. Sie wird von einem Magnetfeld angezogen. Die Größe des magnetischen Moments und damit die Anzahl ungepaarter Elektronenspins kann experimentell durch die Messung der Anziehungskraft eines externen magnetischen Felds auf die Probe bestimmt werden. Substanzen ohne ungepaarte Elektronenspins haben kein magnetisches Moment und werden von einem Magnetfeld abgestoßen; man nennt sie *diamagnetisch*. Die Abstoßung diamagnetischer Substanzen ist betragsmäßig viel kleiner als die Anziehung paramagnetischer Verbindungen.

Magnetische Messungen sind ein wichtiges experimentelles Werkzeug zur Bestimmung der Elektronenzuordnung zu Orbitalen für Atome, Ionen und chemische Verbindungen. Es wurden einige Regeln zur detaillierten Zuordnung der Elektronen in einer Unterschale entwickelt.

1. Elektronen in einer Unterschale mit $l > 0$ tendieren dazu, die zweifache Besetzung desselben Orbitals zu vermeiden. Diese Regel, bekannt als Hund'sche Regel, gibt die relativ größere Abstoßung zwischen zwei Elektronen im selben Orbital einer Unterschale verglichen mit der Besetzung von zwei Orbitalen mit unterschiedlichen m_l-Werten wieder.
2. Elektronen in einfach besetzten Orbitalen bevorzugen eine parallele Ausrichtung ihrer Spins und maximieren so das gesamte magnetische Moment.
3. Aus der Elektronenkonfiguration kann man leicht ablesen, ob ein Atom (oder Ion) paramagnetisch ist oder nicht. Diese Schlußfolgerung gilt nur für einzelne, freie Atome und der Student sei davor gewarnt, daraus Schlüsse über den kondensierten Zustand der Materie dieses Elements zu ziehen. So besitzt ein freies Aluminium-Atom ein ungepaartes Elektron, Aluminium-Metall ist aber, wie allgemein bekannt, diamagnetisch.

Aufgaben und Lösungen

ENERGIEBEZIEHUNGEN

8.1. Bestimmen Sie die Frequenzen der elektromagnetischen Strahlungen mit folgender Wellenlänge:
(*a*) 0,10 nm; (*b*) 5 000 Å; (*c*) 4,4 µm; (*d*) 89 m; (*e*) 562 nm.

Die grundlegende Gleichung für alle diese Aufgaben lautet: $n = (2{,}998 \cdot 10^8\ \text{m/s})/\lambda$.

(*a*) $$v = \frac{3{,}0 \cdot 10^8\ \text{m/s}}{0{,}10 \cdot 10^{-9}\ \text{m}} = 3{,}0 \cdot 10^{18}\ \text{s}^{-1} = 3{,}0 \cdot 10^{18}\ \text{Hz}$$

(*b*) $$v = \frac{2{,}998 \cdot 10^8\ \text{m/s}}{(5000\ \text{Å})(10^{-10}\text{m/Å})} = 5{,}996 \cdot 10^{14}\ \text{Hz} = 599{,}6\ \text{THz}$$

(*c*) $$v = \frac{3{,}00 \cdot 10^8\ \text{m/s}}{4{,}4 \cdot 10^{-6}\ \text{m}} = 6{,}8 \cdot 10^{13}\ \text{Hz} = 68\ \text{THz}$$

(*d*) $$v = \frac{3{,}00 \cdot 10^8\ \text{m/s}}{89\ \text{m}} = 3{,}4 \cdot 10^6\ \text{Hz} = 3{,}4\ \text{MHz}$$

(*e*) $$v = \frac{2{,}998 \cdot 10^8\ \text{m/s}}{562 \cdot 10^{-9}\ \text{m}} = 5{,}33 \cdot 10^{14}\ \text{Hz} = 533\ \text{THz}$$

8.2. (*a*) Welchem Unterschied in der molaren Energie würde ein atomarer Übergang entsprechen, der eine Strahlung von 1 Hz erzeugt? (*b*) Wie lautet der numerische Zusammenhang zwischen der Wellenlänge in Nanometern und der Energie eines beliebigen gegebenen Photons in Elektronenvolt?

(*a*) Wenn jedes der N_A Atome ein 1-Hz Photon abgibt, gilt:

$$\Delta E = N_A(h\nu) = (6{,}022 \cdot 10^{23}\ \text{mol}^{-1})(6{,}626 \cdot 10^{-34}\ \text{J} \cdot \text{s})(1\ \text{s}^{-1}) = 3{,}990 \cdot 10^{-10}\ \text{J} \cdot \text{mol}^{-1}$$

Da ΔE und n proportional sind, können wir das Verhältnis

$$\frac{3{,}990 \cdot 10^{-10}\ \text{J} \cdot \text{mol}^{-1}}{1\ \text{Hz}}$$

als "Umrechnungsfaktor" zwischen Hz und J · mol^{-1} ansehen, vorausgesetzt, daß wir richtig verstehen, was diese "Umrechnung" bedeutet. Daher gilt für 1-MHz Strahlung:

$$\Delta E = (10^6\ \text{Hz})(3{,}990 \cdot 10^{-10}\ \text{J} \cdot \text{mol}^{-1} \cdot \text{Hz}^{-1}) = 3{,}990 \cdot 10^{-4}\ \text{J} \cdot \text{mol}^{-1}$$

(*b*) Lassen Sie uns zunächst aus der Planck'schen Gleichung die Frequenz berechnen, die 1 eV entspricht. Danach kann aus der Frequenz die Wellenlänge ermittelt werden.

$$\nu = \frac{\varepsilon}{h} = \frac{1{,}602\,2 \cdot 10^{-19}\text{J}}{6{,}626 \cdot 10^{-34}\text{J} \cdot \text{s}} = 2{,}418\,0 \cdot 10^{14}\text{s}^{-1}$$

$$\lambda = \frac{c}{v} = \frac{2{,}998 \cdot 10^8\ \text{m/s}^{-1}}{2{,}418\,0 \cdot 10^{14}\text{s}^{-1}} = (1{,}239\,8 \cdot 10^{-6}\ \text{m})(10^9\ \text{nm/m}) = 1239{,}8\ \text{nm}$$

Aufgrund der umgekehrten Proportionalität zwischen Wellenlänge und Energie kann die Beziehung auch folgendermaßen geschrieben werden:

$$\lambda\varepsilon = hc = 1\,239{,}8\ \text{nm} \cdot \text{eV}$$

8.3. Beim photoelektrischen Effekt bewirkt die Absorption eines Lichtquants die Abgabe eines Elektrons durch den Absorber. Die kinetische Energie des abgegebenen Elektrons entspricht der Energie des absorbierten Photons minus der Energie des längstwelligen Photons, das den Effekt verursacht. Berechnen Sie die kinetische Energie eines Photoelektrons, das aus Cäsium durch Licht der Wellenlänge 400 nm herausgeschlagen wurde. Die kritische (maximale) Wellenlänge für den photoelektrischen Effekt beträgt bei Cäsium 660 nm.

Mit dem Ergebnis von Aufgabe 8.2.(*b*) ergibt sich:

$$\text{Kinetische Energie des Elektrons} = h\nu - h\nu_{\text{krit}} = \frac{hc}{\lambda} - \frac{hc}{\lambda_{\text{krit}}}$$

$$= \frac{1240\ \text{nm}\cdot\text{eV}}{400\ \text{nm}} - \frac{1240\ \text{nm}\cdot\text{eV}}{660\ \text{nm}} = 1{,}22\ \text{eV}$$

8.4. Man hat gefunden, daß gasförmige Iodmoleküle bei Bestrahlung mit Licht von Wellenlängen kleiner als 499,5 nm in einzelne Atome dissoziieren. Wie groß ist die minimale Energie in kJ/mol zur Dissoziation von I_2 durch diesen photochemischen Prozeß, wenn jedes Lichtquant durch ein Molekül I_2 absorbiert wird?

$$E(\text{pro Mol}) = N_A(h\nu) = \frac{N_A hc}{\lambda} = \frac{(6{,}022\cdot10^{23}\ \text{mol}^{-1})(6{,}626\cdot10^{-34}\ \text{J}\cdot\text{s})(2{,}998\cdot10^{8}\ \text{m}\cdot\text{s}^{-1})}{499{,}5\cdot10^{-9}\ \text{m}}$$

$$= 239{,}5\ \text{kJ/mol}$$

8.5. Ein mit 4,64 V in einer Röhre mit Quecksilberdampf beschleunigter Elektronenstrahl wurde durch den Dampf teilweise absorbiert. Durch diese Absorption fanden elektronische Veränderungen innerhalb der Quecksilberatome statt und Licht wurde emittiert. Wie groß war die Wellenzahl des emittierten Lichts, wenn die gesamte Energie eines einzelnen einfallenden Elektrons in Licht umgewandelt wurde?

Unter Verwendung des Ergebnisses aus Aufgabe 8.2.(*b*) ergibt sich:

$$\bar{\nu} = \frac{1}{\lambda} = \frac{\nu}{c} = \frac{h\nu}{hc}$$

$$= \frac{4{,}64\ \text{eV}}{1240\ \text{nm}\cdot\text{eV}} = 0{,}00374\ \text{nm}^{-1} = 37\,400\ \text{cm}^{-1}$$

8.6. Mit einem durch eine Potentialdifferenz von 10 kV beschleunigten Elektronenstrahl wurde ein Elektronenbeugungs-Experiment durchgeführt. Wie groß war die Wellenlänge des Elektronenstrahls?

Wenn wir die Masse des Elektrons zu $0{,}911 \cdot 10^{-30}$ kg annehmen, können wir die de Broglie-Beziehung verwenden. Die Geschwindigkeit eines Elektrons kann bestimmt werden, indem man seine kinetische Energie $\frac{1}{2}mv^2$ mit seinem Verlust an elektrischer potentieller Energie 10 keV gleichsetzt.

$$\tfrac{1}{2}mv^2 = (10^4\,\text{eV})(1{,}602\cdot10^{-19}\ \text{J/eV})$$

$$= 1{,}602\cdot10^4\,\text{J} = 1{,}602\cdot10^4\ \text{kg}\cdot\text{m}^2\cdot\text{s}^{-2}$$

$$v = \left(\frac{2\cdot1{,}602\cdot10^{-15}\ \text{kg}\cdot\text{m}^2\cdot\text{s}^{-2}}{0{,}911\cdot10^{-30}\ \text{kg}}\right)^{1/2} = (35{,}17\cdot10^{14})^{1/2}\ \text{m/s} = 5{,}93\cdot10^{7}\ \text{m/s}$$

Jetzt ergibt die de Broglie-Beziehung:

$$\lambda = \frac{h}{mv} = \frac{6{,}63\cdot10^4\ \text{J}\cdot\text{s}}{(0{,}911\cdot10^3\ \text{kg})(5{,}93\cdot10^7\ \text{m/s})}$$

$$= \frac{1{,}23\cdot10^5\ \text{kg}\cdot\text{m}^2\cdot\text{s}^{-1}}{\text{kg}\cdot\text{m}\cdot\text{s}^{-1}} = (1{,}23\cdot10^4\ \text{m})(10^9\ \text{nm/m}) = 0{,}0123\ \text{nm}$$

Die oben berechneten Ergebnisse sind nicht ganz korrekt, da relativistische Effekte mehr und mehr eine Rolle spielen, je näher die Geschwindigkeit an der Lichtgeschwindigkeit liegt. So wäre für eine Potentialdifferenz von 300 kV die wie oben berechnete Geschwindigkeit größer als *c*. Dies wäre ein falsches Ergebnis, da kein Teilchen eine Geschwindigkeit haben kann, die größer als die des Lichts ist.

EIGENSCHAFTEN VON ATOMEN

8.7. Die Rydberg-Konstante beträgt für Deuterium (^2H) 109 707 cm^{-1}. Berechnen Sie (*a*) die kürzeste Wellenlänge im Absorptionsspektrum des Deuteriums; (*b*) die Ionisationsenergie von Deuterium und (*c*) die Radien der ersten Bahnen.

(*a*) Der Übergang mit der kürzesten Wellenlänge würde dem mit der höchsten Frequenz und der höchsten Energie entsprechen. Der Übergang würde daher vom Zustand mit der niedrigsten Energie (dem *Grundzustand*), für den $n = 1$ ist, ausgehen, und beim Zustand mit der höchsten Energie, für den $n = \infty$ ist, enden.

$$\bar{\nu} = R\left(\frac{1}{1^2} - \frac{1}{\infty^2}\right) = R = 109\,707 \text{ cm}^{-1}$$

$$\lambda = \frac{1}{109\,707 \text{ cm}^{-1}} = \left(0{,}91152 \cdot 10^{-5} \text{ cm}\right)\left(10^7 \text{ nm / cm}\right) = 91{,}152 \text{ nm}$$

(*b*) Der in (*a*) berechnete Übergang entspricht tatsächlich der Ionisation des Atoms in seinem Grundzustand. Mit dem Ergebnis aus Aufgabe 8.2.(*b*) erhält man:

$$\text{I.E.} = \frac{1239{,}8 \text{ nm} \cdot \text{eV}}{91{,}152 \text{ nm}} = 13{,}601 \text{ eV}$$

Dieser Wert ist etwas größer als der für ^1H.
(*c*) Aus der Gleichung ($Z = 1$)

$$r = n^2 a_0 = n^2(5{,}29 \cdot 10^{-11} \text{ m})$$

ergibt sich, daß die Radien 1, 4 und 9 mal a_0 oder 0,529, 2,116 und 4,76 Å betragen. Die Korrektur für die reduzierte Masse macht einen Unterschied von 3 zu 10^4 aus und ist damit nicht signifikant. Der a_0-Wert für den ersten Bohrschen Orbit von ^1H ist eine vollständig zufriedenstellende Substitution.

8.8. (*a*) Welcher optische Übergang im He^+-Spektrum hätte dieselbe Wellenlänge wie der erste Lyman-Übergang von Wasserstoff ($n = 2$ nach $n = 1$), wenn Sie den Massendefekt vernachlässigen? (*b*) Wie groß ist die zweite Ionisationsenergie von He? (*c*) Wie groß ist der Radius des ersten Bohrschen Orbits für He^+?

(*a*) He^+ besitzt nur ein Elektron. Es stellt daher ein wasserstoffähnliches System mit $Z = 2$ dar und die Bohrschen Gleichungen können angewendet werden. Nach der Gleichung

$$\bar{\nu} = RZ^2\left(\frac{1}{n_1^2} - \frac{1}{n_2^2}\right)$$

ist der erste Lyman-Übergang gegeben durch:

$$\bar{\nu} = RZ^2\left(\frac{1}{1^2} - \frac{1}{2^2}\right)$$

Die Annahme bezüglich des Effekts der reduzierten Masse ist gleichbedeutend mit der Annahme, daß für He^+ derselbe Wert von R gilt wie für ^1H. Der Z^2-Term kann gerade durch eine Vergrößerung von n_1 und n_2 um jeweils den Faktor 2 kompensiert werden.

$$\bar{\nu} = R(2)^2\left(\frac{1}{2^2} - \frac{1}{4^2}\right)$$

Der fragliche Übergang ist daher der von $n = 4$ nach $n = 2$.
(*b*) Die zweite Ionisationsenergie von He ist dieselbe wie die erste Ionisationsenergie von He^+ und die Bohrschen Gleichungen können auf den Grundzustand von He^+ mit $Z = 2$ und $n = 1$ angewendet werden.

$$\bar{\nu} = RZ^2\left(\frac{1}{n_1^2} - \frac{1}{n_2^2}\right) = R(2)^2\left(\frac{1}{1^2} - \frac{1}{\infty^2}\right) = 4R$$

Dieses Ergebnis ist das 4fache des Ergebnisses für Deuterium aus Aufgabe 8.7. Da $\bar{\nu}$ proportional zur Energie ist, wird die Ionisationsenergie ebenso 4mal so groß sein wie die von Deuterium:

$$\text{I.E. } (\text{He}^+) = 4 \cdot \text{I.E. } (^2\text{H}) = 4 \cdot 13{,}6 \text{ eV} = 54{,}4 \text{ eV}$$

(*c*)
$$r = \frac{n^2 a_0}{Z} = \frac{0{,}529 \text{ Å}}{2} = 0{,}264 \text{ Å}$$

8.9. (*a*) Schreiben Sie die Elektronenkonfiguration für die Grundzustände von N, Ar, Fe und Fe^{2+} auf. (*b*) Wieviele ungepaarte Elektronen enthält jedes dieser isolierten Teilchen?

(*a*) Die Ordnungszahl von N beträgt 7. Die erste (oder *K*) Schale wird das Maximum von 2 Elektronen enthalten. Die nächsten 5 Elektronen verteilen sich auf die *L*-Schale, 2 besetzen die energetisch niedrigere *s*-Unterschale und die verbleibenden 3 die *p*-Unterschale. Eine übliche Schreibweise lautet:

$$1s^2 2s^2 2p^3$$

Eine andere Schreibweise, $[\text{He}]2s^2 2p^3$, zeigt nur die Elektronen überhalb der vollbesetzten Schale des vorhergehenden Edelgases.

Die Ordnungszahl von Ar ist 18. Aufgefüllt wird in der Reihenfolge *K*, *L* und *M*-Schale:

$$1s^2 2s^2 2p^6 3s^2 3p^6$$

Die Ordnungszahl von Fe ist 26. Nach der Ar-Schale ist die Füllreihenfolge 4*s* und dann 3*d*, bis insgesamt 26 Elektronen zugeordnet sind.

$$1s^2 2s^2 2p^6 3s^2 3p^6 3d^6 4s^2 \quad \text{oder} \quad [\text{Ar}]3d^6 4s^2$$

Fe^{2+} hat 24 Elektronen, zwei weniger als das neutrale Fe-Atom. Obwohl für die Ordnungszahlen 19 und 20 (K und Ca) 4*s* niedrigere Energie als 3*d* hat, kehrt sich diese Reihenfolge bei höheren Kernladungen um. Allgemein sind die Elektronen, die am leichtesten von einem Atom abgegeben werden, die mit der höchsten Hauptquantenzahl.

$$[\text{Ar}]3d^6$$

(*b*) Vollständige Unterschalen haben keine ungepaarten Elektronen; daher ist es nur notwendig, die Elektronen überhalb einer Edelgasschale zu betrachten.

Für N ist 2*p* die einzige unvollständige Unterschale. Nach der Hund'schen Regel werden die drei Elektronen in dieser Unterschale einzeln die drei verfügbaren Orbitale besetzen; es gibt damit 3 ungepaarte Elektronen.

Ar hat keine unvollständigen Unterschalen und damit auch keine ungepaarten Elektronen.

Fe hat sechs 3*d*-Elektronen in der einzigen ungefüllten Unterschale. Die maximale Zahl ungepaarter Elektronen ergibt sich, wenn eines der verfügbaren *d*-Orbitale doppelt und die verbleibenden vier einfach besetzt sind. Es gibt daher 4 ungepaarte Elektronen.

Fe^{2+} hat aus demselben Grund wie Fe ebenfalls 4 ungepaarte Elektronen.

8.10. Nickel hat die Elektronenkonfiguration $[\text{Ar}]3d^8 4s^2$. Wie erklären Sie die Tatsache, daß die Konfiguration des nächsten Elements, nämlich Cu, $[\text{Ar}]3d^{10} 4s^1$ lautet?

Bei dem hypothetischen Vorgang der Herstellung des elektronischen Komplements von Cu durch Hinzufügen eines Elektrons zur Konfiguration des vorhergehenden Elements Ni, könnte man nur ein neuntes 3*d*-Elektron erwarten. Für die Ordnungszahl 19 liegt die 3*d*-Unterschale energetisch deutlich höher als 4*s*; daher hat Kalium ein einzelnes 4*s*-Elektron und kein 3*d*-Elektron. Wenn aber, beginnend mit Element 21, die 3*d*-Unterschale aufgefüllt wird (nachdem 4*s* schon gefüllt ist), ist das Hinzufügen eines jeden weiteren *d*-Elektrons mit einer Absenkung der mittleren Energie des 3*d*-Niveaus verbunden. Dies ist der Fall, da jedes folgende Element eine höhere Kernladung besitzt, die von einem bestimmten 3*d*-Elektron durch das zusätzliche Elektron in derselben Unterschale nur teilweise abgeschirmt wird. Die Energie der 3*d*-Unterschale nimmt während der Auffüllung schrittweise ab und fällt gegen Ende der Übergangs-Serie unter das Niveau von 4*s*.

Ein weiterer Faktor ist die Tatsache, daß die Konfiguration $3d^{10}4s^1$ eine kugelsymmetrische Verteilung der Elektronendichte aufweist. Dies ist ein stabilisierender Effekt, der für alle gefüllten oder halbgefüllten Unterschalen charakteristisch ist. Demgegenüber enthält die Konfiguration $3d^9 4s^2$ ein "Loch" (ein fehlendes Elektron) in der $3d$-Schale, das die Symmetrie und jede zusätzliche Stabilisierung zerstört.

8.11. Die Ionisationsenergien von Li und K betragen 5,4 bzw. 4,3 eV. Was sagen Sie für die Ionisationsenergie (I.E.) von Na voraus?

Die erste I.E. von Na sollte zwischen den Werten von Li und K liegen. Die I.E. von Na sollte nahe am arithmetischen Mittel beider Werte 4,9 eV liegen. (Der beobachtete Wert ist 5,1 eV.)

8.12. Die (ersten) Ionisationsenergien von Li, Be und C betragen 5,4, 9,3 und 11,3 eV. Was sagen Sie für die Ionisationsenergien von B und N voraus?

Es gibt allgemein einen Trend zu steigender I.E. mit steigender Ordnungszahl innerhalb einer Periode. Beachten Sie aber, daß der Anstieg von Li ($Z = 3$) zu Be ($Z = 4$) größer ist als von Be zu C ($Z = 6$). Die Füllung der $2s$-Unterschale verleiht Be eine größere Stabilität, als es bei einem gleichmäßigen Anstieg durch das Periodensystem zu erwarten wäre. Das nächste Element B ($Z = 5$) hätte eine I.E., die einen Mittelweg zwischen den beiden entgegengesetzt gerichteten Faktoren darstellen würde: Einen Anstieg gegenüber Be wegen des höheren Wertes für Z und einen Abfall, da im Fall des B die Füllung einer neuen Unterschale begonnen wird. Man könnte darauf tippen, daß die I.E. für B in Wirklichkeit kleiner als die für Be ist, und das ist auch tatsächlich der Fall. Die beobachtete I.E. für B beträgt 8,3 eV.

Der Anstieg von $Z = 5$ zu $Z = 6$ ist 3,0 eV. Man erwartet einen ähnlichen Anstieg zum N ($Z = 7$), was einem Wert für die I.E. von N von etwa 14,3 eV entsprechen würde. In Wirklichkeit ist der Wert für die I.E. aufgrund der zusätzlichen Stabilität der halbgefüllten p-Unterschale sogar noch größer; 14,5 eV werden beobachtet.

8.13. In der ionischen Verbindung KF haben die K^+ und F^--Ionen praktisch identische Ionenradien von jeweils etwa 0,134 nm. Was sagen Sie über die relativen Kovalenzradien von K und F voraus?

Der Kovalenzradius von K sollte wesentlich größer als 0,134 nm und der von F wesentlich kleiner sein, da atomare Kationen kleiner als die entsprechenden Atome sind, während atomare Anionen größer als die entsprechenden Neutralteilchen sind. Die beobachteten Kovalenzradien von K und F sind 0,20 bzw. 0,06 nm.

8.14. Der Einfachbindungs-Kovalenzradius von P ist 0,11 nm. Was sagen Sie für den Einfachbindungs-Kovalenzradius von Cl voraus?

P und Cl gehören der gleichen Periode an. Nach dem üblichen Trend über eine Periode sollte Cl einen kleineren Radius haben. Der experimentelle Wert lautet 0,10 nm.

8.15. Die erste Ionisierungsenergie für Li beträgt 5,4 eV und die Elektronenaffinität von Cl ist 3,61 eV. Berechnen Sie ΔH für die Reaktion,

$$Li(g) + Cl(g) \rightarrow Li^+(g) + Cl^-(g)$$

die bei einem so niedrigen Druck durchgeführt wurde, daß die sich ergebenden Ionen nicht miteinander kombinieren.

Die Gesamtreaktion kann in zwei Teilschritte aufgeteilt werden:

$$(1) \quad Li(g) \rightarrow Li^+(g) + e^-(g) \qquad \Delta E = N_A(\text{I.E.})$$

$$(2) \quad Cl(g) + e^-(g) \rightarrow Cl^-(g) \qquad \Delta E = N_A(-\text{ E.A.})$$

Darin steht e^- für ein Elektron. Obwohl ΔH für jede der obigen Teilreaktionen etwas von ΔE abweicht (um den Term $p\Delta V$), ist ΔH für die Gesamtreaktion die Summe der beiden ΔE (die Änderung des Gesamtvolumens ist Null). Da die Werte von I.E. und E.A. auf atomarer Basis gegeben sind, benötigt man den Faktor $6{,}02 \cdot 10^{23}$ Atome/Mol, um ΔH auf der üblichen Mol-Basis zu erhalten.

$$\Delta H(\text{Gesamtreaktion}) = \Delta E(1) + \Delta E(2) = N_A\,(\text{I.E.} - \text{E.A.})$$
$$= (6{,}02 \cdot 10^{23})(1{,}8\ \text{eV})(1{,}60 \cdot 10^{-19}\ \text{J/eV}) = 170\ \text{kJ}$$

Zusatzaufgaben

ENERGIEBEZIEHUNGEN

8.16. Wie groß ist die Wellenlänge in Metern der Strahlung von (*a*) einer Fernsehstation mit niedriger Reichweite, die auf einer Frequenz von 55 MHz sendet; (*b*) einer AM-Radiostation bei 610 kHz und (*c*) einem Mikrowellenofen, der bei 14,6 GHz arbeitet?

Lösung: (*a*) 5,5 m; (*b*) 492 m; (*c*) 0,0205 m

8.17. Die kritische Wellenlänge für den photoelektrischen Effekt in Wolfram beträgt 260 nm. (*a*) Wie groß ist die Energie eines Quants dieser Wellenlänge in Joule und Elektronenvolt? (*b*) Welche Wellenlänge wäre nötig, um mit Wolfram Photoelektronen zu produzieren, die die doppelte kinetische Energie von denen haben, die bei 220 nm entstehen?

Lösung: (*a*) $7{,}65 \cdot 10^{-19}$ J = 4,77 eV; (*b*) 191 nm

8.18. Bei einer Messung der Quantenausbeute der Photosynthese in Grünpflanzen fand man, daß 8 Quanten roten Lichts von 685 nm nötig waren, um ein Molekül O_2 zu erzeugen. Die mittlere Energieaufnahme im photosynthetischen Prozeß beträgt 469 kJ pro entwickeltes Mol O_2. Wie groß ist die Effizienz der Energieumwandlung in diesem Experiment?

Lösung: 33,5%

8.19. O_2 durchläuft eine photochemische Dissoziation in ein normales Sauerstoffatom und ein Sauerstoffatom, das in der Energie um 1,967 eV höher liegt als normal. Es ist bekannt, daß die Dissoziation von O_2 in zwei normale Sauerstoffatome 498 kJ/mol O_2 benötigt. Wie groß ist die maximale Wellenlänge, die für die photochemische Dissoziation von O_2 brauchbar ist?

Lösung: 174 nm

8.20. Wenn man den Farbstoff Acriflavin in Wasser auflöst, liegt seine maximale Lichtabsorption bei 453 nm und sein Maximum der Fluoreszenzemission bei 508 nm. Die Zahl von Fluoreszenzquanten beträgt im Mittel 53% der Anzahl absorbierter Quanten. Welcher Prozentsatz der absorbierten Energie wird durch Fluoreszenz wieder freigesetzt, wenn Sie die Wellenlängen der maximalen Absorption und Emission verwenden?

Lösung: 47 Prozent

8.21. Die berühmte gelbe Linie im Spektrum einer Natriumdampflampe hat eine Wellenlänge von 590 nm. Welches minimale Beschleunigungspotential ist nötig, um diese Linie in einer mit Natriumdampf gefüllten Elektronenröhre anzuregen?

Lösung: 2,10 V

8.22. Zeigen Sie durch Einsetzen in die im Text gegebene Formel, daß a_0, der Radius der ersten Bohrschen Bahn, für Wasserstoff $5{,}29 \cdot 10^{-11}$ m beträgt.

8.23. Welches Beschleunigungspotential wird benötigt, um einen Elektronenstrahl mit einer effektiven Wellenlänge von 0,025 6 nm zu erzeugen?

Lösung: 2,30 kV

8.24. In Studien der Elektronenspinresonanz (ESR) sind die Energieunterschiede zwischen den Spinzuständen sehr klein (in der Größenordnung von $1 \cdot 10^{-4}$ eV), verglichen mit etwa 3 eV in der optischen Spektroskopie. Welche Strahlungswellenlänge wird für die ESR benötigt und welchem der Typen aus Aufgabe 8.16. gehört sie an?

Lösung: 0,012 m, Mikrowellenregion

8.25. Welches Beschleunigungspotential muß einem Protonenstrahl übertragen werden, um ihm eine effektive Wellenlänge von 0,005 0 nm zu geben?

Lösung: 33 V

EIGENSCHAFTEN VON ATOMEN

8.26. Alle Atome mit ungeradem Z müssen mindestens ein ungepaartes Elektron besitzen. Kann ein Atom mit geradem Z ungepaarte Elektronen aufweisen? Wenn ja, geben Sie Beispiele aus den ersten drei Perioden an!

Lösung: Ja; C, O, Si und S

8.27. Welche Atome der ersten Übergangsperiode ($Z = 21$–30) sind diamagnetisch? Geben Sie Ihre Elektronenkonfigurationen an.

Lösung: Nur Zn; $[Ar]3d^{10}4s^2$

8.28. Die Elektronenkonfiguration von Cr weicht von der nach dem Aufbauprinzip erhaltenen ab. Leiten Sie die tatsächliche Konfiguration ab und erklären Sie die Anomalie.

Lösung: $[Ar]3d^5 4s^1$. Das Aufbauprinzip würde $3d^4 4s^2$ ergeben, also verschiebt sich ein s-Elektron nach d, um die Stabilität der halbgefüllten Schale zu gewinnen. Beachten Sie, daß die tatsächliche Konfiguration vollständige Kugelsymmetrie aufweist.

8.29. Die Konfigurationen von negativen Ionen folgen dem Aufbauprinzip. Schreiben Sie die Elektronenkonfigurationen von H^-, N^{3-}, F^- und S^{2-} auf.

Lösung: H^-: $1s^2$ oder [He]; N^{3-}: [Ne]; F^-: [Ne]; S^{2-}: [Ar]

8.30. Die Rydberg-Konstante für Li^{2+} beträgt 109 729 cm^{-1}. (*a*) Wie groß ist die langwellige Grenze im Absorptionsspektrum des Li^{2+} bei normalen Temperaturen (bei der alle Ionen in ihrem Grundzustand sind)? (*b*) Was wäre die kürzeste Wellenlänge im Emissions-Linienspektrum von Li^{2+} im sichtbaren Bereich (400 bis 750 nm)? (*c*) Wie groß wäre der Orbitalradius des Grundzustands von Li^{2+}? (*d*) Wie groß ist die Ionisationsenergie von Li^{2+}?

Lösung: (*a*) 13,5 nm; (*b*) 415,4 nm ($n = 8 \rightarrow n = 5$); (*c*) 0,176 Å; (*d*) 122,4 eV

8.31. Die erste Ionisationsenergie von Li wird experimentell zu 5,363 eV bestimmt. Durch wieviele Ladungseinheiten wird der Kern durch die anderen Elektronen abgeschirmt, wenn man annimmt, daß das L-Elektron ($n = 2$) sich in einem zentralen Feld einer effektiven Kernladung Z_{eff}, bestehend aus dem Kern und den anderen Elektronen, bewegt? Nehmen Sie an, daß die Ionisationsenergie nach der Bohrschen Theorie berechnet werden kann.

Lösung: $Z_{eff} = 1,26$; da die Kernladung 3+ beträgt, ist die effektive Abschirmung durch die beiden $1s$-Elektronen gleich 1,74 Ladungseinheiten.

8.32. Wie lauten die Elektronenkonfigurationen von Ni^{2+}, Re^{3+} und Ho^{3+}? Wieviele ungepaarte Elektronenspins enthält jedes dieser Ionen?

Lösung: Ni^{2+}: $[Ar]3d^8$, 2 ungepaarte Spins. Re^{3+}: $[Xe]4f^{14}5d^4$, 4 ungepaarte Spins. Ho^{3+}: $[Xe]4f^{10}$, 4 ungepaarte Spins.

8.33. Welche Schale (geben Sie ihren Buchstaben und den n-Wert an) wäre die erste, die eine g-Unterschale besitzt? Wenn Sie richtig geantwortet haben, werden Sie feststellen, daß zwei Drittel aller Elemente Elektronen in dieser und höheren Schalen haben. Warum gibt es dann keine g-Elektronen?

Lösung: O, $n = 5$. In Einklang mit ihrem hohen l-Wert (4), liegen g-Orbitale energetisch zu hoch, um durch das Aufbauprinzip Elektronen zu erhalten.

8.34. Was würden Sie für die Ordnungszahl des nächsten Edelgases nach Rn voraussagen, wenn ein solches Element stabil genug wäre, um hergestellt oder beobachtet zu werden? Nehmen Sie an, daß in den Grundzuständen der vorhergehenden Elemente noch immer keine g-Orbitale besetzt sind.

Lösung: 118

8.35. Alle Lanthaniden bilden stabile Verbindungen, die das 3+ Kation enthalten. Von den wenigen anderen bekannten ionischen Formen bildet das Ce die stabilste 4+ Serie von ionischen Verbindungen und Eu die stabilste 2+ Serie. Begründen Sie die Stabilität dieser ungewöhnlichen ionischen Formen durch ihre Elektronenkonfigurationen.

Lösung: Ce^{4+} hat die stabile elektronische Konfiguration des Edelgases Xe. Eu^{2+} könnte mit 61 Elektronen die Konfiguration $[Xe]4f^{7}$ mit zusätzlicher Stabilität einer halbgefüllten $4f$-Unterschale aufweisen.

8.36. Für die Gasphasenreaktion $K + F \rightarrow K^+ + F^-$ wurde ΔH unter Bedingungen, bei denen die Kationen und die Anionen durch elektrostatische Trennung an der Rekombination gehindert wurden, zu 91 kJ bestimmt. Die Ionisationsenergie von K beträgt 4,34 eV. Wie groß ist die Elektronenaffinität von F?

Lösung: 3,40 eV

8.37. Die Ionenradien von S^{2-} und Te^{2-} betragen 1,84 bzw. 2,21 Å. Was würden Sie für die Ionenradien von Se^{2-} und P^{3-} voraussagen?

Lösung: Da Se zwischen S und Te liegt, erwartet man einen mittleren Wert; der beobachtete Wert ist 1,98 Å. Da P gerade links von S liegt, erwartet man einen etwas größeren Wert; der beobachtete Wert ist 2,12 Å.

8.38. Die van der Waals-Radien für S und Cl sind 1,85 bzw. 1,80 Å. Was würden Sie für den van der Waals-Radius von Ar vorhersagen?

Lösung: Wenn man sich innerhalb einer Periode nach rechts bewegt, geht der Trend zu geringerer Größe. Der beobachtete Wert ist 1,54 Å.

8.39. Die erste Ionisationsenergie von C beträgt 11,2 eV. Würden Sie erwarten, daß die erste Ionisationsenergie von Si größer oder kleiner als dieser Wert ist?

Lösung: Kleiner, weil Si größer ist; der beobachtete Wert ist 8,1 eV.

8.40. Die ersten Ionisationsenergien von Al, Si und S sind 6,0, 8,1 und 10,3 eV. Was sagen Sie für die erste Ionisationsenergie von P voraus?

Lösung: Ein Wert von etwa 9,2 eV für P läge halbwegs zwischen den Werten für Si und S, aber aufgrund der Stabilität der halbgefüllten Schale könnte eine anormal hohe Energie nötig sein, um ein Elektron aus P zu entfernen, vielleicht ist diese Energie sogar höher als für S. Der beobachtete Wert ist 10,9 eV.

8.41. Einige Experimentatoren haben versucht, durch Beschießen von Atomen der Actiniden-Serie mit schweren Ionen superschwere Elemente zu synthetisieren. Bestätigung und Akzeptanz der Ergebnisse vorausgesetzt, bezeichneten einige Forscher in den frühen 1970er Jahren die Elemente 104 und 105 als *eka*-Hafnium bzw. *eka*-Tantal. Warum wurden diese Namen gewählt?

Lösung: Mendeleev verwendete das Präfix *eka-* (Sanskrit für "zuerst") zur Bezeichnung von Elementen, deren Existenz er vorhergesagt hatte, indem er das Präfix an ein bekanntes Element derselben periodischen Gruppe wie das vorhergesagte Element anhängte. Sein *eka*-Bor, *eka*-Aluminium und *eka*-Silicium wurden später entdeckt, bestätigt und als Scandium, Gallium und Germanium bezeichnet. Bei den Elementen 104 und 105 sagt man elektronische Strukturen analog zu denen von Hf bzw. Ta voraus.

Kapitel 9

Chemische Bindung und Molekülstruktur

Die Formeln der chemischen Verbindungen sind kein Zufall. Es gibt NaCl, aber kein $NaCl_2$; es gibt CaF_2, aber kein CaF. Auf der anderen Seite bilden bestimmte Kombinationen zweier Elemente zwei oder sogar mehr verschiedene Verbindungen, z.B. Cu_2O, CuO; N_2O, NO, NO_2. Im Fall von ionischen Verbindungen wird die relative Zahl von positiven und negativen Ionen in einer Formel einfach durch die Regel der elektrischen Neutralität bestimmt. In kovalenten Verbindungen oder in mehratomigen Ionen (wie NO_2^-), werden die Strukturen durch kovalente Bindungen (d. h. gemeinsame Elektronen) gebildet. Es gibt eine Hierarchie der Theorien zur kovalenten Bindung, von denen die einfachste, das Zeichnen von Lewis-Strukturen, in dieser und den meisten anderen einführenden Abhandlungen betont wird.

IONISCHE VERBINDUNGEN

Die ionische Bindung beschreibt die Wechselwirkung zweier entgegengesetzt geladener Teilchen oder *Ionen*. Die wichtigste Kraft ist die klassische elektrische Anziehung oder Abstoßung zwischen zwei geladenen Teilchen. Die Ladungen der elementaren Ionen kann man mit Hilfe der Elektronenstruktur der Atome verstehen. Zum Beispiel tendieren Elemente, deren Ordnungszahl 2 oder 3 Einheiten von einem Edelgas entfernt ist, zur Bildung ionischer Verbindungen mit einem *Kation* (positives Ion) oder einem *Anion* (negatives Ion), das *isoelektronisch* zum benachbarten Edelgasatom ist (also die gleiche Elektronenzahl wie dieses hat).

BEISPIEL 1 Wie lautet die empirische Formel für Lithiumoxid? Lithium gibt ein Elektron ab, um die Elektronenkonfiguration des He anzunehmen und bildet daher das Lithium-Ion Li^+. Sauerstoff nimmt zwei Elektronen auf, erreicht damit die Ne-Schale und bildet daher das Oxid-Ion O^{2-}. Um die Neutralität zu wahren, muß die Formel der Verbindung Li_2O lauten.

Für die Übergangsmetalle sowie die Lanthaniden und die Actiniden gibt es keine solche einfache Regel. Wenn wir die Ionenladungen als chemische Tatsache akzeptieren, können wir aber immer noch die empirischen Formeln für ionische Verbindungen aufstellen, wenn wir beachten, daß die Verbindung als Ganzes neutral sein muß.

Die Namen der elementaren Kationen sind einfach die Namen der Elemente, z.B. ist Ca^{2+} das *Calcium-Ion*. Die Namen der monoatomaren Anionen leiten sich von den Namen der Elemente durch Ersatz der letzten (oder letzten beiden) Silbe(n) des Elementnamens durch das Suffix *-id*, z.B. *Chlorid, Oxid* ab. Wenn für ein Element zwei Kationen existieren, ist die allgemein übliche Konvention, die Ladung *pro Atom* in römischen Ziffern in Klammern hinter den Namen des Metalls zu schreiben.

BEISPIEL 2 Benennen Sie die beiden Oxide des Bleis, PbO und PbO_2. Da Oxid zweifach negativ geladen ist, muß das Blei im ersten Fall 2+ und im zweiten 4+ sein. Die Namen lauten daher Blei(II)oxid und Blei(IV)oxid, ausgesprochen als "Blei zwei Oxid" bzw. "Blei vier Oxid".

In Tabelle 9-1 sind einige der häufiger anzutreffenden mehratomigen Ionen sowie ihre Formeln, Namen und Ladungen aufgeführt. Diese sollte man sich einprägen.

Obwohl man keine allgemeingültige und einfache Regel angeben kann, sind die folgenden Richtlinien hilfreich. Verbindungen von Metallen mit Nichtmetallen (auch von Metallen mit mehratomigen Anionen) tendieren zu ionischem Aufbau. Verbindungen von Nichtmetallen mit Nichtmetallen sind eher kovalent. Wenn einige physikalische Eigenschaften der fraglichen Verbindung bekannt sind, kann man harte, spröde, hochschmelzende Substanzen normalerweise als ionisch einstufen, während Flüssigkeiten und Gase kovalente Verbindungen darstellen. Einige Verbindungen liegen zwischen den beiden Extremen und sind schwieriger einzuordnen. Genauere Regeln (z.B. solche auf der Grundlage von Elektronegativitätsunterschieden) können in Lehrbüchern nachgeschlagen werden, die sich mit dieser Thematik befassen.

Tabelle 9-1 Häufige mehratomige Ionen

Ion	Name	Ion	Name
NH_4^+	Ammonium	SO_4^{2-}	Sulfat
OH^-	Hydroxid	SO_3^{2-}	Sulfit
CO_3^{2-}	Carbonat	HSO_4^-	Hydrogensulfat
HCO_3^-	Hydrogencarbonat	ClO_4^-	Perchlorat
CN^-	Cyanid	ClO_3^-	Chlorat
$C_2H_3O_2^-$	Acetat	ClO_2^-	Chlorit
O_2^{2-}	Peroxid	ClO^-	Hypochlorit
NO_3^-	Nitrat	CrO_4^{2-}	Chromat
NO_2^-	Nitrit	$Cr_2O_7^{2-}$	Dichromat
PO_4^{3-}	Phosphat	MnO_4^-	Permanganat

Für komplexe Oxy-Anionen werden quasi-systematisch unterscheidende Suffixe verwendet, *-at* für das häufigste oder stabilste und *-it* für das Ion mit geringerem Sauerstoffgehalt. Das Präfix *-per* wird an einen Namen mit der Endung *-at* angehängt, um einen höheren Sauerstoffgehalt anzuzeigen, und das Präfix *-hypo* wird an einen Namen mit der Endung *-it* angefügt, um einen niedrigeren Sauerstoffgehalt als im *-it*-Ion zu bezeichnen.

KOVALENZ

Die kovalente Kraft zwischen Atomen, die zwei oder mehr "Bindungs"elektronen *teilen*, ist verbunden mit der *Delokalisation* oder "Verschmierung" der Elektronen über eine größere Raumregion der Bindung, als sie diese in den getrennten Atomen einnehmen. Die Aufteilung der Elektronen in einer kovalenten Bindung bringt die gebundenen Atome näher zusammen, als das in Abwesenheit der Bindung der Fall wäre. Daher ist der Abstand zweier H-Kerne im H_2 mit 74 pm wesentlich geringer als die Summe der (nichtbindenden) van der Waals-Radien zweier H-Atome, die 240 pm beträgt.

Diese Bindung der beiden Atome bei starker Annäherung spiegelt sich auch in energetischen Aspekten wieder. Die Energie eines Paares gebundener Atome ist geringer als die Summe der Energien der getrennten Atome. Die sogenannte *Bindungsenergie* gibt das Ausmaß dieser Energieabsenkung an. Aus einem anderen Gesichtspunkt ist die Bindungsenergie diejenige Energie ΔE, die nötig ist, um eine chemische Bindung in zwei nichtgebundene Fragmente aufzuspalten. Die Bindungsbildung ist exotherm, der Bindungsbruch endotherm. Kovalente Bindungsenergien reichen von etwa 150 bis 550 kJ/mol für einzelne Elektronenpaarbindungen zwischen Elementen der ersten drei Perioden bei normalen Temperaturen.

Eine andere normale Eigenschaft einer einzelnen kovalenten Bindung ist die, daß die Spins der beiden beteiligten Elektronen, die in den getrennten Atomen ungepaart sind, sich bei der Bindungsbildung paaren.

VALENCE-BOND-DARSTELLUNG

Die Formeln vieler kovalenter Verbindungen, speziell jener, die nur Elemente der ersten Perioden des Periodensystems enthalten, wurden in den Rahmen der *Oktettregel* eingepaßt. Die Oktettregel gilt streng nur für die Elemente der 2. Periode. Sie besagt, daß Elemente dieser Periode maximal vier kovalente Bindungen ausbilden und auf der äußeren Schale nur acht Elektronen untergebracht werden können. Für Wasserstoff lautet die geforderte Anzahl zwei. Elektronen, die von zwei Atomen geteilt werden, sind die bindenden Elektronen und müssen zum Oktett (oder Dublett im Fall von Wasserstoff) beider beteiligter Atome hinzugezählt werden. Eine einzelne kovalente Bindung besteht aus einem Paar aufgeteilter Elektronen, eine Doppelbindung besitzt zwei solcher Paare und eine Dreifachbindung deren drei. Bei Mehrfachbindungen sind die Bindungsabstände geringer und die Bindungsenergien größer als bei Einfachbindungen.

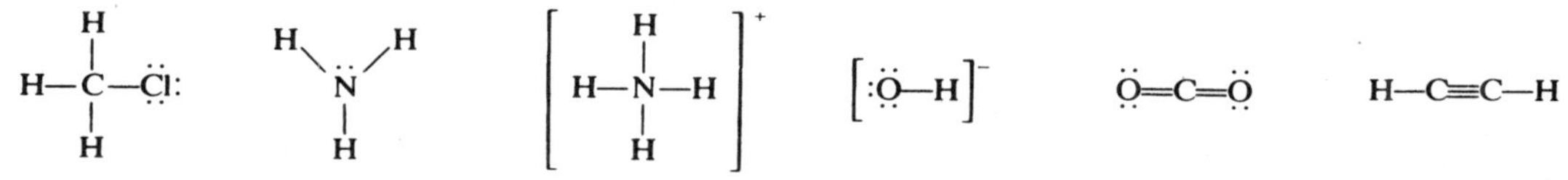

Abb. 9-1

Strukturformeln, wie sie in Abb. 9-1 gezeigt sind, stellen die Verteilung der Valenzelektronen in kovalenten Molekülen und Ionen dar. Diese Strukturen sind nicht zur Darstellung tatsächlicher Bindungswinkel in dreidimensionalen Einheiten wie CH_3Cl, NH_3 und NH_4^+ gedacht; sie verdeutlichen lediglich die Anzahl der Bindungen, die die einzelnen Atome verknüpfen. In den sogenannten *Lewis-Formeln* stellt eine *Linie* zwischen zwei Atomen ein *Paar* von Bindungselektronen dar und ein *Punkt* bedeutet ein einsames Elektron. *Zwei Linien* bilden eine *Doppel-* und *drei Linien* eine *Dreifachbindung*. Die Gesamtzahl der in einer solchen Struktur erscheinenden Elektronen ist gleich der Summe der Valenzelektronen der freien Atome: 1 für H, 4 für C, 5 für N, 6 für O und 7 für Cl. Bei einer ionischen Struktur muß zu dieser Summe ein zusätzliches Elektron für jede negative Ladung im Gesamtion addiert werden (wie z.B. in OH^-) und für jede positive Ladung im Ion eines abgezogen werden, wie bei NH_4^+. Die Anzahl der Bindungselektronenpaare eines Atoms wird seine *Wertigkeit* genannt.

Die Wertigkeit von Wasserstoff ist immer eins. Die Wertigkeit von Sauerstoff ist fast immer eins oder zwei. Die Wertigkeit von Kohlenstoff beträgt in fast allen seiner stabilen Verbindungen vier. Daher erwartet man, daß jedes Kohlenstoffatom entweder vier Einfachbindungen, eine Doppelbindung und zwei Einfachbindungen, zwei Doppelbindungen oder eine Dreifachbindung und eine Einfachbindung bildet. Obwohl die Oktettregel kein striktes Gesetz für die chemische Bindung darstellt, wird sie doch von C, N, O und F in fast allen ihren Verbindungen befolgt. Das Oktett wird häufig bei Elementen der dritten und höheren Perioden des Periodensystems überschritten.

Resonanz

Manchmal kann für ein Molekül mehr als eine zufriedenstellende Lewis-Struktur aufgestellt werden und es gibt keinen Grund, eine gegenüber der oder den anderen zu bevorzugen. In solchen Fällen reicht eine einzelne Strukturformel nicht aus, um eine Substanz korrekt zu beschreiben, und es muß mehr als eine Formel verwendet werden. Man sagt dann, daß die wahre Struktur ein *Resonanz*hybrid der einzelnen Formeln ist.

BEISPIEL 3 Das Experiment hat gezeigt, daß die beiden terminalen Sauerstoffatome im Ozon äquivalent sind. D.h., sie haben den gleichen Abstand vom zentralen Sauerstoff. Wenn man nur eine der in Abb. 9-2(*a*) dargestellten Resonanzformeln schreiben würde, hätte es den Anschein, daß eines der terminalen Sauerstoffatome fester (durch eine Doppelbindung) an den zentralen Sauerstoff gebunden wäre, als es das andere ist (durch eine Einfachbindung), und daß das fester gebundene Atom näher am Zentralatom läge. Das Hybrid der beiden Resonanzstrukturen verteilt den festeren Bindungscharakter gleichmäßig auf die beiden terminalen Sauerstoffatome. Ebenso werden die drei in Abb. 9-2(*b*) gezeigten Resonanzstrukturen des Carbonats benötigt, um die experimentelle Tatsache zu erklären, daß alle drei Sauerstoffatome gleichen Abstand zum zentralen Kohlenstoff besitzen.

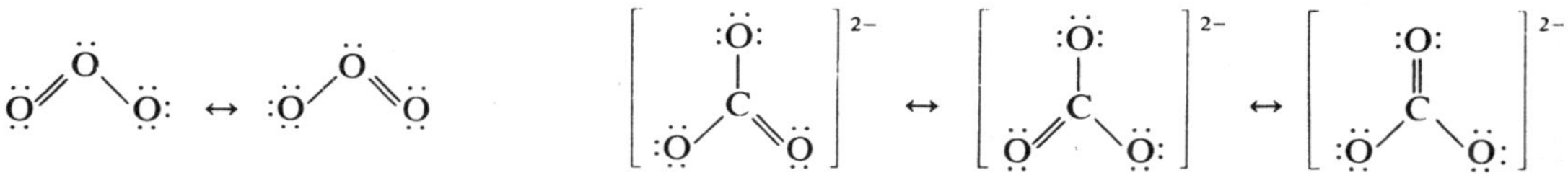

(*a*) Ozon (*b*) Carbonat-Ion

Abb. 9-2

Die gesamte Bindungsenergie einer Substanz, für die man Resonanzstrukturen formulieren kann, ist größer als man das erwarten würde, wenn es nur eine formale Lewis-Struktur geben würde. Die *zusätzliche* Stabilisierung wird *Resonanzenergie* genannt. Sie folgt aus dem gleichen Prinzip, das auch für die kovalente Bindungsenergie verantwortlich ist, nämlich der Delokalisierung der Elektronen auf die an der Bindung teilnehmenden Atome. So sind als Ergebnis der Resonanz im Ozon die Elektronen, die das zweite Elektronenpaar der Doppelbindung bilden, auf die 3 Sauerstoffatome verteilt. Die Formulierung von zwei oder mehr Resonanzstrukturen ist eine Methode, um das Unvermögen einer einzelnen Valenzbindungsstruktur zur Darstellung dieser Delokalisation zu umgehen.

Formalladungen

Obwohl ein Molekül als Ganzes elektrisch neutral ist, ist es von Interesse zu wissen, ob es lokale Ladungen in bestimmten Teilen des Moleküls gibt und deren Summe gleich Null ist. In einem Ion würde die algebraische Summe der Gesamtladung des Ions entsprechen. Bei einer näherungsweisen Methode zur Aufteilung von Ladungen innerhalb eines Moleküls oder Ions werden die Bindungselektronenpaare einer kovalenten Bindung willkürlich gleichmäßig zwischen den Atomen aufgeteilt, die die Bindung bilden. Einsame Valenzelektronen eines Atoms werden nur diesem Atom zugeordnet. Jedem Atom wird dann eine *Formalladung* zugewiesen, die gleich der Anzahl der Valenzelektronen des Atoms im neutralen, freien Zustand minus der Anzahl der ihm in der Struktur zugewiesenen Valenzelektronen ist. Diese Ladungen können nahe der Atome in den Strukturformeln notiert werden.

BEISPIEL 4 Abbildung 9-3 zeigt eine einzelne Resonanzstruktur von Ozon. Dem zentralen Sauerstoffatom werden gerade fünf Elektronen (zwei aus dem einsamen Elektronenpaar plus die Hälfte der drei Bindungselektronenpaare) zugewiesen. Diesem Atom wird eine Formalladung von +1 zugeordnet, da es ein Elektron weniger hat als die sechs in einem freien Sauerstoffatom. Das über eine Einfachbindung verknüpfte endständige Sauerstoffatom hat 7 Elektronen (6 in den einsamen Elektronenpaaren plus die Hälfte eines Bindungselektronenpaars) und erhält daher eine Formalladung von –1. Das andere endständige Sauerstoffatom hat keine Formalladung, da ihm sechs Elektronen zugeordnet werden (vier aus den einsamen Elektronenpaaren plus die Hälfte der beiden Bindungselektronenpaare).

In der anderen Lewis-Struktur ist der zentrale Sauerstoff ebenfalls positiv und der Sauerstoff unten links negativ. Im wirklichen Molekül erwartet man dann eine ungleichmäßige Ladungsverteilung, bei der das obere zentrale Sauerstoffatom positiv und der untere Teil des Moleküls, der die beiden endständigen Sauerstoffatome umfaßt, negativ geladen ist. Das Molekül besitzt ein Dipolmoment (*siehe unten*), was diesen Schluß bestätigt.

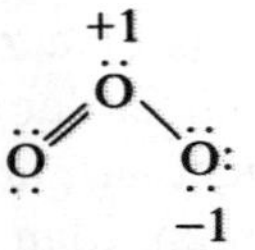

Abb. 9-3

Eine nützliche Faustregel zur Bevorzugung einer erlaubten Lewis-Struktur gegenüber einer anderen lautet so, daß Strukturen mit minimierter Teilung der Formalladung bevorzugt sind. Besonders zu vermeiden sind Formalladungen größer 1 und solche Strukturen, bei denen akzeptable Formalladungen mit gleichem Vorzeichen auf benachbarten Atomen lokalisiert sind.

Dipolmoment und Elektronegativität

Es gibt einige experimentelle Methoden, die Informationen über die *tatsächliche* Ladungsverteilung in einem Molekül liefern (im Unterschied zur willkürlichen Zuordnung von Formalladungen). Eine solche Methode ist die Messung des *Dipolmoments*. Ein elektrischer Dipol ist ein neutrales Objekt, das eine positive Ladung der Größe q und eine davon getrennte gleichgroße negative Ladung trägt. Das Ausmaß, mit dem ein Dipol in einem elektrischen Feld ausgerichtet wird, hängt vom Dipolmoment, definiert als das Produkt von q und dem Abstand d zwischen der positiven und der negativen Ladung ab, und stellt daher ein Maß für dieses dar.

Man würde erwarten, daß das Dipolmoment in einem kovalenten zweiatomigen Molekül gleich Null ist, wenn die Bindungselektronen wirklich gleichmäßig zwischen den beiden Atomen verteilt wären. Dies ist auch in der Tat bei Molekülen des Typs X_2 der Fall, bei denen zwei identische Atome aneinander gebunden sind (z.B. H_2, Cl_2 usw.). Im allgemeineren Fall XY sind zwei verschiedene Arten von Atomen aneinander gebunden, und man beobachtet in der Regel ein Dipolmoment. Dies wird durch die Hypothese erklärt, daß eines der Atome, sagen wir Y, eine größere Anziehungskraft auf die

Elektronen in der Bindung ausübt als X. Man sagt, daß Y die größere *Elektronegativität* als X besitzt. Die Elektronegativität ist mit anderen atomaren Eigenschaften verknüpft, im allgemeinen haben Atome mit hohen Ionisationsenergien und/oder hohen Elektronenaffinitäten eine recht große Elektronegativität. Die elektronegativsten Elemente in der Reihenfolge abnehmender Elektronegativität sind:

$$F > O > N \cong Cl$$

C ist etwas elektronegativer als H. Metalle sind weniger elektronegativ als Nichtmetalle. – Die Elektronegativität der Elemente nimmt innerhalb einer Periode von links nach rechts zu, innerhalb einer Hauptgruppe von oben nach unten ab.

Hybridorbitale

Die Verteilung der Elektronen auf die verschiedenen Atomorbitale, wie in Kapitel 8 besprochen, bezog sich auf die Elektronenverteilung im *Grundzustand* (dem Zustand mit der niedrigsten Energie) eines isolierten *freien* Atoms. Aus den folgenden Grundzustandskonfiguration von Elementen der zweiten Periode

B	$[He]2s^22p$
C	$[He]2s^22p^2$
N	$[He]2s^22p^3$
O	$[He]2s^22p^4$

könnte man vorhersagen, daß die maximale Kovalenz (Bindigkeit) eines Elements gleich der Zahl der ungepaarten Elektronen ist, da ein ungepaartes Elektron von jedem der an der Bindung beteiligten Atome an der beschriebenen Bildung der kovalenten Bindung teilnimmt. Die maximalen Kovalenzen von B, C, N und O sollten dann 1, 2, 3 bzw. 2 sein. Diese Voraussage trifft für die meisten bekannten Verbindungen und komplexen Ionen von N (z.B. NH_3, NO_3^-) und O (z.B. H_2O, CH_3OH, HOOH) zu, aber nicht für die allgemein beobachtete Dreibindigkeit von B (z.B. BF_3), die Vierbindigkeit von C (z.B. CH_4, CCl_4, CH_3OH) oder die gelegentliche Vierbindigkeit von N (z.B. NH_4^+).

Die höheren Kovalenzen von B und C können erklärt werden, wenn man die Elektronenkonfiguration vor der Verbindungsbildung so umordnet, daß sie auf einem energetischen Niveau über dem Grundzustand zu liegen kommt. Zum Beispiel könnte B in die Konfiguration $[He]2s2p^2$ übergehen, in der es drei ungepaarte Elektronen für die Bildung von drei kovalenten Bindungen gibt. Obwohl ein Boratom diesen vorbereitenden Zustand nur erreichen kann, wenn es die zur Umwandlung des Atoms aus seinem Grundzustand nötige Energie bekommt, kann dem Prinzip der Minimierung der Gesamtenergie nach wie vor Rechnung getragen werden, wenn die Bindungsenergien der beiden zusätzlich gebildeten Bindungen die benötigte Anregungsenergie betragsmäßig übertreffen. Ebenso könnte ein Kohlenstoffatom zur Konfiguration $[He]2s2p^3$ mit vier ungepaarten Elektronen angeregt werden, wenn die bei der Bildung der beiden zusätzlichen Bindungen freigesetzte Energie die zur Anregung der neuen Elektronenkonfiguration benötigte Energie betragsmäßig übersteigt.

Die obige Erklärung deutet die von Bor und Kohlenstoff gebildete Anzahl kovalenter Bindungen, aber nicht deren Äquivalenz. Der Unterschied im räumlichen Aussehen und der Energie der *s*- und *p*-Orbitale (Abb. 8-2) könnte einen Unterschied in den von ihnen gebildeten Bindungen nahelegen, also z.B. in der Bindungsenergie, Bindungslängen oder Bindungswinkeln. Das Experiment zeigt aber im Gegensatz dazu, daß alle drei Bindungen im BF_3 äquivalent sind, daß die Winkel zwischen jeweils zwei Bindungen gleich sind und daß die drei Fluoratome an den Eckpunkten eines gleichseitigen Dreiecks mit dem Boratom in der Mitte liegen. Auch im CH_4 sind alle vier Bindungen äquivalent, die Winkel zwischen zwei beliebigen Bindungen gleich, und die vier Wasserstoffatome liegen an den Eckpunkten eines regulären Tetraeders (Abb. 9-4), in dessen Zentrum sich das Kohlenstoffatom befindet.

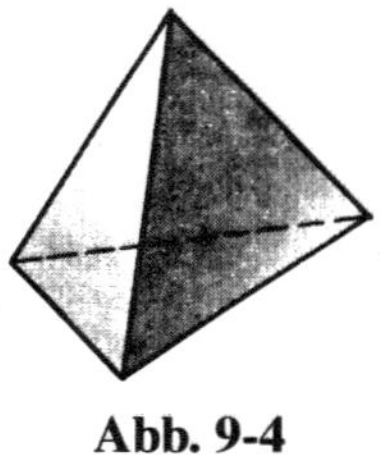

Abb. 9-4

Die Äquivalenz der Bindungen in BF_3, CH_4 und ähnlichen Verbindungen wurde erstmals durch Linus Pauling erklärt. Um sich den umgebenden Atomen anzupassen, können die *s*- und *p*-Orbitale eines gegebenen Atoms miteinander mischen oder *hybridisieren*. Durch Überlagerung und Kombination der Atomorbitale entstehen neue gemischte Orbitale, die je nach Anteil den Charakter der ursprünglichen Atomorbitale beinhalten. Pauling zeigte, daß bei der Hybridisierung von einem *s*- und drei *p*-Orbitalen zum Erhalt einer maximalen Konzentration der Elektronen-Aufenthaltswahrscheinlichkeit entlang einer bestimmten Raumrichtung (um eine Bindung entlang dieser Richtung am besten bilden zu können), die vier resultierenden sogenannten sp^3-Hybridorbitale tatsächlich in die Ecken eines regulären Tetraeders weisen. Der Winkel zwischen zwei beliebigen Linien (d.h. Bindungen), die das Zentrum eines regulären Tetraeders mit den Ecken verbinden, beträgt 109°28´ (Aufgabe 9.18.). Dies entspricht der beobachteten Bindungssituation in CH_4, CCl_4, SiF_4 und vielen anderen Verbindungen der Elemente aus Gruppe IV.

Eine ähnliche Hybridisierung von einem *s*- mit zwei *p*-Orbitalen führt zu einem Satz von sp^2-Hybridorbitalen, die ihre maximale Konzentration entlang einem Satz von Linien in einer Ebene mit einem Zwischenwinkel von jeweils 120° haben. Dies ist die im BF_3 beobachtete Situation. Die Winkel im C_2H_4, bei dem jedes der beiden Kohlenstoffatome einen Satz von sp^2-Hybridorbitalen bildet, liegen nahe bei 120° (Abb. 9-5). Zwei andere wichtige Arten von Hybridorbitalen sind der *sp*-Typ, in dem die beiden Orbitale in Richtungen zeigen, die zu einem Bindungswinkel von 180° führen (Abb. 9-6), der Situation in C_2H_2 und in der Hochtemperaturmodifikation von $BeCl_2$, und der d^2sp^3-Typ, bei dem die sechs Orbitale in die Ecken eines regulären Oktaeders weisen (Abb. 9-7), der Situation in SF_6 und vielen Koordinationsverbindungen.

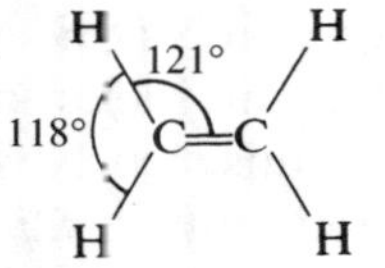

Abb. 9-5

Abb. 9-6

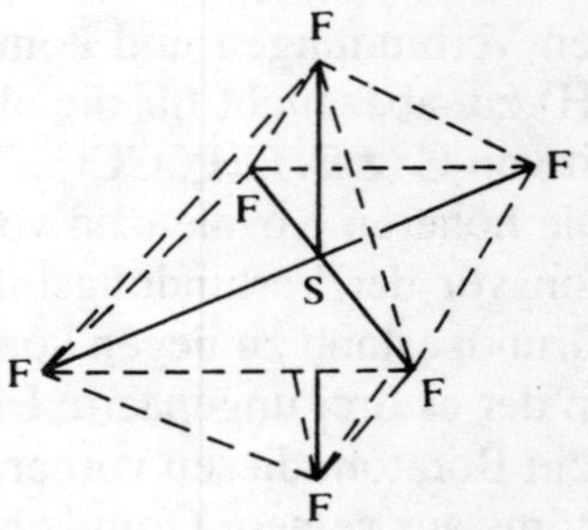

Abb. 9-7

MOLEKÜLORBITAL-DARSTELLUNG

In Lewis-Strukturen werden Valenzelektronen entweder als einsame Elektronen, die an einem bestimmten Atom lokalisiert sind, oder als Bindungselektronen in den Bindungen, die bestimmte Atompaare verknüpfen, beschrieben. In einer alternativen Darstellung werden alle Valenzelektronen zu *Molekülorbitalen* (MO's) zugeordnet, die für das gesamte Molekül gelten. Genau wie ein Atomorbital die mathematische Lösung einer Schrödinger-Gleichung verkörpert, die die Wahrscheinlichkeitsverteilung der verschiedenen Positionen, die ein Elektron mit einem gegebenen Satz von Quantenzahlen um einen Atomkern herum besetzen kann, darstellt, so beschreibt ein Molekülorbital die Verteilung von Positionen in einem Molekül, die einem Elektron mit einem gegebenen Satz von Quantenzahlen zur Verfügung stehen. Molekülorbitale können durch Formulierung mathematischer Kombinationen der Atomorbitale der beteiligten Atome angenähert werden, oder sie können, zumindest qualitativ, als geometrische Kombinationen der beteiligten Atomorbitale dargestellt werden. Das heißt, Molekülorbitale entstehen durch Überlappung von Atomorbitalen. Für Molekülorbitale können einige einfache Regeln angegeben werden:

1. Die Gesamtzahl der Molekülorbitale (MO's) muß der Summe der Zahl der Atomorbitale (AO's) der beteiligten Atome entsprechen.
2. Jedes Orbital kann 0, 1 oder 2 Elektronen enthalten, entsprechend der Möglichkeit zweier verschiedener Spineinstellungen und der Anwendung des Pauli-Prinzips.
3. Wenn einige Molekülorbitale gleicher oder fast gleicher Energie existieren, tendieren die Elek-

tronen dazu, sie unter Maximierung der Anzahl der ungepaarten Elektronenspins zu besetzen. Je ähnlicher die Energieniveaus, desto stärker ist die Tendenz. (*Hund'sche Regel*)

4. Obwohl sie im Fall eines freien Atoms willkürlich sind (Abb. 8-2), sind die Raumrichtungen, die die Orientierung der Orbitale beschreiben, im Fall von Molekülen oder komplexen Ionen auf die Positionen der Nachbaratome bezogen.
5. Ein Molekülorbital wird am wahrscheinlichsten aus Atomorbitalen ähnlicher Energie gebildet.
6. In zweiatomigen Molekülen oder allgemeiner bei lokalisierten Zweizentrenbindungen werden solche Orbitale der beiden Atome zu einem Molekülorbital kombiniert, die dieselbe Symmetrie bezüglich der Kernverbindungsachse besitzen. (Bei der Konstruktion von Molekülorbitalen, die sich über drei oder mehr Atome erstrecken, müssen kompliziertere Symmetriebedingungen berücksichtigt werden, die die Symmetrie des gesamten Kern-Netzwerkes beinhalten.)
7. Ein Zweizentrenorbital mit einer hohen Elektronen-Aufenthaltswahrscheinlichkeit in der Region zwischen den Kernen ist ein *bindendes* Orbital. Eines mit einer Aufenthaltswahrscheinlichkeit von Null oder einem geringen Wert zwischen den Kernen ist ein *antibindendes* Orbital. Eine stabile chemische Verbindung liegt vor, wenn die Zahl der Elektronen in bindenden Orbitalen die Zahl der Elektronen in antibindenden Orbitalen übersteigt. Ähnliche, aber kompliziertere Regeln gelten für Orbitale, die sich über mehr als zwei Atome erstrecken.

Die Richtungseigenschaften von Molekülorbitalen werden analog zu den atomaren Quantenzahlen l und m_l ebenfalls durch Quantenzahlen bestimmt. Bei der Kennzeichnung von Molekülorbitalen werden griechische Buchstaben zur Bezeichnung für steigende Werte der Quantenzahl des l-Typs verwendet: σ, π, δ usw., analog zu den lateinischen Buchstaben *s, p, d* usw. für Atomorbitale. In diesem Buch werden wir nur *s*- und *p*-Orbitale betrachten. Es gibt zwei Arten von *s*-Orbitalen, bindende und nichtbindende (Abb. 9-8). (Ein antibindendes Orbital wir durch einen dem griechischen Buchstaben folgenden, hochgestellten Stern gekennzeichnet.) Ein bindendes Orbital besitzt eine Region der Elektronenüberlappung (oder einer hohen Aufenthaltswahrscheinlichkeit) zwischen den gebundenen Atomen und hat eine niedrigere Energie als jedes der es zusammensetzenden Atomorbitale. Ein antibindendes Orbital weist eine Knotenfläche (oder eine Region mit der Aufenthaltswahrscheinlichkeit Null) zwischen den gebundenen Atomen auf, die senkrecht zur Bindungsachse steht; seine Energie ist höher als die der ursprünglichen Atomorbitale.

σ_2^* *antibindend* σ_2 *bindend*

Abb. 9-8

Wenn der Bindungsachse die Richtung x zugewiesen wird, können s-Bindungen aus jeder beliebigen Kombination von zwei Atomorbitalen, die alle eine Region hoher Elektronen-Aufenthaltswahrscheinlichkeit entlang der x-Achse besitzen und zu dieser zylindersymmetrisch sind, gebildet werden: s, p_x, $d_{x^2-y^2}$ oder Hybridorbitale, die entlang der x-Achse weisen. Wenn die Bindungsachse in z-Richtung liegt, können σ-Orbitale aus s-, p_z-, d_{z^2}- oder passenden Hybridorbitalen gebildet werden. Wenn die Bindungsachse in y-Richtung liegt, sind die für eine σ-Bindung passenden Atomorbitale s, p_y, $d_{x^2-y^2}$ oder passende Hybride.

Ein auf eine Bindung in x-Richtung bezogenes π-Orbital zeichnet sich dadurch aus, daß es an allen Punkten entlang der x-Achse den Wert Null hat. π_y-Orbitale, die ihre maximale Wahrscheinlichkeit in den $+y$- und $-y$-Richtungen (ober- und unterhalb der xz-Ebene) besitzen, können aus p_y-Atomorbitalen gebildet werden. Ebenso können π_z-Orbitale mit ihrer Maximalwahrscheinlichkeit über- und unterhalb der xy-Ebene aus p_z-Atomorbitalen gebildet werden. π-Orbitale können ebenfalls bindend oder antibindend sein (Abb. 9-9). Auch kann ein d_{xy}-Orbital mit einem p_y-Orbital oder ein d_{xz} mit einem p_z unter Bildung von π-Orbitalen kombinieren.

Nichtbindende Atomorbitale sind solche, die aus einem der folgenden Gründe nicht mit den Orbitalen der anderen Atome wechselwirken:

1. Die zwei Atome sind für eine gute Orbitalüberlappung zu weit voneinander entfernt (wie im Fall nicht aneinander gebundener Atome).
2. Die Energie des nichtbindenden Orbitals liegt nicht nahe genug an der eines Orbitals im Nachbaratom (z.B. liegt das 3*s*-Orbital von Cl bei wesentlich niedrigerer Energie als das 1*s*-Orbital von H in HCl).

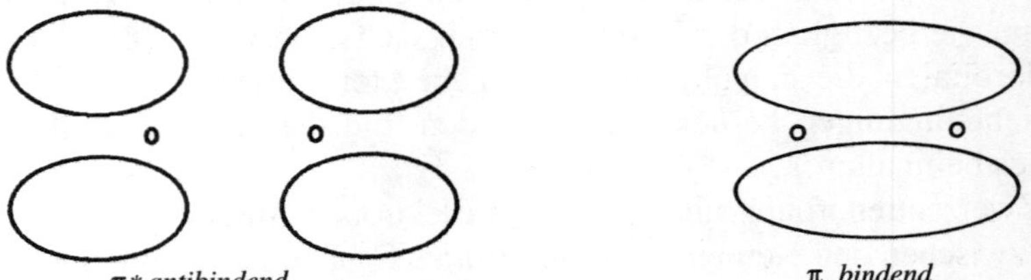

π_p^* *antibindend* π_p *bindend*

Abb. 9-9

3. Das nichtbindende Orbital liegt in einer inneren Schale und überlappt nicht einmal mit einem Orbital des Nachbaratoms (z.B. die *K*-Elektronen in F_2).
4. Die Symmetrie des nichtbindenden Orbitals paßt nicht mit der eines verfügbaren Orbitals des Nachbaratoms zusammen (z.B. paßt die Symmetrie des $3p_y$ von Cl nicht mit der von 1*s* des H's in HCl zusammen, wenn *x* die Richtung der Bindung ist, und das $2p_y$-Orbital des H's liegt energetisch zu hoch, um in der Betrachtung eine Rolle zu spielen).

Ein nichtbindendes Orbital hat dieselbe Energie wie im freien Atom. Elektronen, die nichtbindende Orbitale besetzen, entsprechen den einsamen Elektronen in Lewis-Strukturen.

Ein Aufbau-Prinzip analog zu dem für Atome existiert auch für Moleküle. Die Reihenfolge der Auffüllung von Molekülorbitalen aus den Valenzschalen im Fall *homonuklearer*, zweiatomiger Moleküle, bei denen *x* die Bindungsachse darstellt, lautet wie folgt:

$$\sigma_s < s_s^* < \pi_y = \pi_z < \sigma_{p_x} < \pi_y^* = \pi_z^* < \sigma_{p_x}^*$$

Diese Reihenfolge kann sich bei *heteronuklearen* zweiatomigen Molekülen ändern und auch für homonukleare Moleküle, wenn dieser vollständige Orbitalsatz etwa halb gefüllt ist.

Die *Bindungsordnung* in einem zweiatomigen Molekül ist definiert als die Hälfte der Differenz zwischen der Anzahl Elektronen in bindenden Orbitalen und der Anzahl in antibindenden Orbitalen. Der Faktor $\frac{1}{2}$ trägt dem Konzept des Elektronenpaars Rechnung und bewirkt einen Zusammenhang zwischen der Bindungsordnung und der Multiplizität in der valence-bond-Formulierung: Eins für eine Einfachbindung, zwei für eine Doppelbindung und drei für eine Dreifachbindung. Gebrochene Bindungsordnungen sind erlaubt.

π – BINDUNGEN UND MEHRZENTREN-π-BINDUNGEN

Eine Erklärung für die Bindung in Ethylen C_2H_4 lautet wie folgt. Das Grundgerüst wird durch Kombination von fünf zweizentrigen, bindenden σ-Orbitalen gebildet, von denen vier aus einem 1*s*-Orbital eines Wasserstoffs und einem sp^2-Orbital an einem Kohlenstoffatom bestehen und eines aus je einem sp^2-Orbital der Kohlenstoffatome gebildet wird. (Die Kombinationen dieser Zweizentren σ-Orbitale sind bindende Molekülorbitale, die sich über das gesamte Grundgerüst des Moleküls erstrecken. Diese ausgeweiteten Molekülorbitale, in Abb. 9-10 als leicht schattierte Region dargestellt, können als σ-*Typ* bezeichnet werden, da ihre Elektronendichte hauptsächlich entlang der Verbindungsachsen zwischen Paaren gebundener Atome liegt.) Wenn die Ebene jeder H_2C–C-Gruppe als *xy*-Ebene definiert wird, werden die p_x- und p_y-Atomorbitale zur Bildung der sp^2-Hybridorbitale verwendet. Die p_z-Orbitale an den beiden Kohlenstoffatomen (die dunkel schattierten Gebiete in Abb. 9-10) stehen dann zur Bildung von π_z-Orbitalen zur Verfügung (in Abb. 9-10 durch die gestrichelten Linien angedeutet, die die Überlappung der dunkel schattierten Orbitale darstellen). Nach der Auffüllung der fünf bindenden Orbitale vom σ-Typ wird das verbleibende Elektronenpaar (von den insgesamt 12 Valenzelektronen der beiden Kohlenstoffe und der vier Wasserstoffe) dem π_z-Orbital zugeordnet. Die beiden Kohlenstoffatome sind daher teils durch die Elektronen im σ-artigen Grundgerüst, die zwischen den beiden Kohlenstoffen das Äquivalent einer Einfachbindung darstellen (plus dem Äquivalent einer Einfachbindung, das jedes Wasserstoffatom an seinen Kohlenstoff bindet), und teils durch das Paar von π_z-Elektronen, das den zweiten Teil der in Abb. 9-5 dargestellten Doppelbindung bildet, aneinander gebunden. Die π-Bindung verhindert eine Rotation um die C-C-Achse und hält alle sechs Atome im C_2H_4 in einer Ebene. Im Acetylen C_2H_2 wird das σ-Grundgerüst dreier bindendender Orbitale (in Abb. 9-11 durch die leicht schattierten Gebiete gekennzeichnet) durch die 1*s*-Orbitale an den Wasserstoffatomen und die *sp*-Hybridorbitale an den Kohlenstoffatomen gebildet. Die p_x-Atomorbitale werden zur Bildung der Hybridorbitale verwendet, die entlang der bindenden *x*-Richtung weisen, und die verbleibenden π-Orbitale sind zur Bildung der π_y- und π_z-Orbitale (dargestellt durch die gestrichelten Linien, die die dunkel schattierten Gebiete in Abb. 9-11 verbinden) frei. Die zehn Valenzelektronen (eins von jedem Wasserstoff und vier von jedem Kohlenstoff) füllen die drei Orbitale vom σ-Typ sowie die π_y- und π_z-Orbitale auf. Die Kohlenstoffatome werden vom Äquivalent einer Dreifachbindung (einer σ-Bindung und zwei π-Bindungen) zusammengehalten, wie das in Abb. 9-6 angedeutet ist.

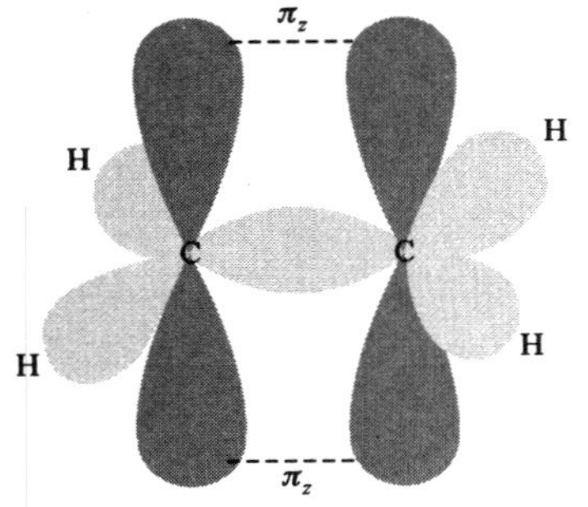

Abb. 9-10. Ethylen

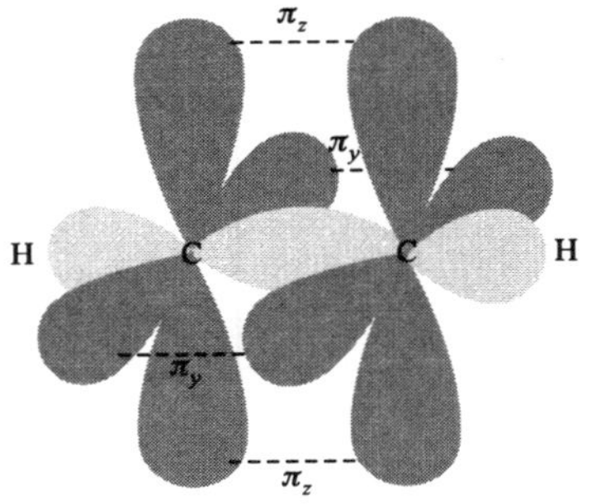

Abb. 9-11. Acetylen

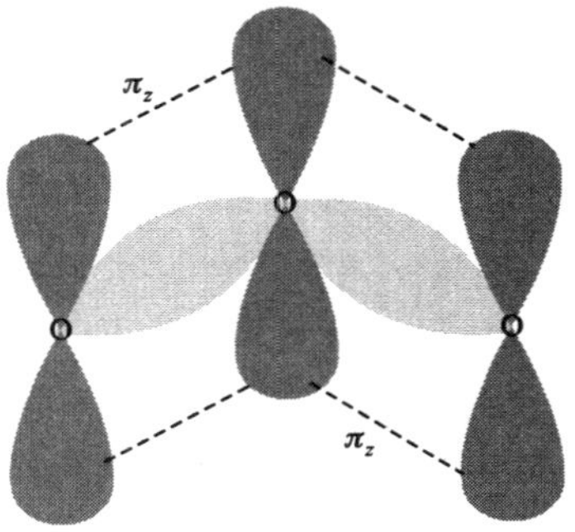

Abb. 9-12. Ozon

Im Ozon O_3 werden die Atome zunächst von einem σ-artigen Gerüst in der *xy*-Ebene des Moleküls zusammengehalten (dargestellt durch die leicht schattierten Gebiete in Abb. 9-12), dessen Elektronendichte hauptsächlich auf den Verbindungsachsen zwischen jeweils zwei direkt benachbarten Sauerstoffatomen konzentriert ist. Die p_z-Orbitale aller drei Sauerstoffatome haben bezüglich der Molekülebene alle die gleiche Symmetrie und können daher unter Bildung von π-Orbitalen kombinieren. Das p_z-Orbital des zentralen Sauerstoffatoms überlappt mit den p_z-Orbitalen beider terminaler Sauerstoffatome. Daher erstrecken sich ein bindendes π-Orbital und ein antibindendes π^*-Orbital über alle drei Atome im Molekül, während ein nichtbindendes π-Orbital die beiden terminalen Atome umfaßt. Zwei Elektronen im Ozon besetzen das bindende π-Orbital, das alle drei Sauerstoffkerne umfaßt, mit gleicher Wahrscheinlichkeit an den beiden Seiten des Moleküls. Diese Darstellung ist eine Alternative zur Resonanz, die eingeführt wurde, um die angenommene "Heiligkeit" der Oktett-Regel zu erhalten. Im Ozon ist auch das nichtbindende π-Orbital besetzt. Das besetzte, bindende π-Orbital wird durch die gestrichelten Linien in Abb. 9-12 dargestellt, die die dunkel schattierten Gebiete miteinander verbinden.

Mehrzentren-π-Bindungen sind bei den meisten Molekülorbital-Darstellungen von Strukturen beteiligt, für die in der valence-bond-Schreibweise Resonanzstrukturen herangezogen werden müssen. In einer langen Atomkette, die in einer planaren Konfiguration vorliegt, so wie im Pflanzen-Pigment Carotin $C_{40}H_{56}$, oder in planaren Ringverbindungen wie dem Naphthalin $C_{10}H_8$, erstreckt sich jedes π-Orbital über viele Kohlenstoffatome, nämlich alle, die in der Molekül-Hauptebene liegen, da die Überlappung des p_z-Orbitals eines jeden nichtterminalen Kohlenstoffs mit denen seiner zwei oder drei Nachbarn die Bildung langer Ketten oder Ringe mit stark überlappender Elektronen-Aufenthaltswahrscheinlichkeit ermöglicht.

MOLEKÜLFORMEN

Bindungslängen

Die Bindungslängen zwischen zwei gegebenen Atomen sind bei verschiedenen Verbindungen näherungsweise gleich, wenn die Bindungsordnung (einfach, zweifach oder dreifach) dieselbe ist. Wenn man annimmt, daß die Länge einer einzelnen kovalenten Bindung gleich der Summe der *Kovalenzradien* der beiden aneinander gebundenen Atome ist, kann man aus einer Zusammenstellung wie in Tabelle 9-2 schnelle und recht zuverlässige Abschätzungen von Bindungslängen erhalten.

Doppelbindungen sind kürzer als Einfachbindungen. Aus den präzise gemessenen Längen von 154 pm, 133 pm und 120 pm für die Bindung in H_3C-CH_3, H_2C=CH_2 bzw. HC≡CH wurde eine Faustregel entwickelt, die für jede Doppelbindung eine Verkürzung von 21 pm und für jede Dreifachbindung eine solche von 34 pm gegenüber einer Einfachbindung zwischen denselben Atomen voraussagt. Wenn Resonanz oder Mehrzentren-π-Orbitale vorliegen, liegt die Bindungslänge zwischen den Werten der einzelnen Resonanzstrukturen oder zwischen den Werten, die in Abwesenheit der π-Bindung und in Anwesenheit einer lokalisierten Zweizentren-π-Bindung vorhanden sind. Einige Anwendungen dieser Regel zeigt Tabelle 9-3.

Tabelle 9-2. Kovalenzradien für Einfachbindungen

C	77 pm	O	66 pm
Si	117 pm	S	104 pm
N	70 pm	F	64 pm
P	110 pm	Cl	99 pm
Sb	141 pm	I	133 pm

Tabelle 9-3

Substanz	Bindung	Vorhergesagte Länge	Beobachtete Länge
CH_3Cl	C – Cl	$r_C + r_{Cl}$ = 77 +99 = 176 pm	177 pm
$(CH_3)_2O$	C – O	$r_C + r_O$ = 77 + 66 = 143 pm	143 pm
H_2CO	C = O	$r_C + r_O - 21$ = 143 – 21 = 122 pm	122 pm
ICN	C ≡ N	$r_C + r_N - 34$ = 77 + 70 – 34 = 113 pm	116 pm

BINDUNGSWINKEL AUS DER VSEPR-THEORIE

Ausgehend von der Lewis-Struktur ist es möglich, die Bindungswinkel in einem Molekül recht genau vorherzusagen. Die VSEPR-Methode (Valence Shell Electron Pair Repulsion Valenzelektronenpaar-Abstoßung) geht von einem bestimmten Zentralatom aus und zählt die Anzahl von direkt daran gebundenen Atomen plus der Anzahl der einsamen Elektronenpaare. (Mehrfachbindungen werden wie Einfachbindungen gezählt.) Diese charakteristische VSEPR-Zahl ist die Zahl von Orbitalen (jedes mit einem Elektronenpaar besetzt), die vom Zentralatom ausgehen muß. Die Winkel zwischen ihnen werden durch das Prinzip der größtmöglichen Abstoßung zwischen den Elektronenpaaren bestimmt. Die VSEPR-Methode ist eine einfache Technik, die keine explizite Identifizierung der Orbitale erfordert. Wenn man die Methode der Hybridorbitale anwendet, ergeben sich dieselben Winkel, allerdings in einer eher formalen Art und Weise, die mit der mathematischen Behandlung der Bindung zusammenhängt. VSEPR-Zahlen, entsprechende Winkel und die dazugehörigen Hybridorbitale sind in Tabelle 9-4 aufgeführt.

Abweichungen von den obigen Winkeln ergeben sich, wenn einsame Elektronenpaare vorhanden sind, die eine stärkere Abstoßung bewirken als die Bindungselektronenpaare. So beträgt die VSEPR-Zahl von CH_4, :NH_3 und $H\ddot{O}H$ jeweils 4. Der HCH-Winkel im CH_4 ist perfekt tetraedrisch

Tabelle 9-4

VSEPR-Zahl	Nominelle Bindungswinkel	Hybridorbitalsatz
2	180°	*sp*
3	120°	sp^2
4	109°28′	sp^3
5	90°, 120°, 180°	dsp^3
6	90°, 180°	d^2sp^3

(109°28′), aber die HNH-Bindung im :NH_3 wird durch das einsame Elektronenpaar auf etwa 107° zusammengedrückt. Im H$\ddot{O}$H drücken die beiden einsamen Elektronenpaare den HOH-Winkel noch weiter auf 104,5° zusammen. Doppelbindungen verursachen ebenfalls eine zusätzliche Abstoßung, die benachbarte Bindungswinkel leicht komprimiert (s. Abb. 9-5). Abweichungen ergeben sich auch dann, wenn die verschiedenen Atome, die das Zentralatom umgeben, stark unterschiedliche Größen aufweisen.

KOORDINATIONSVERBINDUNGEN

Die Elektronen einer Elektronenpaarbindung müssen nicht notwendigerweise von den beiden gebundenen Atomen geliefert werden, wie die Bildung von NH_4^+ durch die Addition eines Protons an NH_3 zeigt. Die Lewis-Strukturen von NH_3 und NH_4^+ sind in Abb. 9-13 dargestellt; H^+ besitzt keine Elektronen. Eine solche Bindung wird häufig als *koordinative* kovalente Bindung bezeichnet, sie unterscheidet sich aber in nichts von einer beliebigen anderen kovalenten Bindung. In diesem speziellen Fall wird die koordinative kovalente Bindung ununterscheidbar von den drei anderen N-H-Bindungen, sobald sie sich gebildet hat. Tatsächlich stellt die Struktur ein reguläres Tetraeder dar.

Abb. 9-13

Koordinative Kovalenz ist der übliche Bindungstyp in Koordinationsverbindungen, in denen ein zentrales Metallatom oder -ion an einen oder mehrere neutrale oder ionische *Liganden* gebunden ist. Ein typischer Ligand wie NH_3, Cl^- oder CO besitzt ein einsames Elektronenpaar, das die koordinative kovalente Bindung durch Wechselwirkung mit den ungefüllten Orbitalen des Zentralmetalls bildet. Die Gesamtladung eines Komplexions ist die algebraische Summe der Ladung des Zentralmetalls und der Ladungen der Liganden.

Für die Benennung von Koordinationsverbindungen wurden einige international anerkannte Regeln aufgestellt:

1. Wenn die Verbindung selbst ionisch ist, wird das Kation zuerst genannt.
2. Der Name des Zentralmetalls eines Komplexions oder Neutralmoleküls steht am Schluß; seine Oxidationsstufe (Ladung pro Atom) in eingeklammerten römischen Ziffern (oder Null) dahinter. (Eine detaillierte Diskussion der Oxidationsstufen folgt in Kapitel 11.)
3. Anionische Liganden werden mit dem Suffix *-o*, wie in *chloro, oxalato, cyano* gekennzeichnet.
4. Die Anzahl der Liganden eines Typs wird durch ein griechisches Präfix wie *mono-* (häufig weggelassen), *di-*, *tri-*, *tetra-*, *penta-*, *hexa-* angegeben.
5. Wenn der Name des Liganden selbst ein griechisches Präfix enthält, wird die Anzahl der Liganden durch Präfixe wie *bis-*, *tris-*, *tetrakis-* für 2, 3 oder 4 angegeben, und der Name des Liganden steht in Klammern.
6. Wenn das Komplexion anionisch ist, wir der Name des Metalls in seiner lateinischen Form mit dem Suffix *-at* angegeben.

7. Einige Neutralliganden erhalten spezielle Namen wie *ammin* für NH_3, *aqua* für H_2O oder *carbonyl* für CO.
8. Wenn in einem Komplex mehrere verschiedene Liganden vorkommen, werden sie in alphabetischer Reihenfolge aufgezählt (wobei numerische Präfixe übergangen werden).

BEISPIEL 5

$[Co(NH_3)_6](NO_3)_3$	Hexaammincobalt(III)-nitrat
$Ni(CO)_4$	Tetracarbonylnickel(0)
$K[Ag(CN)_2]$	Kalium-dicyanoargentat(I)
$[Cr(NH_3)_4Cl_2]Cl$	Tetraammindichlorochrom(III)-chlorid
$[Co(NH_2C_2H_4NH_2)_3]Br_3$	Tris(ethylendiamin)cobalt(III)-bromid

Die letzte Formel kann zu $[Co(en)_3]Br_3$ abgekürzt werden.

Strukturen, Eigenschaften und Bindung

In vielen Koordinationsverbindungen sind die Liganden in regulären geometrischen Formen, wie dem Oktaeder, dem Tetraeder oder dem Quadrat um das Zentralmetall angeordnet. In den oben aufgeführten Formeln definieren die eckigen Klammern den Komplex, der aus dem Zentralmetall und seinen Liganden besteht. Diese Klammern werden oft weggelassen, wenn bezüglich der Natur des Komplexes keine Zweideutigkeit besteht. Viele der Verbindungen sind farbig. Einige sind aufgrund der Gegenwart ungepaarter Elektronen paramagnetisch, während andere Komplexe desselben Metalls nicht paramagnetisch sind. Das Energieniveaudiagramm der Molekülorbitale, dargestellt in Abb. 9-14, ist der Schlüssel zur Erklärung dieser Eigenschaften. Es folgt eine sehr kurze Ableitung

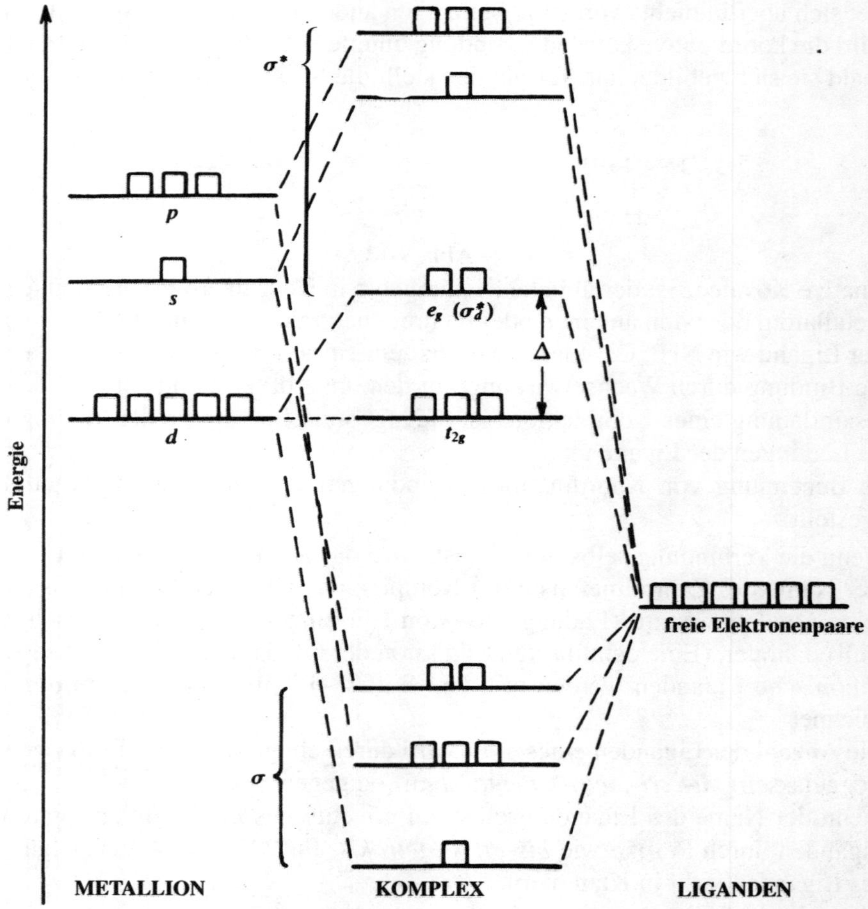

Abb. 9-14

dieses Diagramms. Der Anfänger, der Schwierigkeiten hat, dieser Ableitung zu folgen, sollte dennoch in der Lage sein, es zur Lösung von Problemen *anzuwenden*. Wir werden hier nur die sechsfach koordinierten, oktaedrischen Komplexe berücksichtigen.

Die Hybridisierung, die zu einer oktaedrischen Bindungssituation an einem Metallatom führt, ist d^2sp^3. Wenn die Bindungsachsen *x*, *y* und *z* sind, werden jene zwei *d*-Orbitale zur Hybridisierung verwendet, die entlang einer oder mehrerer dieser Achsen zeigen, also das d_{z^2}- und das $d_{x^2-y^2}$-Orbital (Abb. 8-2). Jedes der resultierenden sechs Hybridorbitale überlappt mit einem Ligandorbital, das entlang der Bindungsachse ausgerichtet ist, so wie einem *p*-Orbital oder einem tetrahedralen Hybrid, und bildet ein σ- und ein σ *-Molekülorbital. Jedes bindende σ-Orbital ist mit einem Elektronenpaar besetzt.Der komplette Satz von Molekülorbitalen für den Komplex kann aus folgenden Atomorbitalen konstruiert werden: allen fünf *d*-Orbitalen der zweitäußersten Schale des Metalls, den *s*- und den drei *p*-Orbitalen der äußeren Schale des Metalls und einem Orbital von jedem der sechs Liganden, das entlang der Bindungsachse zeigt, wie einem *p*- oder einem Hybridorbital. Die Gesamtzahl der verwendeten Atomorbitale beträgt 15, und die Gesamtzahl der nach der Bildung der Molekülorbitale übrigbleibenden Orbitale muß damit nach wie vor 15 sein. Die in diesen Orbitalen unterzubringenden Elektronen sind die sechs ehemaligen einsamen Elektronenpaare, die zur Bindungsbildung zum Metall von den sechs Liganden beigesteuert werden, plus der Valenzelektronen des Metalls, deren Anzahl von der vorliegenden Oxidationsstufe abhängt.

Ein schematisches Molekülorbital-Diagramm ist in Abb. 9-14 dargestellt, worin die teilnehmenden Atomorbitale des Metalls auf der linken und die Ligandorbitale auf der rechten Seite stehen. (Wenn die Liganden noch *p*-Orbitale hätten, die an der Bindung zum Metall teilnehmen, wäre ein komplizierteres Diagramm nötig.) Die jeweiligen Abstände der Energieniveaus hängen vom konkreten Beispiel ab, aber die relative Abfolge der $(n-1)d$-, ns- und np-Metallorbitale (worin *n* die Hauptquantenzahl der äußersten Schale darstellt), ist allgemein gültig. Es ist ebenfalls normal, daß die Ligandorbitale energetisch tiefer liegen als die Metallorbitale. Beachten Sie, daß von den neun Metallorbitalen nur sechs zur primären Bindung in dem Komplex beitragen. Diese sechs sind dieselben, die zur Bildung von Hybridorbitalen entlang der $\pm x$-, $\pm y$- und $\pm z$-Richtungen verwendet werden können, also das *s*-, die drei *p*- und das d_{z^2}- sowie das $d_{x^2-y^2}$- Orbital. Die sechs Metallorbitale, die zur Bindung beitragen, mischen mit den sechs Ligandorbitalen und bilden sechs bindende σ-artige und sechs antibindende σ*-artige Molekülorbitale, die über den gesamten Komplex delokalisiert sind. Die bindenden Molekülorbitale besitzen geringere Energien als die Ligandorbitale, und die antibindenden Orbitale haben wie üblich höhere Energien. Ebenfalls wie immer gilt, daß ein antibindendes Orbital energetisch desto höher liegt, je niedriger die Energie des entsprechenden bindenden Orbitals ist. Die drei übrigen Metall-*d*-Orbitale, die keinen σ-Charakter bezüglich der Bindungsrichtungen aufweisen, bleiben nichtbindend und ihre Energie ist in erster Näherung unverändert. Aus diesem Diagramm können leicht einige Konsequenzen abgelesen werden:

1. Man kann sich vorstellen, daß die 12 von den Liganden zur Verfügung gestellten Elektronen die sechs bindenden σ-artigen Orbitale besetzen und vollständig auffüllen.
2. Die nächstniedrigen Orbitale, die für die vom Metall gelieferten Valenzelektronen zur Verfügung stehen, sind die drei nichtbindenden Orbitale (die d_{xy}-, d_{xz}- und d_{yz}-Orbitale, die nicht in Richtung der Liganden weisen).
3. Die niedrigstliegenden der antibindenden σ*-artigen Orbitale sind die zwei mit den Metallkomponenten $d_{x^2-y^2}$ und d_{z^2}. Sie werden σ_d^* genannt. Die Energiedifferenz zwischen diesem und dem nichtbindenden Niveau wird mit Δ bezeichnet. (Das Symbol für diese Energiedifferenz ist nicht allgemein üblich, manche Lehrbücher verwenden *X*, 10 *Dq* oder Δ_O.) Man bezeichnet die σ_d^*- und die nichtbindenden Orbitale auch als den e_g- bzw. t_{2g}-Satz.
4. Die ersten drei Valenzelektronen des Metalls besetzen die nichtbindenden t_{2g}-Orbitale.
5. Die nächsten zwei Valenzelektronen des Metalls können entweder die t_{2g}- oder die e_g-Orbitale besetzen, abhängig davon, ob Δ größer oder kleiner als der Energiezuwachs ist, der mit der Paarung zweier Elektronen im selben Orbital unter Verletzung der Regel 1 auf Seite 115 einhergeht. Wenn die t_{2g}-Orbitale bevorzugt gefüllt werden, tendieren die Komplexe dazu, einen

niedrigen Spin zu besitzen und die d^3- sowie die d^6- Konfigurationen sind in Einklang mit den Eigenschaften von gefüllten und halbgefüllten Orbitalen gleicher Energie besonders stabilisiert. Wenn die e_g-Orbitale gefüllt werden, bevor die t_{2g}-Orbitale doppelt besetzt sind, tendieren die Komplexe zu hohem Spin und die d^5- und d^{10}-Konfigurationen sind stabilisiert.

6. Die schwachen Elektronenübergänge, die für die Farbe der Koordinationskomplexe verantwortlich sind, sind identisch mit dem Übergang von t_{2g} zu e_g mit der Energie Δ. (Der Ursprung der starken Übergänge, die für die tiefen Farben mancher Komplexe in hohen Oxidationsstufen, wie MnO_4^- und CrO_4^{2-}, verantwortlich sind, hat eine andere Erklärung.)

Bezüglich der Auswahlmöglichkeit in Regel 5 sind CN^-, CO und NO_2^- Liganden mit *starkem Feld*, die zu hohem Δ tendieren und die Bildung von low-spin-Komplexen bevorzugen. OH^- und Cl^- dagegen sind Liganden mit schwachem Feld, die zu kleineren Werten von Δ und damit zu high-spin-Komplexen führen. Eine vollständigere Einordnung von Liganden nach ihrer Ligandenfeldstärke ist als *spektrochemische Reihe* bekannt.

ISOMERIE

Es gibt in der Chemie viele Beispiele für zwei oder mehr Verbindungen, die jeweils die gleiche Anzahl von Atomen eines jeden Elements pro Molekül oder Ion besitzen, sich aber in der räumlichen Anordnung der Atome unterscheiden. Solche Substanzen, bekannt als *Isomere*, können sich in ihren physikalischen Eigenschaften (wie Schmelzpunkt, Siedepunkt, Dichte oder Farbe) und in ihren chemischen Eigenschaften (Reaktivität gegenüber anderen Substanzen) unterscheiden. Drei verschiedene Arten von Isomerie werden nachfolgend beschrieben.

Strukturisomerie

Eine Methode der Beschreibung einer chemischen Verbindung oder eines Ions ist die Aufstellung der Anzahl von Atomen, die mit einem bestimmten Atom durch kovalente Bindungen verknüpft sind. Isomere, die Unterschiede in diesen Aufstellungen aufweisen, werden *Strukturisomere* genannt.

BEISPIEL 6 Wie in Abb. 9-15 gezeigt, können für C_4H_{10} zwei verschiedene Strukturen gezeichnet werden, die beide der Oktettregel für Kohlenstoff gehorchen. Im *n*-Butan sind zwei der Kohlenstoffe an jeweils ein anderes Kohlenstoffatom gebunden, und zwei sind jeweils an zwei andere gebunden. Im Isobutan sind drei der Kohlenstoffe jeweils an ein Kohlenstoffatom gebunden und das vierte an drei Kohlenstoffatome. *n*-Butan schmilzt bei –135 °C und siedet bei 0 °C, während Isobutan bei –145 °C schmilzt und bei –10 °C siedet. Innerhalb eines jeden beliebigen Moleküls findet eine ständige, praktisch ungehinderte Rotation der Atome um jede C–C-Bindung statt, so daß alle Strukturen, die sich auf dem Papier nur durch den Anordnungswinkel eines Atoms oder einer Gruppe von Atomen, die über eine Einfachbindung verknüpft sind, unterscheiden, in Wirklichkeit identische Moleküle darstellen. Dies ist in Abb. 9-16 gezeigt. Diese Diagramme stellen alle Repräsentationen derselben Substanz, *n*-Butan, dar. In jeder von ihnen können wir die Kohlenstoffatome von 1 bis 4 durchnumerieren, wenn wir vom einen Ende des Moleküls zum anderen über aufeinanderfolgende C–C-Bindungen gehen. Wir erkennen, daß die Zahl von Nachbarn eines gegebenen, numerierten Kohlenstoffatoms in allen drei Diagrammen gleich ist.

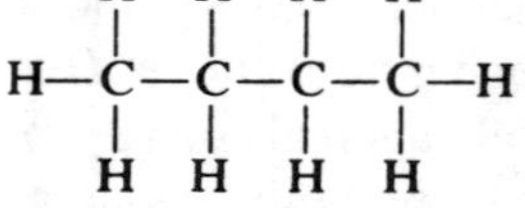

n-Butan

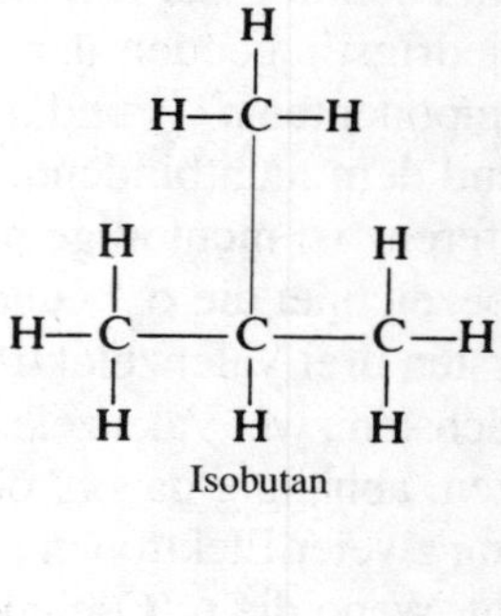

Isobutan

Abb. 9-15

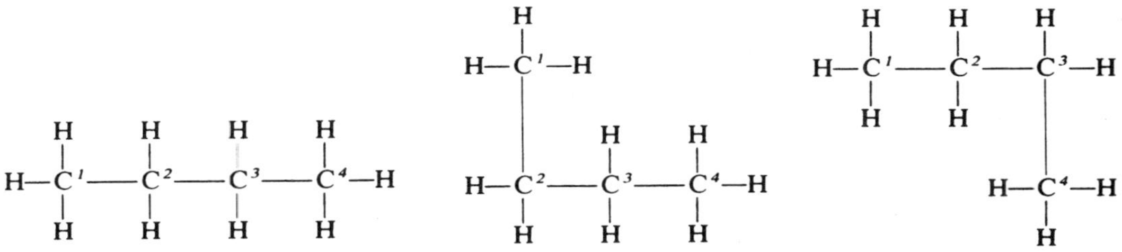

Abb. 9-16

Strukturisomere existieren auch bei einigen Koordinationsverbindungen. Ein Beispiel ist ein Satz von Verbindungen, in denen zwei Liganden die Position außerhalb der Koordinationssphäre und innerhalb der Koordinationssphäre gegenseitig tauschen. Daher sind

$$[Co(NH_3)_5Br]SO_4 \quad \text{und} \quad [Co(NH_3)_5SO_4]Br$$

Strukturisomere, von denen jedes an seiner eigenen Farbe und seinem kompletten Satz charakteristischer Eigenschaften erkennbar ist.

Geometrische Isomere (cis-trans Isomere)

Bei einigen Isomeren ist die Aufstellung der gebundenen Atome um jedes Atom die gleiche, aber die Verbindungen unterscheiden sich, weil mindestens zwei Atome, die an dieselben oder an benachbarte Atome, aber nicht untereinander, gebunden sind, sich in den verschiedenen Formen in unterschiedlichem Abstand befinden. Solche Isomere nennt man *geometrische Isomere*.

Ein wichtiger Fall der geometrischen Isomerie tritt bei Verbindungen mit einer Kohlenstoff-Kohlenstoff-Doppelbindung auf. Die zusätzliche Stärke der Doppelbindung beschränkt zusammen mit der Koplanarität der mit der Doppelbindung verknüpften Atome, die durch die Überlappung der *p*-Elektronen der doppelt gebundenen Kohlenstoffatome erzwungen wird, die Beweglichkeit von Gruppen bezüglich der Doppelbindung. Daher stellen Formeln mit unterschiedlichem Anordnungswinkel zweier Gruppen unterschiedliche Substanzen dar.

BEISPIEL 7 In Abb. 9-17 stellen die Strukturen (*a*) und (*b*) *Strukturisomere* dar, genau wie (*a*) und (*c*), da in (*a*) beide Chloratome an dasselbe Kohlenstoffatom gebunden sind und in (*b*) und (*c*) ein Chlor mit jeweils einem Kohlenstoffatom verknüpft ist.

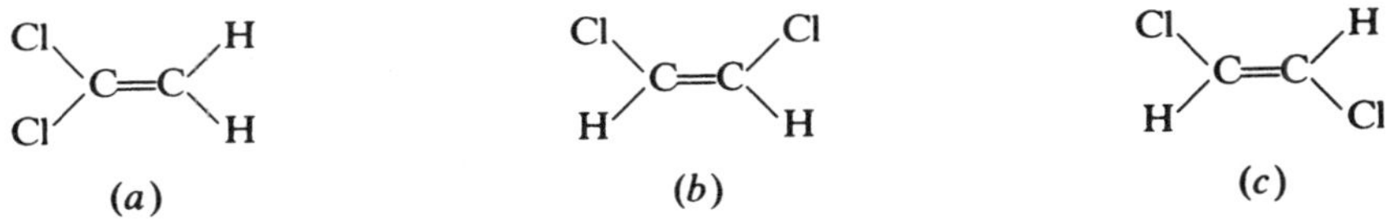

Abb. 9-17

Die Strukturen (*b*) und (*c*) sind geometrische Isomere, da sie sich in der räumlichen Anordnung ihrer Atome, aber nicht in der bloßen Aufstellung der Atomzahlen jeder Sorte, an die jedes Atom gebunden ist, unterscheiden. Alle drei Strukturen stellen daher unterschiedliche Substanzen dar.

BEISPIEL 8 Die geometrische Isomerie von Verbindungen mit quadratischem Aufbau ist in Abb. 9-18 dargestellt. Wegen der Starrheit der quadratisch-planaren Anordnung der Pt-, N- und Cl-Atome unterscheiden sich die beiden Formen. Zum Beispiel ist der Abstand zwischen den beiden Chloratomen in (*a*) größer als in (*b*). Wenn diese Verbindung tetraedrisch mit Pt als Zentralatom wäre, würde man keine Isomerie beobachten, da jede Ecke eines regulären Tetraeders zu den drei anderen Ecken den gleichen Abstand hat.

Abb. 9-18

Man sagt, daß identische Atome, die benachbart zueinander sind, eine *cis*-Stellung aufweisen (wie in Abb. 9-17(*b*) und 9-18(*b*)). Wenn sie einander gegenüberliegen wie in den Abb. 9-17(*c*) und 9-18(*a*), nennt man sie *trans*-ständig.

In oktaedrischen Komplexen können Strukturen des Typs MX_4Y_2 als geometrische Isomere existieren. Die beiden Y-Atome (oder Gruppen) können entweder benachbarte Positionen [Abb. 9-19(*a*)] oder entgegengesetzte Positionen [Abb. 9-19(*b*)] besetzen. Es existieren nur zwei Isomere, weil es in einem regulären Oktaeder nur zwei unterschiedliche Entfernungen zwischen den Ecken gibt. Die *cis*- und *trans*-Formen von $Pt(NH_3)_2Cl_4$ sind Isomere dieser Art. Möglichkeiten zur Bildung von geometrischer Isomerie gibt es auch bei anderen Typen oktaedrischer Komplexe wie MX_3Y_3 oder Komplexen mit mehr als zwei verschiedenen Arten von Liganden.

Optische Isomerie

Optische Isomere, die paarweise auftreten, sind unterschiedliche Strukturen mit einer Anordnung von Gruppen um ein Zentralatom, die zueinander spiegelbildlich ist. Unter den wichtigen Kategorien optischer Isomere sind Verbindungen, die vier verschiedene Gruppen enthalten, welche einfach an ein gegebenes Kohlenstoffatom gebunden sind (Abb. 9-20), und oktaedrische Komplexe mit drei verschiedenen Ligandsorten oder mit verschiedenen mehrzähnigen Liganden (Abb. 9-21).

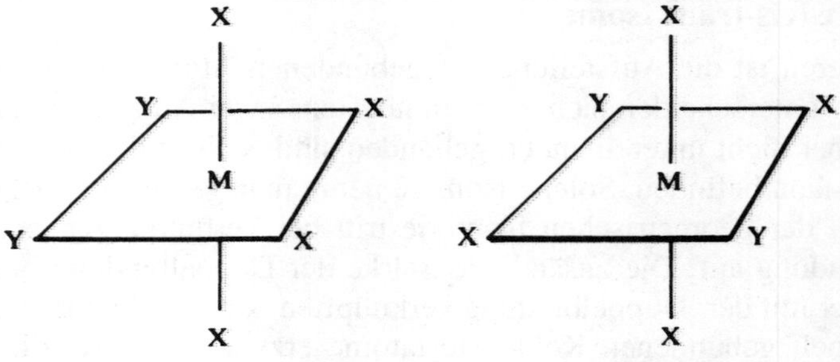

(*a*) *cis* (*b*) *trans*

Abb. 9-19

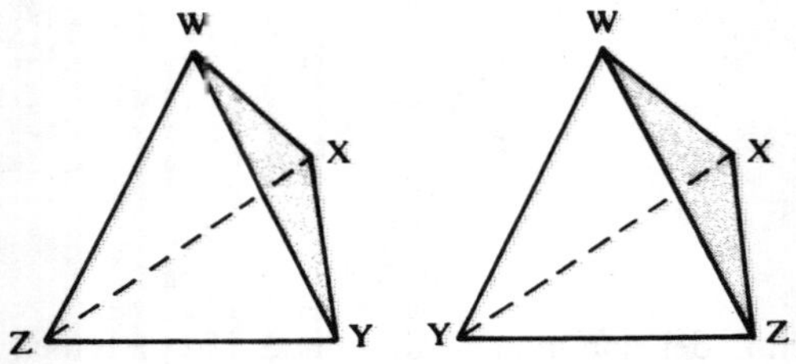

Abb. 9-20

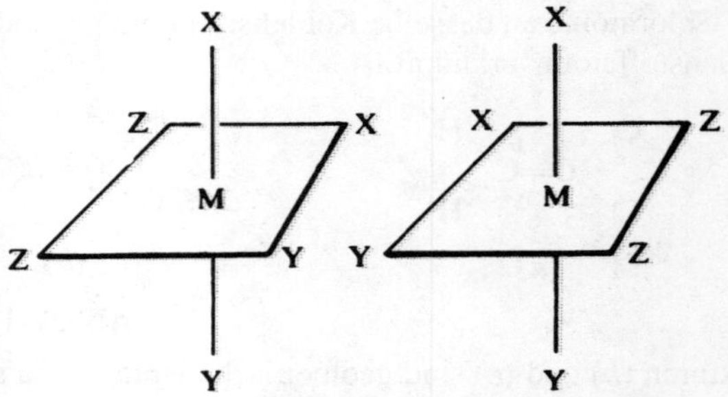

Abb. 9-21

BINDUNG IN METALLEN

Die Molekülorbital-Theorie wurde zu Rate gezogen, um die Bindung in metallischen Kristallen so wie reinem Natrium oder reinem Aluminium zu erklären. Allerdings muß jedes MO statt nur weniger Atome wie in einem typischen Molekül, in einem Metall den gesamten Kristall (von vielleicht 10^{20} Atomen) umfassen! Der Regel folgend, daß die Anzahl von MO's der Anzahl der kombinierten Atomorbitale entsprechen muß, müssen diese vielen MO's in einem Energieniveau-Diagramm so dicht beieinander liegen, daß sie ein kontinuierliches Band von Energieniveaus bilden. Daher ist diese Theorie als "Bänder"-Theorie bekannt.

Betrachten sie den Fall des Natrium-Metalls. Von den 11 Elektronen sind die 10, die die Neon-Schale bilden, um jeden Na-Kern lokalisiert, und ein Elektron pro Atom bleibt übrig, um die MO's zu füllen, die den Kristall durchziehen. Wenn in dem Kristall *N* Atome enthalten sind, könnten *N*

MO's unter Verwendung eines 3*s*-Orbitals pro Atom gebildet werden. Obwohl diese MO's unterschiedlichen bindenden und antibindenden Charakter haben, bilden ihre Energien ein Kontinuum innerhalb des 3*s*-Bands.

Bei Metallen jenseits der Gruppe I wird das Bild komplizierter, da sowohl *s*- als auch *p*-Orbitale zur Bildung des Bands aus MO's herangezogen werden. Dieses enthält dann viel mehr Orbitale, als Elektronenpaare zur Auffüllung vorhanden sind. Das Kriterium für die elektrische Leitfähigkeit, eine Eigenschaft von allen Metallen, fordert, daß das Energieband nur teilweise gefüllt ist.

Ein einfaches Alternativmodell, das mit der Bändertheorie konsistent ist, ist das Bild des Elektronengases, in Abb. 9-22 für Na dargestellt. Die Kreise verdeutlichen die Natrium-Ionen, die reguläre Gitterpositionen besetzen (die zweite und vierte Linie von Atomen in der Abbildung liegen auf einer Ebene unter der ersten und dritten Linie). Das elfte Elektron eines jeden Atoms ist weiträumig delokalisiert, so daß der Raum zwischen den Natrium-Ionen mit einem "Elektronengas" erfüllt ist, das eine ausreichende Dichte besitzt, um den Kristall elektrisch neutral zu halten. Die massiven Ionen schwingen um ihre nominalen Gitterpositionen in dem Elektronengas, das sie an ihrem Platz hält, ähnlich wie Kirschen in einer Schüssel mit Gelatine. Dieses einfache Modell ist in der Lage, die ungewöhnlichen Eigenschaften von Metallen wie die elektrische Leitfähigkeit und die mechanische Belastbarkeit erfolgreich zu erklären. (Bei vielen Metallen, speziell der Übergangselemente, sieht das Bild komplizierter aus. Hier nehmen einige Elektronen zusätzlich zu den delokalisierten Elektronen an lokalisierten Bindungen teil.)

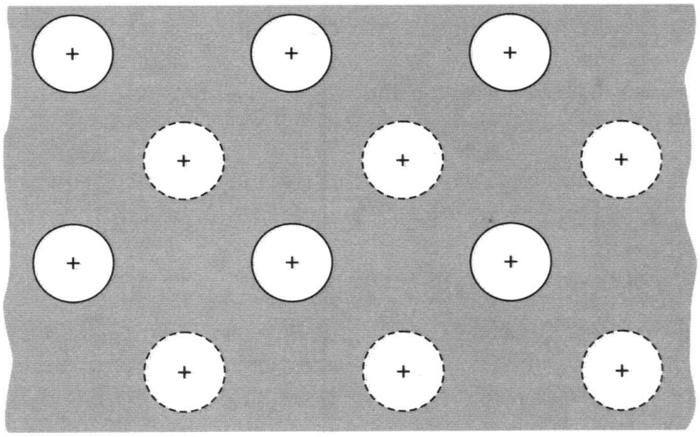

Abb. 9-22

Aufgaben und Lösungen

FORMELN

9.1. Schreiben Sie die Formeln für die folgenden ionischen Verbindungen auf: (*a*) Bariumoxid; (*b*) Aluminiumchlorid; (*c*) Magnesiumphosphat.

(*a*) Die Formel lautet BaO, da die +2-Ladung eines Bariumions gerade die –2-Ladung des Oxidions ausgleicht.

(*b*) Drei Chloridionen, die jeweils einfach negativ geladen sind, sind zum Ausgleich der +3-Ladung eines Aluminiumions nötig. Die Formel lautet $AlCl_3$.

(*c*) Da weder 2 (die positive Ladung des Magnesiumions) noch 3 (die negative Ladung von Phosphat) ganzzahlige Vielfache voneinander sind, muß das kleinste gemeinsame Vielfache beider Zahlen gefunden werden. Es lautet 6. Die Formel $Mg_3(PO_4)_2$ besitzt 6 positive $(3 \cdot 2)$ und 6 negative $(2 \cdot 3)$ Ladungen pro empirischer Formeleinheit.

9.2. Benennen Sie die folgenden Verbindungen: (*a*) Mg_3P_2; (*b*) $Hg_2(NO_3)_2$; (*c*) NH_4TcO_4.

(*a*) Diese Verbindung eines Metalls und eines Nichtmetalls ist eindeutig ionisch und P^{3-} muß daher *Phosphid* genannt werden. Der Name lautet deswegen *Magnesiumphosphid.*

(*b*) Da die Ladung von zwei NO_3^- (Nitrat-Ionen) –2 beträgt, muß die gesamte kationische Ladung (Hg_2) +2 betragen. Da die mittlere Ladung pro Hg +1 ist, lautet der Name *Quecksilber(I)nitrat.*

(*c*) Die Ladung des Anions muß –1 sein, um die einfach positive Ladung des Ammoniumions auszugleichen. Da Tc zur selben Gruppe im Periodensystem gehört wie Mn, ist TcO_4^- analog zu MnO_4^-, dem Permanganat. Der Name lautet daher *Ammonium-pertechnetat.*

9.3. Bestimmen Sie die Ladungen der Komplexionen in runden oder eckigen Klammern der folgenden Formeln:

(*a*) $Na_2(MnO_4)$ (*c*) $NaCd_2(P_3O_{10})$ (*e*) $Ca_3(CoF_6)_2$ (*g*) $(UO_2)Cl_2$
(*b*) $H_4[Fe(CN_6)]$ (*d*) $Na_2(B_4O_7)$ (*f*) $Mg_3(BO_3)_2$ (*h*) $(SbO)_2SO_4$

(*a*) Die Ladung von (MnO_4) muß die der beiden Na^+ ausgleichen, also $(MnO_4)^{2-}$. (Dieses Ion wird *Manganat* genannt und unterscheidet sich vom Permanganat.)
(*b*) Das Ion in Klammern muß die Ladung von vier H^+ ausgleichen, ist also $[Fe(CN)_6]^{4-}$.
(*c*) Die Ladung von (P_3O_{10}) muß die Ladung eines Na^+ und zweier Cd^{2+} ausgleichen, ist also $(P_3O_{10})^{5-}$.
(*d*) Die Ladung von (B_4O_7) muß die Ladung von zwei Na^+ ausgleichen, ist also $(B_4O_7)^{2-}$.
(*e*) Die Ladung von zwei (CoF_6)-Ionen muß die Ladung von drei Ca^{2+} ausgleichen, also $(CoF_6)^{3-}$.
(*f*) Die Ladung von zwei (BO_3)-Ionen muß die Ladung von drei Mg^{2+} ausgleichen, also $(BO_3)^{3-}$.
(*g*) Die Ladung des (UO_2)-Ions muß die Ladung von zwei Cl^- ausgleichen, also $(UO_2)^{2+}$.
(*h*) Die Ladung zweier (SbO)-Ionen muß die Ladung von SO_4^{2-} ausgleichen, also $(SbO)^+$.

9.4. Die Formel von Calcium-pyrophosphat lautet $Ca_2P_2O_7$. Bestimmen Sie die Formeln von Natrium-pyrophosphat und Eisen(III)-pyrophosphat.

Die Ladung des Pyrophosphat-Ions muß –4 betragen, um die Ladung zweier Ca^{2+} auszugleichen. Wir können also $Na_4P_2O_7$ und $Fe_4(P_2O_7)_3$ schreiben.

9.5. Schreiben Sie alle möglichen Oktett-Strukturformeln für (*a*) CH_4O; (*b*) C_2H_3F; (*c*) N_3^- auf.

(*a*) Da das Valenzniveau von Wasserstoff mit zwei Elektronen gesättigt ist, kann jedes Wasserstoffatom nur eine kovalente Bindung bilden. Daher kann Wasserstoff nicht als Brücke zwischen C und O dienen. Die einzige Möglichkeit, um für das C vier Bindungen zur Verfügung zu stellen, ist die direkte Anbindung von 3 H's und dem O. Wie Abb. 9-23 zeigt, ist nur eine Struktur möglich. Beachten Sie, daß die Gesamtzahl der Valenzelektronen (14) in der Struktur die Summe der Valenzelektronenzahlen in den freien Atomen darstellt: 4 (von C) + 6 (von O) + 4 (von 4 H's).
(*b*) Der einzige Weg, um für jedes C innerhalb der Grenzen von 18 Valenzelektronen vier Bindungen zur Verfügung zu stellen, ist die Ausbildung einer C=C-Bindung wie in Abb. 9-24. Der Leser sollte durch Versuch und Irrtum herausfinden, daß keine andere Struktur möglich ist.

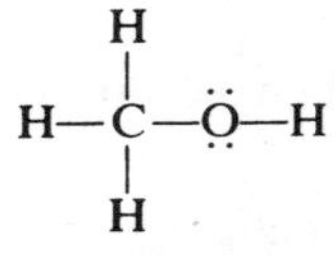

Abb. 9-23

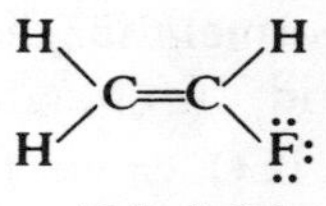

Abb. 9-24

(*c*) Die Gesamtzahl von verfügbaren Valenzelektronen ist 16 (5 von jedem der 3 freien N-Atome plus 1 aus der Gesamtladung). Damit kann man leicht erkennen, daß eine lineare Struktur ohne Mehrfachbindungen die Oktettregel nicht befolgen würde. In Abb. 9-25 zum Beispiel sorgen die verfügbaren Elektronen für Oktetts an den terminalen Stickstoffatomen, aber im zentralen Atom fehlen vier Elektronen zum Oktett. Der einzige Weg, um mit der gleichen Anzahl von Elektronen ein Oktett für alle Atome zu erzeugen, ist die Verringerung der einsamen Elektronen um vier und die entsprechende Erhöhung der Bindungselektronenzahl durch die Bildung von entweder zwei Doppelbindungen oder einer Dreifachbindung. Die möglichen linearen Strukturen sind in Abb. 9-26 dargestellt.

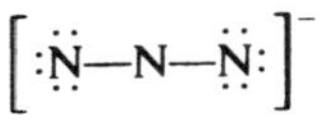

Falsche Struktur

Abb. 9-25

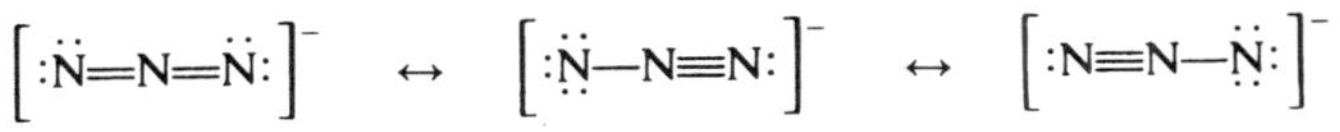

(*a*) (*b*) (*c*)

Abb. 9-26

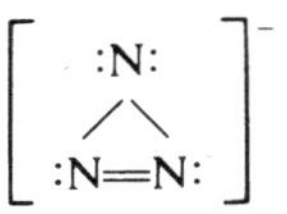

Falsche Struktur

Abb. 9-27

Man schreibt zwei Resonanzstrukturen mit Dreifachbindung, weil es keinen Grund gibt, warum eines der terminalen Stickstoffatome in einem isolierten Azid vom anderen verschieden sein sollte. Ein anderer Strukturtyp, der einen Ring enthält, erfüllt ebenfalls die Oktettregel. Diese Struktur (Abb. 9-27) wird allerdings ausgeschlossen, da die von der Struktur geforderten Bindungswinkel von 60° oder weniger durch die Abweichungen von den normalen Bindungswinkeln starke Spannung verursachen, besonders, wenn noch eine Doppelbindung im Ring vorkommt.

9.6. Man findet experimentell, daß das Azid-Ion N_3^- linear ist. Der direkte Stickstoff-Stickstoff-Abstand beträgt jeweils 116 pm. (*a*) Ermitteln Sie die Formalladung an jedem Stickstoff in jeder der drei linearen Oktettstrukturen, die in Abb. 9-26 dargestellt sind. (*b*) Sagen Sie die relative Wichtigkeit dieser drei Resonanzstrukturen des N_3^- voraus.

(*a*) In Struktur (*a*) aus Abb. 9-26 werden dem zentralen N die Hälfte der vier Bindungselektronen oder vier Elektronen zugeordnet. Diese Zahl ist um eins niedriger als die Anzahl der Valenzelektronen in einem freien N-Atom, und daher hat dieses Atom eine Formalladung von +1. Jedem terminalen N werden vier ungepaarte Elektronen plus die Hälfte der zwei Bindungselektronenpaare oder insgesamt 6 Elektronen zugeordnet. Die Formalladung ist daher –1. Die Gesamtladung des Ions –1 ist die Summe der Formalladungen: 2(–1) + 1.

In den Strukturen (*b*) und (*c*) aus Abb. 9-26 werden dem zentralen N wieder vier Elektronen und eine resultierende Formalladung von +1 zugewiesen. Das terminale N mit der Dreifachbindung besitzt 2 plus die Hälfte von 3 Paaren oder insgesamt 5 Elektronen und eine Formalladung von 0. Das terminale N mit der Einfachbindung hat 6 plus die Hälfte von 1 Paar oder insgesamt 7 Elektronen und eine Formalladung von –2. Die Gesamtladung des Ions –1 ist die Summe von +1 und –2.

(*b*) Die Struktur (*a*) ist am wichtigsten, weil sie keine größere Formalladung als 1 aufweist. Für die Struktur (*a*) sagt man einen Stickstoff-Stickstoff-Bindungsabstand von (70 + 70) minus der Doppelbindungsverkürzung von 21 pm, oder 119 pm voraus. Die beobachtete Bindungslänge ist 116 pm.

9.7. Das Sulfat-Ion ist tetraedrisch mit vier gleichen S–O-Abständen von 149 pm. Zeichnen Sie eine vernünftige Strukturformel, die mit diesen Fakten übereinstimmt.

Es ist möglich, die 32 Valenzelektronen (6 für jedes der 5 Gruppe-VI-Atome plus 2 für die negative Gesamtladung) in einer Oktettstruktur unterzubringen, die nur Einfachbindungen aufweist. Es gibt allerdings zwei Argumente, die gegen diese Formel (Abb. 9-28) sprechen. (1) Der vorhergesagte Bindungsabstand $r_S + r_O = 104 + 66 = 170$ pm ist viel zu groß. (2) Die für Schwefel berechnete Formalladung +2 ist recht hoch. Nichtsdestoweniger ist diese Struktur in der Literatur weit verbreitet, und es wird argumentiert, daß die geringe Bindungslänge ein Ergebnis der starken Anziehung zwischen dem formal zweifach positiv geladenen Schwefel und den einfach negativen Sauerstoffen ist. Alternativ dazu kann man Resonanzstrukturen mit Doppelbindungen formulieren. Eine Struktur wie die in Abb. 9-29 dargestellte sorgt für eine Formalladung von Null am Schwefel und von –1 an jedem der einfach gebundenen Sauerstoffatome. Die Verringerung der Bindungslänge durch die Bildung von Doppelbindungen hilft bei der Erklärung der beobachteten kurzen Bindungsabstände. Andere Resonanzstrukturen (insgesamt sechs) mit unterschiedlichen Anordnungen der Doppelbindungen sind selbstverständlich impliziert. Man nimmt allgemein an, daß Strukturen wie diese, die eine über das Oktett hinausgehende Kovalenz besitzen, *d*-Orbitale des Zentralatoms in die Bindung einbringen. Dies ist der Grund dafür, warum Elemente der zweiten Periode (C, N, O, F) keine Verbindungen bilden, die mehr als acht Valenzelektronen pro Atom benötigen; so etwas wie eine 2*d*-Unterschale existiert nicht.

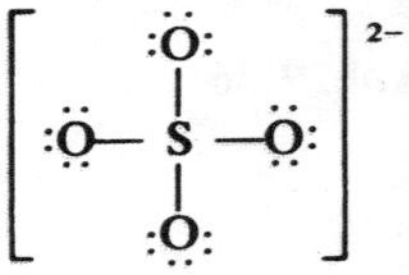

Abb. 9-28

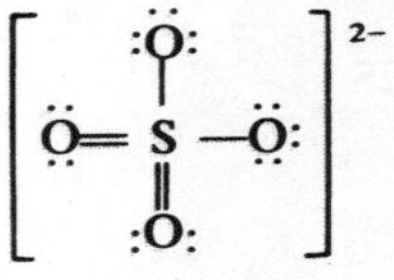

Abb. 9-29

9.8. Zeichnen Sie alle Oktett-Resonanzstrukturen von (*a*) Benzol C_6H_6 und (*b*) Naphthalin $C_{10}H_8$. Es ist bekannt, daß Benzol hexagonale Symmetrie besitzt und daß das Kohlenstoffgerüst von Naphthalin aus zwei koplanaren kondensierten Sechsringen besteht. Formulieren Sie nur Bindungen zwischen direkt benachbarten Atomen.

(*a*) Die Wasserstoffe sind gleichmäßig verteilt, jedes an einem Kohlenstoff, um mit der hexagonalen Symmetrie übereinzustimmen (Abb. 9-30). Dann müssen noch drei Kohlenstoff-Kohlenstoff-Bindungen an jedem Kohlenstoffatom gebildet werden, um ihre gesamte Kovalenz jeweils auf vier zu bringen. Abwechselnde Einfach- und Doppelbindungen stellen die einzige Möglichkeit zur Formulierung von Strukturen mit allen oben genannten Beschränkungen dar. Kohlenwasserstoffe, die planare Ringe enthalten, in denen jedes Ring-Kohlenstoffatom eine Doppelbindung und zwei Einfachbindungen bildet, werden *aromatische* Kohlenwasserstoffe genannt. Für das Schreiben aromatischer Strukturen wurde eine Kurzform entwickelt, die Vielecke verwendet. Es wird angenommen, daß auf jeder Ecke des Polygons ein Kohlenstoffatom liegt. Kohlenstoff-Kohlenstoffbindungen werden durch die Polygonlinien ausgedrückt, Kohlenstoff-Wasserstoff-Bindungen sind nicht explizit angegeben. Abb. 9-31 zeigt dieselben zwei Strukturen, die in Abb. 9-30 dargestellt sind.

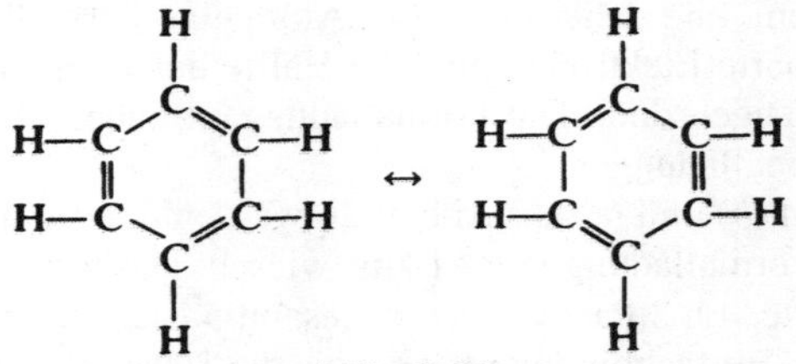

Abb. 9-30

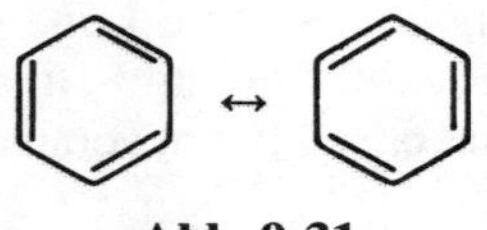

Abb. 9-31

(*b*) Die Koplanarität von Naphthalin zeigt seinen aromatischen Charakter an. Beachten Sie, daß die in Abb. 9-32 dargestellten zwei Kohlenstoffatome an der Verknüpfungsstelle der beiden Ringe ihre Kovalenz von vier ohne eine Bindung zu Wasserstoff erreichen. Die Kurzschreibweise dieser Strukturen zeigt Abb. 9-33. An den Kohlenstoffen, die im Kohlenstoffgerüst nur drei Bindungen besitzen, wird die Existenz einer C–H-Bindung vorausgesetzt.

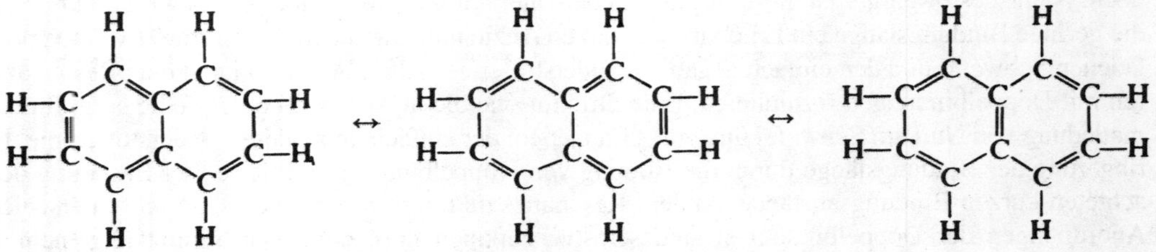

Abb. 9-32

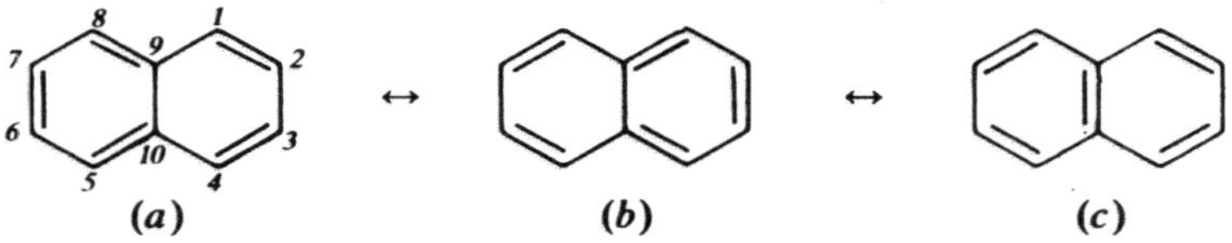

Abb. 9-33

Es ist allgemein üblich, die in den Abb. 9-34 (*a*) und (*b*) gezeigte Kurzschreibweise zur Darstellung von Benzol bzw. Naphthalin zu verwenden. Der Kreis betont die Delokalisation der Elektronen, ohne daß die Angabe von Resonanzstrukturen nötig ist.

Abb. 9-34

BINDUNGSEIGENSCHAFTEN

9.9. Drücken Sie mit Hilfe der Daten aus Aufgabe 7.33. die H–H-Bindungsenergie in kJ/mol aus.

Die Bindungsenergie ist jene Energie, die benötigt wird, um gasförmiges H_2 in getrennte Atome zu spalten.

$$H_2 \rightarrow 2H$$

ΔH für diese Reaktion ist zweimal ΔH_f für 1 mol H.

$$\Delta H = 2(218 \text{ kJ/mol}) = 436 \text{ kJ/mol}$$

9.10. Reichen die Daten aus Tabelle 7-1 aus, um die Bindungsenergie der Br-Br-Bindung zu bestimmen?

Nein; die Energie von Br ist in der Tabelle bezüglich des Standardzustands von Br_2 gegeben, und das ist die Flüssigkeit und nicht das Gas. Die Bindungsenergie ist aber jene Energie, die benötigt wird, um einzelne Br_2-Moleküle (also gasförmiges Br_2) in einzelne Br-Atome aufzuspalten.

9.11. Die Hydrierungsenthalpien von Ethylen (C_2H_4) und Benzol (C_6H_6) wurden gemessen, wenn alle Reaktanten und Produkte gasförmig vorliegen:

$$C_2H_4 + H_2 \rightarrow C_2H_6 \qquad \Delta H = -137 \text{ kJ}$$
$$C_6H_6 + 3H_2 \rightarrow C_6H_{12} \qquad \Delta H = -206 \text{ kJ}$$

Schätzen Sie die Resonanzenergie von Benzol ab.

Wenn C_6H_6 drei isolierte Kohlenstoff-Kohlenstoff-Doppelbindungen hätte, läge ΔH der Hydrierung sehr nahe am dreifachen von ΔH der Hydrierung von C_2H_4, das eine Doppelbindung besitzt, oder –411 kJ. Die Tatsache, daß die Hydrierung von Benzol um

$$411 - 206 = 205 \text{ kJ}$$

weniger exotherm ist, bedeutet, daß das Benzol durch die Resonanz um 205 kJ/mol stabilisiert wird.

9.12. Schätzen Sie ΔH für die Reaktion

$$C_2H_6\,(g) + Cl_2\,(g) \rightarrow C_2H_5Cl\,(g) + HCl\,(g)$$

ab, wenn die folgenden mittleren Bindungsenergien in kJ/mol gegeben sind:

C – C	C – H	Cl – Cl	C – Cl	H – Cl
348	414	242	327	431

Es ist zunächst nötig, Strukturformeln für alle Reaktanten und Produkte aufzustellen, um zu bestimmen, welche Bindungen gebrochen und welche gebildet werden.

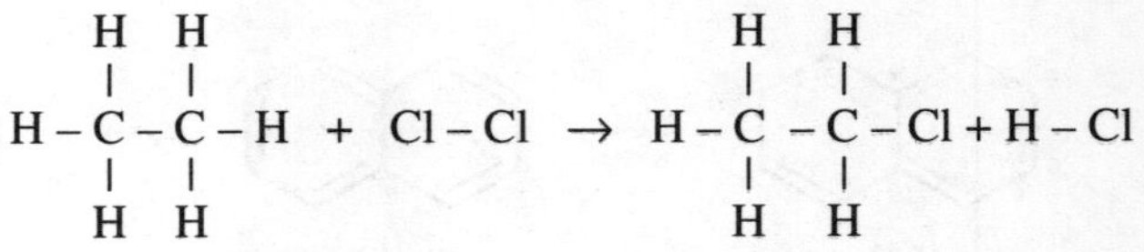

Gebrochene Bindungen		*Gebildete Bindungen*	
C – H	414	C – Cl	327
Cl – Cl	242	H – Cl	431

Da der Bindungsbruch endotherm (positives ΔH) und die Bindungsbildung exotherm (negatives ΔH) ist, lautet ΔH für die Reaktion:

$$414 + 242 - 327 - 431 = -102 \text{ kJ/mol}$$

(Die aus den $\Delta H_f°$-Werten berechnete exakte Lösung ist –113 kJ/mol. Der Grund für diesen Unterschied liegt darin, daß die tabellierten Bindungsenergien einen Mittelwert aus vielen Verbindungen darstellen, in denen die jeweilige Bindung vorkommt. Die tatsächlich für den Bruch einer Bindung in einer speziellen Substanz nötige Energie hängt hauptsächlich vom intrinsischen Charakter dieser Bindung ab, aber zu einem kleinen Teil eben auch von Merkmalen des Moleküls, die weiter von der Bindung entfernt sind.)

9.13. Das Dipolmoment (μ) von LiH ist $1{,}964 \cdot 10^{-29}$ C · m und der Bindungsabstand zwischen Li und H beträgt in diesem Molekül 159,6 pm. Wie groß ist näherungsweise der *prozentuale ionische Charakter* im LiH?

Lassen Sie uns zunächst das Dipolmoment eines hypothetischen, zu 100 Prozent ionisierten Li^+H^- Ionenpaars mit einem Abstand von 159,6 pm bestimmen, wobei wir eine Punktladung am jeweiligen Kernort annehmen.

$$\mu \text{ (hypothetisch)} = (1 \text{ Elektronenladung}) \cdot (\text{Abstand})$$
$$= (1{,}602 \cdot 10^{-19} \text{ C})(1{,}596 \cdot 10^{-10} \text{ m}) = 2{,}557 \cdot 10^{-29} \text{ C} \cdot \text{m}$$

Der geschätzte prozentuale ionische Charakter entspricht 100 Prozent mal dem Bruch: tatsächliches Dipolmoment geteilt durch das hypothetische:

$$\text{Prozentualer ionischer Anteil} = 100\% \cdot \frac{1{,}964 \cdot 10^4 \text{ C} \cdot \text{m}}{2{,}557 \cdot 10^5 \text{ C} \cdot \text{m}} = 76{,}8\% \text{ ionisch}$$

9.14. Die Dipolmomente von SO_2 und CO_2 sind $5{,}37 \cdot 10^{-30}$ C · m bzw. Null. Was kann man über die Form der beiden Moleküle aussagen?

Sauerstoff ist beträchtlich elektronegativer als Schwefel oder Kohlenstoff. Daher sollte jede Schwefel-Sauerstoff- und Kohlenstoff-Sauerstoff-Bindung polar sein, wobei sich eine negative Partialladung am Sauerstoff befindet.

Wenn CO_2 kein Netto-Dipolmoment besitzt, müssen sich die Momente der beiden C–O-Bindungen exakt auslöschen. Dies kann nur stattfinden, wenn die Bindungen entlang einer geraden Linie ausgerichtet sind [Abb. 9-35(a)]. (Das Netto-Moment des Moleküls ist die Vektorsumme der Bindungsmomente.) Die Existenz eines Dipolmoments beim SO_2 muß bedeuten, daß das Molekül nicht linear, sondern gewinkelt ist [Abb. 9-35(b)].

(a) (b)

Abb. 9-35

9.15. Erklären Sie durch Molekülorbitalbetrachtungen die Tatsache, daß Sauerstoffgas paramagnetisch ist. Wie groß ist die Bindungsordnung im O_2?

Jedes Sauerstoffatom hat im Grundzustand die Konfiguration $1s^22s^22p^4$. Abgesehen von den K-Elektronen der beiden Atome im O_2, die so tief in ihre jeweiligen Atome eingebettet sind, daß sie nicht mit anderen Elektronen überlappen, werden die verbleibenden 12 Elektronen (6 von jedem der Atome) die energetisch niedrigsten verfügbaren Molekülorbitale besetzen, wie das in Abb. 9-36 gezeigt ist. Die Bindungsachse ist die x-Achse. Die Elektronenkonfiguration von O_2 lautet: (K-Elektronen) $\sigma_s^2 \sigma_s^{*2} \sigma_{px}^2 \pi_{y,z}^4 \pi_y^{*1} \pi_z^{*1}$.

Die letzten beiden Elektronen kommen in die antibindenden, energetisch entarteten π *-Orbitale, eins in π_y* und eins in π_z*, um den Elektronenspin, wie von der Hund'schen Regel gefordert, zu maximieren. Diese beiden ungepaarten Elektronen machen das Molekül paramagnetisch.

Bindungsordnung

$$= \frac{(\text{Anzahl Elektronen in bindenden Orbitalen}) - (\text{Anzahl Elektronen in antibindenden})}{2}$$

$$= \frac{8-4}{2} = 2$$

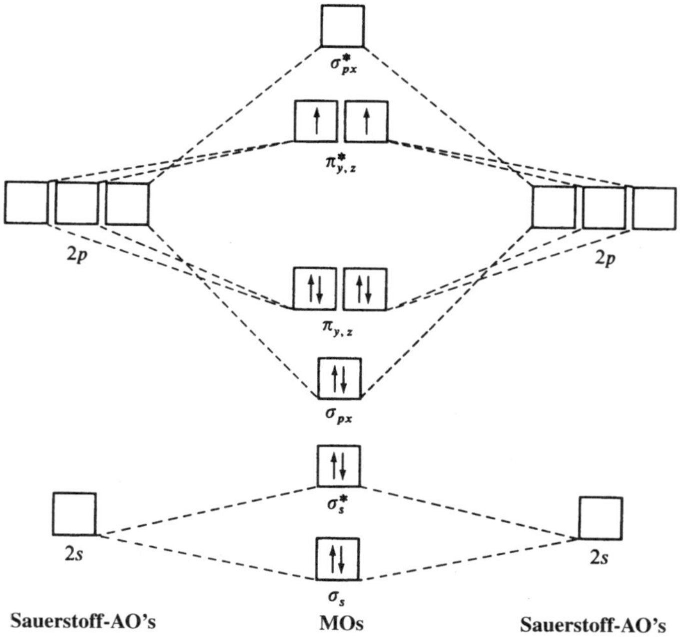

Abb. 9-36. Elektronen werden durch Pfeile dargestellt, Orbitale durch Quadrate. *K*-Elektronen sind weggelassen. Beachte: Das obige Energieniveaudiagramm gilt nicht für die Moleküle B_2 und C_2, bei denen die Reihenfolge der σ_{px}- und $\pi_{y,z}$-Niveaus vertauscht ist.

9.16. Erklären Sie die Beobachtungen, daß die Bindungslänge im N_2^+ 2 pm größer ist als im N_2, während die Bindungslänge im NO^+ 9 pm geringer als im NO ist.

Die Elektronenkonfigurationen für die vier Moleküle sollten nach dem Aufbauprinzip hingeschrieben werden:

N_2	(K-Elektronen) $\sigma_s^2 \sigma_s^{*2} \sigma_{px}^2 \pi_{y,z}^4$
N_2^+	(K-Elektronen) $\sigma_s^2 \sigma_s^{*2} \sigma_{px}^2 \pi_{y,z}^3$
NO	(K-Elektronen) $\sigma_s^2 \sigma_s^{*2} \sigma_{px}^2 \pi_{y,z}^4 \pi_{y,z}^1$
NO^+	(K-Elektronen) $\sigma_s^2 \sigma_s^{*2} \sigma_{px}^2 \pi_{y,z}^4$

Die berechneten Bindungsordnungen für N_2 und N_2^+ sind 3 bzw. $2^1/_2$. N_2 besitzt daher die stärkere Bindung und sollte die kürzere Bindungslänge aufweisen. Die berechneten Bindungsordnungen für

NO und NO^+ sind $2^1/_2$ bzw. 3. NO^+ besitzt die stärkere Bindung und sollte die kürzere Bindungslänge haben. Im Gegensatz zur Ionisation von N_2, die den Verlust eines Elektrons aus einem *bindenden* Orbital beinhaltet, führt die Ionisation von NO zum Verlust eines Elektrons aus einem *antibindenden* Orbital.

9.17. Zwei Substanzen mit derselben Summenformel C_4H_8O wurden im gasförmigen Zustand mittels Elektronenbeugung untersucht. In Verbindung A fand man einen Kohlenstoff-Sauerstoff-Abstand von 143 pm und in Verbindung B einen solchen von 124 pm. Was können Sie daraus über die Strukturen der beiden Verbindungen schließen?

In Verbindung A ist der Kohlenstoff-Sauerstoff-Abstand die Summe der Kovalenzradien von Kohlenstoff und Sauerstoff für eine Einfachbindung. Dies zeigt eine Einfachbindung an.

$$77 \text{ pm} + 66 \text{ pm} = 143 \text{ pm}$$

Abb. 9-37

Der Sauerstoff kann daher nicht an einer terminalen Position stehen. Eine solche Substanz, die für dieses Experiment auch tatsächlich ausgewählt wurde, ist die heterocyclische Verbindung Tetrahydrofuran [Abb. 9-37(*a*)].

In Verbindung B liegt der Kohlenstoff-Sauerstoff-Abstand nahe an dem Wert, der für eine Doppelbindung vorausgesagt wird (122 pm). Der Sauerstoff muß daher eine terminale Position einnehmen. Eine mögliche Substanz, die in diesem Experiment auch verwendet wurde, ist 2-Butanon [Abb. 9-37(*b*)].

MOLEKÜLFORMEN

9.18. Bestätigen Sie den Wert $q = 109°28'$ für die zentralen Winkel in einem regulären Tetraeder.

Ein einfacher Weg zur Konstruktion eines regulären Tetraeders ist die Auswahl von abwechselnden Ecken eines Würfels und der Verbindung jeder der ausgewählten Ecken mit jeder der anderen drei wie in Abb. 9-38(*a*). Abb. 9-38(*b*) zeigt das Dreieck *0 AB*, das durch den Mittelpunkt des Würfels *0*, der auch der Mittelpunkt des Tetraeders ist, und den zwei Ecken *A* und *B* des Tetraeders aufgespannt wird. Wenn *P* der Mittelpunkt der Strecke *AB* ist, erkennen wir aus dem rechtwinkligen Dreieck *0PA*, daß gilt:

$$\tan\frac{\theta}{2} = \frac{\overline{AP}}{\overline{OP}} = \frac{a\sqrt{2}/2}{a/2} = \sqrt{2}$$
$$\frac{\theta}{2} = 54°44'$$
$$\theta = 109°28'$$

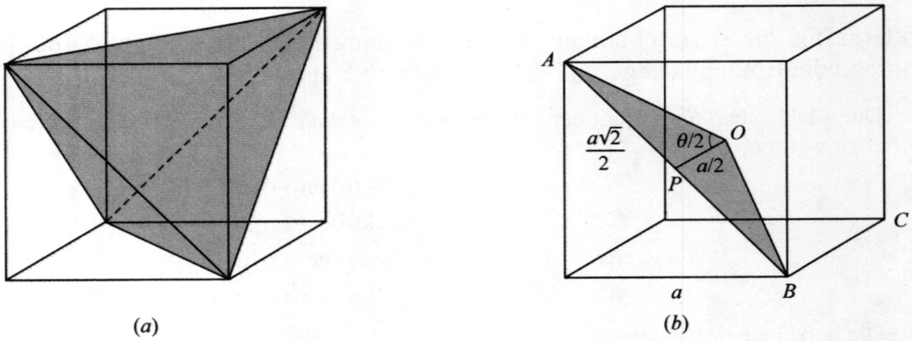

Abb. 9-38

9.19. Die Länge einer C–C-Einfachbindung beträgt 154 pm. Wie groß ist der Abstand zwischen den terminalen Kohlenstoffatomen im Propan C_3H_8? Nehmen Sie an, daß die vier Bindungen eines jeden Kohlenstoffatoms in die Ecken eines regulären Tetraeders weisen.

Wenn man sich Abb. 9-38(*b*) ansieht, kann man sich vorstellen, daß die beiden terminalen Kohlenstoffatome auf *A* und *B* liegen, während das zentrale Kohlenstoffatom bei *0* lokalisiert ist. Dann gilt:

$$\overline{AB} = \overline{2AP} = 2\left(\overline{AO}\ \sin\frac{\theta}{2}\right) = 2(154\text{ pm})(\sin 54°44') = 251\text{ pm}$$

9.20. Schwefel und Chlor verbinden sich in unterschiedlichen Proportionen zu S_2Cl_2, SCl_2 und SCl_4. Zeichnen Sie die Lewis-Strukturen dieser Moleküle und verwenden Sie die VSEPR-Theorie zur Vorhersage ihrer räumlichen Struktur.

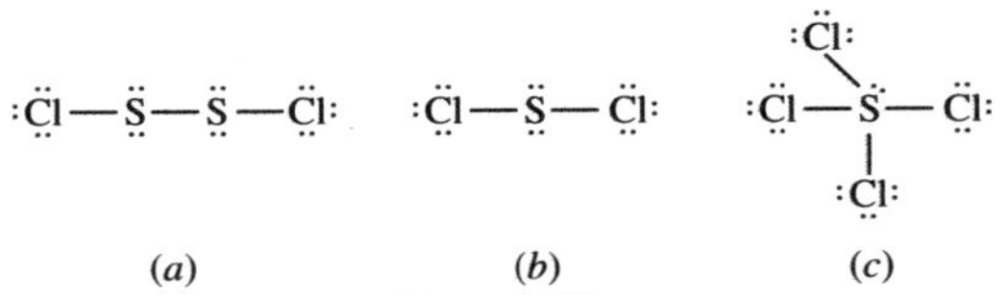

Abb. 9-39

Im S_2Cl_2 (*a*) hat jeder S eine VSEPR-Zahl von 4, so daß jeder ClSS-Bindungswinkel etwa 109,5° beträgt (vielleicht etwas weniger wegen der zusätzlichen Abstoßung der einsamen Elektronenpaare an jedem Schwefel) und das Molekül nicht linear gebaut sein kann. Es ist freie Rotation um die SS-Bindung möglich, so daß es für das Molekül keine fixierte Konformation gibt.

Im SCl_2 (*b*) hat das S-Atom ebenfalls eine VSEPR-Zahl von 4, so daß der ClSCl-Winkel etwas geringer als 109° ist. Das Molekül ist gewinkelt.

im SCl_4 (*c*) ist die VSEPR-Zahl 5, aber eine der Positionen wird von einem einsamen Elektronenpaar belegt. Dies muß eine der trigonalen Positionen in der trigonalen Bipyramide aus Abb. 9-40(*a*) sein, in der es zwei Winkel zwischen Bindungselektronenpaar und einsamen Elektronenpaar von 90° gibt, anders als in der axialen Position (*b*), in der drei solcher 90°-Winkel existieren. Die Struktur aus Abb. 9-40(*a*) wurde "Wippe" oder auch "Sägebock" genannt, wobei die axiale ClSCl-Gruppe einen horizontalen Balken darstellt. (Das einsame Elektronenpaar biegt jedoch die ClSCl Gruppe etwas ab.)

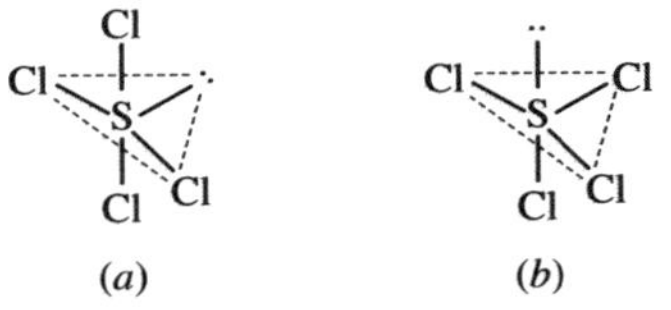

Abb. 9-40

9.21. Wie groß sind die O-N-O Bindungswinkel im Nitrat- und im Nitrit-Ion?

Es muß nur eine Lewis-Struktur gezeichnet werden, um die VSEPR-Zahl zu ermitteln, die in beiden Fällen für den zentralen Stickstoff 3 beträgt. (Im NO_3^- gibt es drei σ-gebundene Nachbarn und kein einsames Elektronenpaar und im NO_2^- zwei Nachbarn und ein einsames Elektronenpaar, wie in Abb. 9-41 gezeigt.) Daher beträgt der nominale Bindungswinkel 120°, exakt der Wert, der im Nitrat NO_3^- auch gefunden wird, da durch die Resonanz alle Winkel gleichwertig sind. Im NO_2^- jedoch stößt das einsame Elektronenpaar die Bindungselektronenpaare stärker ab als diese sich untereinander und zwingt sie damit näher zueinander. Wir würden einen etwas geringeren Winkel als 120° erwarten, gefunden werden 115°.

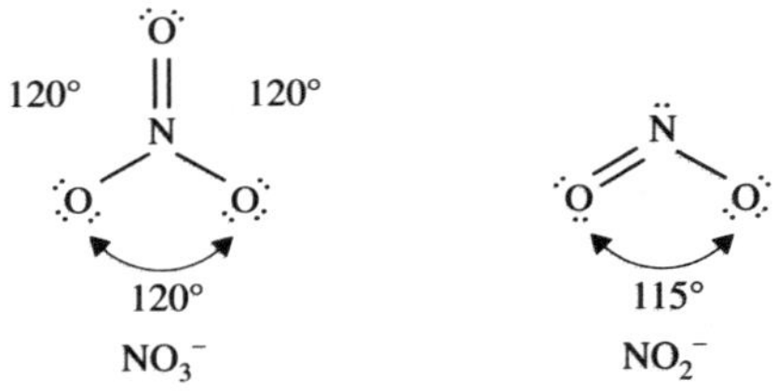

Abb. 9-41

9.22. Das $POCl_3$-Molekül hat die Form eines irregulären Tetraeders mit dem P-Atom im Zentrum. Man findet einen Cl-P-Cl-Winkel von 103,5°. Geben Sie eine qualitative Erklärung für die Abweichung dieser Struktur vom regulären Tetraeder.

Die VSEPR-Zahl für das P-Atom beträgt 4, so daß die nominellen Bindungswinkel 109°28´ sind. Die Lewis-Struktur von $POCl_3$ besitzt aber eine Doppelbindung zwischen P und O. (P darf das Oktett überschreiten, da 3*d*-Orbitale verfügbar sind.) Die größere Elektronendichte in der P=O-Bindung macht die intrinsische Abstoßung zwischen der P=O-Bindung und einer P–Cl-Bindung größer als die zwischen zwei P–Cl-Bindungen. Daher wird der Cl–P–Cl-Winkel verkleinert und der Cl–P=O-Winkel vergrößert.

9.23. PCl_5 hat die Form einer trigonalen Bipyramide (Abb. 9-42), wohingegen IF_5 die Form einer quadratischen Pyramide annimmt (Abb. 9-43). Erklären Sie diesen Unterschied.

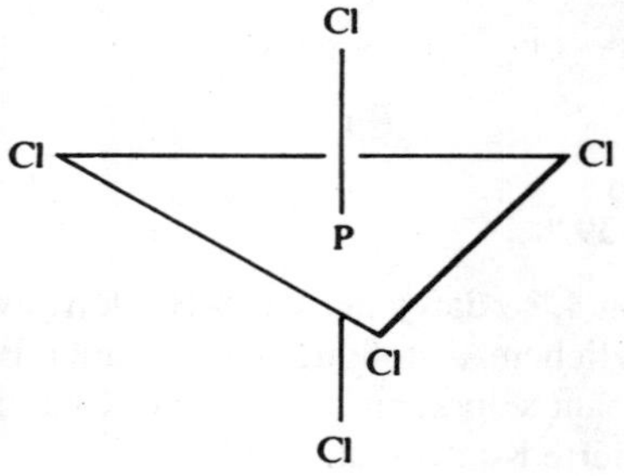

(*a*)

Abb. 9-42

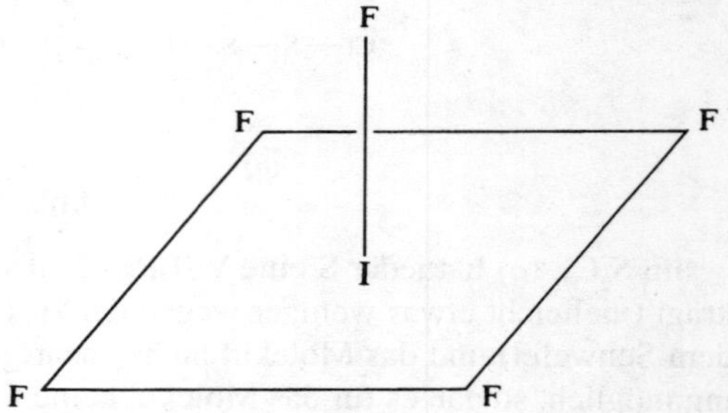

(*b*)

Abb. 9-43

Abb. 9-44

Die Lewis-Strukturen der einfach gebundenen Substanzen (Abb. 9-44) zeigen für PCl_5 eine VSEPR-Zahl von 5, für die die Struktur einer trigonalen Bipyramide mit Bindungswinkeln von 90°, 120° und 180° vorhergesagt wird. Das einsame Elektronenpaar am Iod in IF_5 erhöht dessen VSEPR-Zahl auf 6, so daß die nominalen Bindungswinkel 90° betragen. Die quadratisch-pyramidale Struktur von IF_5 kann man sich als Oktaeder vorstellen (s. Abb. 9-7), in dem das einsame Elektronenpaar zur Oktaederecke unterhalb der dargestellten horizontalen Ebene weist. Wegen der Abstoßung des einsamen Elektronenpaars erwartet man, daß das I-Atom etwas unterhalb der Basisebene der Pyramide liegt.

9.24. Welcher der vier verschiedenen Arten von Kohlenstoff-Kohlenstoff-Bindungen im Naphthalin würden Sie die kürzeste Bindungslänge zuordnen? Ziehen Sie Abb. 9-33 zu Rate.

Die vier unterschiedlichen Arten von Kohlenstoff-Kohlenstoff-Bindungen bezeichnen wir mit 1-2, 1-9, 2-3 und 9-10. (Jede andere Kohlenstoff-Kohlenstoff-Bindung ist äquivalent zu einer dieser vier. So ist 6-7 äquivalent zu 2-3, 7-8 zu 1-2 und so weiter.) Die Bindung mit dem höchsten Doppelbindungscharakter sollte die kürzeste sein. Bei den drei in Abb. 9-33 gezeigten Resonanzstrukturen ist die Häufigkeit der Doppelbindungen für die verschiedenen Bindungstypen wie folgt: 2 bei *1-2* [in (*a*) und (*c*)], 1 bei *1-9* [in (*b*)], 1 bei *2-3* [in (*b*)] und 1 bei *9-10* [in (*c*)]. Man erwartet damit, daß Bindung *1-2* den größten Doppelbindungscharakter und daher die kürzeste Bindungslänge aufweist. Diese Vorhersage wird durch das Experiment bestätigt. Die oben genannten vier Bindungen haben Längen von 136,5, 142,5, 140,4 bzw. 139,3 pm.

Beachten Sie, daß diese Methode des Abzählens der Anzahl von Resonanzstrukturen mit einer Doppelbindung zwischen einem gegebenen Paar von Kohlenstoffatomen sehr grob ist und nicht zwischen den drei letzteren der angegebenen Bindungsarten unterscheiden kann, da jede von diesen eine Doppelbindung in nur einer Resonanzstruktur aufweist. Selbst im Rahmen der begrenzten Resonanztheorie wäre es nötig, das relative Gewicht von jeder der zwei äquivalenten Strukturen (*a*) und (*b*) gegenüber der nichtäquivalenten Struktur (*c*) zu kennen.

9.25. Wie sieht die räumliche Struktur des Triiodid-Ions I_3^- aus?

Die Lewis-Struktur zeigt eine VSEPR-Zahl von 5 für das zentrale I-Atom: Zwei gebundene Nachbaratome und drei einsame Elektronenpaare. Um zu bestimmen, welche Ecken der trigonalen Bipyramide von den terminalen I-Atomen besetzt sind, müssen Sie jene Anordnung herausfinden, die die Winkel zwischen den einsamen Elektronenpaaren maximiert. Die bevorzugte Anordnung [Abb. 9-45(*a*)] muß jene sein, in der die einsamen Elektronenpaare alle einen Winkel von 120° zueinander haben, da jede andere Alternative [Abb. 9-45(*b*) und (*c*)] zwei Sätze von Elektronenpaaren mit einem Zwischenwinkel von 90° aufweisen würden. Daher müssen die beiden terminalen I-Atome die axialen Positionen mit einem Zwischenwinkel von 180° besetzen, und das Molekül ist exakt linear.

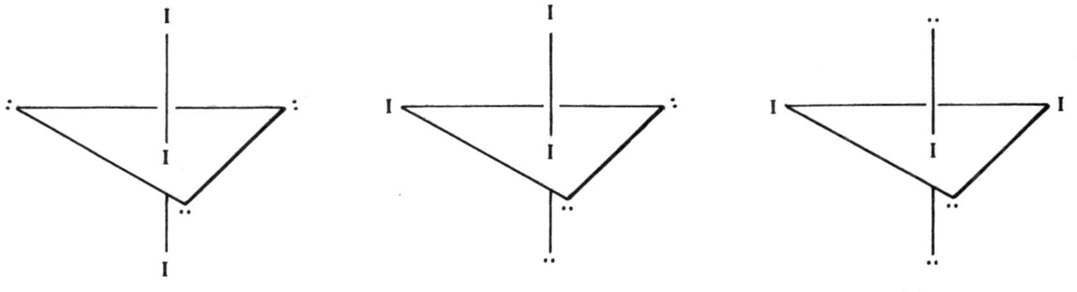

Abb. 9-45

KOORDINATIONSVERBINDUNGEN

9.26. Lösliche Verbindungen mit dem Komplexion $Co(NH_3)_6^{3+}$ besitzen ein Absorptionsmaximum im sichtbaren Bereich bei 437 nm. (*a*) Wie groß ist der in cm^{-1} ausgedrückte Wert von Δ für dieses Komplexion und welche Farbe zeigt das Ion? (*b*) Wieviele ungepaarte Elektronen würden Sie für dieses Ion erwarten, wenn man low-spin-Konfiguration annimmt, und wie-viele für high-spin-Konfiguration?

(*a*)
$$\Delta = \left(\frac{1}{437\ \text{nm}}\right)\left(\frac{10^9\ \text{nm}}{10^2\ \text{cm}}\right) = 22\,900\ \text{cm}^{-1}$$

Die Farbe des Ions ist komplementär zu der des absorbierten Lichts. Obwohl die Vorhersage der Farbe aus den Daten nicht unbedingt genau ist, da die Farbe nicht nur von der Wellenlänge des Absorptionsmaximums abhängt, sondern auch von der Form der gesamten Absorptionsbande und der Farbempfindlichkeit des menschlichen Auges, kann man doch relativ verläßliche Schlüsse ziehen. Man erwartet, daß die Absorption, die ihr Maximum im blau-violetten Bereich des Spektrums hat, den größten Teil des blauen und Teile des grünen Bereichs abdeckt. Es ist daher eine gelbe Farbe zu erwarten.

(*b*) Die Elektronenkonfiguration von Co^{3+} lautet $[Ar]3d^6$. Der Spin rührt von ungepaarten *d*-Elektronen her. Im low-spin-Fall wären die sechs *d*-Elektronen in den drei t_{2g}-Orbitalen allesamt gepaart und der Gesamtspin wäre Null. Im high-spin-Fall wären die beiden e_g-Orbitale ebenfalls verfügbar (s. Abb. 9-14). Vier der verfügbaren Orbitale wären einfach und eines doppelt besetzt, um die maximale Anzahl ungepaarter Elektronen zu erhalten, in diesem Fall vier. Der Δ-Wert ist in diesem Fall hoch genug, um high-spin auszuschließen, und das Ion ist damit diamagnetisch.

9.27. Sagen Sie die magnetischen Eigenschaften von (*a*) $Rh(NH_3)_6^{3+}$ und (*b*) CoF_6^{3-} voraus.

(*a*) Diese Aufgabe kann durch Vergleich mit Aufgabe 9.26. angegangen werden. Für analoge Komplexe von zwei verschiedenen Vertretern derselben Gruppe im Periodensystem steigt Δ mit zunehmender Ordnungszahl. Da Δ für $Co(NH_3)_6^{3+}$ bereits so hoch ist, daß das Ion low-spin-Konfiguration zeigt, ist

$Rh(NH_3)_6^{3+}$ sicherlich low-spin und diamagnetisch. (Der beobachtete Wert für Δ von $Rh(NH_3)_6^{3+}$ ist 34 000 cm^{-1} und das Ion ist diamagnetisch.)

(*b*) F^- ist ein Ligand mit schwachem Feld, der zur Bildung von Komplexen mit niedrigem Δ-Wert tendiert, so daß man für das Ion high-spin-Konfiguration mit vier ungepaarten und parallelen Elektronenspins erwartet (Vergleichen Sie mit Aufgabe 9-26(*b*)). Man mißt ein Δ von 13 000 cm^{-1} (ein niedriger Wert), und das Ion ist tatsächlich paramagnetisch.

ISOMERIE

9.28. Schreiben Sie alle isomeren Strukturformeln von C_4H_9Cl auf.

Die Molekülzusammensetzung ähnelt der von Butan C_4H_{10} mit der Ausnahme, daß ein H durch Cl ersetzt ist. Die Formeln können ermittelt werden, indem man alle unterschiedlich angeordneten Wasserstoffe in den beiden isomeren Formeln von C_4H_{10} (Abb. 9-15) aufsucht.

Beachten Sie, daß die beiden endständigen Kohlenstoffe und die beiden mittleren Kohlenstoffe im *n*-Butan identisch sind. Daher ergäbe eine Chlor-Substitution am linken Kohlenstoff dieselbe Verbindung wie (*a*) in Abb. 9-46, nur von der anderen Seite betrachtet. Genauso würde eine Substitution am Kohlenstoffatom neben dem linken eine zu (*b*) identische Verbindung ergeben. Im Fall des Isobutans trägt ein Iosmer (*c*) den Cl am zentralen C, und es gibt nur ein weiteres Isomer (*d*), weil die drei terminalen Kohlenstoffatome identisch sind. Wegen der freien Rotation um die C–C-Einfachbindungsachse ist es unwesentlich, welches der mehreren Wasserstoffatome an einem gegebenen C subsituiert wird; alle Positionen werden wegen der freien Rotation ohnehin zeitlich ausgemittelt.

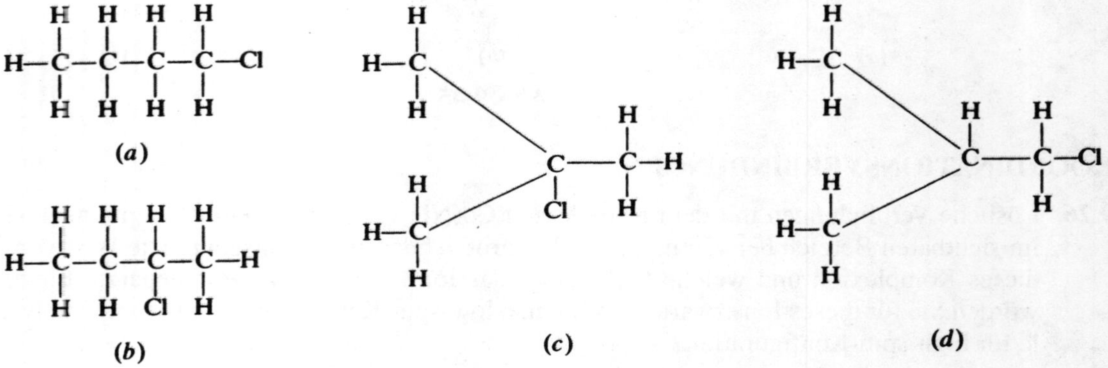

Abb. 9-46

9.29. Schreiben Sie Formeln für alle Struktur- und geometrischen Isomere von C_4H_8 auf.

Wenn die vier Kohlenstoffe in einer Reihe angeordnet sind, muß es eine Doppelbindung geben, um die Tetrakovalenz von Kohlenstoff zu befriedigen. Die Doppelbindung liegt entweder in der Mitte des Moleküls oder an einem Ende. Im ersten Fall treten zwei geometrische Isomere mit verschiedenen Anordnungen der terminalen Kohlenstoffe relativ zur Doppelbindung auf; im letzteren Fall gibt es zwei Strukturisomere, die sich im Ausmaß der Verzweigung im Gerüst unterscheiden. Zusätzliche Möglichkeiten sind Ringstrukturen ohne Doppelbindungen. Anders als N (Aufgabe 9.5(*c*)) kann C dreiatomige Ringe bilden.

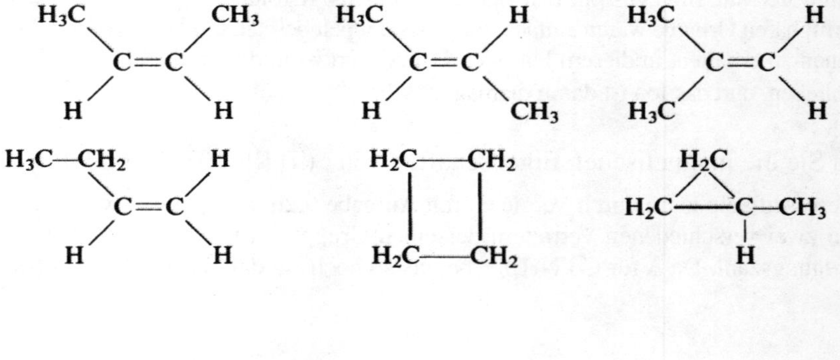

Beachten Sie die Kurzschreibweise zur Gruppierung zweier oder dreier Wasserstoffe mit dem Kohlenstoff, an das sie gebunden sind. Es ist natürlich klar, daß jedes Wasserstoffatom an den Kohlenstoff seiner Gruppe gebunden ist, und daß der Kohlenstoff der Gruppe an den oder die benachbarten Kohlenstoffe gebunden ist.

9.30. Bei welcher der isomeren C_4H_9Cl-Verbindungen würden sie optische Aktivität erwarten? Ziehen Sie Abb. 9-46 zu Rate.

Verbindung (*b*) ist die einzige, die in optisch aktiven isomeren Formen existieren kann, weil sie die einzige ist, die ein Kohlenstoffatom besitzt (das am Cl gebundene), welches an vier verschiedene Gruppen gebunden ist. Jedes andere Kohlenstoffatom in dieser oder den anderen Strukturen ist an wenigstens zwei Wasserstoffatome oder zwei CH_3-Gruppen gebunden.

9.31. Wieviele geometrische Isomere kann $[Rh(py)_3Cl_3]$ bilden? (py ist eine Abkürzung für den Ligand Pyridin.)

Es gibt nur zwei Möglichkeiten, eine [Abb. 9-47(*a*)], in der die drei Chloratome Bindungspositionen *cis* zueinander auf einer Fläche des Oktaeders besetzen und die drei Pyridine die gegenüberliegende Fläche, und die andere [Abb. 9-47(*b*)], in der zwei der Chloratome und zwei der Pyridine *trans* zueinander stehen.

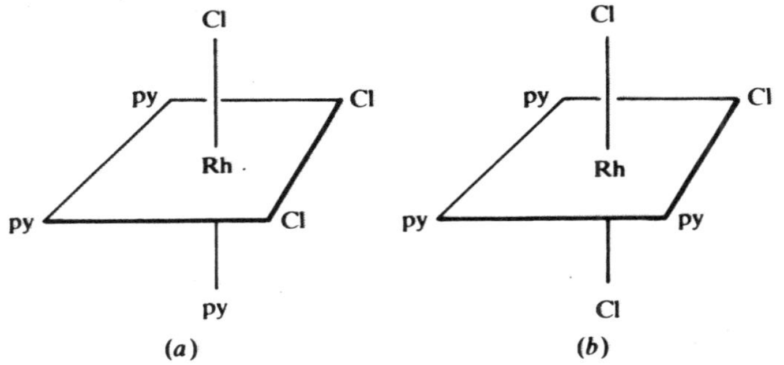

Abb. 9-47

9.32. Einige Liganden sind mehrzähnig, d.h., sie besitzen zwei oder mehrere Atome, die an ein Zentralmetallatom oder -ion binden können. Jede Bindungsstelle besetzt eine andere Ecke auf der Koordinationsoberfläche. Ethylendiamin (abgekürzt en) ist ein solcher Ligand; die zwei bindenden Atome sind Stickstoffe, und die beiden Bindungsstellen müssen wegen der Form und Größe von en *cis* zueinander stehen. Wieviele geometrische Isomere von $[Cr(en_2)Cl_2]^+$ sollten existieren, und welche(s) Isomer(e) könnte(n) optische Aktivität zeigen?

Es existieren zwei geometrische Isomere: *cis* und *trans* (Abb. 9-48). Jedes en kann durch einen Bogen dargestellt werden, der an den beiden Bindungsstellen endet. Durch Zeichnen von anderen Anordnungen der Bögen bei gleichzeitiger Beibehaltung der Positionen der Chloratome kann man erkennen, daß (*b*) eindeutig ein Spiegelbild von (*a*) ist, während es für (*c*) kein Spiegelbild gibt (außer (*c*) selbst). Mit anderen Worten: Nur das *cis*-Isomer kann optisch aktiv sein; das *trans*-Isomer ist sein eigenes Spiegelbild.

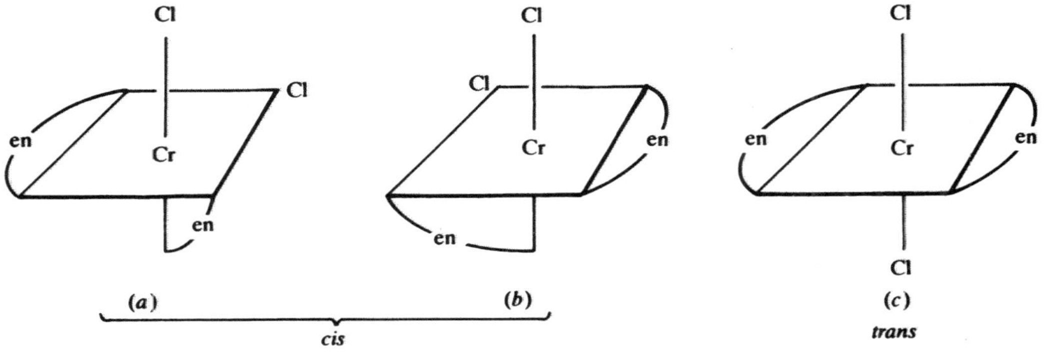

Abb. 9-48

BINDUNG IN METALLEN

9.33. Erklären Sie, warum Metalle normalerweise glänzen (wie ein Spiegel).

Im Bändermodell existiert statt diskreter Energieniveaus ein Kontinuum von leeren Energieniveaus. Daher werden Lichtquanten aller Energien in einem weiten Wellenlängenbereich gleich absorbiert, und die energetisch hochliegenden Elektronen reemittieren das Licht, wenn sie in ihre Grundzustandsorbitale zurückfallen. Dies ist der Mechanismus für die Reflektion von Licht aller Frequenzen, die wir "Glanz" nennen.

9.34. Sagen Sie voraus, wie sich die Metalle der Gruppe II von denen der Gruppe I in Dichte, Schmelzpunkt und mechanischer Belastbarkeit unterscheiden.

In jeder gegebenen Periode sind die Ionen der Gruppe II kleiner und können sich daher untereinander stärker nähern. Gleichzeitig ist die doppelte Menge von Elektronen im Elektronengas vorhanden. Die größere Annäherung und die wesentlich größere elektrostatische Wechselwirkung zwischen den 2+ Ionen und dem Gas mit hoher negativer Ladungsdichte führen zu größerer Dichte und wesentlich größerer Bindungsenergie, die wiederum zu wesentlich höheren Schmelzpunkten und größerer Härte führt. Tatsächlich erhöht der Übergang von Gruppe I zu Gruppe II die Dichte um einen Faktor von etwa 2 und den Schmelzpunkt um hunderte von Grad.

9.35. Metalle fühlen sich im Vergleich zu anderen Materialien normalerweise kühl an, weil sie so gute Wärmeleiter sind. Wie können wir diese ungewöhnliche thermische Leitfähigkeit erklären?

In den meisten Materialien wird Wärme durch eine Übertragung von Schwingungsbewegung von Atom zu Atom vom heißen zum kalten Ende geleitet. In Metallen wird die thermische Energie hauptsächlich durch die Bewegung der freien Elektronen im Elektronengas transportiert; diese Elektronen sind sehr beweglich.

Zusatzaufgaben

FORMELN

9.36. Bestimmen Sie die Ladungen der eingeklammerten Gruppen in den folgenden Formeln: (*a*) $Ca(C_2O_4)$; (*b*) $Ca(C_7H_5O_3)_2 \cdot 2H_2O$; (*c*) $Mg_3(AsO_3)_2$; (*d*) $(MoO)Cl_3$; (*e*) $(CrO_2)F_2$; (*f*) $(PuO_2)Br$; (*g*) $(PaO)_2S_3$.

Lösung: (*a*) –2; (*b*) –1; (*c*) –3; (*d*) +3; (*e*) +2; (*f*) +1; (*g*) +3

9.37. Schreiben Sie Formeln für die folgenden ionischen Verbindungen: (*a*) Lithiumhydrid; (*b*) Calciumbromat; (*c*) Chrom(II)oxid; (*d*) Thorium(IV)perchlorat; (*e*) Nickelphosphat; (*f*) Zinksulfat.

Lösung: (*a*) LiH; (*b*) $Ca(BrO_3)_2$; (*c*) CrO; (*d*) $Th(ClO_4)_4$; (*e*) $Ni_3(PO_4)_2$; (*f*) $ZnSO_4$

9.38. Benennen Sie die folgenden Verbindungen: (*a*) $Mg(IO)_2$; (*b*) $Fe_2(SO_4)_3$; (*c*) $CaMnO_4$; (*d*) $KReO_4$; (*e*) $CaWO_4$; (*f*) $CoCO_3$.

Lösung: (*a*) Magnesiumhypoiodit; (*b*) Eisen(III)sulfat; (*c*) Calciummanganat; (*d*) Kaliumperrhenat; (*e*) Calciumwolframat; (*f*) Cobalt(II)carbonat

9.39. Die Formel von Kaliumarsenat ist K_3AsO_4. Die Formel von Kaliumferrocyanid [systematischer Name Kalium-hexacyanoferrat(II)] ist $K_4Fe(CN)_6$. Schreiben Sie die Formeln von (*a*) Calciumarsenat; (*b*) Eisen(III)arsenat; (*c*) Bariumferrocyanid und (*d*) Aluminiumferrocyanid auf.

Lösung: (*a*) $Ca_3(AsO_4)_2$; (*b*) $FeAsO_4$; (*c*) $Ba_2Fe(CN)_6$; (*d*) $Al_4[Fe(CN)_6]_3$

9.40. Zeichnen Sie Lewis-Strukturen für jedes der folgenden Moleküle: (*a*) C_2HCl; (*b*) C_2H_6O; (*c*) C_2H_4O; (*d*) NH_3O; (*e*) NO_2^- (beide Sauerstoffe terminal); (*f*) N_2O_4 (alle Sauerstoffe terminal); (*g*) OF_2.

Lösung:

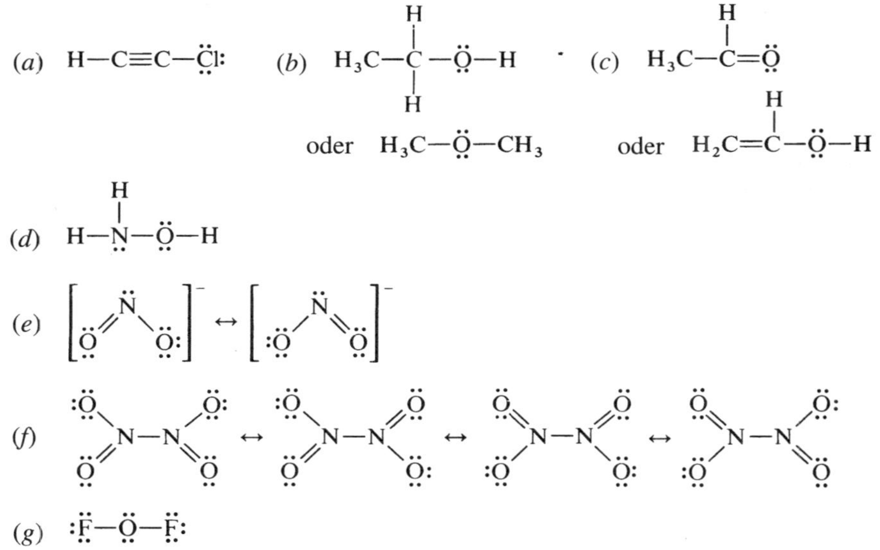

9.41. Vervollständigen Sie die folgenden Strukturen durch Hinzufügung von einsamen Elektronenpaaren, wo nötig. Bestimmen Sie dann die Formalladungen. (Einige der folgenden Strukturen stellen nicht die wichtigsten Resonanzstrukturen dar.)

(*a*) N≡C–C≡N (*b*) N=C=C=N (*c*) Cl–C≡N
(*d*) Cl=C=N (*e*) N=N=O (*f*) N≡N–O

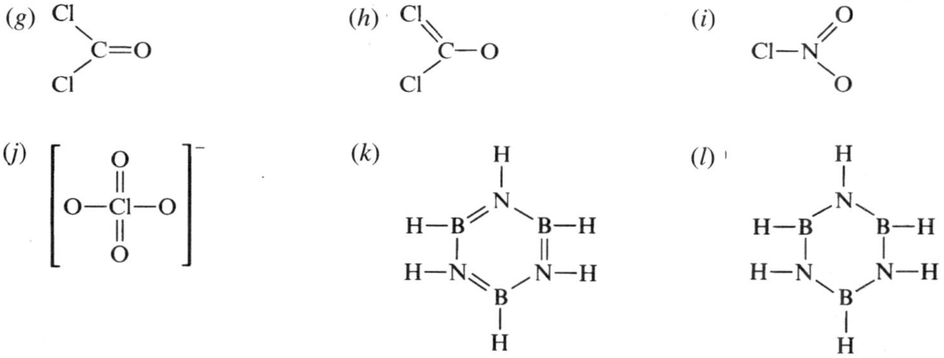

Lösung: (*a*) alle Null; (*b*) +1 an einem N (das ohne Oktett), –1 am anderen; (*c*) alle Null; (*d*) +1 am Cl, –1 am N; (*e*) –1 am terminalen N, +1 am zentralen N; (*f*) +1 am zentralen N, –1 am O; (*g*) alle Null; (*h*) +1 am doppelt gebundenen Cl, –1 am O; (*i*) +1 am N, –1 am einfach gebundenen O; (*j*) +1 am Cl, –1 an jedem einfach gebundenen O; (*k*) +1 an jedem N, –1 an jedem B; (*l*) alle Null.

9.42. Mit der Angabe, daß die Formel von Formaldehyd CH_2O lautet, könnte man drei Lewis-Strukturen ausgehend von folgenden Gerüsten zeichnen:

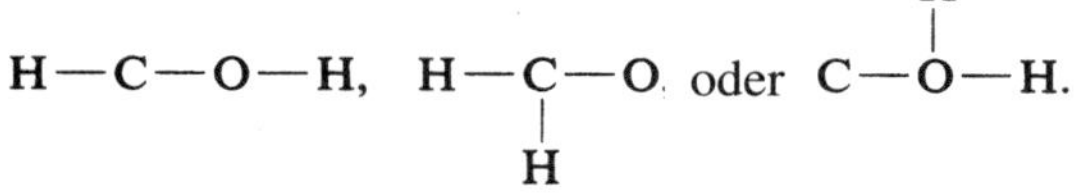

Es gibt 12 Valenzelektronen, von denen jeweils 6 in jedem der obigen Gerüste eingebaut sind. Verwenden Sie die anderen sechs, um die Oktetts um C und O zu komplettieren, bestimmen Sie die Formalladungen und entscheiden Sie dann, welche Struktur die richtige ist.

Lösung: H—C̈=Ö—H (−1 +1) H—C(H)=Ö: (0 0) :C̈=O(H)—H (−2 +2)

Die mittlere Struktur ist eindeutig die richtige.

9.43. Unter den richtigen Bedingungen kondensieren drei Moleküle Formaldehyd zu einem cyclischen Molekül. Zeichnen Sie seine Lewis-Struktur. Die richtige Struktur besitzt abwechselnde C- und O-Atome.

Lösung:

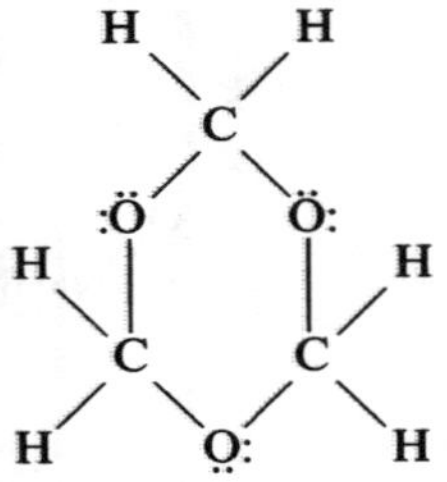

BINDUNGSEIGENSCHAFTEN

9.44. Der Chlor-Sauerstoff-Bindungsabstand im ClO_4^- beträgt 144 pm. Was schließen Sie daraus über die valence-bond-Struktur dieses Ions?

Lösung: Da die nach Tabelle 9-2 geschätzte Cl-O Einfachbindungslänge 165 pm beträgt, müssen die Bindungen deutlichen Doppelbindungscharakter besitzen.

9.45. Wie viele Resonanzstrukturen können für jeden der folgenden aromatischen Kohlenwasserstoffe formuliert werden?

(*a*) 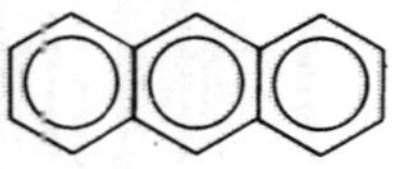
Anthracen

(*b*) 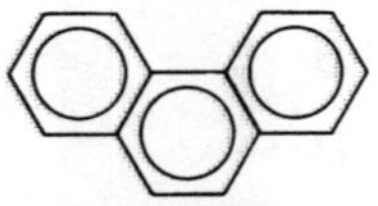
Phenanthren

(*c*) 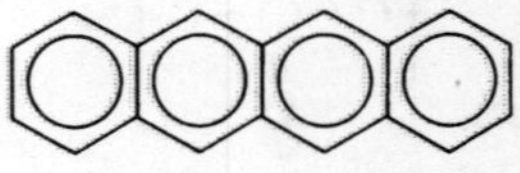
Naphthacen

Berücksichtigen Sie nur Doppelbindungen zwischen direkt gebundenen Kohlenstoffen.

Lösung: (*a*) 4; (*b*) 5; (*c*) 5

9.46. Die Struktur von 1,3-Butadien wird oft als $H_2C{=}CH{-}CH{=}CH_2$ formuliert. Der Abstand zwischen den mittleren Kohlenstoffatomen betträgt 146 pm. Kommentieren Sie die Eignung der zugeordneten Struktur.

Lösung: Die erwartete Bindungslänge für eine reine Einfachbindung beträgt 77 + 77 = 154 pm. Es müssen also noch Resonanzstrukturen ohne Oktett mit einer Doppelbindung zwischen den zentralen Kohlenstoffen eine Rolle spielen, so wie:

$$\overset{+}{C}H_2 - CH = CH - \ddot{C}H_2^-$$

9.47. Die mittlere C–C-Bindungsenergie beträgt 3 447 kJ/mol. Was sagen Sie für die Si–Si-Einfachbindungsenergie voraus und warum?

Lösung: Weil Si ein viel größeres Atom als C ist, gibt es weniger Orbitalüberlappung (geringere Elektronenaufteilung) und wahrscheinlich weniger als 300 kJ/mol Bindungsenergie.

9.48. (*a*) Was sind die Bindungsordnungen für CN^-, CN und CN^+? (*b*) Welche dieser Spezies sollte die kürzeste Bindungslänge haben?

Lösung: (*a*) CN^-, 3; CN, $2^1/_2$; CN^+, 2; (*b*) CN^-

9.49. Welche(s) homonukleare zweiatomige Molekül(e) der Elemente der zweiten Periode sollte, abgesehen von O_2, noch paramagnetisch sein?

Lösung: B_2

9.50. Welche hypothetischen homonuklearen, zweiatomigen Moleküle der Elemente der zweiten Periode sollten eine Bindungsordnung von Null haben?

Lösung: Be_2, Ne_2

9.51. Dipolmomente werden gelegentlich in *Debye* angegeben, wobei gilt:

$$1 \text{ Debye} = 10^{-18} \text{ (esu der Ladung)} \cdot \text{cm}$$

Die elektrostatische Einheit (esu) der Ladung ist definiert als 1 C = $2{,}998 \cdot 10^9$ esu. Wie groß ist der Wert von 1 Debye in SI-Einheiten?

Lösung: $3{,}336 \cdot 10^{-30}$ C · m

9.52. Wo im Raum befinden sich die sechs Elektronen des Benzols, die wir normalerweise als Ring innerhalb des Sechsecks darstellen?

Lösung: Die sechs Elektronen besetzen Molekülorbitale, die aus der Kombination von *p*-Orbitalen entstehen und allesamt senkrecht zur Molekülebene liegen, aber keine Elektronendichte in dieser Ebene aufweisen. Daher kann die Elektronendichte durch zwei identische kreisförmige Wolken dargestellt werden, von denen eine über und eine unter der Molekülebene liegt.

9.53. Das Dipolmoment von HBr beträgt $2{,}60 \cdot 10^{-30}$ C · m und der interatomare Abstand 141 pm. Wie groß ist der prozentuale ionische Charakter von HBr?

Lösung: 11,5%

9.54. Die Dipolmomente von NH_3, AsH_3 und BF_3 sind (4,97, 0,60 und 0,00) · 10^{-30} C · m. Was kann man daraus über die räumliche Struktur der Moleküle schließen?

Lösung: NH_3 und AsH_3 sind beide pyramidal und BF_3 ist planar. Aus den Dipolmomenten allein kann man nichts über die relative Abflachung der NH_3- und AsH_3-Pyramiden aussagen, da die Elektronegativitäten von N und As unterschiedlich sind.

9.55. Der As–Cl-Bindungsabstand beträgt im $AsCl_3$ 217 pm. Schätzen Sie den Kovalenzradius von As für Einfachbindungen ab.

Lösung: 118 pm

9.56. Die Kohlenstoff-Kohlenstoff-Doppelbindungsenergie im C_2H_4 beträgt 615 kJ/mol und die Kohlenstoff-Kohlenstoff-Einfachbindungsenergie im C_2H_6 347 kJ/mol. Warum ist die Doppelbindungsenergie wesentlich niedriger als das zweifache der Einfachbindungsenergie?

Lösung: Ein *s*-Orbital besitzt zwischen den Atomen eine größere Elektronenüberlappung, weil seine einzelnen Atomorbitale direkt aufeinander ausgerichtet sind, während die *p*-Orbitale, die das *p*-Orbital erzeugen, senkrecht zur Kernverbindungsachse liegen und lediglich eine seitliche Überlappung aufweisen.

9.57. Schätzen Sie ΔH für die Reaktion

$$C_2H_5Cl(g) \rightarrow HCl(g) + C_2H_4(g)$$

ab, wenn die folgenden Bindungsenergien in kJ/mol gegeben sind:

C – C	C – H	Cl – Cl	C – Cl	H – Cl	C = C
348	414	242	327	431	615

Lösung: +43 kJ

9.58. Schätzen Sie die Bindungsenergie der F–F Bindung ab, wenn $\Delta H_f°$ von HF(*g*) –271 kJ/mol beträgt und die folgenden Bindungsenergien in kJ/mol gegeben sind:

H – F	H – H
565	435

Lösung: 153 kJ/mol

MOLEKÜLFORMEN

9.59. Der Platin-Chlor-Abstand in verschiedenen kristallinen Verbindungen wurde zu 232 pm bestimmt. Wie groß ist der Chlor-Chlor Abstand in (*a*) Struktur (*a*) und (*b*) Struktur (*b*) aus Abb. 9-18, wenn dieser Wert für beide Verbindungen in dieser Abbildung gilt?

Lösung: (*a*) 464 pm; (*b*) 328 pm

9.60. Wie groß ist die Länge eines Polymermoleküls, das 1 001 einfach gebundene Kohlenstoffatome in einer Reihe enthält, wenn das Molekül zu seiner maximalen Länge, die unter Erhalt des normalen Tetraederwinkels in jeder C–C–C-Gruppe möglich ist, ausgestreckt werden könnte?

Lösung: 126 nm

9.61. Ein Pflanzenvirus wurde unter dem Elektronenmikroskop untersucht und bestand aus gleichförmigen, zylindrischen Teilchen mit einem Durchmesser von 15.0 nm und einer Länge von 300 nm. Der Virus hat ein spezifisches Volumen von 0.73 cm^3/g. Wie groß ist seine molare Masse, wenn man davon ausgeht, daß das Virusteilchen aus einem Molekül besteht?

Lösung: $4{,}4 \cdot 10^7$

9.62. Wie groß ist der Chlor-Chlor-Abstand in jedem der drei Dichlorbenzole (Abb. 9-49), wenn man davon ausgeht, daß sich die Kovalenzradien in der C – Cl-Bindung additiv verhalten? Nehmen Sie an, daß der Ring ein regelmäßiges Sechseck ist und daß jede C – Cl-Bindung auf einer Linie durch den Mittelpunkt des Sechsecks liegt. Der Abstand zwischen benachbarten Kohlenstoffatomen beträgt 140 pm.

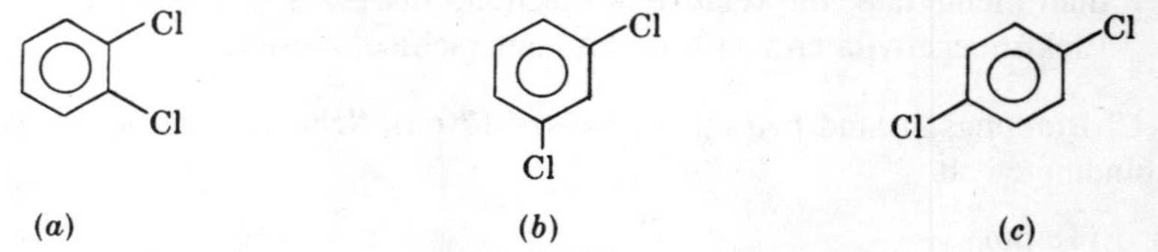

Abb. 9-49

Lösung: (*a*) 316 pm; (*b*) 547 pm; (*c*) 632 pm

9.63. Schätzen Sie die Länge und Breite des Kohlenstoffgerüsts im Anthracen ab [eine Strukturformel ist in Aufgabe 9-43(*a*) gezeigt]. Gehen Sie von Sechsringen mit gleichen Kohlenstoff-Kohlenstoffabständen von 140 pm aus.

Lösung: 730 pm lang, 280 pm breit

9.64. BBr_3 ist ein symmetrisches, planares Molekül, alle B–Br-Bindungen bilden untereinander einen Winkel von 120°. Der Abstand zwischen den Br-Atomen beträgt 324 pm. Schätzen Sie mit diesem Wert und dem Kovalenzradius von Br (114 pm) den Kovalenzradius von Bor ab, wenn Sie annehmen, daß alle Bindungen Einfachbindungen sind.

Lösung: 73 pm

9.65. Wie lautet die VSEPR-Zahl für das Zentralatom in jeder der folgenden Spezies? (*Hinweis*: Zeichnen Sie zunächst die Lewis-Strukturen.) (*a*) SO_2; (*b*) SO_3; (*c*) SO_3^{2-}; (*d*) SO_4^{2-}; (*e*) SF_6; (*f*) S_3^{2-}.

Lösung: (*a*) 3; (*b*) 3; (*c*) 4; (*d*) 4; (*e*) 6; (*f*) 4

9.66. Wie groß sind die Bindungswinkel in jeder Spezies aus der vorhergehenden Aufgabe?

Lösung: (*a*) etwas weniger als 120°; (*b*) 120°; (*c*) etwas weniger als 109°28´; (*d*) 109°28´; (*e*) 90°; (*f*) etwas weniger als 109°28´

9.67. Geben Sie für jede der folgenden Spezies die VSEPR-Zahl, die allgemeine Form des Koordinationspolyeders und die Bindungswinkel an: (*a*) XeF_4; (*b*) XeO_3; (*c*) XeF_2.

Lösung: (*a*) VSEPR-Zahl 6, quadratisch-planar, 90°; (*b*) VSEPR-Zahl 4, trigonale Pyramide mit einsamem Elektronenpaar an der Spitze, etwas weniger als 109°28´; (*c*) VSEPR-Zahl 5, linear, 180°

9.68. Welche(s) der folgenden Moleküle oder Ionen sind/ist linear (d.h. alle Bindungswinkel sind 180°)? (*a*) OF_2; (*b*) HCN; (*c*) H_2S; (*d*) CO_2; (*e*) IF_2^-.

Lösung: (*b*); (*d*); (*e*)

9.69. Welche(s) der folgenden Moleküle oder Ionen sind/ist gewinkelt?
(*a*) $BeCl_2$; (*b*) HOCl; (*c*) HO_2^-; (*d*) NH_2^-; (*e*) N_3^-.

Lösung: (*b*); (*c*); (*d*)

9.70. Welche(s) der folgenden Moleküle oder Ionen sind/ist flach (d.h. alle Atome liegen in derselben Ebene)? (*a*) BF_3; (*b*) XeO_4; (*c*) NO_3^-; (*d*) C_2H_2; (*e*) HN_3.

Lösung: (*a*); (*c*); (*d*); (*e*); (*d*) ist exakt linear; (*e*) ist an der Seite mit dem H gewinkelt.

9.71. Für welche der folgenden Moleküle oder Ionen erwartet man ein Dipolmoment?
(*a*) CH_2Cl_2; (*b*) *cis*-$C_2H_2Cl_2$; (*c*) *trans*-$C_2H_2Cl_2$; (*d*) CH_2CCl_2; (*e*) SF_4; (*f*) XeF_4; (*g*) C_2F_4; (*h*) H_2SO_4; (*i*) NH_4^+; (*j*) N_2H_4; (*k*) NCl_3.

Lösung: (*a*); (*b*); (*d*); (*e*); (*h*); (*k*)

9.72. Für welches der folgenden Moleküle oder Ionen würden Sie eine flache Form erwarten, wenn Sie sämtliche Wasserstoffatome vernachlässigen? (*a*) $CH_3CHCHCl$; (*b*) HNO_3; (*c*) $H_2PO_4^-$; (*d*) $SOCl_2$; (*e*) C_6H_5OH (also Hydroxybenzol).

Lösung: (*a*); (*b*); (*e*)

KOORDINATIONSVERBINDUNGEN

9.73. Benennen Sie die folgenden Moleküle (en = ethylendiamin, py = pyridin):

(*a*) $[Co(NH_3)_5Br]SO_4$	(*c*) $[Pt(py)_4][PtCl_4]$	(*e*) $K_3[Fe(CN)_5CO]$
(*b*) $[Cr(en)_2Cl_2]Cl$	(*d*) $K_2[NiF_6]$	(*f*) $CsTeF_5$

Lösung:
(*a*) Pentaamminbromocobalt(III)sulfat
(*b*) Dichlorobis(ethylendiamin)chrom(III)chlorid
(*c*) Tetrapyridinplatin(II)tetrachloroplatinat(II)
(*d*) Kalium-hexafluoronickelat(IV)
(*e*) Kalium-carbonylpentacyanoferrat(II)
(*f*) Cäsium-pentafluorotellurat(IV)

9.74. Schreiben Sie Formeln für die folgenden Verbindungen und verwenden Sie Klammern, um das Komplexion abzugrenzen: (*a*) Triamminbromoplatin(II)nitrat; (*b*) Dichlorobis(ethylendiamin)cobalt(II)monohydrat; (*c*) Pentaamminsulfatocobalt(III)bromid; (*d*) Kalium-hexafluoroplatinat(IV); (*e*) Tetraaquadibromochrom(III)chlorid; (*f*) Ammonium-heptafluorozirconat (IV).

Lösung: (*a*) $[Pt(NH_3)_3Br]NO_3$ (*c*) $[Co(NH_3)_5SO_4]Br$ (*e*) $[Cr(H_2O)_4Br_2]Cl$
(*b*) $[Co(en)_2Cl_2] \cdot H_2O$ (*d*) $K_2[PtF_6]$ (*f*) $(NH_4)_3[ZrF_7]$

9.75. Δ für $IrCl_6^{3-}$ beträgt 27 600 cm^{-1}. (*a*) Wie groß ist die Wellenlänge des Absorptionsmaximums? (*b*) Was würden Sie für das magnetische Verhalten dieses Ions vorhersagen?

Lösung: (*a*) 362 nm; (*b*) diamagnetisch

9.76. (*a*) Wie groß ist die maximale Anzahl ungepaarter Elektronen, die ein oktaedrischer high-spin-Komplex der ersten Übergangsserie im Grundzustand aufweisen kann? (*b*) Welche Elemente könnten in welchen Oxidationsstufen dieses Maximum zeigen?

Lösung: (*a*) 5; (*b*) Mn(II), Fe(III)

9.77. Für welche Werte von *i* könnten allein die magnetischen Eigenschaften eines oktaedrisch komplexierten Metalls der ersten Übergangsreihe mit der Konfiguration d^i (in seiner entsprechenden Oxidationsstufe) zwischen Liganden mit starkem Feld und solchen mit schwachem Feld unterscheiden?

Lösung: 4, 5, 6, 7

9.78. Sowohl $Fe(CN)_6^{4-}$ als auch $Fe(H_2O)_6^{2+}$ erscheinen in verdünnter Lösung farblos. Das erste Ion ist low-spin, das letztere high-spin. (*a*) Wieviele ungepaarte Elektronen gibt es in jedem dieser Ionen? (*b*) Warum sollten beide Ionen farblos sein, wenn man den offensichtlich signifikanten Unterschied ihrer Δ-Werte betrachtet?

Lösung: (*a*) 0 im $Fe(CN)_6^{4-}$, 4 im $Fe(H_2O)_6^{2+}$. (*b*) Für $Fe(CN)_6^{4-}$ ist Δ so hoch, daß der Absorptionspeak im Ultraviolettbereich liegt; für $Fe(H_2O)_6^{2+}$ ist Δ so klein, daß sein Absorptionspeak im Infrarotbereich liegt. Von beiden Verbindungen wird praktisch kein sichtbares Licht absorbiert.

9.79. Das Hexaaquaeisen(III)-Ion ist praktisch farblos. Seine Lösung wird rot, wenn man NCS^- zugibt. Erklären Sie das. (Vergleichen Sie mit Aufgabe 9.78.)

Lösung: H_2O ist kein Ligand mit starkem Feld, wie in Aufgabe 9.78. angemerkt ist. NCS^- hat leere π*-Orbitale, die mit den t_{2g}-Orbitalen des Metalls überlappen und daher Elektronendichte vom Metall aufnehmen können. Diese "Rückbindung" vergrößert die Stärke der Metall-Ligand-Bindung und erniedrigt die Energie des t_{2g}-Niveaus, weswegen NCS^- ein Ligand mit starkem Feld ist. Ein Ligand mit starkem Feld verursacht eine Erhöhung von Δ und damit eine Erniedrigung der Wellenlänge des *d-d*-Absorptionsmaximums vom nahen Infrarot bis weit in den sichtbaren Bereich (nämlich ins Blaugrüne).

ISOMERIE

9.80. Wieviele Strukturisomere können für jede der folgenden Verbindungen formuliert werden: (*a*) C_5H_{12}; (*b*) C_3H_7Cl; (*c*) $C_3H_6Cl_2$; (*d*) $C_4H_8Cl_2$; (*e*) $C_5H_{11}Cl$; (*f*) C_6H_{14}; (*g*) C_7H_{16}?

Lösung: (*a*) 3; (*b*) 2; (*c*) 4; (*d*) 9; (*e*) 8; (*f*) 5; (*g*) 9

9.81. Welches ist die empirische Formel unter den aliphatischen Kohlenwasserstoffen (C_nH_{2n+2}, wobei *n* ganzzahlig ist) mit der niedrigsten Molmasse, die in mindestens einem ihrer Strukturisomere optische Aktivität zeigen kann?

Lösung: C_7H_{16}

9.82. Wieviele Struktur- und geometrische Isomere können für die folgenden Verbindungen formuliert werden (Verbindungen mit Ringen nicht mitgerechnet): (*a*) C_3H_5Cl; (*b*) $C_3H_4Cl_2$; (*c*) C_4H_7Cl; (*d*) C_5H_{10}?

Lösung: (*a*) 4; (*b*) 7; (*c*) 11; (*d*) 6

9.83. Wieviele geometrische Isomere sind für den quadratisch-planaren Komplex $[Pt(NH)_3(NH_2OH)py(NO_2)]^+$ möglich? Zeichnen Sie diese.

Lösung: Es gibt drei Isomere. Jeder Ligand kann *trans* zu jedem der anderen drei stehen; die beiden Liganden, die nicht *trans* zum ersten stehen, stehen automatisch *trans* zueinander.

9.84. Sagen Sie voraus, ob $[Ir(en)_3]^{3+}$ optische Isomerie zeigt. Wenn dem so ist, beweisen Sie durch Zeichnung, daß die beiden optischen Isomere nicht einfach zwei durch Drehung ineinander überführbare Ansichten derselben Verbindung sind.

Lösung: Es gibt zwei optische Isomere, die wie in Abb. 9-50 gezeigt, dargestellt werden können.

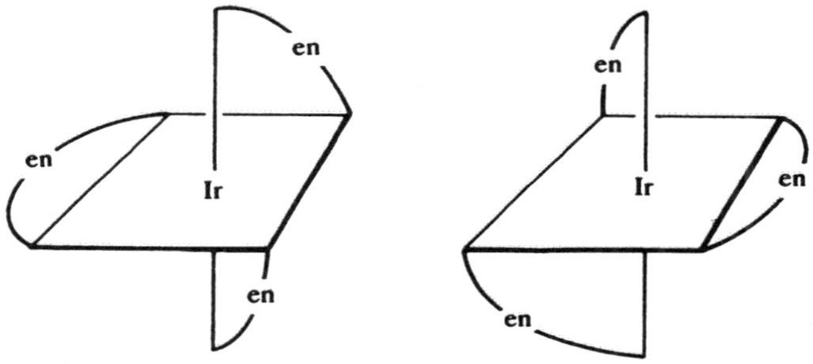

Abb. 9-50

9.85. Wieviele Isomere gibt es für die Formel $[M\ en\ XY_3]$, wobei M das Zentralmetall, en den zweizähnigen Liganden ethylendiamin und X und Y einzähnige Liganden darstellen? Beschreiben Sie in Worten, wie diese sich unterscheiden.

Lösung: Es gibt zwei geometrische Isomere; in einem davon stehen zwei der Y *trans* zueinander und im anderen alle *cis*.

BINDUNG IN METALLEN

9.86. Im Silicium gibt es eine Energielücke zwischen dem Band der bindenden MO's und einem Band mit der gleichen Anzahl antibindender MO's, die sich alle von den 3*s*- und 3*p*-Atomorbitalen ableiten. Ist Silicium ein metallischer elektrischer Leiter? Erklären Sie das!

Lösung: Nein. In einem Kristall mit *N* Atomen gibt es 4*N* MO's, von denen 2*N* bindend sind. Die 4*N* Valenzelektronen füllen gerade die 2*N* bindenden MO's auf; metallische Leitfähigkeit setzt aber voraus, daß das Band nur teilweise gefüllt ist.

9.87. Wie beeinflußt ein Temperaturanstieg die elektrische Leitfähigkeit eines Metalls? Erklären Sie das!

Lösung: Ein Temperaturanstieg verringert die Leitfähigkeit, weil die heftige Bewegung der Atome die Fernordnung des Gitters stört und damit die MO's blockiert, die den ganzen Kristall durchziehen.

9.88. Die meisten Metalle sind im Gegensatz zur Sprödigkeit der meisten anderen Festkörper duktil und verformbar. Erklären Sie diese Eigenschaften mit dem Modell des Elektronengases.

Lösung: Da die Atome relativ weit voneinander entfernt sind und das Elektronengas einer Verformung wenig Widerstand entgegensetzt, wird nicht viel Energie benötigt, um eine Atomlage gegen eine andere zu verschieben. Daher wird der Kristall durch äußere Belastung deformiert und nicht zerbrochen.

Kapitel 10

Festkörper und Flüssigkeiten

Man kann Festkörper nicht so gut erfassen wie die einfacheren Bausteine der Materie, die Atome und Moleküle. Es gibt dennoch einige einfache Eigenschaften von Festkörpern, die einen recht tiefen Einblick in deren Natur erlauben. Eine dieser Eigenschaften ist die Regelmäßigkeit in der Struktur aller kristallinen Festkörper, auf Grund der ein ganzer makroskopischer Kristall aus einer dreidimensionalen Wiederholung einer Grundeinheit von Atomen, Ionen oder Molekülen besteht, die eine festgelegte Anordnung aufweist.

KRISTALLE

Die Anordnung der Grundeinheiten in einem Kristall wird als *Gitter* bezeichnet. Jedes Gitter stellt eine dreidimensionale Anordnung identischer Bausteine dar, die *Elementarzellen* genannt werden. Man kann mit Hilfe der Elementarzelle die Eigenschaften des gesamten Kristalls einschließlich seiner Gesamtsymmetrie beschreiben.

Die Beschreibung von Kristallen wurde durch die mathematische Aussage systematisiert, nach der es nur eine kleine Anzahl möglicher Anordnungen gibt (14, um genau zu sein), die die Forderung erfüllen, daß die durch reine Translation erweiterte Anordnung den gesamten dreidimensionalen Raum einnimmt. Diese 14 Anordnungen werden *Bravais-Gitter* genannt.

In diesem Buch werden nur die drei Bravais-Gitter mit kubischer Symmetrie im Detail betrachtet: Das *kubisch-primitive*, das *kubisch-flächenzentrierte* und das *kubisch-innenzentrierte*. Die entsprechenden Elementarzellen sind in Abb. 10-1 dargestellt. In Wirklichkeit stellen die Gitterpunkte (die Ecken der Würfel und die Mittelpunkte der Seiten oder Flächen) die *Mittelpunkte* der Atome oder Ionen dar, die das Gitter besetzen. Die Atome oder Ionen selbst sind keine Punkte, sondern dreidimensionale Objekte, die sich üblicherweise untereinander berühren. Die Darstellungen dieser Objekte sind in Abb. 10-1 aus Gründen der Übersichtlichkeit verkleinert. Die Länge einer Würfelkante wird mit a bezeichnet. Man kann sich einen Kristall, der eines dieser Gitter besitzt, als dreidimensionale Anordnung von Elementarzellen-Würfeln vorstellen, die jeweils mit den Flächen aneinander stehen und so den gesamten Raum des Kristalls ausfüllen.

Elementarzellen von Kristallklassen, die eine geringere Symmetrie als die kubische haben, kann man sich als mehr oder weniger verzerrte Würfel vorstellen, deren gegenüberliegende Seiten parallel zueinander liegen (der Name einer solchen allgemeinen geometrischen Form ist *Parallelepiped*). So haben Kristalle mit hexagonaler Symmetrie (wie Schnee bzw. Eis) prismatische Elementarzellen mit einer vertikalen Achse, die senkrecht auf einer rhombusförmigen Basisfläche mit Winkeln von 60° und 120° steht. Eine typische hexagonale Elementarzelle ist in Abb. 10-2 gezeigt. Die Seitenlänge des Rhombus wird mit a bezeichnet, die Höhe der Elementarzelle mit c. Beachten Sie, daß durch das Zusammenfügen von drei Elementarzellen ein hexagonales Prisma entsteht.

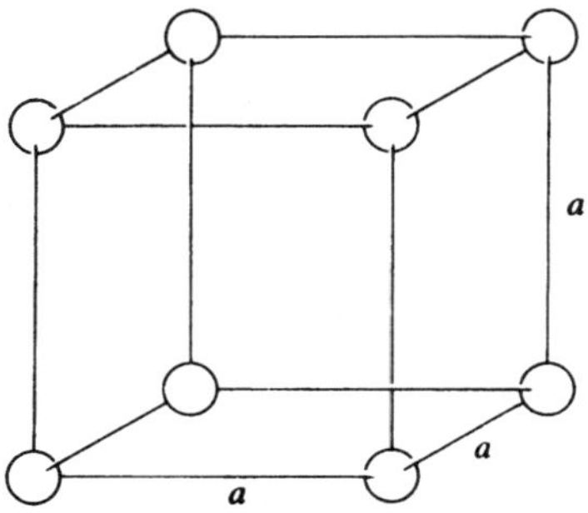

(*a*) kubisch-primitiv

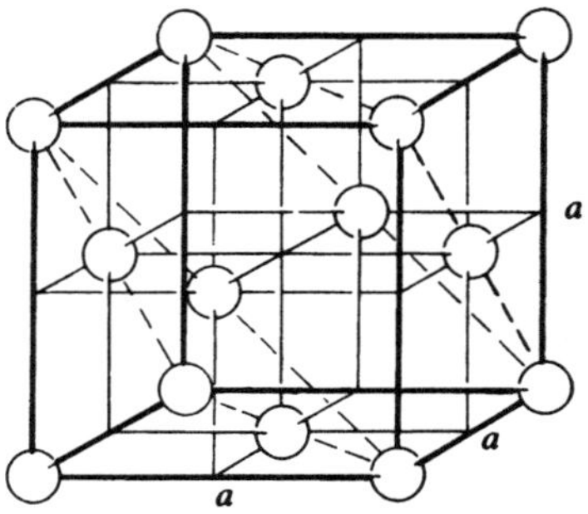

(*b*) kubisch-flächenzentriert

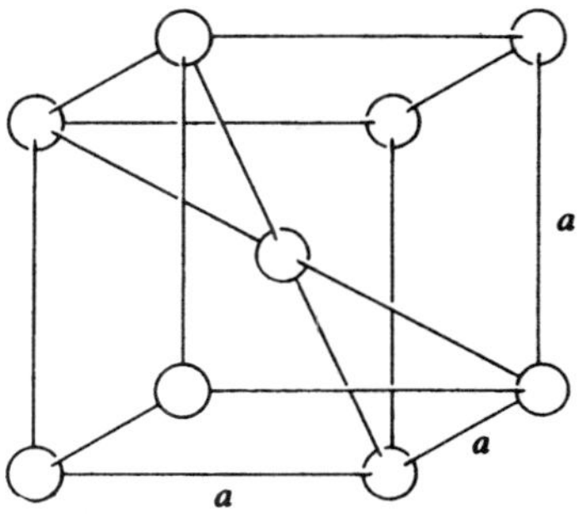

(*c*) kubisch-innenzentriert

Abb. 10-1. Elementarzellen mit kubischer Symmetrie

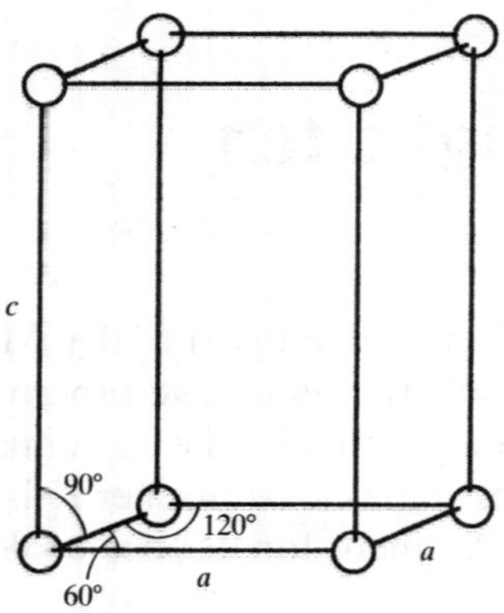

Abb. 10-2. Eine hexagonale Elementarzelle

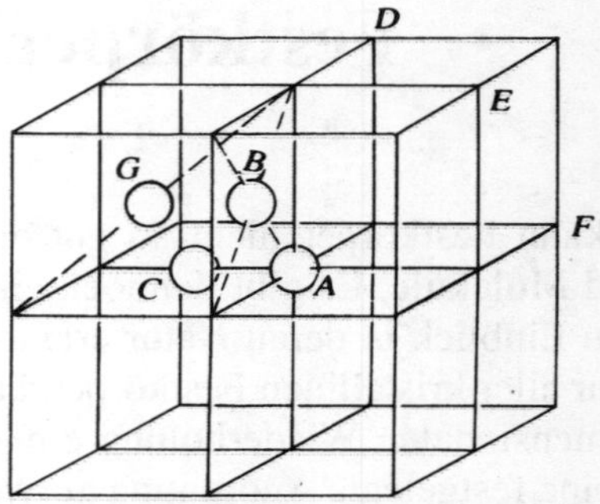

Abb. 10-3. Ein Stapel aus acht kubischen Elementarzellen

Die Gesamtdichte eines idealen Kristalls kann aus den Eigenschaften der Elementarzelle berechnet werden. Dazu ist es nötig, die Masse des Kristalls auf die einzelnen Elementarzellen aufzuteilen und dann die Masse, die einer Elementarzelle zukommt, durch das Volumen der Elementarzelle zu dividieren. Bei der Berechnung der Masse einer Elementarzelle darf man der Zelle nur den Bruchteil eines Atoms zurechnen, der auch wirklich in der Zelle liegt. Wenn die Elementarzelle kubisch ist, erkennen wir aus Abb. 10-3, daß gilt:

Masse pro Elementarzelle = $^1/_8$ (Masse der Atome *A* an der Ecke der Elementarzelle)
+ $^1/_8$ (Masse der Atome *C* auf den Kanten der Elementarzelle)
+ $^1/_8$ (Masse der Atome *B* auf den Flächen der Elementarzelle)
+ (Masse der Atome *G* innerhalb der Elementarzelle)

Dies muß so sein, weil ein Atom an der Ecke gleichzeitig zu acht Elementarzellen gehört, usw. Beachten Sie, daß diese Formel auch dann gilt, wenn nicht alle Atome derselben Spezies angehören oder die Zelle nicht kubisch ist.

Koordinationszahl

Die *Koordinationszahl* eines Atoms in einem Kristall ist die Anzahl der Atome in unmittelbarer Nachbarschaft. Die Koordinationszahl ist für ein gegebenes Gitter eine Konstante [s. Aufgaben 10.1(*b*) und 10.12(*d*)].

Dichteste Packung

Es gibt zwei einfache Gitterstrukturen, die ein hohes Maß an Packungsdichte der Atome in einem Kristall erlauben. Eine Struktur, in der identische Kugeln (die Atome) den größtmöglichen Teil des gesamten Raums einnehmen wird *dichtest-gepackte* Struktur genannt. Sie kann erreicht werden, indem man Schichten zweidimensional dichtest-gepackter Atome, in denen jede Kugel von einer regulär-hexagonalen Anordnung von sechs weiteren Kugeln (wie in Abb. 10-4) umgeben ist, übereinanderstapelt. In der Abbildung stellen die großen Kreise die Kugeln in einer solchen Schicht dar, und die Quadrate umgeben die *Mittelpunkte* der Kugeln der darüberliegenden Schicht. Wenn in der dritten und jeder ungeraden Schicht die Kugeln direkt über denen der ersten Schicht und in jeder geradzahligen Schicht die Kugeln direkt über denen der zweiten Schicht liegen, nennt man das eine *hexagonal-dichteste Kugelpackung*; die entsprechende Elementarzelle für die Mittelpunkte der Kugeln ist in Aufgabe 10.12. angegeben.

Wenn dagegen in der Struktur eine regelmäßige Abfolge von drei verschiedenen Schichten vorliegt, wobei die dritte aus Kugeln aufgebaut ist, deren Mittelpunkte durch die kleinen Kreise in Abb. 10-4 dargestellt sind, liegt eine *kubisch-dichteste Kugelpackung* vor; ihre Elementarzelle ist kubisch-flächenzentriert. Die dichtest-gepackten Schichten verlaufen senkrecht zu einer Raumdiagonalen der Elementarzelle [s. die gestrichelten Dreiecke in Abb. 10-1(*b*)].

Sowohl die hexagonal-dichtestet als auch die kubisch-dichtest gepackten Gitter besitzen dieselbe Raumerfüllung durch sich berührende Kugeln, nämlich 74 Prozent [s. Aufgabe 10.1(*d*)]. Beide Gitter haben auch dieselbe Koordinationszahl, nämlich 12.

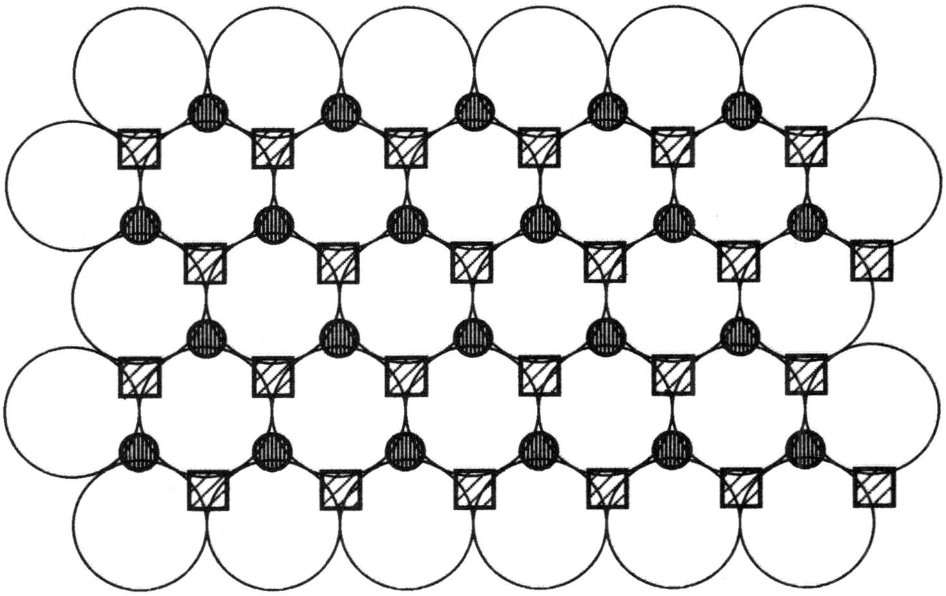

Abb. 10-4

Die freibleibenden Stellen oder *Lücken* in einem Kristall können manchmal kleinere Fremdteilchen aufnehmen. Daher ist ein Verständnis der Geometrie dieser Lücken wichtig. In der kubisch-dichtesten Kugelpackung sind die beiden Haupttypen die *tetraedrische* und die *oktaedrische* Lücke. In Abb. 10-1(*b*) liegen die Tetraederlücken in den Zentren der eingezeichneten kleinen Würfel der Seitenlänge $a/2$. Jede Tetraederlücke hat vier unmittelbar benachbarte Atome. Die Oktaederlücken liegen im Zentrum und auf den Kantenmitten der dargestellten Elementarzelle. Jede Oktaederlücke ist von sechs unmittelbar benachbarten Atomen umgeben.

KRISTALLKRÄFTE

Die Stärke der Kräfte, von denen kristalline Substanzen zusammengehalten werden, schwankt beträchtlich. In *Molekülkristallen* wie CO_2 und Benzol ist jedes Molekül fast unabhängig von allen anderen und behält fast dieselbe innere Geometrie (Bindungslängen und -Winkel), die es im gasförmigen oder flüssigen Zustand besitzt. Der Kristall wird von relativ schwachen van der Waals-Wechselwirkungen zusammengehalten und der Schmelzpunkt liegt nie sehr hoch. Bei Substanzen, die intermolekulare Wasserstoffbrückenbindungen bilden können, können die intermolekularen Kräfte groß genug sein, um einen merklichen Unterschied in der Molekülgeometrie hervorzurufen. *Wasserstoffbrückenbindung* (hauptsächlich elektrostatischen Ursprungs) beruhen auf der Anziehung zwischen einem Wasserstoffatom einer polaren Bindung eines Moleküls (oder Molekülteils), das eine positive Ladung trägt, und einem Atom einer polaren Bindung eines anderen Moleküls (oder Molekülteils), das eine negative Ladung trägt. Die wichtigsten polaren Bindungen, die eine Wasserstoffbrückenbindung zulassen, sind jene zwischen Wasserstoff und den elektronegativsten Elementen: Fluor, Sauerstoff, Stickstoff und Chlor. Wasser ist ein Beispiel: Der Winkel zwischen den O–H-Bindungen im Dampf beträgt etwa 105°, im Kristall dagegen 109°28′, in Einklang mit den Raumanforderungen des Kristalls im Gegensatz zu denen des Moleküls.

Bei den *Metallen* kommt eine besondere Art von Kristallkraft ins Spiel, die sich durch eine weitestgehend ungerichtete Natur auszeichnet. Feste Bindungswinkel spielen in Metallen keine große Rolle, und die stabilsten Kristallstrukturen der meisten elementaren Metalle weisen die dichteste Kugelpackung auf. Wichtige Ausnahmen sind die Metalle der Gruppe I und Eisen, die die kubisch-innenzentrierte Struktur besitzen. In den *kovalenten Kristallen* wie Diamant oder Siliciumcarbid wird der Kristall durch ein dreidimensionales Netzwerk kovalenter Bindungen zusammengehalten, deren jeweilige Bindungswinkel hauptsächlich von den Anforderungen an die kovalenten Bindungen der einzelnen Atome bestimmt werden.

Tabelle 10-1 Ionenradien

Ion	Radius/pm	Ion	Radius/pm
Li^+	60	Cd^{2+}	97
Na^+	95	Ni^{2+}	69
K^+	133	Al^{3+}	50
Cs^+	169	H^-	208
Ag^+	126	F^-	136
Mg^{2+}	65	Cl^-	181
Ca^{2+}	99	Br^-	195
Sr^{2+}	113	I^-	216
Ba^{2+}	135	O^{2-}	140
Zn^{2+}	74	S^{2-}	184

IONENRADIEN

Die in *Ionenkristallen* wirksamen anziehenden Kräfte sind hauptsächlich elektrostatischer Natur, der klassischen Anziehung zwischen entgegengesetzt geladenen Teilchen. Um die Abstoßung zwischen Teilchen gleicher Ladung zu vermeiden, kristallisieren ionische Substanzen in Strukturen, bei denen ein positives und ein negatives Ion sich berühren, während Ionen gleicher Ladung voneinander ferngehalten werden. Tatsächlich können die Abmessungen der einfachsten rein ionischen Kristalle durch die Annahme eines Ionenradius für jedes Ion erklärt werden. Dieser Radius gilt für alle Verbindungen dieses Ions. Der niedrigste Kation-Anion-Abstand wird als die Summe der Ionenradien von Kation und Anion angesehen. Die Radien einiger elementarer Ionen sind in Tabelle 10-1 zusammengestellt.

KRÄFTE IN FLÜSSIGKEITEN

Die Kräfte, die Atome, Ionen und Moleküle in Flüssigkeiten zusammenhalten, sind dieselben, die für Festkörper diskutiert wurden. Obwohl diese Kräfte gerade oberhalb des Schmelzpunkts nicht mehr ausreichen, um die Atome, Ionen oder Moleküle auf ihren Gitterplätzen zu halten, sind sie doch in den meisten Fällen noch stark genug, um die Verdampfung zu verhindern.

Flüssige Metalle und Salze werden nur in der industriellen Technik benutzt. Da die zusammenhaltenden Kräfte so stark sind, sind die zum Schmelzen nötigen Temperaturen hoch, und der Temperaturbereich für den flüssigen Zustand ist sehr groß.

Die meisten vertrauten Flüssigkeiten bestehen aus Molekülen wie z.B. Wasser, Benzol, Brom, die zu molekularen Festkörpern gefrieren. Die Moleküle sind durch schwache Kräfte an ihre Nachbarn gebunden, von denen die mit Abstand stärkste die Wasserstoffbrückenbindung ist. Die anderen sind in ihrer Gesamtheit als van der Waals-Kräfte bekannt. *Alle* Atome und Moleküle ziehen sich gegenseitig an. Wenn ein Molekül ein permanentes Dipolmoment besitzt (Kapitel 9), stellt die Dipol-Dipol-Anziehung einen signifikanten Anteil dieser schwachen Kraft dar. Aber selbst bei der Abwesenheit permanenter Dipole existiert eine schwache, als London-Kraft bezeichnete Anziehung, für die vorübergehende Dipole sehr kurzer Lebensdauer verantwortlich sind. Dies wurde von Fritz London postuliert. Allgemein kann man sagen, daß die London'schen Kräfte zwischen Molekülen umso größer werden, je höher die Ordnungszahlen der sich berührenden Atome sind und je größer die Berührungsfläche ist.

Die Größe der schwachen Kräfte zeigt sich bei der Flüchtigkeit der Substanz: Je größer die Kraft, desto höher der Siedepunkt. Daher zeigt der Siedepunkt der Edelgase einen gleichmäßigen Anstieg mit der Ordnungszahl und den zunehmenden London'schen Kräften. Wenn wir $SiCl_4$ (Sdp. 57,6 °C) und PCl_3 (Sdp. 75,5 °C) vergleichen, erkennen wir den Beitrag der Dipol-Dipol-Anziehung im letzteren Fall. Die Beiträge der Dipol-Dipol-Anziehung und der Wasserstoffbrückenbindung sind beim Vergleich organischer Substanzen sehr wichtig, wie bei den folgenden Beispielen gezeigt wird: C_2H_6 (Sdp. –89°, nur London'sche Kräfte), CH_3F (Sdp. –78 °C, Dipol) und CH_3OH (Sdp 65 °C,

Wasserstoffbrückenbindung). Unter den Verbindungen der Formel C_nH_{2n+2} hat das geradkettige Isomer aufgrund der erhöhten Kontaktfläche eines solchen Moleküls mit seiner Umgebung immer einen höheren Siedepunkt als jedes andere verzweigte Isomer.

Aufgaben und Lösungen

KRISTALLABMESSUNGEN

10.1. Metallisches Gold kristallisiert im kubisch-flächenzentrierten Gitter. Die Kantenlänge der kubischen Elementarzelle [Abb. 10-1(*b*)] beträgt $a = 407{,}0$ pm. (*a*) Wie groß ist der kürzeste Abstand zweier Goldatome? (*b*) Wieviele "unmittelbare Nachbarn" mit dem in (*a*) berechneten Abstand hat jedes Goldatom? (*c*) Wie groß ist die Dichte von Gold? (*d*) Beweisen Sie, daß die *Packungsdichte* von Gold, also der Bruchteil des Gesamtvolumens, der von den Atomen selbst eingenommen wird, 0,74 beträgt.

(*a*) Betrachten Sie ein Goldatom an einer Ecke in Abb. 10-1(*b*). Der kürzeste Abstand zu einem anderen Eckatom ist *a*. Der Abstand zu einem Atom auf einer Flächenmitte ist die Hälfte der Diagonalenlänge dieser Fläche, d.h.:

$$\frac{1}{2}\left(a\sqrt{2}\right) = \frac{a}{\sqrt{2}}\text{, was weniger ist als } a$$

Daher beträgt der kürzeste Abstand zweier Atome:

$$\frac{407{,}0}{\sqrt{2}} = 287{,}9 \text{ pm}$$

(*b*) Die Aufgabe besteht darin, herauszufinden, wieviele Flächenmitten den gleichen Abstand zu einem Eckatom haben. Punkt *A* in Abb. 10-3 kann als Ausgangspunkt verwendet werden. In derselben Abbildung ist *B* eine der Flächenmitten mit dem kürzesten Abstand zu *A*. In der Ebene *ABD* in der Abbildung gibt es drei weitere Punkte mit gleichem Abstand zu *A*: Die Mittelpunkte der Quadrate des oberen rechten, unteren linken und unteren rechten Quadranten der Ebene, ausgehend von *A*. Ebenso enthält die zur Papierebene senkrechte Ebene *ACF* Punkte in den Zentren jedes der Quadrate in den vier Quadranten um *A*. Daher gibt es insgesamt 12 nächste Nachbarn, die Zahl, die man für eine dichtest-gepackte Struktur auch erwarten würde.

Zum selben Ergebnis wäre man durch Abzählung der nächsten Nachbarn um *B*, einem flächenzentrierten Punkt, gekommen.

(*c*) Für die kubisch-flächenzentrierte Struktur mit acht Ecken und sechs Flächenmitten gilt:

$$\text{Masse pro Elementarzelle} = \tfrac{1}{8}(8m) + \tfrac{1}{2}(6m) = 4m$$

wobei *m* die Masse eines einzelnen Goldatoms, 197,0 u, ist. Umrechnung in Gramm ergibt:

$$m = (197{,}0 \text{ u})\left(\frac{1 \text{ g}}{6{,}023 \cdot 10^{23} \text{ u}}\right) = 3{,}27 \cdot 10^{-22} \text{ g}$$

und

$$\text{Dichte} = \frac{4m}{a^3} = \frac{4\left(3{,}27 \cdot 10^{4} \text{ g}\right)}{\left(4{,}070 \cdot 10^{4} \text{ cm}\right)^3} = 19{,}4 \text{ g/cm}^3$$

Die Umkehrung dieser Art von Rechnung kann zur exakten Bestimmung der Avogadro-Zahl verwendet werden, vorausgesetzt, daß die Gitterabmessungen, die Dichte und die Atommasse genau bekannt sind.

(*d*) Da sich die direkt benachbarten Atome in einer dichtest-gepackten Struktur berühren, muß der in berechnete kürzeste Abstand zwischen zwei Atomen $a/\sqrt{2}$ gleich der Summe der Radien zweier kugelförmiger Atome $2r$ sein. Daher ergibt sich $r = a/\sqrt{2} = a/2^{3/2}$. Aus (*c*) wissen wir, daß es pro Elementarzelle vier Goldatome gibt. Dann gilt:

$$\text{Volumen von 4 Goldatomen} = 4\left(\frac{4}{3}\pi r^3\right) = 4\left(\frac{4}{3}\pi\right)\left(\frac{a}{2^{3/2}}\right)^3 = \frac{\pi a^3}{3\sqrt{2}}$$

und

$$\text{Packungsdichte} = \frac{\text{Volumen von 4 Goldatomen}}{\text{Volumen der Einheitszelle}} = \frac{\pi a^3 / 3\sqrt{2}}{a^3} = \frac{\pi}{3\sqrt{2}} = 0,7405$$

Beachten Sie, daß sich der Parameter a für die Elementarzelle des Goldes herauskürzt, so daß das Ergebnis für jede kubisch-dichteste Kugelpackung gilt. Der oben berechnete *metallische* Radius $r = a/2^{3/2}$ = 143,9 pm unterscheidet sich sowohl vom Ionenradius als auch dem Kovalenzradius.

10.2. Zeigen Sie, daß die Tetraeder- und Oktaederlücken im Gold richtig benannt sind. Ermitteln Sie die kürzeste Distanz zwischen einem Fremdatom und einem Goldatom, wenn das Fremdatom (*a*) eine Tetraederlücke und (*b*) eine Oktaederlücke besetzt. Wieviele Lücken jedes Typs gibt es pro Goldatom?

(*a*) Betrachten Sie Abb. 10-1(*b*) und stellen Sie sich eine Lücke im Zentrum des kleinen Würfels oben links vor. Diese Lücke besitzt den gleichen Abstand von den vier besetzten Ecken des kleinen Würfels, nämlich die Hälfte einer Raumdiagonale des kleinen Würfels oder:

$$\frac{1}{2}\sqrt{\left(\frac{a}{2}\right)^2 + \left(\frac{a}{2}\right)^2 + \left(\frac{a}{2}\right)^2} = \frac{a\sqrt{3}}{4}$$

Diese vier besetzten Ecken spannen ein reguläres Tetraeder auf (s. Aufgabe 9.18.), und der Mittelpunkt des Tetraeders, von dem wir gezeigt haben, daß er der Ort der Lücke ist, ist der Punkt mit gleichem Abstand zu den Ecken. Das rechtfertigt den Namen "Tetraederlücke". Nachdem die Elementarzelle 8 Tetraederlücken (eine in jedem kleinen Würfel) und 4 Goldatome (Aufgabe 10.1.) enthält, gibt es 8/4 = 2 Tetraederlücken pro Goldatom.

(*b*) Betrachten Sie nun die Lücke im Zentrum der Elementarzelle aus Abb. 10-1(*b*). Diese Lücke hat den gleichen Abstand zu allen sechs Flächenmittelpunkten der Elementarzelle, von denen alle die nächsten besetzten Positionen zur Lücke sind. Diese sechs Punkte stellen die Scheitelpunkte einer achtflächigen Figur dar; die Flächen sind kongruente, gleichseitige Dreiecke (deren Kanten Flächendiagonale der kleinen Würfel sind). Ein solcher Körper ist ein reguläres Oktaeder, und die Lücke befindet sich in seiner Mitte, daher der Name "Oktaederlücke". Der Abstand zwischen der Lücke und dem nächstgelegenen Atom beträgt $a/2$. Ein ähnlicher Beweis kann für eine Oktaederlücke auf einer Kantenmitte der Elementarzelle aus Abb. 10-1(*b*) geführt werden, wenn wir beachten, daß das tatsächliche Kristallgitter aus einer dreidimensionalen Anordnung von Elementarzellen wie in Abb. 10-3 besteht. Jede solche Lücke auf einer Kantenmitte gehört gleichzeitig vier Elementarzellen an, und es gibt 12 Kanten in einem Würfel, so daß die Anzahl von Oktaederlücken pro Elementarzelle

$$1 + \tfrac{1}{4}(12) = 4$$

beträgt. Das Verhältnis von Oktaederlücken zu Goldatomen ist daher 4 zu 4 oder 1.

Beachten Sie die konkurrierenden Vorteile von Tetraeder- und Oktaederlücken für die Unterbringung von Verunreinigungen oder sekundärer Bestandteile einer Legierung. Wenn die Kristallkräfte (welcher Natur sie auch sind) hauptsächlich auf der Wechselwirkung mit den nächsten Nachbarn beruhen, ist die Oktaederlücke bevorzugt, weil sie zur Wechselwirkung die meisten nächsten Nachbarn zur Verfügung stellt (6 im Gegensatz zu 4). Jedoch hat die Tetraederlücke einen kürzeren Abstand zum nächsten Nachbarn ($a\,\sqrt{3}/4 = 0,433\,a$ im Gegensatz zu $0,500\,a$), was den Vorteil der größeren potentiellen Wechselwirkung mit einem beliebigen Gastatom bietet. Eine Oktaederlücke kann aufgrund ihres größeren Abstandes zum nächsten Nachbarn ohne Verzerrung des Wirtsgitters eine größere Verunreinigung oder ein größeres Legierungs-Atom aufnehmen als die Tetraederlücke.

10.3. CsCl kristallisiert in einer kubischen Struktur mit einem Cl^- an jeder Ecke und einem Cs^+ im Zentrum der Elementarzelle. Verwenden Sie die in Tabelle 10-1 aufgeführten Ionenradien zur Vorhersage der Gitterkonstante a und vergleichen Sie mit dem Wert von a, der sich aus der beobachteten Dichte von CsCl, 3,97 g/cm³, ergibt.

Abbildung 10-5(*a*) zeigt eine schematische Ansicht der Elementarzelle, in der die ungefüllten Kreise Cl^- und die gefüllten Kreise Cs^+ darstellen. Die Kreise sind im Verhältnis zur Kantenlänge a der Elementarzelle klein gehalten, um die Positionen der einzelnen Ionen besser darstellen zu können. Abbildung 10-5(*b*) stellt eine realistischere Abbildung des rechtwinkligen Dreiecks *ABC* dar und zeigt den Anion-Kation-Anion-Kontakt entlang der Raumdiagonalen *AC*.

Nehmen wir an, daß der kürzeste Cs^+ - Cl^- -Abstand die Summe der Ionenradien von Cs^+ und Cl^- ist:

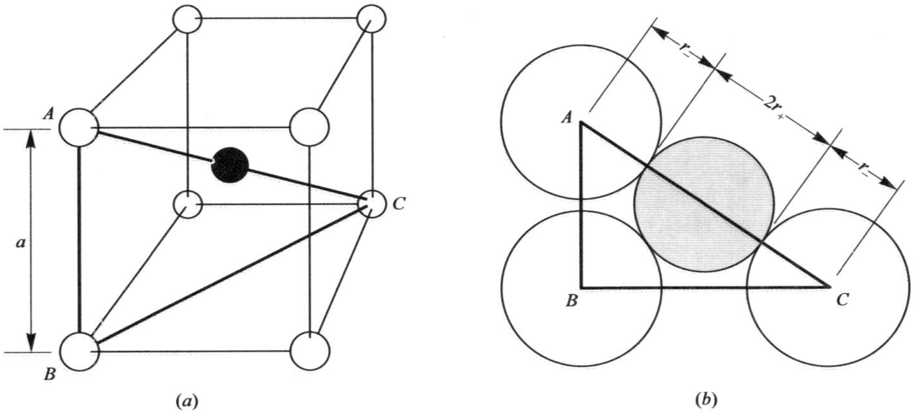

Abb. 10-5

$$169 + 181 = 350 \text{ pm}$$

Dieser Abstand ist die Hälfte der Raumdiagonale oder $a\ \sqrt{3}/2$. Dann gilt:

$$\frac{a\sqrt{3}}{2} = 350 \text{ pm} \qquad \text{oder} \qquad a = \frac{2(350 \text{ pm})}{\sqrt{3}} = 404 \text{ pm}$$

Die Dichte kann zur Berechnung von a verwendet werden, wenn wir die Anzahl von Ionen jeder Art pro Elementarzelle bestimmen. Die Zahl der einer Elementarzelle zugeordneten Cl^--Ionen ist ein Achtel der Anzahl von Cl-Ionen an den Ecken oder $^1/_8(8) = 1$. Das einzige Cs^+ in der Elementarzelle ist das Cs^+ im Zentrum, so daß die Anzahl von Cäsium-Ionen ebenfalls 1 beträgt. (Diese Art der Zuordnung von Ionen oder Atomen in einer Verbindung muß immer mit der empirischen Formel der Verbindung übereinstimmen, was für das 1:1-Verhältnis in dieser Aufgabe auch der Fall ist.) Die einer Elementarzelle zugeordnete Masse ist daher die einer Formeleinheit CsCl:

$$\frac{132,9 + 35,5}{6,02 \cdot 10^{23}}\ \text{g} = 2,797 \cdot 10^{-22}\ \text{g}$$

$$\text{Volumen der Einheitszelle} = a^3 = \frac{\text{Masse}}{\text{Dichte}} = \frac{2,797 \cdot 10^{-22}\ \text{g}}{3,97\ \text{g}/\text{cm}^3} = 70,4 \cdot 10^{-24}\ \text{cm}^3$$

Daher gilt:

$$a = \sqrt[3]{70,4 \cdot 10^{-24}\ \text{cm}^3} = 4.13 \cdot 10^{-8}\ \text{cm} = 413\ \text{pm}$$

Dieser auf der experimentellen Dichte beruhende Wert muß als verläßlicher betrachtet werden, da er sich auf einer gemessenen Größe von CsCl begründet, während die Ionenradien auf den Mittelwerten vieler verschiedener Verbindungen basieren. Die Abmessungen der Elementarzelle können durch Röntgenbeugung genau bestimmt werden, und aus ihnen läßt sich die theoretische Dichte berechnen. Die gemessene Dichte ist normalerweise niedriger, da die meisten Proben, die zur Messung groß genug sind, keine idealen Einkristalle darstellen und Leerräume in der Form von Korngrenzen und verschiedenen Kristallbaufehlern enthalten.

Die CsCl-Struktur kann *nicht* als innenzentriert beschrieben werden, weil das Teilchen, daß das Zentrum besetzt, sich von den Teilchen, die die Ecken der Elementarzelle besetzen, unterscheidet. Es gibt zwei Möglichkeiten zur Beschreibung der Struktur. Eine Möglichkeit besteht darin, zu sagen, daß das Cs^+ die zentralen Lücken des kubisch-primitiven Gitters von Cl^- ausfüllt. Eine andere Möglichkeit ist die Aussage, daß die Struktur aus zwei sich durchdringenden kubisch-primitiven Gittern besteht: eines aus Cl^- und das andere aus Cs^+ aufgebaut. Das Cs^+-Gitter ist gegenüber dem Cl^--Gitter entlang der Richtung der Raumdiagonale der Elementarzelle um die Hälfte der Länge der Elementarzellendiagonale verschoben.

10.4. Die CsCl-Struktur (Abb. 10-5) wird bei den Alkalihalogeniden nur dann beobachtet, wenn der Radius des Kations groß genug ist, um seine acht unmittelbar benachbarten Anionen von der gegenseitigen Berührung abzuhalten. Welcher minimale Wert für das Verhältnis von Kation- zu Anionradius r_+/r_- ist nötig, um diesen Kontakt zu vermeiden?

In der CsCl-Struktur kommt der kürzeste Kation-Anion-Abstand entlang der Diagonale des Elementarzellenwürfels vor, während der kürzeste Anion-Anion-Abstand entlang einer Kante der Elementarzelle liegt. Diese Beziehung ist in Abb. 10-5(*b*) gezeigt. In der Abbildung ist:

$$\overline{AB} = a \qquad \overline{BC} = a\sqrt{2} \qquad \overline{AC} = a\sqrt{3}$$

Wenn wir einen Anion-Kation-Kontakt entlang *AC* annehmen, dann ist $\overline{AC} = 2\,(r_+ + r_-) = a\sqrt{3}$.
Im Grenzfall, bei dem sich die Anionen längs der Kante der Elementarzelle berühren, ist $2r_- = a$. Durch Division der ersteren Gleichung durch die letztere ergibt sich:

$$\frac{r_+}{r_-} + 1 = \sqrt{3} \qquad \text{oder} \qquad \frac{r_+}{r_-} = \sqrt{3} - 1 = 0{,}732$$

Wenn das Verhältnis geringer als dieser kritische Wert ist, würden sich die Anionen berühren (und die abstoßenden Kräfte ansteigen) und Kation und Anion wären getrennt (was die Anziehungskräfte verringert). Beide Effekte würden die Struktur destabilisieren.

10.5. Eis kristallisiert in einem hexagonalen Gitter. Bei der niedrigen Temperatur, bei der die Struktur bestimmt wurde, waren die Gitterkonstanten a = 453 pm und c = 741 pm (Abb. 10-2). Wieviele H_2O-Moleküle sind in einer Elementarzelle enthalten?

Das Volumen *V* der Elementarzelle in Abb. 10-2 beträgt:

V = (Grundfläche des Rhombus) · (Höhe c)

$= (a^2 \sin 60°)c = (453\ \text{pm})^2(0{,}866)(741\ \text{pm}) = 132 \cdot 10^6\ \text{pm}^3 = 132 \cdot 10^{-24}\ \text{cm}^3$

Obwohl die Dichte von Eis bei der experimentellen Temperatur nicht angegeben ist, kann sie nicht sehr verschieden von dem Wert bei 0 °C, 0,92 g/cm³, sein.

Masse der Elementarzelle = $V \cdot$ Dichte $= (132 \cdot 10^{-24}\ \text{cm}^3)(0{,}92\ \text{g/cm}^3)(6{,}02 \cdot 10^{23}\ \text{u/g}) = 73$ u

Dies liegt nahe der vierfachen Molmasse von H_2O; wir schließen daraus, daß es pro Elementarzelle vier H_2O-Moleküle gibt. Die Diskrepanz zwischen 73 u und der tatsächlichen Masse der vier Moleküle 72 u liegt unzweifelhaft an der Ungenauigkeit der Dichte bei der Temperatur des Experiments.

10.6. $BaTiO_3$ kristallisiert in der Perowskit-Struktur. Diese Struktur kann als kubisch-flächenzentriertes Gitter aus Barium und Sauerstoff, in dem die Barium-Ionen die Ecken der Elementarzelle, die Oxid-Ionen die Flächenmitten und die Titan-Ionen die Zentren besetzen, beschrieben werden. (*a*) Welche Art von Lücke besetzt das Titan, wenn man es im Gesamtgitter aus Ba und O sieht? (*b*) Welchen Bruchteil der Lücken dieser Art besetzt es? (*c*) Können Sie einen Grund vorschlagen, warum es ausgerechnet diese Lücken besetzt und nicht die anderen Lücken desselben Typs?

(*a*) Das sind Oktaederlücken.

(*b*) Die Oktaederlücke in der Mitte der Elementarzelle stellt nur ein Viertel aller Oktaederlücken in einem kubisch-flächenzentrierten Gitter dar. (s. Aufgabe 10.2.)

(*c*) Eine durch ein Titan-Ion besetzte Oktaederlücke in der Mitte einer Elementarzelle hat sechs unmittelbar benachbarte Oxid-Ionen. Die anderen, auf den Kantenmitten der Elementarzelle lokalisierten Oktaederlücken haben jeweils sechs nächste Nachbarn, wie das für jede Oktaederlücke der Fall ist, aber zwei der sechs Nachbarn sind Barium-Ionen (an den Ecken der Elementarzelle, die die jeweilige Kante begrenzen) und vier sind Oxid-Ionen. Die Nachbarschaft zweier Kationen Ba^{2+} und Ti^{4+} wäre elektrostatisch ungünstig.

KRISTALLKRÄFTE

10.7. Der Schmelzpunkt von Quartz, eine der kristallinen Formen von SiO_2, beträgt 1 610 °C, während der Sublimationspunkt von CO_2 bei –79 °C liegt. Was erwarten Sie für die Ähnlichkeit der Kristallstrukturen dieser beiden Verbindungen?

Der große Unterschied in den Schmelzpunkten legt einen unterschiedlichen Kristallbindungstyp nahe. Die intermolekularen Kräfte in festem CO_2 müssen sehr niedrig sein, wenn sie durch eine Sublimation bei so tiefer Temperatur überwunden werden. Tatsächlich ist CO_2 ein Molekülgitter, das nur durch schwache van der Waals-Kräfte zwischen einzelnen CO_2-Molekülen zusammengehalten wird. Im Gegensatz dazu bildet SiO_2 ein kovalentes Gitter mit einem dreidimensionalen Netzwerk aus Bindungen. Jedes Silicium-Atom ist tetraedrisch an vier Sauerstoffe gebunden und jeder Sauerstoff an zwei Siliciumatome.

10.8. In der hexagonalen Struktur des Eises (Abb. 10-6 zeigt die Positionen der Sauerstoffatome) wird jeder Sauerstoff tetraedrisch von vier anderen Sauerstoffen koordiniert, wobei zwischen benachbarten Sauerstoffen ein Wasserstoff eingelagert ist. ΔH der Sublimation von Eis bei 0 °C beträgt 51,0 kJ/mol H_2O. Es wurde durch Vergleich mit Festkörpern ohne Wasserstoffbrückenbindung, die ähnliche intermolekulare van der Waals-Kräfte aufweisen wie das Eis, abgeschätzt, daß ΔH der Sublimation nur 15,5 kJ/mol H_2O wäre, wenn im Eis keine Wasserstoffbrücken vorhanden wären. Schätzen Sie die Stärke der Wasserstoffbrückenbindung im Eis aus diesen Daten ab.

Der Überschuß von ΔH der Sublimation gegenüber dem Wert für einen Festkörper ohne Wasserstoffbrücken kann den Wasserstoffbrückenbindungen zugeordnet werden.

$$\Delta H(\text{Überschuß}) = 51{,}0 - 15{,}5 = 35{,}5 \text{ kJ/mol } H_2O$$

Jedes H_2O bindet über Wasserstoffbrücken an vier andere H_2O-Moleküle über O–H—-H-Kontakte (in Abb. 10-6 für die beiden inneren Moleküle dargestellt). Jeder dieser Wasserstoffbrücken-Kontakte wird von zwei H_2O-Molekülen geteilt (zu denen die beiden Sauerstoffatome gehören). Daher können im Mittel jedem H_2O 4 halbe oder zwei Wasserstoffbrückenbindungen zugeordnet werden.

$$\Delta H(\text{Wasserstoffbrückenbindung}) = \frac{35{,}5 \text{ kJ / mol } H_2O}{2 \text{ mol H - Bindungen } H_2O} = 17{,}8 \text{ kJ Wasserstoffbrückenbindung}$$

Aus Abb. 10-6 können Sie ablesen, daß gilt:

$$8\left(\tfrac{1}{8}\right) + 4\left(\tfrac{1}{4}\right) + 2 = 4;$$

Der Elementarzelle werden eindeutig vier H_2O-Moleküle zugeordnet. Dies steht in Einklang mit dem Ergebnis von Aufgabe 10.5.

10.9. Welche Elemente / Verbindungen haben den höheren Schmelzpunkt (*a*) V oder Ca; (*b*) MgO oder KCl? Erklären Sie Ihre Lösung!

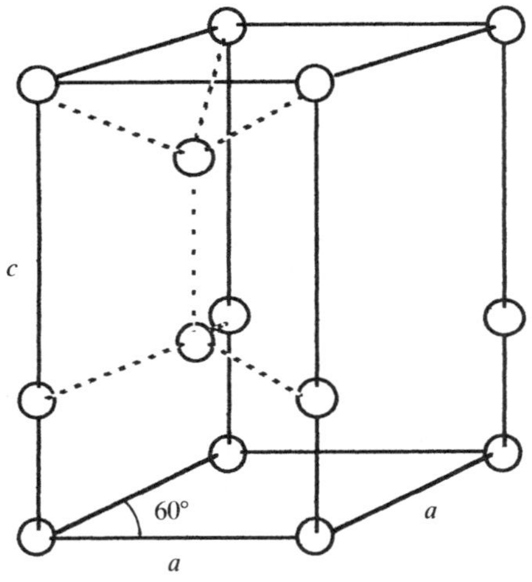

Abb. 10-6

(*a*) V; Vanadium hat eine viel größere Ladungsdichte im Elektronengas, da es zusätzlich zu den beiden 4*s*-Elektronen drei 3*d*-Elektronen beiträgt. Auch werden die kleineren Ionenkerne näher zusammenliegen. Daher werden die Kristallkräfte größer sein. Die tatsächlichen Schmelzpunkte sind: V 1 890 °C, Ca 845 °C. Die relative Nähe der Kerne spiegelt sich in den Dichten wieder:

V 6,11 g/cm³, Ca 1,55 g/cm³

(*b*) MgO; die Kristallkräfte werden aus zwei Gründen größer sein: (1) Die kleinen Kationen und Anionen im MgO erlauben größere Annäherung, (2) sowohl Kation als auch Anion tragen die doppelte Ladung. (Erinnern Sie sich, daß die elektrostatische Anziehung proportional zum Produkt der Ladungen und umgekehrt proportional zum Quadrat der Abstände der Ladungen ist.) Die tatsächlichen Schmelzpunkte sind: MgO 2 800 °C, KCl 776 °C.

KRÄFTE IN FLÜSSIGKEITEN

10.10. Geben Sie in allen Fällen an, welche Flüssigkeit den höheren Siedepunkt hat und erklären Sie, warum das so ist.

(*a*) CO_2 oder SO_2 (*b*) $(CH_3)_2CHCH(CH_3)_2$ oder $CH_3CH_2CH_2CH_2CH_2CH_3$
(*c*) Cl_2 oder Br_2 (*d*) C_2H_5SH oder C_2H_5OH

(*a*) SO_2. Das Molekül ist gewinkelt und hat im Gegensatz zu CO_2, das linear gebaut ist, ein permanentes Dipolmoment. (*Anmerkung*: CO_2 ist bei 1 atm Druck niemals flüssig, sondern sublimiert bei diesem Druck direkt vom Festkörper in den Gaszustand.)
(*b*) $CH_3CH_2CH_2CH_2CH_2CH_3$. Das lineare Isomer hat eine größere Kontaktfläche zu seinen Nachbarn.
(*c*) Br_2. Die höhere Ordnungszahl führt zu einer größeren London'schen Anziehungskraft zwischen den Molekülen.
(*d*) C_2H_5OH. In der Sauerstoffverbindung gibt es Wasserstoffbrücken, die in der Schwefel-Verbindung vernachlässigbar sind.

Zusatzaufgaben

KRISTALLABMESSUNGEN

10.11. Kalium kristallisiert in einem kubisch-innenzentrierten Gitter mit einer Gitterkonstante $a = 520$ pm. (*a*) Wie groß ist der Abstand zu den nächsten Nachbarn? (*b*) Wie groß ist der Abstand zu den zweitnächsten Nachbarn? (*c*) Wieviele nächste Nachbarn hat jedes K-Atom? (*d*) Wieviele zweitnächste Nachbarn hat jedes K? (*e*) Wie groß ist die berechnete Dichte kristallinen Kaliums?

Lösung: (*a*) 450 pm; (*b*) 520 pm; (*c*) 8; (*d*) 6; (*e*) 0,924 g/cm³

10.12. Die hexagonal-dichteste Packung kann durch Abb. 10-2 dargestellt werden, wenn $c = a\sqrt{\frac{8}{3}} = 1{,}633a$. ist. Es gibt ein Atom an jeder Ecke der Elementarzelle und ein weiteres Atom, das lokalisiert werden kann, wenn man sich ausgehend von der linken unteren Ecke um ein Drittel der Streckenlänge entlang der Diagonale der rhombischen Grundfläche und dann um *c*/2 aufwärts bewegt. Mg kristallisiert in diesem Gitter und hat eine Dichte von 1,74 g/cm³. (*a*) Wie groß ist das Volumen der Elementarzelle? (*b*) Wie groß ist *a*? (*c*) Wie groß ist der Abstand zu den nächsten Nachbarn? (*d*) Wieviele nächste Nachbarn hat jedes Atom?

Lösung: (*a*) $46{,}4 \times 10^6$ pm³; (*b*) 320 pm; (*c*) 320 pm; (*d*) 12

10.13. Das NaCl-Gitter besitzt die in Abb. 10-7 gezeigte kubische Elementarzelle. KBr kristallisiert in diesem Gitter. (*a*) Wieviele K^+-Ionen und wieviele Br^--Ionen gibt es in jeder Elementarzelle? (*b*) Wie groß ist *a*, wenn Sie die Additivität der Ionenradien annehmen? (*c*) Berechnen Sie die Dichte eines idealen KBr-Kristalls. (*d*) Welcher minimale Wert von r_+/r_- ist nötig, um einen Anion-Anion-Kontakt in dieser Struktur zu vermeiden?

Lösung: (*a*) je 4; (*b*) 656 pm; (*c*) 2,80 g/cm³; (*d*) 0,414

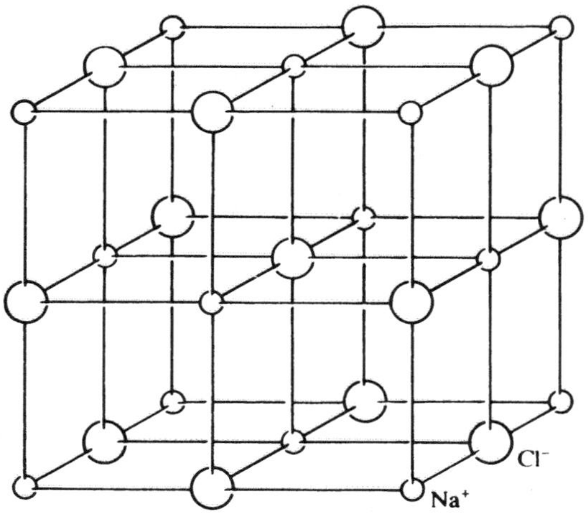

Abb. 10-7. Elementarzelle von NaCl

10.14. MgS und CaS kristallisieren beide in einem Gitter des NaCl-Typs (Abb. 10-7). Welchen Schluß können Sie aus den in Tabelle 10.1 aufgeführten Ionenradien über den Anion-Kation-Kontakt in diesen Kristallen ziehen?

Lösung: Ca^{2+} und S^{2-} können sich berühren, Mg^{2+} und S^{2-} dagegen nicht. Wenn sich im MgS Mg^{2+} und S^{2-} berühren würden, stünde entlang der Diagonale eines Quadrats, das ein Viertel der Fläche einer Elementarzelle ausmacht, nicht genügend Platz für die Sulfid-Ionen zur Verfügung. Anders ausgedrückt, ist r_+/r_- für MgS kleiner als 0,414 [s. Aufgabe 10.13(*d*)].

10.15. Jedes Rubidium-Halogenid, das in einem Gitter des NaCl-Typs kristallisiert, hat eine Gitterkonstante, die um 30 pm größer ist, als die für das entsprechende Kaliumsalz desselben Halogens. Wie groß ist der aus diesen Werten berechnete Ionenradius von Rb^+?

Lösung: 148 pm

10.16. Eisen kristallisiert in verschiedenen Modifikationen. Bei etwa 910 °C durchläuft die kubisch-innenzentrierte α-Form einen Übergang zur kubisch-flächenzentrierten γ-Form. Berechnen Sie das Dichteverhältnis von γ-Eisen zu α-Eisen bei der Übergangstemperatur, wenn Sie annehmen, daß der Abstand zu den nächsten Nachbarn in den beiden Formen bei der Übergangstemperatur gleich ist.

Lösung: 1,09

10.17. Die ZnS Zinkblende-Struktur ist kubisch. Die Elementarzelle kann als flächenzentriertes Sulfid-Untergitter mit den Zink-Ionen in den Zentren von abwechselnden kleinen Würfeln, die durch Aufteilung des Hauptwürfels in acht gleiche Teile entstehen, beschrieben werden. (*a*) Wieviele nächste Nachbarn hat jedes Zn^{2+}? (*b*) Wieviele nächste Nachbarn hat jedes S^{2-}? (*c*) Welcher Winkel wird durch die Linien, die jedes Zn^{2+} mit zwei beliebigen seiner Nachbaratome verbinden, aufgespannt? (*d*) Welches minimale r_+/r_--Verhältnis ist nötig, um einen Anion-Anion-Kontakt zu vermeiden, wenn man annimmt, daß sich die engsten Kation-Anion-Paare berühren?

Lösung: (*a*) 4; (*b*) 4; (*c*) 109°28′; (*d*) 0,225

10.18. Warum kristallisiert ZnS nicht in der NaCl-Struktur? (*Hinweis*: Ziehen Sie Aufgabe 10.13. zu Rate.)

Lösung: Das r_+/r_--Verhältnis ist 0,402, zu niedrig, um einen Anion-Anion-Kontakt in der NaCl-Struktur zu vermeiden.

10.19. Berechnen Sie die Packungsdichte für Kugeln die (*a*) eine kubisch-innenzentrierte und (*b*) eine kubisch-primitive Struktur besetzen, wenn sich in beiden Fällen die benachbarten Kugeln berühren.

Lösung: (*a*) 0,680; (*b*) 0,524

10.20. Viele oxidische Mineralien können als kubisch-flächenzentriertes Oxid-Ionen-Gitter beschrieben werden, in dem die Kationen über die Tetraeder- und Oktaederlücken verteilt sind. Berechnen Sie die Gitterkonstante *a* für ein flächenzentriertes O^{2-}-Gitter. Berechnen Sie *a* für die Minerale MgO und CaO, wenn die Kationen jeweils alle Oktaederlücken besetzen. Verwenden Sie die Daten aus Tabelle 10-1.

Lösung: Für ein Oxid-Gitter ist a = 396 pm. Mit Mg^{2+} und Ca^{2+} in den Oktaederlücken wird der Anion-Anion-Kontakt gebrochen, und *a* wird auf 410 pm bzw. 478 pm erweitert. (Die tatsächlichen Werte sind etwas größer.)

10.21. Lithiumiodid kristallisiert im NaCl-Gitter, obwohl r_+/r_- kleiner als 0,414 ist. Seine Dichte beträgt 3,49 g/cm³. Berechnen Sie den Ionenradius des Iodid-Ions aus diesen Daten.

Lösung: 224 pm (Bemerkung: der Wert in Tabelle 10-1 ist 216 pm).

10.22. Thallium(I)bromid kristallisiert im CsCl-Gitter. Seine Dichte beträgt 7 557 kg/m³ und seine Gitterkonstante *a* 397 pm. Schätzen Sie die Avogadro-Zahl aus diesen Daten ab.

Lösung: $6{,}01 \times 10^{-23}$ mol^{-1}

KRISTALLKRÄFTE

10.23. Welcher der beiden Kristalle hat in den folgenden Fällen den höheren Schmelzpunkt und warum? (*a*) Cs, Ba; (*b*) Si, P_4; (*c*) Xe, Kr; (*d*) MgF_2, $CaCl_2$.

Lösung: (*a*) Ba, dichteres Elektronengas; (*b*) Si, kovalent gebundenes Netzwerk gegenüber Molekülkristall; (*c*) Xe, höhere Ordnungszahl bedeutet stärkere London-Kräfte; (*d*) MgF_2, Kationen und Anionen sind beide kleiner.

10.24. Wie erklären Sie den Unterschied in den Schmelzpunkten von (*a*) und (*b*), von (*c*) und (*d*) in Abb. 10-8 und zwischen diesen beiden Unterschieden?

Lösung: Die Kristallkräfte in (*b*) und (*d*) sind hauptsächlich van der Waals-Kräfte. Die Verbindungen (*a*) und (*c*), die die polare –OH Gruppe enthalten, können Wasserstoffbrücken bilden. Im Fall von (*c*) geht die Wasserstoffbindung vom –OH eines Moleküls zum doppelt gebundenen Sauerstoff des Nachbarmoleküls, und die resultierende *inter*molekulare Anziehung führt zu einem sehr großen Anstieg des Schmelzpunkts, verglichen mit (*d*), dem Vergleichsmolekül ohne Wasserstoffbrücke. Im Fall von (*a*) ermöglicht die Molekülstruktur *intra*molekulare Wasserstoffbrücken von der –OH Gruppe eines jeden Moleküls zum doppelt gebundenen Sauerstoff desselben Moleküls. In der Abwesenheit starker *inter*molekularer Wasserstoffbrücken sollte der Schmelzpunktunterschied im Vergleich zur Referenzsubstanz (*b*) klein sein und ist vielleicht mit den Unterschieden in der Kristallstruktur oder den van der Waals-Kräften verbunden, die für (*b*) wegen der zusätzlichen CH_3-Gruppe etwas größer als für (*a*) sein sollten.

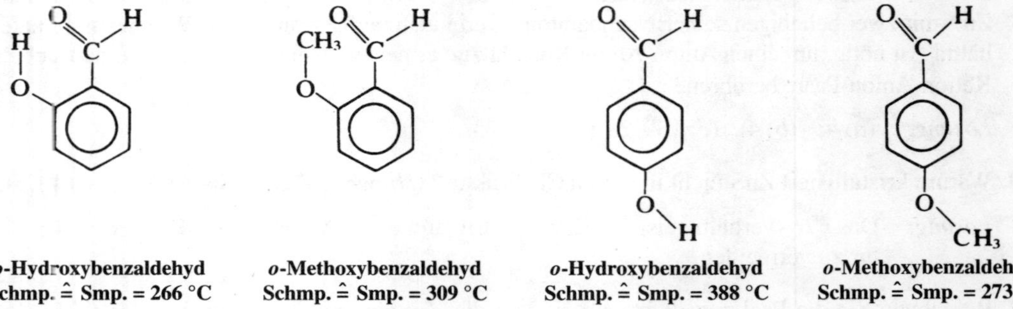

o-Hydroxybenzaldehyd Schmp. ≙ Smp. = 266 °C (*a*)

o-Methoxybenzaldehyd Schmp. ≙ Smp. = 309 °C (*b*)

o-Hydroxybenzaldehyd Schmp. ≙ Smp. = 388 °C (*c*)

o-Methoxybenzaldehyd Schmp. ≙ Smp. = 273 °C (*d*)

Abb. 10-8

KRÄFTE IN FLÜSSIGKEITEN

10.25. Welche der Flüssigkeiten in den folgenden Paaren hat jeweils den höheren Siedepunkt? Warum?
(*a*) $CH_3CH_2CH_2OH$, $HOCH_2CH_2OH$; (*b*) $CH_3CH_2CH_3$, CH_3CH_2F; (*c*) Xe, Kr;
(*d*) H_2O, H_2S; (*e*) $CH_3CH_2CH_2CH_2CH_2CH_3$, $CH_3CH_2CH_2CH_3$.

Lösung: (*a*) $HOCH_2CH_2OH$, das die doppelte Anzahl von H-Brücken pro Molekül hat; (*b*) CH_3CH_2F, das ein starkes Dipolmoment besitzt; (*c*) Xe, das die höhere Ordnungszahl und damit größere London-Kräfte hat; (*d*) H_2O, das starke H-Brücken bildet; (*e*) $CH_3CH_2CH_2CH_2CH_2CH_3$, das eine größere intermolekulare Kontaktfläche hat, weil es das längere Molekül ist.

10.26. Welche(s) der folgenden Flüssigkeitspaare ist(sind) mischbar? Warum oder warum nicht? (*a*) Butan (C_4H_{10}), Pentan (C_5H_{12}); (*b*) Butan, Wasser; (*c*) 1-Butanol (C_4H_9OH), Wasser.

Lösung: (*a*) Mischbar; Anziehungskräfte zwischen gleichen und unterschiedlichen Molekülen sind etwa gleich. (*b*) nicht mischbar; Mischung würde die starken H-Brücken im Wasser zerstören, während es zum Ausgleich keine besonders starke Anziehung zwischen ungleichen Molekülen gibt. Mischung wäre daher energetisch benachteiligt. (*c*) Mischbar; beide Komponenten haben Wasserstoffbrücken. Bruch der H-Brücken im Wasser wird durch die Bildung von H-Brücken zwischen verschiedenen Molekülen kompensiert.

10.27. Erklären Sie, warum UF_6 (molare Masse 352) flüchtiger als $SbCl_5$ (molare Masse 299) ist.

Lösung: Die intermolekularen Kräfte sind im $SbCl_5$ größer, weil die *äußeren* Atome höheres Z und damit die größeren London-Kräfte als im UF_6 haben.

10.28. Erklären Sie, warum sich Wasser in Aceton (CH_3COCH_3) löst, aber nicht in Hexan (C_6H_{14}).

Lösung: Wenn sich das Wasser löst, wird viel Energie benötigt, um seine Wasserstoffbrücken zu brechen. Im Aceton wird das durch die Wasserstoffbrücken zwischen Wasser und dem Sauerstoffatom des CH_3COCH_3 kompensiert, aber in Hexan gibt es keine kompensierende starke Wechselwirkung.

Kapitel 11

Oxidation-Reduktion

REDOXREAKTIONEN

Die *Oxidation* ist eine chemische Reaktion, bei der von einem Atom oder einer Gruppe von Atomen Elektronen abgegeben werden, und eine *Reduktion* ist eine chemische Reaktion, bei der von einem Atom oder einer Gruppe von Atomen Elektronen aufgenommen werden. Diese Definitionen können im einfachsten Fall bei den Elementen oder ihren Ionen angewendet werden. Die Umwandlung von einem Neutralatom in ein positives Ion muß von einem Elektronenverlust begleitet werden und ist daher eine Oxidation. Betrachten Sie das folgende Beispiel:

$$Fe \rightarrow Fe^{2+} + 2e^-$$

Die Elektronen (Symbol e^-) werden auf der rechten Seite explizit hingeschrieben und stellen die Gleichheit der Gesamtladung auf beiden Seiten der Gleichung sicher. Sinngemäß muß die Umwandlung eines Neutralelements in ein Anion von Elektronenaufnahme begleitet sein und wird daher, wie im folgenden Fall, als Reduktion bezeichnet:

$$Cl_2 + 2e^- \rightarrow 2Cl^-$$

Oxidation und Reduktion treten immer zusammen auf, und die Gesamtzahl von Elektronen, die bei der Oxidation abgegeben wird, muß der bei der Reduktion aufgenommenen Elektronenzahl entsprechen. Man bezeichnet solche Reaktionen als Redoxreaktion.

OXIDATIONSSTUFE

Es ist nicht sofort aus der Ionenladung allein ersichtlich, ob eine Verbindung bevorzugt Elektronen abgibt oder aufnimmt. Zum Beispiel reagiert MnO_2 mit Salzsäure unter Entwicklung von Chlorgas und dem Mn^{2+}-Ion (neben anderen Produkten). Es ist offensichtlich, daß neutrales Chlor durch Oxidation von Cl^- entsteht. Wir setzen daher voraus, daß MnO_2 reduziert wird, obwohl eine Neutralsubstanz (MnO_2) teilweise zu einer kationischen Substanz (Mn^{2+}) umgewandelt wird. In einem anderen Beispiel reagiert arsenige Säure (H_3AsO_3) mit I_2 unter Bildung des Arsenations $HAsO_4^-$ und des Iodidions I^- neben anderen Produkten. Da das Iod reduziert wird (neutrales Halogen zum Anion), muß die arsenige Säure oxidiert werden, obwohl sich aus der neutralen H_3AsO_3 anionisches $HAsO_4^{2-}$ bildet.

Das Konzept der *Oxidationsstufe* ist hilfreich bei der schnellen Ermittlung des Oxidations- oder Reduktionszustandes bestimmter Atome in zusammengesetzten Verbindungen wie MnO_2, H_3AsO_3 und $HAsO_4^-$. Die Oxidationsstufe eines Atoms in einer bestimmten Verbindung oder einem Ion ist die elektrische Ladung, die diesem Atom durch festgelegte Regeln zugeordnet wird. Andere häufig benutzte Ausdrücke bezeichnen die Oxidationsstufe als *Oxidationszahl* oder *Valenzzustand*.

Es sollte klargestellt werden, daß die Oxidationsstufe nicht dasselbe ist wie die Formalladung (Kapitel 9). Die Formalladung basiert auf einer willkürlichen Darstellung, abgekoppelt von der wirklichen Ladungsverteilung zwischen den Atomen eines Moleküls oder Ions in Einklang mit einer detaillierten Kenntnis der Struktur und der elektronischen Bindung. Trotzdem ist die Oxidationsstufe einfacher zuzuordnen, da sie keine Information über elektronische Variablen wie Einfach- oder Mehrfachbindungen und Oktett- gegenüber Nicht-Oktett-Strukturen erfordert. Die Oxidationsstufe wird direkt aus der Summenformel wie MnO_2 oder H_3AsO_3 berechnet. Es folgen die beiden grundlegenden Regeln für die Zuordnung der Oxidationsstufe:

1. In binären ionischen Verbindungen ist die Oxidationsstufe gleich der Ladung pro Atom.

BEISPIEL 1 $CdCl_2$ ist eine ionische Verbindung und kann zur Betonung des ionischen Charakters als $Cd^{2+}(Cl^-)_2$ formuliert werden. Das Cadmium besitzt eine reale Ladung von +2 und damit eine Oxidationsstufe von +2. Jedes Chloridion besitzt eine reale Ladung von –1 und damit eine Oxidationsstufe von –1. Im Hg_2Cl_2 besitzt jedes Quecksilber im Hg_2^{2+} eine mittlere Ladung von +1, daher ist auch die Oxidationsstufe +1. Das Chlor im Cl^- ist wiederum –1.

2. In kovalenten oder nichtionischen Verbindungen werden die bei der Bindungsbildung verwendeten Elektronen nicht vollständig von einem Element auf das andere verschoben, sondern werden mehr oder weniger gleichmäßig auf die bindenden Atome verteilt. Zur Berechnung der Oxidationsstufe ist es jedoch üblich, jedes Bindungselektron einem bestimmten Atom zuzuordnen. Wenn gleiche Atome vorliegen, wird jedem der beiden Atome die Hälfte der Bindungselektronen zugeordnet. Wenn die Atome unterschiedlich sind, werden alle Bindungselektronen dem Atom mit der größeren Elektronegativität (Kapitel 9) zugeordnet.

Die Regeln 1 und 2 haben einige wichtige Folgen:

(*a*) Die Oxidationsstufe eines freien, nichtgebundenen Elements ist Null.

BEISPIEL 2 Hg im Hg, H im H_2, O im O_2, S im S_8 usw. Im H_2 werden die zwei Elektronen im Molekül auf die beiden Wasserstoffatome aufgeteilt. Ein Wasserstoff mit einem Elektron ist analog zu einem neutralen, freien Wasserstoffatom. Daher ist die Oxidationsstufe Null.

(*b*) Die Oxidationsstufe von Wasserstoff in Verbindungen ist üblicherweise +1, außer im Fall von Metallhydriden, wo sie –1 beträgt.

BEISPIEL 3 Im NH_3 ist das Stickstoffatom direkt an jedes der drei Wasserstoffatome gebunden. Da Stickstoff elektronegativer als Wasserstoff ist, werden alle Bindungselektronen dem Stickstoff zugeordnet. Den Wasserstoffatomen bleiben daher Null zugeordnete Elektronen, eins weniger als im freien Wasserstoff. Daher besitzt der Wasserstoff eine scheinbare Ladung oder Oxidationsstufe von +1. Die willkürliche Natur dieser Ladungszuordnung ist beim NH_3, bei dem die tatsächliche Ladungstrennung zwischen dem Stickstoff und den Wasserstoffen sehr klein ist, offensichtlich. So bildet NH_3 in Wasser niemals Wasserstoffionen.

Im Gegensatz dazu werden jedem Wasserstoff im CaH_2 zwei Elektronen zugeordnet, da er elektronegativer als Calcium ist. Das ist eines mehr als im freien Wasserstoffatom. Die Oxidationsstufe des Wasserstoffs ist daher –1.

(*c*) Die Oxidationsstufe von Sauerstoff in seinen Verbindung ist normalerweise –2, außer in Peroxiden, wo sie –1 beträgt, und in Fluorverbindungen, wo sie positiv sein kann.

(*d*) Die algebraische Summe der positiven und negativen Oxidationsstufen aller Atome in einem Neutralmolekül ist Null.

(*e*) Die algebraische Summe der positiven und negativen Oxidationsstufen aller Atome in einem Ion ist gleich der Ladung des Ions.

BEISPIEL 4 In H_2SiO_3 beträgt die Oxidationsstufe von Si in Einklang mit Folgerung (*d*) +4:

$$2(+1) + 4 + 3(-2) = 0$$

Im PO_4^{3-} beträgt die Oxidationsstufe von P in Einklang mit Folgerung (*e*) +5:

$$+5 + 4(-2) = -3$$

Nur das Phosphation als Ganzes hat eine wirkliche Ladung. Jedes Atom in diesem Komplex hat nur eine willkürlich zugeordnete Ladung, seine Oxidationsstufe.

Die Definitionen von Oxidation und Reduktion können jetzt wie folgt verallgemeinert werden: *Der Anstieg der Oxidationsstufe entspricht einer Oxidation, während die Absenkung der Oxidationsstufe gleichbedeutend mit einer Reduktion ist.* Bei der Reduktion von MnO_2 zu Mn^{2+} ändert sich beispielsweise die Oxidationsstufe des Mangans von +4 nach +2; bei der Oxidation von H_3AsO_3 zu $HAsO_4^{2-}$ ändert sich die Oxidationsstufe des Arsens von +3 auf +5.

IONISCHE SCHREIBWEISE FÜR GLEICHUNGEN

Bei der Formulierung von Redoxgleichungen sollte man darauf achten, Formeln nur für solche Verbindungen oder Ionen aufzustellen, die auch wirklich reell existieren, wie MnO_2, H_3AsO_3, $HAsO_4^{2-}$. Mn (+4), As (+3) und As (+5) sind keine reellen Spezies und sollten in dieser Form in Gleichungen nicht formuliert werden.

Wenn zum Schreiben von Formeln die ionische Konvention verwendet werden soll, beobachtet man üblicherweise die folgenden Regeln:

1. Ionische Substanzen werden nur dann in der ionischen Form geschrieben, wenn die Ionen im Reaktionsmedium voneinander getrennt sind. Daher wäre NaCl die konventionelle Schreibweise für Reaktionen des festen Salzes, weil die Ionen im Festkörper im Kristall aneinander gebunden sind. Salzreaktionen in Lösung würde man allerdings durch Na^+ und Cl^- oder eines dieser Ionen allein ausdrücken, wenn nur das Natrium *oder* das Chlor eine Veränderung der Oxidationsstufe erfährt. Sehr schwerlösliche Salze wie CuS werden immer in der neutralen Form geschrieben.
2. Teilweise ionisierte Substanzen werden nur dann in der ionischen Form geschrieben, wenn das Ausmaß der Ionisation deutlich ist (etwa 20 Prozent oder mehr). Daher wird Wasser, das zu weniger als 1 zu hundert Millionen dissoziiert ist, als H_2O formuliert. Starke Säuren wie Salzsäure und Salpetersäure können in der ionisierten Form geschrieben werden, aber schwache Säuren wie Essigsäure, salpetrige und schweflige Säure werden immer in der molekularen Form verwendet. Ammoniak, eine schwache Base, wird als NH_3 formuliert. Natriumhydroxid, eine starke Base, wird für wäßrige Lösungen in der ionisierten Form Na^+ und OH^- geschrieben.
3. Einige Komplexionen sind so stabil, daß eine oder mehrere Gruppen, aus der sie gebildet werden, nicht in merklicher Menge außerhalb des Komplexes vorliegen. In einem solchen Fall schreibt man die Formel des gesamten Komplexes. Daher wird das Ferricyanidion immer als $[Fe(CN)_5]^{3-}$ formuliert und niemals mit getrennten Eisen- und Cyanidionen. $[Cu(NH_3)_4]^{2+}$ ist die Schreibweise für das häufig vorkommende blaue Komplexion, das sich aus Kupfersalzen in ammoniakalischen Lösungen bildet.
4. In diesem Kapitel wird eine gemischte Konvention verwendet, um eine Hilfestellung zu geben, ob eine gegebene Verbindung in der ionisierten Form geschrieben werden kann. Daher sollte $Ba^{2+}(NO_3^-)_2$ dem Leser zeigen, daß Bariumnitrat die Zusammensetzung $Ba(NO_3)_2$ hat, daß es löslich und ionisiert ist, und daß entweder das Bariumion Ba^{2+} oder das Nitration NO_3^-, falls nötig, einzeln geschrieben werden können. Die Abwesenheit einer ionischen Schreibweise wie in As_2S_5 bedeutet, daß nur die neutrale Formel der Gesamtverbindung verwendet werden sollte. Diese gemischte Konvention wird in den folgenden Kapiteln nicht konsequent verwendet. Erfahrene Chemiker können $Ba(NO_3)_2$ bei einer Reaktion in wäßriger Lösung formulieren, weil sie den ionischen Charakter dieses Salzes auch ohne eine explizite ionische Schreibweise erkennen.

BILANZIERUNG VON REDOXGLEICHUNGEN

Die Prinzipien von Oxidation und Reduktion stellen die Grundlage für zwei einfache, systematische Methoden zur Bilanzierung dieser Gleichungen dar. Wenn alle Reaktionsprodukte bekannt sind, kann die Bilanzierung entweder durch die *Ionen-Elektronen-Methode* oder durch die *Oxidationsstufen-Methode* erfolgen. (Die zwei Methoden werden nach Aufgabe 11.8. verglichen.) Sobald der Leser mehr Erfahrung gesammelt hat, wird er in der Lage sein, einige oder alle der Hauptprodukte vorherzusagen, wenn er die folgenden Tatsachen im Auge behält:

(*a*) Wenn ein freies Halogen reduziert wird, muß das Produkt der Reduktion ein Halogenidion (Ladung = –1) sein.

(*b*) Wenn ein Metall mit nur einer positiven Oxidationsstufe oxidiert wird, ist die Oxidationsstufe des Produkts offensichtlich.

(*c*) Reduktionen von konzentrierter Salpetersäure führen zu NO_2, wohingegen die Reduktion von verdünnter Salpetersäure zu NO, N_2, NH_4^+ oder anderen Produkten führen kann, abhängig von der Natur des Reduktionsmittels und dem Ausmaß der Verdünnung.

(*d*) Das Permanganation MnO_4^- wird genau wie MnO_2 in deutlich saurer Lösung zu Mn^{2+} reduziert. Das Produkt der Reduktion von Permanganat in neutraler oder alkalischer Lösung kann $MnO(OH)$, MnO_2 oder MnO_4^- sein.

(*e*) Wenn ein Peroxid reduziert wird, muß das Produkt der Reduktion Sauerstoff in der Oxidationsstufe –2 enthalten, wie in H_2O oder OH^-. Wenn ein Peroxid oxidiert wird, bildet sich molekularer Sauerstoff (ein Superoxid ist möglich).

(*f*) Dichromat $Cr_2O_7^{2-}$ wird in saurer Lösung zu Cr^{3+} reduziert.

Ionen-Elektronen-Methode

1. Formulieren Sie eine *Gerüstgleichung*, die jene Reaktanten und Produkte beinhaltet, in denen Elemente eine Änderung der Oxidationsstufe erfahren.
2. Formulieren Sie eine Teil-Gerüstgleichung für das Oxidationsmittel, wobei das Element, das eine Erniedrigung der Oxidationsstufe erfährt, auf beiden Seiten der Gleichung steht. Das Element sollte nicht als freies Atom oder Ion geschrieben werden, wenn es nicht tatsächlich als solches existiert. Es sollte dann als Teil einer realen molekularen oder ionischen Spezies formuliert werden.
3. Schreiben Sie eine weitere Teil-Gerüstgleichung für das Reduktionsmittel mit dem Element, das eine Erhöhung der Oxidationsstufe erfährt, auf beiden Seiten.
4. Bilanzieren sie jede Teilgleichung bezüglich der Anzahl von Atomen eines jeden Elements. In neutraler oder saurer Lösung kann H_2O oder H^+ verwendet werden, um Sauerstoff- und Wasserstoffatome auszugleichen. Die Sauerstoffatome werden zuerst ausgeglichen. Für jedes überschüssige Sauerstoffatom auf einer Seite der Gleichung wird die Bilanz durch Hinzufügen eines H_2O auf der *anderen Seite* gesichert. Dann wird H^+ zum Ausgleich der Wasserstoffe verwendet. Beachten Sie, daß O_2 und H_2 nicht zum Ausgleich von Sauerstoff- und Wasserstoffatomen verwendet werden, außer es ist bekannt, daß sie an der Reaktion teilnehmen.

   Wenn die Lösung alkalisch ist, kann OH^- verwendet werden. Für jeden überschüssigen Sauerstoff auf einer Seite einer Gleichung wird die Bilanz durch Hinzufügung eines H_2O auf *derselben* Seite und $2OH^-$ auf der *anderen* Seite gesichert. Wenn danach der Wasserstoff noch unausgeglichen ist, wird die Bilanz durch Hinzufügung eines OH^- für jeden überschüssigen Wasserstoff auf *derselben* Seite und eines H_2O auf der *anderen* Seite gesichert. Wenn auf derselben Seite der Gerüstgleichung Sauerstoff und Wasserstoff im Überschuß vorliegen, kann für jedes überschüssige Pärchen von H und O auf der *anderen* Seite ein OH^- geschrieben werden.
5. Wenn ein Element, das einen Wechsel der Oxidationsstufe erfährt, in einer seiner Oxidationsstufen durch ein anderes Element komplexiert ist, bilanzieren Sie die komplexierenden Gruppen mit einer Spezies dieses Elements in derselben Oxidationsstufe, wie sie im Komplex vorkommt.
6. Bilanzieren Sie jede Teilgleichung bezüglich der Anzahl der Ladungen durch Hinzufügung von Elektronen entweder auf der linken oder auf der rechten Seite der Gleichung. Wenn die vorhergehenden Schritte richtig durchgeführt wurden, wird man finden, daß in der Teilgleichung für das Oxidationsmittel die Elektronen auf der linken Seite hinzugefügt werden müssen, während sie in der Teilgleichung für das Reduktionsmittel auf der rechten Seite stehen.
7. Multiplizieren Sie jede Partialgleichung mit einer Zahl, die so gewählt ist, daß die Gesamtzahl von Elektronen, die vom Reduktionsmittel abgegeben werden, gleich der Anzahl von Elektronen ist, die das Oxidationsmittel aufnimmt.
8. Addieren Sie die beiden Teilgleichungen, die sich nach der Multiplikation ergeben. Kürzen Sie in der Summengleichung alle Terme heraus, die auf beiden Seiten gleich sind. Alle Elektronen sollten sich herauskürzen.
9. Um ein Verständnis für die Natur der Reaktion zu bekommen, kann Punkt 8 als der letzte Schritt betrachtet werden. Wenn Sie Rechnungen mit den Massen der Reaktanten oder Produkte durchführen wollen, wandeln Sie die ionische Gleichung aus Schritt 8 in eine molekulare Gleichung um. Dies erreicht man durch Hinzufügung gleicher Anzahl von Ionen auf beiden Seiten der Gleichung, die keinen Elektronentransfer erfahren, aber dennoch zusammen mit den reaktiven Komponenten in neutralen chemischen Verbindungen vorliegen. Die richtigen Ionenpaare können zu einer Molekülformel kombiniert werden.

10. Überprüfen Sie die Endgleichung durch Abzählen der Atome eines jeden Elements auf beiden Seiten der Gleichung. Wenn Schritt 9 übergangen wurde, überprüfen Sie auch die Gesamtladung auf jeder Seite.

Oxidationsstufen-Methode

1. Schreiben Sie eine Gerüstgleichung, die als Anfangsformeln jene Reaktanten und Produkte beinhaltet, in denen jene Elemente vorkommen, die eine Änderung der Oxidationsstufe erfahren.
2. Bestimmen Sie den *Unterschied* in der Oxidationsstufe, den ein Element im Oxidationsmittel erfährt. Die Anzahl von aufgenommenen Elektronen ist gleich diesem Unterschied mal der Anzahl von Atomen, die diesen Wechsel erfahren.
3. Bestimmen Sie das gleiche für ein Element im Reduktionsmittel.
4. Multiplizieren Sie die Anfangsformeln in der Gerüstgleichung mit Faktoren, die die Gesamtzahl von Elektronen, die vom Reduktionsmittel abgegeben werden, gleich der Anzahl von Elektronen, die vom Oxidationsmittel aufgenommen werden, macht.
5. Bestimmen Sie die passenden Koeffizienten für den Rest der Gleichung.
6. Überprüfen Sie die Endgleichung durch Abzählen der Atomzahl für jedes Element auf beiden Seiten der Gleichung.

Aufgaben und Lösungen

FORMELN UND OXIDATIONSSTUFEN

11.1. Bestimmen Sie die Oxidationsstufen der anderen Elemente in den folgenden Verbindungen, wenn die Oxidationsstufen von Wasserstoff –1, von Sauerstoff –2 und von Fluor –1 gegeben sind: (*a*) PH_3; (*b*) H_2S; (*c*) CrF_3; (*d*) H_2SO_4; (*e*) H_2SO_3; (*f*) Al_2O_3.

(*a*) H_3 stellt eine Oxidationsstufen-Summe von +3(+1 für jeden der drei Wasserstoffe) dar. Dann muß die Oxidationsstufe von P –3 sein, weil die algebraische Summe der Oxidationsstufen aller Atome in einer Verbindung gleich Null sein muß.

(*b*) Oxidationsstufen-Summe von H_2 ist +2; daher ist die Oxidationsstufe von S –2.

(*c*) Oxidationsstufen-Summe von F_3 ist –3; daher ist die Oxidationsstufe von Cr +3.

(*d*) Oxidationsstufen-Summe von H_2 (d.h. $2H^+$) ist +2 und von O_4 (d.h. $4O^{2-}$) –8 oder insgesamt –6; daher ist die Oxidationsstufe von S +6. Das Sulfat-Ion SO_4^{2-} hat eine Ionenladung von –2, weil die positive Ionenladung von H_2 (d.h. $2H^+$) +2 ist.

(*e*) Oxidationsstufen-Summe von H_2 ist +2 und von O_3 –6, oder insgesamt –4; daher ist die Oxidationsstufe von S +4. Das Sulfit-Ion hat eine Ionenladung von –2, weil die Ionenladung von H_2 (d.h. $2H^+$) +2 ist.

(*f*) Oxidationsstufen-Summe von O_3 (d.h. 3 O^{2-}) ist –6; damit ist die Oxidationsstufen-Summe von Al_2 +6 und die Oxidationsstufe von Al ist $\frac{1}{2}(+6) = +3$.

BILANZIERUNG VON REDOXGLEICHUNGEN

11.2. Bilanzieren Sie die Redoxgleichung

$$N^+NO_3^- + H_2S \rightarrow NO + S + H_2O$$

Ionen-Elektronen-Methode. (Die Schritte sind entsprechend der Regeln auf der vorhergehenden Seite numeriert.)

1. Die Gerüstgleichung ist oben gegeben. (H_2O ist dabei nicht notwendig.) Das Oxidationsmittel ist das Nitrat-Ion NO_3^-, da es jenes Element (N) enthält, das eine Erniedrigung der Oxidationsstufe erfährt. Das Reduktionsmittel ist H_2S, da es jenes Element (S) enthält, das eine Erhöhung der Oxidationsstufe erfährt. (S^{2-} hätte auch als Reduktionsmittel gewählt werden können, H_2S ist aber wegen seiner minimalen Ionisation in saurer Lösung vorzuziehen.)

2. Die Teilgleichung für das Oxidationsmittel lautet:

$$NO_3^- \rightarrow NO$$

3. Die Teilgleichung für das Reduktionsmittel lautet:

$$H_2S \rightarrow S$$

4. (*a*) In der ersten Teilgleichung müssen auf der rechten Seite $2H_2O$ hinzugefügt werden, um die Sauerstoffatome auszugleichen. Dann müssen $4H^+$ zum Ausgleich der H-Atome auf der linken Seite addiert werden.

$$4H^+ + NO_3^- \rightarrow NO + 2H_2O$$

(*b*) Die zweite Partialgleichung kann durch Hinzufügung von $2H^+$ auf der rechten Seite bilanziert werden.

$$H_2S \rightarrow S + 2H^+$$

5. In diesem Beispiel nicht anwendbar.
6. (*a*) In Gleichung 4(*a*) oben ist die Gesamtladung auf der linken Seite +4 – 1 = +3 und auf der rechten Seite 0. Daher müssen auf der linken Seite 3 Elektronen hinzugefügt werden.

$$4H^+ + NO^- + 3e^- \rightarrow NO + 2H_2O \qquad (a)$$

(*b*) In Gleichung 4(*b*) ist die Gesamtladung links 0 und rechts +2. Daher müssen auf der rechten Seite 2 Elektronen addiert werden.

$$H_2S \rightarrow S + 2H^+ + 2e^- \qquad (b)$$

7. Gleichung 6(*a*) muß mit 2 multipliziert werden, Gleichung 6(*b*) mit 3.

$$8H^+ + 2NO_3^- + 6e^- \rightarrow 2NO + 4H_2O \qquad (a)$$
$$3H_2S \rightarrow 3S + 6H^+ + 6e^- \qquad (b)$$

8. Die Addition der Gleichungen 7(*a*) und 7(*b*) ergibt:

$$8H^+ + 2NO_3^- + 3H_2S + 6e^- \rightarrow 2NO + 4H_2O + 3S + 6H^+ + 6e^-$$

Da auf beiden Seiten $6H^+$ und $6e^-$ stehen, können diese herausgekürzt werden:

$$2H^+ + 2NO_3^- + 3H_2S \rightarrow 2NO + 4H_2O + 3S$$

Diese Form der Gleichung zeigt alle Reaktant-Ionen und Verbindungen in der richtigen Form

9. Wenn wir wissen wollen, wieviel HNO_3 nötig ist, kombinieren wir einfach H^+ mit NO_3^-.

$$2H^+NO_3^- + 3H_2S \rightarrow 2NO + 4H_2O + 3S$$

10. Jede Seite der Gleichung enthält 8 H-Atome, 2 N-Atome, 6 O-Atome und 3 S-Atome.

Oxidationsstufen-Methode.

1. Gegeben
2. Beachten Sie, daß die Oxidationsstufe von N von +5 im NO_3^- auf +2 im NO wechselt.
3. Die Oxidationsstufe von S ändert sich von –2 im H_2S auf 0 im S.
4. Es können Elektronenbilanz-*Diagramme* wie folgt geschrieben werden. (Das sind keine *Reaktionsgleichungen.*)

$$N\ (+5) + 3e^- \rightarrow N\ (+2) \qquad (1)$$
$$S\ (-2) \rightarrow S\ (0) + 2e^- \qquad (2)$$

Damit die Anzahl abgegebener Elektronen gleich der Anzahl aufgenommener ist, müssen wir (*1*) mit 2 und (*2*) mit 3 multiplizieren.

$$2N\ (+5) + 6e^- \rightarrow 2N\ (+2)$$
$$3S\ (-2) \rightarrow 3S\ (0) + 6e^-$$

Daher ist der Koeffizient von $H^+NO_3^-$ und von NO 2 und der von H_2S und S 3. Ein Teil der Gerüstgleichung kann nun aufgefüllt werden:

$$2H^+NO_3^- + 3H_2S \rightarrow 2NO + 3S$$

5. Die 8 Atome H auf der linken Seite (2 von $H^+NO_3^-$ plus 6 vom H_2S) müssen rechts $4H_2O$ bilden. Die endgültige und vollständige Gleichung lautet:

$$2H^+NO_3^- + 3H_2S \rightarrow 2NO + 3S + 4H_2O$$

Beachten Sie, daß sich die Sauerstoffatome ohne besondere Beachtung automatisch ausgeglichen haben.

6. Auf jeder Seite stehen 8 H-, 2 N-, 6 O- und 3 S-Atome.

Die erste teilweise gefüllte Gerüstgleichung hätte auch bezüglich NO_3^- statt $H^+NO_3^-$ geschrieben werden können. Zur Abwechslung wird bei den folgenden gelösten Aufgaben die Schreibweise mit Neutralverbindungen bei der Oxidationsstufen-Methode und die ionische Schreibweise bei der Ionen-Elektronen-Methode angewendet.

11.3. Bilanzieren Sie die folgende Redoxgleichung:

$$K^+MnO_4^- + K^+Cl^- + (H^+)_2SO_4^{2-} \rightarrow Mn^{2+}SO_4^{2-} + (K^+)_2SO_4^{2-} + H_2O + Cl_2$$

Ionen-Elektronen-Methode.

Die Teil-Gerüstgleichungen können folgendermaßen formuliert werden:

$$MnO_4^- \rightarrow Mn^{2+} \qquad (a)$$
$$Cl^- \rightarrow Cl_2 \qquad (b)$$

Teil (*a*) benötigt zum Ausgleich der Sauerstoffatome $4H_2O$ und dann $8H^+$ auf der linken Seite, um den Wasserstoff auszugleichen. Teil (*b*) läßt sich routinemäßig ausgleichen:

$$8H^+ + MnO_4^- \rightarrow Mn^{2+} + 4H_2O \qquad (a)$$
$$2Cl^- \rightarrow Cl_2 \qquad (b)$$

Die Gesamtladung auf der linken Seite von Teil (*a*) ist +8 – 1 = +7 und rechts +2, daher müssen links 5 Elektronen addiert werden. In Teil (*b*) beträgt die Gesamtladung links –2 und rechts 0, daher müssen rechts 2 Elektronen hinzugefügt werden.

$$8H^+ + MnO_4^- + 5e^- \rightarrow Mn^{2+} + 4H_2O \qquad (a)$$
$$2Cl^- \rightarrow Cl_2 + 2e^- \qquad (b)$$

Man erkennt, daß die Multiplikationsfaktoren 2 bzw. 5 sind.

$$16H^+ + 2MnO_4^- + 10e^- \rightarrow 2Mn^{2+} + 8H_2O$$
$$10Cl^- \rightarrow 5Cl_2 + 10e^-$$
$$\overline{16H^+ + 2MnO_4^- + 10Cl^- \rightarrow 2Mn^{2+} + 8H_2O + 5Cl_2}$$

Überprüfen Sie zuletzt die Ladungen auf jeder Seite: +4 links (+16 – 2 – 10), +4 rechts (+2 · 2).

Da MnO_4^- als $KMnO_4$ zugegeben wurde, führen $2MnO_4^-$ auf der linken Seite der Gleichung $2K^+$ ein; und da K^+ nicht reagiert, erscheint dieselbe Zahl auf der rechten Seite. Da Cl^- als KCl zugegeben wurde, führen die $10Cl^-$ auf jeder Seite der Gleichung $10K^+$ ein. Da H^+ als H_2SO_4 zugegeben wurde, führen $16H^+$ auf jeder Seite der Gleichung 8 SO_4^{2-} ein. Dann gilt:

$$6H^+ + 8SO_4^{2-} + 2K^+ + 2MnO_4^- + 10K^+ + 10Cl^- \rightarrow 2Mn^{2+} + 8H_2O + 5Cl_2 + 12K^+ + 8SO_4^{2-}$$

Auf der linken Seite können Paare von Ionen kombiniert werden, um zu zeigen, daß die chemischen Reagentien H_2SO_4, $KMnO_4$ und KCl waren. Auf der rechten Seite können Ionen paarweise kombiniert werden, um zu zeigen, daß die Verdampfung der Lösung nach erfolgter Reaktion die Kristallisation von $MnSO_4$ und K_2SO_4 verursacht.

$$8(H^+)_2SO_4^{2-} + 2K^+MnO_4^- + 10K^+Cl^- \rightarrow 2Mn^{2+}SO_4^{2-} + 6(K^+)_2SO_4^{2-} + 5Cl_2 + 8H_2O$$

Oxidationsstufen-Methode.

Mn erfährt einen Wechsel der Oxidationsstufe von +7 im MnO_4^- zu +2 im Mn^{2+}. Cl erfährt einen Wechsel der Oxidationsstufe von –1 im Cl^- zu 0 im Cl_2. Die Elektronenbilanz-Diagramme lauten daher:

$$Mn\,(+7) + 5\,e^- \rightarrow Mn\,(+2) \qquad (1)$$
$$2Cl\,(-1) \rightarrow 2Cl\,(0) + 2e^- \qquad (2)$$

Diagramm (*2*) wurde bezüglich zweier Cl-Atome formuliert, weil diese Atome paarweise im Produkt Cl_2 vorkommen. Die Multiplikationsfaktoren sind genau wie bei der obigen Methode 2 und 5.

$$Mn\,(+7) + 10\,e^- \rightarrow 2Mn\,(+2)$$
$$10Cl\,(-1) \rightarrow 10Cl\,(0) + 10e^-$$

Daher ist der Koeffizient von $K^+MnO_4^-$ und von $Mn^{2+}SO_4^{2-}$ 2, von K^+Cl^- 10 und von Cl_2 5 ($\frac{1}{2}$ · 10).

$$2K^+MnO_4^- + 10K^+Cl^- \rightarrow 2Mn^{2+}SO_4^{2-} + 5Cl^- \text{(unvollständig)}$$

Bisher wurde noch keine Vorsorge für H_2O, $(H^+)_2SO_4^{2-}$ und $(K^+)_2SO_4^{2-}$ getroffen. Die 8 Sauerstoffatome aus $2K^+MnO_4^-$ bilden $8H_2O$. Für $8H_2O$ benötigen wir 16 Atome Wasserstoff, der von $8(H^+)_2SO_4^{2-}$ zur Verfügung gestellt werden kann. Die 12 Atome K ($10K^+Cl^- + 2K^+MnO_4^-$) ergeben $6(K^+)_2SO_4^{2-}$. Beachten Sie, daß der gesamte Sauerstoff im Oxidationsmittel zu Wasser umgewandelt wird. Das Sulfat-Ion behält während der Reaktion seine Identität.

$$2K^+MnO_4^- + 10K^+Cl^- + 8(H^+)_2SO_4^{2-} \rightarrow 2Mn^{2+}SO_4^{2-} + 5Cl_2 + 6(K^+)_2SO_4^{2-} + 8H_2O$$

11.4. Bilanzieren Sie die folgende Redoxgleichung:

$$(K^+)_2Cr_2O_7^{2-} + H^+Cl^- \rightarrow K^+Cl^- + Cr^{3+}(Cl^-)_3 + H_2O + Cl_2$$

Ionen-Elektronen-Methode.

Die Bilanzierung der Teilgleichung für das Oxidationsmittel verläuft folgendermaßen:

$$Cr_2O_7^{2-} \rightarrow Cr^{3+}$$
$$Cr_2O_7^{2-} \rightarrow 2Cr^{3+}$$
$$Cr_2O_7^{2-} \rightarrow 2Cr^{3+} + 7H_2O$$
$$14H^+ + Cr_2O_7^{2-} \rightarrow Cr^{3+} + 7H_2O$$
$$14H^+ + Cr_2O_7^{2-} + 6e^- \rightarrow Cr^{3+} + 7H_2O \ (\textit{bilanziert})$$

Die Bilanzierung der Teilgleichung für das Reduktionsmittel läuft folgendermaßen ab:

$$Cl^- \rightarrow Cl_2$$
$$2Cl^- \rightarrow Cl_2$$
$$2Cl^- \rightarrow Cl_2 + 2e^- \ (\textit{bilanziert})$$

Die Gesamtgleichung lautet damit:

$$\begin{array}{l} 1 \cdot [\quad 14H^+ + Cr_2O_7^{2-} + 6e^- \rightarrow 2Cr^{3+} + 7H_2O \quad] \\ 3 \cdot [\quad 2Cl^- \rightarrow Cl_2 + 2e^- \quad] \\ \hline 14H^+ + Cr_2O_7^{2} + 6Cl^- \rightarrow 2Cr^{3+} + 7H_2O + 3Cl_2 \end{array}$$

Die $14H^+$ wurden als $14H^+Cl^-$ zugegeben und 6 der 14 Chloridionen wurden oxidiert. Auf jeder Seite der Gleichung können 8 weitere Cl^- hinzugefügt werden, die die nicht oxidierten Cl^- darstellen. Ebenso können $2K^+$ auf jeder Seite addiert werden, um zu zeigen, daß das $Cr_2O_7^{2-}$ aus dem $(K^+)_2CrO_7^{2-}$ kam.

$$14H^+ + 6Cl^- + 8Cl^- + 2K^+ + Cr_2O_7^{2} \rightarrow 2Cr^{3+} + 2K^+ + 8Cl^- + 3Cl_2 + 7H_2O$$
$$14H^+ Cl^- + (K^+)Cr_2O_7^{2} \rightarrow 2Cr^{3+}(Cl^-)_3 + 2K^+Cl^- + 3Cl_2 + 7H_2O$$

Oxidationsstufen-Methode.

Die Elektronenbilanz-Diagramme werden wegen des paarweisen Auftretens der entsprechenden Atome in $(K^+)_2Cr_2O_7^{2-}$ und Cl_2 bezüglich zweier Cr-Atome und zweier Cl-Atome formuliert.

Für das Oxidationsmittel:

$$2Cr(+6) \rightarrow 2Cr(+3)$$
$$2Cr(+6) + 6e^- \rightarrow 2Cr(+3)$$

Für das Reduktionsmittel:

$$2Cl(-1) \rightarrow 2Cl(0)$$
$$2Cl(-1) \rightarrow 2Cl(0) + 2e^-$$

Multiplikation und Addition:

$$\begin{array}{l} 1 \cdot [\quad 2Cr(+6) + 6e^- \rightarrow 2Cr(+3) \quad] \\ 3 \cdot [\quad 2Cl(-1) \rightarrow Cl(0) + 2e^- \quad] \\ \hline 2Cr(+6) + 6Cl(-1) \rightarrow 2Cr(+3) + 6Cl(0) \end{array}$$

Daher:

$$(K^+)_2Cr_2O_7^{2-} + 6H^+Cl^- \rightarrow 2Cr^{3+}(Cl^-)_3 + 3Cl_2 \text{ (unvollständig)}$$

Die Gleichung ist nach wie vor unbilanziert, da K^+Cl^-, H_2O oder die H^+Cl^-, die als Säure fungiert (im Gegensatz zu der H^+Cl^-, die das Reduktionsmittel darstellt), noch nicht untergebracht sind.

Man sieht, daß die 7 Sauerstoffatome in $(K^+)_2Cr_2O_7^{2-}$ $7H_2O$ bilden. Für 7 H_2O brauchen wir 14 H-Atome, die von 14 H^+Cl^- zur Verfügung gestellt werden können. Da 6 der Chloridionen zu Cl_2 oxidiert wurden, sollten die verbleibenden 8 (14 – 6) auf der rechten Seite als K^+Cl^- oder $Cr^{3+}(Cl^-)_3$ erscheinen. Außerdem ergibt ein $(K^+)_2Cr_2O_7^{2-}$ 2 K^+Cl^-. Daher ist der Koeffizient von H^+Cl^- 14, von H_2O 7 und von K^+Cl^- 2.

$$(K^+)_2Cr_2O_7^{2-} + 14H^+Cl^- \rightarrow 2Cr^{3+}(Cl^-)_3 + 3Cl_2 + 7H_2O + 2K^+Cl^- \text{ (bilanziert)}$$

Beachten Sie, daß auch hier der gesamte Sauerstoff aus dem Oxidationsmittel in Wasser umgewandelt wurde.

11.5. Bilanzieren Sie die folgende Redoxgleichung durch die Oxidationsstufen-Methode:

$$FeS_2 + O_2 \rightarrow Fe_2O_3 + SO_2$$

Die beiden Charakteristika dieser Aufgabe sind, daß sowohl Eisen als auch Schwefel im FeS_2 die Oxidationsstufe wechseln, und daß das Reduktionsprodukt des Sauerstoffgases sowohl in Kombination mit Eisen als auch in Kombination mit Schwefel vorkommt. Das Elektronenbilanz-Diagramm der Oxidation muß Fe- und S-Atome im Verhältnis 1 zu 2 enthalten, da dies das Verhältnis ist, in dem sie oxidiert werden. Die beiden Diagramme mit ihren Multiplikationsfaktoren lauten:

$$\begin{array}{l} 4 \cdot [\mathrm{Fe}(+2) + 2\mathrm{S}(-1) \rightarrow \mathrm{Fe}(+3) + 2\mathrm{S}(+4) + 11e^-] \\ 11 \cdot [\quad 2\mathrm{O}(0) + 4e^- \rightarrow 2\mathrm{O}(-2) \quad] \\ \hline 4\mathrm{Fe}(+2) + 8\mathrm{S}(-1) + 22\mathrm{O}(0) \rightarrow 4\mathrm{Fe}(+3) + 8\mathrm{S}(+4) + 22\mathrm{O}(-2) \end{array}$$

Daher gilt: $4FeS_2 + 11O_2 \rightarrow 2Fe_2O_3 + 8SO_2$ (bilanziert)

Bei Aufgaben wie der obigen, die ungewöhnliche Oxidationsstufen beinhalten, könnte der Leser sich fragen: “Was passiert, wenn ich die falschen Oxidationsstufen wähle?” Die Antwort ist: Man erhält dasselbe Ergebnis, solange man die Methode konsequent befolgt. Wenn man in obigem Beispiel dem Eisen +4 und dem S –2 zuordnet, beträgt der Gesamtanstieg der Oxidationsstufen immer noch 11. Ein Vorteil der Ionen-Elektronen-Methode ist es, daß solche Entscheidungen bei ihr vermieden werden, da die Oxidationsstufe nicht zur Bestimmung des Elektronenwechsels verwendet wird.

11.6. Bilanzieren Sie die folgende Redoxgleichung mit der Ionen-Elektronen-Methode:

$$Zn + Na^+NO_3^- + Na^+OH^- \rightarrow (Na^+)_2ZnO_2^{2-} + NH_3 + H_2O$$

Die Gerüst-Teilgleichung für das Oxidationsmittel lautet:

$$NO_3^- \rightarrow NH_3$$

In alkalischer Lösung wird jedes überschüssige Sauerstoffatom durch die Hinzufügung von 1 H_2O auf derselben Seite der Gleichung und 2 OH^- auf der anderen Seite bilanziert. Jedes überschüssige Wasserstoffatom wird durch Addition von 1 OH^- auf derselben Seite und 1 H_2O auf der Gegenseite ausgeglichen. In diesem Beispiel müssen wir links 3 H_2O und rechts 6 OH^- zufügen, um den überschüssigen Sauerstoff des NO_3^- auszugleichen. Außerdem müssen wir rechts noch 3 OH^- und links 3 H_2O zugeben, um den überschüssigen Wasserstoff im NH_3 zu kompensieren. Insgesamt müssen rechts 9 OH^- und links 6 H_2O hinzugefügt werden.

$$NO_3^- + 6H_2O \rightarrow NH_3 + 9OH^-$$
$$NO_3^- + 6H_2O + 8e^- \rightarrow NH_3 + 9OH^- \text{ (bilanziert)}$$

Die Bilanzierung der Teilgleichung für das Reduktionsmittel verläuft folgendermaßen:

$$Zn \rightarrow ZnO_2^{2-}$$
$$4OH^- + Zn \rightarrow ZnO_2^{2-} + 2H_2O$$
$$4OH^- + Zn \rightarrow ZnO_2^{2-} + 2H_2O + 2e^- \text{ (bilanziert)}$$

Die Gesamtgleichung lautet:

$$1 \cdot [NO_3^- + 6H_2O + 8e^- \rightarrow NH_3 + 9OH^- \quad]$$
$$3 \cdot [\quad 4OH^- \rightarrow Zn + ZnO_2^{2-} + 2H_2O + 2e^-]$$
$$NO_3^- + 6H_2O + 4Zn + 16OH^- \rightarrow NH_3 + 9OH^- + 4ZnO_2^{2-} + 8H_2O$$

Nach Kürzung: $NO_3^- + 4Zn + 7OH^- \rightarrow NH_3 + 4ZnO_2^{2-} + 2H_2O$

Nach Addition und Kombination der Ionen:

$$Na^+NO_3^- + 4Zn + 7Na^+OH^- \rightarrow NH_3 + 4(Na^+)_2ZnO_2^{2-} + 2H_2O$$

11.7. Bilanzieren Sie die folgende Gleichung mit der Ionen-Elektronen-Methode:

$$HgS + H^+Cl^- + H^+NO_3^- \rightarrow (H^+)_2HgCl_4^{2-} + NO + S + H_2O$$

Die Teilgleichung für das Oxidationsmittel wird wie in Aufgabe 11.2. bilanziert:

$$4H^+ + NO_3^- + 3e^- \rightarrow NO + 2H_2O$$

Die Grundgleichung für das Reduktionsmittel lautet:

$$HgS \rightarrow S$$

Das obige Gerüst enthält sowohl die reduzierten als auch die oxidierten Formen von Schwefel, dem einzigen Element, das seine Oxidationsstufe ändert. Das Ungleichgewicht betrifft nicht Wasserstoff oder Sauerstoff, sondern Quecksilber. Nach der Gesamtgleichung kommt das Quecksilber in den Produkten als $HgCl_4^{2-}$ vor. Wenn ein solches Ion zum Ausgleich des Quecksilbers auf der rechten Seite zugefügt wird, muß links Chlorid addiert werden, um das Chlor auszugleichen. Allgemein ist es immer erlaubt, zur Komplexbildung nötige Ionen zuzufügen, wenn eine solche Addition nicht die Einführung neuer Oxidationsstufen verlangt (Regel 5, Seite).

$$HgS + 4Cl^- \rightarrow S + HgCl_4^{2-} + 2e^- \text{ (bilanziert)}$$

Die Gesamtgleichung lautet:

$$2 \cdot [4H^+ + NO_3^- + 3e^- \rightarrow NO + 2H_2O \quad]$$
$$3 \cdot [\quad HgS + 4Cl^- \rightarrow S + HgCl_4^{2-} + 2e^-]$$
$$8H^+ + 2NO_3^- + 3HgS + 12Cl^- \rightarrow 2NO + 4H_2O + 3S + 3HgCl_4^{2-}$$

Nach Hinzufügung von Ionen und Kombination ergibt sich:

$$3HgS + 2H^+NO_3^- + 12H^+Cl^- \rightarrow 3S + (H^+)HgCl_4^{2-} + 2NO + 4H_2O$$

11.8. Vervollständigen und bilanzieren Sie folgendes Gleichungsgerüst für eine Reaktion in saurer Lösung:

$$H_2O_2 + MnO_4^- \rightarrow$$

Die Produkte müssen mit chemischer Erfahrung abgeleitet werden. MnO_4^- enthält Mangan in seiner höchsten Oxidationsstufe. Wenn daher überhaupt eine Reaktion stattfindet, wird MnO_4^- reduziert. Da die Lösung sauer ist, wird das Reaktionsprodukt Mn^{2+} sein. Das H_2O_2 muß in dieser Reaktion daher als Reduktionsmittel fungieren, und sein einzig mögliches Oxidationsprodukt ist O_2. Ab hier kann man den üblichen Weg beschreiten, der zu folgender Lösung führt:

$$2 \cdot [MnO_4^- + 8H^+ + 5e^- \rightarrow Mn^{2+} + 4H_2O \ ]$$
$$5 \cdot [\quad H_2O_2 \rightarrow O_2 + 2H^+ + 2e^-]$$
$$2MnO_4^- + 16H^+ + 5H_2O_2 \rightarrow 2Mn^{2+} + 8H_2O + 5O_2 + 10H^+$$

Nach Kürzung:

$$2MnO_4^- + 8H^+ + 5H_2O_2 \rightarrow 2Mn^{2+} + 8H_2O + 5O_2$$

Die obige Gleichung ist die vollständigste Aussage, die man mit dem gegebenen Gesamtgerüst machen kann. Wenn wir eine Gleichung mit Neutralsubstanzen formulieren sollen, können wir frei entscheiden, welches Salz von MnO_4^- und welche Säure wir verwenden. Mit $K^+MnO_4^-$ und $(H^+)_2SO_4^{2-}$ erhalten wir:

$$2K^-MnO_4^- + 3(H^+)_2SO_4^{2-} + 5H_2O_2 \rightarrow 2Mn^{2+}SO_4^{2-} + 5O_2 + (K^+)SO_4^{2-} + 8H_2O$$

VERGLEICH DER BEIDEN BILANZIERUNGSMETHODEN

Beide Methoden führen zur korrekten Form der bilanzierten Gleichung. Die Ionen-Elektronen-Methode hat zwei Vorteile:

1. Sie differenziert diejenigen Komponenten eines Systems, die reagieren, von denen, die das nicht tun. In Aufgabe 11.8. hätte jedes Permanganat und jede starke Säure verwendet werden können, nicht notwendigerweise $K^+MnO_4^-$ und $(H^+)_2SO_4^{2-}$. Die Verwendung vollständiger Formeln für Neutralsubstanzen ist nur bei der Berechnung von Massenbeziehungen hilfreich. Da das Permanganation nicht auf einer Waage abgemessen werden kann, muß ein bestimmtes Permanganatsalz wie $K^+MnO_4^-$ verwendet und abgewogen werden, das die richtige Masse MnO_4^- enthält.
2. Die Halbreaktionen, die durch die Teilgleichungen der Ionen-Elektronen-Methode gegeben sind, können tatsächlich unabhängig durchgeführt werden. Viele Redoxgleichungen können als Prozesse in galvanischen Zellen zum Aufbau eines elektrischen Potentials durchgeführt werden. Dies kann erreicht werden, indem man Reduktions- und Oxidationsmittel in getrennten Gefäßen unterbringt und einen elektrischen Kontakt zwischen beiden herstellt. Es wurde gefunden, daß die in jedem Gefäß stattfindende Reaktion exakt der Partialgleichung entspricht, die nach den Regeln der Ionen-Elektronen-Methode aufgestellt wurde. (Dies wird in Kapitel 19 behandelt.)

Einige Chemiker bevorzugen die Ionen-Elektronen-Methode bei Redoxreaktionen in verdünnten wäßrigen Lösungen, wo die freien Ionen mehr oder weniger unabhängig existieren und die Oxidationsstufen-Methode bei Redoxreaktionen in anderen flüssigen Medien, im Festkörper oder in Gasen.

STÖCHIOMETRIE BEI REDOXVORGÄNGEN

11.9. Wieviel Cl_2 kann nach Aufgabe 11.3. durch die Umsetzung von 100 g $KMnO_4$ produziert werden?

Diese Massen-Aufgabe wird wie alle Aufgaben dieses Typs gelöst, wenn die bilanzierte Molekülformel verwendet wird. Diese zeigt, daß aus 2 mol $KMnO_4$ 5 mol Cl_2 entstehen können. Die Aufgabe kann auch direkt mit der bilanzierten Ionengleichung gelöst werden, die aussagt, daß $2MnO_4^-$-Ionen 5 Moleküle Cl_2 ergeben. Wir müssen nur die chemische Äquivalenz von $2MnO_4^-$ und 2 $KMnO_4$ beachten.

In beiden Fällen lautet die Lösung:

$$x\,\text{g Cl}_2 = (100\,\text{g KMnO}_4)\left(\frac{1\,\text{mol KMnO}_4}{158\,\text{g KMnO}_4}\right)\left(\frac{5\,\text{mol Cl}_2}{2\,\text{mol KMnO}_4}\right)\left(\frac{70.9\,\text{g Cl}_2}{1\,\text{mol Cl}_2}\right) = 112\,\text{g Cl}_2$$

Zusatzaufgaben

11.10. Bestimmen Sie die Oxidationsstufe des kursiv gedruckten Elements in (*a*) $K_4\mathit{P}_2O_7$; (*b*) $Na\mathit{Au}Cl_4$; (*c*) $Rb_4Na[H\mathit{V}_{10}O_{28}]$; (*d*) *I*Cl; (*e*) $Ba_2\mathit{Xe}O_6$; (*f*) *O*F_2; (*g*) $Ca(\mathit{Cl}O_2)_3$.

Lösung: (*a*) +5; (*b*) +3; (*c*) +5; (*d*) +1; (*e*) +8; (*f*) +2; (*g*) +3

Formulieren Sie bilanzierte ionische und molekulare Gleichungen für die folgenden Fälle:

11.11. $Na^+Br^+ + Cl_2 \rightarrow Na^+Cl^- + Br_2$

11.12. $Sn + O_2 + H^+Cl^- \rightarrow Sn_2{}^+(Cl^-)_2 + H_2O$

11.13. $CuS + H^+NO_3^-$ *(verdünnt)* $\rightarrow Cu^{2+}(NO_3^-)_2 + S + H_2O + NO$

11.14. $Fe^{2+}(Cl^-)_2 + H_2O_2 + H^+Cl^- \rightarrow Fe^{3+}(Cl^-)_3 + H_2O$

11.15. $As_2S_5 + H^+NO_3^-$ *(conc.)* $\rightarrow H_3AsO_4 + H^+HSO_4^- + H_2O + NO_2$

11.16. $Cu + H^+NO_3^-$ *(conc.)* $\rightarrow Cu^{2+}(NO_3^-)_2 + H_2O + NO_2$

11.17. $Cu + H^+NO_3^-$ *(verdünnt)* $\rightarrow Cu^{2+}(NO_3^-)_2 + H_2O + NO$

11.18. $Zn + H^+NO_3^-$ *(verdünnt)* $\rightarrow Zn^{2+}(NO_3^-)_2 + H_2O + NH_4^+NO_3^-$

11.19. $(Na^+)_2C_2O_4^{2-} + K^+MnO_4^- + (H^+)_2SO_4^{2-} \rightarrow (K^+)_2SO_4^{2-} + (Na^+)_2SO_4^{2-} + H_2O + Mn^{2+}SO_4^{2-} + CO_2$

11.20. $K^+ClO_3^- + H^+Cl^- \rightarrow K^+Cl^- + Cl_2$

11.21. $O_2 + H^+I^- \rightarrow H_2O + H^+(I_3)^-$

11.22. $MnO + PbO_2 + H^+NO_3^- \rightarrow H^+MnO_4^- + Pb_2^+(NO_3^-)_2 + H_2O$

11.23. $Cr^{3+}(I^-)_3 + K^+OH^- + Cl_2 \rightarrow (K^+)CrO_4^{2-} + K^+IO_4^- + K^+Cl^- + H_2O$
(Beachten Sie, daß bei dieser Reaktion sowohl das Chrom als auch das Iod oxidiert wird!)

11.24. $(Na^+)HAsO_3^{2-} + K^+BrO_3^- + H^+Cl^- \rightarrow Na^+Cl^- + K^+Br^- + H_3AsO_4$

11.25. $(Na^+)TeO_3^{2-} + Na^+I^- + H^+Cl^- \rightarrow Na^+Cl^- + Te + H_2O + I_2$

11.26. $U^{4+}(SO_4^{2-})_2 + K^+MnO_4^- + H_2O \rightarrow (H^+)_2SO_4^{2-} + (K^+)_2SO_4^{2-} + Mn^{2+}SO_4^{2-} + UO_2^{2+}\,SO_4^{2-}$

11.27. $I_2 + (Na^+)_2S_2O_3{}^{2-} \rightarrow (Na^+)_2S_4O_6{}^{2-} + Na^+I^-$

11.28. $Ca^{2+}(OCl^-)_2 + K^+I^- + H^+Cl^- \rightarrow I_2 + Ca^{2+}(Cl^-)_2 + H_2O + K^+Cl^-$

11.29. $Bi_2O_3 + Na^+OH^- + Na^+OCl^- \rightarrow Na^+BiO_3^- + Na^+Cl^- + H_2O$

11.30. $(K^+)_3Fe(CN)_6^{3-} + Cr_2O_3 + K^+OH^- \rightarrow (K^+)_4Fe(CN)_6^{4-} + (K^+)_2CrO_4^{2-} + H_2O$

11.31. $Mn^{2+}SO_4^{2-} + (NH_4^+)_2SO_4^{2-} + H_2O \rightarrow MnO_2 + (H^+)_2SO_4^{2-} + (NH_4^+)_2SO_4^{2-}$

11.32. $Co^{2+}(Cl^-)_2 + (Na^+)_2O_2^{2-} + Na^+OH^- + H_2O \rightarrow Co(OH)_3 + Na^+Cl^-$

11.33. $Cu(NH_3)_4^{2+}(Cl^-)_2 + K^+CN^- + H_2O \rightarrow NH_3 + NH_4^+Cl^- + (K^+)_2Cu(CN)_3^{2-} + K^+CNO^- + K^+Cl^-$

11.34. $Sb_2O_3 + K^+IO_3^- + H^+Cl^- + H_2O \rightarrow HSb(OH)_6 + K^+Cl^- + ICl$

11.35. $Ag + K^+CN^- + O_2 + H_2O \rightarrow K^+Ag(CN)_2^- + K^+OH^-$

11.36. $WO_3 + Sn^{2+}(Cl^-)_2 + H^+Cl^- \rightarrow W_3O_8 + (H^+)_2SnCl_6^{2-} + H_2O$

11.37. $Co^{2+}(Cl^-)_2 + K^+NO_2^- + H^+C_2H_3O_2^- \rightarrow (K^+)_3Co(NO_2)_6^{3-} + NO + K^+C_2H_3O_2^- + K^+Cl^- + H_2O$

11.38. $V(OH)_4^+Cl^- + Fe^{2+}(Cl^-)_2 + H^+Cl^- \rightarrow VO^{2+}(Cl^-)_2 + Fe^{3+}(Cl^-)_3 + H_2O$

Bilanzieren Sie die folgenden Gleichungen mit der Oxidationsstufen-Methode:

11.39. $NH_3 + O_2 \rightarrow NO + H_2O$

11.40. $CuO + NH_3 \rightarrow N_2 + H_2O + Cu$

11.41. $PbO_2 + HI \rightarrow PbI_2 + I_2 + H_2O$

11.42. $Ag_2SO_4 + AsH_3 + H_2O \rightarrow Ag + As_2O_3 + H_2SO_4$

11.43. $NaN_3 \rightarrow Na_3N + N_2$

11.44. $KClO_3 + H_2SO_4 \rightarrow KHSO_4 + O_2 + ClO_2 + 2H_2O$

11.45. $Sn + HNO_3 \rightarrow SnO_2 + NO_2 + H_2O$

11.46. $I_2 + HNO_3 \rightarrow HIO_3 + NO_2 + H_2O$

11.47. $KI + H_2SO_4 \rightarrow K_2SO_4 + I_2 + H_2S + H_2O$

11.48. $KBr + H_2SO_4 \rightarrow K_2SO_4 + Br_2 + SO_2 + H_2O$

11.49. $Cr_2O_3 + Na_2CO_3 + KNO_3 \rightarrow Na_2CrO_4 + CO_2 + KNO_2$

11.50. $P_2H_4 \rightarrow PH_3 + P_4H_2$

11.51. $Ca_3(PO_4)_2 + SiO_2 + C \rightarrow CaSiO_3 + P_4 + CO$

Vervollständigen und bilanzieren Sie die folgenden Gleichungsgerüste mit der Ionen-Elektronen-Methode:

11.52. $I^- + NO_2^- \rightarrow I_2 + NO$ (saure Lösung)

11.53. $Au + CN^- + O_2 \rightarrow Au(CN)_4^-$ (wäßrige Lösung)

11.54. $MnO_4^- \rightarrow MnO_4^{2-} + O_2$ (alkalische Lösung)

11.55. $P \rightarrow PH_3 + H_2PO_2^-$ (alkalische Lösung)

11.56. $Zn + As_2O_3 \rightarrow AsH_3$ (saure Lösung)

11.57. $Zn + ReO_4^- \rightarrow Re^-$ (saure Lösung)

11.58. $ClO_2 + O_2^{2-} \rightarrow ClO_2^-$ (alkalische Lösung)

11.59. $Cl_2 + IO_3^- \rightarrow IO_4^-$ (alkalische Lösung)

11.60. $V \rightarrow HV_6O_{17}^{3-} + H_2$ (alkalische Lösung)

11.61. Welches Volumen O_2 unter S.T.D. wird nach Aufgabe 11.8. pro Gramm H_2O_2 produziert?

Lösung: 0,66 l

11.62. Wieviel $KMnO_4$ wird benötigt, um 100 g $Na_2C_2O_4$ zu oxidieren? S. die Reaktionsgleichung in Aufgabe 11.19.

Lösung: 52 g

11.63. Autoairbags können unter Nutzung der Reaktion in Aufgabe 11.43., die nach erfolgter Zündung sehr schnell verläuft, aufgeblasen werden. Wieviele Gramm $NaN_3(s)$ sind nötig, um 69,5 l (unter S.T.D.) $N_2(g)$ produzieren zu können?

Lösung: 151,3 g

Kapitel 12

Lösungen

GELÖSTER STOFF UND LÖSUNGSMITTEL

In der Lösung einer Substanz in einer anderen Substanz wird die gelöste Substanz der *gelöste Stoff* genannt. Die Substanz, in der der gelöste Stoff gelöst ist, nennt man *Lösungsmittel.* Wenn die relative Menge einer Substanz in einer Lösung viel größer als die der anderen ist, wird die in der größeren Menge vorliegende Substanz normalerweise als Lösungsmittel angesehen. Wenn die relativen Mengen der beiden Substanzen von gleicher Größenordnung sind, wird es schwierig, und de facto auch willkürlich, anzugeben, welche Substanz das Lösungsmittel darstellt.

KONZENTRATIONEN IN PHYSIKALISCHEN EINHEITEN

Wenn physikalische Einheiten verwendet werden, werden die Konzentrationen von Lösungen normalerweise in einer der folgenden Arten ausgedrückt:

1. Durch die Masse des gelösten Stoffs pro Volumeneinheit der Lösung (z.B. 20 g KCl pro Liter Lösung).
2. Durch die prozentuale Zusammensetzung, also die Anzahl von Masseneinheiten des gelösten Stoffs pro 100 Masseneinheiten der Lösung.

BEISPIEL 1 Eine 10%ige, wäßrige NaCl-Lösung enthält 10 g NaCl pro 100 g Lösung. Zehn Gramm NaCl werden mit 90 g Wasser gemischt, um 100 g Lösung zu bilden.

3. Durch die Masse des gelösten Stoffs pro Masse des Lösungsmittels (z.B. 5,2 g NaCl in 100 g Wasser).
4. In einigen Forschungsgebieten, wie der Luft- und Wasseranalytik, ist man an sehr kleinen Konzentrationen gelöster Stoffe interessiert. Diese werden häufig, basierend auf der Masse, in parts per million (ppm) oder parts per billion (ppb) angegeben.

KONZENTRATIONEN IN CHEMISCHEN EINHEITEN

Molare Konzentration

Die *molare Konzentration* (*M*) ist die Anzahl der Mol des gelösten Stoffes in einem Liter Lösung.

BEISPIEL 2 Eine 0,500 molare (0,500 M) Lösung von H_2SO_4 enthält pro Liter Lösung 49,04 g H_2SO_4, da 49,09 g die Hälfte der molaren Masse von H_2SO_4 (98,08 g/mol) ist. Eine einmolare (1,00 M) Lösung enthält 98,08 g H_2SO_4 pro Liter Lösung.

Beachten Sie, daß *M* das Symbol einer Größe, der molaren Konzentration, darstellt, während M das Symbol für eine Einheit (mol/l) ist. (Zur Bezeichnung der molaren Konzentration wird häufig der Begriff *Molarität* verwendet; er findet in diesem Buch keine Verwendung, um Verwechslungen mit der *Molalität*, die weiter unten definiert wird, zu vermeiden.)

Normalität

Die *Normalität* einer Lösung (*N*) ist die Anzahl von *Äquivalenten* des gelösten Stoffes in einem Liter der Lösung. Die *Äquivalent-Masse* ist jener Bruchteil der molaren Masse, der einer definierten Einheit in der chemischen Reaktion entspricht. Ein *Äquivalent* (eq) ist derselbe Bruchteil eines Mols. Äquivalentmassen werden folgendermaßen bestimmt:

1. Die für Säuren und Basen definierte Reaktionseinheit ist die Neutralisationsreaktion:

$$H^+ + OH^- \rightarrow H_2O$$

Die Äquivalentmasse einer Säure ist der Bruchteil der molaren Masse, der ein Mol azides H^+ enthält oder in einer Reaktion zur Verfügung stellen kann. (Mit anderen Worten ist die Äquivalentmasse gleich der molaren Masse geteilt durch die Anzahl von H^+, die pro Molekül zur Verfügung gestellt werden können.)

BEISPIEL 3 Die Äquivalentmassen von HCl und $HC_2H_3O_2$ sind identisch mit ihren molaren Massen, da jeweils ein azides Wasserstoffatom pro Molekül enthalten ist. Ein eq jedes dieser Moleküle ist dasselbe wie 1 mol. Die Äquivalentmasse von H_2SO_4 ist normalerweise die Hälfte der molaren Masse und ein eq ist $^1/_2$ mol, da bei den meisten Reaktionen verdünnter Schwefelsäure beide Wasserstoffe ersetzbar sind. Ein eq H_3PO_4 kann 1 mol, $^1/_2$ mol oder $^1/_3$ mol sein, abhängig davon, ob ein, zwei oder drei Wasserstoffatome pro Molekül bei einer bestimmten Reaktion ersetzt werden. Ein eq H_3BO_3 ist immer 1 mol, da in Neutralisationsreaktionen nur ein Wasserstoff ersetzbar ist. Die Äquivalentmasse von SO_3 ist die Hälfte der molaren Masse, da SO_3 mit Wasser unter Bildung von zwei H^+ reagieren kann:

$$SO_3 + H_2O \rightarrow 2H^+ + SO_4^{2-}$$

Es gibt keine einfachen Regeln, um vorherzusagen, wieviele Wasserstoffe einer Säure bei einer gegebenen Neutralisation ersetzt werden.

2. Die Äquivalentmasse einer Base ist der Bruchteil der molaren Masse, der ein Mol OH^- enthält oder zur Verfügung stellen oder mit einem Mol H^+ reagieren kann.

BEISPIEL 4 Die Äquivalentmassen von NaOH, NH_3 (das mit Wasser unter Bildung von $NH_4^+ + OH^-$ reagieren kann), $Mg(OH)_2$ und $Al(OH)_3$ entsprechen $^1/_1$, $^1/_1$, $^1/_2$ und $^1/_3$ ihrer molaren Massen.

3. Die Äquivalentmasse eines Oxidations- oder Reduktionsmittels für eine bestimmte Reaktion ist gleich seiner molaren Masse geteilt durch die Gesamtanzahl Mol von Elektronen, die bei der Reaktion eines Mols aufgenommen oder abgegeben werden. Abhängig von der durchgeführten Reaktion kann ein gegebenes Oxidations- oder Reduktionsmittel mehr als eine Äquivalentmasse besitzen.

Äquivalentmassen sind so definiert, daß die gleiche Anzahl von Äquivalenten zweier Substanzen jeweils genau miteinander reagieren. Dies ist bei der Neutralisation der Fall, weil ein H^+ ein OH^- neutralisiert, und auch bei Redoxreaktionen, weil die Anzahl der vom Reduktionsmittel abgegebenen Elektronen gleich der vom Oxidationsmittel aufgenommenen Anzahl von Elektronen ist.

BEISPIEL 5 1 mol HCl, $^1/_2$ mol H_2SO_4 und $^1/_6$ mol $K_2Cr_2O_7$ (als Oxidationsmittel), jedes in 1 l Lösung, ergeben einnormale Lösungen (1 N) dieser Substanzen. Eine einnormale (1 N) Lösung von HCl ist auch eine einmolare (1 M) Lösung. Eine einnormale (1 N) Lösung von H_2SO_4 ist gleichzeitig eine halbmolare (0,5 M) Lösung. Beachten Sie, daß N das Symbol einer Größe, der Normalität, darstellt, während N das Symbol einer Einheit (eq/l) ist.

4. Reagenzien werden häufig für Fällungsreaktionen verwendet. Die hierfür definierte Reaktionseinheit ist die Menge, die N_A positive (oder negative) Ladungen zur Verfügung stellt. Zum Beispiel ist für $AgNO_3$ ein Äquivalent dasselbe wie ein Mol, aber bei $BaCl_2$ entspricht ein Äquivalent einem halben Mol.

Molalität

Die *Molalität* einer Lösung ist die Anzahl Mol des gelösten Stoffes pro Kilogramm Lösungsmittel, das in einer Lösung enthalten ist. Die Molalität (m) kann nicht aus der molaren Konzentration (M) berechnet werden, solange die Dichte der Lösung nicht bekannt ist (s. Aufgabe 12.58.).

BEISPIEL 6 Eine Lösung aus 98,08 g reiner H_2SO_4 und 1 000 g Wasser wäre eine 1,000 molale Lösung von H_2SO_4. (Einige Bücher verwenden das Symbol m zur Bezeichnung der Größe *Molalität* und der Einheit mol/kg. In diesem Buch bezieht sich m nur auf die Größe und nicht auf die Einheit.)

Molenbruch

Der *Molenbruch* (x) einer Komponente in einer Lösung ist definiert als die Anzahl von Molen (n) dieser Komponente geteilt durch die Gesamtzahl von Molen aller Komponenten in der Lösung. Die Summe der Molenbrüche aller Komponenten einer Lösung ist 1. Für eine Lösung aus 2 Komponenten gilt:

$$x(\text{Gelöstes}) = \frac{n(\text{Gelöstes})}{n(\text{Gelöstes}) + n(\text{Solvent})} \qquad x(\text{Solvent}) = \frac{n(\text{Gelöstes})}{n(\text{Gelöstes}) + n(\text{Solvent})}$$

Wenn er als Prozentsatz ausgedrückt wird, nennt man den Molenbruch *Molprozent*.

VERGLEICH DER KONZENTRATIONS-SKALEN

Die Skalen der *molaren Konzentration* und der *Normalität* sind für volumetrische Experimente nützlich, bei denen die Menge des gelösten Stoffes in einer gegebenen Menge der Lösung auf das gemessene Volumen der Lösung bezogen wird. Wie in den folgenden Kapiteln klar werden wird, stellt die Normalitätsskala eine sehr bequeme Möglichkeit zum Vergleich der benötigten relativen Volumina zweier Lösungen, die chemisch miteinander reagieren sollen, dar. Eine Einschränkung der Normalitätsskala ist die, daß eine gegebene Lösung abängig von der Reaktion, für die sie verwendet wird, mehr als eine Normalität besitzen kann. Andererseits ist die molare Konzentration einer Lösung eine feste Größe, weil die molare Masse einer Verbindung nicht wie die Äquivalentmasse von der Reaktion abhängt, für die die Substanz verwendet wird. Die *Molalitäts*-Skala ist nützlich für Experimente, bei denen physikalische Messungen (wie Gefrierpunkt, Siedepunkt, Dampfdruck usw.) in einem weiten Temperaturbereich durchgeführt werden. Die Molalität einer gegebenen Lösung, die nur von den Massen der einzelnen Komponenten der Lösung bestimmt wird, ist unabhängig von der Temperatur. Im Gegensatz dazu kann die molare Konzentration oder die Normalität einer Lösung, die beide über das Volumen definiert sind, aufgrund der Temperaturabhängigkeit des Volumens bei einer Temperaturänderung beträchtlich schwanken. In verdünnten wäßrigen Lösungen (< 0,1 M) ist der Zahlenwert der Molalität sehr ähnlich zu dem der molaren Konzentration.

Die *Molenbruch*-Skala findet in theoretischen Arbeiten Verwendung, weil viele physikalische Eigenschaften von Lösungen (Kapitel 14) am deutlichsten bezüglich der relativen Anzahl von Lösungsmittelmolekülen und Molekülen des gelösten Stoffes ausgedrückt werden können. (Die Anzahl Mol einer Substanz ist proportional zur Anzahl der Moleküle.)

ZUSAMMENFASSUNG DER KONZENTRATIONSEINHEITEN

$$\text{Molare Konzentration einer Lösung} = M = \frac{\text{Anzahl Mol des Gelösten}}{\text{Anzahl Liter der Lösung}}$$

$$= \frac{\text{Anzahl Millimol des Gelösten}}{\text{Anzahl Kubikzentimeter (ml) der Lösung}}$$

$$\text{Normalität einer Lösung} = N = \frac{\text{Anzahl Äquivalente des Gelösten}}{\text{Anzahl Liter der Lösung}}$$

$$= \frac{\text{Anzahl der Milliäquivalente des Gelösten}}{\text{Anzahl Kubikzentimeter (ml) der Lösung}}$$

$$\text{Molalität einer Lösung} = m = \frac{\text{Anzahl Mol des Gelösten}}{\text{Anzahl Kilogramm des Lösungsmittels}}$$

$$\text{Molenbruch einer beliebigen Komponente} = x = \frac{\text{Anzahl Mol dieser Komponente}}{\text{Gesamtzahl Mol aller Komponenten}}$$

VERDÜNNUNGS-AUFGABEN

Die volumetrischen Konzentrations-Skalen (wie molare Konzentration und Normalität) sind jene, bei denen die Konzentration als die Menge des gelösten Stoffes pro festgelegtes Volumen der Lösung ausgedrückt wird. Wenn man die Konzentration auf einer volumetrischen Skala ausdrückt, ist die Menge des gelösten Stoffes, der in einem gegebenen Volumen der Lösung enthalten ist, gleich dem Produkt aus Volumen und Konzentration:

$$\text{Menge des gelösten Stoffes} = \text{Volumen} \cdot \text{Konzentration}$$

Wenn eine Lösung verdünnt wird, erhöht sich das Volumen und die Konzentration sinkt, aber die Gesamtmenge des gelösten Stoffes bleibt konstant. Daher sind zwei Lösungen unterschiedlicher Konzentration aber mit denselben Mengen gelösten Stoffes folgendermaßen miteinander verknüpft:

$$\text{Volumen}_1 \cdot \text{Konzentration}_1 = \text{Volumen}_2 \cdot \text{Konzentration}_2$$

Dabei beziehen sich die Indices 1 und 2 auf den Zustand "vor der Verdünnung" bzw. "nach der Verdünnung". Wenn drei beliebige Größen der obigen Gleichung bekannt sind, kann die vierte berechnet werden. Die Größen auf beiden Seiten der Gleichung müssen in denselben Einheiten ausgedrückt werden.

Aufgaben und Lösungen

KONZENTRATIONEN IN PHYSIKALISCHEN EINHEITEN

12.1. Erklären Sie, wie Sie 60 cm³ einer wäßrigen Lösung von $AgNO_3$ der Konzentration 0,030 g $AgNO_3$ pro Kubikzentimeter herstellen würden.

Da jeder Kubikzentimeter der Lösung 0,030 g $AgNO_3$ enthalten soll, müssen 60 cm³ der Lösung

$$(0{,}030\ \text{g/cm}^3)(60\text{cm}^3) = 1{,}8\ \text{g AgNO}_3$$

enthalten. Man löse daher 1,8 g $AgNO_3$ in etwa 50 cm³ Wasser. Dann füllt man mit Wasser auf ein Volumen von exakt 60 cm³ auf und rührt gründlich, um eine gleichmäßige Mischung sicherzustellen. (Beachten Sie, daß 60 cm³ das Volumen der fertigen Lösung und nicht das des verwendeten Wassers sein soll!)

12.2. Wieviel Gramm einer Lösung mit 5,0 Gew.-% NaCl werden benötigt, um 3,2 g NaCl zu erhalten?

Eine Lösung mit 5,0 Gew.-% NaCl enthält 5,0 g NaCl in 100 g Lösung. Daher gilt:

$$1\ \text{g NaCl ist in } \frac{100}{5{,}0}\ \text{g der Lösung enthalten}$$

und

$$3{,}2\ \text{g NaCl sind in } (3{,}2)\left(\frac{100}{5{,}0}\ \text{g Lösung}\right) = 64\ \text{g der Lösung enthalten}$$

Durch Verhältnisbildung mit x = benötigte Grammzahl Lösung erhält man ebenfalls:

$$\frac{5{,}0\ \text{g NaCl}}{100\,\text{g Lösung}} = \frac{3{,}2\ \text{g NaCl}}{x} \quad \text{weswegen } x = 64\ \text{g Lösung ist.}$$

Oder unter Verwendung eines quantitativen Faktors:

$$x\ \text{g Lösung} = (3{,}2\ \text{g NaCl})\ \frac{100\,\text{g Lösung}}{5{,}0\ \text{g NaCl}} = 64\ \text{g Lösung}$$

12.3. Wieviel $NaNO_3$ muß eingewogen werden, um 50 cm³ einer wäßrigen Lösung mit 70 mg Na^+ pro cm³ herzustellen?

Masse von Na^+ in 50 cm³ der Lösung = (50 cm³)(70 mg/cm³) = 3 500 mg = 3,5 g Na^+

Die molare Masse von $NaNO_3$ ist 85 g/mol, die von Na 23 g/mol. Damit gilt:

	23 g Na^+	sind in 85 g $NaNO_3$ enthalten
	1 g Na^+	ist in $\frac{85}{23}$ g $NaNO_3$ enthalten
und	3,5 g Na^+	sind in (3,5)($\frac{85}{23}$ g) = 12,9 g $NaNO_3$ enthalten

Oder durch direkte Verwendung von quantitativen Faktoren:

$$x \text{ g NaNO}_3 = (50 \text{ cm}^3 \text{ Lösung})\left(\frac{70 \text{ mg Na}^+}{1 \text{ cm}^3 \text{ Lösung}}\right)\left(\frac{85 \text{ g NaNO}_3}{23 \text{ g Na}^+}\right)\left(\frac{1 \text{ g}}{1000 \text{ mg}}\right) = 12{,}9 \text{ g NaNO}_3$$

12.4. Eine Probe von 500 ml des Auslaufs eines Wasserenthärters benötigte sechs Tropfen einer Standard-Seifenlösung, bis ein stabiler Schaum entstand. Die Seifenlösung wurde gegen eine künstliche Lösung harten Wassers kalibriert, das 0,136 g $CaCl_2$ pro Liter enthielt. Diese benötigte im Mittel 28 Tropfen der Standard-Seifenlösung, bis bei einer 500 ml-Probe Schaum entstand. Berechnen Sie die "Härte" der Probe aus dem Wasserenthärter in ppm $CaCO_3$. ($CaCO_3$ ist sehr unlöslich und existiert als solches in hartem Wasser nicht. Das Maß für die Härte ist die Menge $CaCO_3$, die gebildet würde, wenn alles Ca^{2+} als $CaCO_3$ gefällt würde.)

Die Härte der Probe beträgt eindeutig 6/28 der der $CaCl_2$-Lösung. Dies muß noch unter der Annahme, daß in natürlichem, harten Wasser jedes mol $CaCO_3$ äquivalent zu einem mol $CaCl_2$ ist, in der Standardeinheit ausgedrückt werden. In einem Liter des künstlichen harten Wassers haben wir:

$$\{(0{,}136 \text{ g CaCl}_2)/(111 \text{ g CaCl}_2/\text{mol})\}\cdot(100 \text{ g CaCO}_3/\text{mol}) = 0{,}123 \text{ g CaCO}_3$$

Ein Liter dieses fast reinen Wassers wiegt 1 000 g.

$$\frac{0{,}123 \text{ g CaCO}_3}{1000 \text{ g H}_2\text{O}}\cdot\frac{1000}{1000} = \frac{123}{1000000} = 123 \text{ ppm}$$

Die Härte der Probe beträgt (123)(6/28) = 26 ppm

Bemerkung: Der obige Wert ist niedriger als der der meisten natürlichen Wässer, aber für enthärtetes Wasser recht hoch. Die Wasserenthärtungs-Patrone sollte ausgetauscht oder regeneriert werden.

12.5. Beschreiben Sie, wie Sie ausgehend von $BaCl_2 \cdot 2H_2O$ und reinem Wasser 50 g einer 12%igen $BaCl_2$-Lösung herstellen würden.

Eine 12%ige $BaCl_2$-Lösung enthält 12,0 g $BaCl_2$ pro 100 g Lösung oder 6,00 g $BaCl_2$ in 50,0 g Lösung. Die molare Masse von $BaCl_2$ ist 208 g/mol, von $BaCl_2 \cdot 2H_2O$ 244 g/mol. Daher gilt:

	208 g $BaCl_2$	sind in 244 g $BaCl_2 \cdot 2H_2O$ enthalten
	1 g $BaCl_2$	ist in $\frac{244}{208}$ g $BaCl_2 \cdot 2H_2O$ enthalten
und	6,00 g $BaCl_2$	ist in (6,00) $\left(\frac{244}{208}\text{ g}\right)$ = 7,04 g $BaCl_2 \cdot 2H_2O$ enthalten

50 g Lösung – 7,04 g Salz = 43 g Wasser werden benötigt

Die gewünschte Lösung wird durch Auflösung von 7,0 g $BaCl_2 \cdot 2H_2O$ in 43 g (43 cm^3) Wasser hergestellt.
(Bemerkung: Eine kleine Menge des Lösungsmittels Wasser kam aus dem hydratisierten Salz.)

12.6. Berechnen Sie die Masse wasserfreier HCl in 5,00 cm^3 konzentrierter Salzsäure (Dichte 1,19 g/cm^3), die 37,23 Gew.-% HCl enthält.

Die Masse von 5,00 cm³ der Lösung beträgt (5,00 cm³)(1,19 g/cm³) = 5,95 g. Die Lösung enthält 37,23 Gew.-% HCl. Daher beträgt die Masse der HCl in 5,95 g Lösung:

$$(0{,}372\,3)(5{,}95\text{ g}) = 2{,}22\text{ g wasserfreie HCl}$$

12.7. Berechnen Sie das Volumen konzentrierter Schwefelsäure (Dichte 1,84 g/cm³), die 98 Gewichts-% H_2SO_4 enthält, was 40,0 g reiner H_2SO_4 entspricht.

Ein cm³ Lösung hat eine Masse von 1,84 g und enthält (0,98)(1,84 g) = 1,80 g reine H_2SO_4. Dann sind 40,0 g H_2SO_4 in

$$\left(\frac{40{,}0}{1{,}80}\right)(1\,\text{cm}^3\text{ Lösung}) = 22{,}2\text{ cm}^3\text{ Lösung}$$

enthalten. Oder bei direkter Verwendung von Umrechnungsfaktoren:

$$(40{,}0\text{ g } H_2SO_4)\left(\frac{100\text{ g Lösung}}{98\text{ g } H_2SO_4}\right)\left(\frac{1\text{ cm}^3\text{ Lösung}}{1{,}84\text{ g Lösung}}\right) = 22{,}2\text{ cm}^3\text{ Lösung}$$

12.8. Exakt 4,00 g einer Schwefelsäure-Lösung wurden mit Wasser verdünnt. Dann wurde ein Überschuß $BaCl_2$ zugegeben. Der gewaschene und getrocknete $BaSO_4$-Niederschlag wog 4,08 g. Wie groß war der prozentuale H_2SO_4-Anteil in der ursprünglichen Säurelösung?

Bestimmen Sie zunächst die Masse an H_2SO_4, die nötig ist, um 4,08 g $BaSO_4$ nach folgender Reaktion zu fällen:

$$H_2SO_4 + BaCl_2 \rightarrow 2HCl + BaSO_4$$

Die Gleichung zeigt, daß 1 mol $BaSO_4$ (233,4 g) 1 mol H_2SO_4 (98,08 g) benötigt. Daher benötigen 44,08 g $BaSO_4$:

$$\left(\frac{4{,}08\text{ g } BaSO_4}{233{,}4\text{ g } BaSO_4}\right)(98{,}08\text{ g } H_2SO_4) = 1{,}72\text{ g } H_2SO_4$$

und

$$\text{Gewichtsanteil } H_2SO_4 = \frac{\text{Masse von } H_2SO_4}{\text{Masse des Lösung in l}} = \frac{1{,}72\text{ g}}{4{,}00\text{ g}} = 0{,}430 = 43{,}0\%$$

KONZENTRATIONEN IN CHEMISCHEN EINHEITEN

12.9. Wieviele Gramm gelösten Stoffes sind nötig, um 1 Liter 1 M $Pb(NO_3)_2$ herzustellen? Wie groß ist die molare Konzentration der Lösung bezüglich eines jeden Ions?

Eine einmolare Lösung enthält 1 mol gelöstes $PB(NO_3)_2$ in 1 l Lösung. Die molare Masse von $Pb(NO_3)_2$ beträgt 331,2 g/mol, daher werden 331,2 g $Pb(NO_3)_2$ benötigt.

Eine 1 M Lösung von $Pb(NO_3)_2$ ist bezüglich Pb^{2+} 1 M und bezüglich NO_3^- 2M.

12.10. Wie groß ist die molare Konzentration einer Lösung, die 16,0 g CH_3OH in 200 cm³ Lösung enthält?

Die molare Masse von CH_3OH beträgt 32,0 g/mol.

$$M = \text{molare Konzentration} = \frac{n(\text{Gelöstes})}{\text{Volumen der Lösung in l}} = \frac{\dfrac{16{,}0\text{ g}}{32{,}0\text{ g / mol}}}{0{,}200\text{ l}} = 2{,}50\text{ mol / l} = 2{,}50\text{ M}$$

12.11. Bestimmen Sie die molare Konzentration jeder der folgenden Lösungen: (*a*) 18,0 g $AgNO_3$ pro Liter Lösung; (*b*) 12,00 g $AlCl_3 \cdot 6H_2O$ pro Liter Lösung. Die molare Masse von $AgNO_3$ ist 169,9 g/mol, die von $AlCl_3 \cdot 6H_2O$ ist 241,4 g/mol.

(*a*) $$\frac{18{,}0\ \text{g/l}}{169{,}9\ \text{g/mol}} = 0{,}106\ \text{mol/l} = 0{,}106\ \text{M}$$

(*b*) $$\frac{12{,}00\ \text{g/l}}{241{,}4\ \text{g/mol}} = 0{,}0497\ \text{mol/l} = 0{,}0497\ \text{M}$$

12.12. Wieviel $(NH_4)_2SO_4$ ist nötig, um 400 cm^3 einer M/4 Lösung herzustellen? (Die Schreibweise M/4 wird manchmal anstatt 0,25 M verwendet.)

Die molare Masse von $(NH_4)_2SO_4$ ist 132,1. Ein Liter einer M/4 Lösung enthält $\frac{1}{4}$(132,1 g) = 33,02 g $(NH_4)_2SO_4$. Dann benötigen 400 cm^3 einer M/4 Lösung:

$$(0{,}400\ \text{l})(33{,}02\ \text{g/l}) = 13{,}21\ \text{g}\ (NH_4)_2SO_4$$

Eine weitere Methode:

$$\begin{aligned}\text{Masse} &= (\text{molare Konzentration}) \cdot (\text{molare Masse}) \cdot (\text{Lösungsvolumen}) \\ &= (\tfrac{1}{4}\ \text{mol/l})(132{,}1\ \text{g/mol})(0{,}400\ \text{l}) = 13{,}21\ \text{g}\ (NH_4)_2SO_4\end{aligned}$$

12.13. Wie groß ist die Molalität einer Lösung, die 20,0 g Rohrzucker ($C_{12}H_{22}O_{11}$) in 125 g Wasser enthält?

Die molare Masse von $C_{12}H_{22}O_{11}$ ist 342 g/mol.

$$m = \text{Molalität} = \frac{n(\text{Gelöstes})}{\text{Masse des Solvents in kg}} = \frac{(20{,}0\ \text{g})/(342\ \text{g/mol})}{0{,}125\ \text{kg}} = 0{,}468\ \text{mol/kg}$$

12.14. Die Molalität einer Lösung von Ethylalkohol C_2H_5OH in Wasser beträgt 1,54 mol/kg. Wieviele Gramm Alkohol müssen dafür in 2,5 kg Wasser aufgelöst werden?

Die molare Masse von C_2H_5OH beträgt 46,1. Da die Molalität 1,54 ist, müssen in 1 kg Wasser 1,54 mol Alkohol gelöst werden. Damit müssen in 2,54 kg Wasser (2,5)(1,54) = 3,85 mol Alkohol gelöst werden, und es gilt:

$$\text{Masse des Alkohols} = (3{,}85\ \text{mol})(46{,}1\ \text{g/mol}) = 177\ \text{g Alkohol}$$

12.15. Berechnen Sie (*a*) die molare Konzentration und (*b*) die Molalität einer Schwefelsäurelösung der Dichte 1,198 g/cm^3, die 27,0 Gew.-% H_2SO_4 enthält.

Wenn die Substanzmengen nicht angegeben sind, wird empfohlen, als *Grundlage* für die Rechnung eine willkürliche Menge anzunehmen. In diesem Fall möge die *Grundlage* 1,000 l Lösung sein.

(*a*) Ein Liter hat eine Masse von 1 198 g und enthält (0,270)(1 198) = 323 g H_2SO_4 der molaren Masse 98,1 g/mol. Daher gilt:

$$M = \frac{n(H_2SO_4)}{\text{l Lösung}} = \frac{323\ \text{g}/(98{,}1\ \text{g/mol})}{1{,}000\ \text{l}} = 3{,}29\ \text{mol/l} = 3{,}29\ \text{M}$$

(*b*) Aus (*a*) ergibt sich, daß 323 g oder 3,29 mol Gelöstes pro Liter Lösung vorliegen. Die Menge des Wassers in 1 l der Lösung beträgt 1 198 g – 323 g = 875 g H_2O. Daher gilt:

$$m = \frac{n(\text{Gelöstes})}{\text{Masse des Solvents in kg}} = \frac{3{,}29\ \text{g/mol}\ H_2SO_4}{0{,}875\ \text{kg}\ H_2O} = 3{,}76\ \text{mol/kg}$$

12.16. Bestimmen Sie die Molenbrüche beider Komponenten in einer Mischung aus 36,0 g Wasser und 46 g Glycerin $C_3H_5(OH)_3$.

Die molare Masse von $C_3H_5(OH)_3$ ist 92 g/mol, die von H_2O 18,0 g/mol.

$$n(\text{Glycerin}) = \frac{46\ \text{g}}{92\ \text{g / mol}} = 0{,}50\ \text{mol} \qquad n(Wasser) = \frac{36{,}0\ \text{g}}{918{,}0\ \text{g / mol}} = 2{,}00\ \text{mol}$$

$$\text{Gesamtzahl Mol} = 0{,}50 + 2{,}00 = 2{,}50\ \text{mol}$$

$$x(\text{Glycerin}) = \text{Molenbruch von Glycerin} = \frac{n(\text{Glycerin})}{\text{Gesamtzahl Mol}} = \frac{0{,}50}{2{,}50} = 0{,}20$$

$$x(\text{Wasser}) = \text{Molenbruch von Wasser} = \frac{n(Wasser)}{\text{Gesamtzahl Mol}} = \frac{2{,}00}{2{,}50} = 0{,}80$$

Probe: Summe der Molenbrüche = 0,20 + 0,80 = 1,00

12.17. Wieviele Äquivalente gelösten Stoffes sind in (*a*) 1 l einer 2 N Lösung; (*b*) 1 l einer 0,5 N Lösung; (*c*) 0,5 l einer 0,2 N Lösung enthalten?

Eine einnormale Lösung enthält in 1 l der Lösung 1 eq des gelösten Stoffes. Menge des Gelösten = (Volumen) · (Konzentration).

(*a*) 1 l einer 2 N Lösung enthält 2 eq des gelösten Stoffs.
(*b*) 1 l einer 0,5 N Lösung enthält 0,5 eq des gelösten Stoffs.
(*c*) 0,5 l einer 0,2 N Lösung enthalten (0,5 l)(0,2 eq/l) = 0,1 eq des gelösten Stoffs.

12.18. Wieviele (*a*) Äquivalente und (*b*) Milliäquivalente (meq) gelösten Stoffs sind in 60 cm^3 einer 4,0 N Lösung vorhanden?

(*a*) Anzahl Äquivalente = (Anzahl Liter) · (Normalität) = (0,060 l)(4,0 eq/l) = 0,24 eq
(*b*) (0,24 eq)(1 000 meq/eq) = 240 meq

Eine weitere Methode:

Anzahl meq = (Anzahl cm^3) · (Normalität) = (60 cm^3)(4,0 meq/cm^3) = 240 meq

12.19. Wieviele Gramm gelösten Stoffes sind nötig, um 1 l einer 1 N Lösung von (*a*) LiOH; (*b*) Br_2 (als Oxidationsmittel); (*c*) H_3PO_4 (für eine Reaktion, bei der drei H's ersetzbar sind) herzustellen?

Eine einnormale Lösung enthält 1 eq gelösten Stoffes in 1 l Lösung. Die molare Masse von LiOH ist 23,95 g/mol, von Br_2 159,8 g/mol und von H_3PO_4 98,00 g/mol.

(*a*) Ein Liter 1 N LiOH benötigt (23,95/1) g = 23,95 g LiOH
(*b*) Beachten Sie, daß nach der Partialgleichung $Br_2 + 2e^- \rightarrow -2Br^-$ pro Br_2 zwei Elektronen reagieren. Daher beträgt die Äquivalentmasse von Br_2 die *Hälfte* seiner molaren Masse und 1l 1N Br_2 benötigt (159,8/2) g = 79,9 g Br_2.
(*c*) Ein Liter 1 H_3PO_4 benötigt (98,00/3) g = 32,67 g H_3PO_4.

12.20. Berechnen Sie die Normalität jeder der folgenden Lösungen: (*a*) 7,88 g HNO_3 pro Liter Lösung; (*b*) 26,5 g Na_2CO_3 pro Liter Lösung (wenn es unter Bildung von CO_2 neutralisiert wird).

(*a*) Äquivalentmasse von HNO_3 (wenn sie als Säure und nicht als Oxidationsmittel verwendet wird) = molare Masse = 63,02 g/mol.

$$N = \text{Normalität} = \frac{(7{,}88\ \text{g}) / (63{,}02\ \text{g / eq})}{1\ \text{l}} = 0{,}125\,0\ \text{eq / l} = 0{,}125\,0\ \text{N}$$

(*b*) Die Reaktion lautet $CO_3^{2-} + 2H^+ \rightarrow CO_2 + H_2O$.
Äquivalentmasse von $Na_2CO_3 = (\frac{1}{2}) \cdot$ (molare Masse) $= (\frac{1}{2})(106{,}0) = 53{,}0$

$$N = \frac{(26{,}5\ \text{g}) / (53{,}0\ \text{g/eq})}{1\ \text{l}} = 0{,}500\ \text{N}$$

12.21. Wieviele Kubikzentimeter 2,00 M $Pb(NO_3)_2$-Lösung enthalten 600 mg Pb^{2+}?

Ein Liter 1 M $Pb(NO_3)_2$ enthält 1 mol Pb^{2+} oder 207 g. Dann enthält eine 2 M Lösung 2 mol Pb^{2+} oder 414 g Pb^{2+} pro Liter, bzw. 414 mg Pb^{2+} pro Kubikzentimeter . Daher sind 600 mg Pb^{2+} enthalten in

$$\frac{600\ \text{mg}}{410\ \text{mg/cm}^3} = 1{,}45\ \text{cm}^3 \quad 2{,}00\ \text{M}\ Pb(NO_3)_2$$

Eine weitere Methode:

$$\text{Masse} = M \cdot \text{Volumen} \cdot \text{molare Masse}$$
$$\text{Volumen} = \text{Masse}/(M \cdot \text{molare Masse})$$

$$\text{Volumen} = \frac{600\ \text{mg}}{(2\ \text{mmol/ml})(207\ \text{mmol/ml})} = 1{,}45\ \text{ml}$$

12.22. Gegeben sei die folgende unbilanzierte Gleichung:

$$K^+MnO_4 + K^+I^- + (H^+)_2SO_4^{2-} \rightarrow (K^+)_2SO_4^{2-} + Mn^{2+}SO_4^{2-} + I_2 + H_2O$$

(*a*) Wieviele Gramm $KMnO_4$ sind nötig, um 500 cm³ einer 0,250 N Lösung herzustellen? (*b*) Wieviele Gramm KI sind nötig, um 25 cm³ einer 0,36 N Lösung herzustellen?

(*a*) Bei dieser Redoxreaktion ändert sich die Oxidationsstufe von Mn von +7 im MnO_4^- nach +2 im Mn^{2+}, was einer Aufnahme von 5 Elektronen entspricht. Daher gilt:

$$\text{Äquivalentmasse von } KMnO_4 = \frac{\text{molare Masse}}{\text{Änderung der Oxidationsstufe}} = \frac{158\,\text{g/mol}}{5\,\text{eq}} = 31{,}6\,\text{g/eq}$$

Dann benötigen 0,500 l einer 0,250 N Lösung:

$$(0{,}500\ \text{l})(0{,}250\ \text{eq/l})(31{,}6\ \text{g/eq}) = 3{,}95\ \text{g}\ KMnO_4$$

Wenn die oben hergestellte $KMnO_4$-Lösung in folgender Reaktion verwendet werden würde,

$$2MnO_4^- + 3H_2O_2 + 2H^+ \rightarrow 2MnO_2 + 3O_2 + 4H_2O$$

wäre das Etikett "0,250 N" nicht mehr gültig, weil die Änderung der Oxidationsstufe in diesem Fall 3 und nicht 5 ist. Die passende Normalität wäre stattdessen:

$$\left(\frac{0{,}250\ \text{N}}{5\,\text{eq}}\right)(3\,\text{eq}) = 0{,}150\ \text{N}$$

(*b*) Die Oxidationsstufe des I ändert sich von –1 im I^- auf 0 im I_2. Daher gilt:

$$\text{Äquivalentmasse von KI} = \text{molare Masse} = 166\ \text{g/mol}$$

Dann benötigen 0,025 l einer 0,36 N Lösung:

$$(0{,}025\ \text{l})(0{,}36\ \text{eq/l})(166\ \text{g/eq}) = 1{,}49\ \text{g KI}$$

12.23. **Berechnen Sie die molare Konzentration einer NaBr-Lösung, die eine Dichte von 1,167 g/cm³ und eine Molalität von 2,28 mol/kg hat.**

Die molare Masse von NaBr ist 102,9 g/mol. Für jedes Kilogramm Wasser gibt es (2,28)(102,9) = 235 g NaBr, was einer Gesamtmasse von 1 000 + 235 = 1 235 g entspricht. Die Masse der Lösung nimmt ein Volumen von 1 235 g / (1,167 g/cm³) = 1 058 cm³ oder 1,058 l ein. Die molare Konzentration ist damit:

$$2{,}28 \text{ mol}/1{,}058 \text{ l} = 2{,}16 \text{ mol/l under } 2{,}16 \text{ M}$$

12.24. **Eine Lösung eines bestimmten organischen Halogenids in Benzol weist einen Molenbruch des Halogenids von 0,082 1 auf. Drücken Sie seine Konzentration als Molalität aus.**

Die Formel für Benzol ist C_6H_6 und seine molare Masse beträgt 78,1 g/mol. Insgesamt 0,082 1 mol des Halogenids werden mit 1 – 0,082 1 = 0,917 9 mol Benzol gemischt, das eine Masse von (0,917 9 mol)(78,1 g/mol) = 71,7 g = 0,071 7 kg besitzt. Daher gilt:

$$\text{Molalität} = \frac{0{,}082\ 1 \text{ mol}}{0{,}071\ 7 \text{ kg}} = 1{,}145 \text{ mol / kg}$$

VERDÜNNUNGS-AUFGABEN

12.25. **Wie stark muß eine Lösung der Konzentration 40 mg $AgNO_3$ pro Kubikzentimeter verdünnt werden, um eine Lösung der Konzentration 16 mg $AgNO_3$ pro Kubikzentimeter zu ergeben?**

V sei das Volumen, auf das 1 cm³ der ursprünglichen Lösung verdünnt werden muß, um eine Lösung der Konzentration 16 mg $AgNO_3$ pro Kubikzentimeter zu ergeben. Weil die Menge des gelösten Stoffes sich durch die Verdünnung nicht ändert, gilt:

$$\begin{aligned} \text{Volumen}_1 \cdot \text{Konzentration}_1 &= \text{Volumen}_2 \cdot \text{Konzentration}_2 \\ 1 \text{ cm}^3 \cdot 40 \text{ mg/cm}^3 &= V \cdot 16 \text{ mg/cm}^3 \end{aligned}$$

Nach Auflösung ergibt sich $V = 2{,}5$ cm³. Jeder Kubikzentimeter der ursprünglichen Lösung muß auf ein Volumen von 2,5 cm³ verdünnt werden.

Beachten Sie, daß 2,5 nicht die Anzahl von Kubikzentimetern Wasser ist, die hinzugefügt werden müssen, sondern das Endvolumen der Lösung darstellt, nachdem das Wasser zu 1 cm³ der ursprünglichen Lösung zugegeben wurde. Die Verdünnungsformel liefert die Ergebnisse immer bezüglich des *Gesamt*volumens der Lösung. Wenn wir annehmen können, daß es bei der Verdünnung nicht zu einer Volumenkontraktion oder -expansion kommt, ist die zuzugebende Menge Wasser in diesem Fall 1,5 cm³ pro Kubikzentimeter Ausgangslösung. Wenn diese Annahme nicht gemacht wird, werden die Lösungen in den folgenden Aufgaben sich immer auf die *Gesamt*volumina der Lösungen beziehen. (Die Annahme der Additivität von Volumina stellt für verdünnte Lösungen (z.B. < 0,1 M) normalerweise eine gute Näherung dar.)

12.26. **Wie stark muß eine 0,50 M $BaCl_2$-Lösung verdünnt werden, um eine Lösung der Konzentration 20,0 mg Ba^{2+} pro Kubikzentimeter zu erhalten?**

Die ursprüngliche Lösung enthält 0,50 mol $BaCl_2$ oder Ba^{2+} pro Liter. Die Masse von 0,50 mol Ba^{2+} ist:

$$(0{,}50 \text{ mol})(137{,}3 \text{ g/mol}) = 68{,}7 \text{ g } Ba^{2+}$$

Daher enthält eine 0,50 M Lösung von $BaCl_2$ 68,7 g Ba^{2+} pro Liter oder 68,7 mg Ba^{2+} pro Kubikzentimeter.

Die Aufgabe besteht nun darin, herauszufinden, wie stark eine Lösung von 68,7 mg Ba^{2+} pro Kubikzentimeter verdünnt werden muß, um eine Lösung der Konzentration von 20,0 mg Ba^{2+} pro Kubikzentimeter zu ergeben.

$$\text{Volumen}_1 \cdot \text{Konzentration}_1 = \text{Volumen}_2 \cdot \text{Konzentration}_2$$
$$1\ \text{cm}^3 \cdot 68{,}7\ \text{mg/cm}^3 = V \cdot 20{,}0\ \text{mg/cm}^3$$

Nach Auflösung ergibt sich $V = 3{,}43\ \text{cm}^3$. Jeder Kubikzentimeter der 0,50 M $BaCl_2$-Lösung muß mit Wasser auf ein Volumen von 3,43 cm³ verdünnt werden.

12.27. Eine Vorschrift verlangt nach 100 cm³ 20%iger H_2SO_4 der Dichte 1,14 g/cm³. Wieviel der konzentrierten Säure, die 98 Gew.-% H_2SO_4 enthält und eine Dichte von 1,84 g/cm³ hat, muß mit Wasser verdünnt werden, um 100 cm³ Säure der verlangten Konzentration zu erhalten?

Die Konzentrationen müssen zunächst von einer massenbezogenen Basis auf eine volumetrische Basis umgerechnet werden, so daß die Verdünnungsgleichung angewendet werden kann.

$$\text{Masse von } H_2SO_4 \text{ pro cm}^3 \text{ 20\%iger Säure} = (0{,}20)(1{,}14\ \text{g/cm}^3) = 0{,}228\ \text{g/cm}^3$$
$$\text{Masse von } H_2SO_4 \text{ pro cm}^3 \text{ 98 \%iger Säure} = (0{,}98)(1{,}84\ \text{g/cm}^3) = 1{,}80\ \text{g/cm}^3$$

Sei V das Volumen 98%iger Säure, das für 100 cm³ 20%iger Säure benötigt wird.

$$\text{Volumen}_1 \cdot \text{Konzentration}_1 = \text{Volumen}_2 \cdot \text{Konzentration}_2$$
$$100\ \text{cm}^3 \cdot 0{,}228\ \text{mg/cm}^3 = V \cdot 1{,}80\ \text{mg/cm}^3$$

Nach Auflösung ergibt sich für das Volumen der konzentrierten Säure $V = 12{,}7\ \text{cm}^3$.

12.28. Welche Volumina N/2 und N/10 HCl müssen gemischt werden, um 2 l N/5 HCl zu erhalten?

Sei x = benötigtes Volumen N/2 und $2\ \text{l} - x$ = benötigtes Volumen N/10 HCl.

$$\text{Anzahl eq N/5} = (\text{Anzahl eq N/2}) + (\text{Anzahl eq N/10})$$
$$(2\ \text{l})(\tfrac{1}{5}\ \text{N}) = x(\tfrac{1}{2}\ \text{N}) + (2\ \text{l} - x)(\tfrac{1}{10}\ \text{N})$$

Die Auflösung ergibt $x = 0{,}5$ l. Daher werden 0,5 l N/2 und 1,5 l N/10 HCl benötigt.
Beachten Sie, daß die Annahme impliziert wurde, daß beim Mischen keine Volumenänderung auftritt!

12.29. Wieviele Kubikzentimeter konzentrierter Schwefelsäure, die 98 Gew.-% H_2SO_4 enthält und eine Dichte von 1,84 g/cm³ hat, sollten verwendet werden, um (*a*) 1l einer einnormalen Lösung; (*b*) 1 l einer 3,00 N Lösung; (*c*) 200 cm³ einer 0,500 N Lösung herzustellen?

$$\text{Äquivalentmasse von } H_2SO_4 = \tfrac{1}{2}(\text{molare Masse}) = \tfrac{1}{2}(98{,}1\ \text{g/mol}) = 49{,}0\ \text{g/eq}$$

Der H_2SO_4-Gehalt von 1 l der konzentrierten Säure ist $(0{,}98)(1\,000\ \text{cm}^3)(1{,}84\ \text{g/cm}^3) = 1\,800\ \text{g}\ H_2SO_4$.
Die Normalität der konzentrierten Säure ist damit:

$$\frac{1800\ \text{g}\ H_2SO_4\ /\ \text{l}}{49{,}0\ \text{g}\ H_2SO_4\ /\ \text{l}} = 36{,}7\ \text{eq}\ /\ \text{l}$$

Die Verdünnungsformel $V_{\text{konz.}} \cdot N_{\text{konz.}} = V_{\text{verd}} \cdot N_{\text{verd}}$ kann jetzt auf die einzelnen Fälle angewendet werden:

(*a*) $$V_{\text{konz.}} = \frac{(1\ \text{l})(1{,}00\ \text{N})}{36{,}7\ \text{N}} = 0{,}027\ 2\ \text{l} = 27{,}2\ \text{cm}^3 \text{ konz. Säure}$$

(*b*) $$V_{\text{konz.}} = \frac{(1\ \text{l})(3{,}00\ \text{N})}{36{,}7\ \text{N}} = 0{,}081\ 7\ \text{l} = 81{,}7\ \text{cm}^3 \text{ konz. Säure}$$

(*c*) $$V_{\text{konz.}} = \frac{(200\ \text{cm}^3)(0{,}500\ \text{N})}{36{,}7\ \text{N}} = 2{,}72\ \text{cm}^3 \text{ konz. Säure}$$

Zusatzaufgaben

KONZENTRATIONEN IN PHYSIKALISCHEN EINHEITEN

12.30. Wieviel NH_4Cl ist nötig, um 100 cm^3 einer Lösung der Konzentration 70 mg NH_4Cl pro Kubikzentimeter herzustellen?

Lösung: 7,0 g

12.31. Wieviele Gramm konzentrierter Salzsäure, die 37,9 Gew.-% HCl enthält, ergeben 5,0 g HCl?

Lösung: 13,2 g

12.32. Es ist nötig, 100 g einer Lösung mit 19,7 Gew.-% NaOH herzustellen. Wieviele Gramm NaOH und H_2O werden jeweils gebraucht?

Lösung: 19,7 g NaOH, 80,3 g H_2O

12.33. Wieviel $CrCl_3 \cdot 6H_2O$ ist nötig, um 1 l einer Lösung herzustellen, die 20 mg Cr^{3+} pro Kubikzentimeter enthält?

Lösung: 102 g

12.34. Welches Volumen verdünnter Salpetersäure, die 19 Gew.-% HNO_3 enthält und eine Dichte von 1,11 g/cm^3 hat, enthält 10 g HNO_3?

Lösung: 47 cm^3

12.35. Wieviele Kubikzentimeter einer Lösung, die 40 g $CaCl_2$ pro Liter enthält, werden gebraucht, um mit 0,642 g reinem Na_2CO_3 vollständig zu reagieren? Bei der Reaktion wird $CaCO_3$ gebildet.

Lösung: 16,8 cm^3

12.36. Ammoniakgas wird durch Wasser geleitet und ergibt eine Lösung der Dichte 0,93 g/cm^3, die 18,6 Gew.-% NH_3 enthält. Wie groß ist die Masse des NH_3 pro Kubikzentimeter Lösung?

Lösung: 173 mg/cm^3

12.37. Gegeben sind 100 cm^3 reinen Wassers bei 4 °C. Welches Volumen einer Lösung von Chlorwasserstoff der Dichte 1,175 g/cm^3 und einem Gehalt von 34,4 Gew.-% HCl könnte durch Absorption der passenden Menge HCl(*g*) erzeugt werden?

Lösung: 130 cm^3

12.38. Ein Liter Milch wiegt 1 032 g. Das Butterfett, das sie zu 4,0 Vol.-% enthält, hat eine Dichte von 0,865 g/cm^3. Wie groß ist die Dichte der fettfreien "entrahmten" Milch?

Lösung: 1,039 g/cm^3

12.39. Zur Herstellung eines Benzol-löslichen Klebers werden 49 g Kolophonium in einem Eisengefäß geschmolzen und jeweils 28 g Schellack und Bienenwachs zugegeben. Wieviel von jeder Komponente sollte verwendet werden, um 75 kg Kleber herzustellen?

Lösung: 35 kg Kolophonium, 20 kg Schellack und 20 kg Bienenwachs.

12.40. Wieviel $CaCl_2 \cdot 6H_2O$ und Wasser müssen eingewogen werden, um 100 g einer 10,0%igen $CaCl_2$-Lösung zu ergeben?

Lösung: 9,9 g $CaCl_2 \cdot 6H_2O$, 90,1 g Wasser

12.41. Wieviel $BaCl_2$ wäre nötig, um 250 cm^3 einer Lösung herzustellen, die dieselbe Cl^--Konzentration besitzt wie eine Lösung von 3,78 g NaCl in 100 cm^3?

Lösung: 16,8 g $BaCl_2$

12.42. Um den Sulfatgehalt von Trinkwasser zu bestimmen, wurde eine Probe von 6,00 Liter zuerst auf ein kleines Volumen konzentriert. Durch Behandlung dieser Probe mit Bariumchlorid-Lösung fielen 0,096 5 g $BaSO_4$ aus. Drücken Sie die Konzentration des Sulfations in diesem Wasser in ppm aus.

Lösung: 6,62 ppm

12.43. Die Analyse einer Luftprobe aus einer Chemiefabrik im Massenspektrometer ergab die Anwesenheit von $1{,}2 \cdot 10^{-8}$ Mol Benzol (C_6H_6) pro Mol Luft. Drücken Sie die gewichtsbezogene Konzentration von Benzol in der Luft in ppb aus. (Nehmen Sie an, daß die mittlere Molmasse von Luft 29 ist.)

Lösung: 32 ppb

KONZENTRATIONEN IN CHEMISCHEN EINHEITEN

12.44. Wie groß ist die molare Konzentration einer Lösung, die 37,5 g $Ba(MnO_4)_2$ pro Liter enthält und wie lauten die molaren Konzentrationen der einzelnen Ionen?

Lösung: 0,100 M $Ba(MnO_4)_2$, 0,100 M Ba^{2+}, 0,200 M MnO_4^-

12.45. Eine Lösung ist mit "0,100 M $Ba(MnO_4)_2$" etikettiert. Mit welcher Normalität sollte sie beschriftet sein, wenn sie (*a*) als Oxidationsmittel in stark saurer Lösung (Endprodukt Mn^{2+}); (*b*) als Oxidationsmittel in leicht saurer Lösung (Endprodukt MnO_2) oder (*c*) als Fällungsreagenz für $BaSO_4$ verwendet werden soll?

Lösung: (*a*) 0,500 N; (*b*) 0,300 N; (*c*) 0,200 N

12.46. Wieviele Gramm gelösten Stoffes werden benötigt, um 1 l 1M $CaCl_2 \cdot 6H_2O$-Lösung herzustellen?

Lösung: 219,1 g

12.47. Wieviel Gramm wasserfreies $CaCl_2$ werden benötigt, um (*a*) einen Liter einmolarer $CaCl_2$-Lösung; (*b*) 2,50 l 0,200 M $CaCl_2 \cdot 2H_2O$-Lösung; (*c*) 650 cm^3 0,600 M $CaCl_2$-Lösung herzustellen?

Lösung: (*a*) 111 g; (*b*) 55,5 g; (*c*) 43,3 g

12.48. Eine Probe von 6,00 g eines Polymers wurde in 280 ml eines Lösungsmittels aufgelöst. Messungen des osmotischen Drucks ergaben, daß seine Konzentration $2{,}12 \cdot 10^{-4}$ M betrug. Berechnen Sie die molare Masse des Polymers.

Lösung: $\mathcal{M} = 1{,}01 \cdot 10^5$ g/mol

12.49. Exakt 100 g NaCl werden in soviel Wasser gelöst, daß 1 500 cm^3 Lösung entstehen. Wie groß ist die molare Konzentration?

Lösung: 1,14 M

12.50. Berechnen Sie die Molalität einer Lösung, die (*a*) 0,65 mol Glucose $C_6H_{12}O_6$ in 250 g Wasser; (*b*) 45 g Glucose in 1 kg Wasser; (*c*) 18 g Glucose in 200 g Wasser enthält.

Lösung: (*a*) 2,6 molal; (*b*) 0,25 molal; (*c*) 0,50 molal

12.51. Wieviele Gramm $CaCl_2$ sollten zu 300 ml Wasser gegeben werden, um eine 2,46 molale Lösung zu erhalten?

Lösung: 82 g

12.52. Eine Lösung enthält 57,5 cm³ Ethylalkohol (C_2H_5OH) und 600 cm³ Benzol (C_6H_6). Wieviele Gramm Alkohol kommen auf 1 000 g Benzol? Wie groß ist die Molalität der Lösung? Die Dichte von C_2H_5OH ist 0,80 g/cm³, die von C_6H_6 0,90 g/cm³.

Lösung: 85 g, 1,85 mol/kg

12.53. Eine Lösung enthält 10,0 g Essigsäure CH_3COOH in 125 g Wasser. Wie groß ist die Konzentration der Lösung, ausgedrückt als (*a*) Molenbrüche von CH_3COOH und H_2O; (*b*) Molalität?

Lösung: (*a*) x(Säure) = 0,024, x(Wasser) = 0,976; (*b*) 1,33 mol/kg

12.54. Eine Lösung enthält 116 g Aceton (CH_3COCH_3), 138 g Ethylalkohol (C_2H_5OH) und 126 g Wasser. Berechnen Sie den Molenbruch jeder Komponente.

Lösung: x(Aceton) = 0,167, x(Alkohol) = 0,250, x(Wasser) = 0,583

12.55. Wie groß ist der Molenbruch des gelösten Stoffes in einer 1,00 molalen wäßrigen Lösung?

Lösung: 0,017 7

12.56. Eine wäßrige Lösung, die mit "35,0% $HClO_4$" beschriftet ist, hat eine Dichte von 1,251 g/cm³. Wie groß ist die molare Konzentration und die Molalität der Lösung?

Lösung: 4,36 M, 5,36 mol/kg

12.57. Eine Saccharose-Lösung wurde durch Auflösung von 13,5 g $C_{12}H_{22}O_{11}$ in soviel Wasser erzeugt, daß exakt 100 cm³ der Lösung entstanden, deren Dichte dann zu 1,050 g/cm³ bestimmt wurde. Berechnen Sie die molare Konzentration und die Molalität der Lösung.

Lösung: 0,395 M, 0,431 mol/kg

12.58. Zeigen Sie für einen gelösten Stoff der molaren Masse $\mathcal{M}$, daß die molare Konzentration M und die Molalität m der Lösung durch

$$M\left(\frac{\mathcal{M}}{1000}+\frac{1}{m}\right)=d$$

verknüpft sind. Dabei ist d die Dichte der Lösung in g/cm³. (*Hinweis*: Zeigen Sie, daß jeder Kubikzentimeter der Lösung $M\mathcal{M}/1\,000$ Gramm des gelösten Stoffes und M/m Gramm des Lösungsmittels enthält.) Verwenden Sie diese Beziehung zur Überprüfung der Ergebnisse der Aufgaben 12.56. und 12.57.

12.59. Welches Volumen einer 0,232 N Lösung enthält (*a*) 3,17 meq und (*b*) 6,5 eq gelösten Stoff?

Lösung: (*a*) 13,7 cm³; (*b*) 28,0 l

12.60. Bestimmen Sie die molare Konzentration jeder der folgenden Lösungen: (*a*) 166 g KI pro Liter Lösung; (*b*) 33,0 g $(NH_4)_2SO_4$ in 200 cm³ Lösung; (*c*) 12,5 g $CuSO_4 \cdot 5H_2O$ in 100 cm³ Lösung; (*d*) 10,0 mg Al^{3+} pro Kubikzentimeter Lösung.

Lösung: (*a*) 1,00 M; (*b*) 1,25 M; (*c*) 0,500 M; (*d*) 0,370 M

12.61. Welches Volumen 0,200 M $Ni(NO_3)_2 \cdot 6H_2O$-Lösung enthält 500 mg Ni^{2+}?

Lösung: 42,6 cm³

12.62. Berechnen Sie das Volumen von konzentrierter H_2SO_4 (Dichte 1,835 g/cm³, 93,2 Gew.-% H_2SO_4), das zur Herstellung von 500 cm³ 3,00 N Säure nötig ist.

Lösung: 43,0 cm³

12.63. Berechnen Sie das Volumen konzentrierter HCl (Dichte 1,19 g/cm³, 38 Gew.-% HCl), das nötig ist, um 18 l N/50 Säure herzustellen.

Lösung: 29 cm³

12.64. Bestimmen Sie die Masse von $KMnO_4$, die nötig ist, um 80 cm³ einer N/8 $KMnO_4$-Lösung zu erzeugen, wenn diese als Oxidationsmittel in saurer Lössung dient und Mn^{2+} das Produkt der Reaktion ist.

Lösung: 0,316 g

12.65. Gegeben ist die unbilanzierte Gleichung:

$$Cr_2O_7^{2-} + Fe^{2+} + H^+ \rightarrow Cr^{3+} + Fe^{3+} + H_2O$$

(*a*) Wie groß ist die Normalität einer $K_2Cr_2O_7$-Lösung, von der 35,0 cm³ 3,87 g $K_2Cr_2O_7$ enthalten? (*b*) Wie groß ist die Normalität einer $FeSO_4$-Lösung, von der 750 cm³ 96,3 g $FeSO_4$ enthalten?

Lösung: (*a*) 2,25 N; (*b*) 0,845 N

12.66. Welche Masse von $Na_2S_2O_3 \cdot 5H_2O$ wird benötigt, um für die folgende Reaktion 500 cm³ einer 0,200 N Lösung herzustellen?

$$2S_2O_3^{2-} + I_2 \rightarrow S_4O_6^{2-} + 2I^-$$

Lösung: 24,8 g

12.67. Eine Probe von 4,51 g einer unbekannten Verbindung wurde in 98,0 g Lösungsmittel gelöst. Durch genaue Ermittlung des Gefrierpunkts wurde bestimmt, daß die Lösung 0,388 *m* war. Berechnen Sie die molare Masse der unbekannten Substanz.

Lösung: 119 g/mol

12.68. Ein Analytiker wollte Bariumchlorid zur Herstellung von 60,0 ml einer 0,500 M Ba^{2+}-Lösung verwenden, aber alles was er von dem Chlorid auf Lager hatte, waren 2,66 g $BaCl_2 \cdot 2H_2O$. Er entschied sich, die fehlende Menge durch $Ba(NO_3)_2$ zu ersetzen, weil er wußte, daß NO_3^- seine Bestimmung nicht stören würde. Wieviel $Ba(NO_3)_2$ benötigte er?

Lösung: 4,99 g

VERDÜNNUNGS-AUFGABEN

12.69. Eine Lösung enthält 75 mg NaCl pro Kubikzentimeter. Wie stark muß sie verdünnt werden, um eine Lösung der Konzentration 15 mg NaCl pro Kubikzentimeter zu ergeben?

Lösung: Jeder Kubikzentimeter Ausgangslösung muß mit Wasser auf ein Volumen von 5 cm³ verdünnt werden.

12.70. Wieviele Kubikzentimeter einer Lösung der Konzentration 100 mg Co^{2+} pro Kubikzentimeter werden benötigt, um 1,5 l Lösung der Konzentration 20 mg Co^{2+} pro Kubikzentimeter herzustellen?

Lösung: 300 cm³

12.71. Berechnen Sie das ungefähre Volumen Wasser, das zu 250 cm³ einer 1,25 N Lösung hinzugefügt werden muß, um sie 0,500 N zu machen (vernachlässigen Sie Volumeneffekte).

Lösung: 375 cm³

12.72. Berechnen Sie das Volumen verdünnter Salpetersäure (Dichte 1,11 g/cm³, 19,0 Gew.-% HNO_3), das durch Verdünnung von 50 cm³ der konzentrierten Säure (Dichte 1,42 g/cm³, 69,8 Gew.-% HNO_3) mit

Wasser hergestellt werden kann. Berechnen Sie die molaren Konzentrationen und die Molalitäten der konzentrierten und der verdünnten Säure.

Lösung: 234 cm^3; molare Konzentrationen 15,7 und 3,35; Molalitäten 36,7 und 3,72

12.73. Welches Volumen Alkohol von 95,0 Gew.-% (Dichte 0,809 g/cm^3) muß eingesetzt werden, um 150 cm^3 Alkohol von 30,0 Gew.-% (Dichte 0,957 g/cm^3) herzustellen?

Lösung: 56,0 cm^3

12.74. Welche Volumina 12 N und 3 N HCl müssen gemischt werden, um 1 Liter 6 N HCl zu ergeben?

Lösung: $\frac{1}{3}$ Liter 12 N, $\frac{2}{3}$ Liter 3 N

12.75. Wie groß ist die molare Konzentration einer Lösung, die durch Mischen von 300 ml 0,0200 M H_2SO_4 mit 200 ml 0,0300 M H_2SO_4 hergestellt wurde?

Lösung: 0,024 M

12.76. Ein Chemiker dampfte 500 ml 0,0865 M NaCl-Lösung auf 127 ml ein. Berechnen Sie die molare Konzentration dieser Lösung

Lösung: 0,341 M

Kapitel 13

Reaktionen mit Standardlösungen (Titrationen)

VORTEILE VOLUMETRISCHER STANDARDLÖSUNGEN

Lösungen mit festgelegter molarer Konzentration, wie sie in Kapitel 12 definiert wurden, werden *Standard*lösungen genannt und können bei quantitativen Verfahren sehr bequem angewendet werden. Bei *Titrationen* wird eine Standardlösung langsam aus einem graduierten Behälter in ein Reaktionsgefäß getropft, bis eine Veränderung eintritt, die anzeigt, daß der Reaktand im Reaktionsgefäß vollständig verbraucht ist. Abgemessene Volumina dieser Lösungen enthalten nach folgender grundlegender Beziehung exakt bestimmte Mengen gelöster Stoffe:

$$\text{Anzahl Mol} = (\text{Anzahl Liter}) \cdot (\text{molare Konzentration})$$

oder

$$\text{Anzahl Millimol} = (\text{Anzahl Milliliter}) \cdot (\text{molare Konzentration})$$

LÖSUNGS-STÖCHIOMETRIE

Stöchiometrische Rechnungen mit Lösungen definierter Normalität sind noch einfacher. Nach der Definition der Äquivalentmasse (Kapitel 12) reagieren zwei Lösungen dann vollständig miteinander, wenn sie dieselbe Anzahl von Äquivalenten enthalten, d.h. wenn gilt:

$$\text{Volumen}_1 \cdot \text{Normalität}_1 = \text{Volumen}_2 \cdot \text{Normalität}_2$$

In dieser Beziehung müssen die beiden Volumina in derselben Einheit ausgedrückt werden, diese kann allerdings willkürlich gewählt werden. Lösungen gegebener Normalität sind selbst dann nützlich, wenn nur einer der Reaktanden gelöst vorliegt. In diesem Fall wird die Anzahl von Äquivalenten (oder Milliäquivalenten) des ungelösten Reaktanden auf dem üblichen Weg durch Division der Probenmasse in Gramm (oder Milligramm) durch die Äquivalentmasse berechnet. Die Anzahl eq (oder meq) des einen Reaktanden muß dann nach wie vor gleich der Anzahl von eq (oder meq) des anderen sein.

Aufgaben und Lösungen

13.1. Welches Volumen 1,40 M H_2SO_4-Lösung ist nötig, um mit 100 g Al zu reagieren?

Die bilanzierte molekulare Gleichung für die Reaktion lautet:

$$2Al + 3H_2SO_4 \rightarrow Al_2(SO_4)_3 + 3H_2$$

Lösung:

$$\text{Anzahl Mol Al in 100 g Al} = \frac{100\ \text{g}}{27{,}0\ \text{g/mol}} = 3{,}70\ \text{mol}$$

$$\text{Nötige Anzahl Mol } H_2SO_4 \text{ für 3,70 mol Al} = \tfrac{3}{2}(3{,}70) = 5{,}55\ \text{mol}$$

$$\text{Volumen von 1,40 M } H_2SO_4\text{, das 5,55 mol enthält} = \frac{5{,}55\ \text{mol}}{1{,}40\ \text{mol/l}} = 3{,}96\ \text{l}$$

13.2. Bei der Standardisierung einer $AgNO_3$-Lösung wurde gefunden, daß zur Ausfällung aller Chloridionen in 36,0 ml 0,520 M NaCl 40,0 ml nötig waren. Wieviel Gramm Ag könnten aus 100 ml der $AgNO_3$-Lösung erhalten werden?

Für die Fällung von AgCl werden äquimolare Mengen Ag^+ und Cl^- benötigt; daher mußten gleiche Molzahlen von $AgNO_3$ und NaCl verwendet worden sein.

$$n(AgNO_3) = n(NaCl) = (0,036\,0\,l)(0,520\ \ mol/l) = 0,018\,72\ mol$$

Dann enthalten 40,0 ml der $AgNO_3$-Lösung 0,018 72 mol $AgNO_3$ oder 0,018 72 mol Ag, und damit enthalten 100 ml der Lösung:

$$\left(\frac{100\ ml}{40,0\ ml}\right)(0,018\,72\ \ mol\ Ag)(107,9\ g\ Ag/mol\ Ag) = 5,05\ g\ Ag$$

13.3. Exakt 40,0 ml 0,225 M $AgNO_3$-Lösung wurden benötigt, um vollständig mit 25,0 ml einer NaCN-Lösung nach folgender Gleichung zu reagieren:

$$Ag^+ + 2CN^- \rightarrow Ag(CN)_2^-$$

Wie groß ist die molare Konzentration der NaCN-Lösung?

$$n(AgNO_3) = (0,040\,0\ l)(0,225\ mol/l) = 0,009\,00\ mol$$
$$n(NaCN) = 2 \cdot n(AgNO_3) = 0,018\,0\ mol$$

Damit enthalten 25,0 ml der NaCN-Lösung 0,018 0 mol NaCN, so daß gilt:

$$M = \frac{0,018\,0\ \ mol}{0,025\ l} = 0,72\ M$$

13.4. Wieviele Milliliter 6,0 N NaOH werden benötigt, um 30 ml 4,0 N HCl zu neutralisieren?

$$(\text{Volumen HCl}) \cdot (\text{Normalität HCl}) = (\text{Volumen NaOH}) \cdot (\text{Normalität NaOH})$$
$$(30\ ml)(4,0\ N) = (\text{Volumen NaOH})(6,0\ N)$$
$$\text{Volumen NaOH} = \frac{(30\ ml)(4,0\ N)}{6,0\ N} = 20\ ml$$

13.5. Bestimmen Sie die Normalität einer H_3PO_4-Lösung, von der 40 ml 120 ml einer 0,531 N NaOH-Lösung neutralisierten.

Die Lösungen reagieren vollständig miteinander. Daher gilt:

$$(\text{Volumen } H_3PO_4) \bullet (\text{Normalität } H_3PO_4) = (\text{Volumen NaOH}) \bullet (\text{Normalität NaOH})$$
$$(40\ ml)(\text{Normalität } H_3PO_4) = (120\ ml)(0,531\ N)$$
$$\text{Normalität } H_3PO_4 = \frac{(120\ ml)(0,531\ N)}{40\ ml} = 1,59\ N$$

Anmerkung: Bei dieser Aufgabe müssen wir nicht wissen, ob eins, zwei oder drei Wasserstoffatome von H_3PO_4 ersetzbar ist (sind). Die Normalität wurde durch Reaktion der Säure mit einer Base bekannter Konzentration bestimmt. Daher wird die Säure unter ähnlichen Bedingungen bei Reaktionen mit beliebigen starken Basen dieselbe Normalität von 1,59 N haben. Um jedoch die molare Konzentration der Säure zu kennen, wäre es allerdings nötig zu wissen, wieviele Wasserstoffe bei dieser Reaktion ersetzt werden.

Bei einem Fall wie diesem, in dem eine Substanz mehrere Äquivalentmassen haben kann, ist die für einen gegebenen Reaktionstyp bestimmte Normalität nicht unbedingt gleich der Normalität bei anderen Reaktionstypen. Wenn für die Neutralisation der Phosphorsäure statt einer starken Base eine schwache Base wie NH_3 verwendet oder die Methode zur Bestimmung des Neutralisationspunktes geändert worden wäre, hätte die Äquivalentmasse und damit die Normalität der obigen Lösung unterschiedlich sein können. Um die Anzahl austauschbarer Wasserstoffe der Säure in jedem Fall vorhersagen zu können, müssen detaillierte Informationen über die Chemie der Säure und ihrer Neutralisation vorliegen.

13.6. (*a*) Welches Volumen 5,00 N H_2SO_4 ist nötig, um eine Lösung mit 2,50 g NaOH zu neutralisieren? (*b*) Wieviele Gramm reiner H_2SO_4 sind nötig?

(*a*) Ein Äquivalent H_2SO_4 reagiert vollständig mit einem Äquivalent NaOH. Die Äquivalentmasse von NaOH entspricht seiner molaren Masse von 40,0 g/mol.

$$\text{Anzahl Äquivalente in 2,50 g NaOH} = \frac{2,50\text{ g}}{40,0\text{ g eq}} = 0,0625\text{ eq NaOH}$$

$$\text{Anzahl Liter} \cdot N = \text{Anzahl eq}$$

$$\text{Anzahl Liter} = \frac{\text{Anzahl eq}}{\text{N}} = \frac{0,0625}{5,00}$$

$$= 0,012\,5\text{ l} \quad \text{oder} \quad 12,5\text{ ml } 5,00\text{ N Lösung}$$

(*b*) Äquivalentmasse von $H_2SO_4 = \frac{1}{2} \cdot$ (molare Masse) $= \frac{1}{2}$ (98,08 g/mol) = 49,04 g/eq

$$\text{Benötigte Masse } H_2SO_4 = (0,062\,5\text{ eq})(49,04\text{ g/eq}) = 3,07\text{ g}$$

13.7. Eine Probe von 0,250 g einer festen Säure wurde in Wasser aufgelöst und durch 40,0 ml 0,125 N Base exakt neutralisiert. Wie groß ist die Äquivalentmasse der Säure?

$$\text{Anzahl Milliäquivalente der Base} = (40,0\text{ ml})(0,125\text{ meq/ml}) = 5,00\text{ meq}$$

$$\text{Anzahl Milliäquivalente der Säure} = \text{Anzahl der meq Base} = 5,00\text{ meq}$$

$$\text{Äquivalentmasse der Säure} = \frac{250\text{ mg}}{5,00\text{ meq}} = 50\text{ mg / meq} = 50\text{g / eq}$$

13.8. Exakt 48,4 ml HCl-Lösung sind nötig, um 1,240 g reines $CaCO_3$ vollständig zu neutralisieren. Berechnen Sie die Normalität der Säure.

Jedes CO_3^{2-}-Ion benötigt zur Neutralisation zwei H^+: $CO_3^{2-} + 2H^+ \rightarrow CO_2 + H_2O$. Daher ist die Äquivalentmasse von $CaCO_3$ die Hälfte seiner molaren Masse oder 50,05 g/eq.

$$\text{Anzahl Äquivalente in 1,240 g } CaCO_3 = \frac{1240\text{ g}}{50,06\text{ g / eq}} = 0,0248\text{ eq } CaCO_3$$

Daher enthalten 48,4 ml der Säurelösung 0,024 8 eq HCl, und es gilt:

$$\text{N} = \frac{\text{Anzahl eq}}{\text{Anzahl Liter}} = \frac{0,0248\text{ eq}}{0,0484\text{ l}} = 0,512\text{ N}$$

13.9. Eine Probe von 10,0 g einer "Gasflüssigkeit" wird mit einem Überschuß NaOH gekocht und der entstehende Ammoniak durch 60 ml 0,90 N H_2SO_4 geleitet. Exakt 10,0 ml 0,40 N NaOH sind nötig, um die überschüssige Schwefelsäure (die nicht durch das NH_3 neutralisiert wurde) zu neutralisieren. Bestimmen Sie den prozentualen Anteil von Ammoniak in der untersuchten "Gasflüssigkeit".

$$\begin{aligned}\text{Anzahl meq } NH_3 \text{ in 10,0 g der Gasflüssigkeit} &= (\text{Anzahl meq } H_2SO_4) - (\text{Anzahl meq NaOH}) \\ &= (60\text{ ml})(0,90\text{ meq/ml}) - (10,0\text{ ml})(0,40\text{ meq/ml}) \\ &= 50\text{ meq } NH_3\end{aligned}$$

Bei Neutralisationsexperimenten ist die Äquivalentmasse von NH_3 gleich der molaren Masse von 17,0 g/mol, in Einklang mit der Gleichung:

$$NH_3 + H^+ \rightarrow NH_4^+$$

Damit ist die Masse von NH_3 in der Probe (50 meq)(17,0 mg/meq) = 850 mg = 0,85 g und:

$$\text{Prozentsatz } NH_3 \text{ in der Probe} = \frac{0,85 \text{ g}}{10,0 \text{ g}} = 0,085 = 8,5\%$$

13.10. Eine Probe von 40,8 ml einer Säure ist äquivalent zu 50,0 ml einer Na_2CO_3-Lösung, von der wiederum 25,0 ml äquivalent zu 23,8 ml 0,102 N HCl sind. Wie groß ist die Normalität der ersten Säure?

Das Volumen HCl, das für die Neutralisation von 50,0 ml Na_2CO_3-Lösung nötig gewesen wäre, ist:

$$\left(\frac{50,0}{25,0}\right)(23,8 \text{ ml}) = 47,6 \text{ ml}$$

$$\text{Volumen}_1 \cdot \text{Normalität}_1 = \text{Volumen}_2 \cdot \text{Normalität}_2$$

$$(40,8 \text{ ml})N_1 = (47,6 \text{ ml})(0,102 \text{ N})$$

$$N_1 = 0,119 \text{ N}$$

13.11. Berechnen Sie die Anzahl Gramm $FeSO_4$, die durch 24,0 ml 0,250 N $KMnO_4$ in einer mit Schwefelsäure angesäuerten Lösung oxidiert werden. Die unbilanzierte Gleichung der Reaktion ist:

$$MnO_4^- + Fe^{2+} + H^+ \rightarrow Fe^{3+} + Mn^{2+} + H_2O$$

und die Normalität des $KMnO_4$ bezieht sich auf diese Gleichung.

Es ist nicht nötig, die gesamte Gleichung zu bilanzieren. Alles, was man wissen muß, ist, daß Fe seine Oxidationsstufe von +2 im Fe^{2+} nach +3 im Fe^{3+} ändert. Dann gilt:

$$\text{Äquivalentmasse von } FeSO_4 = \frac{\text{molare Masse}}{\text{Änderung der Oxidationsstufe}} = \frac{152 \text{ g/mol}}{1} = 152 \text{ g/eq}$$

Dasselbe Ergebnis resultiert aus der bilanzierten Teilgleichung für das Fe^{2+}, $Fe^{2+} \rightarrow Fe^{3+} + e^-$:

$$\text{Äquivalentmasse von } FeSO_4 = \frac{\text{molare Masse}}{\text{Anzahl übertragener Elektronen}} = \frac{152 \text{ g/mol}}{1} = 152 \text{ g/eq}$$

Sei x die benötigte Masse $FeSO_4$.

$$\text{Anzahl eq } KMnO_4 = \text{Anzahl eq } FeSO_4$$

$$(\text{Volumen } KMnO_4) \cdot (\text{Normalität } KMnO_4) = \frac{\text{Masse von } FeSO_4}{\text{Äquivalentmasse von } FeSO_4}$$

$$(0,0240 \text{ l})(0,250 \text{ eq / l}) = \frac{x}{152 \text{ g / eq}}$$

Nach Auflösung ergibt sich: x = 0,912 g $FeSO_4$.

13.12. Welches Volumen 0,100 0 N $FeSO_4$-Lösung ist nötig, um 4,000 g $KMnO_4$ in einer mit Schwefelsäure angesäuerten Lösung zu reduzieren?

Die Normalität der $FeSO_4$-Lösung bezieht sich auf die in Aufgabe 13,12. angegebene Redoxreaktion. Bei dieser Reaktion ändert das Mn seine Oxidationsstufe von +7 im MnO_4^- auf +2 im Mn^{2+}. Der Unterschied der Oxidationszahlen ist 5. Alternativ kann man aus der bilanzierten Partialgleichung

$$MnO_4^- + 8H^+ + 5e^- \rightarrow Mn^{2+} + 4H_2O$$

erkennen, daß für jedes MnO_4^- 5 Elektronen übertragen wurden. Die Äquivalentmasse von $KMnO_4$ in dieser Reaktion ist dann:

$$^1/_5 \cdot (\text{molare Masse}) = {}^1/_5(158{,}0\ \text{g/mol}) = 31{,}6\ \text{g/eq}$$

$$\text{Anzahl eq } FeSO_4 = \text{Anzahl eq } KMnO_4$$

$$(\text{Volumen } FeSO_4) \cdot (0{,}100\,0\ \text{eq/l}) = \frac{4{,}000\ \text{g}}{31{,}6\ \text{g / eq}}$$

$$\text{Volumen } FeSO_4\text{-Lösung} = 1{,}266\ \text{l}$$

Zusatzaufgaben

13.13. Wieviele Milliliter 0,25 M $AgNO_3$-Lösung sind nötig, um die gesamten Chromat-Ionen aus 20 ml einer Lösung, die pro Liter 100 g Na_2CrO_4 enthält, auszufällen? Die Reaktion lautet:

$$2Ag^+ + CrO_4^{2-} \rightarrow Ag_2CrO_4\ (s)$$

Lösung: 99 ml

13.14. Eine Probe von 50,0 ml einer Na_2SO_4-Lösung wird mit einem Überschuß $BaCl_2$ behandelt. Wie groß ist die molare Konzentration der Na_2SO_4-Lösung, wenn das gefällte $BaSO_4$ 1,756 g wiegt?

Lösung: 0,150 5 M

13.15. Wie groß war der Thorium-Gehalt einer Probe, die zur Ausfällung des gesamten Thoriums als $Th(C_2O_4)_2$ 35,0 ml 0,020 0 M $H_2C_2O_4$ benötigte?

Lösung: 81 mg

13.16. Wie groß ist die molare Konzentration einer $K_4Fe(CN)_6$-Lösung, wenn 40,0 ml nötig waren, um 150,0 mg gelöstes Zn unter Bildung von $K_2Zn_3[Fe(CN)_6]_2$ zu titrieren?

Lösung: 0,038 2 M

13.17. Eine Probe von 50,0 ml einer NaOH-Lösung benötigt bei einer Titration 27,8 ml 0,100 N Säure. Wie groß ist ihre Normalität? Wieviele Milligramm NaOH sind pro Kubikzentimeter enthalten?

Lösung: 0,055 6 N, 2,22 mg/cm^3

13.18. Bei einer Standardisierung von HCl wurden 22,5 ml benötigt, um 25,0 ml 0,050 0 M Na_2CO_3-Lösung zu neutralisieren. Wie groß ist die Molarität und die Normalität der HCl-Lösung? Wieviel Wasser muß zu 200 ml zugefügt werden, um sie 0,100 N zu machen?

Lösung: 0,111 M, 0,111 N, 22 ml

13.19. Exakt 21 ml 0,80 N Säure waren nötig, um 1,12 g einer verunreinigten Probe Calciumoxid vollständig zu neutralisieren. Wie groß ist die Reinheit des CaO?

Lösung: 42%

13.20. Durch die *Kjeldahl-Methode* wird der in Nahrungsmitteln enthaltene Stickstoff in Ammoniak umgewandelt. Berechnen Sie den prozentualen Stickstoffanteil eines Nahrungsmittels, wenn der Ammoniak aus 5,0 g davon gerade ausreicht, um 20 ml 0,100 M Salpetersäure zu neutralisieren.

Lösung: 0,56%

13.21. Wie groß ist die Reinheit konzentrierter H_2SO_4 (Dichte 1,800 g/cm^3), wenn 5,00 cm^3 nach Verdünnung mit Wasser von 84,6 ml 2,000 M NaOH neutralisiert werden?

Lösung: 92,2%

13.22. Eine Portion von 10,0 ml einer $(NH_4)_2SO_4$-Lösung wurde mit einem Überschuß NaOH behandelt. Das gebildete NH_3-Gas wurde in 50,0 ml 0,100 N HCl absorbiert. Um die verbleibende HCl zu neutralisieren, waren 21,5 ml 0,098 M NaOH nötig. Wie groß war die molare Konzentration der $(NH_4)_2SO_4$-Lösung? Wieviele Gramm $(NH_4)_2SO_4$ sind in einem Liter Lösung enthalten?

Lösung: 0,145 M, 19,1 g/l

13.23. Exakt 400 ml einer Säurelösung entwickelten bei der Einwirkung eines Überschusses Zink 2,430 l H_2-Gas, das über Wasser bei 21 °C und 747,5 Torr bestimmt wurde. Wie groß ist die Normalität der Säure? Der Dampfdruck von Wasser beträgt bei 21 °C 18,6 torr.

Lösung: 0,483 N

13.24. Wieviel Gramm Kupfer werden in 2,0 l einer 0,150 M $CuSO_4$-Lösung durch 2,7 g Aluminium ersetzt?

Lösung: 9,5 g

13.25. Welches Volumen 1,50 M H_2SO_4 wird benötigt, um mit einem Überschuß Zink unter Normalbedingungen 185 l Wasserstoffgas freizusetzen?

Lösung: 5,51 l

13.26. Wieviele Liter Wasserstoff unter Normalbedingungen würden durch 125 g Zink aus 500 ml 3,78 M HCl freigesetzt?

Lösung: 21,2 l

13.27. Wie groß ist die Äquivalentmasse einer Säure, von der 1,243 g 31,72 ml einer 0,192 3 N Standard-Base zur Neutralisation benötigen?

Lösung: 203,8

13.28. Die molare Masse einer organischen Säure wurde durch folgende Umsetzung ihres Bariumsalzes bestimmt: 4,290 g des Salzes wurden durch Reaktion mit 21,64 ml 0,477 M H_2SO_4 in die freie Säure umgewandelt. Vom Barium-Salz war bekannt, daß es 2 mol Hydratwasser pro mol Ba^{2+} enthielt. Die Säure war monoprotisch (monobasisch). Wie groß ist die molare Masse der wasserfreien Säure?

Lösung: 122,1

13.29. Eine Eisen(II)sulfat-Lösung wurde durch Titration standardisiert. Eine Probe von 25,00 ml der Lösung benötigte zur vollständigen Oxidation 42,08 ml einer 0,080 0 N Cersulfat-Lösung. Welche Normalität hat die Eisen(II)sulfat-Lösung?

Lösung: 0,134 7 N

13.30. Wieviele Milliliter 0,025 7 N KIO_3 wären nötig, um den Endpunkt der Oxidation von 34,2 ml 0,041 6 N Hydrazin-Lösung in Salzsäure zu erreichen?

Lösung: 55,4 ml

13.31. Wieviele Gramm $FeCl_2$ werden durch 28 ml einer 0,25 N $K_2Cr_2O_7$-Lösung in HCl oxidiert? Die unbilanzierte Gleichung lautet:

$$Fe^{2+} + Cr_2O_7^{2-} + H^+ \rightarrow Fe^{3+} + Cr^{3+} + H_2O$$

Lösung: 0,89 g

13.32. Bei einer Standardisierung waren 13,76 ml einer Eisen(II)sulfat-Lösung nötig, um 25,00 ml einer Probe Kaliumdichromat-Lösung zu reduzieren, die durch Auflösung von 1,692 g reinem $K_2Cr_2O_7$ in Wasser und Verdünnung auf 500,0 ml hergestellt worden war. (s. die Reaktion in Aufgabe 13.33.) Berechnen Sie die Molarität und die Normalität sowohl der Kaliumdichromat- als auch der Eisen(II)sulfat-Lösung.

Lösung: $K_2Cr_2O_7$ 0,011 50 M, 0,069 01 N; $FeSO_4$ 0,125 4 M, 0,125 4 N

13.33. Welche Masse MnO_2 wird durch 35 ml einer 0,080 M schwefelsauren Oxalsäure-Lösung ($H_2C_2O_4$) reduziert? Die unbilanzierte Gleichung lautet:

$$MnO_2 + H^+ + H_2C_2O_4 \rightarrow CO_2 + H_2O + Mn^{2+}$$

Lösung: 0,24 g

13.34. Wieviele Gramm $KMnO_4$ sind nötig, um 2,40 g $FeSO_4$ in einer Lösung, die mit Schwefelsäure angesäuert wurde, zu oxidieren? Wie groß ist die Äquivalentmasse von $KMnO_4$ bei dieser Reaktion?

Lösung: 0,500 g, 31,6

13.35. Bestimmen Sie die Äquivalentmasse von $KMnO_4$ bezüglich der Reaktion

$$Mn^{2+} + MnO_4^- + H_2O \rightarrow MnO_2 + H^+ \qquad \text{(unbilanziert)}$$

Wieviele Gramm $MnSO_4$ werden von 1,25 g $KMnO_4$ oxidiert?

Lösung: 52,7, 1,79 g

13.36. (*a*) Welches Volumen 0,066 7 M $K_2Cr_2O_7$ ist nötig, um das Chlor aus 1,20 g NaCl in einer mit H_2SO_4 angesäuerten Lösung freizusetzen?

$$Cr_2O_7^{2-} + Cl^- + H^+ \rightarrow Cr^{3+} + Cl_2 + H_2O \qquad \text{(unbilanziert)}$$

(*b*) Wieviele Gramm $K_2Cr_2O_7$ sind nötig? (*c*) Wieviele Gramm Chlor werden freigesetzt?

Lösung: (*a*) 51 ml; (*b*) 1,01 g; (*c*) 0,73 g

13.37. Auf welches Volumen sollten 1 000 ml einer Iodlösung verdünnt werden, um die Lösung 0,050 0 N zu machen, wenn 25,0 ml der Lösung (als Oxidationsmittel) äquivalent zu 0,125 g $K_2Cr_2O_7$ sind? Die Halbreaktion für Iod lautet:

$$I_2 + 2e^- \rightarrow 2I^-$$

Lösung: 1 020 ml

13.38. Wieviele Gramm $KMnO_4$ sollten verwendet werden, um 250 ml Lösung einer solchen Konzentration herzustellen, daß 1 ml davon äquivalent zu 5,00 mg Eisen in $FeSO_4$ sind?

Lösung: 0,707 g

13.39. Wieviel Gramm Iod sind in einer Lösung vorhanden, die zur vollständigen Reaktion 40 ml einer 0,112 M $Na_2S_2O_3$-Lösung benötigt?

$$S_2O_3^{2-} + I_2 \rightarrow S_4O_6^{2-} + I^- \qquad \text{(unbilanziert)}$$

Lösung: 0,57 g

13.40. Das gesamte Mangan in einer bestimmten Lösung wurde mit festem Natriumbismutat in MnO_4^- umgewandelt. Eine Menge von 25,00 ml einer 0,020 0 M $FeSO_4$-Lösung wurde zugegeben. Dies war mehr als genug, um in angesäuerter Lösung das MnO_4^- vollständig zu Mn^{2+} zu reduzieren. Der Überschuß Fe^{2+} wurde dann in saurer Lösung zurücktitriert und benötigte 4,21 ml 0,010 6 M $KMnO_4$. Wieviele Milligramm Mangan enthielt die ursprüngliche Lösung?

Lösung: 3,04 mg

13.41. Reduzierende Zucker werden gelegentlich durch einen R_{Cu}-Wert charakterisiert, der als die Anzahl Milligramm Kupfer definiert ist, die durch 1 Gramm des Zuckers reduziert werden. Dabei lautet die Halbreaktion des Kupfers:

$$Cu^{2+} + OH^- \rightarrow Cu_2O + H_2O \qquad \text{(unbilanziert)}$$

Manchmal ist es bequemer, die Reduktionskraft eines Kohlenhydrates durch eine indirekte Methode zu bestimmen. Mit dieser Methode wurden 43,2 mg eines Kohlenhydrats durch einen Überschuß $K_3Fe(CN)_6$ oxidiert. Das bei dieser Reaktion gebildete $Fe(CN)_6^{4-}$ benötigte zur Reoxidation zum $Fe(CN)_6^{3-}$ 5,29 ml einer 0,034 5 N $Ce(SO_4)_2$-Lösung (die Normalität der Cersulfat-Lösung ist bezüglich der Reduktion von Ce^{4+} zu Ce^{3+} angegeben). Bestimmen Sie den R_{Cu}-Wert der Probe (*Hinweis:* Die Anzahl Milliäquivalente von Cu bei einer direkten Oxidation ist dieselbe wie die Anzahl Milliäquivalente von Ce^{4+} bei der indirekten Methode.)

Lösung: 268

13.42. Ein Volumen von 12,53 ml einer 0,050 93 M Selendioxid-Lösung (SeO_2) reagierte mit exakt 25,52 ml einer 0,100 0 M $CrSO_4$-Lösung. Bei der Reaktion wurde Cr^{2+} zu Cr^{3+} oxidiert. In welche Oxidationsstufe wurde das Selen durch diese Reaktion umgewandelt?

Lösung: 0

13.43. Eine saure Lösung einer Probe von $KReO_4$, die 26,83 mg gebundenes Rhenium enthielt, wurde durch Überleiten über eine Säule aus granuliertem Zink reduziert. Die resultierende Lösung wurde zusammen mit der Waschfraktion der Säule mit 0,100 0 N $KMnO_4$ titriert. 11,45 ml der Standard-Permanganatlösung waren zur Reoxidation allen Rheniums zum Perrhenat-Ion ReO_4^- nötig. Wie lautete die Oxidationsstufe, zu der das Rhenium durch die Zinksäule reduziert wurde, wenn angenommen wird, daß das Rhenium das einzige Element war, das reduziert wurde?

Lösung: –1

13.44. Der Iodgehalt einer Lösung wurde durch Titration mit Cersulfat in der Gegenwart von HCl bestimmt, bei der das I^- zu ICl und Ce^{4+} zu Ce^{3+} umgewandelt wird. Eine Probe von 250 ml der Lösung benötigte 20,0 ml 0,050 M Ce^{4+}-Lösung. Wie groß war die Iodid-Konzentration der ursprünglichen Lösung in mg/ml?

Lösung: 0,25 mg/ml

13.45. Eine Probe von 0,518 g Kalkstein wird aufgelöst und das Calcium dann als Calciumoxalat CaC_2O_4 gefällt. Der Niederschlag wird filtriert, gewaschen und in Schwefelsäure aufgelöst. Zur Titration werden dann 40,0 ml einer 0,050 0 M $KMnO_4$-Lösung benötigt. Wie groß ist der prozentuale Anteil CaO in dem Kalkstein? Die unbilanzierte Gleichung für die Titration lautet:

$$MnO_4^- + CaC_2O_4 + (H^+)_2SO_4^{2-} \rightarrow CaSO_4 + Mn^{2+} + CO_2 + H_2O$$

Lösung: 54,2%

13.46. Nehmen Sie an, daß die Reaktion zwischen Phosphat-Ionen und Calcium-Ionen quantitativ unter Bildung von $Ca_3(PO_4)_2$ verläuft. Berechnen Sie die sich ergebenden molaren Konzentrationen von Ca^{2+}, NO_3^-, Na^+ und PO_4^{3-}, wenn 50,0 ml 0,400 M $Ca(NO_3)_2$-Lösung mit 100,0 ml 0,300 M Na_3PO_4-Lösung gemischt werden.

Lösung: kein Ca^{2+}, 0,267 M NO_3^-, 0,600 M Na^+ und 0,111 M PO_4^{3-}

13.47. Wieviele Milliliter 0,087 6 M NaOH sollten zu 50,0 ml einer 0,091 6 M HCl-Lösung gegeben werden, um eine Lösung der H^+-Konzentration von 0,001 0 M zu erhalten?

Lösung: 51,1 ml

13.48. Es ist ein Problem von NaOH-Standardlösungen, daß sie CO_2 aus der Luft absorbieren, das mit OH^- unter Bildung von CO_3^{2-} reagiert. Dieses verschleiert den Endpunkt der Titration von Säuren. Eine unternehmungslustige junge Chemikerin hatte 975,0 ml einer 0,366 4 M NaOH-Lösung vorliegen, von der sie vermutete, daß sie CO_2 absorbiert hatte. Daher fügte sie 10,0 ml einer 0,500 M $Ba(OH)_2$-Lösung zu, die das gesamte CO_3^{2-} als $BaCO_3(s)$ ausfällte. Nachdem das $BaCO_3$ abfiltriert worden war, wurde die Lösung neu standardisiert und war jetzt 0,368 9 M bezüglich OH^-. Wieviele Gramm festes $BaCO_3$ waren entfernt worden?

Lösung: 0,38 g.

Kapitel 14

Eigenschaften von Lösungen

EINFÜHRUNG

Genau wie verdünnte Gase durch eine Reihe einfacher Gesetze charakterisiert werden können, so haben auch verdünnte Lösungen viele Eigenschaften, die allein durch die Konzentration bestimmt werden und unabhängig von der speziellen Natur der gelösten Substanzen sind. Alle Lösungen befolgen die unten beschriebenen Gesetze, wenn ihre Konzentration ausreichend niedrig ist. Einige der Gesetze, die in der folgenden Diskussion besonders gekennzeichnet sind, werden von bestimmten Verbindungen befolgt. Man sagt, daß solche Verbindungen *ideale Lösungen* bilden. In einer idealen Lösung sind die Wechselwirkungskräfte zwischen Lösungsmittel und gelösten Molekülen dieselben wie zwischen den Molekülen in den getrennten Komponenten. Bei der Herstellung einer idealen Lösung aus Verbindungen gibt es keine Volumeneffekte und keine Enthalpieänderungen. Chemisch ähnliche Substanzen wie Methanol (CH_3OH) und Ethanol (C_2H_5OH) oder Benzol (C_6H_6) und Toluol (C_7H_8) bilden ideale Lösungen. Dagegen bilden einander unähnliche Substanzen wie C_2H_5OH (Ethanol) und C_6H_6 (Benzol) nichtideale Lösungen.

DAMPFDRUCK

Die Dampfdrücke aller Lösungen nichtflüchtiger Stoffe in einem Lösungsmittel sind *geringer als* die des reinen Lösungsmittels. Wenn wir Lösungen unterschiedlicher Stoffe in einem gegebenen Lösungsmittel durch Hinzufügen der *gleichen Anzahl gelöster Moleküle* zu einer festgelegten Menge Lösungsmittel herstellen, wie wir das bei Lösungen gleicher Molalität tun, finden wir, daß die *Erniedrigung* des Dampfdrucks bei verdünnten Lösungen nichtflüchtiger Nichtelektrolyte in jedem Fall gleich ist.

Das *Raoult'sche Gesetz* besagt, daß in verdünnten Lösungen nichtflüchtiger Nichtelektrolyte *die Dampfdruckerniedrigung proportional zum Molenbruch des gelösten Stoffes ist*, oder: *Der Dampfdruck der Lösung ist proportional zum Molenbruch des Lösungsmittels.* In Gleichungsform:

Dampfdruckerniedrigung des Lösungsmittels

= ΔP = (Dampfdruck des reinen Lösungsmittels) – (Dampfdruck der Lösung)

= (Dampfdruck des reinen Lösungsmittels) • (Molenbruch des gelösten Stoffes)

oder

Dampfdruck des Lösungsmittels über der Lösung

= (Dampfdruck des reinen Lösungsmittels) • (Molenbruch des Lösungsmittels)

Bei der zweiten Formulierung wurde der Dampfdruck der Lösung durch den Dampfdruck des Lösungsmittels über der Lösung ersetzt, weil angenommen wird, daß der gelöste Stoff nicht flüchtig ist.

Bei Flüssigkeiten, die sich untereinander unter Bildung idealer Lösungen in jedem Verhältnis mischen, gilt das Raoult'sche Gesetz in der Form der zweiten obigen Gleichung getrennt für die Partialdrücke jeder flüchtigen Komponente.

Partialdruck einer beliebigen Komponente über der Lösung

= (Dampfdruck dieser reinen Komponente) • (Molenbruch der Komponente)

Raoult's Gesetz wird durch die Hypothese erklärt, daß gelöste Moleküle an der Flüssigkeitsoberfläche die Abgabe von Lösungsmittelmolekülen in die Dampfphase stören. Aufgrund der Dampfdruckerniedrigung wird im Vergleich zum reinen Lösungsmittel der *Siedepunkt der Lösung erhöht* und der *Gefrierpunkt erniedrigt.*

GEFRIERPUNKTSERNIEDRIGUNG (ΔT_f)

Bei der Abkühlung der meisten verdünnten Lösungen beginnt vor der Kristallisation eines gelösten Stoffes das reine Lösungsmittel auszukristallisieren. Die Temperatur, bei der die ersten Kristalle im

Gleichgewicht mit der Lösung stehen, wird *Gefrierpunkt der Lösung* genannt. Der Gefrierpunkt einer solchen Lösung ist immer *niedriger* als der Gefrierpunkt des reinen Lösungsmittels. Bei verdünnten Lösungen ist die Gefrierpunktserniedrigung direkt proportional zur Anzahl der gelösten Moleküle (oder Stoffmenge) in einer gegebenen Menge des Lösungsmittels. Daher gilt:

Gefrierpunktserniedrigung = ΔT_f = (Gefrierpunkt des Lösungsmittel) – (Gefrierpunkt der Lösung) = $K_f m$,

wobei *m* die Molalität (Kapitel 12) der Lösung darstellt. Wenn diese Gleichung bis zu einer Molalität von 1 gültig wäre, wäre die Gefrierpunktserniedrigung einer einmolalen Lösung eines im Lösungsmittel gelösten beliebigen Nichtelektrolyten K_f. Der Wert wird daher auch *kryoskopische Konstante* des Lösungsmittels genannt. Der numerische Wert von K_f ist eine Stoffkonstante des Lösungsmittels.

BEISPIEL 1 Die kryoskopische Konstante von Wasser ist 1,86 K · kg/mol oder 1,86 °C · kg/mol. Daher wird eine Lösung von 1 mol Rohrzucker (342 g) in 1 000 g Wasser bei –1,86 °C gefrieren.

SIEDEPUNKTSERHÖHUNG (ΔT_b)

Die Temperatur, bei der eine Lösung siedet, ist *höher* als die des reinen Lösungsmittels, wenn der gelöste Stoff relativ wenig flüchtig ist. Bei verdünnten Lösungen ist die Siedepunktserhöhung direkt proportional zur Anzahl der gelösten Moleküle (oder Stoffmenge) in einer gegebenen Menge des Lösungsmittels. Wieder wird üblicherweise die Molalitätsskala verwendet, und die Gleichung lautet:

Siedepunktserhöhung = ΔT_b = (Siedepunkt der Lösung) – (Siedepunkt des Lsungsmittels) = $K_b m$

K_b wird als *ebullioskopische Konstante* des Lösungsmittels bezeichnet. Genau wie bei K_f ist der numerische Wert von K_b ebenfalls eine Stoffkonstante des Lösungsmittels und damit unabhängig von der Natur des gelösten Stoffes, abgesehen von der allgemeinen Forderung, daß dieser weder flüchtig noch in Ionen dissoziiert sein darf.

BEISPIEL 2 Die ebullioskopische Konstante von Wasser beträgt 0,513 °C · kg/mol. Daher wird die Lösung bei 100,513 °C sieden, wenn 1 mol Rohrzucker (342 g) in 1 000 g Wasser gelöst werden und der Druck 1 atm beträgt. (Wenn reines Wasser bei einer Temperatur siedet, die etwas verschieden von 100 °C ist, weil der Luftdruck nicht exakt 1 bar beträgt, ist die Größe von ΔT_b nach wie vor 0,513 und der Siedepunkt der Lösung liegt um 0,513 °C höher als der tatsächliche Siedepunkt des Wassers.) Wenn eine Lösung $\frac{1}{2}$ mol Zucker (171 g) und 1 000 g Wasser enthält, wird sie unter 1 atm Druck bei 100,256 °C sieden.

OSMOTISCHER DRUCK

Wenn eine Lösung von einer Probe reinen Lösungsmittels durch eine poröse Membran getrennt ist, die den Durchtritt von Lösungsmittelmolekülen, nicht aber der Moleküle des gelösten Stoffes gestattet, wird sich das Lösungsmittel in Richtung der Lösung bewegen und versuchen, die Konzentrationen auf beiden Seiten der Membran auszugleichen. Solch eine trennende Schicht wird *semipermeable Membran* genannt. Wenn die Membran senkrecht verankert ist und sich das Gefäß, das die Lösung enthält, horizontal unendlich weit ausdehnen kann, um das hinzukommende Material aufzunehmen, wird das Lösungsmittel solange hinüberfließen, bis es vollständig aufgebraucht ist oder bis die Lösung so verdünnt ist, daß es keine treibende Kraft in Form unterschiedlicher Lösungskonzentrationen auf den beiden Seiten mehr gibt. Wenn jedoch das Gefäß mit der Lösung bis auf ein Steigrohr auf der Oberseite allseitig geschlossen ist, wie in Abb. 14-1 gezeigt, wird das einfließende Lösungsmittel einen Teil der Lösung in das Steigrohr drücken. Das Gewicht der Lösung im Rohr wird einen Druck ausüben, der dem Übertritt weiteren Lösungsmittels durch die Membran entgegenwirkt. Schließlich werden sich beide Kräfte genau ausgleichen, und es wird kein weiteres Lösungsmittel mehr übertreten. Diese beiden Kräfte sind das Gewicht der Flüssigkeitssäule im Rohr und die treibende Kraft, die die Konzentrationen auf beiden Seiten der Membran auszugleichen sucht. Der hydrostatische Druck an diesem Gleichgewichtspunkt wird *osmotischer Druck* der Lösung genannt. Er kann in den üblichen Druckeinheiten wie Pa, atm oder torr gemessen werden.

Der osmotische Druck π einer verdünnten Lösung eines Nichtelektrolyten ist durch eine Gleichung gegeben, die formal äquivalent zum idealen Gasgesetz ist:

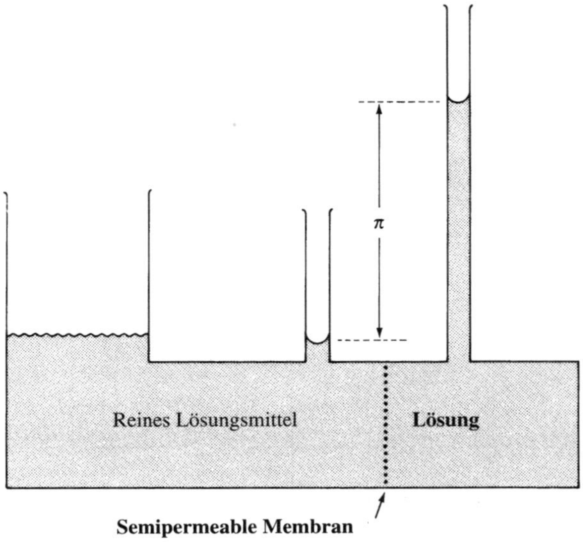

Abb. 14-1

Mit der molaren Konzentration M in mol/l, der Temperatur T in K und mit

$$R = 0{,}082 \text{ l} \cdot \text{atm} \times \text{K}^{-1} \cdot \text{mol}^{-1}$$

erhält man π in atm.

ABWEICHUNGEN VON DEN GESETZEN FÜR VERDÜNNTE LÖSUNGEN

Die obigen Gesetze gelten nur für verdünnte Lösungen von Nichtelektrolyten. Bei Elektrolyt-Lösungen trägt jedes Ion zur effektiven Molalität oder der molaren Konzentration bei. Wegen der elektrischen Wechselwirkung zwischen Ionen ist jedoch keiner der Effekte so groß, wie man es durch die Anzahl der Ionen erwarten würde.

BEISPIEL 3 Eine Lösung von 0,100 mol KCl pro Kilogramm Wasser gefriert bei –0,345 °C. Die beobachtete Gefrierpunktserniedrigung ist etwas kleiner als

$$(1{,}86\ °\text{C} \cdot \text{kg/mol})(0{,}2\ \text{mol/kg}) = 0{,}372\ °\text{C}$$

was vorhergesagt würde, wenn jedes K^+ und Cl^- tatsächlich unabhängig wirksam wäre. (0,1 molal K^+ + 0,1 molal Cl^-). Eine Lösung, die 0,100 mol $BaCl_2$ pro Kilogramm Wasser enthält, gefriert bei –0,470 °C und zeigt damit eine etwas geringere Gefrierpunktserniedrigung als die (1,86)(0,3) = 0,558 °C, die nach der einfachen Additivität der Molalitäten (0,1 molal Ba^{2+} + 0,2 molal Cl^-) vorhergesagt wird.

Für jede Lösung, die nicht zu konzentriert ist, egal ob Elektrolyt oder Nichtelektrolyt, sind die Abweichungen von einem beliebigen Gesetz für verdünnte Lösungen auf prozentualer Basis gleich den Abweichungen von einem beliebigen anderen dieser Gesetze. Das heißt:

$$\frac{\Delta T_f - (\Delta T_f)^\circ}{(\Delta T_f)^\circ} = \frac{\Delta T_b - (\Delta T_b)^\circ}{(\Delta T_b)^\circ} = \frac{\Delta P - (\Delta P)^\circ}{(\Delta P)^\circ} = \frac{\pi - \pi^\circ}{\pi^\circ}$$

wobei ein ° die Größe des Effekts kennzeichnet, die nach den Gesetzen für eine verdünnte Lösung erwartet wird.

LÖSUNGEN VON GASEN IN FLÜSSIGKEITEN

Bei konstanter Temperatur ist die Konzentration eines schwach löslichen Gases in einer Flüssigkeit (d.h. die Masse oder die Anzahl Mol eines Gases, das in einem gegebenen Volumen Flüssigkeit gelöst ist) direkt proportional zum Partialdruck des Gases im Raum über der Flüssigkeit. Dieser Zusammenhang ist als *Henry'sches Gesetz* bekannt.

Wenn eine Mischung zweier Gase in Kontakt mit einem Lösungsmittel steht, ist die gelöste Menge eines jeden Gases dieselbe wie die, wenn das Gas alleine unter einem Druck anwesend wäre, der seinem Partialdruck in der Gasmischung entspricht.

VERTEILUNGSGESETZ

Ein gelöster Stoff verteilt sich zwischen zwei unmischbaren Lösungsmitteln so, daß das Verhältnis seiner Konzentrationen in verdünnten Lösungen in den beiden Lösungsmitteln konstant ist, und zwar unabhängig von der tatsächlichen Konzentration in beiden Lösungsmitteln. Hier wird angenommen, daß sich beide Konzentrationen auf dasselbe Volumen beziehen (z.B. mol/l).

BEISPIEL 4 Für die Verteilung von Iod zwischen Ether und Wasser bei Raumtemperatur beträgt der Wert der Konstante etwa 200. Daher gilt:

$$\frac{\text{Konzentration von Iod in Ether}}{\text{Konzentration von Iod in Wasser}} = K = 200$$

Der Wert dieses Konzentrationsverhältnisses, der *Verteilungs-Verhältnis* oder *Verteilungskoeffizient* genannt wird, ist gleich dem Verhältnis der Löslichkeiten (pro Einheitsvolumen) in den beiden Lösungsmitteln, wenn gesättigte Lösungen in diesen Lösungsmitteln verdünnt genug sind, um das Verteilungsgesetz anwenden zu können.

Aufgaben und Lösungen

GEFRIERPUNKTSERNIEDRIGUNG

14.1. Der Gefrierpunkt von reinem Kampher beträgt 178,4 °C, und seine kryoskopische Konstante K_f beträgt 40,0 °C · kg/mol. Berechnen Sie den Gefrierpunkt einer Lösung, die 1,50 g einer Verbindung der molaren Masse 125 in 35,0 g Kampher enthält.

Der erste Schritt ist die Berechnung der Molalität (m) der Lösung:

$$m = \frac{\text{Anzahl Mol Gelöstes}}{\text{Anzahl Kilogramm Lösungsmittel}} = \frac{(1{,}50 - 125)\ \text{mol Gelöstes}}{\left(\frac{35}{1000}\right)\ \text{kg Lösungsmittel}} = 0{,}343\ \text{mol/kg}$$

$$\text{Gefrierpunktserniedrigung} = \Delta T_f = K_f m = (40{,}0\ °\text{C} \cdot \text{kg/mol})(0{,}343\ \text{mol/kg}) = 13{,}7\ °\text{C}$$

$$\text{Gefrierpunkt der Lösung} = (\text{Gefrierpunkt des reinen Lösungsmittels}) - \Delta T_f$$
$$= 178{,}4\ °\text{C} - 13{,}7\ °\text{C} = 164{,}7\ °\text{C}$$

14.2. Eine Lösung von 4,50 g eines Nichtelektrolyten in 125 g Wasser gefriert bei –0,372 °C. Berechnen Sie die ungefähre molare Masse des gelösten Stoffes.

Erste Methode:

Berechnen Sie zunächst die Molalität aus der Gefrierpunktsgleichung:

$$\Delta T_f = K_f m$$
$$0{,}372\ °\text{C} = (1{,}86\ °\text{C} \cdot \text{kg/mol})m$$
$$m = \frac{0{,}372\ °\text{C}}{1{,}86\ °\text{C} \cdot \text{kg / mol}} = 0{,}200\ \text{mol/kg}$$

Berechnen Sie dann die Anzahl Mol gelösten Stoffes in der Probe aus der Definition der Molalität: n(gelöster Stoff) = (0,200 mol gelöster Stoff/kg Lösungsmittel)(0,125 kg Lösungsmittel) = 0,025 0 mol gelöster Stoff.

Dann gilt:

$$\text{molare Masse} = \frac{4{,}50 \text{ g Gelöstes}}{0{,}0250 \text{ mol Gelöstes}} = 180 \text{ g/mol}$$

Zweite Methode:

Einsetzen der Molalitätsdefinition in die Gefrierpunktsgleichung liefert:

$$\Delta T_f = K_f m = K_f \cdot \frac{\text{Menge Gelöstes in Gramm}/\mathcal{M} \text{ des Gelöstes}}{\text{Menge Lösungsmittel}}$$

wobei $\mathcal{M}$ die molare Masse des gelösten Stoffes ist. Auflösung nach $\mathcal{M}$ ergibt:

$$\mathcal{M} = \left(\frac{K_f}{\Delta T_f}\right) = \left(\frac{\text{Menge Gelöstes in Gramm}}{\text{Menge Lösungsmittel in Kilogramm}}\right) = \frac{(1{,}86)(4{,}50)}{(0{,}372)(0{,}125)} = 180 \text{ g/mol}$$

SIEDEPUNKTSERHÖHUNG

14.3. Die molare Masse einer nichtflüchtigen Verbindung beträgt 58,0. Berechnen Sie den Siedepunkt einer Lösung, die 24,0 g dieser Substanz in 600 g Wasser enthält, wenn das Wasser beim vorliegenden barometrischen Druck bei 99,725 °C siedet.

$$\text{Molalität} = m = \frac{n(\text{Gelöstes})}{\text{Anzahl kg Lösungsmittel}} = \frac{(24{,}0 \,/\, 58{,}0) \text{ mol Gelöstes}}{0{,}600 \text{ kg Lösungsmittel}} = 0{,}690 \text{ mol/kg}$$

Siedepunktserhöhung = $\Delta T_b = K_b m$ = (0,513 °C · kg/mol)(0,690 mol/kg) = 0,354 °C

Siedepunkt der Lösung = (Siedepunkt von Wasser) + ΔT_b = 99,725 °C + 0,354 °C = 100,079 °C

14.4. Eine Lösung wurde durch Auflösen von 3,75 g einer reinen nichtflüchtigen Substanz in 95 g Aceton hergestellt. Der Siedepunkt reinen Acetons wurde zu 55,95 °C und der der Lösung zu 56,50 °C bestimmt. Wie groß ist die ungefähre molare Masse des gelösten Stoffes, wenn die ebullioskopische Konstante von Aceton 1,71 °C · kg/mol beträgt?

Erste Methode:

Berechnen Sie die Molalität (m) aus der Siedepunktsgleichung:

$$\Delta T_b = K_b m$$
$$56{,}50 - 55{,}95 = 1{,}71 m$$

Auflösung ergibt m = 0,322 mol gelöster Stoff/kg Lösungsmittel. Berechnen Sie jetzt die Anzahl Mol des gelösten Stoffes in der abgewogenen Probe:

$$n(\text{Gelöstes}) = \left(0{,}322 \frac{\text{mol Gelöstes}}{\text{kg Lösungsmittel}}\right)(0{,}095 \text{ kg Lösungsmittel}) = 0{,}0306 \text{ mol Gelöstes}$$

Dann gilt:

$$\text{molare Masse} = \frac{3{,}75 \text{ g Gelöstes}}{0{,}30 \text{ mol Gelöstes}} = 123 \text{ g/mol}$$

Zweite Methode:

Wie in Aufgabe 14.2. können wir folgenden Ausdruck entwickeln:

$$\mathcal{M} = \left(\frac{K_b}{\Delta T_b}\right) = \left(\frac{\text{Menge Gelöstes in Gramm}}{\text{Menge Lösungsmittel}}\right) = \frac{(1{,}71)(3{,}75)}{(0{,}55)(0{,}095)} = 123 \text{ g/mol}$$

DAMPFDRUCK

14.5. Der Dampfdruck von Wasser beträgt bei 28 °C 28,35 torr. Berechnen Sie den Dampfdruck einer Lösung von 68 g Rohrzucker ($C_{12}H_{22}O_{11}$) in 1 000 g Wasser bei 28 °C.

$$\text{Anzahl Mol } C_{12}H_{22}O_{11} = \frac{68 \text{ g}}{342 \text{ g / mol}} = 0,20 \text{ mol } C_{12}H_{22}O_{11}$$

$$\text{Anzahl Mol } H_2O = \frac{1000 \text{ g}}{318,02 \text{ g / mol}} = 55,49 \text{ mol } H_2O$$

$$\text{Gesamtzahl Mol} = 0,20 + 55,49 = 55,69 \text{ mol}$$

$$\text{Molenbruch } C_{12}H_{22}O_{11} = \frac{0.20}{55,69} = 0,0036 \qquad \text{Molenbruch } H_2O = \frac{55,49}{55,69} = 0,9964$$

Erste Methode:

Dampfdruck der Lösung
= (Dampfdruck des reinen Lösungsmittels) · (Molenbruch des Lösungsmittels)
= (28,35 torr)(0,996 4) = 28,25 torr

Zweite Methode:

Dampfdruckerniedrigung ΔP
= (Dampfdruck des reinen Lösungsmittels) · (Molenbruch der gelösten Substanz)
= (28,35 torr)(0,003 6) = 0,10 torr

Dampfdr. d. Lösung = (28,35 – 0,10) torr = 28,25 torr

14.6. Bei 30 °C hat reines Benzol (Molmasse 78,1) einen Dampfdruck (D.D.) von 121,8 torr. Auflösung von 15,0 g einer nichtflüchtigen Substanz in 250 g Benzol ergab eine Lösung mit einem Dampfdruck von 120,2 torr. Bestimmen Sie die ungefähre molare Masse des gelösten Stoffes.

Sei $\mathcal{M}$ die molare Masse des gelösten Stoffes.

$$\text{Anzahl Mol Benzol} = \frac{250 \text{ g}}{78,1 \text{ g / mol}} = 3,20 \text{ mol Benzol}$$

$$\text{Anzahl Mol gelöster Stoff} = \frac{15,0}{\mathcal{M}} = 3,20 \text{ mol gelöster Stoff}$$

Einsetzen in die Gleichung D.D. Lösung = (D.D. reines Lösungsmittel) · (Molenbruch Lösungsmittel) liefert:

$$120,2 \text{ torr} = (121,8 \text{ torr})\left[\frac{3,20 \text{ mol}}{(15,0/\mathcal{M}) \text{ mol} + 3,20 \text{ mol}}\right]$$

oder:

$$120,2 = (121,8)\left[\frac{3,20\ \mathcal{M}}{15,0 + 3,20\mathcal{M}}\right]$$

Die Auflösung der Gleichung ergibt $\mathcal{M}$ = 350. Beachten Sie, daß die Genauigkeit der Rechnung durch den Term 121,8 – 120,2 begrenzt wird, der in der erweiterten Gleichung auftritt. Die Lösung hat nur eine Signifikanz von 1 zu 16.

14.7. Bei 20 °C beträgt der Dampfdruck von Methylalkohol (CH_3OH) 94 torr und der Dampfdruck von Ethylalkohol (C_2H_5OH) 44 torr. Weil die Verbindungen sehr ähnlich sind, bilden sie ein Zweikomponentensystem, das recht genau dem Raoult'schen Gesetz gehorcht. Bestimmen Sie den Partialdruck, der von jeder Komponente ausgeübt wird sowie den gesamten Dampfdruck der Lösung, wenn 20 g CH_3OH mit 100 g C_2H_5OH gemischt werden. Berechnen Sie die Zusammensetzung des Dampfes über der Lösung durch Anwendung des Dalton'schen Gesetzes (Kapitel 5).

Bei einer idealen Lösung zweier Flüssigkeiten gibt es keinen Unterschied zwischen gelöstem Stoff und Lösungsmittel und das Raoult'sche Gesetz gilt für jede Komponente solcher Lösungen. Wenn also zwei Flüssigkeiten unter Bildung einer idealen Lösung gemischt werden, ist der Partialdruck jeder Flüssigkeit gleich ihrem Dampfdruck (im Reinzustand) multipliziert mit ihrem Molenbruch in der Lösung. Die molaren Massen von CH_3OH und C_2H_5OH sind 32 g/mol und 46 g/mol und damit ergibt sich:

$$\text{Partialdruck von } CH_3OH = (94 \text{ torr})\left(\frac{\frac{20}{32} \text{ mol } CH_3OH}{\frac{20}{32} \text{ mol } CH_3OH + \frac{100}{46} \text{ mol } C_2H_5OH}\right)$$
$$= (94 \text{ torr})(0{,}22) = 21 \text{ torr}$$

$$\text{Partialdruck von } C_2H_5OH = (44 \text{ torr})\left(\frac{\frac{100}{46} \text{ mol } C_2H_5OH}{\frac{20}{32} \text{ mol } CH_3OH + \frac{100}{46} \text{ mol } C_2H_5OH}\right)$$
$$= (44 \text{ torr})(0{,}78) = 34 \text{ torr}$$

Der Gesamtdruck der Gasmischung ist die Summe der Partialdrücke aller Komponenten (Dalton-sches Gesetz): Gesamtdruck der Lösung = 21 torr + 34 torr = 55 torr. Das Dalton'sche Gesetz zeigt auch, daß der Molenbruch jeder Komponente der Gasmischung seinem Druckanteil entspricht, d.h. seinem Partialdruck dividiert durch den Gesamtdruck.

$$\text{Molenbruch von } CH_3OH \text{ im Dampf} = \frac{\text{Partialdruck von } CH_3OH}{\text{Gesamtdruck}} = \frac{21 \text{ torr}}{55 \text{ torr}} = 0{,}38$$

$$\text{Molenbruch von } C_2H_5OH \text{ im Dampf} = \frac{\text{Partialdruck von } C_2H_5OH}{\text{Gesamtdruck}} = \frac{34 \text{ torr}}{55 \text{ torr}} = 0{,}62$$

Da der Molenbruch von (idealen) Gasen gleich dem Volumenanteil ist, können wir auch sagen, daß der Dampf zu 38 Vol.-% aus CH_3OH besteht. Beachten Sie, daß der Dampf stärker an der flüchtigeren Komponente Methylalkohol angereichert ist (Molenbruch 0,38) als die Flüssigkeit (Molenbruch CH_3OH 0,22).

OSMOTISCHER DRUCK

14.8. Wie groß wäre der osmotische Druck einer wäßrigen Lösung von 1,75 g Saccharose ($C_{12}H_{22}O_{11}$) pro 150 ml Lösung bei 17 °C?

$$\text{Molare Konzentration} = M = \frac{\text{Anzahl Mol Gelöstes}}{\text{Anzahl Liter Lösung}} = \frac{1{,}75 \text{ g} / (342 \text{ g} / \text{mol})}{0{,}150 \text{ l}} = 0{,}0341 \text{ mol} / \text{l}$$

$$\text{Osmotischer Druck} = \pi = MRT = (0{,}034\,1 \text{ mol/l})(0{,}082\,1 \text{ l} \cdot \text{atm} \cdot \text{K}^{-1} \cdot \text{mol}^{-1})(290 \text{ K}) = 0{,}812 \text{ atm}$$

14.9. Der osmotische Druck einer Lösung eines synthetischen Polyisobutylens in Benzol wurde bei 25 °C bestimmt. Eine Probe, die 0,20 g gelöste Substanz pro 100 ml Lösung enthielt, bewirkte einen Anstieg von 2,4 mm im osmotischen Gleichgewicht. Die Dichte der Lösung war 0,88 g/cm³. Wie groß ist die molare Masse des Polyisobutylens?

Der osmotische Druck ist gleich dem einer Säule der Lösung von 2,4 mm Höhe. Mit der Formel aus Kapitel 5 ergibt sich:

$$\pi = \text{Höhe} \cdot \text{Dichte} \cdot g = (2{,}4 \cdot 10^{-3} \text{ m})(0{,}88 \cdot 10^3 \text{ kg/m}^3)(9{,}81 \text{ m/s}^2) = 20{,}7 \text{ Pa}$$

Die molare Konzentration kann jetzt aus der Gleichung für den osmotischen Druck ermittelt werden:

$$M = \frac{\pi}{RT} = \frac{20{,}7 \text{ N} / \text{m}^2}{(8{,}3145 \text{ J} \cdot \text{K}^{-1} \cdot \text{mol}^{-1})(298 \text{ K})} = 8{,}3 \cdot 10^{-3} \text{mol} / \text{m}^3 = 8{,}3 \cdot 10^{-6} \text{mol} / \text{l}$$

Die Lösung enthielt 0,20 g gelöster Substanz pro 100 ml oder 2,0 g pro Liter. Ihre Konzentration wurde zu $8{,}3 \cdot 10^{-6}$ mol/l bestimmt. Dann gilt:

$$\text{molare Masse} = \frac{2{,}0 \text{ g}}{8{,}3 \cdot 10^{-6} \text{mol}} = 2{,}4 \cdot 10^5 \text{g} / \text{mol}$$

14.10. Eine wäßrige Harnstoff-Lösung hatte einen Gefrierpunkt von –0,52 °C. Sagen Sie den osmotischen Druck derselben Lösung bei 37 °C voraus. Nehmen Sie an, daß die molare Konzentration und die Molalität numerisch äquivalent sind.

Die Konzentration der Lösung ist nicht angegeben, aber die effektive Molalität kann aus der Gefrierpunktserniedrigung ermittelt werden:

$$m = \frac{\Delta T_f}{K_f} = \frac{0{,}52\ °C}{1{,}86\ °C \cdot kg / mol} = 0{,}280\ mol / kg$$

Die Annahme, daß die Molalität und die molare Konzentration äquivalent sind, ist für verdünnte wäßrige Lösungen keine schlechte Näherung. (Die in Aufgabe 12.58. gefundene Beziehung zeigt, daß $M \approx m$ ist, wenn $d \approx 1\ g/cm^3$ und $M << 1\,000/m$ ist. Harnstoff hat eine molare Masse von 60 g/mol.) Daher kann für die molare Konzentration in der Gleichung für den osmotischen Druck der Wert 0,280 mol/l verwendet werden:

$$\pi = MRT = (0{,}280\ mol/l)(0{,}082\ l \cdot atm \cdot K^{-1} \cdot mol^{-1})(310\ K) = 7{,}1\ atm$$

LÖSUNGEN VON GASEN IN FLÜSSIGKEITEN

14.11. Bei 20 °C und einem Gesamtdruck von 760 torr löst 1 l Wasser 0,043 g reinen Sauerstoffs oder 0,019 g reinen Stickstoffs. Bestimmen Sie die Massen von Sauerstoff und Stickstoff, die von 1 l Wasser bei 20 °C gelöst werden, das Luft bei einem Gesamtdruck von 760 torr ausgesetzt ist, wenn Sie annehmen, daß trockene Luft aus 20 Vol.-% Sauerstoff und 80 Vol.-% Stickstoff besteht.

Die *Löslichkeit* eines Gases, d.h. die Konzentration des gelösten Gases kann ausgedrückt werden als:

$$\text{Löslichkeit von Y} = k_H\,(Y) \cdot P(Y)$$

In Worten: Die Löslichkeit eines Gases ist direkt proportional zum Partialdruck des Gases, und die Proportionalitätskonstante k_H wird *Henrysche Konstante* genannt. (Einige Autoren definieren die Henrysche Konstante als den Reziprokwert des hier verwendeten k_H.) Beachten Sie zur Berechnung von k_H aus den Daten, daß für die Äquilibrierung von reinem Sauerstoff mit Wasser bei einem Gesamtdruck von 760 torr gilt:

$$P(O_2) = (760\ torr) - (\text{Dampfdruck von Wasser})$$

Dann ergibt sich aus den Daten:

$$k_H(O_2) = \frac{\text{Löslichkeit von } O_2}{P(O_2)} = \frac{0{,}043\ g / l}{760\ torr - D.D.}$$

$$k_H(N_2) = \frac{\text{Löslichkeit von } N_2}{P(N_2)} = \frac{0{,}019\ g / l}{760\ torr - D.D.}$$

Wenn Wasser Luft bei einem Gesamtdruck von 760 torr ausgesetzt ist, gilt:

$$P(O_2) = (0{,}20)(760\ torr - D.D.) \qquad P(N_2) = (0{,}80)(760\ torr - D.D.)$$

Daraus folgt:

$$\text{Löslichkeit von } O_2 \text{ aus Luft} = k_H(O_2) \cdot P(O_2)$$

$$= \left(\frac{0{,}043\ g / l}{760\ torr - D.D.}\right)(0{,}20)(760\ torr - D.D.) = 0{,}0086\ g / l$$

Genauso ergibt sich die Löslichkeit von N_2 aus Luft zu (0,80)(0,019 g/l) = 0,015 g/l.

14.12. Eine gasförmige Mischung von Wasserstoff und Sauerstoff enthält 70 Vol.-% Wasserstoff und 30 Vol.-% Sauerstoff. Wenn man Wasser bei 20 °C mit der Gasmischung unter 2,5 atm (ohne den Dampfdruck von Wasser) sättigt, enthält das Wasser 31,5 cm³ (Normalbedingungen) Wasserstoff pro Liter. Berechnen Sie die Löslichkeit von Wasserstoff (reduziert auf Normalbedingungen) bei 20 °C und 1 atm Wasserstoff-Partialdruck.

Da das Volumen eines Gases unter Normalbedingungen proportional zu seiner Masse ist, ist das Volumen des gelösten Gases (reduziert auf Normalbedingungen) proportional zum Partialdruck des Gases.

$$\text{Partialdruck von Wasserstoff} = (0{,}70)(2{,}5\text{ atm}) = 1{,}75\text{ atm}$$

$$\text{Löslichkeit von } H_2 \text{ bei } 20\,°C \text{ und } 1\text{ atm} = \left(\frac{1{,}00\text{ atm}}{1{,}75\text{ atm}}\right)(31{,}5\text{ cm}^3/\text{l}) = 18{,}0\text{ cm}^3\text{ (S.T.D.)/l}$$

VERTEILUNGSGESETZ: EXTRAKTION

14.13. (*a*) Eine wäßrige Lösung von Iod mit einem Volumen von 25 ml und mit einem Gehalt von 2 mg Iod wird mit 5 ml CCl_4 extrahiert. Man wartet die Abtrennung des CCl_4 ab. Berechnen Sie die Menge Iod, die in der Wasserphase verbleibt, wenn die Löslichkeit von Iod pro Volumeneinheit in CCl_4 85mal größer ist als in Wasser bei der Temperatur des Experiments und beide gesättigten Lösungen als "verdünnt" angesehen werden können. (*b*) Berechnen Sie die Menge verbleibenden Iods, wenn die Wasserphase nochmals mit weiteren 5 cm³ CCl_4 extrahiert wird.

(*a*) Sei x = Anzahl Milligramm Iod in der Wasserphase im Gleichgewicht
$2 - x$ = Anzahl Milligramm Iod in der CCl_4-Phase im Gleichgewicht

Die Iodkonzentration im Wasser wird $x/25$ (mg pro ml Wasser) sein und die Konzentration von Iod in der CCl_4-Phase wird $(2 - x)/5$ (mg pro ml CCl_4) sein. Daher gilt:

$$\frac{\text{Konz. } I_2 \text{ in } CCl_4}{\text{Konz. } I_2 \text{ in } H_2O} = \frac{85}{1} \quad \text{oder} \quad \frac{(2-x)/5}{x/25} = \frac{85}{1} \quad \text{oder} \quad \frac{2-x}{x} = 17$$

Es ergibt sich $x = 0{,}11$ mg Iod

Anmerkung: In dieser Aufgabe hätte jede volumetrische Konzentrationseinheit verwendet werden können, solange in Zähler und Nenner dieselben Einheiten verwendet worden wären. Die Wahl von mg/ml war in diesem speziellen Fall am einfachsten.

(*b*) Sei y = Anzahl Milligramm Iod in der Wasserphase nach der zweiten Extraktion
$0{,}11 - y$ = Anzahl Milligramm Iod in der CCl_4-Phase nach der zweiten Extraktion

Die Iodkonzentration in der Wasserphase wird $y/25$ sein und die in der CCl_4-Phase $(0{,}11 - y)/5$. Daher gilt:

$$\frac{\text{Konz. } I_2 \text{ in } CCl_4}{\text{Konz. } I_2 \text{ in } H_2O} = \frac{85}{1} \quad \text{oder} \quad \frac{(0{,}11-y)/5}{y/25} = \frac{85}{1} \quad \text{oder} \quad \frac{0{,}11-y}{y} = 17$$

Es ergibt sich $y = 0{,}006\,1$ mg Iod.

Zusatzaufgaben

14.14. Eine Lösung eines Nichtelektrolyten enthält 6,35 g in 500 g Wasser. Sie gefriert bei –0,465 °C. Bestimmen Sie die molare Masse des gelösten Stoffes.

Lösung: 50,8 g/mol

14.15. Eine Lösung, die 3,24 g eines nichtflüchtigen Nichtelektrolyten und 200 g Wasser enthält, siedet bei 100,130 °C bei 1 atm Druck. Wie groß ist die molare Masse des gelösten Stoffes?

Lösung: 63,9 g/mol

14.16. Berechnen Sie den Gefrierpunkt und den Siedepunkt einer Lösung, die 30,0 g Rohrzucker (molare Masse 342 g/mol) und 150 g Wasser enthält, bei 1 atm Druck.

Lösung: –1,09 °C, 100 °C, 300 °C

14.17. Wenn Glycerin $C_3H_5(OH)_3$ und Methylalkohol zum selben Preis pro Kilo verkauft werden: Was ist billiger zur Herstellung einer Frostschutz-Lösung für einen Autokühler?

Lösung: Methylalkohol

14.18. Wieviel Ethylalkohol (C_2H_5OH) muß zu 1 l Wasser gegeben werden, damit die Lösung überhalb –4 °F nicht gefriert?

Lösung: 495 g

14.19. Ein Chemiker wollte die molare Masse einer unbekannten Verbindung bestimmen, wobei er ein reines Lösungsmittel mit einem Schmelzpunkt von 30,16 °C verwendete. Eine Lösung von 0,617 g reinen Paradichlorbenzols ($C_6H_4Cl_2$) in 10,00 g des Lösungsmittels hatte einen Gefrierpunkt von 27,81 °C, während 0,526 g der unbekannten Verbindung in 10,00 g Lösungsmittel dessen Gefrierpunkt auf 26,47 °C erniedrigten. Berechnen Sie die molare Masse der unbekannten Verbindung.

Lösung: 79,8 g/mol

14.20. Was ist der Gefrierpunkt einer Lösung von 10 Gew.-% CH_3OH in Wasser?

Lösung: –6,5 °C

14.21. Wenn 10,6 g einer nichtflüchtigen Substanz in 740 g Ether gelöst werden, wird sein Siedepunkt um 0,284 °C erhöht. Wie groß ist die molare Masse der Substanz? Die ebullioskopische Konstante von Ether ist 2,11 °C · kg/mol.

Lösung: 106 g/mol

14.22. Der Gefrierpunkt einer Probe Naphthalin wurde zu 80,6 °C bestimmt. Wenn 0,512 g einer Substanz in 7,03 g Naphthalin gelöst werden, hat die Lösung einen Gefrierpunkt von 75,2 °C. Wie groß ist die molare Masse des gelösten Stoffes? Die kryoskopische Konstante von Naphthalin ist 6,80 °C · kg/mol.

Lösung: 92 g/mol

14.23. Reines Benzol gefriert bei 5,45 °C. Eine Lösung von 7,24 g $C_2Cl_4H_2$ in 115,3 g Benzol hatte einen Gefrierpunkt von 3,55 °C. Berechnen Sie die kryoskopische Konstante von Benzol aus diesen Daten.

Lösung: 5,08 °C · kg/mol

14.24. Wie groß ist der osmotische Druck einer wäßrigen Lösung von 46,0 g Glycerin ($C_3H_8O_3$) pro Liter bei 0 °C?

Lösung: 11,2 atm

14.25. Eine Lösung von Krabben-Hämocyanin, einem pigmentierten Protein, das aus Krabben extrahiert wurde, wurde durch Auflösung von 0,750 g in 125 ml eines wäßrigen Mediums hergestellt. Bei 4 °C wurde durch den osmotischen Druck ein Anstieg von 2,6 mm der Lösung beobachtet. Die Lösung hatte eine Dichte von 1,00 g/ml. Bestimmen Sie die molare Masse des Proteins.

Lösung: $5{,}4 \cdot 10^5$ g/mol

14.26. Der osmotische Druck von Blut beträgt bei 37 °C 7,65 atm. Wieviel Glucose $C_6H_{12}O_6$ sollte pro Liter für eine intravenöse Injektionslösung verwendet werden, die denselben osmotischen Druck wie Blut haben muß?

Lösung: 54,2 g/l

14.27. Der Dampfdruck von reinem Wasser bei 26 °C beträgt 25,21 torr. Wie groß ist der Dampfdruck einer Lösung, die 20,0 g Glucose $C_6H_{12}O_6$ in 70 g Wasser enthält?

Lösung: 24,51 torr

14.28. Der Dampfdruck von reinem Wasser bei 25 °C beträgt 23,76 torr. Der Dampfdruck einer Lösung, die 5,40 g einer nichtflüchtigen Substanz in 90 g Wasser enthält, ist 23,32 torr. Berechnen Sie die molare Masse des gelösten Stoffes.

Lösung: 57 g/mol

14.29. Ethylenbromid $C_2H_4Br_2$ und 1,2-Dibrompropan $C_3H_6Br_2$ bilden eine Reihe idealer Lösungen über den gesamten Zusammensetzungsbereich. Bei 85 °C sind die Dampfdrücke dieser beiden reinen Flüssigkeiten 173 torr und 127 torr. (*a*) Berechnen Sie den Partialdruck jeder Komponente und den Gesamtdruck der Lösung bei 85 °C, wenn 10,0 g Ethylenbromid in 80,0 g 1,2-Dibrompropan gelöst werden. (*b*) Berechnen Sie den Molenbruch von Ethylenbromid im Dampf, der im Gleichgewicht mit obiger Lösung steht. (*c*) Wie groß wäre der Molenbruch von Ethylenbromid in einer Lösung bei 85 °C, die mit einer 50:50 Mischung des Dampfes (bez. Molmenge) im Gleichgewicht steht?

Lösung: (*a*) Ethylenbromid 20,5 torr, 1,2-Dibrompropan 112 torr, Gesamt 132 torr; (*b*) 0,155; (*c*) 0,42

14.30. Durch Verbrennungsanalyse fand man heraus, daß eine organische Verbindung 38,7% Kohlenstoff, 9,7% Wasserstoff und den Rest Sauerstoff enthält. Zur Bestimmung der Summenformel wurde eine Probe von 1,00 g zu 10,00 g Wasser gegeben und der Gefrierpunkt der Lösung zu –2,94 °C bestimmt. Wie lautet die Summenformel der Verbindung?

Lösung: $C_2H_6O_2$

14.31. Eine 0,100 molale Lösung von $NaClO_3$ gefriert bei –0,343 3 °C. Was würden Sie für den Siedepunkt dieser wäßrigen Lösung bei 1 atm Druck voraussagen? Bei 0,001 molaler Konzentration desselben Salzes existieren keine elektrischen Wechselwirkungen zwischen den Ionen mehr, weil die Ionen im Mittel zu weit voneinander entfernt sind. Sagen Sie den Gefrierpunkt dieser verdünnteren Lösung voraus.

Lösung: 100,095 °C, –0,003 7 °C

14.32. Die molare Masse einer neu synthetisierten organischen Verbindung wurde durch die Methode der *isothermen Destillation* bestimmt. Bei dieser Methode werden zwei Lösungen, jede in einem offenen, kalibrierten Gläschen, nebeneinander in eine geschlossene Kammer gestellt. Eine der Lösungen enthielt 9,3 mg der neuen Verbindung, die andere 13,2 mg Azobenzol (molare Masse 182 g/mol). Beide wurden in gleichen Volumina des gleichen Lösungsmittels gelöst. Während einer Äquilibrierungszeit von drei Tagen destillierte Lösungsmittel von einem Glas in das andere, bis in den Gefäßen dieselben Partialdrücke des Lösungsmittels herrschten. Danach fand keine weitere Gesamtdestillation des Lösungsmittels mehr statt. Keiner der gelösten Stoffe nahm an der Destillation teil. Die Volumina der beiden Lösungen im Gleichgewicht wurden dann mit Hilfe der Kalibrierungsmarken der Gefäße abgelesen. Die Lösung mit der neuen Verbindung nahm 1,72 cm^3, die Azobenzollösung 1,02 cm^3 ein. Wie groß ist die molare Masse der neuen Verbindung? Die Masse des Lösungsmittels in der Lösung kann als proportional zum Volumen der Lösung angenommen werden.

Lösung: 76 g/mol

14.33. Berechnen Sie den Gefrierpunkt einer Lösung von 3,46 g einer Verbindung X in 160 g Benzol. Als eine weitere Probe von X verdampft wurde, fand man eine Dampfdichte von 3,27 g/l bei 116 °C und 773 torr. Der Gefrierpunkt von reinem Benzol ist 5,45 °C und K_f beträgt 5,12 °C · kg/mol.

Lösung: 4,37 °C

14.34. In einem bestimmten chemischen Prozeß ist es nötig, einen Strom von Benzol C_6H_6 zu überwachen, der mit Toluol C_7H_8 kontaminiert sein kann. Wie fein sollte die Thermometerskala kalibriert sein, um 0,10 Gew.-% Toluol in dem Benzol durch Messung seines Gefrierpunkts zu detektieren? (Verwenden Sie auch die Daten aus der vorigen Aufgabe.)

Lösung: Der Gefrierpunkt wird um 0,056 °C erniedrigt. Man würde mindestens alle 0,1 °C eine Skalenmarke benötigen; alle 0,01 °C wäre besser. Solche Thermometer sind nicht unüblich.

14.35. Eine Alternative zur Methode in der vorhergehenden Aufgabe wäre die Messung des Dampfdrucks des Benzolstromes bei 25 °C. Vergleichen Sie diese Methode mit der der vorhergehenden Aufgabe. Benzol und Toluol bilden ideale Lösungen. Der Dampfdruck bei 25 °C beträgt etwa 95 torr für Benzol und 30 torr für Toluol.

Lösung: Die Erniedrigung des Gesamtdampfdrucks der Flüssigkeit durch 0,10 % Toluol beträgt etwa 0,06 torr, d.h. 0,06 mmHg. Eine solche Beobachtung würde ein Mikroskop benötigen. Was noch schlimmer ist: Da der Dampfdruck von Benzol pro °C um etwa 3 torr steigt, wäre es extrem schwierig, die Probentemperatur ausreichend, d.h., auf besser als ± 0,01 °C, zu kontrollieren.

14.36. Eine Methode zur Produktion von Trinkwasser aus Salzwasser ist die Umkehrosmose, bei der ein Druck knapp über dem osmotischen Druck, der auf die Lösung ausgeübt wird, den Lösungsmittelstrom umkehren kann. Welcher Druck wäre prinzipiell nötig, um reines Wasser aus Seewasser bei 25 °C zu produzieren? Nehmen Sie an, daß Seewasser eine Dichte von 1,021 g/cm³ hat und 3,00 Gew.-% NaCl enthält. das zu 100% ionisiert vorliegt. Drücken Sie ihre Antwort in atm, kPa und psi aus!

Lösung: 25,6 atm, $2{,}59 \cdot 10^3$ kPa, 376 psi

14.37. Bei 20 °C und 1,00 atm Wasserstoffpartialdruck lösen sich 18 cm³ Wasserstoff, abgemessen bei Normalbedingungen, in 1 l Wasser. Berechnen sie das Volumen H_2, abgemessen unter Normalbedingungen, das sich in 1 l Wasser löst, wenn Wasser von 20 °C einer Gasmischung mit einem Gesamtdruck von 1 400 torr (ohne Partialdruck des Wassers) und einem Wasserstoffgehalt von 68,5 Vol.-% ausgesetzt wird.

Lösung: 23 cm³

14.38. Ein Liter CO_2-Gas bei 15 °C und 1,00 atm löst sich in einem Liter Wasser derselben Temperatur, wenn der Druck 1,00 atm beträgt. Berechnen Sie die molare Konzentration von CO_2 in einer Lösung, über der der Partialdruck von CO_2 150 torr bei derselben Temperatur beträgt.

Lösung: 0,008 3 M

14.39. (*a*) Die Löslichkeit von Iod pro Volumeneinheit ist bei einer bestimmten Temperatur in Ether 200mal größer als in Wasser. Welche Iodmenge verbleibt in der Wasserphase, wenn eine wäßrige Lösung von 30 ml Volumen und einem Gehalt von 2,0 mg Iod mit 30 ml Ether extrahiert und die Phasentrennung abgewartet wird? (*b*) Welche Menge Iod verbleibt in der Wasserphase, wenn nur 3 ml Ether verwendet werden? (*c*) Wieviel Iod verbleibt in der Wasserphase, wenn der Extraktion in (*b*) eine zweite Extraktion, wiederum mit 3 ml Ether, folgt? (*d*) Welche Methode ist effizienter, eine Extraktion mit viel Extraktionsmittel oder wiederholte Extraktionen mit kleinen Mengen Extraktionsmittel?

Lösung: (*a*) 0,010 mg; (*b*) 0,095 mg; (*c*) 0,004 5 mg; (*d*) mehrere Extraktionen mit wenig Extraktionsmittel

14.40. Das Löslichkeitsverhältnis von Stearinsäure pro Volumeneinheit *n*-Heptan zu dem in 97,5% Essigsäure beträgt 4,95. Wieviele Extraktionen einer 10 ml-Lösung von Stearinsäure in 97,5% Essigsäure mit 10 ml-Portionen *n*-Heptan sind nötig, um den restlichen Stearinsäuregehalt in der Essigsäurephase auf weniger als 0,5% seines Ausgangswertes zu verringern?

Lösung: 3

14.41. Eine Methode zur Reinigung von Penicillin ist die Extraktion. Der Verteilungskoeffizient von Penicillin G zwischen Isopropylether und einem wäßrigen Phosphat-Medium ist 0,34 (geringere Löslichkeit im Ether). Das entsprechende Verhältnis für Penicillin F ist 0,68. Eine Charge Penicillin G ist mit 10,0 % Penicillin F verunreinigt. (*a*) Wie groß ist die prozentuale Rückgewinnung des anfänglichen Penicilin G in dem zurückbleibenden Produkt in der wäßrigen Phase nach einer Extraktion, und wie groß ist die prozentuale Verunreinigung dieses Produkts, wenn eine wäßrige Phosphatlösung dieser Charge mit dem gleichen Volumen Isopropylether extrahiert wird?
(*b*) Berechnen Sie dieselben beiden Größen für das in der Wasserphase verbleibende Produkt nach einer zweiten Extraktion mit dem gleichen Volumen Ether.

Lösung: (*a*) 75 % Rückgewinnung, 8,1 % Verunreinigung; (*b*) 56 % Rückgewinnung, 6,6 % Verunreinigung

Kapitel 15

Organische Chemie und Biochemie

EINFÜHRUNG

Verbindungen des Elements Kohlenstoff werden, mit einigen Ausnahmen, *organische* Verbindungen genannt; die anderen werden als *anorganisch* bezeichnet. Ursprünglich gründete sich diese Unterscheidung auf der Annahme, daß die lebende Materie (organisch) chemisch unterschiedlich zur unbelebten Materie (anorganisch) sei. Wir wissen heute, daß organische Verbindungen, die den Großteil aller bekannten Verbindungen darstellen, nicht nur durch natürliche Vorgänge in lebenden Organismen synthetisiert werden können, sondern auch im Labor durch Methoden, die keine Beteiligung biologischer Vorgänge erfordern.

Die in diesem Buch dargestellten Prinzipien der Chemie gelten selbstverständlich für die anorganische Chemie, die organische Chemie und die Biochemie. Dieses Kapitel erscheint trotzdem notwendig, weil die große Vielfalt organischer Verbindungen zusätzlich zur Betrachtung ihrer wichtigsten chemischen Reaktionen eine spezielle Nomenklatur und besondere Beachtung der Details der Isomerie erfordert. Die Biochemie wird anhand von Beispielen eingeführt.

NOMENKLATUR

Weil benachbarte Kohlenstoffatome leicht starke Bindungen untereinander bilden können, besitzen organische Verbindungen typischerweise eine große Anzahl von Atomen pro Molekül, und ihre Namen müssen nicht nur die Anzahl von Atomen jeder Art, sondern auch das Verknüpfungsmuster angeben. Wir beginnen mit Verbindungen aus Kohlenstoff und Wasserstoff, die *Kohlenwasserstoffe* genannt werden. Wenn keine Doppelbindungen vorkommen, werden diese *Alkane* genannt, und wenn keine Ringschlüsse auftreten, müssen sie alle die empirische Formel C_nH_{n+2} besitzen, um die Regeln für die Bindung wie in Kapitel 9 zu erfüllen. Der Namensstamm einer organischen Verbindung gibt immer die explizite Anzahl von Kohlenstoffatomen an: *meth* bedeutet eins, *eth* zwei, *prop* drei, *but* vier, *pent* fünf, *hex* sechs, *hept* sieben und so weiter. Die Anzahl von Atomen anderer Elemente ist dabei oft impliziert. Zum Beispiel reduziert in cyclischen Verbindungen jeder Ring von Kohlenstoffatomen die Anzahl der Wasserstoffe um 2; jede Doppelbindung (in Verbindungen, die *Olefine* oder *Alkene* genannt werden) ebenfalls um 2 und jede Dreifachbindung (in *Alkinen*) um 4.

Bei der älteren, weniger systematischen Nomenklatur, die noch immer verwendet wird, zählt der Namensstamm alle Kohlenstoffe auf. Daher bedeutet "Butan" C_4H_{10}, wobei das Suffix *an* ein Alkan anzeigt. Um anzudeuten, daß die Struktur verzweigt statt geradkettig ist, wird das Präfix *iso* verwendet. Ein solches Schema ist für fünf oder mehr Kohlenstoffatome eindeutig unzureichend, da verschiedene verzweigte Strukturen möglich sind.

Die moderne organische Nomenklatur, wie sie von der International Union of Pure and Applied Chemistry (IUPAC) vorgeschrieben ist, vermeidet solche Zweideutigkeiten. Bei nichtcyclischen Alkanen gibt der Namensstamm die Anzahl von Kohlenstoffen in der längsten durchgehenden Kette an. Jede Verzweigung wird durch ein Präfix beschrieben, das die Anzahl von Kohlenstoffen in der Seitenkette angibt. Eine Zahl zeigt den Verknüpfungspunkt an. (Die Numerierung beginnt an dem Ende der Kette, das den kleinsten Satz von Zahlen ergibt.)

BEISPIEL 1 Bevor die IUPAC-Regeln entwickelt wurden, hätte man die beiden folgenden Verbindungen mit "Hexan" bezeichnet. Geben Sie die IUPAC-Namen an.

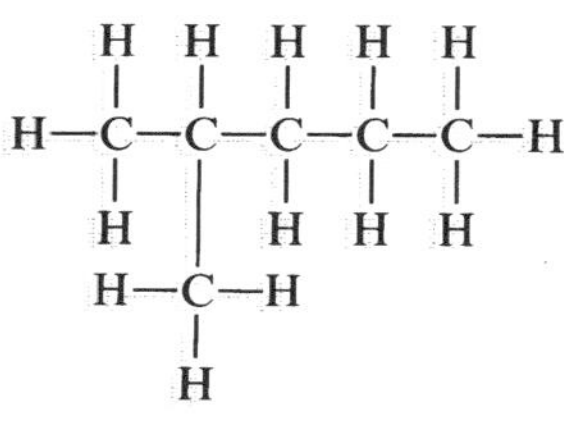

2-Methylpentan

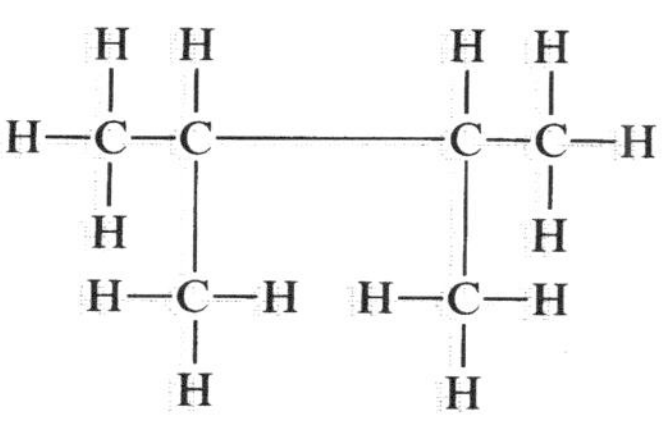

2,3-Dimethylbutan

Das System wird auf Alkene durch Änderung des Suffixes von -an auf -en und auf Alkine durch das Suffix -in erweitert. Eine Zahl, die dem Namensstamm vorangestellt wird, gibt die Position der Mehrfachbindung an, die sich immer am niedriger numerierten Ende des Moleküls befindet.

BEISPIEL 2 Geben Sie die IUPAC-Namen der untenstehenden Kohlenwasserstoffe an. (Beachten Sie, daß die Bindungen zu den einzelnen H-Atomen der Klarheit halber weggelassen wurden.)

3-Methyl-1-butin 1,3-Butadien

Das Präfix cyclo- erscheint vor dem Namensstamm, wenn es sich um eine Ringverbindung handelt. Eine Ausnahme sind Verbindungen mit Benzolringen (s. Aufgabe 9.8.), die eine spezielle Klasse von *aromatischen* Verbindungen darstellen. Das Gegenteil von *aromatisch* ist *aliphatisch*. Weitere Modifikationen des Systems bei der Beteiligung von Elementen außer Kohlenstoff und Wasserstoff werden später bei der Diskussion von *funktionellen Gruppen* vorgestellt.

ISOMERIE

Unter Beibehaltung der Prinzipien und Definitionen aus Kapitel 9 sind Isomere solche Verbindungen, die dieselbe Anzahl von Atomen jeder Art pro Molekül besitzen, aber die aufgrund von Unterschieden in der Molekülstruktur verschiedene Verbindungen darstellen. Es gibt drei Klassen von Isomeren: (*a*) Strukturisomere, (*b*) Geometrische Isomere und (*c*) Optische Isomere.

Bei der Strukturisomerie (*a*) unterscheiden sich die Moleküle in der Abfolge der Atomverknüpfung, d.h., im Strukturgerüst des Moleküls. Zum Beispiel sind die Moleküle in Beispiel 1 *Strukturisomere*. Die IUPAC-Namen unterscheiden klar zwischen Strukturisomeren.

Geometrische Isomere differieren in der dreidimensionalen Form des Moleküls, in dem z.B. ein wichtiger Teil durch die Anwesenheit einer Doppelbindung oder eines Rings fest fixiert ist. In einfachen Fällen können geometrische Isomere durch die Präfixe *cis*- oder *trans*- vor ihrem Namen unterschieden werden, je nachdem ob zwei Gruppen nah aneinander (gleiche Seite der Doppelbindung) oder weit entfernt (entgegengesetzte Seiten der Doppelbindung) stehen.

Optische Isomere sind nicht-deckungsgleiche Spiegelbilder voneinander. In den meisten Fällen entstehen sie durch die Gegenwart eines tetraedrischen Kohlenstoffatoms mit vier verschiedenen Substituenten im Molekül. Ein solches Atom wird als *asymmetrisch* oder *chiral* bezeichnet. Zwei optische Isomere können anhand ihrer Namen durch die Präfixe *dextro*- oder *levo*- unterschieden werden, je nachdem, ob eine Lösung der Verbindung die Ebene linear polarisierten Lichts nach rechts oder nach links dreht. Für dextro- und levo- werden allgemein die Abkürzungen D- und L- verwendet. In einem neueren System lauten die Abkürzungen *R*- (für rectus) und *S*- (für sinister).[1]

BEISPIEL 3 (*a*) Zeichnen Sie die geometrischen Isomere von 2-Buten. (*b*) Zeichnen Sie die optischen Isomere von 1-Brom-1-chlor-ethan.

(*a*) Wegen der Doppelbindung liegen alle Atome außer den sechs Wasserstoffen am Ende in einer Ebene, die als Papierebene gewählt wird.

cis *trans*

(*b*) Wenn beide Kohlenstoffe und das Brom in die Papierebene gelegt werden, liegen die Chlor- und Wasserstoffatome auf entgegengesetzten Seiten dieser Ebene, und ihre Bindungen zum Kohlenstoff

[1] Anm. d. Übersetzers: Die R/S-Konvention bezieht sich *nicht* auf die Drehrichtung des polarisierten Lichts, sondern direkt auf die dreidimensionale Anordnung des Substituenten um ein asymmetrisches C-Atom, dem nach bestimmten Regeln der Deskriptor R- oder S- zugeordnet wird.

bilden mit den anderen Bindungen dieses Kohlenstoffatoms Winkel von etwa 109 °. Das Chlor steht über und der Wasserstoff unter der Papierebene.

FUNKTIONELLE GRUPPEN

Alkane sind vergleichsweise unreaktiv und chemisch uninteressant. Wenn aber eine Mehrfachbindung oder eine andere Atomsorte eingeführt wird, resultieren daraus charakteristische Eigenschaften und Reaktivitäten. Diese Eigenschaften hängen eher wenig von der Anzahl oder der Anordnung der Kohlenstoffatome im Rest des Moleküls ab. Die Gruppe von Atomen, die die charakteristischen Eigenschaften der Verbindung bestimmt, wird *funktionelle Gruppe* genannt. Das Erlernen der Eigenschaften und Reaktionen der funktionellen Gruppen vereinfacht das Studium der organischen Chemie sehr stark. Tabelle 15-1 zeigt einige der üblicheren funktionellen Gruppen und die Konstruktion ihres IU-

Tabelle 15-1

Struktur	Name der Gruppe	Beispiel	Name des Beispiels
—C=C—	Alken, Doppelbindung	$CH_3CH{=}CHCH_3$	2-Buten
—C≡C—	Alkin, Dreifachbindung	$CH_3{—}C{\equiv}CH$	1-Propin
|—C—X (mit je einer Bindung oben und unten am C) (X = F, Cl, Br, I)	Halogenid	CH_3CHCH_3 (F am mittleren C)	2-Fluorpropan
—C—OH (mit je einer Bindung oben und unten am C)	Alkohol, Hydroxyl	CH_3OH	Methanol
—C(=O)—H	Aldehyd	CH_3CHO	Ethanal
—C(=O)—OH	Carbonsäure	$CH_3CHCOOH$ (CH_3 am mittleren C)	2-Methylpropansäure
—C—C(=O)—C—	Keton	$CH_3CH_2CH_2C(=O)CH_3$	2-Pentanon
—C—O—C—	Ether	$CH_3OCH_2CH_3$	Methyl-ethyl-ether
—C—N(H)—H	Amin	$CH_3CH_2NH_2$	Ethylamin
—C(=O)—NH_2	Amid	$CH_3CH_2CONH_2$	Propanamid
—C—C(=O)—O—C—	Ester	$CH_3CH_2CH_2C(=O){—}O{—}CH_2CH_3$	Butansäurethylester (Ethyl-butanoat)

PAC-Namens, normalerweise durch Verwendung eines charakteristischen Suffixes. Im Fall von Säuren wird der Zusatz “säure” an den Namen angehängt. Auch das Wort “ether” erscheint zusätzlich zum Rest des Namens. Ester haben zweiteilige Namen, die die Strukturen der beiden Teile des Moleküls angeben, die durch eine Estergruppe verbunden sind. Bei der Benennung von Aldehyden, Säuren und Estern lauten die Namensstämme für ein und zwei Kohlenstoffatome normalerweise “form-” bzw. “ameisen-” und “acet-” bzw. “essig-”, wie in “Formaldehyd” bzw. “Ameisensäure” und “Acetaldehyd” bzw. “Essigsäure”. Diese historischen Namen werden häufiger verwendet als die exakten IUPAC-Namen “Methanal”, “Methansäure”, “Ethanal” und “Ethansäure”. Abweichungen von der IUPAC-Nomenklatur kommen häufig für sehr alltägliche Verbindungen vor, wie bei der Verwendung von “Ethylalkohol” für “Ethanol”, und können glücklicherweise selten mißverstanden werden.

EIGENSCHAFTEN UND REAKTIONEN

Alkane

Alkane sind farblose, wasserunlösliche Verbindungen, von denen die einfachsten recht niedrige Siedepunkte haben und allgemein als Brennstoffe eingesetzt werden. Bei Verbrennungsreaktionen sind die Produkte CO_2 und H_2O, zusammen mit etwas CO, wenn die Sauerstoffzufuhr unzureichend ist. Die Reaktion von Alkanen mit Halogenen kann kontrolliert werden. Dabei wird ein Wasserstoff durch ein Halogen *substituiert*, ohne daß dabei das Kohlenstoffgerüst gespalten wird:

$$CH_3CH_2CH_3 + Cl_2 \rightarrow CH_3CH_2CH_2Cl + HCl$$

Alkene

Alkene sind physikalisch ähnlich zu den Alkanen und können ebenfalls leicht verbrannt werden. Sie gehen aber mit Halogenen viel eher eine *Additions-* als eine *Substitutions*-Reaktion ein. Additionsreaktionen finden mit vielen verschiedenen Reagenzien statt:

$$CH_3CH{=}CH_2 + Cl_2 \rightarrow CH_3\underset{\underset{Cl}{|}}{C}H\underset{\underset{Cl}{|}}{C}H_2$$

$$CH_3CH{=}CH_2 + HCN \rightarrow CH_3\underset{\underset{CN}{|}}{C}HCH_3$$

Eine sehr wichtige Reaktion, vor allem in der Kunststoff-Industrie, ist die *Additionspolymerisation*, bei der Alkenmoleküle an sich selbst unter Bildung langer Ketten addieren. Ein Beispiel ist $CH_3CH{=}CH_2$:

$$\text{usw.}\quad -\underset{\underset{CH_3}{|}}{C}HCH_2\underset{\underset{CH_3}{|}}{C}HCH_2\underset{\underset{CH_3}{|}}{C}HCH_2\underset{\underset{CH_3}{|}}{C}HCH_2-\quad \text{usw.}$$

Halogenide

Halogenierte Verbindungen sind wasserunlöslich und haben höhere Siedepunkte als die entsprechenden Kohlenwasserstoffe. Sie finden breite Verwendung als Lösungsmittel, Reinigungsflüssigkeiten, Insektizide und (wenn sie polymerisiert werden) als Kunststoffe. Sie stellen auch wichtige Ausgangsmaterialien für die Synthese anderer Verbindungen dar, da das Halogen durch OH (z.B. mit NaOH) und andere Gruppen *ersetzt* werden kann.

Alkohole

Alkohole sind wohlriechende Flüssigkeiten, die sowohl ihre Wasserlöslichkeit als auch ihren hohen Siedepunkt den ausgedehnten Wasserstoffbrückenbindungssystemen verdanken. Zwei sehr wichtige *Kondensations*reaktionen sind (*a*) die mit einem weiteren Alkohol unter Bildung eines Ethers und (*b*) die mit einer Säure unter Bildung eines Esters. Eine *Kondensations*reaktion ist allgemein eine solche Reaktion, bei der zwei Moleküle unter Eliminierung von Wasser oder einem anderen kleinen Molekül miteinander verbunden werden. Die Reaktion eines Esters mit Wasser unter Bildung eines Alkohols und einer Säure, d.h., die Umkehrung der Veresterung (der Ester-bildenden Kondensation), wird

Hydrolyse genannt. Wenn der Ester ein natürliches Fett ist, wird der Vorgang Verseifung genannt, da das gebildete Natriumsalz der Säure eine *Seife* darstellt. Der Ablauf bestimmter organischer Reaktionen einschließlich Kondensation und Hydrolyse ist stark von den Reaktionsbedingungen wie Säuregehalt, Temperatur und Anwesenheit von *Katalysatoren* abhängig. Der in Tabelle 15-1 aufgeführte Alkohol Methanol wird auch als Methylalkohol bezeichnet. Die CH_3-Gruppe wird *Methyl*gruppe genannt. Genauso werden andere Gruppen, die sich von einem Alkan durch Ersatz eines Wasserstoffatoms ableiten, als *Alkyl*-Gruppen bezeichnet. Eine Alkyl-Gruppe ist für sich selbst keine Verbindung, behält aber ihre Identität in den meisten Verbindungstypen wie Halogeniden, Alkoholen und Ethern.

Aldehyde und Ketone

Aldehyde und Ketone haben viel niedrigere Siedepunkte und sind weniger wasserlöslich als die entsprechenden Alkohole. In allen Fällen, egal ob Alkohol, Aldehyd, Keton oder Säure, nimmt die Wasserlöslichkeit schrittweise ab, wenn die Anzahl von Kohlenstoffatomen ansteigt.

Ein Alkohol kann als das Produkt des ersten Oxidationsschrittes eines Kohlenwasserstoffs angesehen werden, weil man das Gesamtergebnis als Insertion eines O-Atoms zwischen C und H verstehen kann. Wenn am selben C ein weiteres O-Atom insertiert und H_2O eliminiert wird, ist das Ergebnis ein Aldehyd (wenn das C am Ende der Kette lag) oder ein Keton (wenn es innerhalb der Kette lag). Der dritte Schritt, die Insertion des letzten möglichen O-Atoms am C eines Aldehyds, ergibt eine Säure.

Säuren

Kurzkettige Carbonsäuren sind recht gut in Wasser löslich, in dem sie etwas ionisieren (typischerweise einige Prozent, abhängig von der Konzentration), und sie gehen typische Säure-Base-Reaktionen ein. Neben der Kondensationsreaktion mit Alkoholen kondensieren Säuren auch mit Ammoniak oder Aminen unter Bildung von Amiden:

$$\underset{\text{Essigsäure}}{CH_3\overset{\overset{O}{\|}}{C}{-}OH} + \underset{\text{Propylamin}}{CH_3CH_2CH_2NH_2} \longrightarrow H_2O + \underset{\text{n-Propylacetamid}}{CH_3\overset{\overset{O}{\|}}{C}{-}\overset{\overset{H}{|}}{N}{-}CH_2CH_2CH_3}$$

Die Salze der Carbonsäuren sind im Festkörper und in wäßriger Lösung vollständig dissoziiert. Salze von Fettsäuren (aus der Hydrolyse von Fetten) sind Seifen.

Amine und Amide

Amine können als Derivate von Ammoniak NH_3 angesehen werden, in dem ein oder mehrere H-Atome durch eine organische Gruppe, wie etwa eine Alkyl-Gruppe, ersetzt sind. Das Beispiel in Tabelle 15-1 ist ein primäres Amin; die Substitution zweier H-Atome ergibt ein sekundäres Amin und die Ersetzung von drei Wasserstoffatomen ein tertiäres Amin. Amine sind etwas in Wasser löslich, von dem sie, wie auch Ammoniak, ein Proton abstrahieren und eine basische Lösung bilden. Sie lösen sich gut in starken Säuren unter Bildung von Salzen, die den Ammonium-Salzen analog sind.

Die Kondensation einer Carbonsäure mit Ammoniak oder einem Amin ergibt ein Amid. Das Amid in Tabelle 15-1 leitet sich aus der Kondensation von Propansäure mit Ammoniak her. Das Beispiel im vorigen Abschnitt zeigte die Kondensation von Essigsäure mit einem primären Amin. Eine sehr wichtige Gruppe biochemischer Moleküle sind die Aminosäuren, die durch die Kondensation der Amino-Gruppe in einem Molekül an die Säuregruppe des nächsten Moleküls unter Bildung eines Kettenmoleküls (Protein) verknüpft werden können. Die Amid-Verknüpfung wird in diesem speziellen Fall "Peptidbindung" genannt.

Ether und Ester

Wenn ein Alkohol unter den richtigen Bedingungen mit konzentrierter Schwefelsäure erhitzt wird, wird durch die Kondensation zweier Alkoholmoleküle Wasser eliminiert, und die beiden reagierenden Gruppen (etwa Alkyl-Gruppen) verbinden sich über ein Sauerstoffatom unter Bildung eines Ethers. Das aus Ethanol gebildete Produkt, der Diethylether, ist der vertraute "Ether", der durch seine Verwendung als Anästhetikum bekannt ist. Gemischte Ether wie Methylethylether können durch

die Kondensationsreaktion zweier verschiedener Alkohole gebildet werden. Ether sind gute organische Lösungsmittel, die nur wenig wasserlöslich sind.
Wie bei den Alkoholen schon diskutiert, sind Ester die Kondensationsprodukte von Alkoholen und Säuren. Sie stellen ebenfalls gute organische Lösungsmittel dar, die in Wasser unlöslich sind. Viele in der Natur vorkommende Ester sind sehr aromatisch und riechen süßlich. Amylacetat ist der Geruchsstoff des "Bananenöls" ("Amyl" ist der traditionelle Name für eine Kohlenstoffkette aus 5 Atomen). Natürliche Fette und Öle sind Ester des trifunktionellen Alkohols Glycerin, und langkettige Carbonsäuren werden "Fettsäuren" genannt.

Aromatische Verbindungen

Benzol und Verbindungen, die den Benzolring enthalten, werden "aromatisch" genannt. Aromatische Verbindungen haben etwas andere chemische Eigenschaften als ihre aliphatischen Gegenstücke. Zum Beispiel ist die Hydroxyl-Gruppe eine schwache Säure, wenn sie mit einem Benzolring verknüpft ist (obwohl viel schwächer als eine Carboxylgruppe einer Carbonsäure). Die drei alternierenden Doppelbindungen des Rings können nicht ohne weiteres abgesättigt werden. Wenn Benzol (im Dunklen) mit Chlor behandelt wird, findet Substitution und nicht Addition statt:

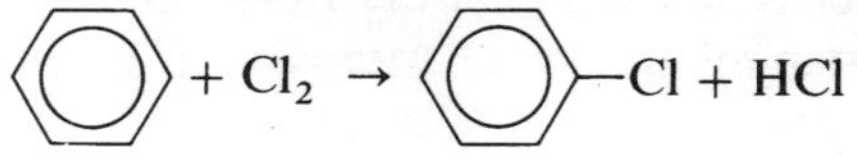

Funktionelle Gruppen an aliphatischen Seitenketten, die mit aromatischen Ringen verbunden sind, verhalten sich in einer für aliphatische Verbindungen typischen Weise.

Multifunktionelle Moleküle

Viele Moleküle enthalten mehr als eine funktionelle Gruppe (entweder gleicher oder verschiedener Art). In solchen Fällen können Kondensationsreaktionen, die zwei oder mehr Gruppen pro Molekül betreffen, zur Bildung von Polymeren führen, wie das durch die Bildung von Proteinen aus Aminosäuren verdeutlicht wird. Ein weiteres Beispiel ist die Synthese einer Polyester-Faser:

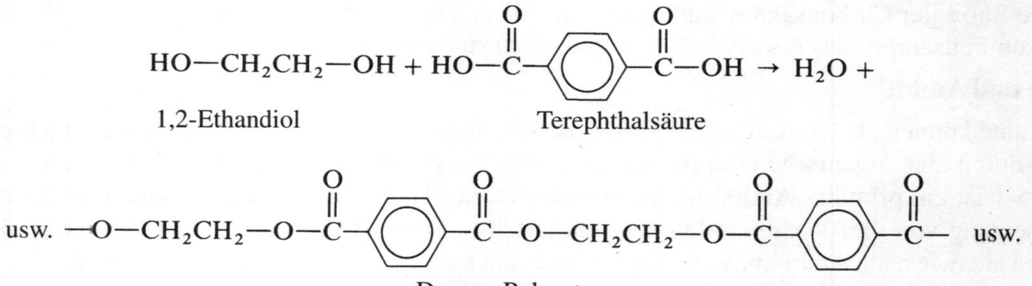

Dacron-Polyester

(Die obige Gleichung ist nicht bilanziert. Tausende von Molekülen eines jeden Reagens verbinden sich unter Eliminierung der gleichen Anzahl Wassermoleküle, nämlich einem für jede Esterbindung.)

BIOCHEMIE

Einige Aspekte der Biochemie, die diese von der "unbelebten" Chemie unterscheiden, sind im folgenden angegeben:

1. Die Moleküle können sehr groß sein, aber anders als ein synthetisches Polymer haben Biopolymere normalerweise eine feste Anzahl und Abfolge von Monomereinheiten und oft auch eine definierte dreidimensionale Struktur.
2. Molekülklassen basieren hauptsächlich auf der Struktur, aber auch auf ihrer Funktion in der lebenden Zelle.

3. Reaktionen finden bei mäßiger Temperatur statt; normalerweise werden extrem empfindliche Katalysatoren (Enzyme) benötigt, und die zum Ablauf einer Reaktion nötige Energie kann von der in einer angekoppelten Reaktion freiwerdenden Energie geliefert werden.
4. Im Tier- und Pflanzenreich gibt es nur geringe oder keine Unterschiede in den Strukturen der Moleküle, die von der Natur für eine gegebene biologische Funktion ausgewählt wurden.

Einige der Hauptverbindungsklassen sind (*a*) Proteine, (*b*) Kohlenhydrate, (*c*) Fette und (*d*) Nucleinsäuren. Es folgt eine kurze Erklärung ihrer Strukturen und Funktionen.

(*a*) Proteine sind Polymere von Aminosäuren, die durch die oben diskutierten Peptidbindungen verknüpft sind. Sie bilden den Hauptteil des lebenden Gewebes. Enzyme, diese sehr selektiven und leistungsfähigen Katalysatoren, sind ebenfalls Proteine, die eine prosthetische Gruppe enthalten können, welche auf einem Metallatom basieren kann. Viele Proteine dienen speziellen Funktionen, so wie Hämoglobin und Myoglobin, die für den Sauerstofftransport zuständig sind.

(*b*) Die einfachsten Kohlenhydrate sind die Zucker, relativ kleine Moleküle, die typischerweise aus vier, fünf oder sechs Kohlenstoffatomen bestehen und Hydroxyl- und Aldehyd- (oder Keton-) Gruppen als funktionelle Gruppen aufweisen. Sie können als Energielieferanten oder Bausteine für Polymermaterialien dienen. Pflanzen enthalten Polymere aus Zuckern, Stärke und Cellulose, die durch Etherbindungen verknüpft sind. Sie dienen zur Speicherung von Energie und zur mechanischen Stabilisierung.

(*c*) Fette sind Ester aus Glycerin und den Fettsäuren. In Pflanzen sind viele der Fette ungesättigt (d.h., sie enthalten Doppelbindungen) und flüssig und werden daher als Öle bezeichnet. Fette dienen auch als Energielieferanten, aber eher zur langfristigen Energiespeicherung im Gegensatz zur kurzfristigen Energiebereitstellung durch Zucker. Fette sind Teil einer Substanzklasse, die aufgrund ihrer Unlöslichkeit in Wasser und ihrer Löslichkeit in Ether Lipide genannt werden. Andere Lipide sind zum Beispiel Cholesterin und die Hauptbestandteile der Zellmembranen.

(*d*) Nucleinsäuren sind sehr hochmolekulare Polymere, die durch Esterbindungen zwischen Phosphorsäure und Zucker-Monomereinheiten gebildet werden. Diese Zucker tragen stickstoffhaltige Basen, die Purin- oder Pyrimidinbasen genannt werden. Die Abfolge der Basen stellt den genetischen Code des einzelnen lebenden Organismus dar. Das Nucleinsäure-Molekül bestimmt die Aminosäuresequenz bei der Synthese von Proteinen und auch seine eigene Reproduktion.

Aufgaben und Lösungen

NOMENKLATUR

15.1. Benennen Sie jede der folgenden Verbindungen nach den IUPAC-Regeln:

(*a*) $CH_3CH(CH_3)CH_2CH(CH_2CH_3)CH_3$

(*b*)
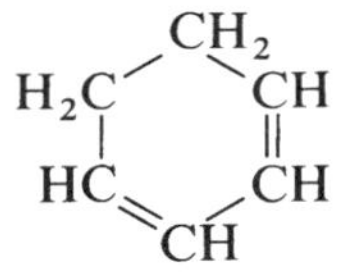

(*c*) $ClCH_2CH_2C(=O)CH_2CH_3$

(*d*) $CH_3CH(CH_3)CH_2—O—C(=O)—CH_3$

(*e*) $CH_3NHCH_2CH_2CH_3$

(*f*) $CH_2(OH)CH(OH)CH_2—O—C(=O)—C_{17}H_{35}$

(*a*) Lassen Sie sich nicht durch die Darstellungsweise der Struktur täuschen. Die längste Kette linear verbundener Kohlenstoffatome ist sechs Kohlenstoffe lang, und die Numerierung muß links beginnen, um die Bezifferung der Substitutionspunkte möglichst klein zu halten: 2,4-Dimethylhexan.
(*b*) Die Ringkohlenstoffe werden so numeriert, daß die Summe der Zahlen minimiert wird: 1,3-Cyclohexadien.
(*c*) Der Chlor-Substituent wird als Präfix, der Carbonyl-Sauerstoff als Suffix genannt: 1-Chlor-3-pentanon.
(*d*) Die Verbindung ist ein Ester. Im Gegensatz zum Beispiel in Tabelle 15-1 liegt der Alkohol-Teil links, wird aber in beiden Fällen zuerst benannt: 2-Methylpropyl-ethanoat oder 2-Methylpropylacetat
(*e*) Die Verbindung ist ein sekundäres Amin: Methylpropylamin.
(*f*) Die Fettsäuren habe spezielle Namen. Die gesättigte C_{18}-Säure wird "Stearinsäure" genannt, und die gezeigte Verbindung ist 2,3-Dihydroxypropyl-stearat. Der alkoholische Anteil ist Glycerin. Da nur eine Hydroxyl-Gruppe verestert ist, wird dieser Typ Ester ein Monoglycerid genannt, und die Verbindung kann auch als Monoglyceryl-stearat bezeichnet werden. Sie ist bei der Nahrungsmittelherstellung als Emulgator von Bedeutung.

ISOMERIE

15.2. Identifizieren Sie alle Isomere mit der Summenformel C_5H_{10} und geben Sie ihre IUPAC-Namen an.

Betrachten Sie zuerst alle möglichen Strukturisomere. Die cyclischen Strukturen sind gesättigt, die offenkettigen enthalten eine Doppelbindung.

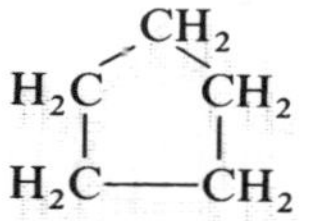

(*a*) Cyclopentan

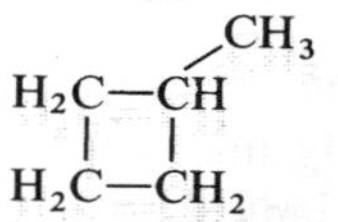

(*b*) Methylcyclobutan

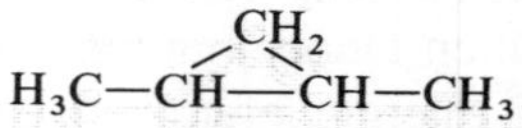

(*c*) 1,2-Dimethylcyclopropan

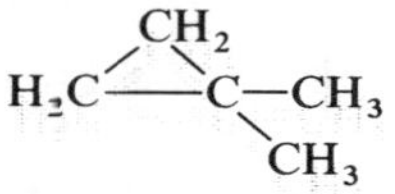

(*d*) 1,1-Dimethylcyclopropan

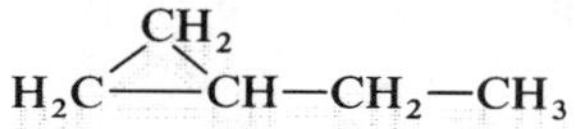

(*e*) Ethylcyclopropan

$CH_2{=}CH{-}CH_2{-}CH_2{-}CH_3$

(*f*) 1-Penten

$CH_3{-}CH{=}CH{-}CH_2{-}CH_3$

(*g*) 2-Penten

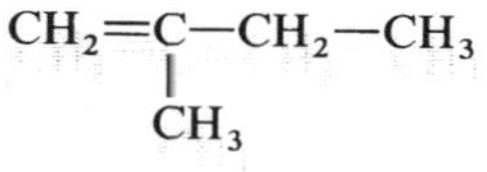

(*h*) 2-Methyl-1-buten

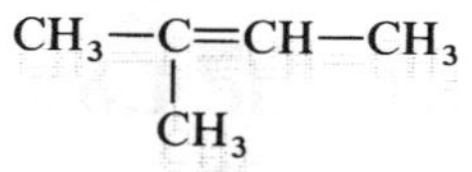

(*i*) 2-Methyl-2-buten

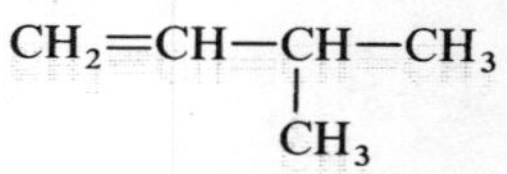

(*j*) 3-Methyl-1-buten

Betrachten Sie dann die *cis-trans*-Isomerie. Bei den Alkenen tritt sie nur bei (*g*) auf. Die beiden Strukturen sind unten gezeigt.

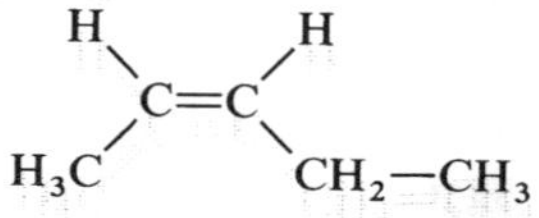

cis

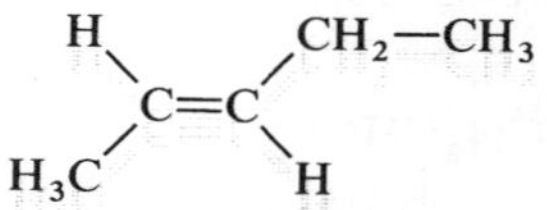

trans

Allerdings zeigt auch Struktur (*c*) *cis-trans*-Isomerie. Die drei Kohlenstoffe im Ring definieren eine Ebene (die Papierebene). Entweder stehen beide Wasserstoffe der CH-Gruppen auf derselben Seite der Ebene oder eins darüber und das andere darunter.

Struktur (*c*) ist auch die einzige, die asymmetrische C-Atome besitzt (die der beiden CH-Gruppen). Das *cis*-Isomer hat aber eine Spiegelebene und kann daher kein optisches Isomer aufweisen. Dies ist nur beim *trans*-Isomer möglich.

15.3. Zeichnen Sie die Strukturen aller Strukturisomere mit der Formel C_3H_6O. Kennzeichnen Sie alle, die geometrische oder optische Isomere besitzen. (Nicht alle Strukturen, die den Lewis-Regeln gehorchen, entsprechen stabilen chemischen Verbindungen.)

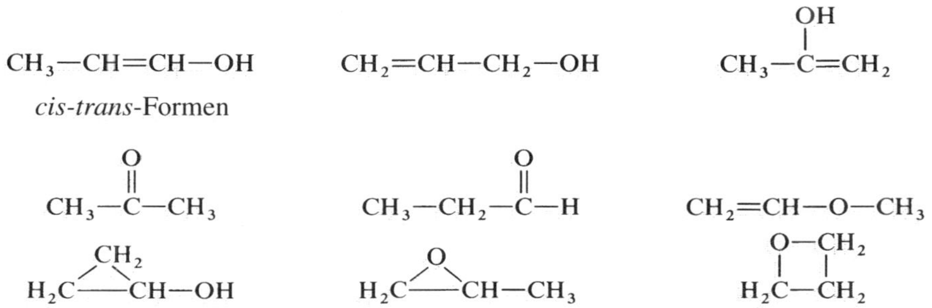

cis-trans-Formen

Der CH-Kohlenstoff ist chiral

FUNKTIONELLE GRUPPEN UND REAKTIONEN

15.4. Zeichnen Sie die Struktur des organischen Produkts, das sich aus jeder der folgenden Reaktionen ergibt:

(*a*) 1-Propanol in dehydratisierendem Medium
(*b*) 1-Propanol in einem milden oxidierenden Medium
(*c*) 2-Propanol in einem milden oxidierenden Medium
(*d*) 1-Propanol und Butansäure in dehydratisierendem Medium
(*e*) 1-Propanol und metallisches Natrium

(*a*) Eine Kondensation bewirkt die Eliminierung von Wasser und die Bildung eines Ethers:

$$CH_3CH_2CH_2{-}O{-}CH_2CH_2CH_3$$

(*b*) Die erste Stufe der Oxidation einer Hydroxyl-Gruppe ergibt eine Carbonyl-Gruppe (–C=O). Wenn sich der Alkohol am Ende einer Kette befindet (primärer Alkohol), ist das Produkt ein Aldehyd:

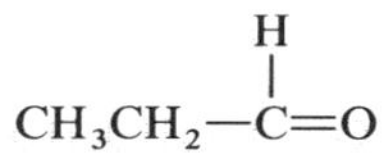

(*c*) Wenn der Alkohol nicht am Ende der Kette steht (in diesem Fall ein sekundärer Alkohol), ist das Produkt ein Keton:

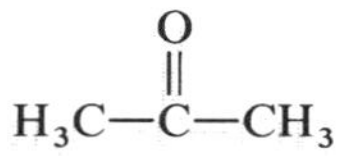

(*d*) Eine Kondensation bewirkt die Eliminierung von Wasser und die Bildung eines Esters:

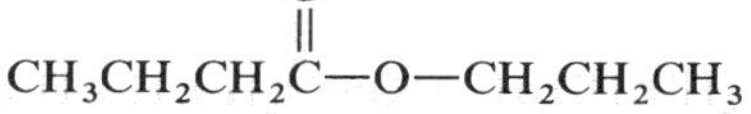

Eine mögliche Nebenreaktion ist die Bildung des entsprechenden Ethers wie in Teil (*a*), besonders, wenn der Alkohol im Überschuß vorliegt.

(*e*) Wenn man den Alkohol als ein Derivat von Wasser betrachtet, erwartet man, daß das Natrium den Wasserstoff der Hydroxyl-Gruppe ersetzt. Ein Produkt ist H_2, das andere das Natriumsalz des Alkohols:

$$CH_3CH_2CH_2O^-Na^+$$

15.5. Beschreiben Sie die Produkte der folgenden Reaktionen mit Strukturformeln:

(*a*) Vinylchlorid (anderer Name: Chlorethen) wird mit einem Polymerisationskatalysator behandelt.
(*b*) Die Aminosäure Alanin (2-Aminopropansäure) wird mit dem geeigneten Enzym und energieliefernden Molekülen behandelt, was eine Polymerisation verursacht.

(*a*) Das Produkt ist ein gesättigtes, hochmolekulares Polymer. Die Doppelbindungen wurden zur Verbindung der Monomermoleküle unter Bildung von Polyvinylchlorid verwendet:

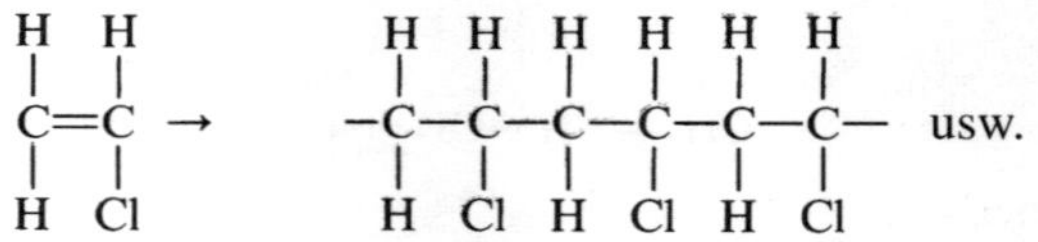

(*b*) Wasser wird eliminiert, wobei das H aus der Amino-Gruppe eines Moleküls und das OH von der Säure des nächsten stammt. Es bildet sich Polyalanin:

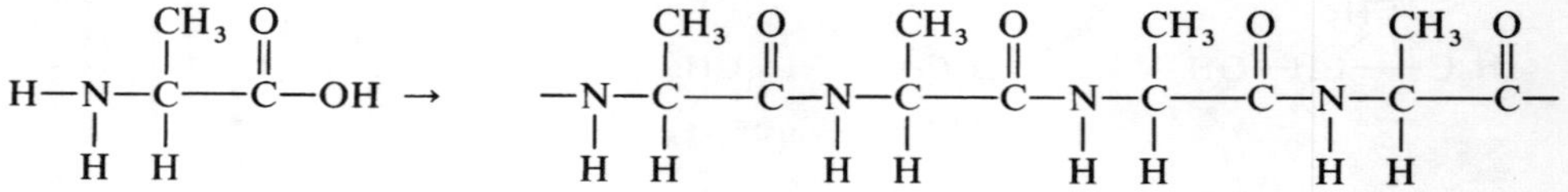

Zusatzaufgaben

NOMENKLATUR

15.6. Geben Sie den IUPAC-Namen jeder der folgenden Verbindungen an:

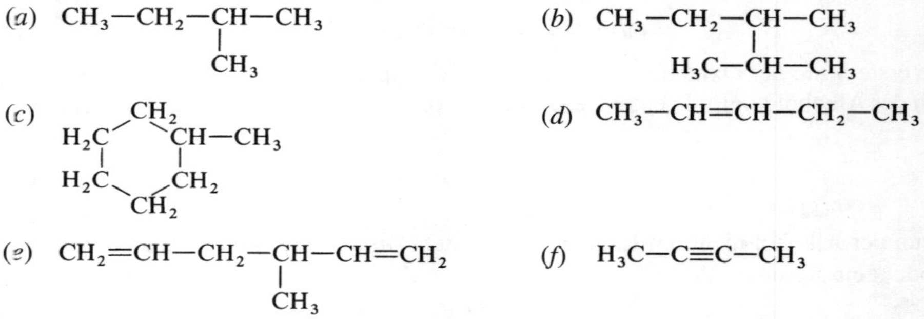

Lösung: (*a*) 2-Methylbutan; (*b*) 2,3-Dimethylpentan; (*c*) Methylcyclohexan; (*d*) 2-Penten; (*e*) 3-Methyl-1,5-hexadien; (*f*) 2-Butin

15.7 Benennen Sie die folgenden Verbindungen:

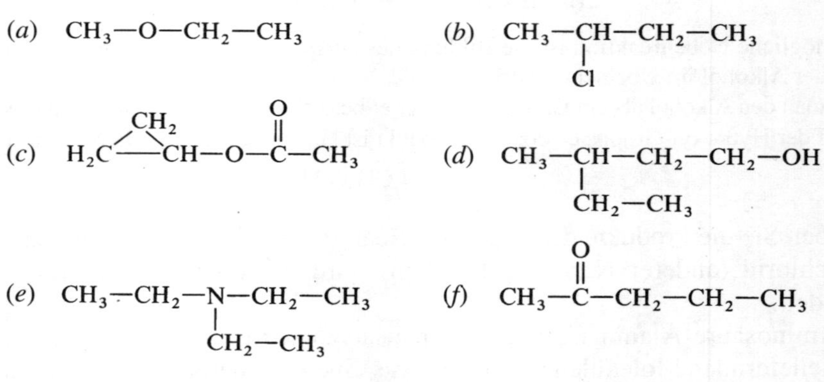

Lösung: (*a*) Methyl-ethyl-ether; (*b*) 2-Chlorbutan; (*c*) Cyclopropyl-acetat (oder -ethanoat); (*d*) 3-Methyl-1-pentanol; (*e*) Triethylamin; (*f*) 2-Pentanon

15.8. Benennen Sie die folgenden Verbindungen:

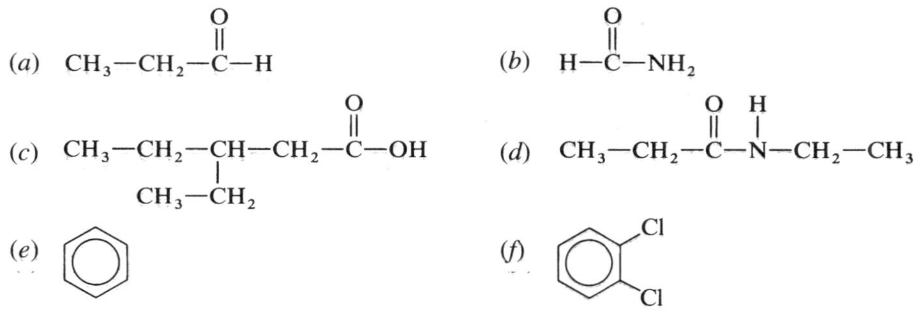

Lösung: (*a*) Propanal; (*b*) Formamid (Methanamid); (*c*) 3-Ethylpentansäure; (*d*) N-Ethylpropanamid; (*e*) Benzol; (*f*) 1,2-Dichlorbenzol

15.9. Zeichnen Sie die Strukturen der folgenden Verbindungen: (*a*) 3-Ethyl-4-methyl-2-hexanon; (*b*) 2-Chlorbutyl-acetat; (*c*) Ethylbenzol; (*d*) 3-Ethylcyclohexen; (*e*) 2-Methyl-3-pentanol; (*f*) 2-Methylpropyl-methyl-ether

Lösung:

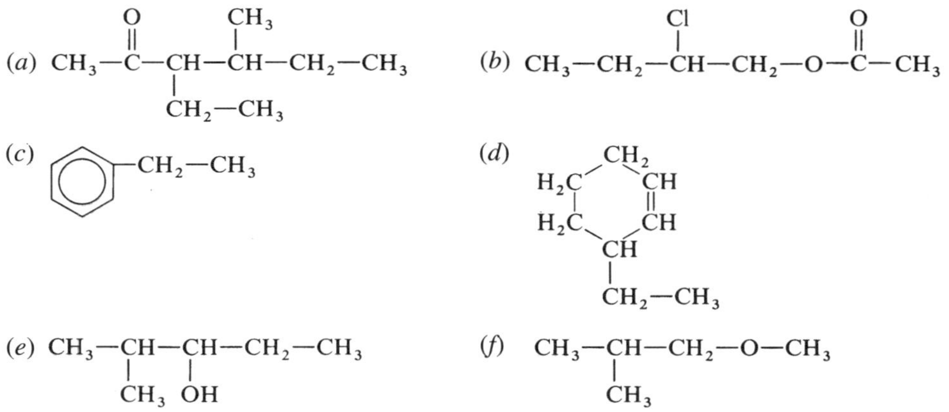

15.10. Erklären Sie, was an den folgenden Namen falsch ist: (*a*) 3-Methyl-2-propanol; (*b*) 3,3-Dimethyl-2-penten; (*c*) 1,4-Dichlorcyclobutan; (*d*) 2-Propanal; (*e*) 2-Methyl-1-butin.

Lösung: (*a*) Die längste Kette enthält vier Kohlenstoffe. Der korrekte Name ist 2-Butanol. (*b*) Eine solche Verbindung ist unmöglich, weil sie fünf Bindungen am dritten Kohlenstoff erfordern würde. (*c*) Positionen 1 und 4 sind äquivalent zu 1 und 2. Der richtige Name ist 1,2-Dichlorcyclobutan. (*d*) Eine solche Verbindung ist unmöglich, weil der Aldehydkohlenstoff am Ende der Kette stehen muß. (*e*) Eine solche Verbindung ist unmöglich, weil sie 5 Bindungen am zweiten Kohlenstoff erfordern würde.

ISOMERE

15.11. Zeichen Sie die Strukturen aller Strukturisomere mit folgenden Gleichungen: (*a*) C_4H_9Br; (*b*) C_4H_8; (*c*) $C_2H_4O_2$ (lassen Sie Peroxide –O–O– weg); (*d*) C_6H_{14}; (*e*) $C_4H_8Cl_2$.

Lösung:

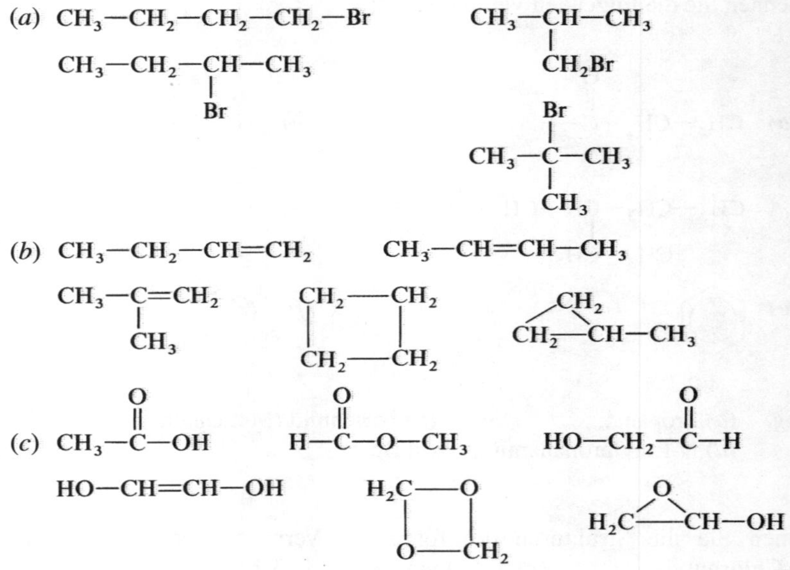

(*Bemerkung:* Nicht alle obigen Verbindungen können stabil sein. Verbindungen wie $HO-\overset{OH}{\overset{|}{C}}=CH_2$ mit zwei Hydroxylgruppen am selben Kohlenstoff kommen nicht vor.)

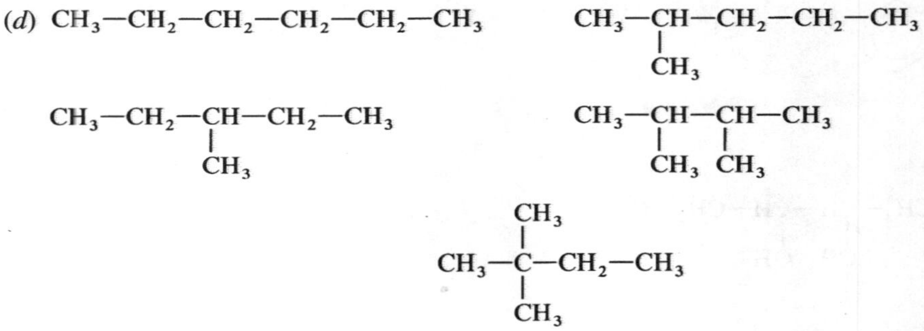

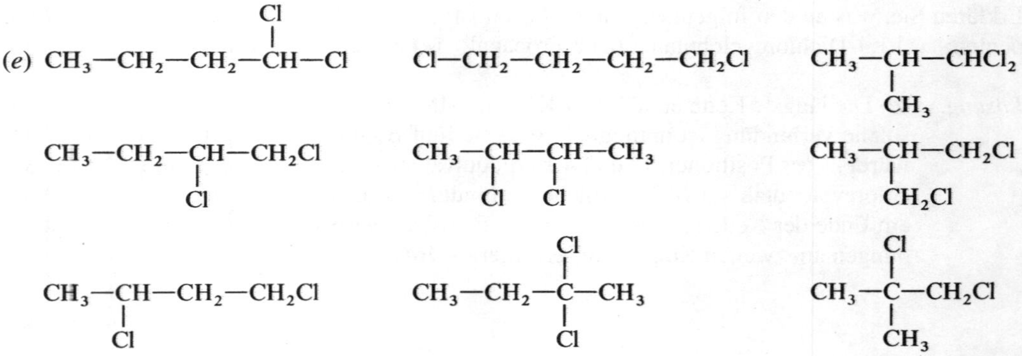

15.12. Untersuchen Sie alle Verbindungen aus Aufgabe 15.11. und sortieren Sie alle aus, die geometrische Isomerie aufweisen. Markieren Sie in jedem Fall die beiden beteiligten Kohlenstoffatome.

Lösung: (*b*) $CH_3-\overset{*}{C}H=\overset{*}{C}H-CH_3$; (*c*) $HO-\overset{*}{C}H=\overset{*}{C}H-OH$

15.13. Untersuchen Sie alle Verbindungen aus Aufgabe 15.11. und sortieren Sie alle aus, die optische Isomerie aufweisen. Markieren Sie jeweils das (oder die) asymmetrische(n) C-Atom(e).

Lösung: (*a*) (*c*) (*e*) (*e*) (*e*)

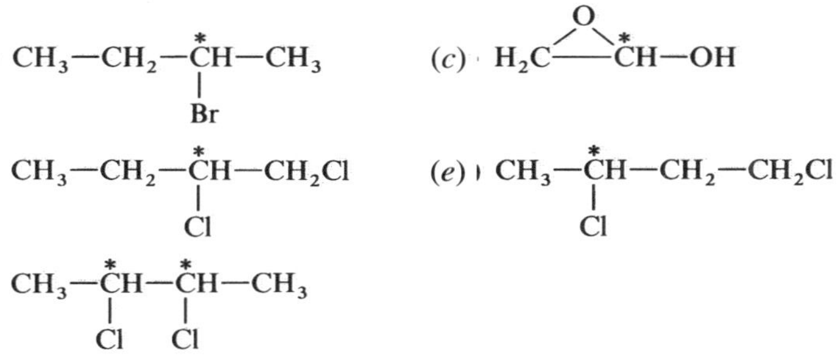

15.14. Zeichnen Sie die Struktur des kleinsten nichtcyclischen Alkans, das ein asymmetrisches C-Atom besitzt, und markieren Sie dieses. Benennen Sie die Verbindung.

Lösung:

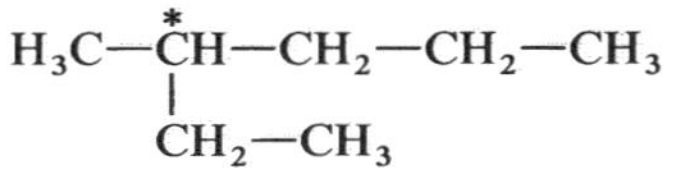

3-Methylhexan

Oder:

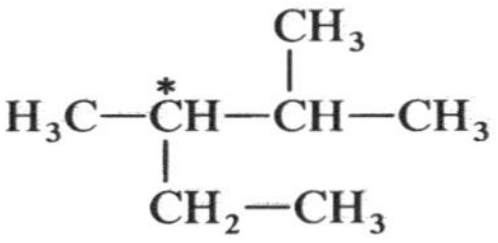

2,3-Dimethylpentan

15.15. Naturkautschuk ist ein Polymer von Isopren und hat folgende Struktur:

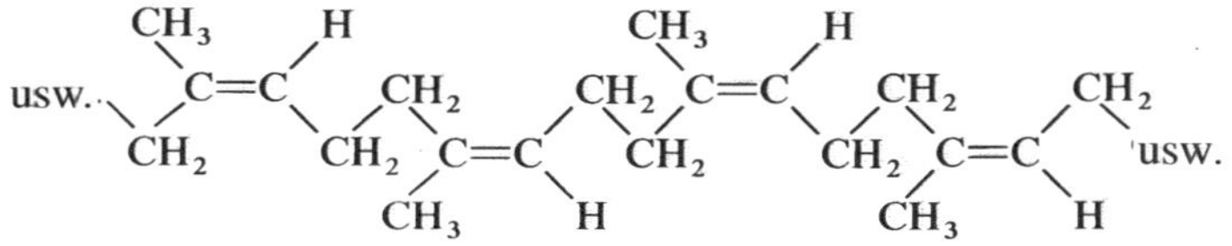

Es gibt ein weiteres Naturprodukt, genannt Guttapercha, das ein geometrisches Isomer von Naturkautschuk darstellt, als Elastomer aber nutzlos ist. Zeichnen Sie dessen Struktur. Welches von beiden ist *cis* und welches *trans*?

Lösung: Naturkautschuk ist *cis*, Guttapercha *trans*.

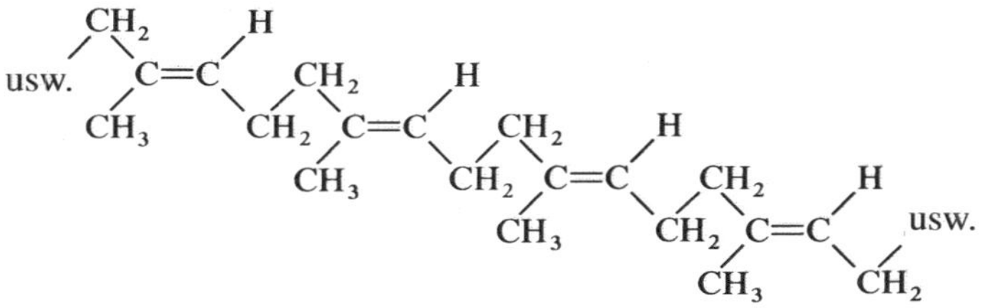

15.16. Welche Verbindung besitzt mehr Isomere, (*a*) Dimethylbenzol oder (*b*) Dimethylcyclohexen? Erklären Sie das!

Lösung: Weil alle Atome eines Benzolrings äquivalent sind, hat (*a*) nur drei (Struktur-) Isomere mit den Methylgruppen an den Positionen 1,2; 1,3 oder 1,4. (*b*) kann dagegen viel mehr Strukturisomere bilden, zum Beispiel ist 1,2 verschieden von 1,6 und 1,3 ist verschieden von 2,4. Es gibt auch viele geometrische Isomere; zum Beispiel muß das 3,4-Strukturisomer *cis* und *trans*-Formen besitzen. Auch optische Isomerie tritt auf, zum Beispiel sind die Kohlenstoffe 3 und 4 des 3,4-Isomers asymmetrisch.

FUNKTIONELLE GRUPPEN

15.17. Benennen Sie die funktionellen Gruppen in jedem der folgenden Moleküle:

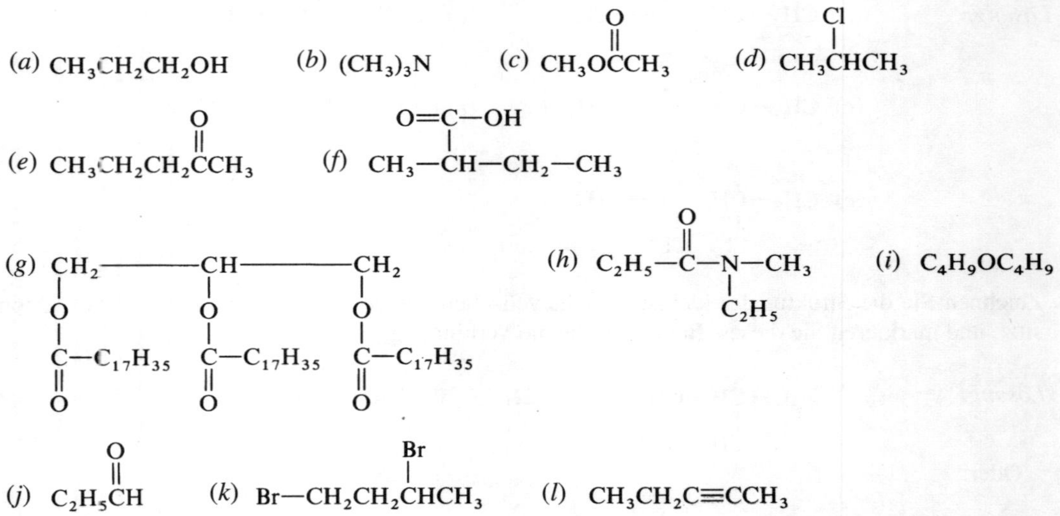

Lösung: (*a*) Alkohol, (Hydroxyl); (*b*) Amin, (tertiäres Amin); (*c*) Ester; (*d*) Alkylhalogemid (Alkylchlorid); (*e*) Keton; (*f*) Säure (Carbonsäure); (*g*) Ester, (Triglycerid); (*h*) Amid; (*i*) Ether; (*j*) Aldehyd; (*k*) Bromid, (Dibromid); (*l*) Alkin, (Dreifachbindung)

15.18. Wie sehen die Strukturen der folgenden Verbindungen aus? (*a*) Butanamid; (*b*) Methylpropylamin; (*c*) Diethylether; (*d*) 2,3-Dimethyl-1-hexanol; (*e*) Ethyl-2-methylpropionat; (*f*) 3-Iod-2-pentanon.

Lösung:

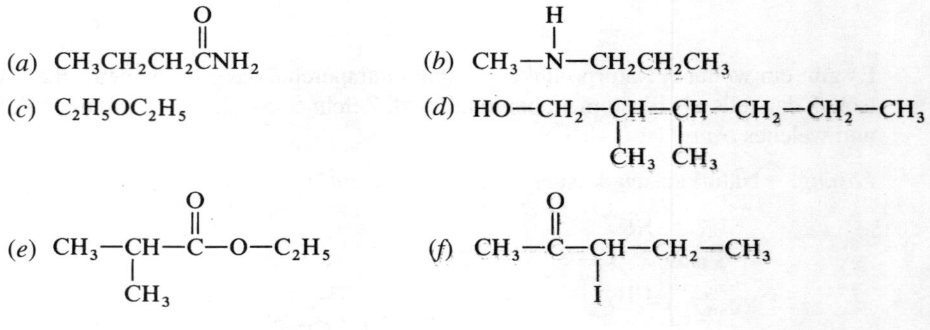

REAKTIONEN

15.19. Zeichnen Sie die Struktur des durch Additionspolymerisation von 2-Methyl-1-propen gebildeten Polymers.

Lösung:

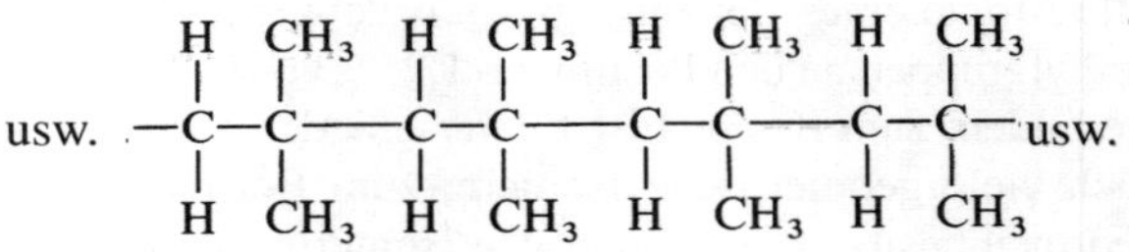

15.20. Was sind die Hauptprodukte der folgenden Reaktionen? Geben sie die Strukturen der organischen Produkte an!

(*a*) $C_2H_5C(=O){-}NH_2 + H_2O \xrightarrow[\text{Katalysator}]{\text{Hydrolyse-}}$

(*b*) $C_3H_8 + O_2 \xrightarrow[\text{Temp.}]{\text{hohe}}$

(*c*) $C_2H_5OH \xrightarrow[\text{Medium}]{\text{dehydratisierendes}}$

(*d*) $C_2H_5OH \xrightarrow[\text{Oxidationsmittel}]{\text{schwaches}}$

(*e*) $CH_3C(=O){-}OH + CH_3{-}CH(OH){-}C_2H_5 \xrightarrow[\text{Medium}]{\text{dehydratisierendes}}$

(*f*) $CH_3CH_2CH_3 + Cl_2 \rightarrow$ (erste Stufe)

(*g*) $CH_2{=}CHCH_3 + Cl_2 \rightarrow$ (erste Stufe)

(*h*) $CH_3CH(OH)CH_2CH_3 \xrightarrow[\text{Oxidationsmittel}]{\text{schwaches}}$

(*i*) $CH_3CH_2CH_2C(=O){-}H \xrightarrow[\text{Oxidationsmittel}]{\text{schwaches}}$

(*j*) $CH_3{-}CH(OH)CH_2CH_3 + K \rightarrow$

Lösung: (*a*) NH_3 und $C_2H_5C(=O){-}OH$ (*b*) CO_2 und H_2O (*c*) H_2O und $C_2H_5OC_2H_5$

(*d*) H_2O und $CH_3C(=O){-}H$ (*e*) H_2O und $CH_3C(=O){-}O{-}CH(CH_3){-}C_2H_5$

(*f*) HCl plus $CH_3CH_2CH_2{-}Cl$ und $CH_3CH(Cl)CH_3$

(*g*) $CH_2(Cl)CH(Cl)CH_3$ (*h*) H_2O und $CH_3C(=O)CH_2CH_3$

(*i*) $CH_3CH_2CH_2C(=O){-}OH$ (*l*) H_2 und $CH_3CH(O^-K^+)CH_2CH_3$

15.21. Zeichnen Sie einen Ausschnitt des Polymers, das durch Kondensation von 1,2-Ethandiol und Maleinsäure (IUPAC-Name: *cis*-Butendisäure) gebildet wird. Solche und ähnliche Polymere werden mit Styrol unter Bildung von "Polyesterharzen" copolymerisiert. Diese finden breite Anwendung zur Herstellung von Formkörpern aus Kunststoff.

Lösung: $HO - C_2H_4 - O - C(=O) - C(H) = C(H) - C(=O) - O - C_2H_4 - O - C(=O) - C(H) = C(H) - C(=O) - O - C_2H_4 - O - C(=O) -$

15.22. Formaldehyd (Methanal) kann Additionspolymere bilden. Stellen Sie sich die Addition eines Wassermoleküls an ein Methanalmolekül vor. Dies ergibt ein Diol, das dann eine Etherbindung mit einem Nachbarmolekül bildet (unter Abspaltung von Wasser) und so weiter. Zeichen Sie einen Ausschnitt des sich ergebenden Produkts.

Lösung: $- O - CH_2 - O - CH_2 - O - CH_2 - O - CH_2 - O - CH_2 -$

15.23. "Silikone" sind Polymere, die von der Hochtemperatur-Hydraulikflüssigkeit bis zu medizinischen Prothesen breite Anwendung finden. Zeichnen Sie einen Ausschnitt des durch die Abspaltung von Wasser aus Dimethylsilandiol $(CH_3)_2Si(OH)_2$ gebildeten Polymers.

Lösung:

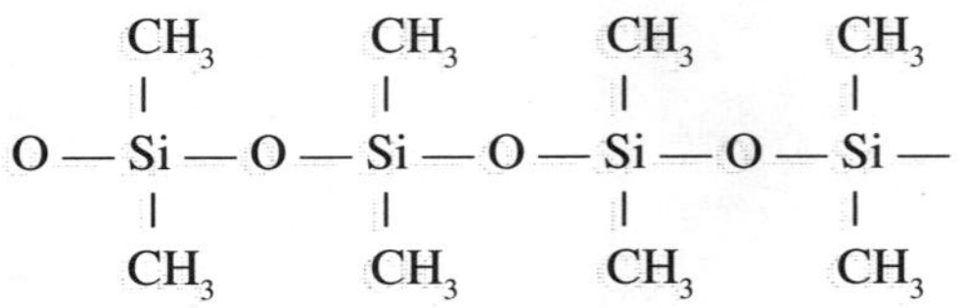

15.24. Zwei Carbonsäuregruppen können unter Abspaltung eines Wassermoleküls miteinander koppeln und ein Säureanhydrid bilden. Zeichnen Sie die Strukturen von (*a*) Acetanhydrid, das aus zwei Säuremolekülen entsteht und (*b*) Maleinsäureanhydrid (s. Aufgabe 15.21.), bei dessen Bildung nur ein Molekül beteiligt ist.

Lösung: (*a*)

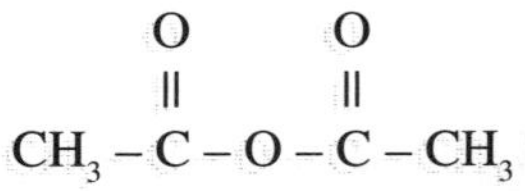

(*b*)

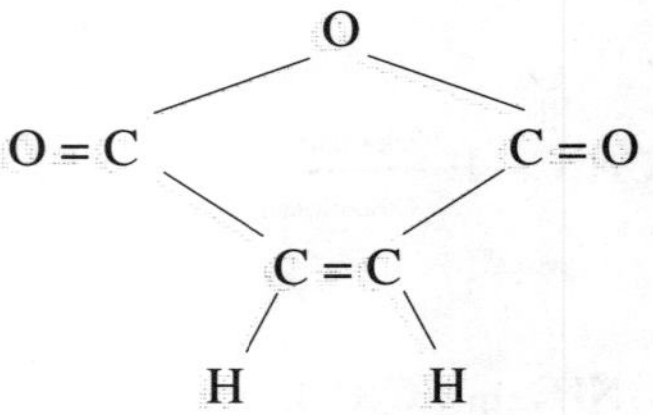

Kapitel 16

Thermodynamik und chemisches Gleichgewicht

DER ERSTE HAUPTSATZ

Das in Kapitel 7 angesprochene Prinzip der Energieerhaltung stellt den ersten Hauptsatz der Thermodynamik dar. Die Größen E: innere Energie und H: Euthalpie sind Eigenschaften eines Systems, die zusammen mit anderen dessen Zustand definieren. Solche Eigenschaften werden *Zustandsgrößen* genannt. Wenn sich eine dieser Eigenschaften ändert, sagt man, das System habe eine Zustandsänderung erfahren. Jede Änderung von E muß gleich der vom System aufgenommenen Wärme plus der am System ausgeübten Arbeit sein. Eine formale Schreibweise des ersten Hauptsatzes lautet:

$$\Delta E = q + w \qquad (16\text{-}1)$$

In dieser Gleichung steht w für die am betrachteten System ausgeübte Arbeit. Wenn in einem System eine chemische Reaktion stattfindet, kann auf dieses Arbeit ausgeübt werden, wenn Gase verbraucht werden (Volumenreduktion oder das System leistet Arbeit) oder wenn das System einen elektrischen Strom an einen externen Verbraucher liefert.

DER ZWEITE HAUPTSATZ

Die Existenz einer Energiebilanz kann nicht alle Fragen bezüglich einer chemischen Reaktion beantworten. Findet eine Reaktion überhaupt statt? Wenn ja, bis zu welchem Ausmaß läuft sie ab? Solche Fragen bedingen die Einführung einiger neuer thermodynamischer Funktionen, die wie E und H abhängig vom Zustand des Systems sind. Diese neuen Funktionen sind die *Entropie S* und die *freie Gibbs'sche Energie G*. Eine mathematische Formulierung des zweiten Hauptsatzes lautet:

$$\Delta S \geq \frac{q}{T} \qquad (16\text{-}2)$$

In Worten: Wenn ein System eine Zustandsänderung erfährt, ist der Anstieg der Entropie des Systems gleich oder größer als die bei dem Vorgang aufgenommene Wärme, dividiert durch die Temperatur. Eine Gleichsetzung, die eine Definition für die Entropie-Änderung darstellt, gilt für jeden *reversiblen Prozeß,* während die Ungleichung sich auf einen spontanen oder *irreversiblen Prozeß* bezieht. Dieser ist definiert als ein Vorgang, der durch sehr kleine Veränderungen einer der Variablen nicht mehr rückgängig gemacht werden kann. Die Begriffe *reversibel* und *irreversibel* sind im folgenden Beispiel verdeutlicht:

BEISPIEL 1 Betrachten Sie eine Mischung aus flüssigem und festem Benzol bei ihrem normalen Gefrierpunkt von 5,45 °C. Wenn die Temperatur um einen winzigen Betrag, z.B. 0,01 °C, erhöht wird, beginnt die feste Phase nach und nach zu schmelzen. Wenn die Temperatur stattdessen um diesen Betrag gesenkt würde, kristallisiert die Flüssigkeit nach und nach aus. Der Gefriervorgang ist genauso wie der Schmelzvorgang bei 5,45 °C *reversibel.*

Es ist möglich, flüssiges Benzol vorsichtig auf eine Temperatur unter seinem normalen Gefrierpunkt zu kühlen (etwa 2,00 °C), ohne daß Kristallisation eintritt. Man bezeichnet die Flüssigkeit dann als unterkühlt. Sobald ein kleiner Kristall festen Benzols hinzugefügt wird, kristallisiert die gesamte Masse *spontan* und *irreversibel.* Eine Temperaturerhöhung um 0,01 °C (oder selbst 1,00 °C) wird diese Kristallisation nicht aufhalten. Man müßte die Temperatur über 5,45 °C erhöhen und halten, um den flüssigen Zustand wiederherzustellen. Die Kristallisation flüssigen Benzols bei 2,00 °C stellt ein Beispiel für einen irreversiblen Vorgang dar.

Die obige Gleichung (*16-2*) für den zweiten Hauptsatz schließt die Unterscheidung zwischen spontan ablaufenden Reaktionen (für die $\Delta S > q/T$ ist) und nicht spontanen (für die $\Delta S < q/T$ gilt) ein. Um ein einfaches Kriterium für die Spontaneität chemischer Prozesse zu erhalten, ist die Einführung einer Zustandsgröße G (der freien Energie) sinnvoll, die folgendermaßen definiert ist:

$$G = H - TS \qquad (16\text{-}3)$$

Gleichung (*16-2*) führt über eine komplizierte Argumentation zu folgendem Prinzip für die freie Energie:

$$\Delta G_{T,P} \leq 0 \qquad (16\text{-}4)$$

In Worten besagt Gleichung (*16-4*), daß die Änderung der freien Energie bei konstanter Temperatur und konstantem Druck negativ oder Null sein kann. Negativ ist sie im Fall eines spontanen, irreversiblen Vorgangs, und Null im Fall eines reversiblen Prozesses. Diese Regel gilt nur für Prozesse, bei denen die einzige Form von Arbeit die Volumenarbeit (Expansion oder der umgekehrte Fall, die Kontraktion) gegen die Umgebung ist. Vorgänge, bei denen $\Delta G_{T,P}$ positiv ist, können nur durch Import von Arbeitsleistung (oder Energie) von einer äußeren Quelle initiiert werden (so wie der Vorgang der elektrochemischen Zersetzung durch Anlegen eines elektrischen Potentials oder der Kopplung mit einer anderen chemischen Reaktion, für die $\Delta G_{T,P}$ negativ ist). Eine andere Formulierung des Prinzips der freien Energie lautet: Die maximale Arbeitsmenge, die ein System bei konstanter Temperatur und konstantem Druck in anderen Formen als der Expansions- oder Kontraktionsarbeit leisten kann, ist gleich der Absenkung der freien Energie des Systems.

Entropie

Nach (*16-2*) können Entropieänderungen aus thermischen Messungen an reversiblen Vorgängen berechnet werden. Sie können jedoch auch mit den molekularen Eigenschaften der Materie zusammenhängen. Die Entropie korreliert mit der Anzahl verschiedener molekularer Zustände, die mit dem beobachteten Zustand des Gesamtsystems vereinbar sind. Einige allgemeine Beobachtungen sind im folgenden angegeben.

1. Flüssigkeiten haben eine höhere Entropie als die entsprechenden kristallinen Festkörper. (In einem Kristall nimmt jedes Atom oder Molekül eine feste Gitterposition ein. In einer Flüssigkeit können die Teilchen in Einklang mit der Natur der Flüssigkeit viele verschiedene Positionen einnehmen.)
2. Gase haben eine höhere Entropie als die entsprechenden Flüssigkeiten. (Obwohl die Moleküle in einer Flüssigkeit viele verschiedene Positionen besetzen können, stehen sie doch in nahem Kontakt zu den jeweiligen Nachbarteilchen. In einem Gas ist die Anzahl der Positionsmöglichkeiten für die Moleküle viel größer, weil jedes Molekül viel mehr freien Raum zur Verfügung hat.)
3. Gase haben bei niedrigem Druck eine höhere Entropie als bei hohem Druck (Erweiterung der Aussage 2).
4. Ein großes Molekül hat eine größere Entropie als jedes seiner Molekülfragmente, die in derselben Zustandsform existieren. (Die inneren Schwingungen und Rotationen von Atomen in Molekülen stellen viele Möglichkeiten für die Verteilung intramolekularer Bewegungen zur Verfügung.)
5. Die Entropie einer Substanz erhöht sich immer mit steigender Temperatur. (Die Temperatur ist ein Maß für die Durchschnittsenergie pro Molekül und daher auch für die Gesamtenergie. Je höher die Temperatur ist, desto größer ist auch die Gesamtenergie, und je größer die Gesamtenergie, desto mehr Möglichkeiten gibt es zur Verteilung dieser Energie auf die gegebene Anzahl von Molekülen. Daher gibt es bei einer höheren Temperatur mehr unterschiedliche molekulare (Energie-) Zustände, die dieser entsprechen, als bei einer niedrigeren Temperatur.)
6. Wenn eine chemische Reaktion von einer Änderung in der Anzahl der Gasmoleküle begleitet wird, ist ΔS für diejenige Reaktion, die zu einer Erhöhung der Anzahl von Gasmolekülen führt, positiv.
7. Wenn sich eine Substanz in einer anderen löst, ist ΔS positiv. (Die Anzahl möglicher Konfigurationen willkürlich angeordneter, ungleicher Teilchen ist größer als die Anzahl von Konfigurationen separat gepackter, gleicher Teilchen.)

DER DRITTE HAUPTSATZ

Gleichung (*16-2*) erlaubt die Berechnung von Entropie*änderungen* einer Substanz durch die Messung der Wärmekapazitäten bei verschiedenen Temperaturen und der Enthalpien für Phasenübergänge. Wenn der *absolute Wert* der Entropie bei einer beliebigen Temperatur bekannt wäre, würde die Messung der Entropie*änderung* beim Übergang von dieser einen Temperatur zu einer beliebigen anderen Temperatur die Bestimmung des Absolutwertes der Entropie bei der anderen Temperatur erlauben. Der dritte Hauptsatz der Thermodynamik stellt die Grundlage zur Festsetzung absoluter Entropien dar. Er sagt aus, daß die Entropie eines idealen Kristalls am absoluten Nullpunkt der Temperatur den Wert Null besitzt. Dies wird durch die molekulare Interpretation der Entropie verständlich. In einem idealen Kristall ist jedes Atom an seiner Position fixiert und am absoluten Nullpunkt der Temperatur hat jede Form der inneren Energie (so wie die der atomaren Schwingungen) ihren niedrigstmöglichen Wert, so daß es nur eine Möglichkeit zur Verteilung der Energie auf die vorhandenen Atome oder Moleküle gibt.

ENTROPIEN UND FREIE BILDUNGSENERGIEN

Obwohl die Enthalpien von Substanzen relativ unabhängig vom Druck (bei Gasen) und von der Konzentration (bei gelösten Spezies) sind, hängen ihre Entropien und damit auch ihre freien Energien deutlich von diesen Variablen ab. Tabellenwerte für S und G beziehen sich üblicherweise auf einen idealisierten Zustand von 1 bar oder 1 atm Druck für Gase, 1 M Konzentration für Lösungen und den Reinstoffen für Flüssigkeiten und Festkörper. In Tabelle 16-1 sind einige Daten für $S°$, die molare Entropie und $\Delta G_f°$, die freie Bildungsenergie aus den Elementen, jeweils bei 25 °C und 1 atm Druck zusammengestellt. $\Delta G_f°$ ist analog zu $\Delta H_f°$ als die Änderung der freien Enthalpie definiert, die mit derjenigen Reaktion verbunden ist, bei der 1 mol der Substanz in ihrem Standardzustand (25 °C, 1 atm Druck) aus der stöchiometrisch notwendigen Stoffmenge der enthaltenen Elemente in ihren jeweiligen Standardzuständen gebildet wird. Beachten Sie, daß der dritte Hauptsatz die Bestimmung der Entropie einer Substanz ohne Bezugnahme auf die enthaltenen Elemente ermöglicht; beachten Sie auch, daß es für die Entropien der Elemente überhalb von 0 K keinen Wert von Null gibt, wie das bei $\Delta H_f°$ und $\Delta G_f°$ der Fall ist.

Tabelle 16-1 Entropien und freie Bildungsenergien bei 25 °C und 1 atm Druck

Substanz	$S°/\mathrm{J \cdot K^{-1} \cdot mol^{-1}}$	$\Delta G_f°/\mathrm{kJ \cdot mol^{-1}}$
Ag_2O (*s*)	121,3	–11,21
Br_2 (*l*)	152,23	0
Br_2 (*g*)	245,35	3,14
C (*s, Graphit*)	5,74	0
CH_3OH (*l*)	126,8	–166,36
CH_3OH (*g*)		–162,00
C_2H_5OH (*g*)	282,6	–168,57
CO (*g*)	197,56	–137,15
CO_2 (*g*)	213,68	–394,37
Cl_2 (*g*)	222,96	0
Cl_2O (*g*)	266,10	97,9
H_2 (*g*)	130,57	0
H_2O (*l*)	69,95	–237,19
H_2O (*g*)	188,72	–228,59
N_2 (*g*)	191,50	0
NO_2 (*g*)	239,95	51,30
N_2O_4 (*g*)	304,18	97,82
O_2 (*g*)	205,03	0
PCl_3 (*l*)	217,1	–272,4
PCl_3 (*g*)	311,7	–267,8
PCl_5 (*g*)		–305,0
SO_3 (*s*)	52,3	–369,0
SO_3 (*l*)	95,6	–368,4
Sn (*s, weiß*)	51,5	0
Sn (*s, grau*)	44,1	0,12

Wenn nicht anders angegeben, beziehen sich die Berechnungen in diesem Kapitel auf einen Druck von 1 atm, wie das in den USA noch immer üblich ist.

Im allgemeinen kann für die Reaktion

$$aA + bB \rightleftharpoons cC + dD$$

die Konzentrationsabhängigkeit der Änderung der freien Energie ausgedrückt werden als:

$$\Delta G = \Delta G^\circ + RT \ \ln \frac{[C]^c[D]^d}{[A]^a[B]^b} \qquad (16\text{-}5)$$

[X] gibt hierbei die Konzentration des Stoffes X unter Standardbedingungen an. "ln" ist das Symbol für den natürlichen Logarithmus (s. Anhang C) und ΔG die Änderung der freien Energie mit den gegebenen Konzentrationen. ΔG° ist die Änderung der freien Energie. Beachten Sie, daß der logarithmische Term in (*16-5*) 0 wird, wenn die Konzentration jeder Spezies 1 ist.

Wenn ΔG in (*16-5*) in Joule ausgedrückt werden soll, lautet die allgemeine Gaskonstante:

$$R = 8{,}314\,5 \text{ J} \cdot \text{K}^{-1} \cdot \text{mol}^{-1}$$

Die Verallgemeinerung von (*16-5*) für eine beliebige Anzahl von Reaktanden lautet:

$$\Delta G = \Delta G^\circ + RT \ln Q \qquad (16\text{-}6)$$

wobei Q der *Reaktionsquotient* (s. S. 247) der Reaktion ist.

CHEMISCHES GLEICHGEWICHT

Theoretisch kann jede chemische Reaktion zu einem gewissen Maß auch in der umgekehrten Richtung stattfinden. Oft bevorzugt die *treibende Kraft* einer Reaktion eine Richtung so stark, daß das Ausmaß der Rückreaktion extrem klein und schwer zu messen ist. Die treibende Kraft einer chemischen Reaktion ist die *Änderung der freien Energie*, die die Reaktion begleitet und die ein exaktes Maß für die Tendenz der Reaktion zum vollständigen Ablauf darstellt. Wenn der Wert von ΔG° sehr groß und sein Vorzeichen negativ ist, dann läuft die Reaktion praktisch vollständig von links nach rechts ab; wenn ΔG° nur leicht negativ ist, kann die Reaktion zu einem kleinen Teil ablaufen, bis sie einen Punkt erreicht, an dem ΔG (zu unterscheiden von ΔG°) für jeden weiteren Umsatz Null wäre, und die Reaktion könnte durch leichte Konzentrationsänderungen umgekehrt werden. In diesem letzteren Fall sagt man, daß die Reaktion thermodynamisch reversibel ist. Da viele organische und metallurgische Reaktionen diesem reversiblen Typus angehören, ist es notwendig zu lernen, wie die Bedingungen geändert werden müssen, um ökonomische Ausbeuten zu erhalten, gewünschte Reaktionen zu beschleunigen und unerwünschte zu minimieren.

Ein chemisches System, das den Zustand der thermodynamischen Reversibilität erreicht hat, zeigt keine weitere Nettoreaktion in einer bestimmten Richtung, da $\Delta G = 0$ ist. Man sagt, daß sich ein solches System in einem *Gleichgewichtszustand* befindet, aus dem es entweder vorwärts oder rückwärts durch eine entsprechende sehr kleine Änderung einer der Variablen ausgelenkt werden kann. Obwohl ein System, das sich im Gleichgewicht befindet, keine *Netto*änderung in den Konzentrationen einer beliebigen chemischen Substanz zeigt, können die eigentlichen molekularen oder ionischen Umlagerungen, aus denen die Hin- und die Rückreaktion bestehen, immer noch ablaufen; allerdings besitzen die gegensätzlichen Hin- und Rückreaktionen dann die gleiche Geschwindigkeit. Demzufolge bleibt die Zusammensetzung der Mischung konstant und ändert sich mit der Zeit nicht mehr. Diese Bedingung für das *dynamische* Gleichgewicht, das ausgewogene Reaktionen in beiden Richtungen beinhaltet, steht im Gegensatz zum *statischen* Gleichgewicht bei Flaschenzügen, Hebeln und Federn.

DIE GLEICHGEWICHTSKONSTANTE

Für eine reversible Reaktion gilt im Gleichgewichtszustand $\Delta G = 0$ und (*16-6*) wird zu:

$$0 = \Delta G^\circ + RT \ln Q_{eq}$$

oder

$$\Delta G^\circ = -RT \ln Q_{eq} \qquad (16\text{-}7)$$

Gleichung (*16-7*) stellt eine bemerkenswerte Aussage dar. Sie bedingt, daß Q_{eq}, der Wert des Reaktionsquotienten unter Gleichgewichtsbedingungen, *nur von thermodynamischen Größen abhängt, die für die Reaktion Konstanten darstellen* (die Temperatur und die Änderung der freien Energie der Reaktion bei dieser Temperatur), *und daß er unabhängig von den tatsächlichen Anfangskonzentrationen der Edukte oder Produkte ist.* Aus diesem Grund wird Q_{eq} normalerweise als *Gleichgewichtskonstante K* bezeichnet und (*16-7*) wird umgeschrieben in:

$$\Delta G^\circ = -RT \ln K \qquad (16\text{-}8)$$

BEISPIEL 2 Betrachten Sie die reversible Gasphasenreaktion

$$H_2 + I_2 \rightleftharpoons 2HI$$

Eine Reaktionsmischung könnte aus H_2 und I_2 allein, HI und I_2, HI und H_2, HI allein oder aus einer Mischung aller drei Substanzen bestehen. In jedem Fall würde eine Nettoreaktion in der einen oder anderen Richtung erfolgen, bis das System schließlich in einen Zustand kommt, bei dem keine weitere Nettoreaktion stattfindet. Dies ist der Gleichgewichtszustand, der durch Angabe der Konzentrationen aller drei Substanzen beschrieben werden könnte. Wegen der verschiedenen Möglichkeiten zur Herstellung der Ausgangsmischung, die sich in den eingesetzten Mengen der verschiedenen Substanzen unterscheiden, gibt es eine unendlich große Zahl von Gleichgewichtszuständen, von denen jeder durch einen Satz der Konzentrationen der drei teilnehmenden Substanzen beschrieben werden kann. Dennoch gilt für jeden dieser unendlich vielen Zustände (alle bei der gleichen Temperatur):

$$\frac{[HI]^2}{[H_2][I_2]} = K$$

Das heißt, daß die spezielle Funktion der drei Konzentrationen immer gleich bleibt, selbst wenn sich jede einzelne Konzentration um etwa zehn Größenordnungen ändern kann. Dieses vereinigende Prinzip erlaubt die Berechnung von Gleichgewichtsbedingungen aus beliebig vielen Sätzen von Anfangsbedingungen.

Experimentelle Messungen zeigen, daß sich Moleküle in hochkomprimierten Gasen oder hochkonzentrierten Lösungen gegenseitig beeinflussen, besonders, wenn sie elektrisch geladen sind. In solchen Fällen kann die tatsächliche *Aktivität* oder *effektive Konzentration* größer oder kleiner als die gemessene Konzentration sein. Daher sollte die Konzentration mit einem *Aktivitätskoeffizienten* (der experimentell bestimmt wird) multipliziert werden, wenn die an einem Gleichgewicht beteiligten Moleküle relativ dicht zusammen liegen. Bei mäßigen Drücken und Konzentrationen liegt der Aktivitätskoeffizient für nichtionische Verbindungen nahe eins. Die Korrektur mittels Aktivitätskoeffizient wird bei den Aufgaben in diesem Buch nicht durchgeführt.

Die Gleichgewichtskonstante *K* ist eine reine Zahl, deren Wert nicht nur von der Temperatur, sondern auch allgemein von der Standardkonzentration, auf die sich alle Konzentrationen beziehen, abhängt. In diesem Kapitel wird für den Standardzustand gelöster Substanzen die Konzentration 1 M (1 mol/l) gewählt, wenn nichts anderes angegeben ist. Der Wert von *K* ist in dem speziellen Fall unabhängig von der Wahl der Bezugskonzentration, wenn die Summe der Exponenten der Konzentrationen im Zähler gleich der Summe der Konzentrationsexponenten im Nenner ist.
Die Konzentration eines Gases ist proportional zu seinem Partialdruck ($n/V = P/RT$). Daher kann, wenn alle Substanzen in der reversiblen Reaktion

$$aA + bB \rightleftharpoons cC + dD$$

Gase sind, die Gleichgewichtskonstante folgendermaßen formuliert werden:

$$\frac{P^c(\mathrm{C})P^d(\mathrm{D})}{P^a(\mathrm{A})P^b(\mathrm{B})} = K_p$$

K_p ersetzt K in Gleichung (*16-8*). Wenn $\Delta G°$ dann aus einer Tabelle abgelesen wird, die auf einem Standardzustand von 1 atm basiert, ist K_p normalerweise nur gültig, wenn P in Atmosphären angegeben ist. Gleiches gilt für den Standardzustand 1 bar, wo K_p normalerweise nur für P in Bar gilt. Wenn die Reaktion bei ihrem Ablauf keine Änderung in der Stoffmenge der Gase aufweist (z.B. $N_2 + O_2 \rightleftharpoons 2NO$), ist K_p unabhängig von den verwendeten Druckeinheiten und identisch mit dem in molaren Konzentrationen ausgedrückten K.

Terme, die die Konzentrationen ungelöster *fester* Edukte oder Produkte angeben, werden im Ausdruck für K normalerweise nicht berücksichtigt, da ihr Wert nicht verändert werden kann. Solche Substanzen liegen immer in ihren Standardzuständen vor und würden lediglich ein [X] = 1 zu den logarithmischen Termen in (*16-5*) bis (*16-8*) beitragen. Eine weitere Ausnahme liegt vor, wenn das Lösungsmittel eines der Produkte oder eines der Edukte ist, wie bei der Hydrolyse von Harnstoff in wäßriger Lösung:

$$CO(NH_2)_2 + H_2O \rightleftharpoons CO_2 + 2NH_3 \qquad K = \frac{[CO_2][NH_3]^2}{[CO(NH_2)_2]}$$

Solange die Lösung ausreichend verdünnt ist, kann die Konzentration des Wassers nicht viel kleiner sein als in reinem Wasser selbst, nämlich 55,5 mol/l. Es ist daher üblich, $[H_2O]$ aus dem Ausdruck für K durch die Wahl von 55,5 mol/l als Standardzustand für Wasser zu entfernen, während 1 mol/l als Standardzustand für die anderen Substanzen beibehalten wird.

DAS PRINZIP VON LE CHATELIER

Wenn ein Zwang (so wie die Änderung der Temperatur, des Drucks oder der Konzentration) auf ein System ausgeübt wird, das sich im Gleichgewicht befindet, läuft eine Reaktion in der Richtung ab, die diesen Zwang abbaut. Diese Verallgemeinerung ist bei der Vorhersage qualitativer Effekte von Temperatur-, Druck- oder Konzentrationsänderungen in einem Gleichgewichtssystem äußerst nützlich.

Auswirkung von Temperaturänderungen

Wir werden den Effekt zunächst qualitativ diskutieren. Wenn die Temperatur eines Systems, das sich im Gleichgewicht befindet, erhöht wird, läuft die Reaktion in derjenigen Richtung ab, die Wärme verbraucht.

BEISPIEL 3 Nach der thermochemischen Gleichung für die Herstellung von Methanol (alle Substanzen befinden sich im gasförmigen Zustand)

$$CO + 2H_2 \rightleftharpoons CH_3OH \qquad \Delta H = -22 \text{ kcal}$$

setzt die Hinreaktion Wärme frei (ist also exotherm), während die Rückreaktion Wärme benötigt (endotherm). Wenn die Temperatur des Systems erhöht wird, findet die Rückreaktion (von rechts nach links) statt und versucht, die zusätzliche Wärme aufzunehmen. Schließlich wird ein neuer Gleichgewichtszustand bei der höheren Temperatur erreicht, der mehr Edukte (CO und H_2) sowie weniger Produkt enthält als bei der Anfangstemperatur. Umgekehrt wird die Gleichgewichtsausbeute von Methanol durch Senkung der Temperatur des Systems erhöht.

Der gleiche Effekt kann auch quantitativ erklärt werden. Für einen beliebigen chemischen Vorgang lautet die Änderung der freien Energie:

$$\Delta G = \Delta H - T\Delta S \qquad (16\text{-}9)$$

Wenn alle Substanzen in ihren Standardzuständen vorliegen, wird aus (*16-9*):

$$\Delta G° = \Delta H° - T\Delta S° \qquad (16\text{-}10)$$

Kombination von (*16-8*) und (*16-9*) ergibt:

$$\ln K = -\frac{\Delta H^\circ}{RT} + \frac{\Delta S^\circ}{R} \qquad (16\text{-}11)$$

Wenn ΔH° und ΔS° relativ unabhängig von der Temperatur sind, wie das bei den meisten Reaktionen der Fall ist, zeigt (*16-11*), daß ln K bei steigendem T abfällt, wenn $\Delta H^\circ < 0$ ist (exotherme Reaktion). Damit nimmt auch K selbst mit steigendem T ab. Eine Erniedrigung von K bedeutet eine Verschiebung des Gleichgewichts zugunsten der Konzentrationen der Substanzen, die im Nenner des Ausdrucks für K erscheinen, also der Edukte, und auf Kosten der Produkte der Reaktion, deren Konzentrationen im Zähler des Ausdrucks für K stehen.

Umgekehrt steigt K mit T an, wenn $\Delta H^\circ > 0$ ist (endotherme Reaktion), und das Gleichgewicht verschiebt sich auf die Seite der Reaktionsprodukte.

Auswirkung von Druckänderungen

Wenn der Druck eines Systems, das sich im Gleichgewicht befindet, erhöht wird (zum Beispiel wie in Abb. 16-1 gezeigt), läuft die Reaktion in die Richtung ab, die den Druck durch Volumenänderung des Gases reduziert.

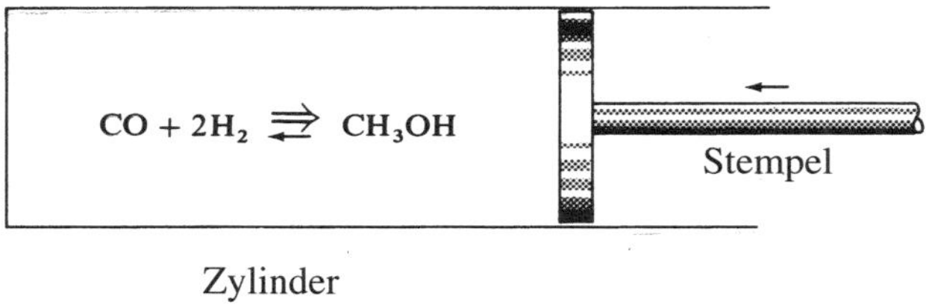

Abb. 16-1

BEISPIEL 4 Bei der Herstellung von Methanol (alle Substanzen sind gasförmig)

$$\underset{\left(\begin{array}{c}\text{3 Gasmoleküle}\\ \text{3 Volumenteile Gas}\end{array}\right)}{CO + 2H_2} \quad \rightleftharpoons \quad \underset{\left(\begin{array}{c}\text{1 Gasmolekül}\\ \text{1 Volumenteil Gas}\end{array}\right)}{CH_3OH}$$

wird die Hinreaktion von einem Volumenabfall begleitet. Damit wird eine Druckerhöhung die Gleichgewichtsausbeute von CH_3OH erhöhen. (Diese Ausbeuteerhöhung findet statt, obwohl sich der Wert für K, der nur von der Temperatur abhängt, nicht ändert.) Wenn schließlich der neue Gleichgewichtszustand erreicht ist, wird der Gesamtdruck höher als der ursprüngliche Druck sein, aber viel kleiner, als wenn keine Reaktion stattgefunden hätte.

Eine Druckänderung beeinflußt *nicht* die relativen Mengen der Verbindungen in einem Gleichgewicht eines beliebigen gasförmigen Systems, wenn die Anzahl der reagierenden gleich der Anzahl der entstehenden Moleküle ist. (Beispiele: in $H_2 + CO_2 \rightleftharpoons CO + H_2O$ (*Dampf*) und $H_2 + I_2 \rightleftharpoons 2HI$, alle Substanzen in der Gasphase).

Die Auswirkung der Druckänderung eines Gleichgewichtssystems, das Gase und Flüssigkeiten oder Festkörper enthält, gründet sich normalerweise auf einer Änderung in der Anzahl der *gasförmigen* Moleküle, da die molaren Volumina von Gasen so viel größer sind als diejenigen von Flüssigkeiten oder Festkörpern. Im Fall von Gleichgewichtsreaktionen von Festkörpern oder Flüssigkeiten ohne Beteiligung von Gasen ist der Druckeffekt außer bei sehr hohen Drücken vernachlässigbar klein.

Auswirkung der Änderung von Lösungsmittelmengen

Bei Reaktionen, die in Lösung stattfinden, wird eine Vergrößerung der Lösungsmittelmenge (Verdünnung) das Gleichgewicht in die Richtung verschieben, bei der eine größere Menge gelöster Partikel gebildet wird. Dies ist analog zur Verringerung des Drucks bei einer Gasphasenreaktion.

Änderungen der Lösungsmittelmenge beeinflussen das Gleichgewicht in einem System, bei dem die Anzahl gelöster Partikel auf der linken Seite gleich der auf der rechten Seite ist, nicht. Ein Beispiel ist die Veresterung von Methanol mit Methansäure in einem inerten Lösungsmittel:

$$CH_3OH + HCOOH \rightleftharpoons H-\overset{\overset{\displaystyle O}{\|}}{C}-OCH_3 + H_2O$$

Auswirkungen von Konzentrationsänderungen

Die Erhöhung der Konzentration einer Komponente in einem System, das sich im Gleichgewicht befindet, wird die Reaktionsrichtung begünstigen, die zum Verbrauch eines Teils der zugefügten Substanz führt. Zum Beispiel wird der der Verbrauch von Iod in der Reaktion $H_2 + I_2 \rightleftharpoons 2HI$ durch Hinzufügen eines Überschusses an Wasserstoff verbessert.

Auch dieser Effekt kann mit der Gleichgewichtskonstante erklärt werden. Betrachten Sie ein Gleichgewichtssystem mit der Reaktionsgleichung $A + B \rightleftharpoons C + D$. Die Konzentration von A wird nun durch Zufügen einer zusätzlichen Menge A erhöht. Um den Wert von [C] [D]/[A] [B] wieder auf K zu bringen, findet zwischen A und B eine weitere Reaktion unter Bildung von C und D statt, wodurch die Konzentrationen von C und D (dem Zähler) steigen, während die Konzentration von B (im Nenner) sinkt, bis der Bruch erneut den Wert K annimmt. An diesem Punkt herrscht wieder Gleichgewicht. Die sich ergebende Konzentration von A ist größer als vor der zusätzlichen Zugabe von A, aber geringer als sie sein würde, wenn nach der Zugabe keine Nettoreaktion das Gleichgewicht neu eingestellt hätte.

Auswirkungen von Katalysatoren

Katalysatoren beschleunigen die Hin- und die Rückreaktion gleichermaßen. Sie bewirken eine schnellere Gleichgewichtseinstellung, ändern aber die Gleichgewichtskonzentrationen nicht.

Aufgaben und Lösungen

THERMODYNAMIK

16.1. Sagen Sie das Vorzeichen von ΔS für jeden der folgenden Vorgänge voraus, ohne Entropietabellen zu Rate zu ziehen!

(*a*) $O_2\,(g) \rightarrow 2O\,(g)$
(*b*) $N_2\,(g) + 3H_2\,(g) \rightarrow 2NH_3\,(g)$
(*c*) $C\,(s) + H_2O\,(g) \rightarrow CO\,(g) + H_2\,(g)$
(*d*) $Br_2\,(l) \rightarrow Br_2\,(g)$
(*e*) $N_2\,(g, 10\text{ atm}) \rightarrow N_2\,(g, 1\text{ atm})$
(*f*) Entsalzung von Meerwasser
(*g*) Entglasung eines Glases
(*h*) Hartkochen eines Eis
(*i*) C (*s, Graphit*) → C (*s, Diamant*)

(*a*) Positiv. Anstieg der Zahl der Gasmoleküle.
(*b*) Negativ. Verringerung der Zahl der Gasmoleküle.
(*c*) Positiv. Anstieg der Zahl der Gasmoleküle.
(*d*) Positiv. *S* ist für ein Gas immer größer als für die entsprechende Flüssigkeit.
(*e*) Positiv. Die Entropie nimmt mit der Expansion zu.
(*f*) Negativ. Entsalzung ist das Gegenteil von Auflösung; ein gelöster Stoff muß aus der Lösung entfernt werden.
(*g*) Negativ. Entglasung ist der Beginn der Kristallisation einer extrem unterkühlten Flüssigkeit.
(*h*) Positiv. Der Grundvorgang beim "Kochen" eines Eis ist nicht das wörtliche Kochen im Sinne von verdampfen, sondern die Denaturierung des Ei-Proteins. Ein Protein ist ein großes Molekül, das in einer sogenannten nativen Konformation existiert, aber im denaturierten Zustand eine große Zahl von fast zufälligen Konformationen einnehmen kann, die sich aus Rotationen um die Bindungen ergeben. Der Anstieg in der Zahl möglicher Konformationen ist analog zum Kochvorgang.
(*i*) Negativ. Für Diamant, den härteren Feststoff, erwartet man eine eingeschränktere Atombeweglichkeit im Kristall. Diamant ist dichter und hat auch aus diesem Grund eine niedrigere Entropie.

16.2. Berechnen Sie ΔS für die folgenden Phasenübergänge: (*a*) Schmelzen von Eis bei 0 °C; (*b*) Verdampfung von Wasser bei 100 °C. Verwenden Sie Daten aus Kapitel 7.

(*a*) ΔH des Schmelzens von Eis = 1,44 kcal/mol = 6,02 kJ/mol

Da das Schmelzen von Eis bei 0 °C ein reversibler Vorgang ist, kann (*16-2*) mit dem Gleichheitszeichen verwendet werden. (Erinnern Sie sich, daß bei konstantem Druck $q = \Delta H$ gilt.)

$$\Delta S = \frac{q_{\text{rev}}}{T} = \frac{6,02 \cdot 10^3\,\text{J/mol}}{273,1\,\text{K}} = 22,0\,\text{J} \cdot \text{K}^{-1} \cdot \text{mol}^{-1}$$

(*b*) ΔH der Verdampfung von Wasser = 9,72 kcal/mol = 40,7 kJ/mol

Da die Verdampfung bei 100 °C reversibel ist, kann (*16-2*) mit dem Gleichheitszeichen verwendet werden.

$$\Delta S = \frac{q_{\text{rev}}}{T} = \frac{4,07 \cdot 10^4\,\text{J/mol}}{373,1\,\text{K}} = 109,1\,\text{J} \cdot \text{K}^{-1} \cdot \text{mol}^{-1}$$

16.3. Wie erklären Sie die Tatsache, daß ΔH und ΔS für den Phasenübergang von Diamant zum Graphit nicht durch dieselbe Gleichung wie in Aufgabe 16.2. verknüpft sind? Vergleichen Sie dazu die Daten aus Tabelle 7-1 und die Lösung von Aufgabe 16.1. (*i*).

Aus Tabelle 7-1 liest man ab, daß die Bildung von Diamant aus Graphit (dem Standardzustand von Kohlenstoff) von einem *positiven* ΔH von 1,88 kJ/mol bei 25 °C begleitet wird. Aus Aufgabe 16.1. (*i*) erkennen wir, daß ΔS für denselben Vorgang *negativ* ist. Da 25 °C nicht die Übergangstemperatur darstellt, ist der Vorgang nicht reversibel. Tatsächlich ist er nicht einmal ein spontaner, irreversibler Vorgang und (*16-2*) gilt auch nicht mit dem Ungleichheitszeichen. Im Gegenteil ist der umgekehrte Vorgang, die Umwandlung von Diamant in Graphit, bei einer Atmosphäre thermodynamisch spontan, und ΔS für *diesen* Vorgang würde (*16-2*) mit dem Ungleichheitszeichen gehorchen. Die Tatsache, daß Diamant unstabil ist, mag eine unangenehme Überraschung für Juweliere sein. Jedoch sagt der Begriff "unstabil" nichts über die Geschwindigkeit einer Reaktion aus, die in diesem Fall bei normaler Temperatur und der Abwesenheit eines Katalysators unmeßbar klein ist.

16.4. Berechnen Sie ΔH_f° von C_2H_5OH (*g*)

Für den Spezialfall, bei dem eine Substanz in ihrem Standardzustand aus ihren Elementen in deren Standardzuständen gebildet wird, ergibt (*16-10*):

$$\Delta G_f^\circ = \Delta H_f^\circ - T\Delta S_f^\circ \qquad (16\text{-}12)$$

ΔH_f° kann unter Verwendung der Daten aus Tabelle 16-1 aus (*16-12*) berechnet werden.

Schreiben Sie die bilanzierte Bildungsgleichung von C_2H_5OH (*g*) auf und notieren Sie den (nS°)-Wert unter jeder Substanz.

	2C (*s*)	+	$3H_2$ (*g*)	+	$\frac{1}{2}O_2$ (*g*)	→ C_2H_5OH (g)
$(nS^\circ)/\text{J} \cdot \text{K}^{-1}$:	2(5,74)		3(130,57)		$\frac{1}{2}$(205,03)	282,6

Für den Vorgang gilt dann:

$$\Delta S^\circ = 282{,}6 - 2(5{,}74) - 3(130{,}57) - \tfrac{1}{2}(205{,}03) = -223{,}1\ \mathrm{J \cdot K^{-1}}$$

wobei

$$\Delta S_f^\circ = \frac{-223{,}1\ \mathrm{J \cdot K^{-1}}}{1\ \mathrm{mol\ C_2H_5OH}} = -223{,}1\ \mathrm{J \cdot K^{-1}\ mol^{-1}}$$

Aus (*16-12*) ergibt sich jetzt:

$$\Delta H_f^\circ = \Delta G_f^\circ + T\Delta S_f^\circ$$

$$= -168{,}57\ \mathrm{kJ \cdot mol^{-1}} + (298{,}15\ \mathrm{K})(-0{,}223\ 1\ \mathrm{kJ \cdot K^{-1} \cdot mol^{-1}}) = -235{,}09\ \mathrm{kJ \cdot mol^{-1}}$$

Beachten Sie wiederum, daß ΔG_f° einer Substanz als einzelner Eintrag in Tabelle 16-1 aufgeführt ist, während ΔS_f° durch Subtraktion der tabellierten Entropien der Substanz und derer der enthaltenen Elemente berechnet werden muß.

16.5. (*a*) Wie groß ist ΔG° bei 25 °C für die folgende Reaktion?

$$H_2\,(g) + CO_2\,(g) \rightleftharpoons H_2O\,(g) + CO\,(g)$$

(*b*) Wie groß ist ΔG bei 25 °C unter Bedingungen, bei denen die Partialdrücke von H_2, CO_2, H_2O und CO 10, 20, 0,02 und 0,01 atm betragen?

Notieren Sie zunächst unter jeder Substanz die ($n\Delta G_f^\circ$)-Werte (in diesem Fall ist für jede Substanz $n = 1$ mol).

	$H_2\,(g)$	+	CO_2	$\rightleftharpoons$	H_2O	+	$CO\,(g)$
$n\Delta G_f^\circ$/KJ:	0		–394,37		–228,59		–137,15

(*a*) Die Berechnung von ΔG° ist analog zu der von ΔH° (s. Aufgabe 7.12.).

$$\Delta G^\circ = (-228{,}59 - 137{,}15) - (0 - 394{,}37) = 28{,}63\ \mathrm{kJ}$$

(*b*) $\Delta G = \Delta G^\circ + RT \ln Q$

$$= (28{,}63\ \mathrm{kJ}) + \left(8{,}314 \cdot 10^{-3}\ \mathrm{kJ/K}\right)(298{,}15\ \mathrm{K})\left[2{,}302\,6\ \log \frac{P(H_2O)P(CO)}{P(H_2)P(CO_2)}\right]$$

$$= \left[28{,}63 + 5{,}708 \log \frac{(0{,}02)(0{,}01)}{(10)(20)}\right]\mathrm{kJ} = \left[28{,}63 + 5{,}708 \log 10^{-6}\right]\mathrm{kJ} = [28{,}63 - 6(5{,}708)]\mathrm{kJ}$$

$$= (28{,}63 - 34{,}25)\ \mathrm{kJ} = -5{,}62\ \mathrm{kJ}$$

Beachten Sie, daß die Reaktion, obwohl Sie unter Standardbedingungen nicht möglich ist, bei den gegebenen experimentellen Bedingungen ablaufen kann ($\Delta G < 0$). Beachten Sie auch die Umwandlung des natürlichen in den dekadischen Logarithmus durch Verwendung des Faktors 2,302 6.

16.6. Berechnen Sie die absolute Entropie von $CH_3OH\,(g)$ bei 25 °C.

Obwohl es in Tabelle 16-1 keinen Eintrag für den S°-Wert von $CH_3OH\,(g)$ gibt, können der in Tabelle 16-1 aufgeführte ΔG_f°-Wert, der ΔH_f°-Wert aus Tabelle 7-1 und die S°-Werte für die enthaltenen Elemente zum gewünschten Wert kombiniert werden. Aus (*16-12*) folgt:

$$\Delta S_f^\circ = \frac{\Delta H_f^\circ - \Delta G_f^\circ}{T} = \frac{(-200{,}7 + 162{,}0)\ \mathrm{kJ \cdot mol^{-1}}}{298{,}2\ \mathrm{K}} = -129{,}8\ \mathrm{J \cdot K^{-1} \cdot mol^{-1}}$$

Mit der Gleichung für die Bildung von 1 mol $CH_3OH\,(g)$ unter Standardbedingungen

$$C(s) + 2H_2(g) + \tfrac{1}{2}O_2(g) \rightarrow CH_3OH(g)$$

können wir schreiben

$$-129{,}8\ \mathrm{J \cdot K^{-1}} = (1\ \mathrm{mol})\left[S^\circ(CH_3OH)\right] - (1\ \mathrm{mol})[S^\circ(C)] - (2\ \mathrm{mol})\left[S^\circ(H_2)\right] - \left(\tfrac{1}{2}\mathrm{mol}\right)\left[S^\circ(O_2)\right]$$

$$= (1\ \mathrm{mol})\left[S^\circ(CH_3OH)\right] - \left[5{,}7 + 2(130{,}6) + \tfrac{1}{2}(205{,}0)\right]\mathrm{J \cdot K^{-1}}$$

Die Auflösung ergibt $S^\circ(CH_3OH) = 239{,}6\ \mathrm{J \cdot K^{-1} \cdot mol^{-1}}$.

16.7. Schätzen Sie den Siedepunkt (S. P.) von PCl_3 ab.

Der Siedepunkt ist diejenige Temperatur, bei der $\Delta G°$ für die folgende Reaktion Null ist:

$$PCl_3\,(l) \rightleftharpoons PCl_3\,(g)$$

Die Reaktion ist bei 25 °C nicht spontan, wobei nach Tabelle 16-1 gilt:

$$\Delta G° = (1\text{ mol})[\Delta G_f°(PCl_3, g)] - (1\text{ mol})[\Delta G_f°(PCl_3, l)] = -267{,}8 + 272{,}4 = 4{,}6\text{ kJ}$$

Wenn wir annehmen, daß $\Delta H°$ und $\Delta S°$ zwischen 25 °C und dem Siedepunkt beide unabhängig von der Temperatur sind, dann ist die Temperaturabhängigkeit von $\Delta G°$ durch den Faktor T in *(16-10)* gegeben. Wenn $\Delta H°$ und $\Delta S°$ aus den Daten bei 25 °C bekannt sind, kann T so berechnet werden, daß die Bedingung $\Delta G° = 0$ erfüllt wird.

$$\Delta G° = \Delta H° - T\Delta S° \qquad \text{oder} \qquad T(\text{S.P.}) = \frac{\Delta H°}{\Delta S°}$$

Jetzt gilt:

$$\Delta S° = (1\text{ mol})[S°\,(g)] - (1\text{ mol})\,[S°(l)] = 311{,}7 - 217{,}1 = 94{,}6\text{ J/K}$$

und, aus Tabelle 7-1:

$$\Delta H° = (1\text{ mol})[\Delta H_f°(g)] - (1\text{ mol})[\Delta H_f°(l)] = -287{,}0 - (-319{,}7) = 32{,}7\text{ kJ}$$

Dann ist:

$$T(\text{S.P.}) = \frac{\Delta H°}{\Delta S°} = \frac{32{,}7 \cdot 10^3\text{ J}}{94{,}6\text{ J} \cdot \text{K}} = 346\text{ K}$$

oder 73 °C. Der beobachtete Siedepunkt von 75 °C liegt sehr nahe an den geschätzten 73 °C.

Die Gültigkeit dieser Art von Abschätzung ist nicht besser als die Annahme der Konstanz von $\Delta S°$ und $\Delta H°$. Im allgemeinen ist die Genauigkeit der Vorhersage umso besser, je kleiner der Temperaturbereich ist, über den die Extrapolation durchgeführt werden muß.

GLEICHGEWICHT

16.8. Erklären Sie für die Gasphasenreaktion

$$PCl_5\,(g) \rightleftharpoons PCl_3\,(g) + Cl_2\,(g)$$

die Auswirkungen auf die Gleichgewichtszusammensetzung von (*a*) erhöhter Temperatur; (*b*) erhöhtem Druck; (*c*) höherer Konzentration von Cl_2; (*d*) höherer Konzentration von PCl_5; (*e*) der Anwesenheit eines Katalysators.

(*a*) Wenn die Temperatur eines Gleichgewichtssystems erhöht wird, wird das Gleichgewicht in die Richtung verschoben, die Wärme absorbiert. Tabelle 7-1 kann verwendet werden, um festzustellen, daß die *Hin*reaktion wie dargestellt endotherm ist:

$$\Delta H = (1\text{ mol})[\Delta H_f\,(PCl_3)] + (1\text{ mol})[\Delta H_f\,(Cl_2)] - (1\text{ mol})[\Delta H_f\,(PCl_5)]$$
$$= 287{,}0 + 0 - (-374{,}9) = 87{,}9\text{ kJ}$$

Daher wird ein Anstieg der Temperatur die Dissoziation von mehr PCl_5 bewirken.

(*b*) Wenn der Druck eines Gleichgewichtssystems erhöht wird, wird das Gleichgewicht in Richtung des kleineren Volumens verschoben. Jeweils ein Volumenteil PCl_3 und Cl_2 oder insgesamt 2 Volumenteile, bilden 1 Volumenteil PCl_5. Daher wird eine Druckerhöhung die Reaktion zwischen PCl_3 und Cl_2 unter Bildung von mehr PCl_5 fördern.

(*c*) Die Konzentrationserhöhung einer Komponente verschiebt das Gleichgewicht in die Richtung, die zur Erniedrigung der Konzentration der zugefügten Komponente führt. Eine Erhöhung der Cl_2-Konzentration wird also zum Verbrauch von mehr PCl_3 und der Bildung von mehr PCl_5 führen, und diese Reaktion wird teilweise die erhöhte Konzentration von Cl_2 kompensieren.

(*d*) Eine Erhöhung der Konzentration von PCl_5 wird zur Bildung von mehr PCl_3 und Cl_2 führen.

(*e*) Ein Katalysator beschleunigt gleichmäßig die Hin- und die Rückreaktion. Er beschleunigt die Gleichgewichtseinstellung, begünstigt aber nicht die Hinreaktion gegenüber der Rückreaktion und umgekehrt.

16.9. Welche Reaktionsbedingungen würden Sie für die Herstellung von Ammoniak nach dem Haber-Bosch-Verfahren vorschlagen?

$$N_2\,(g) + 3H_2\,(g) \rightleftharpoons 2NH_3\,(g) \qquad \Delta H = -22 \text{ kcal}$$

Aus dem Vorzeichen von ΔH erkennen wir, daß die Hinreaktion Wärme freisetzt (exotherm). Daher wird die Bildung von NH_3 im Gleichgewicht durch eine möglichst niedrige, noch praktikable, Temperatur begünstigt. Bei einer solchen Reaktion stellt die Wahl der Temperatur einen Kompromiß zwischen Gleichgewichts- und Geschwindigkeitsaspekten dar. Die Gleichgewichtsausbeute von NH_3 ist um so größer, je niedriger die Temperatur ist. Auf der anderen Seite wird die Geschwindigkeit der Gleichgewichtseinstellung niedriger, je geringer die Temperatur ist.

Die Hinreaktion wird von einem Volumenabfall begleitet, da 4 Volumenteile der Eduktgase 2 Volumenteile NH_3 ergeben. Daher resultiert ein erhöhter Druck in einer größeren Menge NH_3 in der Gleichgewichtsmischung.

Zur schnelleren Gleichgewichtseinstellung sollte ein Katalysator verwendet werden.

16.10. Betrachen Sie die Gasphasenreaktion

$$2NO_2 \rightleftharpoons N_2O_4$$

(*a*) Berechnen Sie $\Delta G°$ und K_p für diese Reaktion bei 25 °C. (*b*) Berechnen Sie $\Delta G°$ und K_p für die Rückreaktion:

$$N_2O_4 \rightleftharpoons 2NO_2$$

(*c*) Berechnen sie $\Delta G°$ und K_p für die mit anderen Bilanzierungskoeffizienten formulierte Hinreaktion:

$$NO_2 \rightleftharpoons \tfrac{1}{2}N_2O_4$$

(*d*) Wiederholen die Sie die Berechnung (*a*) für einen Druck von 1 bar. Für $NO_2\,(g)$ ist der auf 1 bar basierende Wert von $\Delta G_f°$ 51,32 kJ mol^{-1} und für $N_2O_4\,(g)$ 97,89 kJ mol^{-1}.

(*a*)

$$\Delta G° = (1 \text{ mol})[\Delta G_f°(N_2O_4)] - (2 \text{ mol})[\Delta G_f°(NO_2)]$$
$$= 97{,}82 - 2(51{,}30) = -4{,}78 \text{ kJ} = -RT \ln K_p$$

$$\log K_p = \frac{-\Delta G°}{2{,}303\ RT} = \frac{4{,}78\cdot 10^3\,\text{J}}{(2{,}303)(8{,}3145\ \text{J/K})(298{,}2\ \text{K})} = 0{,}837$$
$$K_p = 6{,}87$$

(*b*)

$$\Delta G° = (2 \text{ mol})[\Delta G_f°(NO_2)] - (1 \text{ mol})[\Delta G_f°(N_2O_4)] = 2(51{,}30) - 97{,}82 = 4{,}78 \text{ kJ}$$

$$\log K_p = \frac{-\Delta G°}{2{,}303\ RT} = \frac{4{,}78\cdot 10^3\,\text{J}}{(2{,}303)(8{,}3145\ \text{J/K})(298{,}2\ \text{K})} = 0{,}837$$
$$K_p = 0{,}146$$

Die Teile (*a*) und (*b*) verdeutlichen die allgemeine Forderung, daß ΔG einer Rückreaktion gleich dem negativen ΔG-Wert der Hinreaktion ist und daß K für eine Rückreaktion den Reziprokwert von K (d.h. 1 dividiert durch K) für die Hinreaktion darstellt.

(*c*)

$$\Delta G° = \left(\tfrac{1}{2} \text{ mol}\right)\left[\Delta G_f°(N_2O_4)\right] - (1 \text{ mol})\left[\Delta G_f°(NO_2)\right]$$
$$= \tfrac{1}{2}(97{,}82) - 51{,}30 = -2{,}39 \text{ kJ}$$

$$\log K_p = \frac{-\Delta G°}{2{,}303\ RT} = \frac{2{,}39\cdot 10^3\,\text{J}}{(2{,}303)(8{,}3145)(298{,}2)} = 0{,}419$$
$$K_p = 2{,}62$$

Die Teile (*a*) und (*c*) verdeutlichen die allgemeine Beobachtung, daß ΔG für eine Reaktion mit halbierten Koeffizienten die Hälfte des ΔG-Werts für die Standardkoeffizienten beträgt und daß K für eine Reaktion mit halbierten Koeffizienten die 0,5te Potenz (also die Quadratwurzel) von K für die Standardreaktion ist. Beachten Sie, daß der Wert des Verhältnisses

$$\frac{P(N_2O_4)}{p^2(NO_2)}$$

im Gleichgewicht unabhängig von der Schreibweise der bilanzierten Gleichung sein muß. Jede Gleichgewichtskonstante für diese Reaktion muß die beiden Partialdrücke in genau dieser Art beinhalten. In Teil (*a*) ist *K* gleich diesem Wert; in Teil (*c*) ist *K* gleich der Quadratwurzel dieses Wertes.

(*d*)
$$\Delta G° = (1\ \text{mol})[\Delta G_f°(N_2O_4)] - (2\ \text{mol})[\Delta G_f°(NO_2)]$$
$$= 97{,}89 - 2(51{,}32) = -4{,}75\ \text{kJ} = -RT \ln K_p$$
$$\ln K_p = \frac{-\Delta G°}{2{,}303\ RT} = \frac{4{,}75 \cdot 10^3\,\text{J}}{(8{,}3145\ \text{J} \cdot \text{K})(298{,}2\ \text{K})} = 1{,}916 \quad K_p = 6{,}79$$

Da 1 atm und 1 bar sehr dicht aneinanderliegen (1 atm = 1,013 bar), sind die Unterschiede klein, aber nicht unsignifikant. K_p (bar) kann ebenfalls aus K_p (atm) durch einfache Umwandlung der Einheiten berechnet werden.

$$K_p(\text{bar}) = \frac{P(\text{atm})(N_2O_4) \cdot 1{,}013}{[P(\text{atm})(NO_2) \cdot 1{,}013]^2} = \frac{K_p(\text{atm})}{1{,}013}$$
$$= \frac{6{,}87}{1{,}013} = 6{,}78$$

16.11. Eine bestimmte Menge PCl_5 wurde in einem 12 l-Gefäß bei 250 °C erhitzt.

$$PCl_5\ (g) \rightleftharpoons PCl_3\ (g) + Cl_2\ (g)$$

Im Gleichgewicht enthält das Gefäß 0,21 mol PCl_5, 0,32 mol PCl_3 und 0,32 mol Cl_2. (*a*) Berechnen Sie die Gleichgewichtskonstante K_p für die Dissoziation von PCl_5 bei 250 °C, wenn sich die Drücke auf einen Standardzustand von 1 atm beziehen. (*b*) Wie groß ist $\Delta G°$ für die Reaktion? (*c*) Schätzen Sie $\Delta G°$ aus den Daten in den Tabellen 7-1 und 16-1 ab, wenn Sie für $\Delta H°$ und $\Delta S°$ konstante Werte annehmen. (*d*) Berechnen Sie K_p aus den ursprünglichen Daten unter Verwendung von SI-Einheiten und einem Standardzustand von 1 bar.

(*a*)
$$P(PCl_5) = \frac{nRT}{V} = \frac{(0{,}21\ \text{mol})[0{,}0821\ \text{l} \cdot \text{atm/(mol} \cdot \text{K)}](523\ \text{K})}{12} = 0{,}751\ \text{atm}$$
$$P(Cl_2) = P(PCl_3) = \frac{(0{,}32)(0{,}0821)(523)}{12} = 1{,}145\ \text{atm}$$
$$K_p = \frac{P(PCl_3)P(Cl_2)}{p(PCl_5)} = \frac{(1{,}145)(1{,}145)}{0{,}751} = 1{,}75$$

(*b*)
$$\Delta G° = -RT \ln K = -(8{,}314\,5\ \text{J/K})(523\ \text{K}) \ln 1{,}75 = -2{,}4\ \text{kJ}$$

(*c*)
$$\Delta G°_{298} = -267{,}8 + 305{,}0 = 37{,}2\ \text{kJ}$$
$$\Delta H°_{298} = -287{,}0 + 374{,}9 = 87{,}9\ \text{kJ}$$

Bei 298,2 K, $\Delta G° = \Delta H° - T\Delta S°$
$$\Delta S° = \frac{\Delta H° - \Delta G°}{T} = \frac{(87{,}9 - 37{,}2)(1000)}{298{,}2} = 170{,}0\ \text{J} \cdot \text{K}$$

Bei 523 K, $\Delta G°_{523} = 87{,}9 - \frac{(523)(170{,}0)}{1000} = 87{,}9 - 88{,}9 = -1{,}0\ \text{kJ}$

Die Schätzung liegt nah am experimentellen Wert, der auf der Messung des Gleichgewichts basiert, obwohl der Temperaturbereich, für den $\Delta H°$ und $\Delta S°$ als konstant angenommen wurden, sehr groß ist.

(*d*)
$$P(PCl_5) = \frac{nRT}{V} = \frac{(0{,}21\ \text{mol})[8{,}3145\ \text{m}^3 \cdot \text{Pa/(mol} \cdot \text{K)}](523\ \text{K})(1\ \text{bar}/10^5\ \text{Pa})}{(12\ \text{l})(1\ \text{m}^3/10^3\ \text{l})} = 0{,}761\ \text{bar}$$
$$P(Cl_2) = P(PCl_3) = \frac{(0{,}32)(8{,}3145)(523)(10^3)}{12 \cdot 10^5} = 1{,}160\ \text{bar}$$
$$K_p(\text{bar}) = \frac{(1{,}160)(1{,}160)}{0{,}761} = 1{,}77$$

16.12. Wenn 1 mol reinen Ethylalkohols mit 1 Mol Essigsäure bei Raumtemperatur gemischt wird, enthält die Gleichgewichtsmischung jeweils $^2/_3$ mol von Ester und Wasser. (*a*) Wie groß ist die Gleichgewichtskonstante? (*b*) Wie groß ist $\Delta G°$ für die Reaktion? (*c*) Wieviel mol Ester werden im Gleichgewicht gebildet, wenn 3 mol Alkohol mit 1 mol Säure gemischt werden? Bei der Reaktionstemperatur sind alle Substanzen Flüssigkeiten.

(*a*)

	Alkohol	**Säure**	**Ester**	**Wasser**
	C_2H_5OH (*l*) +	CH_3COOH (*l*) $\rightleftharpoons$	$CH_3COOC_2H_5$ (*l*) +	H_2O (*l*)
(1) *n* am Anfang:	1	1	0	0
(2) Änderung durch die Reaktion:	$-\frac{2}{3}$	$-\frac{2}{3}$	$+\frac{2}{3}$	$\frac{2}{3}$
(3) *n* im Gleichgewicht:	$1-\frac{2}{3}=\frac{1}{3}$	$1-\frac{2}{3}=\frac{1}{3}$	$\frac{2}{3}$	$\frac{2}{3}$

Diese tabellarische Darstellung ist ein bequeme Art der Buchführung für Gleichgewichts-Aufgabenstellungen. Unter jeder Substanz der bilanzierten Gleichung werden drei Einträge notiert: (1) Die Menge des Ausgangsmaterials; (2) die Änderung (plus oder minus) in der Anzahl Mol, die auf die Gleichgewichtseinstellung zurückzuführen ist, und (3) die Menge im Gleichgewicht, die die algebraische Summe der Einträge (1) und (2) darstellt. Die Einträge in Zeile (2) müssen im selben Verhältnis zueinander stehen wie die Koeffizienten in der bilanzierten chemischen Gleichung. Die Gleichgewichtskonstante kann aus den Einträgen in Zeile 3 ermittelt werden.

Sei V = Anzahl Liter der Mischung und 1 mol/l wie üblich die Standardkonzentration. Dann ist:

$$K = \frac{[\text{Ester}][\text{Wasser}]}{[\text{Alkohol}][\text{Säure}]} = \frac{\left(\frac{\frac{2}{3}}{V}\right)\left(\frac{\frac{2}{3}}{V}\right)}{\left(\frac{\frac{1}{3}}{V}\right)\left(\frac{\frac{1}{3}}{V}\right)} = 4$$

Beachten Sie, daß die Konzentration von Wasser im Vergleich zu den anderen Reaktionskomponenten nicht so groß ist, daß sie unter allen Reaktionsbedingungen konstant bleibt. Die Konzentration von Wasser muß daher zusammen mit den Konzentrationen der Reaktanten und der des anderen Produkts im Ausdruck für *K* erscheinen.

(*b*)

$$\Delta G° = -RT \ln K = -(8{,}314\,5 \text{ J/K})(298{,}2 \text{ K})\,[(2{,}303)(\log 4)] = -3{,}44 \text{ kJ}$$

Da *K* unabhängig von der Wahl der Standardkonzentration ist (die Summe der Exponenten im Zähler ist gleich der Summe der Exponenten im Nenner), gilt das auch für $\Delta G°$.

(*c*) Sei x = Anzahl Mol reagierenden Alkohols.

	C_2H_5OH +	CH_3COOH $\rightleftharpoons$	$CH_3COOC_2H_5$ +	H_2O
n am Anfang:	3	1	0	0
Änderung durch die Reaktion:	$-x$	$-x$	$+x$	$+x$
n im Gleichgewicht:	$3-x$	$1-x$	x	x

$$K = 4 = \frac{\left(\frac{x}{V}\right)\left(\frac{x}{V}\right)}{\left(\frac{3-x}{V}\right)\left(\frac{1-x}{V}\right)} = \frac{x^2}{3-4x+x^2}$$

Dann ist $x^2 = 4(3 - 4x + x^2)$ oder $3x^2 - 16x + 12 = 0$. Auflösung der quadratischen Formel liefert:

$$x = \frac{-b \pm \sqrt{b^2 - 4ac}}{2a} = \frac{+16 \pm \sqrt{(16)^2 - 4(3)(12)}}{2(3)} = \frac{16 \pm 10{,}6}{6} = 4{,}4 \text{ oder } 0{,}9$$

Von den beiden Wurzeln in der quadratischen Gleichung hat nur eine physikalische Bedeutung. Die anwendbare Wurzel kann allgemein sehr leicht ausgewählt werden. Bei dieser Aufgabe sind wir von 3 mol Alkohol und 1 mol Säure ausgegangen. Wir können aus der Reaktionsgleichung erkennen, daß sich nicht mehr als 1 mol Ester bilden kann, selbst wenn die gesamte Säure verbraucht wird. Daher ist die richtige Wurzel der quadratischen Gleichung 0,9. Dementsprechend liegen im Gleichgewicht 0,9 mol Ester vor.

Bei komplizierteren Aufgaben, speziell, wenn der Grad der Gleichung höher als zwei ist, kann es sich als günstig erweisen, die Gleichgewichtskonzentrationen durch eine Methode aufeinanderfolgender Näherungen zu ermitteln. Man wählt einen konsistenten Satz von Konzentrationswerten aus, von denen man glaubt, daß sie nah an den wirklichen liegen, und berechnet *K*. Diesen Vorgang wiederholt man solange, bis ein ausreichend exaktes Ergebnis herauskommt. Diese Methode wurde zur Bestimmung der Lösung von Aufgabe 16.32. verwendet.

Es ist empfehlenswert, das numerische Ergebnis durch Einsetzen in den Ausdruck für *K* zu überprüfen, speziell, wenn die Berechnung sehr komplex ist:

$$K = \frac{(0,9)(0,9)}{(2,1)(0,1)} = 3,86 = 4 \quad \text{(innerhalb der Rechengenauigkeit)}$$

Beachten Sie, daß die gebildete Anzahl Mol Ester größer ist als die Anzahl Mol Ester im Gleichgewicht in (*a*) (0,9 gegenüber 2/3). Dieses Ergebnis war wegen der erhöhten Konzentration von Alkohol, einem der Edukte, zu erwarten. Ein weiterer Zusatz von Alkohol würde zu einer noch größeren Ausbeute des Esters führen, aber in keinem Fall kann die gebildete Menge Ester 1 mol übersteigen, da 1 mol gleichbedeutend mit 100%iger Umwandlung der Säure wäre. In der Praxis kann die gewählte Überschußkonzentration von ökonomischen Faktoren abhängen. Wenn der Alkohol im Vergleich zur Säure und zum Ester billig ist, könnte ein großer Überschuß Alkohol verwendet werden, um eine hohe prozentuale Umwandlung der Säure zu erreichen. Wenn jedoch der Alkohol pro mol mehr kostet als die Säure, wäre es sinnvoller, einen Überschuß von Säure zu verwenden und einen hohen prozentualen Umsatz des Alkohols anzustreben.

16.13. In einer 10 l fassenden, evakuierten Kammer werden 0,5 mol H_2 und 0,5 mol I_2 bei 448 °C zur Reaktion gebracht:

$$H_2\,(g) + I_2\,(g) \rightleftharpoons 2HI\,(g)$$

Bei der gegebenen Temperatur und einem Standardzustand von 1 mol/l ist für die Reaktion $K = 50$. (*a*) Wie groß ist der Gesamtdruck in der Kammer? (*b*) Wieviel Mol molekulares Iod verbleiben im Gleichgewicht? (*c*) Wie groß ist der Partialdruck jeder Komponente in der Gleichgewichtsmischung?

(*a*) Bevor die Reaktion stattfindet, ist die Gesamtmenge der Mol Gas 0,5 + 0,5 = 1. Während der Reaktion gibt es keine Änderung in der Gesamtzahl Mol. Der Gesamtdruck kann nach dem idealen Gasgesetz berechnet werden:

$$P(\text{Gesamt}) = \frac{n(\text{Gesamt})RT}{V} = \frac{(1\ \text{mol})\left(0,082\ 1\ \text{l}\cdot\text{atm}\cdot\text{K}^{-1}\cdot\text{mol}^{-1}\right)(721\ \text{K})}{10\ \text{l}} = 5,9$$

(*b*) Sei x = Stoffmeng des reagierenden Iods:

	H_2	+	I_2	$2HI$
n am Anfang:	0,5		0,5	0
Änderung durch die Reaktion:	$-x$		$-x$	$2x$
n im Gleichgewicht:	$0,5-x$		$0,5-x$	$2x$

Beachten Sie das 2:1-Verhältnis von gebildetem HI zu reagierendem H_2. Dieses Verhältnis wird von den Koeffizienten in der bilanzierten chemischen Gleichung gefordert. Unabhängig davon, wie vollständig oder unvollständig die Reaktion abläuft, werden für jedes reagierende Mol H_2 immer 2 mol HI gebildet.

Da die Stoffmenge der gasförmigen Edukte gleich der Stoffmenge der gasförmigen Produkte ist, können Konzentrationsangasen statt Druckangasen verwendet werden, und $K_p = K$.

$$K_p = 50 = \frac{(2x)^2}{(0,5-x)(0,5-x)} \quad \text{oder} \quad \sqrt{50} = 7,1 = \frac{2x}{0,5-x}$$

Dann gilt $2x = 7,1(0,5 - x)$. Die Auflösung ergibt $x = 0,39$. Daher reagieren 0,39 mol I_2, und es bleiben

$$0,5 - 0,39 = 0,11\ \text{mol}\ I_2$$

im Gleichgewicht unverändert zurück. Beachten Sie, daß der Wert für x 0,7 mol gewesen wäre, wenn man die negative Quadratwurzel verwendet hätte. Dies ist ein nicht möglicher hoher Wert, da nicht mehr I_2 reagieren kann, als ursprünglich vorhanden war. Überprüfung des Ergebnisses:

$$K = \frac{(2 \cdot 0,39)^2}{(0,11)^2} = 50,3 = 50 \quad \text{(innerhalb der Rechengenauigkeit)}$$

(*c*) $$P(I_2) = \frac{n(I_2)}{n(\text{Gesamt})} \cdot (\text{Gesamtdruck}) = \left(\frac{0,11}{1}\right)(5,9 \text{ atm}) = 0,65 \text{ atm}$$

$P(H_2) = P(I_2) = 0,65$ atm

$P(HI) = (\text{Gesamtdruck}) - [P(H_2) + P(I_2)] = 5,9 - 1,3 = 4,6$ atm

oder $$P(HI) = \frac{n(HI)}{n(\text{Gesamt})} \cdot (\text{Gesamtdruck}) = \left(\frac{0,78}{1}\right)(5,9 \text{ atm}) = 4,6 \text{ atm}$$

16.14. Sulfid-Ionen reagieren in alkalischer Lösung mit festem Schwefel unter Bildung von Polysulfid-Ionen mit den Formeln S_2^{2-}, S_3^{2-}, S_4^{2-}, und so weiter. Die Gleichgewichtskonstante für die Bildung von S_2^{2-} ist 12 und für die Bildung von S_3^{2-} 130, sowohl aus S als auch aus S^{2-}. Wie groß ist die Gleichgewichtskonstante für die Bildung von S_3^{2-} aus S_2^{2-} und S?

Lassen Sie uns die Gleichgewichtskonstanten für die verschiedenen Reaktionen mit Indizes versehen, um Verwirrung zu vermeiden. Wir bemerken auch, daß nur die Konzentrationen der Ionen in den Gleichungen für die Gleichgewichtskonstanten vorkommen, weil fester Schwefel S sich immer in seinem Standardzustand befindet.

$$S + S^{2-} \rightleftharpoons S_2^{2-} \qquad K_1 = [S_2^{2-}]/[S^{2-}] = 12$$

$$2S + S^{2-} \rightleftharpoons S_3^{2-} \qquad K_2 = [S_3^{2-}]/[S^{2-}] = 130$$

$$S + S_2^{2-} \rightleftharpoons S_3^{2-} \qquad K_3 = [S_3^{2-}]/[S_2^{2-}]$$

Die gewünschte Konstante K_3 drückt das Gleichgewichtsverhältnis der S_3^{2-}- zur S_2^{2-}-Konzentration in einer mit festem Schwefel im Gleichgewicht stehenden Lösung aus. Eine solche Lösung muß ebenfalls Sulfid-Ionen S^{2-} enthalten, die aus der Dissoziation von S_2^{2-} durch die Umkehrung der ersten Gleichung entstehen. Da alle vier Spezies S, S^{2-}, S_2^{2-} und S_3^{2-} anwesend sind, muß allen oben dargestellten Gleichgewichten Genüge geleistet werden. Die drei Gleichgewichtsverhältnisse sind nicht alle unabhängig, da gilt:

$$\frac{[S_3^{2-}]}{[S_2^{2-}]} = \frac{[S_3^{2-}]/[S^{2-}]}{[S_2^{2-}]/[S^{2-}]} \quad \text{oder} \quad K_3 = \frac{K_2}{K_1} = \frac{130}{12} = 11$$

Das Ergebnis, $K_2 = K_1K_3$, gilt allgemein für jeden Fall, in dem eine chemische Gleichung (in diesem Fall die zweite) als die Summe zweier anderer Gleichungen geschrieben werden kann (in diesem Fall der ersten und dritten).

16.15. Bei 27 °C und 1 atm ist N_2O_4 zu 20 Prozent in NO_2 dissoziiert. Berechnen Sie (*a*) K_p und (*b*) die prozentuale Dissoziation bei 27 °C und einem Gesamtdruck von 0,10 atm. (*c*) Wie groß ist das Ausmaß der Dissoziation einer Probe von 69 g N_2O_4 in einem Gefäß von 20 l Volumen bei 27 °C?

(*a*) Wenn 1 mol N_2O_4-Gas vollständig dissoziiert, werden 2 mol NO_2-Gas gebildet. Da diese Aufgabe keine spezielle Größe des Reaktionsgefäßes oder eine bestimmte Probenmenge vorschreibt, können wir als Anfangsmenge 1 mol (92 g) N_2O_4 wählen. Für den gegebenen Gesamtdruck verläuft die tabellarische Berechnung der Partialdrücke (P. D.) folgendermaßen:

	$N_2O_4\,(g)$	$\rightleftharpoons$	$2NO_2\,(g)$
n am Anfang:	1		0
Änderung durch die Reaktion:	–0,20		+0,40
n im Gleichgewicht:	1 – 0,20 = 0,80		0,40
Molenbruch:	$\frac{0,80}{0,80+0,40} = 0,667$		$\frac{0,40}{0,80+0,40} = 0,333$
P.D. = (Molenbruch) · (1 atm):	0,667 atm		0,333 atm

Damit ergibt sich mit den numerischen Werten der Partialdrücke:

$$K_p = \frac{P(NO_2)^2}{P(N_2O_4)} = \frac{(0,333)^2}{0,667} = 0,167$$

(*b*) Sei α = Bruchteil von N_2O_4, das im Gleichgewicht bei 0,1 atm Gesamtdruck dissoziiert ist.

	N_2O_4	$\rightleftharpoons$	$2NO_2$
n am Anfang:	1		0
Änderung durch die Reaktion:	$-\alpha$		2α
n im Gleichgewicht:	$1-\alpha$		2α
Molenbruch:	$\frac{1-\alpha}{1+\alpha}$		$\frac{2\alpha}{1+\alpha}$
Partialdruck:	$\left(\frac{1-\alpha}{1+\alpha}\cdot 0,1\right)$atm		$\left(\frac{2\alpha}{1+\alpha}\cdot 0,1\right)$atm

Nach (*a*) ist $K_p = 0,167$. Daher gilt:

$$0,167 = K_p = \frac{P(NO_2)^2}{P(N_2O_4)} = \frac{\left(\frac{2\alpha}{1+\alpha}\cdot 0,1\right)^2}{\frac{1-\alpha}{1+\alpha}\cdot 0,1} = \frac{0,4\alpha^2}{1-\alpha^2}$$

oder $0,4\alpha^2 = 0,167(1-\alpha^2)$. Die Auflösung ergibt $\alpha = 0,54$ = 54% Dissoziation bei 27 °C und 0,1 atm.

Beachten Sie, daß bei 0,1 atm mehr N_2O_4 dissoziiert ist als bei 1 atm. Dies steht in Einklang mit dem Prinzip von Le Chatelier: Eine Erniedrigung des Druckes bevorzugt die Seite mit dem größeren Volumen (NO_2).

(*c*) Wenn die Probe vollständig aus N_2O_4 bestehen würde, enthielte sie:

$$\frac{69\text{ g}}{92\text{ g/mol}} = 0,75\text{ mol}$$

α sei die prozentuale Dissoziation. Nachfolgend die tabellarische Analyse:

	N_2O_4	$\rightleftharpoons$	$2NO_2$
n am Anfang:	0,75		0
Änderung durch die Reaktion:	$-0,75\alpha$		$+2(0,75\alpha)$
n im Gleichgewicht:	$0,75(1-\alpha)$		$1,50\alpha$

Weil der Gesamtgasdruck unbekannt ist, ist es am einfachsten die Partialdrücke direkt aus dem Daltonschen Gesetz (Kapitel 5) zu bestimmen:

$$P(N_2O_4) = \frac{n(N_2O_4)RT}{V} = \frac{[0,75(1-a)\text{mol}](0,082\,1\cdot\text{atm}\cdot\text{K}^{-1}\cdot\text{mol}^{-1})(300\text{ K})}{20\,1}$$

$$= 0,92\,(1-\alpha)\text{ atm}$$

$$P(NO_2) = \frac{n(NO_2)RT}{V} = \frac{1,50a}{0,75(1-a)}[0,92(1-a)\text{atm}] = 1,84a\text{ atm}$$

Dann gilt:

$$0,167 = K_p = \frac{P(NO_2)^2}{P(N_2O_4)} = \frac{(1,84\alpha)^2}{0,92(1-\alpha)} = \frac{3,68\alpha^2}{1-\alpha}$$

oder:

$$3,68\alpha^2 + 0,167\alpha - 0,167 = 0$$

Die Auflösung ergibt:

$$\alpha = \frac{-0,167 \pm \sqrt{(0,167)^2 + 4(0,167)(3,68)}}{2(3,68)} = \frac{-0,167 \pm 1,577}{7,36} = -0,24 \text{ oder } +0,19$$

Die negative Wurzel muß offensichtlich verworfen werden. Das Ausmaß der Dissoziation beträgt 19%.

16.16. Unter welchen Bedingungen ist $CuSO_4 \cdot 5H_2O$ bei 25 °C *effloreszierend*? Wie gut ist $CuSO_4 \cdot 3H_2O$ als Trockenmittel bei derselben Temperatur? Für die Reaktion

$$CuSO_4 \cdot 5H_2O\ (fest) \rightleftharpoons Cu_2O_4 \cdot 3H_2O\ (fest) + 2H_2O\ (gas)$$

ist K_p bei 25 °C $1{,}086 \cdot 10^{-4}$; der Dampfdruck von Wasser bei 25 °C beträgt 23,8 torr.

Ein effloreszierendes Salz ist eines, das Wasser an die Atmosphäre abgibt. Dies findet statt, wenn der Wasser-Dampfdruck im Gleichgewicht mit dem Salz größer ist als der Wasser-Dampfdruck in der Atmosphäre. Der Mechanismus, nach dem $CuSO_4 \cdot 5H_2O$ effloreszierend sein könnte, ist der Verlust von 2 Molekülen Wasser durch das Salz und der gleichzeitigen Bildung von einem Molekül $CuSO_4 \cdot 3H_2O$ für jedes Molekül des ursprünglichen Salzes, das dissoziiert. Dann gilt die obige Gleichgewichtsformel, da alle drei Komponenten anwesend wären.

Da $CuSO_4 \cdot 5H_2O$ und $CuSO_4 \cdot 3H_2O$ beides Festkörper sind, gilt:

$$K_p = P(H_2O)^2 = 1.086 \cdot 10^{-4}$$

wobei $P(H_2O)$ der Partialdruck des Wasserdampfes (relativ zum Druck von 1 atm) im Gleichgewicht mit den beiden Festkörpern ist. Die Auflösung ergibt:

$$P(H_2O) = 1{,}042 \cdot 10^{-2}\ \text{atm} = (1{,}042 \cdot 10^{-2}\ \text{atm})(760\ \text{torr/atm}) = 7{,}92\ \text{torr}$$

Da $P(H_2O)$ geringer ist als der Dampfdruck von Wasser bei derselben Temperatur, wird $CuSO_4 \cdot 5H_2O$ nicht immer effloreszieren. Dies findet nur an trockenen Tagen statt, wenn der Partialdruck der Feuchtigkeit in der Luft geringer als 7,92 torr ist. Das ist der Fall, wenn die relative Feuchte geringer ist als

$$\frac{7{,}92\ \text{torr}}{23{,}8\ \text{torr}} = 0{,}333 = 33{,}3\%$$

$CuSO_4 \cdot 3H_2O$ könnte als Trockenmittel dienen, indem es mit zwei Molekülen Wasser unter Bildung von $CuSO_4 \cdot 5H_2O$ reagiert. Es würde dasselbe Gleichgewicht wie oben vorliegen und der Dampfdruck von Wasser wäre auf 7,92 torr fixiert. Mit anderen Worten kann $CuSO_4 \cdot 3H_2O$ den Feuchtigkeitsgehalt eines abgeschlossenen Gasvolumens auf 7,92 torr senken. Es kann den Feuchtigkeitsgehalt aber nicht unter diesen Wert absenken. Viele andere Trockenmittel können den Partialdruck von Wasser unter diesen Wert senken (s. Aufgabe 16.44.).

Um die Bedingungen zu finden, unter denen $CuSO_4 \cdot 3H_2O$ effloreszieren würde, müssten wir die Gleichgewichtskonstante für eine andere Reaktion kennen, die das Produkt der Dehydratation von $CuSO_4 \cdot 3H_2O$ beinhaltet. Diese Reaktion lautet:

$$CuSO_4 \cdot 3H_2O\ (s) \rightleftharpoons CuSO_4 \cdot H_2O\ (s) + 2H_2O\ (g)$$

Zusatzaufgaben

Zur Lösung der folgenden Aufgaben können die Daten aus den Tabellen 7-1 und 16-1 verwendet werden. Diese Daten basieren auf experimentellen Messwerten, die ständig aktualisiert werden. Daher stimmen die Werte in verschiedenen Büchern nicht immer überein. Die Daten in diesem Buch sind Teil eines in sich stimmigen Satzes, und die Lösungen der Aufgaben basieren auf diesen Werten.

THERMODYNAMIK

16.17. Berechnen Sie $S°$ von PCl_5 (*g*) bei 25 °C.

Lösung: 364 J/K × mol

16.18. Berechnen Sie $\Delta H_f°$ von Cl_2O (*g*) bei 25 °C

Lösung: 80,2 kJ/mol

16.19. Sagen Sie die Phasenübergangstemperatur für die Umwandlung von grauem in weißen Zinn bei einer Atmosphäre Druck voraus und verwenden Sie dabei die tabellierten thermodynamischen Daten.

Lösung: 9 °C (der beobachtete Wert ist 13 °C)

16.20. Betrachten Sie die Entstehung von Wassergas:

$$C\ (s,\ Graphit) + H_2O\ (g) \rightleftharpoons CO\ (g) + H_2\ (g)$$

(*a*) Wie groß ist $\Delta G°$ für diese Reaktion bei 25 °C? (*b*) Schätzen Sie die Temperatur ab, bei der $\Delta G°$ für diese Reaktion Null wird.

Lösung: (*a*) 91,44 kJ; (*b*) 982 K. Die Extrapolation für diese Schätzung erstreckt sich über einen so großen Temperaturbereich, daß ein deutlicher Fehler erwartet werden kann. Der tatsächliche experimentelle Wert von 947 K liegt nicht weit von der Schätzung entfernt.

16.21. $\Delta G_f°$ für die Bildung von HI (*g*) aus seinen gasförmigen Elementen beträgt bei 500 K –10,10 kJ/mol. Wie groß muß der Partialdruck von Wasserstoff bei dieser Temperatur sein, um den Wert von ΔG für diese Reaktion auf Null zu verringern, wenn der Partialdruck von HI 10 atm und der von I_2 0,001 atm beträgt?

Lösung: $7{,}8 \cdot 10^2$ atm

16.22. Unter welchen Bedingungen könnte die Zersetzung von Ag_2O (*s*) in Ag (*s*) und O_2 (*g*) bei 25 °C spontan ablaufen?

Lösung: Der Partialdruck von O_2 muß unter 0,090 torr gehalten werden.

16.23. Schätzen Sie die minimale Temperatur ab, bei der die Zersetzung von Ag_2O (*s*) (s. Aufgabe 16.22.) spontan ablaufen wird, (*a*) wenn der Sauerstoffdruck 1,00 atm beträgt und (*b*), wenn der Sauerstoffdruck 0,21 atm beträgt (also an Luft). Anmerkung: $S°(Ag) = 42{,}72$ J/K · mol.

Lösung: (*a*) 466 K; (*b*) 425 K

16.24. Ein Effekt bei der Änderung des Standardzustandes von 1 atm auf 1 bar ist der Anstieg der molaren Entropien $S°$ aller gasförmigen Substanzen um 0,109 J/(K · mol) bei 298,2 K. Rechnen Sie $\Delta G_f°$ von (*a*) CH_3OH (*l*); (*b*) CH_3OH (*g*); (*c*) H_2O (*l*) und (*d*) Sn (*s, grau*) auf einen Druck von 1 bar um. Nehmen Sie an, daß im Rahmen der Genauigkeit der Tabellen in diesem Buch durch die kleine Änderung im Standardzustand die Werte von $\Delta H_f°$ unverändert bleiben.

Lösung: (*a*) –166,28 kJ/mol; (*b*) –161,95 kJ/mol; (*c*) –237,14 kJ/mol; (*d*) 0,12 kJ/mol.

16.25. $N_2 + O_2 \rightleftharpoons 2NO$. Geben Sie die Auswirkungen auf das Reaktionsgleichgewicht von (*a*) erhöhter Temperatur; (*b*) niedrigerem Druck; (*c*) höherer O_2-Konzentration; (*d*) niedrigerer N_2-Konzentration; (*e*) höherer NO-Konzentration; (*f*) der Anwesenheit eines Katalysators an.

Lösung: Begünstigt wird (*a*) die Hinreaktion; (*b*) keine Reaktion; (*c*) die Hinreaktion; (*d*) die Rückreaktion; (*e*) die Rückreaktion; (*f*) keine Reaktion

16.26. Geben Sie die Auswirkungen von (*a*) erhöhter Temperatur und (*b*) erhöhtem Druck auf die folgenden Reaktionsgleichgewichte an:

1. $CO\ (g) + H_2O\ (g) \rightleftharpoons CO_2\ (g) + H_2\ (g)$
2. $2SO_2\ (g) + O_2\ (g) \rightleftharpoons 2SO_3\ (g)$
3. $N_2O_4\ (g) \rightleftharpoons 2NO_2\ (g)$
4. $H_2O\ (g) \rightleftharpoons H_2\ (g) + \frac{1}{2}O_2\ (g)$
5. $2O_3\ (g) \rightleftharpoons 3O_2\ (g)$
6. $CO\ (g) + 2H_2\ (g) \rightleftharpoons CH_3OH\ (g)$
7. $CaCO_3\ (s) \rightleftharpoons CaO\ (s) + CO_2\ (g)$
8. $C\ (s) + H_2O\ (g) \rightleftharpoons H_2\ (g) + CO\ (g)$
9. $4HCl\ (g) + O_2\ (g) \rightleftharpoons 2H_2O\ (g) + 2Cl_2\ (g)$
10. $C\ (s,\ Diamant) \rightleftharpoons C\ (s,\ Graphit)$ (Dieses Gleichgewicht kann nur unter sehr speziellen Bedingungen existieren.) Die Dichten von Diamant und Graphit sind 3,5 und 2,3 g/cm³.

Lösung: H = bevorzugt die Hinreaktion, R = bevorzugt die Rückreaktion

1. (*a*) R; (*b*) keine	*4.* (*a*) H; (*b*) R	*7.* (*a*) H; (*b*) R	*10.* (*a*) R; (*b*) R
2. (*a*) R; (*b*) H	*5.* (*a*) R; (*b*) R	*8.* (*a*) H; (*b*) R	
3. (*a*) H; (*b*) R	*6.* (*a*) R; (*b*) H	*9.* (*a*) R; (*b*) H	

16.27. Leiten Sie aus Gleichung (*16-11*) einen Ausdruck ab, der K_1 bei einer Temperatur T_1 in Beziehung zu K_2 bei einer Temperatur T_2 setzt, wenn Sie annehmen, daß $\Delta H°$ und $\Delta S°$ konstant bleiben.

Lösung: $\ln(K_2/K_1) = (\Delta H°/R)(T_2 - T_1)/T_2T_1$

16.28. Für die Neutralisationsreaktion

$$H^+ (aq) + OH^- (aq) \rightarrow H_2O$$

beträgt $\Delta H°$ –55,8 kJ. Für die Dissoziation von Wasser, die die Umkehrung des obigen Vorgangs darstellt, beträgt die Gleichgewichtskonstante bei 25 °C: $K_w = [H^+][OH^-] = 1{,}0 \cdot 10^{-14}$. Dies ist eine sehr wichtige Konstante, die in Kapitel 17 vorkommen wird. Berechnen Sie K_w bei (*a*) 37 °C, der physiologischen Temperatur und (*b*) bei 50 °C. Verwenden Sie das Ergebnis von Aufgabe 16.27.

Lösung: (*a*) $2{,}4 \cdot 10^{-14}$; (*b*) $5{,}7 \cdot 10^{-14}$

GLEICHGEWICHTSKONSTANTEN

16.29. Wenn α-D-Glucose in Wasser gelöst wird, wandelt sie sich teilweise in β-D-Glucose, einem Zucker derselben molaren Masse, aber mit leicht unterschiedlichen physikalischen Eigenschaften, um. Bei 25 °C ist dieser Vorgang, *Mutarotation* genannt, beendet, wenn 63,6 Prozent der Glucose in der β-Form vorliegen. Berechnen Sie K und $\Delta G°$ für die Reaktion α-D-Glucose $\rightleftharpoons$ β-D-Glucose bei der Temperatur des Experiments.

Lösung: 1,75, –1,38 kJ

16.30. Die Gleichgewichtskonstante für die Reaktion H_3BO_3 + Glycerin $\rightleftharpoons$ (H_3BO_3-Glycerin) beträgt 0,9. Wieviel Glycerin sollte pro Liter 0,10 molarer H_3BO_3-Lösung zugegeben werden, damit 60 Prozent der H_3BO_3 in den Borsäure-Glycerin-Komplex umgewandelt werden?

Lösung: 1,7 mol

16.31. Das Gleichgewicht

$$p\text{-Xylochinon} + \text{Methylenweiß} \rightleftharpoons p\text{-Xylohydrochinon} + \text{Methylenblau}$$

kann bequem durch die Beobachtung der Farbunterschiede zwischen Methylenblau und Methylenweiß studiert werden. Ein Millimol Methylenblau wurde zu einem Liter einer Lösung gegeben, die 0,24 M an *p*-Xylohydrochinon und 0,012 0 M an *p*-Xylochinon war. Man fand dann, daß 4,0 Prozent des zugegebenen Methylenblaus zu Methylenweiß reduziert wurden. Wie lautet die Gleichgewichtskonstante für die obige Reaktion?

Lösung: $4{,}8 \cdot 10^2$

16.32. Wenn SO_3 hoch erhitzt wird, zersetzt es sich:

$$2SO_3\,(g) \rightleftharpoons 2SO_2\,(g) + O_2\,(g)$$

Eine Probe von reinem SO_3 wurde in einem großen Zylinder mit Stempel eingeschlossen und auf eine hohe Temperatur T erhitzt. Im Gleichgewicht betrug das Verhältnis von SO_2 zu SO_3 0,152, und der Gesamtdruck betrug 2,73 atm. Wie groß ist der sich ergebende Druck, wenn der Stempel hineingedrückt wird und das Volumen auf die Hälfte seines Ausgangswertes eingestellt wird? (Bemerkung: Wegen des Grades der beteiligten Gleichungen erhält man die Lösung am schnellsten durch die Methode aufeinanderfolgender Näherungen.)

Lösung: 5,40 atm

16.33. Betrachten Sie das in der vorigen Aufgabe beschriebene Gleichgewicht. Anstatt den Stempel hineinzudrücken, wird jetzt eine Menge SO_3 (*g*) injiziert, die gleich der schon vorhandenen Menge ist, und dadurch der SO_3-Druck momentan verdoppelt. (*a*) Wie groß ist der neue SO_3-Druck und (*b*) wie ist sein Verhältnis zu dem Druck, der unmittelbar nach der Injektion herrschte, wenn sich das Gleichgewicht neu eingestellt hat (nach wie vor bei der Temperatur T). (*c*) Berechnen Sie das gleiche Verhältnis für das SO_2.

Lösung: (*a*) 4,26 atm; (*b*) 0,96; (*c*) 1,54

16.34. Eine gesättigte Lösung von Iod in Wasser enthält 0,33 g I_2 pro Liter. Aufgrund des folgenden Gleichgewichts löst sich in einer KI-Lösung wesentlich mehr:

$$I_2\,(aq) + I^- \rightleftharpoons I_3^-$$

Eine 0,100 M KI-Lösung (0,100 M I^-) löst 12,5 g Iod pro Liter, wovon das meiste zu I_3^- umgewandelt wird. Berechnen Sie die Gleichgewichtskonstante für die obige Reaktion bezüglich 1 molarer Lösungen als Standardzustand, wenn Sie annehmen, daß die Konzentration von I_2 in allen gesättigten Lösungen gleich ist. Was bewirkt die Zugabe von Wasser zu einer klaren, gesättigten Lösung von I_2 in KI-Lösung?

Lösung: $7{,}1 \cdot 10^2$; die Rückreaktion wird begünstigt

16.35. $H_2\,(g) + I_2\,(g) \rightleftharpoons 2HI$. Wenn 46 g I_2 und 1,00 g H_2 bis zur Gleichgewichtseinstellung bei 470 °C erhitzt werden, enthält die Gleichgewichtsmischung 1,90 g I_2. (*a*) Wieviel mol jeden Gases sind in der Gleichgewichtsmischung vorhanden? (*b*) Berechnen Sie die Gleichgewichtskonstante.

Lösung: (*a*) 0,007 5 mol I_2, 0,32 mol H_2, 0,35 mol HI; (*b*) $K = 50$

16.36. Exakt jeweils 1 mol H_2 und I_2 werden in einer evakuierten 30 l-Kammer auf 470 °C erhitzt. Bestimmen Sie unter Verwendung des Wertes für K aus Aufgabe 16.35. (*a*) wieviel Mol I_2 unverändert zurückbleiben, wenn sich das Gleichgewicht eingestellt hat; (*b*) den Gesamtdruck in der Kammer; (*c*) die Partialdrücke von I_2 und HI in der Gleichgewichtsmischung. (*d*) Wieviel Mol des ursprünglich vorhandenen Iods bleiben unreagiert zurück, wenn jetzt ein zusätzliches Mol H_2 zu der Gleichgewichtsmischung zugegeben wird?

Lösung: (*a*) 0,22 mol; (*b*) 4,1 atm; (*c*) $P(H_2) = P(I_2) = 0{,}45$ atm, $P(HI) = 3{,}2$ atm; (*d*) 0,065 mol

16.37. $PCl_5\,(g) \rightleftharpoons PCl_3\,(g) + Cl_2\,(g)$. Berechnen Sie die Stoffmenge (mol), die im Gleichgewicht vorliegt, wenn 1 mol PCl_5 in einem Gefäß mit einem Volumen von 10 l auf 250 °C erhitzt wird. Bei 250 °C ist für diese Dissoziation $K = 0{,}041$, basierend auf Ausgangskonzentrationen von 1 mol/l.

Lösung: 0,47 mol

16.38. Reines PCl_5 wird in eine evakuierte Kammer gegeben, und es stellt sich bei 250 °C und 2,00 atm ein Gleichgewicht ein (s. Aufgabe 16.37.). Die Gleichgewichtsmischung enthält 40,7 Vol.-% Chlor.

(*a*) 1. Wie groß sind die Partialdrücke der gasförmigen Komponenten im Gleichgewicht?
2. Berechnen Sie aus diesen Daten K_p bei 250 °C für die in Aufgabe 16.37. dargestellte Reaktion basierend auf einem Druck von 1 atm.

(*b*) Die Gasmischung wird bei 250 °C auf 0,200 atm expandiert. Berechnen Sie:
1. Den Prozentsatz PCl_5, der im Gleichgewicht dissoziiert ist,
2. Die Vol.-% Cl_2 in der Gleichgewichts-Gasmischung,
3. Den Partialdruck von Cl_2 in der Gleichgewichtsmischung.

Lösung: (*a*) 1. $P(Cl_2) = P(PCl_3) = 0{,}814$ atm, $P(PCl_5) = 0{,}372$ atm; 2. 1,78
(*b*) 1. 94,8%; 2. 48,7%; 3. 0,097 4 atm

16.39. Bei 46 °C ist K_p für die Reaktion

$$N_2O_4\,(g) \rightleftharpoons 2NO_2\,(g)$$

0,67, basierend auf einem Druck von 1 bar. Berechnen Sie die prozentuale Dissoziation von N_2O_4 bei 46 °C und einem Gesamtdruck von 0,507 bar. Wie groß sind die Partialdrücke von N_2O_4 und NO_2 im Gleichgewicht?

Lösung: 50%; $P(N_2O_4) = 0{,}17$ bar, $P(NO_2) = 0{,}34$ bar

16.40. $2NOBr\,(g) \rightleftharpoons 2NO\,(g) + Br_2\,(g)$. Berechnen Sie K_p für die Dissoziation von Nitrosylbromid (NOBr) bei einer Temperatur von 25 °C und einem Gesamtdruck von 0,25 bar. Bei einem Druck von 1 bar und 25 °C ist die Verbindung zu 34 Prozent dissoziiert.

Lösung: $1{,}0 \cdot 10^{-2}$

16.41. Die Gleichgewichtskonstante für die Reaktion

$$CO\,(g) + H_2O\,(g) \rightleftharpoons CO_2\,(g) + H_2\,(g)$$

beträgt bei 986 °C 0,63. Eine Mischung von 1 mol Wasserdampf und 3 mol CO liegt bei einem Gesamtdruck von 2,00 atm im Gleichgewicht vor. (*a*) Wieviel Mol H_2 sind im Gleichgewicht vorhanden? (*b*) Wie groß sind die Partialdrücke der Gase in der Gleichgewichtsmischung?

Lösung: (*a*) 0,68 mol; (*b*) $P(CO) = 1{,}16$ atm, $P(H_2O) = 0{,}16$ atm, $P(CO_2) = P(H_2) = 0{,}34$ atm

16.42. Berechnen Sie K_p für die Reaktion

$$SnO_2\,(\mathit{fest}) + 2H_2\,(\mathit{Gas}) \rightleftharpoons 2H_2O\,(\mathit{Dampf}) + Sn\,(\mathit{Schmelze})$$

(*a*) bei 900 K, wo die Gleichgewichts-Dampf/Wasserstoff-Mischung 45 Vol.-% H_2 enthält; (*b*) bei 1100 K, wo die Gleichgewichts-Dampf/Wasserstoff-Mischung 24 Vol.-% H_2 enthält. (*c*) Würden Sie für die effizientere Reduktion des SnO_2 höhere oder niedrigere Temperaturen empfehlen?

Lösung: (*a*) 1,5; (*b*) 10; (*c*) höher

16.43. Für die Herstellung von ungelöschtem Kalk lautet die Reaktionsgleichung:

$$CaCO_3\,(s) \rightleftharpoons CaO\,(s) + CO_2\,(g)$$

Experimente, die zwischen 850 °C und 950 °C ausgeführt wurden, führen zu einem Satz von K_p-Werten, die der empirischen Gleichung

$$\log K_p = 7{,}282 - \frac{8\,500}{T}$$

gehorchen, wobei T die absolute Temperatur darstellt. Welche Temperatur würde aus dieser Gleichung bei der kompletten Zersetzung des Kalksteins vorhergesagt werden, wenn die Reaktion in ruhiger Luft ausgeführt wird? Nehmen Sie an, daß es in ruhiger Luft nötig ist, einen CO_2-Druck von 1 atm aufzubauen, um das Produkt kontinuierlich abzuführen.

Lösung: 894 °C

16.44. Der Feuchtigkeitsgehalt eines Gases wird häufig durch den *Taupunkt* ausgedrückt. Der Taupunkt ist jene Temperatur, auf die das Gas gekühlt werden muß, bevor es mit Wasserdampf gesättigt ist. Bei dieser Temperatur wird (abhängig von der Temperatur) Wasser oder Eis auf einer festen Oberfläche abgeschieden.

Die Effizienz von $CaCl_2$ als Trockenmittel wurde durch ein Taupunkt-Experiment gemessen. Luft von 0 °C wurde langsam über ausgedehnte Schichten von $CaCl_2$ geführt. Die Luft wurde dann durch ein Glasgefäß geleitet, in das ein Kupferstab eingeschmolzen war. Der Stab wurde durch Eintauchen des herausstehenden Teils in ein Trockeneisbad gekühlt. Die Temperatur des Stabes im Glasgefäß wurde durch ein Thermoelement gemessen. Als der Stab langsam abgekühlt wurde, beobachtete man die Bildung der ersten Eiskristalle auf dem Stab bei einer Temperatur von –43 °C. Der Dampfdruck von Eis beträgt bei dieser Temperatur 0,07 torr. Berechnen Sie K_p bei 0 °C für die folgende Reaktion, wenn Sie annehmen, daß $CaCl_2$ seine Trocknungseigenschaften der Bildung von $CaCl_2 \cdot 2H_2O$ verdankt.

$$CaCl_2 \cdot 2H_2O\,(s) \rightleftharpoons CaCl_2 + 2H_2O\,(g)$$

Lösung: $8 \cdot 10^{-9}$

16.45. Bei hohen Temperaturen herrschen in einer Mischung aus Kohlenstoff, Sauerstoff und ihren Verbindungen die folgenden Gleichgewichte vor:

$$C\,(s) + O_2\,(g) \rightleftharpoons CO_2\,(g) \qquad K_1$$
$$2C\,(s) + O_2\,(g) \rightleftharpoons 2CO\,(g) \qquad K_2$$
$$C\,(s) + CO_2\,(g) \rightleftharpoons 2CO\,(g) \qquad K_3$$
$$2CO\,(g) + O_2\,(g) \rightleftharpoons 2CO_2\,(g) \qquad K_4$$

Wie könnten K_3 und K_4 berechnet werden, wenn die unabhängige Messung von K_1 und K_2 möglich wäre?

Lösung: $K_3 = K_2/K_1$; $K_4 = K_1/K_3 = K_1^2/K_2$

Kapitel 17

Säuren und Basen

Die allgemeinen Prinzipien des chemischen Gleichgewichts gelten gleichermaßen für die Reaktionen von Neutralmolekülen wie für die Reaktionen von Ionen. Wegen des speziellen Interesses, das Chemiker Ionen-Gleichgewichten in wäßrigen Lösungen entgegenbringen, und da es verschiedene allgemeine Methoden für die Behandlung einiger diesbezüglicher Probleme gibt, befaßt sich dieses und das folgende Kapitel mit speziellen Anwendungen des chemischen Gleichgewichts auf Ionenreaktionen. Wie in Kapitel 16 werden Konzentrationen immer in mol/l ausgedrückt werden, und [X] stellt den numerischen Wert der Konzentration von X dar.

SÄUREN UND BASEN

Arrhenius-Konzept

Nach der klassischen Definition, wie sie von Arrhenius formuliert wurde, ist eine *Säure* eine Substanz, die in Lösung H^+-Ionen liefern kann. $HClO_4$ und HNO_3, die in Wasser vollständig in H^+ und ClO_4^- bzw. in H^+ und NO_3^- dissoziiert sind, werden *starke Säuren* genannt. CH_3CO_2H (Essigsäure) und HNO_2 (salpetrige Säure) sind nur teilweise in H^+ und $C_2H_3O_2^-$ bzw. in H^+ und NO_2^- dissoziiert, man nennt diese Substanzen daher *schwache Säuren*. Die Dissoziation einer *schwachen Säure* ist in wäßrigen Lösungen reversibel und kann mit einer Gleichgewichtskonstante beschrieben werden, die man üblicherweise mit K_S bezeichnet. Daher gilt:

$$CH_3CO_2H \rightleftharpoons H^+ + CH_3CO_2^- \qquad K_s = \frac{[H^+][CH_3CO_2^-]}{[CH_3CO_2H]} \qquad (17\text{-}1)$$

Analog ist eine *Base* eine Substanz, die OH^- liefern kann. NaOH, eine *starke Base*, ist in Wasser vollständig in Na^+ und OH^- dissoziiert. Selbst relativ schwerlösliche Hydroxide wie $Ca(OH)_2$ liegen in ihrem begrenzten Löslichkeitsbereich in Lösung vollständig dissoziiert vor. Eine Lösung von Ammoniak NH_3 in Wasser liefert ebenfalls Hydroxid-Ionen. Man vermutete daher früher, daß sie aus NH_4OH in Lösung bestand. Da die OH^--Konzentration nur wenige Prozent der Ammoniakkonzentration entspricht, wird Ammoniak als *schwache Base* betrachtet.

Brönsted-Lowry-Konzept

Das Arrhenius-Konzept von Säuren und Basen wurde durch die Brönsted-Lowry-Theorie modifiziert und verallgemeinert. Diese berücksichtigt die besondere Rolle des Lösungsmittels. Das Proton ist der grundlegende Bestandteil bei der Definition sowohl von Säuren als auch von Basen im Brönsted-Lowry-Schema, nach dem eine *Säure* eine Substanz darstellt, die ein Proton auf eine andere Substanz übertragen kann, die auch das Lösungsmittel selbst sein kann. Eine *Base* ist eine Substanz, ggf. auch das Lösungsmittel, die ein Proton von einer Säure aufnimmt. Die Spezies, die nach der Übertragung eines Protons von einer Säure übrigbleibt, ist ebenfalls eine Base, da sie prinzipiell das Proton unter Bildung der ursprünglichen Säure wieder aufnehmen könnte. Man bezeichnet eine solche Gruppierung einer Säure und ihrer deprotonierten Form als *konjugiertes Säure-Base-Paar*. Die verallgemeinerte Protonen-Transfer-Reaktion wird dann dargestellt durch:

$$HA + B \rightleftharpoons A^- + BH^+ \qquad (17\text{-}2)$$

In dieser Gleichung stellen HA/A^- und B/BH^+ konjugierte Säure-Base-Paare dar. Weder HA noch B muß notwendigerweise eine neutrale Spezies darstellen, in jedem Fall ist aber die Ladung der zu HA konjugaten Base algebraisch eine Einheit geringer als die Ladung von HA und die Ladung der zu B konjugierten Säure eine (positive) Einheit größer als die von B. In dieser Schreibweise kann (*17-1*) folgendermaßen formuliert werden:

$$CH_3CO_2H + H_2O \rightleftharpoons CH_3CO_2^- + H_3O^+ \qquad K_s = \frac{[H_3O^+][CH_3CO_2^-]}{[CH_3CO_2H]} \qquad (17\text{-}3)$$

Ähnlich wird die Ionisation der schwachen Base Ammoniak formuliert:

$$H_2O + NH_3 \rightleftharpoons OH^- + NH_4^+ \qquad K_b = \frac{[NH_4^+][OH^-]}{[NH_3]} \qquad (17\text{-}4)$$

In (*17-3*) dient Wasser als Base, während es in (*17-4*) eine Säure darstellt. Beachten Sie, daß aus dem "nackten" H^+ in (*17-1*) ein hydratisiertes Proton oder Hydronium-Ion H_3O^+ in (*17-3*) wird. Bei der Formulierung von Gleichgewichtskonstanten sind $[H^+]$ und $[H_3O^+]$ stets äquivalent zueinander; die beiden Formen werden in den meisten Zusammenhängen synonym verwendet. Dies ist auch bei allen Aufgaben bezüglich ionischer Gleichgewichte in diesem Buch der Fall. Obwohl das Proton in wäßrigen Lösungen hydratisiert vorliegt, wird die Schreibweise H^+ oft statt H_3O^+ verwendet, weil sich der Leser der Tatsache der Hydratisierung bewußt ist und weil die spezifische Verwendung der hydratisierten Formel die wichtige Tatsache, daß *alle* Ionen in Wasser stark hydratisiert sind, verschleiern könnte. Beachten Sie auch, daß der Nenner im Ausdruck von K_S in (*17-3*) identisch mit dem in (*17-1*) ist. Da sich Anwendungen dieser Gleichgewichte auf verdünnte Lösungen beziehen sollten, wird H_2O immer in seinem Standardzustand vorliegen und muß nicht durch einen Term im Ausdruck für K_S vertreten sein. Gleichung (*17-4*) vermeidet die Formulierung von wäßrigem Ammoniak als NH_4OH, einer Spezies, die bei Raumtemperatur möglicherweise gar nicht existiert.

Die Stärken von Säuren können durch ihre K_S-Werte verglichen werden. Je stärker die Säure ist, desto höher liegt ihr K_S-Wert. Die starken Säuren, die in Wasser vollständig dissoziiert sind, können nicht durch den K_S-Formalismus beschrieben werden, der für verdünnte wäßrige Lösungen gültig ist. Allerdings können andere Lösungsmittel, die nicht so basisch sind wie Wasser (d.h., nicht so effektiv bei der Entfernung von Protonen), nur teilweise und reversible Dissoziation erlauben und daher Unterscheidungen zwischen den starken Säuren zulassen. Zum Beispiel wird HNO_3 in ethanolischer Lösung zu einer schwachen Säure mit einem meßbaren K_S-Wert, während $HClO_4$ und HCl starke Säuren bleiben. In Aceton als Lösungsmittel wird HCl meßbar schwach, während $HClO_4$ weiter stark bleibt.

Lewis-Konzept

Die Einordnung von Säuren und Basen in das Lewis-Konzept verwendet ein noch allgemeineres Bild. Hier ist eine *Säure* eine Struktur, die eine Affinität zu Elektronenpaaren besitzt, die von *Basen* zur Verfügung gestellt werden. Diese sind als Substanzen mit einsamen Elektronenpaaren definiert. Beispiele für Säuren schließen nicht nur das Proton ein, das mit den einsamen Elektronenpaaren von Basen wie H_2O, OH^- und $C_2H_3O_2^-$ reagieren kann, sondern auch Übergangsmetall-Ionen, die mit Liganden (Basen) unter Bildung von Komplexen reagieren können, und Elektronenmangelverbindungen wie BF_3, das mit einer Base wie NH_3 unter Bildung folgender Verbindung reagieren kann:

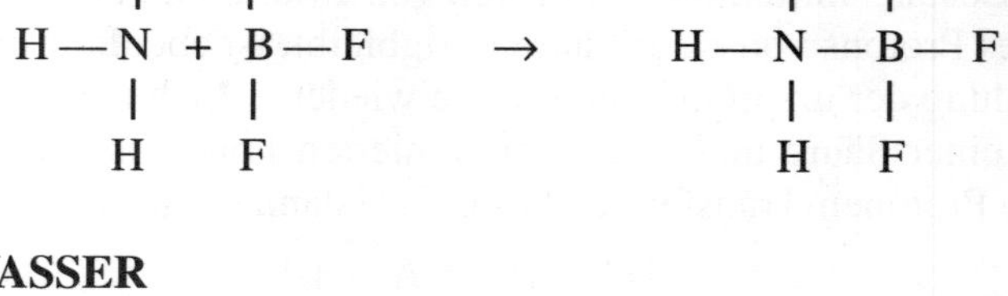

DISSOZIATION VON WASSER

Da Wasser einen amphoteren Charakter besitzt, d.h. sowohl als Säure als auch als Base reagieren kann, ist jede wäßrige Lösung durch die Autoprotolyse charakterisiert, bei der ein H_2O-Moleküle ein

Proton auf ein anderes H_2O-Molekül überträgt. Das Gleichgewicht der Autoprotolyse muß immer befolgt werden, egal, ob andere Säuren oder Basen in der Lösung anwesend sind oder nicht.

$$2H_2O \rightleftharpoons H_3O^+ + OH^- \qquad K_w = [H^+][OH^-] \qquad (17\text{-}5)$$

Im Ausdruck für K_w steht die unhydratisierte Form des Protons, aber die Verwendung von H_3O^+ wäre natürlich auch akzeptabel. Obwohl die Anzahl von H_2O-Molekülen in der bilanzierten chemischen Gleichung davon abhängt, ob das Proton oder das Hydronium-Ion formuliert wird, erscheint $[H_2O]$ nicht im Ausdruck für K_w, da dessen Anwendungen normalerweise auf verdünnte Lösungen beschränkt sind, bei denen H_2O in seinem Standardzustand bleibt. Bei den Aufgaben in diesem Buch übersteigen die Gesamtkonzentrationen von Nichtelektrolyten 1 M nicht, und die Konzentrationen von Elektrolyten sind normalerweise kleiner als 0,1 M. Für Lösungen, die höhere Ionenkonzentrationen enthalten, gelten dieselben Gleichgewichtsgesetze, wenn für die elektronischen Wechselwirkungen zwischen den Ionen eine passende Korrektur angebracht wird. Solche Korrekturen werden in diesem Buch nicht durchgeführt. Stattdessen wurden Beispiele gewählt, bei denen die numerische Lösung auch ohne Korrektur dieser elektrostatischen Wechselwirkungen auf 10 Prozent genau sein sollte. Im allgemeinen ist 10 Prozent etwa die Grenze der Genauigkeit, die für eine berechnete Konzentration in diesem und dem folgenden Kapitel zu erwarten ist.

Bei 25 °C ist $K_w = [H^+][OH^-] = 1{,}00 \cdot 10^{-14}$ mol²/l². Diesen Wert sollte man sich einprägen. In reinem Wasser, das keine Säure oder Base enthält, müssen die Konzentrationen von H^+ und OH^- gleich sein. Daher gilt bei 25 °C:

$$[H^+] = [OH^-] = \sqrt{1{,}00 \cdot 10^{-14}\,\text{mol}^2 / \text{l}^2} = 1{,}00 \times 10^{-7}\,\text{mol} / \text{l}$$

Daher kann eine *neutrale Lösung* als eine solche definiert werden, in der $[H^+] = [OH^-] = \sqrt{K_w}$ ist. (Der Wert von K_w hängt von der Temperatur ab. Daher gilt bei 0 °C in reinem Wasser $[H^+] = [OH^-] = 0{,}34 \cdot 10^{-7}$.) Bei 25 °C spricht man von einer *sauren Lösung*, wenn $[H^+]$ größer als 10^{-7} oder $[OH^-]$ kleiner als 10^{-7} ist und von einer *basischen Lösung*, wenn $[H^+]$ kleiner als 10^{-7} oder $[OH^-]$ größer als 10^{-7} ist.

Die Azidität oder Basizität einer Lösung wird häufig durch ihren *pH-Wert* ausgedrückt. Definitionsgemäß ist:

$$\text{pH} = \log \frac{1}{[H^+]} = -\log [H^+] \qquad \text{oder} \qquad [H^+] = 10^{-\text{pH}}$$

Wenn also $[H^+]$ einer Lösung durch eine Potenz von 10 ausgedrückt wird, ist der pH-Wert der Lösung gleich dem negativen Wert des Exponenten. Je kleiner der pH-Wert ist, desto höher ist die Azidität. Analog definieren wir:

$$\text{pOH} = -\log [OH^-]$$

Je kleiner der pOH-Wert ist, desto größer ist die Basizität.

Die beiden Größen sind folgendermaßen verknüpft:

$$\text{pH} + \text{pOH} = -\log K_w = 14{,}00 \qquad (\text{bei } 25\text{ °C}) \qquad (17\text{-}6)$$

Tabelle 17-1 faßt die pH- und pOH-Skalen bei 25 °C zusammen.

Tabelle 17-1

$[H^+]$		$[OH^-]$	pH	pOH	
1	$= 10^0$	10^{-14}	0	14	Stark sauer
0,1	$= 10^{-1}$	10^{-13}	1	13	
0,001	$= 10^{-3}$	10^{-11}	3	11	
0,000 01	$= 10^{-5}$	10^{-9}	5	9	Schwach sauer
0,000 000 1	$= 10^{-7}$	10^{-7}	7	7	Neutral
0,000 000 001	$= 10^{-9}$	10^{-5}	9	5	Schwach basisch
0,000 000 000 01	$= 10^{-11}$	10^{-3}	11	3	
0,000 000 000 000 1	$= 10^{-13}$	10^{-1}	13	1	
0,000 000 000 000 01	$= 10^{-14}$	1	14	0	Stark basisch

Eine Ungenauigkeit von 10 Prozent bei $[H^+]$, dem obersten Wert für die Aufgaben in diesem Buch, entspricht einer Ungenauigkeit von 0,04 pH-Einheiten.

Aus Bequemlichkeitsgründen wird zur Beurteilung der Stärke einer Säure häufig der pK_S-Wert, definiert als $-\log K_S$, verwendet. Daher hat eine Säure, deren Dissoziationskonstante 10^{-4} beträgt, einen pK_S-Wert von 4. Ebenso gilt $pK_B = -\log K_B$ und für jede andere Gleichgewichtskonstante $pK = -\log K$.

HYDROLYSE

Ein Salz, das wenigstens ein Ion enthält, das zu einer schwachen Säure oder Base konjugiert ist, geht eine Säure-Base-Reaktion mit Wasser ein. Zum Beispiel besitzt Natriumacetat CH_3CO_2Na ein Ion, das die konjugierte Base von Essigsäure, einer schwachen Säure, darstellt. Das Acetat-Ion ist eine Base und kann aus Säuren oder aus dem Lösungsmittel Wasser ein Proton aufnehmen:

$$CH_3CO_2^- + H_2O \rightleftharpoons CH_3CO_2H + OH^- \qquad K_b = \frac{[CH_3CO_2H][OH^-]}{[CH_3CO_2^-]} \qquad (17\text{-}7)$$

Die obige Reaktion wird *Hydrolyse* genannt. Aufgrund dieses Vorgangs reagiert eine Lösung von Natriumacetat in Wasser basisch, weil ein Überschuß von OH^- entsteht. Beachten Sie, daß die Reaktion (*17-5*) die Summe der Reaktionen (*17-3*) und (*17-7*) darstellt. Die Gleichgewichtskontanten dieser drei Reaktionen müssen dann folgendermaßen miteinander verknüpft sein (s. Aufgabe 16.14.):

$$K_w = K_s K_b \qquad \text{oder} \qquad K_b = \frac{K_w}{K_s} \qquad (17\text{-}8)$$

Eine Gleichung in der Art von (*17-8*) gilt für die Hydrolyse jeder Spezies, die die konjugierte Base einer Säure mit einer Dissoziationskonstante K_S ist. Einige Beispiele sind CN^-, HS^-, SCN^-, NO_2^-. Da die Hydrolyse die Umkehrung einer Säure-Dissoziation darstellt, läuft die Tendenz zur Hydrolyse entgegengesetzt zur Dissoziationstendenz der konjugaten Säure. Je schwächer die Säure, desto schwieriger ist die Entfernung eines Protons von ihr und desto leichter ist es für ihr Anion oder ihre konjugierte Base, ein Proton vom Wasser aufzunehmen (also zu hydrolysieren). Diese Beziehung zeigt sich mathematisch als umgekehrte Proportionalität zwischen K_S der Säure und K_B der konjugierten Base. Essigsäure ist eine *mäßig schwache* Säure, und das Acetat-Ion hydrolysiert zu einem *kleinen* Teil. HCN ist eine *sehr schwache* Säure, und das Cyanid-Ion CN^- hydrolysiert zu einem *großen* Teil. Im Gegensatz dazu erfährt das Chlorid-Ion überhaupt keine Hydrolysereaktion, da seine konjugate Säure HCl eine *starke* Säure ist und sich daher in verdünnten wäßrigen Lösungen nicht in merklichem Ausmaß bilden kann.

Es sei noch eine analoge Reaktion gezeigt, bei der ein positives Ion in wäßriger Lösung als Säure fungieren kann und seine schwache konjugierte Base bildet. Daher reagiert eine Lösung von Ammoniumchlorid aufgrund der folgenden Reaktion sauer:

$$NH_2^+ + H_2O \rightleftharpoons NH_3 + H_3O^+$$

K_S von NH_4^+ kann aus K_B von NH_3, seiner konjugierten Base, durch Gleichung (*17-8*) ermittelt werden:

$$K_s = \frac{K_w}{K_b}$$

Viele Schwermetall-Kationen hydrolysieren in wäßriger Lösung zu einem gewissen Teil nach einer Reaktion, die durch eine Gleichgewichtskonstante K_S beschrieben wird. Zum Beispiel:

$$Fe^{3+} + H_2O \rightleftharpoons Fe(OH)^{2+} + H^+ \qquad K_s = \frac{[Fe(OH)^{2+}][H^+]}{Fe^{3+}} \qquad (17\text{-}9)$$

Die obige Reaktion wird manchmal mit den hydratisierten Formeln der Ionen formuliert, um zu zeigen, daß die Azidität des Eisen-Ions, genau wie die von neutralen Säuren, durch den Verlust eines Protons verursacht wird:

$$Fe(H_2O)_6^{3+} \rightleftharpoons Fe(H_2O)_5(OH)^{2+} + H^+$$

Die beiden Formulierungen der Gleichung sind äquivalent.

PUFFERLÖSUNGEN UND INDIKATOREN

Wenn $[H^+]$ (oder der pH) einer Lösung sich durch die Zugabe kleiner Mengen von Säuren oder Basen nicht wesentlich ändert, sagt man, die Lösung sei *gepuffert.* Eine Lösung wird diese Eigenschaft zeigen, wenn sie relativ große Mengen einer schwachen Säure und einer schwachen Base enthält. Wenn eine kleine Menge einer starken Säure zu dieser Lösung zugegeben wird, wird sich der größte Teil des zugegebenen H^+ mit einer äquivalenten Menge der schwachen Base des Puffers unter Bildung der konjugierten Säure der schwachen Base verbinden. Daher bleibt $[H^+]$ der Lösung fast konstant. Wenn eine kleine Menge einer starken Base zu der Pufferlösung gegeben wird, wird sich der größte Teil des OH^- mit einer äquivalenten Menge der schwachen Säure des Puffers unter Bildung der konjugierten Base der schwachen Säure verbinden. Durch diesen Mechanismus ändert sich $[H^+]$ der Pufferlösung durch Zugabe kleiner Mengen Säure oder Base nicht wesentlich.

Jedes Paar einer schwachen Säure und einer schwachen Base kann zur Herstellung einer Pufferlösung verwendet werden, solange jede Komponente in wäßriger Lösung ihre konjugierte Base oder Säure bilden kann.

BEISPIEL 1 Ein besonders einfacher und üblicher Fall der Pufferlösung liegt vor, wenn die schwache Säure und die schwache Base zueinander konjugiert sind. Daher kann als schwache Säure Essigsäure und als schwache Base das Acetat-Ion gewählt werden. Da jeweils relativ große Mengen nötig sind, wäre es nicht zufriedenstellend, einfach eine Lösung von Essigsäure in Wasser zu verwenden, in der die Konzentration des Acetat-Ions relativ klein ist. Ein Essigsäure/Acetat-Puffer kann auf drei verschiedenen Wegen hergestellt werden:

1. Man löse relativ große Mengen von Essigsäure und einem Acetat-Salz (etwa Natrium- oder Kaliumacetat) in Wasser.
2. Man löse eine relativ große Menge Essigsäure in Wasser. Dann wird die Säure durch Zugabe einer starken Base wie Natriumhydroxid *teilweise* neutralisiert. Die Menge des gebildeten Acetats ist äquivalent zur zugegebenen Menge der starken Base. Die in der Lösung verbleibende Menge Essigsäure ist die Anfangsmenge minus der Menge, die in Acetat umgewandelt wurde.
3. Man löse eine relativ große Menge eines Acetat-Salzes in Wasser. Dann wird das Acetat durch Zugabe einer starken Säure wie HCl *teilweise* neutralisiert. Die Menge der gebildeten Essigsäure ist äquivalent zur zugegebenen Menge der starken Säure. Die in der Lösung verbleibende Menge des Acetat-Ions ist die Anfangsmenge minus der Menge, die in Essigsäure umgewandelt wurde.

Das Verhältnis von Essigsäure zum Acetat-Ion in Lösung kann so gewählt werden, daß sich ein gewünschter Wert für $[H^+]$ oder pH für die Pufferlösung ergibt. Das Verhältnis wird üblicherweise zwischen 10 und 0,1 gehalten. Mit einer umgestellten Form der Dissoziations-Gleichgewichtsgleichung von Essigsäure ergibt sich:

$$\left[H^+\right] = K_s \cdot \frac{[CH_3CO_2H]}{CH_3CO_2^-}$$

Oder allgemeiner:

$$\left[H^+\right] = K_s \cdot \frac{[\text{Säure}]}{[\text{konjugierte Base}]} \qquad (7\text{-}10)$$

Logarithmierung von *(17-10)* und Umkehrung der Vorzeichen ergibt die passende Formulierung:

$$\text{pH} = \text{p}K_s + \log \frac{[\text{Base}]}{[\text{Säure}]}$$

Ein *Indikator* wird dazu verwendet, um eine optische Kontrolle über den pH-Wert einer Lösung zu haben. Wie ein Puffer stellt er ein konjugiertes Säure-Base-Paar dar, aber im Gegensatz zu diesem ist er nur in so kleiner Konzentration vorhanden, daß er den pH-Wert der Lösung nicht beeinflußt. Stattdessen bestimmt der pH-Wert der Lösung das Verhältnis der Säureform zur konjugierten Base des in der Lösung vorhandenen Indikators. Da wenigstens eine Form, normalerweise aber beide, intensiv (aber unterschiedlich) gefärbt ist, bestimmt der pH-Wert die Farbe der Lösung. Wenn man die Säuredissoziation des Indikators formuliert:

$$\mathrm{HIn} \rightleftharpoons \mathrm{H^+ + In^-} \qquad (17\text{-}11)$$

dann ergibt sich:

$$\left[\mathrm{H^+}\right] = K_{\mathrm{s(indikator)}} \cdot \frac{[\mathrm{HIn}]}{\left[\mathrm{In^-}\right]}$$

Wenn das Verhältnis etwa 10 übersteigt, wird die Farbe fast der reinen Farbe von HIn entsprechen, wenn es geringer als etwa 0,1 ist, erscheint die fast reine Farbe von In^-. Daher resultiert ein langsamer Übergang der Farbe über einen 100-fachen Bereich von $[H^+]$ oder etwa 2 pH-Einheiten, mit dem pK_S-Wert nahe dem Mittelpunkt des Bereiches. (Je größer der Unterschied in der Farbintensität der Säure- und Basenform ist, desto weiter vom Mittelpunkt wird der pK_S-Wert liegen.) Es ist eine Vielfalt von Indikatoren bekannt, jeder mit seinem eigenen pK_S-Wert und Farbumschlagsbereich.

SCHWACHE MEHRPROTONIGE (MEHRBASIGE) SÄUREN

Wenn mehrfache Dissoziationen wie in H_2S und H_2CO_3 möglich sind, hat jede Dissoziationsstufe ihre eigene Gleichgewichtskonstante. Normalerweise werden zur Unterscheidung der einzelnen Konstanten Indices verwendet.

$$\text{Erste Dissoziation:} \quad \mathrm{H_2S \rightleftharpoons H^+ + HS^-} \quad K_1 = \frac{\left[\mathrm{H^+}\right]\left[\mathrm{HS^-}\right]}{[\mathrm{H_2S}]} \qquad (17\text{-}12)$$

$$\text{Zweite Dissoziation:} \quad \mathrm{HS^- \rightleftharpoons H^+ + S^{2-}} \quad K_2 = \frac{\left[\mathrm{H^+}\right]\left[\mathrm{S^{2-}}\right]}{\left[\mathrm{HS^-}\right]} \qquad (17\text{-}13)$$

Die zweite Dissoziationskonstante mehrprotoniger Säuren ist immer kleiner als die erste ($K_2 < K_1$). Die dritte, wenn es eine gibt, ist wiederum kleiner als die zweite, und so fort.

Es sollte klar sein, daß $[H^+]$ die momentane Konzentration von Wasserstoffionen *in Lösung* darstellt. In einer wäßrigen Mischung aus verschiedenen Säuren tragen die unterschiedlichen Säuren alle zur Wasserstoffionen-Konzentration in der Lösung bei, es existiert jedoch für eine gegebene Lösung nur ein Wert für $[H^+]$ und dieser Wert muß gleichzeitig alle Gleichgewichtsbedingungen für die Gesamtheit der verschiedenen Säuren erfüllen. Obwohl es sehr kompliziert erscheint, ein Problem zu lösen, in das mehrere Gleichgewichte verwickelt sind, kann man Vereinfachungen anbringen, wenn alle Quellen außer einer einen vernachlässigbaren Anteil (für die Zwecke in diesem Buch weniger als 10 Prozent) zur Gesamtkonzentration eines bestimmten Ions beitragen.

Im Fall mehrprotoniger Säuren ist K_1 häufig so viel größer als K_2, daß zur Berechnung von $[H^+]$ in einer Lösung der Säure häufig nur das K_1-Gleichgewicht betrachtet werden muß. Beispiele, wo diese Annahme gemacht werden kann und wo nicht, werden in speziellen Aufgaben gegeben.

Ein anderes wichtiges Problem ist die Berechnung der Konzentration eines divalenten Ions in einer Lösung einer schwachen mehrprotonigen Säure, wenn die totale H^+-Konzentration genau die ist, die sich durch die Anwesenheit einer in der Lösung enthaltenen stärkeren Säure oder durch einen Puffer ergibt. In einem solchen Fall kann die Konzentration des divalenten Ions am besten durch die Multiplikation der Ausdrücke für K_1 und K_2 berechnet werden. Wiederum am Beispiel von H_2S ergibt sich:

$$K_1 K_2 = \frac{\left[\mathrm{H^+}\right]\left[\mathrm{HS^-}\right]}{[\mathrm{H_2S}]} \cdot \frac{\left[\mathrm{H^+}\right]\left[\mathrm{S^{2-}}\right]}{\left[\mathrm{HS^-}\right]} = \frac{\left[\mathrm{H^+}\right]^2\left[\mathrm{S^{2-}}\right]}{[\mathrm{H_2S}]} \qquad (17\text{-}14)$$

TITRATION

Wenn eine Base in kleinen Schritten zur Lösung einer Säure gegeben wird, steigt der pH-Wert der Lösung mit jeder Zugabe der Base. Wenn der pH-Wert gegen die zugegebene Menge der Base aufgetragen wird, findet der steilste Anstieg am Äquivalenzpunkt statt, wenn die Säure exakt neutralisiert ist. Diese Region des steilsten Anstieges wird *Endpunkt* genannt, und der gesamte Vorgang der Basenzugabe und der Bestimmung des Endpunkts heißt *Titration*. Der Graph, der die Änderung des pH-Werts während der Titration darstellt, wird *Titrationskurve* genannt.

BEISPIEL 2 Abbildung 17-1 *a* zeigt die Titration von 50,0 cm^3 einer starken und einer schwachen Säure bei 25 °C mit einer starken Base, und Abb. 17-1 *b* die Titration von 50,0 cm^3 einer starken und einer schwachen Base mit einer starken Säure. Alle Reagentien sind 0,100 M, so daß der Endpunkt immer bei der Zugabe von exakt 50,0 cm^3 des Titrators liegt. Die starke Säure ist HCl, die schwache Säure $C_2H_5CH(OH)CO_2H$ (*β*-Hydroxybuttersäure), die starke Base NaOH und die schwache Base NH_3.

Alle Kurven zeigen einen sehr steilen Anstieg oder Abfall des pH-Werts am Endpunkt. Wenn HCl titriert wird (Abb. 17-1 *a*), steigt der pH-Wert bis kurz vor dem Endpunkt langsam an. Der Anstieg am Endpunkt ist viel steiler als für $C_2H_5CH(OH)CO_2H$, der bei einem viel höheren pH-Wert beginnt, einen schnellen Anfangsanstieg aufweist, dann die Krümmungsrichtung ändert und schließlich den scharfen Anstieg zeigt, der für den Endpunkt typisch ist. Wenn man etwas nach dem Endpunkt beginnt, sind die beiden Kurven identisch. Die Titrationskurven von NaOH und NH_3 (Abb. 17-1 *b*) verlaufen mit abnehmendem pH-Wert fast spiegelbildlich zu denen von HCl und $C_2H_5CH(OH)CO_2H$. Es gibt keinen praktischen Grund für die Verwendung eines schwachen Reagents als Titrator. Wenn man zum Beispiel NH_3 statt NaOH verwenden würde, würde die Kurve in Abb. 17-1 *a* nach dem Endpunkt mindestens bei 3 pH-Einheiten weniger abflachen, und die Detektion des Endpunkts wäre stark erschwert.

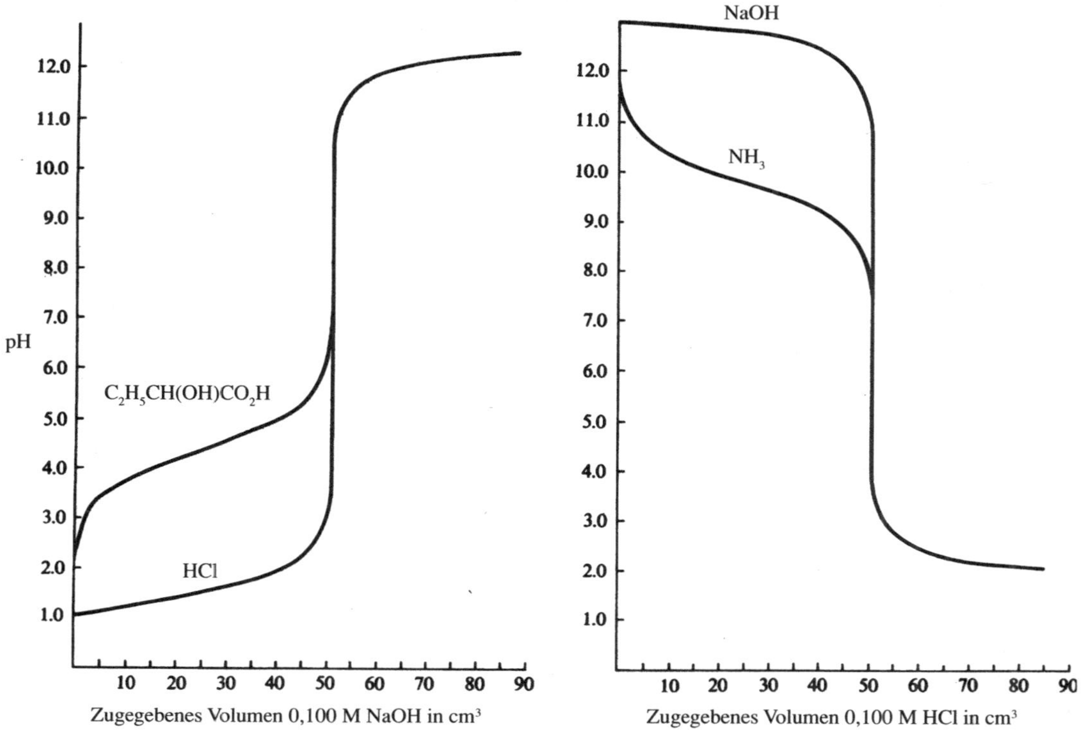

Abb. 17-1 *a* **Abb. 17-1 *b***

Die Punkte entlang einer Titrationskurve können mit Methoden berechnet werden, die weiter oben in diesem Kapitel diskutiert wurden. Man kann vier Abschnitte der Kurve unterscheiden. Betrachten Sie die Titration einer Säure mit einer starken Base.

1. Anfangspunkt: 0% Neutralisation.

   Im Fall einer starken Säure ist $[H^+]$ in der Anfangslösung einfach gleich der molaren Konzentration der Säure. Im Fall einer schwachen Säure wird $[H^+]$ durch die Methode berechnet, die zur Bestimmung des Ausmaßes der Dissoziation einer schwachen Säure mittels ihrer Dissoziationskonstante und ihrer molaren Konzentration verwendet wurde.

2. Annäherung an den Endpunkt: 5% bis 95% Neutralisation.

   Im Fall einer starken Säure kann man annehmen, daß die Neutralisationsreaktion

$$H^+ + OH^- \rightarrow H_2O$$

   vollständig bis zur Menge der zugegebenen Base abläuft. Die Menge an unreagiertem H^+ ist dann der Unterschied zwischen der Anfangskonzentration von H^+ und der bereits neutralisierten Menge. Zur Bestimmung von $[H^+]$ muß der Verdünnungseffekt durch die Erhöhung des Gesamtvolumens der Lösung bei der Zugabe der Base berücksichtigt werden.

   Im Fall einer schwachen Säure kann die Neutralisationsreaktion folgendermaßen formuliert werden:

$$C_2H_5CH(OH)CO_2H + OH^- \rightarrow C_2H_5CH(OH)CO_2^- + H_2O$$

   Die Menge des Hydroxbutyrat-Ions $C_2H_5CH(OH)CO_2^-$ ist gleich der Menge der zugegebenen Base. Die Menge der nicht dissoziierten Säure $C_2H_5CH(OH)CO_2H$ ist der Unterschied zwischen der Anfangsmenge und der bereits neutralisierten Menge. Dann gilt:

$$H^+ = K_s \frac{[C_2H_5CH(OH)CO_2H]}{[C_2H_5CH(OH)CO_2^-]}$$

   Dies ist Gleichung (*17-10*); alle Lösungen in diesem Bereich sind Puffer.

3. Der Endpunkt: 100% Neutralisation.

   Der pH-Wert am Endpunkt ist der gleiche wie der einer Lösung des Salzes, das die bei der Neutralisation übrigbleibenden Ionen enthält, also NaCl oder $NaC_4H_7O_3$. NaCl-Lösungen sind neutral und haben einen pH-Wert von 7,00. Das andere Salz hydrolysiert, und der pH-Wert kann durch Auflösung der Gleichung für das Hydrolyse-Gleichgewicht bestimmt werden. Die $C_2H_5CH(OH)CO_2H$-NaOH-Titration zeigt am Endpunkt wegen der Hydrolyse des Hydroxybutyrat-Ions einen pH-Wert größer 7.

4. Fortsetzung nach dem Endpunkt: Über 105% Neutralisation.

   Bei NaOH-Titrationen sammelt sich das überschüssige OH^-, das nicht mehr für die Neutralisation benötigt wird, in der Lösung an. Die $[OH^-]$ wird bezüglich dieses Überschußes und des Gesamtvolumens der Lösung berechnet. $[H^+]$ kann dann aus der K_w-Beziehung ermittelt werden:

$$[H^+] = \frac{K_w}{[OH^-]}$$

   Es macht keinen Unterschied, ob die titrierte Säure stark oder schwach war.

   Punkte innerhalb 5% vom Anfangspunkt oder vom Endpunkt können mit denselben Gleichgewichten berechnet werden, aber einige der oben gemachten vereinfachenden Annahmen sind nicht mehr gültig.

Mehrprotonige Säuren wie H_3PO_4 können zwei oder mehr deutliche Endpunkte aufweisen, die der Neutralisation des ersten, zweiten und aller weiteren Wasserstoffe entsprechen. In einem solchen Fall läge jeder Endpunkt bei einem anderen pH-Wert.

Die Berechnungen für die Titrationskurven von Basen mit einer starken Säure (Abb. 17-1 *b*) werden mit ähnlichen Methoden durchgeführt.

Der Endpunkt einer Titration, die Region des stärksten Anstiegs der Titrationskurve, kann experimentell bestimmt werden, wenn ein Instrument zur Messung des pH-Werts nach jeder Basenzugabe zur Verfügung steht. Eine einfachere Möglichkeit ist die Zugabe einer kleinen Menge eines Indikators zu der Lösung, der so gewählt ist, daß sein Umschlagsbereich innerhalb des steilen Anstiegs der Kurve liegt, was einen scharfen Farbumschlag am Endpunkt sicherstellt.

Aufgaben und Lösungen

SÄUREN UND BASEN

17.1. Schreiben Sie die Formeln der konjugierten Basen der folgenden Säuren: (*a*) HCN; (*b*) HCO_3^-; (*c*) $N_2H_5^+$; (*d*) C_2H_5OH; (*e*) HNO_3.

In jedem Fall leitet sich die konjugierte Base von der Säure durch den Verlust eines Protons ab. Bei (*d*) wird das Proton vom hoch elektronegativen Sauerstoff und nicht vom Kohlenstoff abgegeben. (*a*) CN^-; (*b*) CO_3^{2-}; (*c*) N_2H_4; (*d*) $C_2H_5O^-$; (*e*) NO_3^-.

17.2. Schreiben Sie die Formeln der konjugierten Säuren der folgenden Basen: (*a*) CH_3CO_2H; (*b*) HCO_3^-; (*c*) C_5H_5N; (*d*) $N_2H_5^+$; (*e*) OH^-.

In jedem Fall wird die konjugierte Säure aus der Base durch die Addition eines Protons gebildet. Das Proton wird im Fall von (*a*) und (*b*) an den Sauerstoff und im Fall von (*c*) und (*d*) an den Stickstoff addiert, die jeweils freie Elektronenpaare besitzen. Bei (*a*) wird das Proton an den Carbonyl-Sauerstoff (–C = O) addiert.

(*a*) $CH_3CO_2H_2^+$. Das ist eine Spezies, die sich in flüssiger Essigsäure durch Zugabe einer starken Säure bilden könnte.
(*b*) H_2CO_3. Beachten Sie, daß HCO_3^- sowohl als Säure [Aufgabe (17.1. *b*)] als auch als Base dienen kann.
(*c*) $C_5H_5NH^+$.
(*d*) $N_2H_6^{2+}$. Beachten Sie, daß Basen genau wie Säuren mehrfunktionell sein können. Das zweite Proton wird von N_2H_4 nur unter großen Schwierigkeiten aufgenommen.
(*e*) H_2O.

17.3. Flüssiger Ammoniak stellt wie Wasser ein amphoteres Lösungsmittel dar. Formulieren Sie die Gleichung für die Autoprotolyse von NH_3.

$$2NH_3 \rightleftharpoons NH_4^+ + NH_2^-$$

17.4. Anilin $C_6H_5NH_2$ ist in wäßriger Lösung eine schwache organische Base. Schlagen Sie ein Lösungsmittel vor, in dem Anilin eine starke Base ist.

Offensichtlich ist ein Lösungsmittel nötig, das deutlich azidere Eigenschaften als Wasser hat. Ein solches Lösungsmittel, in dem Anilin eine starke Base darstellt, ist flüssige Essigsäure. Viele andere azide Lösungsmittel hätten denselben Effekt.

17.5. NH_4ClO_4 und $HClO_4 \cdot H_2O$ kristallisieren beide in derselben orthorhombischen Struktur mit Volumina der Einheitszelle von 0,395 bzw. 0,370 nm^3. Wie erklären Sie die Ähnlichkeit von Kristallstruktur und Volumina der Einheitszelle?

Beide Substanzen sind ionisch mit Gitterpositionen, die von Kationen und Anionen besetzt werden. Im "Perchlorsäure-monohydrat" ist das Kation H_3O^+, und es gibt keine Hydrat-H_2O-*Moleküle*. Die Kationen in den beiden Kristallen, H_3O^+ und NH_4^+ sollten fast den gleichen Raum einnehmen, weil sie isoelektronisch sind (d.h., sie haben die gleiche Anzahl von Elektronen).

Die Daten in dieser Aufgabe wurden als ein Beweis für die Existenz des Hydronium-Ions H_3O^+ angeführt.

17.6. (*a*) Erklären Sie die abnehmende Säurestärke in der Reihe $HClO_4$, $HClO_3$ und $HClO_2$. (*b*) Wie groß wären die relativen Basenstärken von ClO_4^-, ClO_3^- und ClO_2^-? (*c*) Wie erklären Sie die Tatsache, daß es in der Reihe H_3PO_4, H_3PO_3, H_3PO_2 nur geringe Unterschiede in der Säurestärke gibt, wenn Sie die Diskussion in (*a*) im Kopf behalten?

(*a*) Die Lewis-Strukturen sind:

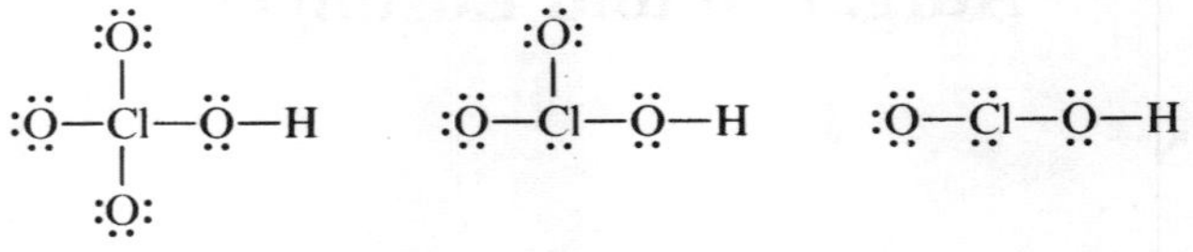

Da Sauerstoff elektronegativer als Chlor ist, tendiert jedes terminale Sauerstoffatom dazu, Elektronen vom Chlor und aus der O–H-Bindung abzuziehen, was die Tendenz des Protons zur Dissoziation erhöht. Allgemein: Je höher die Anzahl terminaler Sauerstoffatome in einer Oxy-Säure, desto stärker ist die Säure.

(*b*) Die Bestandteile eines konjugierten Säure-Base-Paares stehen in komplementärer Beziehung zueinander. Je stärker eine Säure ist, desto schwächer ist ihre konjugierte Base. Daher ist die Reihenfolge der abnehmenden Basenstärke ClO_2^-, ClO_3^-, ClO_4^-, die umgekehrte Reihenfolge der abnehmenden Stärke der konjugierten Säuren.

(*c*) Die Wasserstoffe in diesen Säuren sind nicht alle an Sauerstoffe gebunden. Die Lewis-Strukturen sind:

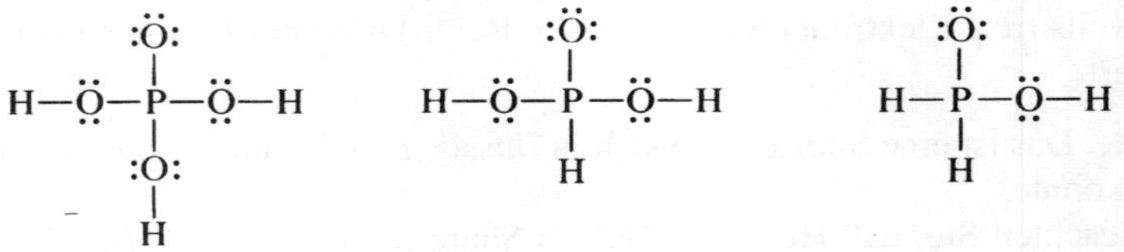

Die Anzahl von terminalen Sauerstoffatomen, nämlich eins, ist in allen drei Säuren exakt gleich, so daß nach (*a*) keine großen Unterschiede in der Azidität erwartet werden. Da die Elektronegativitäten von P und H fast gleich sind, zeigt das Phosphor-gebundene H keine Tendenz zur Dissoziation und beeinflußt auch nicht die Dissoziation der Sauerstoff-gebundenen H.

17.7. Wie erklären Sie die Bildung von $S_2O_3^{2-}$ aus SO_3^{2-} und S mit der Säure/Base-Theorie nach Lewis?

Ein Schwefel-Atom ist elektronenarm und kann daher als Säure betrachtet werden. SO_3^{2-}, für das eine Oktett-Struktur mit einem einsamen Elektronenpaar formuliert werden kann, ist die Base:

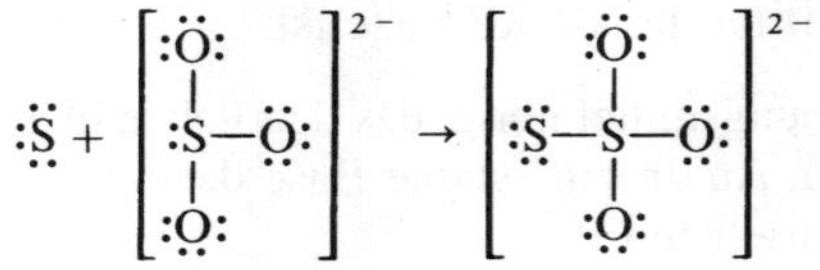

17.8. Bei der Verbrennungsanalyse von organischen Verbindungen wird zur Absorption des CO_2 aus den Verbrennungsgasen festes NaOH verwendet. Erklären Sie diese Reaktion mit Hilfe der Säure/Base-Theorie nach Lewis!

Der Sauerstoff im OH^--Ion hat drei einsame Elektronenpaare und ist daher eine Lewis-Base. Um die Funktion von CO_2 als Säure zu verstehen, beachten Sie, daß der Kohlenstoff im CO_2 *sp*-hybridisiert ist, daß aber durch Umwandlung zur sp^2-Hybridisierung wie in HCO_3^- ein Orbital zur Aufnahme des Elektronenpaars von der Base zur Verfügung gestellt wird.

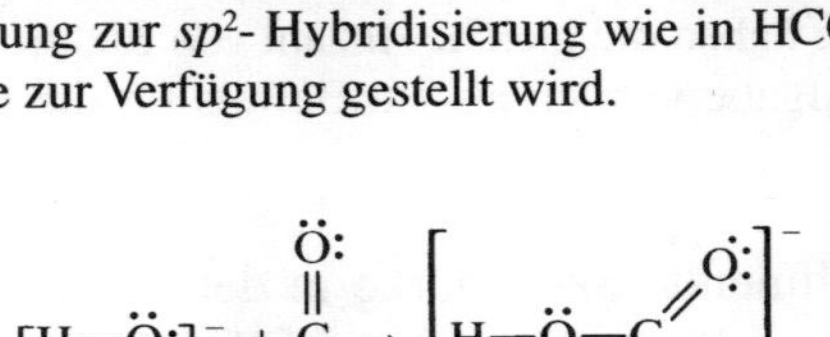

DISSOZIATION VON SÄUREN UND BASEN

17.9. Bei 25 °C ist eine 0,010 0 M Ammoniak-Lösung zu 4,1% ionisiert. Berechnen Sie (*a*) die Konzentration der OH^-- und NH_4^+-Ionen; (*b*) die Konzentration molekularen Ammoniaks; (*c*) Die Ionisationskonstante von wäßrigem Ammoniak; (*d*) $[OH^-]$, nachdem 0,009 0 mol NH_4Cl zu 1 l der obigen Lösung zugefügt wurden; (*e*) $[OH^-]$ einer Lösung, die durch Auflösung von 0,010 mol NH_3 und 0,005 0 mol HCl pro Liter hergestellt wurde.

$$NH_3 + H_2O \rightleftharpoons NH_4^+ + OH^-$$

Das Etikett auf einer Lösung bezieht sich auf die stöchiometrische oder gewichtsmäßige Zusammensetzung und gibt nicht die Konzentration einer bestimmten Komponente eines Ionen-Gleichgewichts an. Daher bedeutet die Bezeichnung 0,010 0 M NH_3, daß die Lösung durch Auflösung von 0,010 0 mol Ammoniak in soviel Wasser hergestellt worden sein könnte, daß ein Liter Lösung erhalten wurde. Sie bedeutet nicht, daß die Konzentration von nicht ionisiertem Ammoniak $[NH_3]$ in der Lösung 0,010 0 ist. Stattdessen ist die Summe von ionisiertem und nicht ionisiertem Ammoniak gleich 0,010 0 mol pro Liter.

(*a*) $$[NH_4^+] = [OH^-] = (0,041)(0,0100) = 0,00041$$

(*b*) $$[NH_3] = 0,0100 - 0.000\ 41 = 0,009\ 6$$

(*c*) $$K_s = \frac{[NH_4^+] = [OH^-]}{[NH_3]} = \frac{(0,00041)(0,00041)}{0,0096} = 1,75 \cdot 10^{-5}$$

(*d*) Da die Base nur so wenig ionisiert ist, können wir annehmen, daß (1) $[NH_4^+]$ vollständig vom NH_4Cl herrührt und daß (2) $[NH_3]$ im Gleichgewicht genauso groß ist wie die stöchiometrische molare Konzentration der Base. Dann gilt:

$$K_s = \frac{[NH_4^+][OH^-]}{NH_3}$$

Daraus ergibt sich: $$[OH^-] = \frac{K_s[NH_3]}{[NH_4^+]} = \frac{(1,75 \cdot 10^{-5})(0,0100)}{0,0090} = 1,94 \cdot 10^{-5}$$

Die Zugabe von NH_4Cl unterdrückt die Ionisation von NH_3 und reduziert daher deutlich $[OH^-]$ der Lösung. Dieses Phänomen wird *gleiche-Ionen-Effekt* genannt.

Zur Vereinfachung der Lösung eines Problems verwendete Annahmen sollten nach der Lösung der Aufgabe immer überprüft werden. In diesem Fall nahmen wir an, daß praktisch das gesamte NH_4^+ aus dem zugegebenen NH_4Cl kam. Zusätzlich dazu gibt es eine kleine Menge NH_4^+, die aus der Ionisation des NH_3 resultiert. Aus der chemischen Gleichung in der Angabe des Problems kann man ablesen, daß die Menge NH_4^+ aus dem NH_3 gleich der Menge von OH^- ist, von der wir wissen, daß sie $1,94 \cdot 10^{-5}$ M beträgt. Die korrekte Gesamtkonzentration von NH_4^+ ist dann die Summe der Beiträge von NH_4Cl und NH_3 $0,009\ 0 + (1,94 \cdot 10^{-5})$. Diese Summe ist tatsächlich gut innerhalb einer Toleranz von 10 Prozent, gleich zu 0,009 0. Wir haben damit unsere Annahme gerechtfertigt.

Der Leser könnte sich fragen, warum wir überhaupt Näherungen einführen müssen. Dieses Problem hätte auch ohne eine Näherung durch eine kompliziertere Analyse gelöst werden können:

$$NH_3 + H_2O \rightleftharpoons NH_4^+ + OH^-$$

	NH_3	NH_4^+	OH^-
M am Anfang aus NH_3:	0,010 0	0	0
M am Anfang aus NH_4^+:	0	0,009 0	0
Änderung durch die Reaktion:	$-x$	$+x$	$+x$
M im Gleichgewicht:	$0,010\ 0 - x$	$0,009\ 0 + x$	x

$$[OH^-] = x = \frac{K_s[NH_3]}{[NH_4^+]} = \frac{(1,75 \cdot 10^{-5})(0,0100 - x)}{0,0090 + x}$$

Diese Gleichung ist quadratisch in x und kann durch die übliche Methode gelöst werden. Auflösung der Brüche und momentane Mißachtung der Regeln für signifikante Stellen liefert:

$$0 = x^2 + 0{,}0090175x + 1{,}75 \cdot 10^{-7}$$

Verwendung der Lösungsformel für quadratische Gleichungen ergibt:

$$x = \left(\tfrac{1}{2}\right)\left\{-0{,}009\,017\,5 + (8{,}1315 \cdot 10^{-5} + 7{,}00 \cdot 10^{-7})^{1/2}\right\}$$

$$x = \left(\tfrac{1}{2}\right)(-0{,}009\,017\,5 + 0{,}009\,056\,2) = 1{,}94 \cdot 10^{-5}$$

Die Verwendung vereinfachender Annahmen bewirkt einen deutlich verringerten Arbeitsaufwand und die Möglichkeit von Fehlern. Beachten Sie, wie die Lösung von einem sehr kleinen Unterschied zwischen zwei ähnlichen Termen abhängt. Weil die Anwendung chemischer Intuition auf die Analyse von Problemen sehr wünschenswert ist, werden wir vereinfachende Näherungen in diesem Buch von vorneherein überall dort einsetzen, wo sie einen chemischen Sinn ergeben. Nach der Lösung des Problems werden wir die Gültigkeit unserer Annahmen immer überprüfen.

(*e*) Da HCl eine starke Säure ist, werden die 0,005 0 mol HCl vollständig mit 0,005 0 mol NH_3 unter Bildung von 0,005 0 mol NH_4^+ reagieren. Von den ursprünglichen 0,010 0 mol NH_3 wird nur die Hälfte als nicht ionisierter Ammoniak übrig bleiben.

$$[OH^-] = \frac{K_s[NH_3]}{[NH_4^+]} = \frac{(1{,}75 \cdot 10^{-5})(0{,}005\ 0)}{0{,}005\ 0} = 1{,}75 \cdot 10^{-5}$$

Überprüfung der Näherung: Die durch die Ionisierung von NH_3 beigetragene Menge NH_4^+ muß gleich der Menge von OH^- sein ($1{,}75 \cdot 10^{-5}$ mol/l). Dieser Wert ist, verglichen mit den 0,005 0 mol/l, die durch die Neutralisation von NH_3 mit HCl gebildet wurden, tatsächlich sehr klein.

17.10. Berechnen Sie die molare Konzentration, bei der eine Lösung von Essigsäure zu 2,0 Prozent dissoziiert ist. K_S von CH_3CO_2H beträgt $1{,}75 \cdot 10^{-5}$ bei 25 °C.

$$CH_3CO_2H \rightleftharpoons H^+ + CH_3CO_2^-$$

Sei x = molare Konzentration der Essigsäurelösung. Dann gilt:

$$[H^+ = [CH_3CO_2^-] = 0{,}020x \qquad \text{und} \qquad [CH_3CO_2H] = x - 0{,}020x \approx x$$

wobei die Näherung gut innerhalb 10 Prozent liegt.

$$\frac{[H^+][CH_3CO_2^-]}{[CH_3CO_2H]} = K_s \qquad \text{oder} \qquad \frac{(0{,}020x)(0{,}020x)}{x} = 1{,}75 \cdot 10^{-5}$$

Auflösung ergibt $(0{,}020)^2 x = 1{,}75 \cdot 10^{-5}$ oder $x = 0{,}044$.

17.11. Berechnen Sie die prozentuale Dissoziation einer 1,00 M Lösung von Blausäure HCN. K_S von HCN beträgt $4{,}93 \cdot 10^{-10}$.

$$HCN \rightleftharpoons H^+ + CN^-$$

Da H^+ und CN^- in der Lösung nur aufgrund von Dissoziation anwesend sind, müssen ihre Konzentrationen gleich sein. Nehmen Sie an, daß $[H^+]$ aus der Dissoziation von Wasser vernachlässigbar ist.

Sei $x = [H^+] = [CN^-]$. Dann ist $[HCN] = 1{,}00 - x$. Nehmen wir an, daß x gegenüber 1,00 sehr klein ist, so daß innerhalb des erlaubten Fehlers $[HCN] = 1{,}00$ ist. Damit gilt:

$$K_s = \frac{[H^+][CN^-]}{[HCN]} \qquad \text{oder} \qquad 4{,}93 \cdot 10^{-10} = \frac{x^2}{1{,}00}$$

Woraus $x = 2{,}22 \cdot 10^{-5}$ resultiert.

$$\text{Prozentuale Dissoziation} = \frac{\text{ionisierte HCN}}{\text{gesamte HCN}} \cdot 100\% = \frac{2{,}22 \cdot 10^{-5}\ \text{mol/l}}{1{,}00\ \text{mol/l}} \cdot 100\% = 0{,}002\,22\%$$

Überprüfung der Näherungen: (1) x (= $2{,}22 \cdot 10^{-5}$) ist im Vergleich zu 1,00 tatsächlich sehr klein; (2) $[H^+]$ in neutralem Wasser beträgt nur $1 \cdot 10^{-7}$, was < 1% von x ist. Darüberhinaus wird die Dissoziation von Wasser durch die Anwesenheit der Säure noch weiter unterdrückt.

17.12. $[H^+]$ in einer 0,020 M Lösung von Benzoesäure beträgt $1{,}1 \cdot 10^{-3}$. Berechnen Sie aus dieser Information K_S für die Säure.

$$C_6H_5CO_2H \rightleftharpoons H^+ + C_6H_5CO_2^-$$

Da das Wasserstoff-Ion und das Benzoat-Ion nur aus der Dissoziation der Säure kommen, müssen ihre Konzentrationen gleich sein. (Wir haben den Beitrag der Dissoziation von Wasser zu $[H^+]$ vernachlässigt.)

$$[H^+] + [C_6H_5CO_2^-] = 1{,}1 \cdot 10^{-3} \qquad [C_6H_5CO_2H] = 0{,}020 - (1{,}1 \cdot 10^{-3}) = 0{,}019$$

$$K_s = \frac{[H^+][C_6H_5CO_2^-]}{[C_6H_5CO_2H]} = \frac{(1{,}1 \cdot 10^{-3})^2}{0{,}019} = 6{,}4 \cdot 10^{-5}$$

17.13. Die Dissoziationskonstante von Ameisensäure HCO_2H beträgt $1{,}77 \cdot 10^{-4}$. Wie groß ist die prozentuale Dissoziation einer 0,001 00 M Lösung dieser Säure?

Sei $x = [H^+] = [HCO_2^-]$, dann ist $[HCO_2H] = 0{,}001\,00 - x$. Nehmen Sie an, daß wie in Aufgabe 17.11. die prozentuale Dissoziation geringer als 10 Prozent ist und daß die Ameisensäure-Konzentration von $0{,}001\,00 - x$ durch 0,001 00 genähert werden kann. Damit ergibt sich:

$$K_s = \frac{[H^+][HCO_2^-]}{[HCO_2H]} = \frac{x^2}{0{,}00100} = 1{,}77 \cdot 10^{-4} \qquad \text{oder} \qquad x = 4{,}2 \cdot 10^{-4}$$

Bei der Überprüfung der Näherung erkennen wir, daß x im Vergleich zu 0,001 00 nicht vernachlässigbar ist. Daher muß die Näherung und die auf ihr basierende Lösung verworfen werden, und wir müssen die vollständige quadratische Form der Gleichung lösen:

$$\frac{x^2}{0{,}001\,00 - x} = 1{,}77 \cdot 10^{-4}$$

Auflösung ergibt $x = 3{,}4 \cdot 10^{-4}$. (Wir verwerfen die negative Wurzel $-5{,}2 \cdot 10^{-4}$.)

$$\text{Prozentuale Dissoziation} = \frac{\text{ionisierte } HCO_2H}{\text{gesamte } HCO_2H} \cdot 100\% = \frac{3{,}4 \cdot 10^{-4}}{0{,}001\,00} \cdot 100\% = 34\%$$

Diese exakte Lösung (34 Prozent Dissoziation) zeigt, daß die auf der ursprünglichen Näherung basierende Lösung fast 25% zu hoch lag.

17.14. Welche Konzentration von Essigsäure ist nötig, um eine $[H^+]$ von $3{,}5 \cdot 10^{-4}$ zu erzielen? K_S beträgt $1{,}75 \cdot 10^{-5}$.

Sei x = Anzahl Mol Essigsäure pro Liter.

$$[H^+] = [CH_3CO_2^-] = 3{,}5 \cdot 10^{-4} \qquad [CH_3HO_2H] = x - 3{,}5 \cdot 10^{-4}$$

$$\frac{[H^+][CH_3CO_2^-]}{[CH_3CO_2H]} = \frac{(3{,}5 \cdot 10^{-4})^2}{x - 3{,}5 \cdot 10^{-4}} = 1{,}75 \cdot 10^{-5} \qquad \text{oder} \qquad x = 7{,}3 \cdot 10^{-3}$$

17.15. Eine 0,100 M Lösung einer Säure (Dichte = 1,010 g/cm³) ist zu 4,5 Prozent dissoziiert. Berechnen Sie den Gefrierpunkt der Lösung. Die molare Masse der Säure beträgt 300.

Wir müssen zunächst die Molalität der Lösung bestimmen, d.h. die Anzahl Mol Säure, die in 1 kg Wasser gelöst sind.

$$\text{Masse von 1 l Lösung} = (1{,}000\ \text{cm}^3)(1{,}010\ \text{g/cm}^3) = 1\,010\ \text{g}$$
$$\text{Masse Gelöstes in 1 l Lösung} = (0{,}100\ \text{mol})(300\ \text{g/mol}) = 30\ \text{g}$$
$$\text{Masse Wasser in 1 l Lösung} = 1\,010\ \text{g} - 30\ \text{g} = 980\ \text{g}$$

$$\text{Molalität der Lösung} = \frac{0{,}100\ \text{mol Säure}}{0{,}980\ \text{kg Wasser}} = 0{,}102\ \ \text{mol/kg}$$

Wenn die Säure überhaupt nicht dissoziiert wäre, wäre die Gefrierpunktserniedrigung:

$$1{,}86 \cdot 0{,}102 = 0{,}190°\text{C}$$

(s. Kapitel 14). Wegen der Ionisation ist die Gesamtzahl gelöster Teilchen größer als 0,102 mol pro kg Lösungsmittel. Die Gefrierpunktserniedrigung wird durch die Gesamtzahl gelöster Teilchen bestimmt, unabhängig davon, ob diese geladen oder ungeladen sind.
Sei a = dissoziierter Bruchteil. Für jedes Mol Säure, daß zur Lösung zugegeben wird, gibt es $(1 - a)$ mol nicht dissoziierter Säure im Gleichgewicht, a mol H^+ und a mol anionischer Base (konjugat zur Säure) oder eine Gesamtzahl von $(1 + a)$ mol gelöster Teilchen. Daher ist die Molalität bezüglich aller gelöster Teilchen das $(1 + a)$-fache der ohne Berücksichtigung der Dissoziation berechneten Molalität.

$$\text{Gefrierpunktserniedrigung} = (1 + a)(1{,}86)(0{,}102) = (1{,}045)(1{,}86)(0{,}102) = 0{,}198\ °\text{C}$$

Der Gefrierpunkt der Lösung beträgt –0,198 °C.

17.16. Es wurde eine Lösung hergestellt, die 0,010 0 M an Chloressigsäure $ClCH_2CO_2H$ und 0,002 0 M an Natriumchloracetat $ClCH_2CO_2Na$ war. K_S für Chloressigsäure beträgt $1{,}40 \cdot 10^{-3}$. Wie groß ist $[H^+]$ in der Lösung?

Wir könnten wie in Teil (*d*) von Aufgabe 17.9. vorgehen und annehmen, daß die Konzentration des Chloracetat-Ions durch die molare Konzentration des Natriumsalzes von 0,002 0 genähert werden kann und daß die Dissoziation der Säure klein ist. Sei $[H^+] = x$.

$$[\text{ClCH}_2\text{CO}_2^-] = 0{,}002\ 0 + x \approx 0{,}002\ 0 \qquad [\text{ClCH}_2\text{CO}_2\text{H}] = 0{,}010\ 0 - x \approx 0{,}010\ 0$$

Dann ist: $$x = [\text{H}^+] = K_s \frac{[\text{ClCH}_2\text{CO}_2\text{H}]}{[\text{ClCH}_2\text{CO}_2^-]} = (1{,}40 \cdot 10^{-3})\left(\frac{0{,}0100 - x}{0{,}0020 + x}\right)$$

Überprüfung: Wir erkennen, daß die Näherung zu einer Selbst-Inkonsistenz führt. Der erhaltene Wert von x, $7{,}0 \cdot 10^{-3}$, kann weder gegenüber 0,002 0 noch gegenüber 0,010 0 vernachlässigt werden.

Wir müssen nochmals ohne die vereinfachenden Annahmen beginnen.

$$x = [\text{H}^+] = (1{,}40 \cdot 10^{-3})\left(\frac{0{,}0100 - x}{0{,}0020 + x}\right)$$

Die Lösung der resultierenden quadratischen Gleichung liefert den richtigen Wert für $[H^+]$, nämlich $2{,}4 \cdot 10^{-3}$.

Chloressigsäure ist offensichtlich so stark, daß der gleiche-Ionen-Effekt ihre Dissoziation nicht auf einen vernachlässigbar kleinen Wert drückt. Ein Hinweis auf diese Tatsache ist der relativ große Wert von K_S.

17.17. Berechnen Sie $[H^+]$ und $[CH_3CO_2^-]$ in einer Lösung, die 0,100 M an CH_3CO_2H und 0,050 M an HCl ist. K_S für $HC_2H_3O_2$ beträgt $1{,}75 \cdot 10^{-5}$.

Die HCl liefert so viel mehr H^+ als die $HC_2H_3O_2$, daß wir $[H^+]$ mit der molaren Konzentration der HCl, 0,050 gleichsetzen können. Dies ist ein weiteres Beispiel des gleiche-Ionen-Effekts.

Wenn dann $[C_2H_3O_2^-] = x$ ist, haben wir $[HC_2H_3O_2] = 0{,}100 - x \approx 0{,}100$ und

$$[\text{CH}_3\text{CO}_2^-] = \frac{[\text{CH}_3\text{CO}_2\text{H}]K_s}{[\text{H}^+]} = \frac{(0{,}100)(1{,}75 \cdot 10^{-5})}{0{,}050} = 3{,}5 \cdot 10^{-5}$$

Überprüfung der Näherungen: (1) Der Beitrag der Essigsäure zu $[H^+]$, x, ist, verglichen mit 0,050, tatsächlich klein; (2) x ist, verglichen mit 0,100, tatsächlich klein.

17.18. Berechnen Sie [H$^+$], [$CH_3CO_2^-$] und [CN^-] in einer Lösung, die 0,100 M an CH_3CO_2H (K_S = 1,75 · 10^{-5}) und 0,200 M an HCN (K_S = 4,93 · 10^{-10}) ist.

Diese Aufgabe ist in der Hinsicht ähnlich zur vorigen, daß eine der Säuren, die Essigsäure, die andere bezüglich des Beitrags zur Gesamt-[H$^+$] der Lösung vollständig dominiert. Wir begründen diese Annahme mit der Tatsache, daß K_S für CH_3CO_2H viel größer ist als für HCN; wir werden diese Annahme nach der Lösung der Aufgabe überprüfen. Wir werden beginnen, indem wir die Essigsäure so behandeln, als wäre die HCN nicht anwesend.

Sei [H$^+$] = [$CH_3CO_2^-$] = x; dann ist [CH_3CO_2H] = 0,100 – x ≈ 0,100 und

$$\frac{[H^+][CH_3CO_2^-]}{[CH_3CO_2H]} = \frac{x^2}{0,100} = 1,75 \cdot 10^{-5} \qquad \text{oder} \qquad x = 1,32 \cdot 10^{-3}$$

Überprüfung der Näherung: x ist tatsächlich klein im Vergleich zu 0,100.

Jetzt behandeln wir das HCN-Gleichgewicht, daß sich bei einem durch die Essigsäure bestimmten Wert von [H$^+$] (1,32 · 10^{-3}) einstellt. Sei [CN^-] = y, dann gilt:

$$[HCN] = 0,200 - y \approx 0,200$$

und $$y = [CN^-] = \frac{K_s[HCN]}{[H^+]} = \frac{(4,93 \cdot 10^{-10})(0,200)}{1,32 \times 10^{-3}} = 7,5 \cdot 10^{-8}$$

Überprüfung der Näherung: (1) y ist tatsächlich klein gegenüber 0,200; (2) die von der HCN-Dissoziation gelieferte H$^+$-Menge, die gleich der gebildeten Menge CN^- (7,5 · 10^{-8} mol/l) ist, ist im Vergleich mit der H$^+$-Menge, die von der $HC_2H_3O_2$ beigetragen wird (1,32 · 10^{-3} mol/l), tatsächlich sehr klein.

17.19. Berechnen Sie [H$^+$] in einer Lösung, die 0,100 M an HCOOH (K_S = 1,77 · 10^{-4}) und 0,100 M an HOCN (K_S = 3,3 · 10^{-4}) ist.

Dies ist ein Fall, bei dem zwei schwache Säuren beide zu [H$^+$] beitragen und keine einen so viel größeren Beitrag leistet, daß der der anderen vernachlässigt werden könnte.

$$HCOOH \rightleftharpoons H^+ + HCO_2^- \qquad HOCN \rightleftharpoons H^+ + OCN^-$$

	HCOOH	H$^+$	HCO_2^-	HOCN	H$^+$	OCN^-
M (Anfang):	0,100	0	0	0,100	0	0
Änderung durch die Reaktion:	$-x$	$+x$	$+x$	$-x$	$+x$	$+x$
M (Gleichgewicht):	$0,100-x$	$x+y$	x	$0,100-x$	$x+y$	y
Gesch. M (Gleichgewicht):	0,100	$x+y$	x	0,100	$x+y$	y

Die letzte Zeile in der obigen Aufstellung basiert auf der Annahme, daß x und y beide im Vergleich zu 0,100 klein sind.

$$\frac{x(x+y)}{0,100} = 1,77 \cdot 10^{-4} \qquad \frac{y(x+y)}{0,100} = 3,3 \cdot 10^{-4}$$

Division der HOCN-Gleichung durch die HCOOH-Gleichung liefert:

$$\frac{y}{x} = \frac{3,3}{1,77} = 1,86 \qquad \text{oder} \qquad y = 1,86x$$

Subtraktion der HCOOH-Gleichung von der HOCN-Gleichung liefert:

$$\frac{y(x+y) - x(x+y)}{0,100} = 1,5 \cdot 10^{-4} \qquad \text{oder} \qquad y^2 - x^2 = 1,5 \cdot 10^{-5}$$

Substituieren Sie y = 1,86 x in die letzte Gleichung und lösen Sie auf: x = 2,5 · 10^{-3}. Dann gilt:

$$y = 1,86x = 4,6 \cdot 10^{-3} \qquad \text{und} \qquad [H^+] = x + y = 7,1 \cdot 10^{-3}$$

Überprüfung der Näherungen: Die Werte von x und y sind weniger als 10 Prozent von 0,100. (Sie sind nicht viel kleiner als 10 Prozent. In diesem Fall liegen wir gerade an der Fehlergrenze, die wir in diesem Kapitel erlauben.)

DISSOZIATION VON WASSER

17.20. Berechnen Sie $[H^+]$ und $[OH^-]$ in 0,100 M CH_3CO_2H, die zu 1,31 Prozent dissoziiert ist.

$$[H^+] = (0{,}013\ 1)(0{,}100) = 1{,}31 \cdot 10^{-3}$$

$$\left[OH^-\right] = \frac{1{,}00 \cdot 10^{-14}}{\left[H^+\right]} = \frac{1{,}00 \cdot 10^{-14}}{1{,}31 \cdot 10^{-3}} = 7{,}6 \cdot 10^{-12}$$

Beachten Sie, daß $[H^+]$ berechnet wird, als ob nur CH_3CO_2H dazu beitragen würde, während $[OH^-]$ auf der Dissoziation von Wasser beruht. Wenn Wasser unter Bildung von OH^- dissoziiert, muß es offensichtlich gleichzeitig dieselbe Menge H^+ zur Verfügung stellen. Bei der Lösung wird die Annahme impliziert, daß der Beitrag des Wassers zu H^+ ($7{,}6 \cdot 10^{-12}$ mol/l) im Vergleich zu dem von CH_3CO_2H vernachlässigbar ist. Diese Annahme gilt für alle außer den verdünntesten oder schwächsten Säurelösungen. Bei der Berechnung von $[OH^-]$ ist jedoch Wasser die einzige Quelle und kann daher nicht übergangen werden.

17.21. Bestimmen Sie $[OH^-]$ und $[H^+]$ in einer 0,010 0 M Ammoniaklösung, die zu 4,1 Prozent dissoziiert ist.

$$[OH^-] = (0{,}041)(0{,}010\ 0) = 4{,}1 \cdot 10^{-4}$$

$$\left[H^+\right] = \frac{1{,}00 \cdot 10^{-14}}{\left[OH^-\right]} = \frac{1{,}00 \cdot 10^{-14}}{4{,}1 \cdot 10^{-4}} = 2{,}4 \cdot 10^{-11}$$

Hier haben wir die Annahme gemacht, daß der Beitrag von Wasser zu $[OH^-]$ (der gleich $[H^+]$ oder $2{,}4 \cdot 10^{-11}$ ist) im Vergleich zu dem von NH_3 vernachlässigbar ist. Zur Berechnung von $[H^+]$ wird K_w verwendet, da Wasser der einzige Lieferant von H^+ ist. Im allgemeinen kann $[H^+]$ für saure Lösungen normalerweise ohne Berücksichtigung des Gleichgewichts für die Wasserdissoziation berechnet werden. In dem Fall verwendet man K_w zur Berechnung von $[OH^-]$. Umgekehrt kann $[OH^-]$ für basische Lösungen ohne Berücksichtigung des Wassergleichgewichts bestimmt werden, K_w dient dann zur Berechnung von $[H^+]$.

17.22. Drücken Sie die folgenden H^+-Konzentrationen als pH-Werte aus: (*a*) $1 \cdot 10^{-3}$ mol/l; (*b*) $5{,}4 \cdot 10^{-9}$ mol/l.

(*a*) $$pH = -\log\left[H^+\right] = -\log 10^{-3} = 3$$

(*b*) $$pH = -\log\left[H^+\right] = -\log(5{,}4 \cdot 10^{-9}) = -\log 5{,}4 + 9 = -0{,}73 + 9 = 8{,}27$$

Teil (*b*) kann auf einem elektronischen Taschenrechner erledigt werden, indem man einfach $5{,}4 \cdot 10^{-9}$ eingibt, LOG drückt und das Vorzeichen des Ergebnisses ändert. Die hier (und in den folgenden Aufgaben) verwendete Darstellung wäre nötig, wenn die Verwendung einer Logarithmentafel nötig gewesen wäre. Studenten (von denen praktisch jeder einen Taschenrechner hat) sollten diese Beispiele trotzdem durcharbeiten, um ein besseres Verständnis für das Verhalten von Logarithmen zu bekommen.

17.23. Berechnen Sie unter Annahme vollständiger Dissoziation die pH-Werte von (*a*) $4{,}9 \cdot 10^{-4}$ N Säure; (*b*) 0,001 6 N Base.

(*a*) Hier gilt $[H^+] = 4{,}9 \cdot 10^{-4}$ (die Definition der Normalität ist in Kapitel 12 angegeben)

$$pH = -\log[H^+] = -\log(4{,}9 \cdot 10^{-4}) = -\log 4{,}9 + 4 = -0{,}69 + 4 = 3{,}31$$

(*b*) $$\left[H^+\right] = \frac{10^{-14}}{\left[OH^-\right]} = \frac{10^{-14}}{1{,}6 \cdot 10^{-3}}$$

$$pH = -\log\left[H^+\right] = -\log\frac{10^{-14}}{1{,}6 \cdot 10^{-3}} = -(-14 - \log 1{,}6 + 3) = 14 + 0{,}20 - 3 = 11{,}20$$

17.24. Wandeln Sie die folgenden pH-Werte in $[H^+]$-Werte um: (*a*) 4; (*b*) 3,6.

(*a*)
$$[H^+] = 10^{-pH} = 10^{-4}$$

(*b*)
$$[H^+] = 10^{-pH} = 10^{-3,6} = 10^{0,4-4} = 10^{0,4} \cdot 10^{-4}$$

Aus der Logarithmentafel liest man ab:

$$10^{0,4} = \text{antilog } 0,4 = 2,5$$

und damit ist $[H^+] = 2,5 \cdot 10^{-4}$

Beachten Sie, daß man eine negative Zahl wie –3,6 oder –0,6 nicht in der Logarithmentafel finden kann. In den gedruckten Tabellen erscheinen nur positive Mantissen. Die positive Mantisse wurde durch Addition und Subtraktion des nächst höheren ganzzahligen Wertes zur negativen Zahl erhalten: –3,6 = 4,0 – 3,6 – 4,0 = 0,4 – 4,0. Damit kann 0,4 als Logarithmus von 2,5 bestimmt werden.

Wenn Sie einen Rechner verwenden, tippen Sie einfach 3,6 ein, drücken "+/–", um auf –3,6 zu wechseln und dann LOG^{-1} um die Lösung zu erhalten. (Achtung: Nicht alle Taschenrechner sind gleich. Wenn die hier gegebenen Anleitungen nicht funktionieren, sehen Sie in der Bedienungsanleitung Ihres Rechners nach.)

17.25. Wie groß ist der pH-Wert von (*a*) $5,0 \cdot 10^{-8}$ M HCl; (*b*) $5,0 \cdot 10^{-10}$ M HCl ?

(*a*) Wenn wir nur den Beitrag der HCl zur Azidität der Lösung betrachten würden, wäre $[H^+] = 5,0 \cdot 10^{-8}$ und der pH-Wert größer als 7. Dies kann offensichtlich nicht wahr sein, weil die Lösung einer reinen Säure, egal wie verdünnt, niemals weniger sauer sein kann als reines Wasser selbst. Bei dieser Aufgabe ist es notwendig, etwas zu berücksichtigen, was wir bei allen vorherigen Aufgaben, die mit Säurelösungen zu tun hatten, vernachlässigt haben: Den Beitrag von Wasser zur Gesamtazidität. Eine vollständige Analyse des Gleichgewichts der Wasserdissoziation ist nötig:

	$H_2O \rightleftharpoons$	H^+ +	OH^-
M aus HCl:		$5,0 \cdot 10^{8}$	
Änderung durch Dissoziation von H_2O:		x	x
M im Gleichgewicht:		$5,0 \cdot 10^{-8} + x$	x

$$K_w = [H^+][OH^-] = (5,0 \cdot 10^{-8} + x)x = 1,00 \cdot 10^{-14}$$

Die Lösung der quadratischen Gleichung liefert das Ergebnis: $x = 0,78 \cdot 10^{-7}$. Damit ist $[H^+] = 5,0 \cdot 10^{-8} + x = 1,28 \cdot 10^{-7}$ und:

$$pH = -\log (1,28 \cdot 10^{-7}) = 6,89$$

(*b*) Obwohl auch hier die Methode aus (*a*) verwendet werden könnte, kann man das Problem vereinfachen, indem man feststellt, daß die HCl so verdünnt ist, daß sie im Vergleich zur Dissoziation von Wasser nur einen vernachlässigbaren Beitrag zu $[H^+]$ liefert. Wir können daher direkt schreiben: $[H^+] = 1,00 \cdot 10^{-7}$ und pH = 7,00.

HYDROLYSE

17.26. Berechnen Sie das Ausmaß der Hydrolyse in einer 0,010 0 M Lösung von NH_4Cl. K_B von NH_3 beträgt $1,75 \cdot 10^{-5}$.

$$NH_4^+ \rightleftharpoons NH_3 + H^+$$

$$K_s = \frac{[NH_3][H^+]}{[NH_4^+]} = \frac{K_w}{K_b} = \frac{1,00 \cdot 10^{-14}}{1,75 \cdot 10^{-5}} = 5,7 \cdot 10^{-10}$$

Nach der Reaktionsgleichung werden gleiche Mengen von NH_3 und H^+ gebildet. Sei $x = [NH_3] = [H^+]$. Dann ist:

$$[NH_4^+] = 0,010\ 0 - x \approx 0,010\ 0$$

und
$$K_s = \frac{[NH_3][H^+]}{[NH_4^+]} \quad \text{ergibt} \quad 5,7 \cdot 10^{-10} = \frac{x^2}{0,0100}$$

Die Auflösung ergibt: $x = 2{,}4 \cdot 10^{-6}$. *Überprüfung der Näherung*: x ist im Vergleich zu 0,010 0 sehr klein.

$$\text{Hydrolysierter Bruchteil} = \frac{\text{hydrolysierte Menge}}{\text{Gesamtenge}} = \frac{2{,}24 \cdot 10^{-6}\ \text{mol/l}}{0{,}0010\ \text{mol/l}} = 2{,}4 \cdot 10^{-4} = 0{,}024\%$$

17.27. Berechnen Sie $[OH^-]$ in einer 1,00 M Lösung von NaOCN. K_S von HOCN beträgt $3{,}5 \cdot 10^{-4}$.

$$OCN^- + H_2O \rightleftharpoons HOCN + OH^-$$

$$K_b = \frac{[OH^-][HOCN]}{[OCN^-]} = \frac{K_w}{K_s} = \frac{1{,}00 \cdot 10^{-14}}{3{,}5 \cdot 10^{-4}} = 2{,}9 \cdot 10^{-11}$$

Da die Quelle von OH^- und HOCN die Hydrolysereaktion ist, müssen beide in gleichen Konzentrationen vorkommen. Sei $x = [OH^-] = [HOCN]$. Dann gilt

$$[OCN^-] = 1{,}00 - x \approx 1{,}00$$

und

$$K_b = 2{,}9 \cdot 10^{-11} = \frac{x^2}{1{,}00}$$

wobei $x = [OH^-] = 5{,}4 \cdot 10^{-6}$ ist.

Überprüfung der Näherung: x ist im Vergleich zu 1,00 sehr klein.

17.28. Die Säuredissoziations- (Hydrolyse-) Konstante von Zn^{2+} beträgt $3{,}3 \cdot 10^{-10}$. (*a*) Berechnen Sie den pH-Wert einer 0,001 0 M Lösung von $ZnCl_2$. (*b*) Wie groß ist die Basendissoziationskonstante von $Zn(OH)^+$?

(*a*) $Zn^{2+} + H_2O \rightleftharpoons Zn(OH)^+ + H^+$ $\qquad K_s = \frac{[Zn(OH)^+][H^+]}{[Zn^{2+}]} = 2{,}3 \cdot 10^{-10}$

Sei $x = [Zn(OH)^+] = [H^+]$. Dann ist $[Zn^{2+}] = 0{,}001\,0 - x \approx 0{,}001\,0$ und

$$\frac{x^2}{0{,}0010} = 3{,}3 \cdot 10^{-10} \qquad \text{oder} \qquad x = [H^+] = 5{,}7 \cdot 10^{-7}$$

$$pH = -\log(5{,}7 \cdot 10^{-7}) = -\log 10^{-6.24} = +6{,}24$$

Überprüfung der Näherung: x ist im Vergleich zu 0,001 0 sehr klein.

(*b*) Zn^{2+} als Säure ist konjugat zur Base $Zn(OH)^+$. Für die Basendissoziation gilt:

$$Zn(OH)^+ \rightleftharpoons Zn^{2+} + OH^- \qquad K_b = \frac{K_w}{K_{s(Zn^{2+})}} = \frac{1{,}00 \cdot 10^{-14}}{3{,}3 \cdot 10^{-10}} = 3{,}0 \cdot 10^{-5}$$

17.29. Berechnen Sie das Ausmaß der Hydrolyse und den pH-Wert einer 0,010 0 M $CH_3CO_2NH_4$-Lösung. K_S von CH_3CO_2H beträgt $1{,}75 \cdot 10^{-5}$ und K_B von NH_3 $1{,}75 \cdot 10^{-5}$.

In diesem Fall hydrolysieren sowohl Kation als auch Anion.

$$\text{Für } NH_4^+\text{:} \quad K_s = \frac{K_w}{K_{b(NH_3)}} = \frac{1{,}00 \cdot 10^{-14}}{1{,}75 \cdot 10^{-5}} = 5{,}7 \cdot 10^{-10}$$

$$\text{Für } C_2H_3O_2^-\text{:} \quad K_b = \frac{K_w}{K_{s(CH_3CO_2H)}} = \frac{1{,}00 \cdot 10^{-14}}{1{,}75 \cdot 10^{-5}} = 5{,}7 \cdot 10^{-10}$$

Zufällig sind die Hydrolysekonstanten dieser beiden Ionen identisch. Die Produktion von H^+ durch NH_4^+-Hydrolyse muß daher exakt der Produktion von OH^- durch CH_3CO_2H-Hydrolyse entsprechen. Das durch die Hydrolyse gebildete H^+ und OH^- neutralisiert sich gegenseitig, und das Dissoziationsgleichgewicht von Wasser bleibt unverändert. Die Lösung reagiert daher neutral, $[H^+] = [OH^-] = 1{,}00 \cdot 10^{-7}$, und der pH-Wert ist 7,00.

Für die NH_4^+-Hydrolyse gilt:

$$\frac{[NH_3][H^+]}{[NH_4^+]} = K_s = 5,7 \cdot 10^{-10}$$

Sei $x = [NH_3]$. Dann ist $0,010\,0 - x = [NH_4^+]$ und es gilt:

$$\frac{x(1,00 \cdot 10^{-7})}{0,0100 - x} = 5,7 \cdot 10^{-10} \qquad \text{oder} \qquad x = 5,7 \cdot 10^{-5}$$

$$\text{Prozentsatz hydrolysiertes } NH_4^+ = \frac{5,7 \cdot 10^{-5}}{0,010\;0} \cdot 100\% = 0,57\%$$

Die prozentuale Hydrolyse des Acetat-Ions muß daher 0,57% betragen, weil die Gleichgewichtskonstante der Hydrolyse die gleiche ist.

Beachten Sie beim Vergleich dieses Ergebnisses mit Aufgabe 17.26., daß die prozentuale Hydrolyse von NH_4^+ in der Gegenwart eines hydrolysierenden Anions größer ist. Der Grund hierfür ist der, daß die gegenseitige Entfernung eines Teils der Produkte der beiden Hydrolysen (H^+ und OH^-) durch die Gleichgewichtsreaktion des Wassers einen vollständigeren Ablauf der beiden Hydrolysen erlaubt.

17.30. Berechnen Sie den pH-Wert einer 0,100 M Lösung von NH_4OCN. K_B von NH_3 beträgt $1,75 \cdot 10^{-5}$ und K_S von HOCN $3,5 \cdot 10^{-4}$.

Wie in Aufgabe 17.29. hydrolysiert sowohl das Kation als auch das Anion. Da NH_3 eine schwächere Base als HOCN eine Säure ist, hydrolysiert NH_4^+ jedoch stärker als OCN^-, und der pH-Wert der Lösung ist niedriger als 7. Um die elektrische Neutralität zu wahren, kann es keinen großen Unterschied zwischen $[NH_4^+]$ und $[OCN^-]$ geben. (Der Ausgleich eines kleinen Unterschieds könnte durch $[H^+]$ oder $[OH^-]$ erfolgen.) Daher muß $[NH_3]$ praktisch gleich zu [HOCN] sein, und wir werden tatsächlich annehmen, daß beide Konzentrationen gleich sind.

Sei $x = [NH_3] = [HOCN]$. Dann ist $0,100 - x = [NH_4^+] = [OCN^-]$.

Für NH_4^+: $$K_s \frac{[NH_3][H^+]}{[NH_4^+]} = \frac{K_w}{K_b} = \frac{1,00 \cdot 10^{-14}}{3,5 \cdot 10^{-4}} = 2,9 \cdot 10^{-11}$$

und: $$[H^+] = (5,7 \cdot 10^{-10})\left(\frac{0,100 - x}{x}\right) \qquad (1)$$

Für OCN^-: $$K_b \frac{[HOCN][H^-]}{[OCN^-]} = \frac{K_w}{K_S} = \frac{1,00 \cdot 10^{-14}}{3,5 \cdot 10^{-4}} = 2,9 \cdot 10^{-11}$$

und: $$[OH^-] = (2,9 \cdot 10^{-11})\left(\frac{0,100 - x}{x}\right) \qquad (2)$$

Division von (*1*) durch (*2*) liefert:

$$\frac{[H^+]}{[OH^-]} = \frac{5,7 \cdot 10^{-10}}{2,9 \cdot 10^{-11}} = 19,7 \qquad (3)$$

Außerdem müssen $[H^+]$ und $[OH^-]$ die K_w-Beziehung erfüllen:

$$[H^+][OH^-] = K_w = 1,00 \cdot 10^{-14} \qquad (4)$$

Durch Multiplikation von (*3*) und (*4*) erhalten wir:

$$[H^+]^2 = 19,7 \cdot 10^{-14} \qquad [H^+] = 4,4 \cdot 10^{-7} \qquad pH = -\log [H^+] = 6,36$$

Überprüfung der Näherung: Unsere Annahme, daß $[NH_3]$ = [HOCN] ist, gilt nur, wenn $[H^+]$ und $[OH^-]$ viel kleiner als $[NH_3]$ und [HOCN] sind. Wir werden daher nach x, der $[NH_3]$ bzw. [HOCN], auflösen. Aus (*1*) ergibt sich:

$$x = \frac{(5,7 \cdot 10^{-10})(0,100 - x)}{[H^+]} = \frac{(5,7 \cdot 10^{-10})(0,100 - x)}{4,4 \cdot 10^{-7}} \approx 1,3 \cdot 10^{-4} \qquad (5)$$

Sowohl $[H^+]$ als auch $[OH^-]$ sind im Vergleich zu x klein.

Nach der Lösung dieser Aufgabe scheint es so, als ob der pH-Wert unabhängig von der NH_4OCN-Konzentration wäre. Das ist bei ausreichend hohen Konzentrationen auch der Fall. Jedoch nimmt x, wie in (*5*) gezeigt, mit der Anfangskonzentration ab, so daß bei wesentlich niedrigeren Konzentrationen die vereinfachenden Annahmen keine Gültigkeit mehr besitzen. (Die Aufgabe kann auch dann noch durch die explizite Berücksichtigung der Gleichheit der elektrischen Ladung gelöst werden, die Lösung wird allerdings sehr kompliziert.)

MEHRPROTONIGE SÄUREN

17.31. Berechnen Sie die H^+-Konzentration einer 0,10 M H_2S-Lösung. K_1 und K_2 von H_2S sind jeweils $1,0 \cdot 10^{-7}$ bzw. $1,2 \cdot 10^{-13}$.

Die größte Menge H^+ resultiert aus der ersten Dissoziation:
Sei $x = [H^+] = [HS^-]$. Dann ist $[H_2S] = 0,10 - x \approx 0,10$.

$$K_1 \frac{[H^+][HS^-]}{[H_2S]} \quad \text{oder} \quad 1,0 \cdot 10^{-7} = \frac{x^2}{0,10} \quad \text{oder} \quad x = 1,0 \cdot 10^{-4}$$

Überprüfung der Näherungen: (1) x ist gegenüber 0,10 tatsächlich klein. (2) Für den obigen Wert von $[H^+]$ und $[HS^-]$ ist das Ausmaß der zweiten Dissoziation gegeben durch:

$$[S^{2-}] \frac{K_2[HS^-]}{[H^+]} = \frac{(1,2 \cdot 10^{-13})(1,0 \cdot 10^{-4})}{(1,0 \cdot 10^{-4})} = 1,2 \cdot 10^{-13}$$

Das Ausmaß der zweiten Dissoziation ist so klein, daß es im Vergleich zur Berechnung der ersten Dissoziation $[HS^-]$ nicht mehr wesentlich senkt oder $[H^+]$ erhöht. Dieses Ergebnis, nach dem in einer Lösung einer mehprotonigen Säure die Konzentration der konjugaten Base, die durch die zweite Dissoziation entsteht, numerisch gleich zu K_2 ist, findet man allgemein, wenn das Ausmaß der zweiten Dissoziation weniger als 5 Prozent beträgt.

17.32. Berechnen Sie die Konzentration von $C_6H_4(CO_2^-)_2$ (*a*) in einer 0,010 M Lösung von $C_6H_4(CO_2H)_2$; (*b*) in einer Lösung, die bezüglich $C_6H_4(CO_2H)_2$ 0,010 M und bezüglich HCl 0,020 M ist. Die Dissoziationskonstanten von $C_6H_4(CO_2H)_2$ (Phthalsäure) lauten:

$$C_6H_4(CO_2H)_2 \rightleftharpoons H + C_6H_4(CO_2^-)CO_2H \qquad K_1 = 1,3 \cdot 10^{-3}$$
$$C_6H_4(CO_2^-)CO \rightleftharpoons H + C_6H_4(CO_2^-)_2 \qquad K_2 = 3,9 \cdot 10^{-6}$$

(*a*) Wenn es keine zweite Dissoziation gäbe, könnte $[H^+]$ auf der Grundlage der K_1-Gleichung berechnet werden.

$$\frac{x^2}{0,010 - x} = 1,3 \cdot 10^{-3} \quad \text{oder} \quad x = [H^+] = [C_6H_4(CO_2^-)CO_2H] = 3,0 \cdot 10^{-3}$$

Beachten Sie, daß es zum Erhalt von x nötig war, die quadratische Gleichung zu lösen. Wenn wir annehmen, daß die zweite Dissoziation $[H^+]$ oder $[C_6H_4(CO_2^-)CO_2H]$ nicht wesentlich beeinflußt, ergibt sich:

$$[C_6H_4(CO_2^-)_2] = \frac{K_2[C_6H_4(CO_2^-)CO_2H]}{[H^+]} = \frac{(3,9 \cdot 10^{-6})(3,0 \cdot 10^{-3})}{3,0 \cdot 10^{-3}} = 3,9 \cdot 10^{-6}$$

Überprüfung der Näherung: Das Ausmaß der zweiten Dissoziation relativ zur ersten

$$\frac{3,9 \cdot 10^{-6}}{3,0 \cdot 10^{-3}} = 1,3 \cdot 10^{-3} = 0,13\%$$

ist ausreichend klein, um die Näherung zu rechtfertigen.

(*b*) Man kann annehmen, daß [H^+] in Lösung genau dem Beitrag der HCl entspricht. Auch unterdrückt diese große Konzentration eines gleichen Ions die Dissoziation der Phthalsäure, so daß wir annehmen, daß [$H_2C_8H_4O_4$] = 0,010 ist. Die am bequemsten zu verwendende Gleichung ist die K_1K_2-Gleichung, da alle in ihr vorkommenden Größen außer einer bekannt sind:

$$\frac{[H^+][C_8H_4O_4^{2-}]}{[H_2C_8H_4O_4]} = K_1K_2 = (1{,}3\cdot 10^{-3})(3{,}9\cdot 10^{-6}) = 5{,}1\cdot 10^{-9}$$

$$[C_8H_4O_4^{2-}] = \frac{(5{,}1\cdot 10^{-9})[H_2C_8H_4O_4]}{[H^+]^2} = \frac{(5{,}1\cdot 10^{-9})(0{,}010)}{(0{,}020)^2} = 1{,}3\cdot 10^{-7}$$

Überprüfung der Näherungen: Auflösung für die erste Dissoziation ergibt:

$$[HC_8H_4O_4^-] = \frac{K_1[H_2C_8H_4O_4]}{[H^+]} = \frac{(1{,}3\cdot 10^{-3})(0{,}010)}{0{,}020} = 6{,}5\cdot 10^{-4}$$

Die durch diese Dissoziation beigetragene Menge H^+ ($6{,}5 \cdot 10^{-4}$ mol/l) ist tatsächlich weniger als 10 Prozent der von der HCl beigetragenen Menge (0,020 mol/l). Die von der zweiten Dissoziation gelieferte Menge ist noch geringer.

17.33. Berechnen Sie das Ausmaß der Hydrolyse von 0,005 M K_2CrO_4-Lösung. Die Dissoziationskonstanten von H_2CrO_4 betragen $K_1 = 0{,}18$ und $K_2 = 3{,}2 \cdot 10^{-7}$.

Genau wie bei der Dissoziation von mehrprotonigen Säuren verläuft die Reaktion bei der Hydrolyse ihrer Salze in aufeinanderfolgenden Schritten. Das Ausmaß der zweiten Stufe ist, verglichen mit dem der ersten, allgemein sehr klein. Dies gilt besonders für diesen Fall, bei dem die H_2CrO_4 bezüglich ihrer ersten Dissoziation eine recht starke Säure ist. Die interessierende Gleichung lautet:

$$CrO_4^- + H_2O \rightleftharpoons HCrO_4^- + OH^-$$

was bedeutet, daß die konjugate Säure des hydrolysierenden CrO_4^{2-} $HCrO_4^-$ ist. Da die Dissoziationskonstante von $HCrO_4^-$ K_2 ist, lautet die Basen-Hydrolysekonstante der Reaktion K_w/K_2.

$$\frac{[OH^-][HCrO_4^-]}{[CrO_4^{2-}]} = K_b = \frac{K_w}{K_2} = \frac{1{,}0\cdot 10^{-14}}{3{,}2\cdot 10^{-7}} = 3{,}1\cdot 10^{-8}$$

Sei $x = [OH^-] = [HCrO_4^-]$. Dann ist $[CrO_4^{2-}] = 0{,}005 - x \approx 0{,}005$ und

$$\frac{x^2}{0{,}005} = 3{,}1\cdot 10^{-8} \qquad \text{oder} \qquad x = 1{,}2\cdot 10^{-5}$$

$$\text{Ausmaß der Hydrolyse} = \frac{1{,}2\cdot 10^{-5}}{0{,}005} = 2{,}4\cdot 10^{-3} = 0{,}24\%$$

Überprüfung der Näherung: x ist verglichen mit 0,005 tatsächlich klein.

17.34. Wie groß ist der pH-Wert einer 0,005 0 M Lösung von Na_2S? Die Dissoziationskonstanten von H_2S betragen $K_1 = 1{,}0 \cdot 10^{-7}$ und $K_2 = 1{,}2 \cdot 10^{-13}$.

Wie in Aufgabe 17.33. ist die erste Stufe der Hydrolyse, die zu HS^- führt, dominierend.

$$S^2 + H_2O \rightleftharpoons HS^- + HO^-$$

$$K_b = \frac{[HS^-][HO^-]}{[S^{2-}]} = \frac{K_w}{K_2} = \frac{1{,}00\cdot 10^{-14}}{1{,}2\cdot 10^{-13}} = 8{,}3\cdot 10^{-2}$$

Wegen des großen Wertes für K_B kann man nicht annehmen, daß die Gleichgewichtskonzentration von S^{2-} näherungsweise der stöchiometrischen Konzentration von 0,005 0 mol/l entspricht. Tatsächlich ist die Hydrolyse so stark, daß der Großteil des S^{2-} zu HS^- umgewandelt wird.

Sei $x = [S^{2-}]$, dann ist $[HS^-] = [OH^-] = 0{,}005\,0 - x$

$$\frac{(0{,}005\ 0-x)^2}{x} = 8{,}3\cdot 10^{-2} \qquad \text{damit ist:} \qquad x = 2{,}7\cdot 10^{-4}$$

$$[OH^-] = 0{,}005\ 0 - 2{,}7\cdot 10^{-4} = 0{,}004\ 7$$

$$pOH = -\log(4{,}7\cdot 10^{-3}) = 2{,}33 \qquad pH = 14{,}00 - 2{,}33 = 11{,}67$$

Überprüfung der Näherung: Betrachten Sie die zweite Stufe der Hydrolyse.

$$HS^- + H_2O \rightleftharpoons H_2S + OH^- \qquad K_b = \frac{K_w}{K_1} = \frac{1{,}00\cdot 10^{-14}}{1{,}0\cdot 10^{-7}} = 1{,}0\cdot 10^{-7}$$

Lösen Sie nach $[H_2S]$ auf, wobei Sie die bereits erhaltenen Werte von $[OH^-]$ und $[HS^-]$ einsetzen:

$$[H_2S] = \frac{K_b[HS^-]}{[OH^-]} = \frac{(1{,}0\cdot 10^{-7})(4{,}7\cdot 10^{-3})}{4{,}7\cdot 10^{-3}} = 1{,}0\cdot 10^{-7}$$

Das Ausmaß der zweiten Hydrolyse im Vergleich zur ersten $(1{,}6\cdot 10^{-7})/(4{,}7\cdot 10^{-3})$ ist tatsächlich klein.

17.35. Berechnen Sie $[H^+]$, $[H_2PO_4^-]$, $[HPO_4^{2-}]$ und $[PO_4^{3-}]$ in 0,010 0 M H_3PO_4. K_1, K_2 und K_3 sind $7{,}52\cdot 10^{-3}$, $6{,}23\cdot 10^{-8}$ und $4{,}5\cdot 10^{-13}$.

Wir beginnen mit der Annahme, daß H^+ hauptsächlich aus der ersten Stufe der Dissoziation kommt und daß die Konzentration eines durch eine Dissoziationsstufe gebildeten Anions durch die nachfolgende Dissoziationsstufe nicht wesentlich erniedrigt wird.

$$H_3PO_4 \rightleftharpoons H^+ + H_2PO_4^- \qquad K_1 = 7{,}52\cdot 10^{-3}$$

Sei $[H^+] = [H_2PO_4^-] = x$. Dann ist $[H_3PO_4] = 0{,}010\,0 - x$ und es gilt:

$$\frac{x^2}{0{,}0100 - x} = 7{,}52\cdot 10^{-3} \qquad \text{oder} \qquad x = 0{,}0057$$

Als nächstes verwenden wir die obigen Werte für $[H^+]$ und $[H_2PO_4^-]$, um nach $[HPO_4^{2-}]$ aufzulösen:

$$H_2PO_4^- \rightleftharpoons H^+ + HPO_4^{2-} \qquad K_2 = 6{,}23\cdot 10^{-8}$$

$$[HPO_4^{2-}] = \frac{K_b[H_2PO_4^-]}{[H^+]} = \frac{(6{,}23\cdot 10^{-8})(0{,}0057)}{0{,}0057} = 6{,}23\cdot 10^{-8}$$

Überprüfung der Näherung: Das Ausmaß der zweiten Dissoziation im Vergleich zur ersten

$$\frac{6{,}23\cdot 10^{-8}}{5{,}7\cdot 10^{-3}}$$

ist in der Tat klein.

Jetzt verwenden wir die obigen Werte für $[H^+]$ und $[HPO_4^{2-}]$, um nach $[PO_4^{3-}]$ aufzulösen:

$$HPO_4^{2-} \rightleftharpoons H^+ + PO_4^{3-} \qquad K_3 = 4{,}5\cdot 10^{-13}$$

$$[PO_4^{3-}] = \frac{K_3[HPO_4^{2-}]}{[H^+]} = \frac{(4{,}5\cdot 10^{-13})(6{,}23\cdot 10^{-8})}{5{,}7\cdot 10^{-3}} = 4{,}9\cdot 10^{-18}$$

Überprüfung der Näherung: Der Abbau von HPO_4^{2-} durch die dritte Stufe ($4{,}9\cdot 10^{-18}$ mol/l) ist ein verschwindend kleiner Bruchteil gegenüber der aufgrund des zweiten Schritts vorhandenen Menge ($6{,}23\cdot 10^{-8}$ mol/l).

17.36. Wie groß ist der pH-Wert einer 0,010 0 M $NaHCO_3$-Lösung? K_1 und K_2 von H_2CO_3 sind $4{,}3\cdot 10^{-7}$ und $5{,}61\cdot 10^{-11}$.

(H_2CO_3 in wäßriger Lösung steht im Gleichgewicht mit gelöstem CO_2, der Hauptspezies. Der hier angegebene Wert von K_1 basiert auf der Gesamtkonzentration beider Neutralspezies. Da dies keine Auswirkung auf die Stöchiometrie oder Ladungsbilanz hat, kann die Aufgabe so bearbeitet werden, als ob alle Neutralspezies in der Form H_2CO_3 vorliegen würden.) Dies besitzt Ähnlichkeit zu Aufgabe 17.30., da es eine Reaktion gibt, die dazu tendiert, die Lösung sauer zu machen (die K_2-Säuredissoziation von HCO_3^-), und eine andere, die dazu tendiert, eine basische Lösung zu erzeugen (die Hydrolyse von HCO_3^-).

$$HCO_3^- \rightleftharpoons H^+ + CO_3^{2-} \qquad K_2 = 5{,}61 \cdot 10^{-11} \qquad (1)$$

$$HCO_3^- + H_2O \rightleftharpoons OH^- + H_2CO_3 \qquad K_b = \frac{K_w}{K_1} = \frac{1{,}00 \cdot 10^{-14}}{4{,}3 \cdot 10^{-7}} = 2{,}3 \cdot 10^{-8} \qquad (2)$$

[Beachten Sie, daß sich die Hydrolyse-Konstante von Reaktion (*2*) auf K_1 bezieht, weil sowohl bei der Hydrolyse als auch beim K_1-Gleichgewicht H_2CO_3 und HCO_3^- beteiligt sind.] Wir erkennen, daß die Gleichgewichtskonstante von (*2*) größer ist als die von (*1*), so daß der pH-Wert mit Sicherheit größer als 7 ist.

Wir nehmen an, daß nach der Selbstneutralisation $[H^+]$ und $[OH^-]$ so klein sind, daß sie keinen nennenswerten Einfluß auf die Ionenladungs-Bilanz haben. Daher kann die elektrische Neutralität allein durch den Erhalt einer festen anionischen Gesamtladung der verschiedenen Carbonat-Spezies gewährleistet werden, weil die kationische Ladung bei 0,010 0 M, der Konzentration von Na^+, fixiert bleibt (unabhängig von den Säure- und Basengleichgewichten). Mit anderen Worten: Für jede negative Ladung, die durch Umwandlung von HCO_3^- in H_2CO_3 entfernt wird, muß eine andere negative Ladung durch Umwandlung von HCO_3^- in CO_3^{2-} geschaffen werden. Dies führt zu den folgenden Bedingungen:

$$[H_2CO_3] = [CO_3^{2-}] = x \qquad [HCO_3^-] = 0{,}010\ 0 - 2x \approx 0{,}010\ 0$$

$$K_2 = \frac{[H^+][CO_3^{2-}]}{[HCO_3^-]} = \frac{[H^+]x}{0{,}010\ 0} = 5{,}61 \cdot 10^{-11} \qquad (3)$$

$$K_b = \frac{[OH^-][H_2CO_3]}{[HCO_3^-]} = \frac{[OH^-]x}{0{,}010\ 0} = 2{,}3 \cdot 10^{-8} \qquad (4)$$

Multiplikation von (*3*) und (*4*) sowie einsetzen von $[H^+][OH^-] = 1{,}00 \cdot 10^{-14}$ liefert:

$$\frac{(1{,}00 \cdot 10^{-14})x^2}{(0{,}010\,0)^2} = (5{,}61 \cdot 10^{-11})(2{,}3 \cdot 10^{-8}) \qquad \text{oder} \qquad x = 1{,}14 \cdot 10^{-4}$$

Vorsorgliche Überprüfung: $2x$ ist im Vergleich zu 0,010 0 tatsächlich klein.

Wir kehren jetzt zu (*3*) zurück.

$$[H^+] = \frac{(5{,}61 \cdot 10^{-11})[HCO_3^-]}{[CO_3^{2-}]} = \frac{(5{,}61 \cdot 10^{-11})(0{,}010\,0)}{1{,}14 \cdot 10^{-4}} = 4{,}9 \cdot 10^{-9}$$

$$pH = -\log\,[OH^+] = -\log 4{,}9 + 9 = -0{,}69 + 9 = 8{,}31$$

Abschließende Überprüfung: Sowohl $[H^+]$ als auch $[OH^-]$ sind verglichen mit x klein und werden keinen merklichen Effekt auf die elektrische Ladungsbilanz haben.

Alternativ hätte $[H^+]$ aus dem K_1-Gleichgewicht bestimmt werden können, man hätte dann dasselbe Resultat erhalten.

PUFFERLÖSUNGEN, INDIKATOREN UND TITRATION

17.37. Es wird eine Pufferlösung mit pH 8,50 benötigt. (*a*) Wie würden Sie 1 l dieser Pufferlösung, ausgehend von 0,010 0 mol KCN und den im Labor üblichen anorganischen Reagentien, herstellen? K_S von HCN beträgt $4{,}93 \cdot 10^{-10}$. (*b*) Um wieviel würde sich der pH-Wert nach der Zugabe von $5 \cdot 10^{-5}$ mol $HClO_4$ zu 100 ml des Puffers ändern? (*c*) Um wieviel würde sich der pH-Wert nach Zugabe von $5 \cdot 10^{-5}$ mol NaOH zu 100 ml reinen Wassers ändern?

(*a*) Zur Bestimmung der gewünschten $[H^+]$-Konzentration:

$$\log [H^+] = -pH = -8{,}50 = 0{,}50 - 9{,}00$$
$$[H^+] = \text{antilog } 0{,}50 \ \text{antilog } (-9{,}00) = 3{,}2 \cdot 10^{-9}$$

Die Pufferlösung könnte durch Mischung von CN^- (schwache Base) im richtigen Verhältnis mit HCN (schwache Säure) hergestellt werden, so daß das Dissoziationsgleichgewicht für HCN befolgt wird:

$$HCN \rightleftharpoons H^+ + CN^- \qquad K_s = 4{,}93 \cdot 10^{-10} = \frac{[H^+][CN^-]}{[HCN]}$$

Daher:
$$\frac{[CN^-]}{[HCN]} = \frac{K_s}{[H^+]} = \frac{4{,}93 \cdot 10^{-10}}{3{,}2 \cdot 10^{-9}} = 0{,}154$$

Dieses Verhältnis von CN^- zu HCN kann erhalten werden, indem ein Teil des CN^- mit einer starken Säure wie HCl unter Bildung einer äquivalenten Menge HCN umgesetzt wird. Die für beide Formen zur Verfügung stehende Cyanid-Menge beträgt 0,010 0 mol. Sei x = [HCN], dann ist $[CN^-] = 0{,}010\,0 - x$. Einsetzen in (*1*) liefert:

$$\frac{0{,}0100 - x}{x} = 0{,}154$$

woraus sich $x = 0{,}008\,7$ und $0{,}010\,0 - x = 0{,}001\,3$ ergibt. Die Pufferlösung kann durch Auflösen von 0,010 0 mol KCN und 0,008 7 mol HCl in soviel Wasser erzeugt werden, daß sich 1 l Lösung ergibt.

(*b*) 100 ml des Puffers enthält:

$$(0{,}008\ 7 \text{ mol/l})(0{,}100 \text{ l}) = 8{,}7 \cdot 10^{-4} \text{ mol HCN}$$

und
$$(0{,}001\ 3 \text{ mol/l})(0{,}100 \text{ l}) = 1{,}3 \cdot 10^{-4} \text{ mol } CN^-$$

Die Zugabe von $5 \cdot 10^{-5}$ mol einer starken Säure wird noch mehr CN^- in HCN umwandeln. Die resultierende Menge HCN ist dann:

$$(8{,}7 \cdot 10^{-4}) + (0{,}5 \cdot 10^{-4}) = 9{,}2 \cdot 10^{-4} \text{ mol}$$

und die resultierende Menge CN^-:

$$(1{,}3 \cdot 10^{-4}) + (0{,}5 \cdot 10^{-4}) = 0{,}8 \cdot 10^{-4} \text{ mol}$$

Man benötigt nur das Verhältnis der beiden Konzentrationen:

$$[H^+] = K_s \frac{[HCN]}{[CN^-]} = (4{,}93 \cdot 10^{-10})\left(\frac{9{,}2}{0{,}8}\right) = 5{,}7 \cdot 10^{-9}$$

$$pH = -\log [H^+] = 9 - 0{,}76 = 8.24$$

Die durch die Zugabe der Säure verursachte pH-Wert-Verringerung beträgt 8,50 – 8,24 oder 0,26 pH–Einheiten.

(*c*) Die Zugabe von $5 \cdot 10^{-5}$ mol einer starken Base wird eine äquivalente Menge HCN in CN^- umwandeln.

HCN: Resultierende Menge = $(8{,}7 \cdot 10^{-4}) - (0{,}5 \cdot 10^{-4}) = 8{,}2 \cdot 10^{-4}$ mol

CN^-: Resultierende Menge = $(1{,}3 \cdot 10^{-4}) - (0{,}5 \cdot 10^{-4}) = 1{,}8 \cdot 10^{-4}$ mol

$$[H^+] = K_s \frac{[HCN]}{[CN^-]} = (4{,}93 \cdot 10^{-10})\left(\frac{8{,}2}{1{,}8}\right) = 2{,}2 \cdot 10^{-9}$$

Der durch die Zugabe der Base verursachte Anstieg des pH-Werts beträgt 8,66 – 8,50 oder 0,16 pH-Einheiten.

(*d*)
$$[OH^-] = \frac{5 \cdot 10^{-5} \text{mol}}{0{,}100 \text{ l}} = 5 \cdot 10^{4} \text{ M}$$

$$pOH = -\log [OH^-] = 4 - 0{,}70 = 3{,}30; \qquad pH = 14{,}00 - pOH = 10{,}70$$

Reines Wasser hat einen pH-Wert von 7,00. Der durch die Zugabe von Base verursachte Anstieg beträgt 10,70 – 7,00 = 3,70 pH-Einheiten, was in starkem Kontrast zu dem geringen Anstieg bei der Pufferlösung steht.

17.38. Wie groß sind die relativen Mengen der vier Formen H_3PO_4, $H_2PO_4^-$, HPO_4^{2-} und PO_4^{3-}, wenn 0,000 10 mol H_3PO_4 zu einer gut gepufferten Lösung bei pH 7,00 zugegeben werden? K_1, K_2 und K_3 von Phosphorsäure sind jeweils $7{,}52 \cdot 10^{-3}$, $6{,}23 \cdot 10^{-8}$ und $4{,}5 \cdot 10^{-13}$.

Im Gegenatz zur vorherigen Aufgabe, wo eine starke Säure oder Base zugegeben wurde, können wir annehmen, daß sich der pH-Wert durch die Zugabe der Phosphorsäure nicht ändert, besonders, weil diese Lösung bezüglich der sehr kleinen zugegebenen Menge H_3PO_4 sehr gut gepuffert ist. Wenn $[H^+]$ fixiert ist, kann das Verhältnis von je zwei der gewünschten Konzentrationen aus den Gleichungen für die jeweilige Dissoziationskonstante berechnet werden.

$$\frac{[H^+][H_2PO_4^-]}{[H_3PO_4]} = K_1 \qquad \frac{[H_3PO_4]}{[H_2PO_4^-]} = \frac{[H^+]}{K_1} = \frac{1{,}00 \cdot 10^{-7}}{7{,}52 \cdot 10^{-3}} = 1{,}33 \cdot 10^{-5}$$

$$\frac{[H^+][HPO_4^{2-}]}{[H_2PO_4^-]} = K_2 \qquad \frac{[H_2PO_4^-]}{[HPO_4^{2-}]} = \frac{[H^+]}{K_2} = \frac{1{,}00 \cdot 10^{-7}}{6{,}23 \cdot 10^{-8}} = 1{,}61$$

$$\frac{[H^+][PO_4^{3-}]}{[HPO_4^{2-}]} = K_3 \qquad \frac{[HPO_4^{2-}]}{[PO_4^{3-}]} = \frac{[H^+]}{K_3} = \frac{1{,}00 \cdot 10^{-7}}{4{,}5 \cdot 10^{-13}} = 2{,}2 \cdot 10^{5}$$

Da das Verhältnis $[H_3PO_4]/[H_2PO_4^-]$ sehr klein und das Verhältnis $[HPO_4^{2-}]/[PO_4^{3-}]$ sehr groß ist, liegt praktisch das gesamte Material als $H_2PO_4^-$ und HPO_4^{2-} vor. Die Summe der Mengen dieser beiden Ionen wird praktisch gleich 0,000 10 mol/l sein, und wenn das Gesamtvolumen der Lösung 1 l beträgt, ist die Summe der beiden Ionenkonzentrationen 0,00010 mol/l.

Sei $x = [HPO_4^{2-}]$, dann ist $[H_2PO_4^-] = 0{,}000\,10 - x$. Damit gilt:

$$\frac{[H_2PO_4^-]}{[HPO_4^{2-}]} = 1{,}61 \quad , \quad \text{das ergibt:} \quad \frac{0{,}00010 - x}{x} = 1{,}61$$

Auflösung liefert: $x = [HPO_4^{2-}] = 3{,}8 \cdot 10^{-5}$

$$[H_2PO_4^-] = 0{,}000\,10 - x = 6{,}2 \cdot 10^{-5}$$

$$[HPO_4^{2-}] = (1{,}33 \cdot 10^{-5})\,[H_2PO_4^-] = (1{,}33 \cdot 10^{-5})(6{,}2 \cdot 10^{-5}) = 8{,}2 \cdot 10^{-10}$$

$$[PO_4^{3-}] = \frac{[HPO_4^{2-}]}{2{,}2 \cdot 10^5} = \frac{3{,}8 \cdot 10^{-5}}{2{,}2 \cdot 10^5} = 1{,}7 \cdot 10^{-10}$$

Aus Bequemlichkeitsgründen wurde für die Darstellung der relativen Konzentrationen ein Gesamtvolumen von 1 l gewählt. Jedoch existieren für jede vernünftige Wahl des Gesamtvolumens dieselben Konzentrations*verhältnisse*.

17.39. K_S von CH_3CO_2H beträgt $1{,}75 \cdot 10^{-5}$. Eine Probe von 40,0 ml einer 0,010 0 M CH_3CO_2H wird mit 0,020 0 M NaOH titriert. Berechnen Sie den pH-Wert nach Zugabe von (*a*) 3,0 ml; (*b*) 10,0 ml; (*c*) 20,0 ml; (*d*) 30,0 ml der NaOH-Lösung.

Wir können die sich ändernden Mengen der verschiedenen Spezies und das zunehmende Volumen durch ein Schema, wie es in Tabelle 17-2 dargestellt ist, verfolgen.

Tabelle 17-2

		(*a*)	(*b*)	(*c*)	(*d*)
Menge zugegebener Base/l	0	0,003 0	0,010 0	0,020 0	0,030 0
Gesamtvolumen/l	0,040 0	0,043 0	0,050 0	0,060 0	0,070 0
$n(CH_3CO_2H)$, vor Neutralisation	$4{,}00 \cdot 10^{-4}$	$4{,}00 \cdot 10^{-4}$	$4{,}00 \cdot 10^{-4}$	$4{,}00 \cdot 10^{-4}$	$4{,}00 \cdot 10^{-4}$
$n(OH^-)$ zugegeben (Reihe 1 · 0,020 0 M)	$0{,}0 \cdot 10^{-4}$	$0{,}60 \cdot 10^{-4}$	$2{,}00 \cdot 10^{-4}$	$4{,}00 \cdot 10^{-4}$	$6{,}00 \cdot 10^{-4}$
$n(CH_3CO_2^-)$ gebildet	$0{,}0 \cdot 10^{-4}$	$0{,}60 \cdot 10^{-4}$	$2{,}00 \cdot 10^{-4}$	$4{,}00 \cdot 10^{-4}$	$4{,}00 \cdot 10^{-4}$
$n(CH_3CO_2H)$ verbleibend	$4{,}00 \cdot 10^{-4}$	$3{,}40 \cdot 10^{-4}$	$2{,}00 \cdot 10^{-4}$	x	y
$n(OH^-)$ Überschuß					$2{,}00 \cdot 10^{-4}$

Beachten Sie, daß die neutralisierte Menge Essigsäure (die Menge $C_2H_3O_2^-$) der Menge zugegebenem OH^- bis zur vollständigen Neutralisation folgt. Zusätzliches OH^- findet keine zu neutralisierende Säure mehr vor und reichert sich in der Lösung an. Bis zum Endpunkt kann die zurückbleibende Menge CH_3CO_2H durch einfache Substraktion der Menge von $CH_3CO_2^-$ von der Ausgangsmenge CH_3CO_2H berechnet werden. Am Endpunkt und darüber hinaus kann $[CH_3CO_2H]$ jedoch nicht gleich Null gesetzt werden, sondern muß vielmehr aus dem Hydrolysegleichgewicht berechnet werden.

(*a*) und (*b*). Hier werden die absoluten Konzentrationen konjugater Säure und Base nicht benötigt, sondern nur deren Verhältnis.

	(a)	(b)
$[H^+] = \dfrac{K_S[CH_3CO_2H]}{[CH_3CO_2^-]}$	$\dfrac{(1{,}75 \cdot 10^{-5})(3{,}40)}{0{,}60} = 9{,}9 \cdot 10^{-5}$	$\dfrac{(1{,}75 \cdot 10^{-5})(2{,}00)}{2{,}00} = 1{,}75 \cdot 10^{-5}$
$pH = -\log[H^+]$	4,00	4,76

(*c*) $$M(C_2H_3O_2^-) = \frac{4{,}00 \cdot 10^{-4}\,\text{mol}}{0{,}060\,0\,\text{l}} = 6{,}7 \cdot 10^{-3}\,\text{mol/l}$$

Die am Endpunkt vorliegende Lösung entspricht einer $6{,}7 \cdot 10^{-3}$ M $NaC_2H_3O_2$-Lösung. Betrachten Sie die Hydrolyse von $NaC_2H_3O_2$:

$$CH_3CO_2^- + H_2O \rightleftharpoons CH_3CO_2H + OH^-$$

Sei $[CH_3CO_2H] = [OH^-] = x$ und $[CH_3CO_2^-] = 6{,}7 \cdot 10^{-3} - x \approx 6{,}7 \cdot 10^{-3}$, dann gilt:

$$\frac{[CH_3CO_2H][OH^-]}{[CH_3CO_2^-]} = \frac{x^2}{6{,}7 \cdot 10^{-3}} = K_B = \frac{1{,}00 \cdot 10^{-14}}{1{,}75 \cdot 10^{-5}} \qquad \text{oder} \qquad x = 1{,}96 \cdot 10^{-6}$$

Überprüfung der Näherung: x ist verglichen mit $6{,}7 \cdot 10^{-3}$ tatsächlich klein.

$$pOH = -\log[OH^-] = -\log(1{,}9 \cdot 10^{-6}) = 6 - 0{,}28 = 5{,}72$$
$$pH = 14{,}00 - 5{,}72 = 8{,}28$$

(*d*) Von dem Überschuß OH^-, der nach der Neutralisation der gesamten Essigsäure übrigbleibt, wissen wir, daß gilt:

$$M(OH^-) = \frac{2,0 \cdot 10^{-4}\,\text{mol}}{0,070\,\text{l}} = 2,9 \cdot 10^{-3}\,\text{mol/l}$$

Daher ist:

$$\text{pOH} = -\log[OH^-] = -\log(2,9 \cdot 10^{-3}) = 2,54$$
$$\text{pH} = 14,00 - 2,54 = 11,46$$

17.40. Berechnen Sie einen Punkt auf der Titrationskurve für die Zugabe von 2,0 ml 0,010 0 M NaOH zu 50,0 ml 0,010 0 M Chloressigsäure $ClCH_2CO_2H$. $K_S = 1,40 \cdot 10^{-3}$.

Die vereinfachende Annahme aus Aufgabe 17.39. verliert hier ihre Gültigkeit. Wenn die Menge des gebildeten Chloracetat-Ions äquivalent zur zugegebenen NaOH-Menge wäre, würden wir folgendes Ergebnis erhalten:

Zugegebene OH^--Menge = (0,002 0 l)(0,010 mol/l) = $2,0 \cdot 10^{-5}$ mol

Gesamtvolumen = 0,052 0 l

$$M(C_2H_3O_2Cl^-) = \frac{2,0 \cdot 10^{-5}\,\text{mol}}{0,052\,0\,\text{l}} = 3,8 \cdot 10^{-4}\,\text{mol/l} \qquad (1)$$

$$M(ClCH_2CO_2H) = \frac{(0,050\,0\,\text{l})(0,010\,0\,\text{mol/l})}{0,052\,0\,\text{l}} - 3,8 \cdot 10^{-4}\,\text{mol/l} = 9,2 \qquad (2)$$

$$[H^+] = \frac{K_S[ClCH_2CO_2H]}{[C_2H_3O_2Cl^-]} = \frac{(1,40 \cdot 10^{-3})(9,2 \cdot 10^{-3})}{3,8 \cdot 10^{-4}} = 3,4 \cdot 10^{-2} \qquad (3)$$

Diese Lösung ist offensichtlich lächerlich. $[H^+]$ kann keinesfalls die anfängliche molare Konzentration der Säure übersteigen. Offensichtlich ist die Menge des Chloracetations größer als die zugegebene äquivalente Basenmenge. Diese Tatsache liegt in der relativ großen Azidität der Säure und der merklichen Dissoziation der Säure auch vor dem Beginn der Titration begründet. Mathematisch wird dies durch eine Elektroneutralitätsgleichung berücksichtigt, nach der es in der Lösung die gleiche Anzahl kationischer und anionischer Ladungen geben muß.

$$[H^+] + [Na^+] = [C_2H_2O_2Cl^-] + [OH^-] \qquad (4)$$

In (*4*) kann der $[OH^-]$-Term ohne weiteres weggelassen werden, weil er im Vergleich zu den anderen so klein ist. $[Na^+]$ erhält man aus der zugegebenen Menge NaOH und dem Gesamtvolumen der Lösung.

$$[Na^+] = \frac{2,0 \cdot 10^{-5}}{0,052\,0} = 3,8 \cdot 10^{-4} \qquad (5)$$

Die Konzentration des Chloracetat-Ions kann unter Vernachlässigung von $[OH^-]$ aus (*4*) und (*5*) berechnet werden:

$$[C_2H_2O_2Cl^-] = 3,8 \cdot 10^{-4} + [H^+] \qquad (6)$$

Die Konzentration der undissoziierten Säure entspricht dann der gesamten molaren Säurekonzentration (einschließlich ihres Ions) minus $[C_2H_2O_2Cl^-]$.

$$[ClCH_2CO_2H] = \frac{(0,010\,0)(0,050\,0)}{0,052\,0} - (3,8 \cdot 10^{-4} + [H^+]) = 9,2 \cdot 10^{-3} - [H^+] \qquad (7)$$

Beachten Sie, daß sich (*6*) und (*7*) von (*1*) und (*2*) nur durch die Berücksichtigung des $[H^+]$-Terms unterscheiden.

Jetzt können wir zum Dissoziationsgleichgewicht der Säure zurückkehren.

$$[H^+] = \frac{K_s[ClCH_2CO_2H]}{[C_2H_3O_2Cl^-]} = \frac{(1{,}40 \cdot 10^{-3})(9{,}2 \cdot 10^{-3} - [H^+])}{3{,}8 \cdot 10^{-4} + [H^+]}$$

Die Lösung der quadratischen Gleichung lautet $[H^+] = 2{,}8 \cdot 10^{-3}$ und $pH = -\log [H^+] = 2{,}55$.

Die in dieser Aufgabe behandelte Komplikation tritt immer dann auf, wenn $[H^+]$ oder $[OH^-]$ während der teilweisen Neutralisation im Vergleich zu den Konzentrationen anderer Ionen in der Lösung nicht vernachlässigt werden können. Dies ist meist am Anfang der Titration einer nur mäßig schwachen Säure der Fall.

17.41. Ein Säure-Base-Indikator besitzt einen K_S-Wert von $3{,}0 \cdot 10^{-5}$. Die saure Form des Indikators ist rot und die basische Form blau. (*a*) Um wieviel muß sich der pH-Wert ändern, um den Indikator von 75% rot nach 75% blau umschlagen zu lassen? (*b*) Für welche der in den Abb. 17-1 *a* und 17-1 *b* gezeigten Titrationen wäre dieser Indikator eine geeignete Wahl?

(*a*)

$$[H^+] = \frac{K_S[\text{Säure}]}{[\text{Base}]}$$

75% Rot: $[H^+] = \frac{(3{,}0 \cdot 10^{-5})(75)}{25} = 9{,}0 \cdot 10^{-5}$ pH = 4,05

75% Blau: $[H^+] = \frac{(3{,}0 \cdot 10^{-5})(25)}{75} = 1{,}0 \cdot 10^{-5}$ pH = 5,00

Die Änderung im pH-Wert beträgt 5,00 – 4,05 = 0,95

(*b*) Der Indikator wechselt seine Farbe im pH-Bereich 4 bis 5. Bei beiden Titrationen mit HCl als Titrator in Abb. 17-1 *b* fällt der pH-Wert in diesem Bereich steil ab. Daher wäre der Indikator für beide Titrationen geeignet. Bei der Titration von HCl mit NaOH in Abb. 17-1 *a* steigt der pH-Wert in diesem Bereich steil an, sie könnte auch mit diesem Indikator durchgeführt werden. Dieser Indikator wäre aber nicht für die Titration von $HC_4H_7O_3$ geeignet, weil er lange vor dem Erreichen des Endpunkts von rot nach blau umschlagen würde.

Zusatzaufgaben

Bemerkungen: 1. Die tabellierten numerischen Werte für Gleichgewichtskonstanten differieren in verschiedenen Büchern. Die für dieses Buch ausgewählten Werte sind in sich konsistent, und die berechneten Lösungen basieren auf den hier angegebenen Werten. Wenn nicht anders angegeben, wird eine Temperatur von 25 °C angenommen.

2. Einige Aufgaben am Ende der Abschnitte über Säuren und Basen, Hydrolyse, mehrprotonige Säuren und Puffer beinhalten mehrfache Gleichgewichte. Diese können bei der einfachsten Behandlung des Ionen-Gleichgewichts weggelassen werden.

SÄUREN UND BASEN

17.42. Eine bestimmte Reaktion wird durch Säuren katalysiert, und man fand, daß die katalytische Aktivität für 0,1 M Lösungen der Säuren in Wasser in der Reihe HCl, HCOOH und $HC_2H_3O_2$ abnahm. Dieselbe Reaktion findet in wasserfreiem Ammoniak statt, aber hier haben die drei Säuren als 0,1 M Lösungen alle denselben katalytischen Effekt. Erklären Sie das!

Lösung: Die Reihenfolge der katalytischen Aktivität in Wasser entspricht der Reihenfolge der Säurestärke. In wasserfreiem Ammoniak, der eine viel stärkere Base als Wasser darstellt, d.h. ein effektiverer Protonenakzeptor ist, sind alle drei Säuren stark.

17.43. Die Aminosäure Glycin existiert vorwiegend in der Form $^+NH_3CH_2COO^-$. Schreiben Sie Formeln für (*a*) die konjugate Base und (*b*) die konjugate Säure von Glycin.

Lösung: (*a*) $NH_2CH_2COO^-$; (*b*) $^+NH_3CH_2COOH$

17.44. Welcher Reaktant ist die Lewis-Säure und welcher die Lewis-Base bei der Reaktion von BeF_2 mit $2F^-$, die unter Bildung von BeF_4^{2-} verläuft?
Lösung: BeF_2 ist die Säure und F^- die Base.

17.45. Die konjugate Säure von Salpetersäure spaltet in bestimmten Lösungsmitteln ein Wassermolekül ab. Erklären Sie, wie die resultierende Einheit im Lewis-Sinn immer noch als Säure wirken kann.
Lösung: $HNO_3 + H^+ \rightarrow H_2O + NO_2^+$ (s. untenstehende Struktur)

$:\ddot{O}=\overset{+}{N}=\ddot{O}:$ N kann von *sp* nach sp^3 umhybridisieren und dadurch ein leeres Orbital für ein basisches Elektronenpaar zur Verfügung stellen. (Beachten Sie das ähnliche Verhalten von CO_2 in Aufgabe 17.8.)

17.46. Ist Essigsäure in den folgenden Lösungsmitteln, verglichen mit Wasser, eine schwächere oder eine stärkere Säure?
(*a*) Hydrazin N_2H_4; (*b*) Schwefeldioxid SO_2; (*c*) Methylalkohol CH_3OH; (*d*) flüssige Blausäure HCN; (*e*) flüssige Schwefelsäure H_2SO_4.
Lösung: (*a*) stärker; (*b*) schwächer; (*c*) schwächer; (*d*) schwächer; (*e*) schwächer

17.47. Die Autoprotolysekonstante von reiner Ameisensäure $K = [HCOOH_2^+][HCOO^-]$ wurde bei Raumtemperatur zu 10^{-6} abgeschätzt. Welcher Prozentsatz der Ameisensäuremoleküle in reiner Ameisensäure HCOOH, liegt als Formiat-Ionen vor? Die Dichte von Ameisensäure beträgt 1,22 g/cm³.
Lösung: 0,004%

17.48. Berechnen Sie die Dissoziationskonstante von Ameisensäure HCOOH, die in 0,10 M Lösung zu 4,2 Prozent dissoziiert ist.
Lösung: $1{,}8 \cdot 10^{-4}$

17.49. Eine Essigsäurelösung ist zu 1,0 Prozent dissoziiert. Wie groß muß die molare Konzentration von Essigsäure und die H^+-Konzentration der Lösung sein? K_S von $HC_2H_3O_2$ beträgt $1{,}75 \cdot 10^{-5}$.
Lösung: 0,17 M, $1{,}7 \cdot 10^{-3}$

17.50. Die Dissoziationskonstante von Ammoniak in Wasser beträgt $1{,}75 \cdot 10^{-5}$. Bestimmen Sie (*a*) den Dissoziationsgrad und (*b*) die OH^--Konzentration einer 0,08 M Lösung von NH_3.
Lösung: 1,5 Prozent, $1{,}2 \cdot 10^{-3}$

17.51. Chloressigsäure, eine einprotonige Säure, hat einen K_S-Wert von $1{,}40 \cdot 10^{-3}$. Berechnen Sie den Gefrierpunkt einer 0,10 M Lösung dieser Säure. Nehmen Sie an, daß in diesem Fall die stöchiometrische molare Konzentration und die Molalität identisch sind.
Lösung: –0,21 °C

17.52. Bestimmen Sie $[OH^-]$ einer 0,050 M Lösung von Ammoniak, zu der soviel NH_4Cl zugegeben wurde, daß die Gesamtkonzentration von NH_4^+ 0,100 betrug. K_B von Ammoniak beträgt $1{,}75 \cdot 10^{-5}$.
Lösung: $8{,}8 \cdot 10^{-6}$

17.53. Berechnen Sie den Wert von H^+ in einem Liter einer Lösung, in der 0,080 mol $HC_2H_3O_2$ und 0,100 mol $NaC_2H_3O_2$ gelöst sind. K_S von $HC_2H_3O_2$ beträgt $1{,}75 \cdot 10^{-5}$.
Lösung: $1{,}4 \cdot 10^{-5}$

17.54. Eine 0,025 0 M Lösung einer einprotonigen Säure hat einen Gefrierpunkt von –0,060 °C. Wie groß sind K_S und pK_S für diese Säure? Nehmen Sie an, daß Molalität und molare Konzentration bei dieser niedrigen Konzentration äquivalent sind.
Lösung: $3{,}0 \cdot 10^{-3}$, 2,52

17.55. Wie groß ist $[NH_4^+]$ in einer Lösung, die 0,020 0 M an NH_3 und 0,010 0 M an KOH ist? K_B von NH_3 beträgt $1{,}75 \cdot 10^{-5}$.
Lösung: $3{,}5 \cdot 10^{-5}$

17.56. Welche molare Konzentration von NH_3 bewirkt eine $[OH^-]$ von $1,5 \cdot 10^{-3}$? K_B von NH_3 beträgt $1,75 \cdot 10^{-5}$.
Lösung: 0,13 M

17.57. Wie groß ist $[HCOO^-]$ in einer Lösung, die sowohl 0,015 M an HCOOH als auch 0,020 M an HCl ist? K_S von HCOOH beträgt $1,8 \cdot 10^{-4}$.
Lösung: $1,4 \cdot 10^{-4}$

17.58. Wie groß sind $[H^+]$, $[C_2H_4(OH)CO_2^-]$ und $[OC_6H_5^-]$ in einer Lösung, die 0,030 M an $C_2H_4(OH)CO_2^-$ und 0,100 M an HOC_6H_5 ist? Die K_S-Werte von $C_3H_6O_3$ und HOC_6H_5 sind $3,1 \cdot 10^{-5}$ bzw. $1,05 \cdot 10^{-10}$.
Lösung: $[H^+] = 9,6 \cdot 10^{-4}$, $[C_2H_4(OH)CO_2^-] = 9,6 \cdot 10^{-4}$, $[OC_6H_5^-] = 1,1 \cdot 10^{-8}$

17.59. Berechnen Sie den Wert von $[OH^-]$ in einer Lösung, die durch Auflösung von jeweils 0,005 0 mol Ammoniak und Pyridin in soviel Wasser erhalten wurde, daß 200 ml Lösung resultierten. K_B von Ammoniak und Pyridin sind $1,75 \cdot 10^{-5}$ bzw. $1,78 \cdot 10^{-9}$. Wie groß sind die Konzentrationen der Ammonium- und Pyridinium-Ionen?
Lösung: $[OH^-] = [NH_4^+] = 6,6 \cdot 10^{-4}$, [Pyridinium-Ion] $= 6,7 \cdot 10^{-8}$

17.60. Betrachten Sie eine Lösung einer einprotonigen, schwachen Säure mit der Säurekonstante K_S. Berechnen Sie die minimale Konzentration c, für die die prozentuale Dissoziation kleiner als 10 Prozent ist.
Lösung: $c = 90\ K_S$

17.61. Wie groß ist die prozentuale Dissoziation von 0,006 5 M Chloressigsäure? K_S dieser Säure beträgt $1,40 \cdot 10^{-3}$.
Lösung: 37%

17.62. Welche Konzentration von Dichloressigsäure ergibt eine $[H^+]$ von $8,5 \cdot 10^{-3}$? K_S dieser Säure beträgt $3,32 \cdot 10^{-2}$.
Lösung: $1,07 \cdot 10^{-2}$ M

17.63. Berechnen Sie $[H^+]$ in einer 0,200 M Dichloressigsäurelösung, die außerdem 0,100 M an Natrium-dichloracetat ist. K_S von Dichloressigsäure beträgt $3,32 \cdot 10^{-2}$.
Lösung: 0,039

17.64. Wie viel festes Natrium-Dichloracetat sollte zu einem Liter 0,100 M Dichloressigsäure gegeben werden, um $[H^+]$ auf 0,030 zu senken? K_S von Dichloressigsäure beträgt $3,32 \cdot 10^{-2}$. Vernachlässigen Sie die Volumenzunahme der Lösung durch die Zugabe des Salzes.
Lösung: 0,047 mol

17.65. Berechnen Sie $[H^+]$ und $[CHCl_2CO_2^-]$ in einer Lösung, die 0,010 0 M an HCl und 0,010 0 M an $CHCl_2CO_2H$ ist. K_S von $CHCl_2CO_2H$ (Dichloressigsäure) beträgt $3,32 \cdot 10^{-2}$.
Lösung: 0,016 7, 0,006 7

17.66. Berechnen Sie $[H^+]$, $[C_2H_4(OH)CO_2^-]$ und $[C_6H_5CO_2^-]$ in einer Lösung, die 0,020 M an $HC_2H_3O_2$ und 0,010 0 M an $C_6H_5CO_2H$ ist. Die K_S-Werte von $C_2H_4(OH)CO_2H$ und $C_6H_5CO_2H$ sind $1,75 \cdot 10^{-5}$ bzw. $6,46 \cdot 10^{-5}$.
Lösung: $1,00 \cdot 10^{-3}$, $3,5 \cdot 10^{-4}$, $6,5 \cdot 10^{-4}$.

17.67. Flüssiger Ammoniak dissoziiert in einem geringen Ausmaß. Bei –50 °C beträgt sein Ionenprodukt $K(NH_3) = [NH_4^+][NH_2^-] = 10^{-30}$. Wieviele Amidionen NH_2^- sind pro mm³ reinen, flüssigen Ammoniaks anwesend?
Lösung: $6,0 \cdot 10^2$

17.68. Berechnen Sie die molare Konzentration von Ammonium-Ionen in einem Liter flüssigen Ammoniaks bei –50 °C (Daten s. vorige Aufgabe), in dem jeweils 10,0 Gramm Ammoniumchlorid und Natriumamid ($NaNH_2$) gelöst wurden.
Lösung: $1,4 \cdot 10^{-29}$ M

DISSOZIATION VON WASSER

17.69. Berechnen Sie pH und pOH der folgenden Lösungen, wenn Sie vollständige Dissoziation annehmen: (*a*) 0,003 445 N Säure; (*b*) 0,000 775 N Säure; (*c*) 0,008 86 N Base.
Lösung: (*a*) pH = 2,46, pOH = 11,54; (*b*) 3,11, 10,89; (*c*) 11,95, 2,05

17.70. Wandeln Sie die folgenden pH-Werte in $[H^+]$-Werte um: (*a*) 4; (*b*) 7; (*c*) 2,50; (*d*) 8,26
Lösung: (*a*) 10^{-4}; (*b*) 10^{-7}; (*c*) $3{,}2 \cdot 10^{-3}$; (*d*) $5{,}5 \cdot 10^{-9}$

17.71. $[H^+]$ einer HNO_3-Lösung beträgt $1 \cdot 10^{-3}$ und $[H^+]$ einer NaOH-Lösung $1 \cdot 10^{-12}$. Wie groß ist die molare Konzentration und der pH-Wert jeder Lösung?
Lösung: HNO_3: 0,001 M, pH = 3; NaOH: 0,01 M, pH = 12

17.72. Berechnen Sie $[H^+]$ und $[OH^-]$ in einer 0,001 0 molaren Lösung einer einprotonigen Säure, die zu 4,2 Prozent dissoziiert ist. Wie groß ist der pH-Wert der Lösung? Wie lauten K_S und pK_S für diese Säure?
Lösung: $[H^+] = 4{,}2 \cdot 10^{-5}$, $[OH^-] = 2{,}4 \cdot 10^{-10}$, pH = 4,38, $K_S = 1{,}8 \cdot 10^{-6}$, $pK_S = 5{,}74$

17.73. Berechnen Sie $[OH^-]$ und $[H^+]$ in einer 0,10 N Lösung einer schwachen Base, die zu 1,3 Prozent dissoziiert ist. Wie groß ist der pH-Wert der Lösung?
Lösung: $[OH^-] = 1{,}3 \cdot 10^{-3}$, $[H^+] = 7{,}7 \cdot 10^{-12}$, pH = 11,11

17.74. Wie groß ist der pH einer Lösung, die 0,010 mol HCl pro Liter enthält? Berechnen Sie die Änderung im pH-Wert, wenn zu einem Liter dieser Lösung 0,020 mol $NaC_2H_3O_2$ zugegeben werden. K_S von $HC_2H_3O_2$ beträgt $1{,}75 \cdot 10^{-5}$.
Lösung: anfänglicher pH-Wert = 2,0; resultierender pH-Wert = 4,76

17.75. Der Wert von K_w bei der physiologischen Temperatur von 37 °C beträgt $2{,}4 \cdot 10^{-14}$. Wie groß ist der pH-Wert am Neutralpunkt von Wasser, bei dem gleiche Mengen von H^+ und OH^- vorliegen, bei dieser Temperatur?
Lösung: 6,81

17.76. Berechnen Sie den pH-Wert von $1{,}0 \cdot 10^{-7}$ M NaOH. Welcher Prozentsatz der zugegebenen Base wurde durch das im Wasser vorhandene H^+ neutralisiert und welcher Prozentsatz blieb übrig, um die Lösung basisch zu machen?
Lösung: 7,21; 38% wurden neutralisiert, 62% blieben übrig

17.77. Wie groß ist der pH-Wert von $7{,}0 \cdot 10^{-8}$ M Essigsäure? Wie groß ist die Konzentration der nicht dissoziierten Essigsäure? K_S beträgt $1{,}75 \cdot 10^{-5}$. (*Hinweis*: Nehmen Sie bei der Auflösung nach $[H^+]$ vollständige Dissoziation der Essigsäure an.)
Lösung: 6,85, $5{,}6 \cdot 10^{-10}$ M

17.78. Berechnen Sie $[OH^-]$ in einer 0,010 0 M Lösung von Anilin $C_6H_5NH_2$. K_B für die Basendissoziation von Anilin beträgt $4{,}3 \cdot 10^{-10}$. Wie groß ist $[OH^-]$ in einer 0,010 0 M Lösung von Anilinhydrochlorid, die das Ion $C_6H_5NH_3^+$ enthält?
Lösung: $2{,}1 \cdot 10^{-6}$, $2{,}1 \cdot 10^{-11}$

17.79. Berechnen Sie die prozentuale Hydrolyse einer 0,010 0 M Lösung von KCN. K_S von HCN beträgt $4{,}93 \cdot 10^{-10}$.
Lösung: 4,5%

17.80. Die Basen-Dissoziationskonstante von Hydrazin N_2H_4 beträgt $9{,}6 \cdot 10^{-7}$. Wie groß wäre die prozentuale Hydrolyse von 0,100 M N_2H_5Cl, einem Salz, das das zur Hydrazin-Base konjugate Säure-Ion enthält?
Lösung: 0,032%

17.81. Berechnen Sie den pH-Wert einer mäßig konzentrierten Lösung von Pyridinium-Acetat $(C_5H_5NH)(C_2H_3O_2)$. K_S ist für Essigsäure $1{,}75 \cdot 10^{-5}$ und für das Pyridinium-Ion $5{,}6 \cdot 10^{-6}$.
Lösung: 5,00

17.82. Eine 0,25 M Lösung von Pyridiniumchlorid $C_5H_6N^+Cl^-$ hatte einen pH-Wert von 2,93. Wie groß ist K_B für die Basendissoziation von Pyridin C_5H_5N?
Lösung: $1{,}8 \cdot 10^{-9}$

17.83. K_S für die Säuredissoziation von Fe^{3+} zu $Fe(OH)^{2+}$ und H^+ beträgt $6{,}5 \cdot 10^{-3}$. Wie groß ist der maximale pH-Wert, der verwendbar wäre, wenn mindestens 95% des gesamten Eisen(III) in einer verdünnten Lösung in der Fe^{3+}-Form vorliegen sollen?
Lösung: 0,91

17.84. Eine 0,010 M Lösung von $PuO_2(NO_3)_2$ hatte einen pH-Wert von 3,80. Wie groß ist die Hydrolyse-Konstante K_S für PuO_2^{2+} und wie groß ist K_B von PuO_2OH^+?
Lösung: $K_S = 2{,}5 \cdot 10^{-6}$, $K_B = 4{,}0 \cdot 10^{-9}$

17.85. Berechnen Sie den pH-Wert von $1{,}00 \cdot 10^{-3}$ M Natriumphenolat $NaOC_6H_5$. K_S von HOC_6H_5 beträgt $1{,}28 \cdot 10^{-10}$.
Lösung: 10,39

17.86. Berechnen Sie $[H^+]$ und $[CN^-]$ in 0,010 0 M NH_4CN. K_S von HCN beträgt $4{,}93 \cdot 10^{-10}$ und K_B von NH_3 $1{,}75 \cdot 10^{-5}$.
Lösung: $5{,}3 \cdot 10^{-10}$, $4{,}8 \cdot 10^{-3}$

MEHRPROTONIGE SÄUREN

17.87. Berechnen Sie $[H^+]$ einer 0,050 M H_2S-Lösung. K_1 von H_2S beträgt $1{,}0 \cdot 10^{-7}$.
Lösung: $7{,}1 \cdot 10^{-5}$

17.88. Wie groß ist $[S^{2-}]$ in einer 0,050 M H_2S-Lösung? K_2 von H_2S beträgt $1{,}2 \cdot 10^{-13}$.
Lösung: $1{,}2 \cdot 10^{-13}$

17.89. Wie groß ist $[S^{2-}]$ in einer Lösung, die 0,050 M an H_2S und 0,010 0 M an HCl ist? Verwenden Sie die Daten aus den Aufgaben 17.87. und 17.88.
Lösung: $6{,}0 \cdot 10^{-18}$

17.90. (*a*) Berechnen Sie $[HS^-]$ in der Lösung aus der vorigen Aufgabe. (*b*) Wie groß wären die Konzentrationen von S^{2-} und HS^-, wenn genügend Ammoniak zugesetzt worden wäre, um die Lösung bei pH = 4,37 zu puffern?
Lösung: (*a*) $5{,}0 \cdot 10^{-7}$; (*b*) $[S^{2-}] = 3{,}3 \cdot 10^{-13}$, $[HS^-] = 1{,}2 \cdot 10^{-4}$

17.91. K_1 und K_2 von Oxalsäure $H_2C_2O_4$ sind $5{,}9 \cdot 10^{-2}$ und $6{,}4 \cdot 10^{-5}$. Wie groß ist $[OH^-]$ in einer 0,005 0 molaren Lösung von $Na_2C_2O_4$?
Lösung: $8{,}8 \cdot 10^{-7}$

17.92. Malonsäure ist eine zweiprotonige Säure mit $K_1 = 1{,}49 \cdot 10^{-3}$ und $K_2 = 2{,}03 \cdot 10^{-6}$. Berechnen Sie die Konzentration des divalenten Malonat-Ions in (*a*) 0,001 0 M Malonsäure; (*b*) einer Lösung, die 0,000 10 M an Malonsäure und 0,000 40 M an HCl ist.
Lösung: (*a*) $2{,}0 \cdot 10^{-6}$; (*b*) $3{,}2 \cdot 10^{-7}$

17.93. Berechnen Sie den pH-Wert einer 0,010 M Lösung von H_3PO_4. K_1 und K_2 von H_3PO_4 sind $7{,}52 \cdot 10^{-3}$ bzw. $6{,}23 \cdot 10^{-8}$.
Lösung: 2,24

17.94. Wie groß ist $[H^+]$ in einer 0,006 0 M H_2SO_4-Lösung? Die erste Ionisation von H_2SO_4 verläuft vollständig, die zweite Ionisation hat ein K_2 von $1{,}20 \cdot 10^{-2}$. Wie groß ist $[SO_4^{2-}]$ in derselben Lösung?
Lösung: $[H^+] = 9{,}4 \cdot 10^{-3}$, $[SO_4^{2-}] = 3{,}4 \cdot 10^{-3}$

17.95. Ethylendiamin $NH_2C_2H_4NH_2$ ist eine Base, die ein oder zwei Protonen aufnehmen kann. Die aufeinanderfolgenden pK_B-Werte für die Reaktion der Neutralbase und des Monokations mit Wasser sind 3,288 bzw. 6,436. Wie groß sind die Konzentrationen des einfach geladenen Kations und des doppelt geladenen Kations in einer 0,010 0 M Lösung von Ethylendiamin?
Lösung: $2{,}03 \cdot 10^{-3}$ mol/l, $3{,}66 \cdot 10^{-7}$ mol/l

17.96. Nehmen Sie an, daß 0,010 0 mol NaOH zu einem Liter der Lösung aus der vorigen Aufgabe zugegeben werden. Wie groß würden dann die Konzentrationen der einfach und doppelt geladenen Kationen werden?
Lösung: $5{,}1 \cdot 10^{-4}$ M, $1{,}88 \cdot 10^{-8}$ M

17.97. Nehmen Sie an, daß statt 0,010 0 mol NaOH 0,010 0 mol HCl zur Lösung im vorigen Problem gegeben worden wären. Berechnen Sie die molaren Konzentrationen des einfach geladenen Kations, des doppelt geladenen Kations und des neutralen Ethylendiamins.
Lösung: 0,010; $2{,}7 \cdot 10^{-4}$; $2{,}7 \cdot 10^{-4}$

17.98. pK_1 und pK_2 von Pyrophosphorsäure betragen 0,85 bzw. 1,49. Wie groß wäre die Konzentration des doppelt geladenen Anions in einer 0,050 M Lösung der Säure, wenn Sie die dritte und vierte Dissoziation dieser vierprotonigen Säure vernachlässigen?
Lösung: $1{,}5 \cdot 10^{-2}$ M

17.99. Wie groß ist $[CO_3^{2-}]$ in einer 0,001 00 M Na_2CO_3-Lösung, wenn sich die Hydrolysereaktionen im Gleichgewicht befinden? K_1 und K_2 von H_2CO_3 betragen $4{,}30 \cdot 10^{-7}$ bzw. $5{,}61 \cdot 10^{-11}$.
Lösung: $6{,}6 \cdot 10^{-4}$

17.100. Berechnen Sie den pH-Wert von 0,050 M NaH_2PO_4 und von 0,002 00 M Na_3PO_4. K_1, K_2 und K_3 von H_3PO_4 betragen $7{,}52 \cdot 10^{-3}$, $6{,}23 \cdot 10^{-8}$ und $4{,}5 \cdot 10^{-13}$.
Lösung: 4,7, 11,27

17.101. Zitronensäure ist eine mehrprotonige Säure mit pK_1, pK_2 und pK_3-Werten von 3,15, 4,77 und 6,39. Berechnen Sie die Konzentrationen von H^+ sowie der einfach, doppelt und dreifach geladenen Anionen in 0,010 0 M Zitronensäure.
Lösung: $2{,}3 \cdot 10^{-3}$ M, $2{,}3 \cdot 10^{-3}$ M, $1{,}7 \cdot 10^{-5}$ M, $2{,}9 \cdot 10^{-9}$ M

17.102. Die Aminosäure Glycin NH_2CH_2COOH verhält sich wegen ihrer NH_2– Gruppe basisch und wegen ihrer –COOH Gruppe sauer. Durch einen Vorgang, der der Basendissoziation ähnelt, kann Glycin unter Bildung von $^+NH_3CH_2COOH$ ein zusätzliches Proton aufnehmen. Das resultierende Kation kann als zweiprotonige Säure betrachtet werden, da ein Proton von der –COOH-Gruppe und eins von der $^+NH_3$- Gruppe abgegeben werden kann. Die pK_S-Werte dieser Vorgänge sind 2,35 bzw. 9,78. Wie groß ist der pH-Wert in einer 0,010 0 M Lösung neutralen Glycins, und welcher Prozentsatz des Glycins liegt im Gleichgewicht in der kationischen Form vor?
Lösung: 6,14, 0,016%

PUFFERLÖSUNGEN, INDIKATOREN UND TITRATIONEN

17.103. Eine Pufferlösung wurde durch Auflösen von 0,020 0 mol Propionsäure und 0,015 0 mol Natriumpropionat in soviel Wasser hergestellt, daß sich 1l der Lösung ergab. (*a*) Wie groß ist der pH-Wert des Puffers? (*b*) Welche pH-Änderung würde sich ergeben, wenn zu 10 ml des Puffers $1{,}0 \cdot 10^{-5}$ mol HCl gegeben würden? (*c*) Wie groß wäre die pH-Änderung, wenn zu 10 ml des Puffers $1{,}0 \cdot 10^{-5}$ mol NaOH gegeben würden? K_S von Propionsäure beträgt $1{,}34 \cdot 10^{-5}$.
Lösung: (*a*) 4,75; (*b*) –0,05; (*c*) +0,05

17.104. Die Base Imidazol hat ein K_B von $1{,}11 \cdot 10^{-7}$. (*a*) In welchen Mengen sollten 0,020 0 M HCl und 0,020 0 M Imidazol-Lösung gemischt werden, um 100 ml eines Puffers mit pH 7,00 zu erzeugen? (*b*) Wie groß ist der pH-Wert des Puffers, wenn man ihn auf 1 l verdünnt?
Lösung: (*a*) 34 ml Säure, 66 ml Base; (*b*) 7,00

17.105. Berechnen Sie den pH-Wert nach der Zugabe von insgesamt 20,0, 30,0 und 60,0 ml NaOH bei der in Abb. 17-1 *a* dargestellten Titration von HCl mit NaOH.
Lösung: 1,37, 1,60, 11,96

17.106. Berechnen Sie den pH-Wert nach der Zugabe von insgesamt 20,0, 30,0 und 70,0 ml NaOH bei der in Abb. 17-1 *a* dargestellten Titration von *ß*-Hydroxybuttersäure $C_2H_5CH(OH)CO_2H$. Der pK_S-Wert von $C_2H_5CH(OH)CO_2H$ beträgt 4,70.
Lösung: 4,52, 4,88, 12,22

17.107. Berechnen Sie das benötigte Gesamtvolumen HCl-Lösung, um bei der in Abb. 17-1 *b* dargestellten Titration von NH_3 mit HCl den pH-Wert auf 10,00 und 8,00 einzustellen. K_B von NH_3 beträgt $1{,}75 \cdot 10^{-5}$.
Lösung: 7,4 ml, 47,3 ml

17.108. Der Farbstoff Bromkresolgrün hat einen pK_S-Wert von 4,95. Für welche der vier in Abb. 17-1 gezeigten Titrationen wäre Bromkresolgrün ein geeigneter Endpunktsindikator?
Lösung: HCl vs. NaOH, NaOH vs. HCl, NH_3 vs. HCl

17.109. Bromphenolblau ist ein Indikator mit einem K_S-Wert von $5{,}84 \cdot 10^{-5}$. Welcher Prozentsatz dieses Indikators liegt bei pH 4,84 in seiner basischen Form vor?
Lösung: 80%

17.110. Berechnen Sie den pH-Wert und $[NH_3]$ am Endpunkt der Titration von NH_3 mit HCl mit den in Abb. 17-1 *b* angegebenen Konzentrationen. K_B von NH_3 beträgt $1{,}75 \cdot 10^{-5}$.
Lösung: 5,28, $5{,}3 \cdot 10^{-6}$

17.111. Wie groß wären die Gleichgewichtskonzentrationen von Zitronensäure und ihrer einfach, doppelt und dreifach geladenen Anionen, wenn 0,001 00 mol Zitronensäure (ohne Volumenänderung) in 1 l einer auf pH 5,00 gepufferten Lösung aufgelöst werden? Verwenden Sie die pK_S-Werte aus Aufgabe 17.101.
Lösung: $5{,}0 \cdot 10^{-6}$ M, $3{,}6 \cdot 10^{-4}$ M, $6{,}1 \cdot 10^{-4}$ M, $2{,}5 \cdot 10^{-5}$ M

17.112. Wieviel Material liegt in jeder der drei Formen H_2CO_3, HCO_3^- und CO_3^{2-} vor, wenn 0,000 500 mol $NaHCO_3$ zu einem großen Volumen einer auf pH 8,00 gepufferten Lösung gegeben werden? K_1 und K_2 von H_2CO_3 sind $4{,}30 \cdot 10^{-7}$ bzw. $5{,}61 \cdot 10^{-11}$.
Lösung: $1{,}14 \cdot 10^{-5}$ mol, $4{,}86 \cdot 10^{-4}$ mol, $2{,}73 \cdot 10^{-6}$ mol

17.113. Eine Pufferlösung mit pH 6,71 kann unter Verwendung von Lösungen von NaH_2PO_4 und Na_2HPO_4 hergestellt werden. Wieviel Na_2HPO_4 muß zur Herstellung von 1l der Lösung verwendet werden, wenn 0,005 0 mol NaH_2PO_4 eingewogen wurden? Verwenden Sie die *K*-Werte aus Aufgabe 17.100.
Lösung: 0,001 6 mol

17.114. Wieviel NaOH muß zu 1l 0,010 M H_3BO_3 gegeben werden, um eine Pufferlösung mit pH 10,10 herzustellen? H_3BO_3 ist eine einprotonige Säure mit $K_S = 5{,}8 \cdot 10^{-10}$.
Lösung: 0,008 8 mol

17.115. Eine Pufferlösung wurde durch Auflösen von 0,050 mol Ameisensäure und 0,060 mol Natriumformiat in soviel Wasser hergestellt, daß 1 l der Lösung entstand. K_S von Ameisensäure beträgt $1{,}77 \cdot 10^{-4}$. (*a*) Berechnen Sie den pH-Wert der Lösung. (*b*) Wie groß wäre der pH-Wert, wenn diese Lösung auf das Zehnfache ihres Volumens verdünnt würde? (*c*) Wie groß wäre der pH-Wert, wenn die Lösung aus (*b*) auf das Zehnfache *ihres* Volumens verdünnt würde?
Lösung: (*a*) 3,83; (*b*) 3,85; (*c*) 4,00

17.116. Betrachten Sie die Titrationskurve einer 0,100 M Lösung einer schwachen Säure HA, für die $K_S = 2{,}00 \cdot 10^{-4}$ ist, bei Verwendung von 0,100 M einer starken Base. Berechnen Sie den pH-Wert (*a*) am Anfang (vor Basenzugabe); (*b*) bei Halbtitration und (*c*) am Endpunkt der Titration.
Lösung: (*a*) 2,35; (*b*) 3,70; (*c*) 8,20

17.117. Die drei in der vorigen Aufgabe bestimmten Punkte waren einfach zu berechnen und setzen Sie in die Lage, eine gute Skizze der Titrationskurve anzufertigen. Andere Zwischenwerte wie 10%, 75% usw. sind ebenfalls einfach zu berechnen, aber die Berechnung von Punkten, die sehr nahe am Anfang und am Ende liegen, könnte anspruchsvoller sein. Bestimmen Sie den pH-Wert bei dieser Titration (*a*), nachdem 1% der nötigen Base zugegeben wurde und (*b*), nachdem 99% der Base zugegeben wurden.
Lösung: (*a*) 2,41; (*b*) 5,

Kapitel 18

Komplexbildung und Fällungsreaktionen

KOORDINATIONSKOMPLEXE

Dieser Abschnitt befaßt sich mit den Gleichgewichten von Metall-Ionen, ihren komplexierenden Liganden und den entstehenden Koordinationskomplexen (s. Kapitel 9). Einige dieser Komplexe sind so stabil, daß aus ihnen Salze erzeugt werden können, die keine nennenswerten Mengen der getrennten Bestandteile aufweisen. Ein Beispiel ist das Hexacyanoferrat(III)-Ion $Fe(CN)_6^{3-}$, dessen Lösungen Eigenschaften aufweisen, die sehr unterschiedlich zu denen von Fe^{3+} oder CN^- sind. Häufiger allerdings ist ein Komplex nicht so stabil und dissoziiert in Lösung teilweise in seine Komponenten. In einem solchen Fall existiert eine Gleichgewichtskonstante, die die erlaubten Stoffmengenkonzentrationen der verschiedenen Spezies bestimmt. Ein Beispiel ist $FeBr^{2+}$, das, abhängig von kleinen Veränderungen der experimentellen Bedingungen, leicht gebildet wird, oder dissoziiert.

$$Fe^{3+} + Br^- \rightleftharpoons FeBr^{2+} \qquad K_K = \frac{[FeBr^{2+}]}{[Fe^{3+}][Br^-]}$$

Die Konstante K_K wird *Komplexbildungskonstante* genannt. Je größer ihr Wert, desto stabiler ist der Komplex.

In einigen Fällen können nacheinander mehrere Liganden komplexiert werden. Man kann für jede *folgende* Ligand-Addition eine getrennte Gleichgewichtsgleichung formulieren, z.B.:

$$Cd^{2+} + CN^- \rightleftharpoons CdCN^+ \qquad K_1 = \frac{[CdCN^+]}{[Cd^{2+}][CN^-]}$$

$$CdCN^+ + CN^- \rightleftharpoons Cd(CN)_2 \qquad K_2 = \frac{[Cd(CN)_2]}{[CdCN^+][CN^-]}$$

Man kann für die Addition eines dritten und vierten Cyanids analoge Gleichungen mit den Konstanten K_3 und K_4 formulieren. Zusätzlich zu den schrittweisen Bildungsgleichgewichten können wir eine einzelne Gesamtgleichung für die Bildung eines Komplexes mit mehreren Liganden schreiben, die vom freien Kation und den Liganden ausgeht:

$$Cd^{2+} + 4CN^- \rightleftharpoons Cd(CN)_4^{2-} \qquad K_K = \frac{[Cd(CN)_4^{2-}]}{[Cd^{2+}][CN^-]^4}$$

Für diesen Fall kann man leicht beweisen, daß gilt: $K_K = K_1K_2K_3K_4$

Gleichgewichte zwischen einem Komplexion und seinen Bestandteilen werden manchmal umgedreht formuliert:

$$Cd(CN)_4^{2-} \rightleftharpoons Cd^{2+} + 4CN^- \qquad K_D = \frac{[Cd^{2+}][CN^-]^4}{[Cd(CN)_4^{2-}]}$$

Die *Dissoziationskonstante* K_D ist der Reziprokwert der Gesamt-Komplexbildungskonstante K_K.

Andere Symbole, die häufig in Büchern oder Tabellen verwendet werden, sind:

Synonym zu K_K:	K_S	oder	K_{Stab}	(Stabilitätskonstante)
Synonym zu K_D:	K_{Diss}	oder	K_{inst}	(Instabilitätskonstante)

LÖSLICHKEITSPRODUKT

Betrachten Sie das Gleichgewicht zwischen festem AgCl und seinen gelösten Ionen in einer gesättigten Lösung:

$$AgCl\ (\textit{fest}) \rightleftharpoons Ag^+ + Cl^-\ (\textit{in Lösung})$$

Der Ausdruck für die Gleichgewichtskonstante lautet:

$$K_{LP} = [Ag^+][Cl^-]$$

worin die Konvention bezüglich des Wegfalls von Termen für Festkörper befolgt wurde. Dieser Spezialfall der Gleichgewichtskonstante für Lösungen von ionischen Substanzen wird *Löslichkeitsprodukt* (K_{LP}) genannt. Die Löslichkeitsprodukte für einige weitere gesättigte Lösungen schwerlöslicher Salze lauten:

$$K_{LP} \text{ von } BaCO_3 = [Ba^{2+}][CO_3^{2-}]$$
$$K_{LP} \text{ von } CaF_2 = [Ca^{2+}][F^-]^2$$
$$K_{LP} \text{ von } Bi_2S_3 = [Bi^{3+}]^2[S^{2-}]^3$$

Bei jedem dieser Ausdrücke leiten sich die Exponenten in der üblichen Weise aus der bilanzierten Gleichung ab. Wie in den vorherigen Kapiteln werden wir eine Temperatur von 25 °C annehmen, solange keine anderslautende Aussage gemacht wird.

ANWENDUNGEN DES LÖSLICHKEITSPRODUKTES AUF FÄLLUNGEN

Fällung

Das Löslichkeitsprodukt versetzt uns in die Lage, das Ausmaß der Vollständigkeit von Fällungsreaktionen zu erklären und vorherzusagen. Wann immer das Produkt der entsprechenden Potenzen der Konzentrationen zweier beliebiger Ionen in einer Lösung den Wert des entsprechenden Löslichkeitsproduktes *übersteigt*, wird die Kation-Anion-Kombination ausfallen, bis das Produkt der Konzentrationen dieser beiden Ionen, die in der Lösung verbleiben (erhoben in ihre jeweilige Potenz), wieder den Wert des Löslichkeitsproduktes annimmt.

BEISPIEL 1 Wenn zu einer gesättigten Lösung von CaF_2 etwas NaF zugegeben wird, ist $[F^-]$ stark erhöht, und das Produkt der Ionenkonzentrationen $[Ca^{2+}][F^-]^2$ kann zeitweise den Wert des Löslichkeitsproduktes übersteigen. Zur Wiederherstellung des Gleichgewichtes verbindet sich etwas Ca^{2+} mit einer äquivalenten Menge F^- unter Bildung von festem CaF_2, bis $[Ca^{2+}][F^-]^2$ für die in der Lösung verbleibenden Ionen wiederum den Wert des Löslichkeitsproduktes annimmt. Beachten Sie, daß in diesem Fall der resultierende Wert von $[F^-]$ viel größer als das Doppelte von $[Ca^{2+}]$ ist, weil NaF einen großen Beitrag zur Gesamt F^--Konzentration liefert.

Die Ionenkonzentrationen, die im Ausdruck für das Löslichkeitsprodukt erscheinen, beziehen sich nur auf die einfachen Ionen *in Lösung* und schließen nicht das Material im Niederschlag ein. Zwischen den einfachen Ionen und Komplexen *in Lösung* können zusätzliche Gleichgewichte existieren, wenn sich lösliche Komplexe bilden. Diese Gleichgewichte werden dann durch ihre eigenen Komplexbildungskonstanten bestimmt.

Auflösung von Niederschlägen

Das Produkt der Konzentrationen zweier beliebiger Ionen (erhoben zur jeweiligen Potenz) in einer Lösung wird in Analogie zum *Reaktionsquotienten Q* in Kapitel 16 als *Ionenprodukt Q* bezeichnet. Wann immer *Q geringer als* der Wert des entsprechenden Löslichkeitsproduktes ist, liegt keine gesättigte Lösung vor. Wenn das entsprechende feste Salz in Kontakt mit der Lösung steht, wird sich weiteres Salz auflösen.

BEISPIEL 2 Nehmen Sie an, daß HCl (die H^+ liefert) zu einer gesättigten Lösung von $Mg(OH)_2$ gegeben wird, die im Gleichgewicht mit etwas ungelöstem $Mg(OH)_2$ steht. Das H^+ entfernt nahezu das gesamte OH^- in der Lösung unter Bildung von H_2O. Dadurch wird $[OH^-]$ stark abgesenkt, und es löst sich mehr $Mg(OH)_2$ auf, so daß das Produkt der Ionenkonzentrationen wieder den Wert von K_{LP} für $Mg(OH)_2$ annehmen kann. Wenn sich das gesamte $Mg(OH)_2$ löst, existiert kein Gleichgewicht zwischen dem ionischen Festkörper und der Lösung mehr und Q wird geringer als K_{LP}.

Vermeidung von Fällungen

Um die Ausfällung eines schwerlöslichen Salzes zu verhindern, muß eine Substanz zugegeben werden, die die Konzentration eines der Ionen so niedrig hält, daß das Löslichkeitsprodukt des Salzes nicht erreicht wird.

BEISPIEL 3 H_2S wird aus einer stark sauren (HCl) Lösung von Fe^{2+} kein FeS ausfällen. Die von der Salzsäure gelieferte, große H^+-Konzentration unterdrückt die Dissoziation von H_2S (gleiche-Ionen-Effekt) und verringert $[S^{2-}]$ auf einen derart niedrigen Wert, daß das Löslichkeitsprodukt von FeS nicht erreicht wird.

Aufgaben und Lösungen

KOORDINATIONSKOMPLEXE

18.1. Es wurde ein Liter einer Lösung hergestellt, die 0,001 00 mol Silber der Oxidationsstufe +1 und 1,00 mol NH_3 enthielt. Wie groß ist die Gleichgewichtskonzentration von freiem Ag^+ in der Lösung? K_D von $Ag(NH_3)_2^+$ beträgt $6{,}0 \cdot 10^{-8}$.

Der Großteil des Silbers, näherungsweise 0,001 00 mol, wird in der Form des Komplexions $Ag(NH_3)_2^+$ vorliegen. Die Gleichgewichtskonzentration von freiem NH_3 ist praktisch unverändert 1,00 mol/l, weil nur 0,002 00 mol NH_3 benötigt würden, um 0,001 00 mol des Komplexes zu bilden.

$$Ag(NH_3)_2^+ \rightleftharpoons Ag^+ + 2NH_3$$

$$K_D = \frac{[Ag^+][NH_3]^2}{[Ag(NH_3)_2^+]} \qquad \text{oder} \qquad 6{,}0 \cdot 10^{-8} = \frac{[Ag^+](1{,}00)^2}{0{,}00100}$$

Auflösung liefert: $[Ag^+] = 6{,}0 \cdot 10^{-11}$, d.h. eine Gleichgewichtskonzentration von $6{,}0 \cdot 10^{-11}$ mol/l.

18.2. Für die Komplexierung eines NH_3 mit Ag^+ beträgt K_1 $2{,}0 \cdot 10^3$. (*a*) Wie groß ist die Konzentration von $Ag(NH_3)^+$ (berücksichtigen Sie Aufgabe 18.1.)? (*b*) Wie groß ist K_2 für dieses System?

(*a*) K_1 bezieht sich auf folgendes Gleichgewicht:

$$Ag^+ + NH_3 \rightleftharpoons Ag(NH_3)^+ \qquad K_1 = \frac{[Ag(NH_3)^+]}{[Ag^+][NH_3]}$$

Danach gilt mit Aufgabe 18.1.:

$$[Ag(NH_3)^+] = K_1([Ag^+][NH_3]) = (2{,}0 \cdot 10^3)(6{,}0 \cdot 10^{-11})(1{,}00) = 1{,}2 \cdot 10^{-7}$$

Diese Aufgabe ist eigentlich eine Überprüfung der in Aufgabe 18.1. verwendeten Näherung, daß praktisch alles gelöste Silber im Komplex $Ag(NH_3)_2^+$ vorliegt. Wenn sich $[Ag(NH_3)^+]$ größer als etwa $1 \cdot 10^{-4}$ erwiesen hätte, wäre diese Näherung ungültig gewesen.

(*b*) K_1, K_2 und K_D sind miteinander verknüpft:

$$K_2 = \frac{[Ag(NH_3)_2^+]}{[Ag(NH_3)^+][NH_3]} = \frac{[Ag(NH_3)_2^+]/[Ag^+][NH_3]^2}{[Ag(NH_3)^+]/[Ag^+][NH_3]} = \frac{1/K_D}{K_1}$$

$$= \frac{1}{K_1 K_D} = \frac{1}{(2{,}0 \cdot 10^3)(6{,}0 \cdot 10^{-8})} = 8{,}3 \cdot 10^3$$

18.3. Wieviel NH_3 sollte zu einer 0,001 00 M Lösung von $Cu(NO_3)_2$ gegeben werden, um $[Cu^{2+}]$ auf 10^{-13} zu reduzieren? K_D von $Cu(NH_3)_4^{2+}$ beträgt $4{,}35 \cdot 10^{-13}$. Vernachlässigen Sie die Kupfermenge in Komplexen, die weniger als 4 Ammoniakmoleküle pro Kupferatom enthalten.

$$Cu(NH_3)_4^{2+} \rightleftharpoons Cu^{2+} + 4NH_3 \qquad K_D = \frac{[Cu^{2+}][NH_3]^4}{[Cu(NH_3)_4^{2+}]} = 4{,}35 \cdot 10^{-13}$$

Da die Summe der Kupferkonzentrationen im Komplex und im freien ionischen Zustand gleich 0,001 00 mol/l sein muß und die Menge des freien Ions sehr gering ist, wird die Konzentration des Komplexes als 0,001 00 mol/l angenommen.

Sei $x = [NH_3]$. Dann gilt:

$$\frac{(10^{-13})(x^4)}{0{,}00100} = 4{,}35 \cdot 10^{-13} \qquad \text{oder} \qquad x^4 = 4{,}35 \cdot 10^{-3} \qquad \text{oder} \qquad x = 0{,}26$$

Die Gleichgewichtskonzentration von NH_3 beträgt 0,26 mol/l. Die zur Bildung von 0,001 00 mol/l des Komplexes verbrauchte Menge NH_3 beträgt 0,004 0 mol/l, ein im Vergleich zur im Gleichgewicht verbleibenden NH_3-Konzentration vernachlässigbarer Wert. Daher beträgt die zuzugebende Menge NH_3 0,26 mol/l.

18.4. Es wurde eine Lösung hergestellt, die vor der Komplexierung 0,000 25 M an Cd(II) und 0,010 0 M an I^- war. K_1 und K_2 für die Komplexierung von Cd^{2+} mit I^- sind 190 bzw. 44. Welcher Prozentsatz von Cd(II) liegt im Gleichgewicht als Cd^{2+}, CdI^+ und CdI_2 vor?

Sei $[Cd^{2+}] = x$, $[CdI^+] = y$ und $[CdI_2] = z$. Nehmen Sie an, daß im Rahmen der Genauigkeit dieser Rechnung $[I^-]$ den Wert 0,010 0 behält. (Im Höchstfall könnten 0,000 5 mol/l komplexiert werden.)

$$\underset{x}{Cd^{2+}} + \underset{0{,}0100}{I^-} \rightleftharpoons \underset{y}{CdI^+} \qquad\qquad \underset{y}{CdI^+} + \underset{0{,}0100}{I^-} \rightleftharpoons \underset{z}{CdI_2}$$

$$K_1 = \frac{y}{0{,}0100x} = 190 \qquad y = 1{,}90x \qquad\qquad K_2 = \frac{z}{0{,}0100y} = 44 \qquad y = 0{,}44y$$

$$z = (0{,}44)(1{,}90x) = 0{,}84x$$

$$x + y + z = 0{,}000\,25 = x + 1{,}90x + 0{,}84x = 3{,}74x$$

$$x = 6{,}7 \cdot 10^{-5}\ M \qquad y = 12{,}7 \cdot 10^{-5}\ M \qquad z = 5{,}6 \cdot 10^{-5}\ M$$

$$[Cd^{2+}] = \frac{6{,}7 \cdot 10^{-5}\ M}{2{,}5 \cdot 10^{-4}\ M} \cdot 100\% = 27\% \qquad [CdI^+] = \frac{12{,}7 \cdot 10^{-5}\ M}{2{,}5 \cdot 10^{-4}\ M} \cdot 100\% = 51\%$$

$$[CdI_2] = \frac{5{,}6 \cdot 10^{-5}\ M}{2{,}5 \cdot 10^{-4}\ M} \cdot 100\% = 22\%$$

Beachten Sie den Gegensatz zwischen dieser Aufgabe und Aufgabe 18.2. Im letzteren Fall war die Konzentration des komplexierenden Reagents so hoch und der Wert von K_2 ausreichend größer als der von K_1, daß das Gleichgewicht fast vollständig auf der Seite der vollständig komplexierten Form lag.

LÖSLICHKEITSPRODUKT UND FÄLLUNG

18.5. Die Löslichkeit von $PbSO_4$ in Wasser beträgt 0,038 g/l. Berechnen Sie das Löslichkeitsprodukt von $PbSO_4$.

$$PbSO_4\ (\textit{fest}) \rightleftharpoons Pb^{2+} + SO_4^{2-}\ (\textit{in Lösung})$$

Die Konzentrationen der Ionen müssen in Mol pro Liter ausgedrückt werden. Um 0,038 g/l in Mol Ionen pro Liter umzuwandeln, müssen Sie durch die molare Masse von $PbSO_4$ (303) dividieren.

$$0{,}038\ \text{g/l} = \frac{0{,}038\ \text{g/l}}{303\ \text{g/mol}} = 1{,}25 \cdot 10^{-4}\ \text{mol/l}$$

Da $1{,}25 \cdot 10^{-4}$ mol gelöstes $PbSO_4$ jeweils $1{,}25 \cdot 10^{-4}$ mol Pb^{2+} und SO_4^{2-} ergeben:

$$K_{LP} = [Pb^{2+}][SO_4^{2-}] = (1{,}25 \cdot 10^{-4})(1{,}25 \cdot 10^{-4}) = 1{,}6 \cdot 10^{-8}$$

Diese Methode kann auf jedes ausreichend schwerlösliche Salz angewendet werden, dessen Ionen nur unwesentlich hydrolysieren oder lösliche Komplexe bilden. Bei Sulfiden, Carbonaten, Phosphaten und Salzen von vielen der Übergangsmetalle wie Eisen muß die Hydrolyse und in manchen Fällen die Komplexierung berücksichtigt werden. Einige Beispiele sind in den folgenden Aufgaben gezeigt.

18.6. Die Löslichkeit von Ag_2CrO_4 in Wasser beträgt 0,022 g/l. Bestimmen Sie das Löslichkeitsprodukt.

$$Ag_2CrO_4\ (s) \rightleftharpoons 2Ag^+ + CrO_4^{2-}$$

Zur Umwandlung von 0,022 g/l in mol/l der Ionen dividieren Sie durch die molare Masse von Ag_2CrO_4 (332).

$$0,022 \text{ g/l} = \frac{0,022 \text{ g/l}}{332 \text{ g/mol}} = 6,6 \cdot 10^{-5} \text{mol/l}$$

Da 1 mol gelöstes Ag_2CrO_4 2 mol Ag^+ und 1 mol CrO_4^{2-} ergibt, gilt:

$$[Ag^+] = 2(6,6 \cdot 10^{-5}) = 1,3 \cdot 10^{-4} \qquad [CrO_4^{2-}] = 6,6 \cdot 10^{-5}$$

und: $$K_{LP} = [Ag^+]^2CrO_4^{2-}] = (1,3 \cdot 10^{-4})^2(6,6 \cdot 10^{-5}) = 1,1 \cdot 10^{-12}$$

18.7. Das Löslichkeitsprodukt von $Pb(IO_3)_2$ beträgt $2,5 \cdot 10^{-13}$. Wie groß ist die Löslichkeit von $Pb(IO_3)_2$ (*a*) in mol/l und (*b*) in g/l?

(*a*) Die Löslichkeit von $Pb(IO_3)_2$ sei x mol/l. Dann ist $[Pb^{2+}] = x$ und $[IO_3^-] = 2x$:

$$[Pb^{2+}][IO_3^-]^2 = K_{LP} \qquad \text{ergibt} \qquad x(2x)^2 = 2,5 \cdot 10^{-13}$$

Damit ist $4x^3 = 2,5 \cdot 10^{-13}$, $x^3 = 62 \cdot 10^{-15}$ und $x = 4,0 \cdot 10^{-5}$.

(*b*) $$\text{Löslichkeit} = (4,0 \cdot 10^{-5} \text{ mol/l})(557 \text{ g/mol}) = 0,022 \text{ g/l}$$

18.8. $[Ag^+]$ einer Lösung beträgt $4 \cdot 10^{-3}$. Berechnen Sie die $[Cl^-]$ Konzentration, die überschritten werden muß, bevor AgCl ausfallen kann. Das Löslichkeitsprodukt von AgCl bei 25 °C ist $1,8 \cdot 10^{-10}$.

$$[Ag^+][Cl^-] = K_{LP}$$

$$(4 \cdot 10^{-3})[Cl^-] = 1,8 \cdot 10^{-10}$$

$$[Cl^-] = 5 \cdot 10^{-8}$$

Daher muß $[Cl^-]$ $5 \cdot 10^{-8}$ überschreiten, bevor AgCl ausfällt. Diese Aufgabe unterscheidet sich von den vorhergehenden dadurch, daß die zwei den Niederschlag bildenden Ionen unabhängig zur Lösung zugegeben werden. Dies stellt eine typische Situation bei einer Analyse dar, bei der lösliches Chlorid zur Fällung von Silberionen, die in einer Lösung vorhanden sind, zugegeben wird.

18.9. Berechnen Sie die Löslichkeit von CaF_2 in einer 0,015 M NaF-Lösung. K_{LP} von CaF_2 beträgt $3,9 \cdot 10^{-11}$.

Wegen der großen Konzentration des gemeinsamen Ions F^- wird die Löslichkeit recht niedrig sein, und das zusätzliche F^- aus dem gelösten CaF_2 wird gegenüber dem aus dem NaF als vernachlässigbar angenommen. Daher gilt:

$$[Ca^{2+}][F^-]^2 = K_{LP} = 3,9 \cdot 10^{-11} = [Ca^{2+}](0,015)^2$$

$$\left[Ca^{2+}\right] = \frac{3,9 \cdot 10^{-11}}{(0,015)^2} = 1,7 \cdot 10^{7}$$

Die Löslichkeit beträgt $1,7 \cdot 10^{-7}$ mol/l.

$[F^-]$ aus dem CaF_2 ist $2 \cdot 1,7 \cdot 10^{-7} = 3,4 \cdot 10^{-7}$ M, was gegenüber 0,015 M wie angenommen vernachlässigt werden kann.

18.10. Berechnen Sie die Konzentration von Ag^+, CrO_4^{2-}, NO_3^- und K^+, nachdem 30 ml 0,010 M $AgNO_3$ mit 20 ml 0,010 M K_2CrO_4-Lösung gemischt wurden und sich das Gleichgewicht eingestellt hat. K_{LP} von Ag_2CrO_4 beträgt $1,1 \cdot 10^{-12}$.

Wenn keine Fällung auftreten würde, würde man unter Berücksichtigung der Verdünnung durch die Mischung die folgenden Konzentrationen beobachten:

$$\left[CrO_4^{2-}\right] = \left(\tfrac{20}{50}\right)(0,010) = 0,0040 \text{ M}; \ \left[K^+\right] = 2\left[CrO_4^{2-}\right] = 0,0080 \text{ M}$$

$$\left[Ag^+\right] = \left[NO_3^-\right]\left(\tfrac{30}{50}\right)(0,010) = 0,0060 \text{ M}$$

Da K^+ und NO_3^- nicht reagieren, gelten die obigen Werte von $[K^+]$ und $[NO_3^-]$ unabhängig davon, ob Fällung auftritt oder nicht.

Um bestimmen zu können, ob sich ein Niederschlag bildet, müssen Sie das *Ionenprodukt Q* berechnen und dessen Wert mit K_{LP} vergleichen.

$$Q = [Ag^+]^2[CrO_4^{2-}] = (0,006\,0)^2(0,004) = 1,4 \cdot 10^{-7} \qquad K_{LP} = 1,1 \cdot 10^{-12}$$

Da $Q >> K_{LP}$ ist, wird sich ein Niederschlag bilden.

Lediglich 0,003 0 mol/l CrO_4^{2-} sind nötig, um das gesamte Ag^+ auszufällen. Der Überschuß von 0,001 0 mol/l CrO_4^{2-} stellt sicher, daß sehr wenig Ag^+ in der Lösung verbleibt. Das $[CrO_4^{2-}]$-Äquivalent zum verbleibenden $[Ag^+]$ wird, verglichen mit dem Überschuß von 0,001 0 mol/l, ebenfalls sehr klein sein. Daher gilt nach Ausfällung von Ag_2CrO_4 (*s*):

$$K_{LP} = 1,1 \cdot 10^{-12} = [Ag^+]^2[CrO_4^{2-}] = [Ag^+]^2[0,001\,0]$$

$$[Ag^+]^2 = 1,1 \cdot 10^{-9}; \ [Ag^+] = 3,3 \cdot 10^{-5}$$

Der obige Wert ist klein genug, um die Näherungen zu rechtfertigen. Die resultierende Lösung enthält $3,3 \cdot 10^{-5}$ M Ag^+ und 0,001 0 M CrO_4^{2-}.

18.11. Berechnen Sie die Löslichkeit von AgCN in einer Pufferlösung mit pH 3,00. K_{LP} von AgCN beträgt $6,0 \cdot 10^{-17}$ und K_S von HCN $4,93 \cdot 10^{-10}$.

In dieser Lösung liegt das gelöste Silber als Ag^+ vor, allerdings wird das aufgelöste Cyanid hauptsächlich in HCN umgewandelt, was der fixierten Azidität des Puffers Rechnung trägt. [Der Komplex $Ag(CN)_2^-$ bildet sich nur bei höheren Cyanid-Ionen-Konzentrationen in merklichen Mengen.] Berechnen Sie zunächst das Verhältnis von [HCN] zu $[CN^-]$ bei diesem pH-Wert.

$$\frac{\left[H^+\right]\left[CN^-\right]}{[HCN]} = K_S \qquad \text{oder} \qquad \frac{[HCN]}{\left[CN^-\right]} = \frac{\left[H^+\right]}{K_S} = \frac{1,0 \cdot 10^{-3}}{4,93 \cdot 10^{-10}} = 1,22 \cdot 10^{-7}$$

Die zwei Gleichgewichte können zu einem Gesamt-*K* des Auflösungsvorgangs kombiniert werden:

$$AgCN\,(s) \rightleftharpoons Ag^+ + CN^- \qquad K_{LP}$$

Subtrahieren Sie:

$$HCN \rightleftharpoons H^+ + CN^- \qquad K_S$$

$$AgCN\,(s) + H^+ \rightleftharpoons Ag^+ + HCN \qquad K = \frac{K_{LP}}{K_S} = \frac{6,0 \cdot 10^{-17}}{4,93 \cdot 10^{-10}} = 1,22 \times 10^{-7}$$

Sei die Löslichkeit von AgCN *x* mol/l. Dann gilt:

$$x = [Ag^+] \text{ im Gleichgewicht} \qquad x = [CN^-] + [HCN]$$

Durch die Vernachlässigung von $[CN^-]$ gegenüber [HCN] (1 zu 2 Millionen) und Gleichsetzung von [HCN] mit *x* ergibt sich nur ein sehr kleiner Fehler.

$$K = 1,22 \cdot 10^{-7} = \frac{\left[Ag^+\right][HCN]}{\left[H^+\right]} = \frac{x^2}{1,00 \cdot 10^{-3}}$$

18.12. Berechnen Sie die NH_4^+-Ionen-Konzentration (abgeleitet von NH_4Cl), die nötig ist, um in 1 l einer Lösung, die 0,010 0 mol Ammoniak und 0,001 00 mol Mg^{2+} enthält, die Fällung von $Mg(OH)_2$ zu verhindern. Die Dissoziationskonstante von Ammoniak beträgt $1,75 \cdot 10^{-5}$. Das Löslichkeitsprodukt von $Mg(OH)_2$ ist $7,1 \cdot 10^{-12}$.

Berechnen Sie zunächst den Maximalwert von [OH^-], der in der Lösung vorhanden sein kann, ohne die Fällung von $Mg(OH)_2$ zu verursachen.

$$[OH^-] = \sqrt{\frac{7{,}1 \cdot 10^{-12}}{[Mg^{2+}]}} = \sqrt{\frac{7{,}1 \cdot 10^{-12}}{0{,}001\,00}} = \sqrt{71 \cdot 10^{-10}} = 8{,}4 \cdot 10^{-5}$$

Berechnen Sie nun den Wert für [NH_4^+] (abgeleitet von NH_4Cl), der nötig ist, um die Dissoziation von NH_3 zu unterdrücken und damit [OH^-] unter $8{,}4 \cdot 10^{-5}$ zu halten.

$$\frac{[NH_4^+][OH^-]}{[NH_3]} = 1{,}75 \cdot 10^{-5} \quad \text{oder} \quad \frac{[NH_4^+](8{,}4 \cdot 10^{-5})}{0{,}010\,0} = 1{,}75 \cdot 10^{-5}$$

Daraus folgt: [NH_4^+] = $2{,}1 \cdot 10^{-3}$. (Da 0,010 0 M Ammoniak besonders in der Gegenwart eines Überschusses NH_4^+ nur leicht ionisiert ist, kann [NH_3] als 0,010 0 angesehen werden.)

18.13. In 1 l einer 0,003 M $HClO_4$-Lösung waren jeweils $2 \cdot 10^{-4}$ mol Mn^{2+} und Cu^{2+} enthalten. Diese Lösung wurde mit H_2S gesättigt. Bestimmen Sie, ob die beiden Ionen Mn^{2+} und Cu^{2+} als Sulfide ausgefällt werden. Die Löslichkeit von H_2S (0,10 mol/l) wird als unabhängig von der Gegenwart anderer Substanzen in der Lösung angesehen. K_{LP} von MnS beträgt $3 \cdot 10^{-14}$, von CuS $8 \cdot 10^{-37}$. K_1 und K_2 von H_2S sind $1{,}0 \cdot 10^{-7}$ bzw. $1{,}2 \cdot 10^{-13}$.

[H_2S] = 0,10, da die Lösung mit H_2S gesättigt ist. [H^+] = 0,003, da der Beitrag von H_2S zu H^+ im Vergleich mit $HClO_4$ vernachlässigbar ist. Berechnen Sie [S^{2-}] aus den kombinierten Dissoziationskonstanten.

$$\frac{[H^+][S^{2-}]}{[H_2S]} = K_1K_2 = (10 \cdot 10^{-7})(1{,}2 \cdot 10^{-13}) = 1{,}2 \cdot 10^{-20}$$

$$[S^{2-}] = (1{,}2 \cdot 10^{-20})\frac{[H_2S]}{[H^+]^2} = (1{,}2 \cdot 10^{-20})\frac{0{,}10}{(0{,}003)^2} = 1{,}3 \cdot 10^{-16}$$

Bilden Sie jetzt in beiden Fällen das Ionenprodukt Q unter der Annahme, daß keine Fällung auftritt, und vergleichen Sie das Ergebnis mit K_{LP}.

Für MnS: $Q = [Mn^{2+}][S^{2-}] = (2 \cdot 10^{-4})(1{,}3 \cdot 10^{-16}) = 2{,}6 \cdot 10^{-20} < 3 \cdot 10^{-14} = K_{LP}$

Für CuS: $Q = [Cu^{2+}][S^{2-}] = (2 \cdot 10^{-4})(1{,}3 \cdot 10^{-16}) = 2{,}6 \cdot 10^{-20} > 8 \cdot 10^{-37} = K_{LP}$

Daher verbleibt MnS in der Lösung, während CuS ausfällt. Dieses Beispiel zeigt, wie zwei Metallionen durch die Kontrolle der Azidität der Lösung bei Zugabe eines Reagents getrennt werden können.

Eigentlich wird während der Fällung des CuS aus dem H_2S etwas zusätzliches H^+ frei und die Gleichgewichtskonzentration von S^{2-} sinkt. Dieser Effekt ist aber zu klein, um das oben vorhergesagte Ergebnis zu ändern. Dieser Gesichtspunkt wird in der nächsten Aufgabe detaillierter behandelt werden.

18.14. Wieviel Cu^{2+} entgeht in Aufgabe 18.13. der Fällung?

Der Großteil des Cu^{2+} wird ausgefällt, und ein Zuwachs von $2 \cdot 2 \cdot 10^{-4}$ mol/l H^+ wird vom H_2S an die Lösung abgegeben, was eine H^+-Gesamtkonzentration von 0,003 4 M ergibt. Die Berücksichtigung dieser Korrektur liefert:

$$[S^{2-}] = (1{,}2 \cdot 10^{-20})\frac{0{,}10}{(0{,}003\,4)^2} = 1{,}0 \cdot 10^{-16}$$

$$[Cu^{2+}] = \frac{K_{LP}}{[S^{2-}]} = \frac{8 \cdot 10^{-37}}{1{,}0 \cdot 10^{-16}} = 8 \cdot 10^{-21}$$

Daher verbleiben $8 \cdot 10^{-21}$ mol Cu^{2+} in Lösung. Auf prozentualer Basis beträgt die Menge des verbleibenden ungefällten Cu^{2+}:

$$\frac{8 \cdot 10^{-21}}{2 \cdot 10^{-4}} \cdot 100 = 4 \cdot 10^{-15}\%$$

18.15. Wird MnS ausfallen, wenn die Lösung aus Aufgabe 18.13. durch Erniedrigung von $[H^+]$ auf 10^{-7} neutralisiert wird?

$$[S^{2-}] = \left(1,2 \cdot 10^{-20}\right)\frac{0,10}{\left(10^{-7}\right)^2} = 1,2 \cdot 10^{-7}$$

$$Q = [Mn^{2+}][S^{2-}] = (2 \cdot 10^{-4})(1,2 \cdot 10^{-7}) = 2,4 \cdot 10^{-11}$$

Da $2,4 \cdot 10^{-11}$ größer als K_{LP} von MnS ($3 \cdot 10^{-14}$) ist, wird MnS ausfallen.

Die Erniedrigung von $[H^+]$ auf 10^{-7} erhöht die Dissoziation von H_2S so weit, daß genügend S^{2-} zur Überschreitung des Löslichkeitsproduktes von MnS zur Verfügung gestellt wird.

18.16. Wieviel NH_3 muß zu einer 0,004 0 M Ag^+-Lösung gegeben werden, um die Ausfällung von AgCl zu verhindern, wenn $[Cl^-]$ 0,001 0 erreicht? K_{LP} von AgCl beträgt $1,8 \cdot 10^{-10}$ und K_D von $Ag(NH_3)_2^+$ ist $6,0 \cdot 10^{-8}$.

Genau wie Säuren zur Erniedrigung der Konzentration von Anionen in Lösung verwendet werden können, kann man in einigen Fällen komplexierende Reagentien anwenden, um die Konzentration von Kationen zu verringern. Bei dieser Aufgabe bewirkt die Zugabe von NH_3 die Umwandlung eines Großteils des Silbers in das Komplexion $Ag(NH_3)_2^+$. Die Obergrenze für die Konzentration von unkomplexiertem Ag^+ ohne Bildung eines Niederschlags kann aus dem Löslichkeitsprodukt berechnet werden.

$$[Ag^+][Cl^-] = 1,8 \cdot 10^{-10} \quad \text{oder} \quad [Ag^+] = \frac{1,8 \cdot 10^{-10}}{[Cl^-]} = \frac{1,8 \cdot 10^{-10}}{0,0010} = 1,8 \cdot 10^{-7}$$

Es muß genügend NH_3 zugegeben werden, um $[Ag^+]$ unter $1,8 \cdot 10^{-7}$ zu halten. Die Konzentration von $Ag(NH_3)_2^+$ an dieser Grenze würde dann $0,004\,0 - (1,8 \cdot 10^{-7})$ oder praktisch 0,004 0 betragen.

$$\frac{[Ag^-][NH_3]^2}{[Ag(NH_3)_2^+]} = K_D \quad \text{oder} \quad [NH_3]^2 = \frac{[K_D[Ag(NH_3)_2^+]]}{[Ag^+]} = \frac{(6,0 \cdot 10^{-8})(0,004\,0)}{1,8 \cdot 10^{-7}} = 1,33 \cdot 10^{-3}$$

und $[NH_3] = 0,036$. Die zuzugebende Menge NH_3 ist gleich der Summe der Menge an in der Lösung verbleibendem freiem NH_3 und der Menge NH_3, die bei der Bildung von 0,004 0 mol/l des Komplexions $Ag(NH_3)_2^+$ verbraucht wird. Diese Summe beträgt $0,036 + 2(0,004) = 0,004$ mol zuzugebendes NH_3 pro Liter.

18.17. Wie groß ist die Löslichkeit von AgSCN in 0,003 0 M NH_3? K_{LP} von AgSCN beträgt $1,1 \cdot 10^{-12}$ und K_D von $Ag(NH_3)_2^+$ ist $6,0 \cdot 10^{-8}$.

Wir können annehmen, daß praktisch das gesamte gelöste Silber als Komplexion $Ag(NH_3)_2^+$ vorliegt. Dann ist $x = [SCN^-] = [Ag(NH_3)_2^+]$, wenn die Löslichkeit von AgSCN x mol/l beträgt. Die Konzentration von unkomplexiertem Ag^+ kann aus K_D abgeschätzt werden, wenn man vereinfachend annimmt, daß $[NH_3]$ im Grunde genommen unverändert bleibt.

$$\frac{[Ag^+][NH_3]^2}{[Ag(NH_3)_2^+]} = K_D \quad \text{oder} \quad [Ag^+]^2 = \frac{[K_D[Ag(NH_3)_2^+]]}{[NH_3]^2} = \frac{(6,0 \cdot 10^{-8})x}{(0,003\,0)^2} = 6,7 \cdot 10^{-3}x$$

Dieses Ergebnis bestätigt unsere erste Annahme: Das Verhältnis von unkomplexiertem zu komplexiertem Silber in der Lösung beträgt nur $6,7 \cdot 10^{-3}$. Die beiden Gleichgewichte können zur Berechnung eines Gesamt-K für den Auflösungsvorgang kombiniert werden:

$$AgSCN\,(s) \rightleftharpoons Ag^+ + SCN^- \qquad K_{LP}$$

Subtrahieren Sie: $$Ag(NH_3)_2^+ \rightleftharpoons Ag^+ + 2NH_3 \qquad K_D$$

$$AgSCN\,(s) + 2NH_3 \rightleftharpoons Ag(NH_3)_2^+ + SCN^- \qquad K = \frac{K_{LP}}{K_D} = \frac{1,1 \cdot 10^{-12}}{6,0 \cdot 10^{-8}} = 1,8 \cdot 10^{-5}$$

$$K = 1{,}8 \cdot 10^{-5} = \frac{[Ag(NH_3)_2^+][SCN^-]}{[NH_3]^2} = \frac{x^2}{(0{,}0030)^2} \qquad x = 1{,}3 \cdot 10^{-5}$$

Die Gültigkeit der zweiten Annahme wird durch die Lösung bestätigt. Wenn pro Liter $1{,}3 \cdot 10^{-5}$ mol des Komplexes gebildet werden, ist die zur Komplexbildung nötige Menge NH_3 $2(1{,}3 \cdot 10^{-5}) = 2{,}6 \cdot 10^{-5}$ mol/l. Die Konzentration des in der Lösung verbleibenden freien NH_3 unterscheidet sich praktisch nicht von ihrem Anfangswert 0,003 0 mol/l.

18.18. Berechnen Sie die gleichzeitige Löslichkeit von CaF_2 und SrF_2. K_{LP} beträgt für diese beiden Salze $3{,}9 \cdot 10^{-11}$ bzw. $2{,}9 \cdot 10^{-9}$.

Die beiden Löslichkeiten sind nicht unabhängig voneinander, da es ein gemeinsames Ion (F^-) gibt. Wir werden zunächst annehmen, daß der Großteil des F^- in der gesättigten Lösung vom SrF_2 beigetragen wird, da dessen K_{LP} so viel größer als das des CaF_2 ist. Weiter können wir dann nach der Löslichkeit von SrF_2 auflösen, als ob das CaF_2 nicht anwesend wäre.

Wenn die Löslichkeit von SrF_2 x mol/l ist, gilt $x = [Sr^{2+}]$ und $2x = [F^-]$. Damit ergibt sich:

$$4x^3 = K_{LP} = 2{,}9 \cdot 10^{-9} \quad \text{oder} \quad x = 9 \cdot 10^{-4}$$

Die CaF_2-Löslichkeit muß sich nach der Konzentration von F^- richten, die von der SrF_2-Löslichkeit vorgegeben ist.

$$[Ca^{2+}] = \frac{K_{LP}}{[F^-]^2} = \frac{3{,}9 \cdot 10^{-11}}{(2 \cdot 9 \cdot 10^{-4})^2} = 1{,}2 \cdot 10^{-5}$$

d.h., die Löslichkeit von CaF_2 beträgt $1{,}2 \cdot 10^{-5}$ mol/l.

Überprüfung der Näherung: Die durch die Löslichkeit des CaF_2 beigetragene Menge F^- ist das doppelte der Konzentration von Ca^{2+} oder $2{,}4 \cdot 10^{-5}$ mol/l. Dies ist, verglichen mit der vom SrF_2 gelieferten Menge $2 \cdot 9 \cdot 10^{-4} = 1{,}8 \cdot 10^{-3}$ mol/l, tatsächlich ein kleiner Wert.

Eine allgemeinere Lösung, die keine Näherungen erfordert, lautet folgendermaßen: Sei $x = [Ca^{2+}]$; $x[F^-]^2 = 3{,}9 \cdot 10^{-11}$; $[Sr^{2+}][F^-]^2 = 2{,}9 \cdot 10^{-9}$.

$$\text{Division:} \qquad \frac{[Sr^{2+}][F^-]^2}{x[F^-]^2} = \frac{2{,}9 \cdot 10^{-9}}{3{,}9 \cdot 10^{-11}} = 74{,}4$$

$$[F^-] = 2([Ca^{2+}] + [Sr^{2+}]) = 2\,(x + 74{,}4x) = 2 \cdot 75{,}4x = 151x$$

Substitution in K_{LP} des CaF_2 liefert dann:

$(x)(151x)^2 = 3{,}9 \cdot 10^{-11}$ $\qquad x = 1{,}2 \cdot 10^{-5}$ (die Löslichkeit von CaF_2)

$74{,}4x = 8{,}9 \cdot 10^{-4}$ (die Löslichkeit von SrF_2)

18.19. Berechnen Sie die gleichzeitige Löslichkeit von AgSCN und AgBr. Die Löslichkeitsprodukte dieser beiden Salze betragen $1{,}1 \cdot 10^{-12}$ und $5{,}0 \cdot 10^{-13}$.

Da die Löslichkeiten nicht sehr unterschiedlich sind, ist der zweite Weg aus Aufgabe 18.18. *notwendig*. Sei $x = [Br^-]$. Bilden Sie dann das Verhältnis der K_{LP}'s :

$$\frac{[Ag^+][SCN^-]^2}{[Ag^+][Br^-]^2} = \frac{1{,}1 \cdot 10^{-12}}{5{,}0 \cdot 10^{-13}} = \frac{[SCN^-]}{x}$$

Dann liefert die Substitution in K_{LP} für AgBr:

$$[Ag^+][Br^-] = (3{,}2x)(x) = 5{,}0 \cdot 10^{-13};\ 3{,}2x^2 = 5{,}0 \cdot 10^{-13}$$

$x = 4{,}0 \cdot 10^{-7}$ (Löslichkeit von AgBr)

$2{,}2x = 8{,}8 \cdot 10^{-7}$ (Löslichkeit von AgSCN)

18.20. Berechnen Sie die Löslichkeit von MnS in reinem Wasser. K_{LP} beträgt $3 \cdot 10^{-14}$. K_1 und K_2 von H_2S betragen $1{,}0 \cdot 10^{-7}$ bzw. $1{,}2 \cdot 10^{-13}$.

Diese Aufgabe unterscheidet sich von den analogen Aufgaben mit Chromaten, Oxalaten, Halogeniden, Sulfaten und Iodaten. Der Unterschied liegt in der umfassenden Hydrolyse des Sulfid-Ions:

$$S^{2-} + H_2O \rightleftharpoons HS^- + OH^- \qquad K_B = \frac{K_w}{K_2} = \frac{10^{-14}}{1,2 \cdot 10^{-13}} = 0,083$$

Wenn x mol/l die Löslichkeit von MnS ist, können wir nicht einfach x mit $[S^{2-}]$ gleichsetzen. Stattdessen ist $x = [S^{2-}] + [HS^-] + [H_2S]$. Zur Vereinfachung nehmen wir zunächst an, daß die erste Hydrolysestufe fast vollständig und die zweite Stufe nur zu einem geringen Teil abläuft. Mit anderen Worten gilt: $x = [Mn^{2+}] = [HS^-] = [OH^-]$.

$$[S^{2-}] = \frac{[HS^-][OH^-]}{K_B} = \frac{x^2}{0,083}$$

Im Gleichgewicht gilt:

$$[Mn^{2+}][S^{2-}] = \frac{x(x)^2}{0,083} = K_{LP} = 3 \cdot 10^{-14} \quad \text{oder} \quad x = 1.4 \cdot 10^{-5}$$

Überprüfung der Näherungen:

1. $$[S^{2-}] = \frac{x^2}{0,083} = \frac{(1,4 \cdot 10^{-5})^2}{0,083} = 2,4 \cdot 10^{-9}$$

$[S^{2-}]$ ist, verglichen mit $[HS^-]$, tatsächlich vernachlässigbar.

2. $$[H_2S] = \frac{[H^+][HS^-]}{K_1} = \frac{K_w[HS^-]}{[OH^-]K_1} = \frac{10^{-14}x}{10^{-7}x} = 10^{-7}$$

Auch $[H_2S]$ ist gegenüber $[HS^-]$ klein.

Die obigen Näherungen würden für Sulfide wie CuS nicht gelten, die viel unlöslicher als MnS sind. Zunächst würde die Wasserdissoziation bei der Bestimmung von $[OH^-]$ eine wichtige Rolle spielen. Außerdem wäre die zweite Stufe der Hydrolyse, die H_2S erzeugt, verglichen mit der ersten, nicht mehr vernachlässigbar. Selbst für MnS gibt es aufgrund der Komplexierung von Mn^{2+} mit OH^- ein zusätzliches Problem. Die vollständige Behandlung der Sulfid-Löslichkeiten stellt aufgrund der zu betrachtenden mehrfachen Gleichgewichte eine schwierige Aufgabe dar.

Wenn die Hydrolyse nicht berücksichtigt worden wäre, hätte die Lösung einfach $\sqrt{3 \cdot 10^{-14}} = 1,7 \cdot 10^{-7}$ gelautet, was einer Unterschätzung der Löslichkeit um den Faktor 80 gleichkommt! ($1,4 \cdot 10^{-5} / 1,7 \cdot 10^{-7} \approx 80$.) Daher wird die Löslichkeit von Sulfiden durch die Hydrolyse stark erhöht.

18.21. Die folgenden Lösungen wurden gemischt: 500 ml 0,010 0 M $AgNO_3$ und 500 ml einer Lösung, die jeweils 0,010 0 M an NaCl und 0,010 0 M an NaBr war. K_{LP} von AgCl und von AgBr beträgt $1,8 \cdot 10^{-10}$ bzw. $5,0 \cdot 10^{-13}$. Berechnen Sie $[Ag^+]$, $[Cl^-]$ und $[Br^-]$ in der Gleichgewichtslösung.

Wenn es keine Fällung gäbe, hätte der Verdünnungseffekt durch den Mischvorgang folgende Auswirkung:

$$[Ag^+] = [Cl^-] = [Br^-] = \tfrac{1}{2}(0,0100) = 0,0050$$

AgBr ist das unlöslichere Salz und hätte beim Ausfällvorgang die Priorität. Um herauszufinden, ob AgCl ebenfalls ausfällt, können wir zunächst einmal annehmen, daß dies nicht der Fall ist. Dann würden nur Ag^+ und Br^- durch die Fällung entfernt werden, und die Konzentrationen dieser beiden Ionen in Lösung würden zueinander gleich bleiben.

$$[Ag^+][Br^-] = [Ag^+]^2 = K_{LP} = 5,0 \cdot 10^{-13}$$

oder $[Ag^+] = [Br^-] = 7,1 \cdot 10^{-7}$

Wir können jetzt das Ionenprodukt von AgCl untersuchen:

$$[Ag^+][Cl^-] = (7,1 \cdot 10^{-7})(5,0 \cdot 10^{-3}) = 3,6 \cdot 10^{-9}$$

Da dieses Ionenprodukt K_{LP} von AgCl übersteigt, muß wenigstens ein Teil des AgCl ebenfalls ausfallen. Mit anderen Worten war unsere erste Annahme falsch.

Da beide Halogenide ausfallen, müssen die Anforderungen beider Löslichkeitsprodukte gleichzeitig erfüllt werden:

$$[Ag^+][Cl^-] = 1,8 \cdot 10^{-10} \qquad (1)$$

$$[Ag^+][Br^-] = 5,0 \cdot 10^{-13} \qquad (2)$$

Die zur Definition der drei Unbekannten nötige dritte Gleichung ist eine Gleichung, die die Bilanz positiver und negativer Ladungen in der Lösung ausdrückt: $[Na^+] + [Ag^+] = [Cl^-] + [Br^-] + [NO_3^-]$.

$$0,010\,0 + [Ag^+] = [Cl^-] + [Br^-] + 0,005\,0$$

oder

$$[Cl^-] + [Br^-] - [Ag^+] = 0,005\,0 \qquad (3)$$

Wenn man (*1*) durch (*2*) dividiert, ist $[Cl^-]/[Br^-] = 360$ und wir erkennen, daß Br^- für die Gesamtkonzentration der Anionen in der Lösung nur eine vernachlässigbare Rolle spielt. Ebenso muß wegen der Schwerlöslichkeit der beiden Silbersalze $[Ag^+]$ in (*3*) vernachlässigbar sein. Aus (*1*) erhält man:

$$[Ag^+] = \frac{1,8 \cdot 10^{-10}}{[Cl^-]} = \frac{1,8 \cdot 10^{-10}}{0,005\,0} = 3,6 \cdot 10^{-8}$$

Aus (*2*) ergibt sich:

$$[Br^-] = \frac{5,0 \cdot 10^{-13}}{[Ag^+]} = \frac{5,0 \cdot 10^{-13}}{3,6 \cdot 10^{-8}} = 1,4 \cdot 10^{-5}$$

Überprüfung der Näherungen: Sowohl $[Ag^+]$ als auch $[Br^-]$ sind verglichen mit 0,005 0 vernachlässigbar.

Beachten Sie allgemein, daß in der Gegenwart beider Niederschläge das Verhältnis der Anionenkonzentrationen genauso groß wie das entsprechende Verhältnis der K_{LP}'s sein muß (was durch die obigen Ergebnisse bestätigt werden kann). Beachten Sie auch, daß die Zugabe einiger weiterer Tropfen $AgNO_3$ (nicht soviel, daß $[Cl^-]$ stark abfällt) mehr AgCl (*s*) erzeugt, aber die obigen Lösungen nicht ändert.

18.22. Wieviel Ag^+ würde in Lösung bleiben, nachdem man gleiche Volumina 0,080 M $AgNO_3$ und 0,080 M HOCN gemischt hat? K_{LP} von AgOCN beträgt $2,3 \cdot 10^{-7}$. K_S von HOCN ist $3,5 \cdot 10^{-4}$.

Die Gesamtreaktion lautet:

$$Ag^+ + HOCN \rightleftharpoons AgOCN\,(s) + H^+$$

Nehmen Sie an, daß dies nahezu vollständig abläuft, und formulieren Sie dann *K* für die Rückreaktion, indem Sie K_{LP} und K_S kombinieren.

	$AgOCN\,(s) \rightleftharpoons Ag^+ + OCN^-$	K_{LP}
Subtrahieren Sie:	$HOCN \rightleftharpoons H^+ + OCN^-$	K_S
	$AgOCN\,(s) + H^+ \rightleftharpoons Ag^+ + HOCN$	$K = \frac{K_{LP}}{K_S}$

Wegen der beim Mischen eintretenden Verdünnung war der Anfangswert von $[Ag^+]$ 0,040 M, was 0,040 M H^+ ergeben und nach Ablauf der Reaktion (*1*) keinen nennenswerten Überschuß HOCN zurücklassen würde. Wenn daher $[Ag^+] = x$ ist, folgt $[HOCN] = x$ und $[H^+] = 0,040 - x$.

$$K = \frac{[Ag^+][HOCN]}{[H^+]} = \frac{x^2}{0,040 - x} = \frac{2,3 \cdot 10^{-7}}{3,5 \cdot 10^{-4}} = 6,6 \cdot 10^{-4}$$

Lösung der quadratischen Gleichung ergibt $x = 4{,}8 \cdot 10^{-3}$ = zurückbleibende Ag^+-Konzentration.

Obwohl also stöchiometrisch äquivalente Mengen der Reagentien gemischt wurden, entging etwa ein Achtel ($4{,}8 \cdot 10^{-3} / 0{,}040$) des Silbers der Fällung. Das bei der Fällungsreaktion erzeugte H^+ unterdrückte die Dissoziation von HOCN mit dem Ergebnis, daß zuwenig $[OCN^-]$ zur Fällung verfügbar war.

Zusatzaufgaben

KOMPLEXIONEN

18.23. 0,010 0 mol reines $Cu(NH_3)_4SO_4 \cdot H_2O$ werden in einem Liter reinem Wasser gelöst. (*a*) Schätzen Sie die molare Konzentration von Cu^{2+} unter Vernachlässigung der Zwischenstufen der Dissoziation ab. (*b*) Schätzen Sie die molare Konzentration von Cu^{2+} ab, wenn auch 0,010 0 mol NH_3 zu der Lösung gegeben werden. (*c*) Welches ist die bessere Abschätzung, (*a*) oder (*b*)? Erklären Sie das! K_D von $Cu(NH_3)_4^{2+}$ beträgt $4{,}35 \cdot 10^{-13}$.

Lösung: (*a*) $4{,}43 \cdot 10^{-4}$; (*b*) $4{,}35 \cdot 10^{-7}$; (*c*) Schätzung (*a*) könnte zu hoch liegen, wenn bei der teilweisen Dissoziation eine signifikante Menge NH_3 entsteht. Schätzung (*b*) sollte genau sein, da die zugegebene Ammoniakmenge die vom Komplex abgegebene Menge Ammoniak bei weitem übersteigt.

18.24. Eine Probe von 0,001 0 mol festem NaCl wurde zu 1 l einer 0,010 M $Hg(NO_3)_2$-Lösung gegeben. Berechnen Sie $[Cl^-]$, die im Gleichgewicht mit dem dem neu gebildeten $HgCl^+$ steht. K_1 für die $HgCl^+$-Bildung beträgt $5{,}5 \cdot 10^6$. Vernachlässigen Sie das K_2-Gleichgewicht.

Lösung: $2 \cdot 10^{-8}$

18.25. Wie groß ist $[Cd^{2+}]$ in 1 l einer Lösung, die durch Auflösung von 0,001 0 mol $Cd(NO_3)_2$ und 1,5 mol NH_3 hergestellt wurde? K_D für die Dissoziation von $Cd(NH_3)_4^{2+}$ in Cd^{2+} und 4 NH_3 beträgt $3{,}6 \cdot 10^{-8}$. Vernachlässigen Sie die Cadmiummenge in Komplexen mit weniger als 4 Ammoniakgruppen.

Lösung: $7 \cdot 10^{-12}$

18.26. Silberionen bilden in der Gegenwart eines Überschusses CN^- $Ag(CN)_2^-$. Wieviel KCN sollte zu 1 l einer 0,000 5 M Ag^+-Lösung gegeben werden, um $[Ag^+]$ auf $1{,}0 \cdot 10^{-19}$ zu reduzieren? K_D der vollständigen Dissoziation von $Ag(CN)_2^-$ beträgt $3{,}3 \cdot 10^{-21}$.

Lösung: 0,005 mol

18.27. Eine Untersuchung der Komplexierung von SCN^- mit Fe^{3+} führt zu Werten von 130, 16 und 1,0 für K_1, K_2 und K_3. Wie groß ist auf Grundlage dieser Daten die Gesamt-Bildungskonstante von $Fe(SCN)_3$ aus den enthaltenen Ionen und wie groß ist die Dissoziationskonstante von $Fe(SCN)_3$ in seine einfachsten Ionen?

Lösung: $K_S = 2{,}1 \cdot 10^3$; $K_D = 4{,}8 \cdot 10^{-4}$

18.28. Sr^{2+} bildet mit NO_3^- einen sehr unstabilen Komplex. Eine Lösung, die nominal 0,001 00 M an $Sr(ClO_4)_2$ und 0,050 M an KNO_3 war, wies nur 75 Prozent des Strontiums in der unkomplexierten Sr^{2+}-Form auf, der Rest war $Sr(NO_3)^+$. Wie groß ist K_1 der Komplexierung?

Lösung: 6,7

18.29. Es wurde eine Lösung hergestellt, die 0,010 0 M an $Co(NO_3)_2$ und 0,020 0 M an N_2H_4 bei einer Gesamtionenstärke von 1 war. Man ermittelte die Gleichgewichtskonzentration von Co^{2+} zu $6{,}2 \cdot 10^{-3}$. Wie groß ist der scheinbare Wert für K_1 der Komplexbildung bei dieser Ionenstärke, wenn Sie annehmen, daß der einzige gebildete Komplex $Co(N_2H_4)^{2+}$ war?

Lösung: 38

18.30. Nehmen Sie an, daß die Lösung aus der vorigen Aufgabe um den Faktor 2 verdünnt wird (während die Ionenstärke bei 1 gehalten wird). Berechnen Sie die molaren Konzentrationen von (*a*) $CoN_2H_4^{2+}$; (*b*) Co^{2+} und (*c*) N_2H_4.

Lösung: (*a*) 0,001 2; (*b*) 0,003 8; (*c*) 0,008 8

18.31. Gleiche Volumina von 0,001 0 M $Fe(ClO_4)_3$ und 0,10 M KSCN wurden gemischt. Berechnen Sie unter Verwendung der Daten aus Aufgabe 18.27. den prozentualen Anteil von Eisen im Gleichgewicht, das als Fe^{3+}, $FeSCN^{2+}$, $Fe(SCN)_2^+$ und $Fe(SCN)_3$ vorliegt.

Lösung: 8%, 50%, 40%, 2%

18.32. Wie groß ist die Konzentration von freiem Cd^{2+} in 0,005 0 M $CdCl_2$? K_1 der Chlorid-Komplexierung von Cd^{2+} beträgt 100; K_2 muß nicht berücksichtigt werden.

Lösung: $2{,}8 \cdot 10^{-3}$ mol/l

18.33. (*a*) Wieviel Mol NaCl müßten zu einem Liter der Lösung aus Aufgabe 18.32. zugegeben werden, um die Konzentration an freiem Cd^{2+} auf ein Zehntel des Gesamt-Cadmiums zu erniedrigen? (*b*) Bei welcher Konzentration von reinem $CdCl_2$ in Wasser beträgt die die Konzentration von freiem Cd^{2+} nur ein Zehntel des Gesamt-Cadmiums?

Lösung: (*a*) 0,084 M; (*b*) 0,082 M

LÖSLICHKEITSPRODUKT UND FÄLLUNG

18.34. Berechnen Sie die Löslichkeitsprodukte der folgenden Verbindungen. Die Löslichkeiten sind in Mol pro Liter angegeben. (*a*) $BaSO_4$, $1{,}05 \cdot 10^{-5}$ mol/l; (*b*) TlBr, $1{,}9 \cdot 10^{-3}$ mol/l; (*c*) $Mg(OH)_2$, $1{,}21 \cdot 10^{-4}$ mol/l; (*d*) $Ag_2C_2O_4$, $1{,}15 \cdot 10^{-4}$ mol/l; (*e*) $La(IO_3)_3$, $7{,}8 \cdot 10^{-4}$ mol/l

Lösung: (*a*) $1{,}1 \cdot 10^{-10}$; (*b*) $3{,}6 \cdot 10^{-6}$; (*c*) $7{,}1 \cdot 10^{-12}$; (*d*) $6{,}1 \cdot 10^{-12}$; (*e*) $1{,}0 \cdot 10^{-11}$

18.35. Berechnen Sie die Löslichkeitsprodukte der folgenden Salze. Die Löslichkeiten sind in Gramm pro Liter angegeben. (*a*) CaC_2O_4, 0,005 5 g/l; (*b*) $BaCrO_4$, 0,003 7 g/l; (*c*) CaF_2, 0,017 g/l

Lösung: (*a*) $1{,}8 \cdot 10^{-9}$; (*b*) $2{,}1 \cdot 10^{-10}$; (*c*) $4{,}1 \cdot 10^{-11}$

18.36. Das Löslichkeitsprodukt von SrF_2 beträgt bei 25 °C $2{,}9 \cdot 10^{-9}$. (*a*) Bestimmen Sie die Löslichkeit von SrF_2 bei 25 °C in mol/l und mg/ml. (*b*) Wie groß sind $[Sr^{2+}]$ und $[F^-]$ (in mol/l) in einer gesättigten Lösung von SrF_2?

Lösung: (*a*) $9 \cdot 10^{-4}$ mol/l, 0,11 mg/ml; (*b*) $[Sr^{2+}] = 9 \cdot 10^{-4}$, $[F^-] = 1{,}8 \cdot 10^{-3}$

18.37. Welcher Wert von $[SO_4^{2-}]$ muß überschritten werden, um aus 500 ml einer Lösung, die 0,000 10 mol Ra^{2+} enthält, $RaSO_4$ auszufällen? K_{LP} von $RaSO_4$ beträgt $4 \cdot 10^{-11}$.

Lösung: $2 \cdot 10^{-7}$

18.38. Eine Lösung weist eine Mg^{2+}-Konzentration von 0,001 mol/l auf. Wird $Mg(OH)_2$ ausfallen, wenn die OH^--Konzentration der Lösung (*a*) 10^{-5} mol/l und (*b*) 10^{-3} mol/l beträgt? K_{LP} von $Mg(OH)_2$ ist $7{,}1 \cdot 10^{-12}$.

Lösung: (*a*) Nein; (*b*) Ja

18.39. Radioaktive Marker stellen eine bequeme Methode zur Messung der kleinen Konzentrationen dar, denen man bei der Bestimmung von K_{LP}-Werten begegnet. Exakt 20,0 ml einer 0,010 0 M $AgNO_3$-Lösung, die radioaktives Silber mit einer Aktivität von 29 610 Zerfällen/min pro ml enthielt, wurden mit 100 ml 0,010 0 M KIO_3-Lösung gemischt und die Mischung wurde auf exakt 400 ml verdünnt. Nachdem das Gleichgewicht eingestellt war, wurde ein Teil der Lösung filtriert, um alle Feststoffe zu entfernen. Das Filtrat hatte pro ml eine Aktivität von 47,4 Zerfällen/min. Berechnen Sie K_{LP} von $AgIO_3$.

Lösung: $3{,}2 \cdot 10^{-8}$

18.40. Eine alte Methode für die Bestimmung von Schwefel in Benzin macht Gebrauch von der Fällung von Bariumsulfat als abschließendem chemischen Schritt, und schreibt vor, daß nicht mehr als 1 µg Schwefel in der Lösung zurückbleibt. Wie groß muß die Konzentration des (überschüssigen) Barium-Ions sein, wenn die Fällung aus 400 ml durchgeführt wird? K_{LP} von $BaSO_4$ beträgt $1{,}1 \cdot 10^{-10}$.

Lösung: $[Ba^{2+}]$ muß mindestens $1{,}4 \cdot 10^{-3}$ M betragen

18.41. Eine Lösung enthält jeweils 0,010 0 mol/l Cd^{2+} und Mg^{2+}. (*a*) Wie stark sollte der pH-Wert erhöht werden, um die maximale Menge eines Metalls (geben Sie an, welches das ist) als Hydroxid auszufällen, ohne daß das andere Metall mit ausfällt? (*b*) Welcher Bruchteil des gefällten Metalls wird noch in der Lösung verbleiben? (*c*) Um die unbeabsichtigte Ausfällung des löslicheren Metalls zu vermeiden, stoppte ein besonnener Chemiker die Zugabe von Base, als der pH-Wert 0,50 Einheiten unter dem in (*a*) berechneten Wert lag. Welcher Bruchteil des weniger löslichen Metalls verbleibt jetzt in der Lösung? Die K_{LP}-Werte betragen $7{,}1 \cdot 10^{-12}$ für $Mg(OH)_2$ und $4{,}5 \cdot 10^{-15}$ für $Cd(OH)_2$.

Lösung: (*a*) 9,43 zur Ausfällung von $Cd(OH)_2$; (*b*) $6{,}3 \cdot 10^{-4}$; (*c*) $6{,}2 \cdot 10^{-3}$

18.42. Wenn zur Fällung eines Metallhydroxids Ammoniak verwendet wird, wird die Lösung durch das gebildete Ammonium-Ion abgepuffert, z.B.:

$$Fe^{2+} + 2NH_3 + 2H_2O \rightarrow Fe(OH)_2\,(s) + 2NH_4^+$$

Zu einem Liter 0,010 0 M $FeSO_4$-Lösung wurden 0,040 0 mol konzentrierter Ammoniak gegeben. (Betrachten Sie die Volumenänderung als vernachlässigbar.)
Für $Fe(OH)_2$ beträgt $K_{LP} = 2 \cdot 10^{-15}$ und für NH_3 ist $K_B = 1{,}75 \cdot 10^{-5}$. Berechnen Sie (*a*) die resultierende Fe^{2+}-Konzentration und (*b*) den resultierenden pH-Wert.

Lösung: (*a*) $6 \cdot 10^{-6}$; (*b*) 9,24

18.43. Wiederholen Sie Aufgabe 18.42. für Mg^{2+} statt Fe^{2+}. Sie werden dies viel komplizierter finden, da K_{LP} von $Mg(OH)_2$ $7{,}1 \cdot 10^{-12}$ beträgt. (Hinweis: Die algebraische Gleichung höherer Ordnung kann leicht durch Ausprobieren gelöst werden.)

Lösung: (*a*) $[Mg^{2+}] = 0{,}004\,1$; (*b*) pH = 9,62

18.44. Nachdem er das Ergebnis von Aufgabe 18.43. gesehen hatte, entschied sich ein Chemiker dazu, sein $Mg(OH)_2$ einfach durch Zugabe von 0,040 0 mol pro Liter NaOH zu seiner 0,010 0 M Mg^{2+}-Lösung auszufällen. (Außerdem wird die Berechnung sehr einfach!) Berechnen Sie (*a*) die resultierende Mg^{2+}-Konzentration und (*b*) den resultierenden pH-Wert. (*c*) Würde auch $Ca(OH)_2$ ausfallen, wenn die Lösung 0,020 0 M Ca^{2+} enthielte? K_{LP} von $Ca(OH)_2$ beträgt $6{,}5 \cdot 10^{-6}$.

Lösung: (*a*) $1{,}8 \cdot 10^{-8}$; (*b*) 12,30; (*c*) Ja

18.45. Um nochmals auf Aufgabe 18.43. zurückzukommen: Das Magnesium hätte auch umfassend gefällt werden können, wenn man einfach eine ausreichend große Menge Ammoniak verwendet hätte. Berechnen Sie (*a*) und (*b*) erneut für den Fall von 0,400 mol NH_3 statt 0,040 0 mol, und beantworten Sie auch Aufgabe 18.44 (*c*) für diesen Fall.

Lösung: (*a*) $[Mg^{2+}] = 6{,}4 \cdot 10^{-5}$; (*b*) pH = 10,52; (*c*) Nein, Ionenprodukt $\ll K_{LP}$

18.46. Nachdem festes $SrCO_3$ mit einem Puffer von pH 8,60 ins Gleichgewicht gebracht wurde, fand man in der Lösung einen $[Sr^{2+}]$-Wert von $1{,}6 \cdot 10^{-4}$. Wie groß ist das Löslichkeitsprodukt von $SrCO_3$? K_2 von Kohlensäure beträgt $5{,}61 \cdot 10^{-11}$.

Lösung: $5{,}6 \cdot 10^{-10}$

18.47. Berechnen Sie die Löslichkeit von $CaCO_3$ in einer Lösung mit pH 8,60, die sich in einem geschlossenen Gefäß befindet, bei 25 °C. K_{LP} von $CaCO_3$ beträgt $7{,}55 \cdot 10^{-9}$. K_2 von Kohlensäure ist $5{,}61 \cdot 10^{-11}$.

Lösung: $5{,}9 \cdot 10^{-4}$ mol/l

18.48. Wieviel AgBr könnte sich in 1 l 0,40 M NH_3 lösen? K_{LP} von von AgBr beträgt $5{,}0 \cdot 10^{-13}$ und K_D von $Ag(NH_3)_2$ $6{,}0 \cdot 10^{-8}$.

Lösung: $1{,}2 \cdot 10^{-3}$ mol

18.49. Eine Lösung A wurde durch Mischung gleicher Volumina 0,001 0 M Cd^{2+} und 0,007 2 M OH^--Lösungen als Neutralsalz bzw. starker Base hergestellt. Eine Lösung B wurde durch Mischung gleicher Volumina 0,001 0 M Cd^{2+} und einer Standard-KI-Lösung hergestellt. Wie groß war die Konzentration der Standard-KI-Lösung, wenn die endgültige Cd^{2+}-Konzentration in den Lösungen A und B die gleiche war? K_{LP} von $Cd(OH)_2$ beträgt $4{,}5 \cdot 10^{-15}$ und K_K für die Bildung von CdI_4^{2-} aus den einfachen Ionen ist $4 \cdot 10^5$. Vernachlässigen Sie die Cadmiummenge in allen Iodid-Komplexen außer CdI_4^{2-}.

Lösung: 2,3 M

18.50. Ag_2SO_4 und $SrSO_4$ werden beide mit reinem Wasser ausgeschüttelt. Die K_{LP}-Werte für diese beiden Salze sind $1{,}5 \cdot 10^{-5}$ bzw. $3{,}2 \cdot 10^{-7}$. Berechnen Sie $[Ag^+]$ und $[Sr^{2+}]$ in der sich ergebenden gesättigten Lösung.

Lösung: $3{,}1 \cdot 10^{-2}$, $2{,}1 \cdot 10^{-5}$

18.51. Berechnen Sie $[F^-]$ in einer Lösung, die sowohl mit MgF_2 als auch mit SrF_2 gesättigt ist (hergestellt durch Auflösung von MgF_2 und SrF_2 in H_2O, bis ein Überschuß beider Festkörper vorhanden war). Die K_{LP}-Werte der beiden Salze sind $6{,}6 \cdot 10^{-9}$ bzw. $2{,}9 \cdot 10^{-9}$.

Lösung: $2{,}7 \cdot 10^{-3}$

18.52. Gleiche Volumina 0,020 0 M $AgNO_3$ und 0,020 0 M HCN wurden gemischt. Berechnen Sie $[Ag^+]$ im Gleichgewicht. K_{LP} von AgCN beträgt $6{,}0 \cdot 10^{-17}$ und K_S von HCN ist $4{,}93 \cdot 10^{-10}$.

Lösung: $3{,}5 \cdot 10^{-5}$

18.53. Gleiche Volumina 0,010 0 M $Sr(NO_3)_2$ und 0,010 0 M $NaHSO_4$ wurden gemischt. Berechnen Sie $[Sr^{2+}]$ und $[H^+]$ im Gleichgewicht. K_{LP} von $SrSO_4$ beträgt $3{,}2 \cdot 10^{-7}$ und K_S von HSO_4^- (identisch mit K_2 von H_2SO_4) ist $1{,}2 \cdot 10^{-2}$. Berücksichtigen Sie die Menge von H^+, die nötig ist, um die Ladung des in der Lösung verbleibenden SO_4^{2-} auszugleichen.

Lösung: $6{,}7 \cdot 10^{-4}$, $4{,}8 \cdot 10^{-3}$

18.54. Überschüssiges, festes $Ag_2C_2O_4$ wird mit (*a*) 0,001 00 M HNO_3 und (*b*) 0,000 30 M HNO_3 ausgeschüttelt. Wie groß ist der Gleichgewichtswert von $[Ag^+]$ in der Lösung? K_{LP} von $Ag_2C_2O_4$ beträgt $6 \cdot 10^{-12}$; K_2 von $H_2C_2O_4$ ist $6{,}4 \cdot 10^{-5}$. K_1 ist so groß, daß die Konzentration von freier Oxalsäure bei dieser Aufgabe keine Rolle spielt.

Lösung: (*a*) $5 \cdot 10^{-4}$; (*b*) $3 \cdot 10^{-4}$

18.55. Wieviel festes $Na_2S_2O_3$ sollte zu 1 l Wasser gegeben werden, so daß sich 0,000 50 mol $Cd(OH)_2$ gerade eben lösen? K_{LP} von $Cd(OH)_2$ beträgt $4{,}5 \cdot 10^{-15}$. K_1 und K_2 für die $S_2O_3^{2-}$-Komplexierung mit Cd^{2+} sind $8{,}3 \cdot 10^3$ bzw. $2{,}5 \cdot 10^2$. [Bestimmen Sie als Teilaufgabe, ob CdS_2O_3 oder $Cd(S_2O_3)_2^{2-}$ die dominierende Spezies in der Lösung darstellt.]

Lösung: 0,23 mol

18.56. Fällungstitrationen mit $AgNO_3$ können mit elektrometrischen Bestimmungen von $[Ag^+]$ (die im nächsten Kapitel diskutiert werden) durchgeführt werden. Beurteilen Sie die Durchführbarkeit der Titration einer Lösung mit 0,001 0 M NaCl und 0,001 0 M NaI mit einer Standardlösung von 0,100 M $AgNO_3$. Berechnen Sie $[Ag^+]$ (*a*) Auf der Hälfte des Wegs zum ersten Endpunkt; (*b*) am ersten Endpunkt; (*c*) auf halbem Weg zum zweiten Endpunkt; (*d*) am zweiten Endpunkt und (*e*) nach der Zugabe eines zum ursprünglichen NaCl äquivalenten Überschusses Titrators. (K_{LP} von AgCl beträgt $1{,}8 \cdot 10^{-10}$ und von AgI $8{,}5 \cdot 10^{-17}$. Vernachlässigen Sie zur Vereinfachung die Volumenzunahme durch die Zugabe des Titrators.)

Lösung: (*a*) $1{,}7 \cdot 10^{-13}$; (*b*) $9{,}2 \cdot 10^{-9}$; (*c*) $3{,}6 \cdot 10^{-7}$; (*d*) $1{,}3 \cdot 10^{-5}$; (*e*) $1{,}0 \cdot 10^{-3}$

Verwenden Sie bei den folgenden Aufgaben die nachstehenden physikalischen Konstanten von H_2S:

Löslichkeit: 0,10 mol/l $\quad K_1 = 1{,}0 \cdot 10^{-7}$ $\quad K_2 = 1{,}2 \cdot 10^{-13}$

18.57. Wie groß ist der maximal mögliche Wert von $[Ag^+]$ in einer gesättigten H_2S-Lösung, in der keine Fällung stattgefunden hat? Das Löslichkeitsprodukt von Ag_2S beträgt $6{,}7 \cdot 10^{-50}$.

Lösung: $7{,}5 \cdot 10^{-19}$

18.58. Bestimmen Sie $[S^{2-}]$ in einer gesättigten H_2S-Lösung, zu der soviel HCl zugegeben wurde, daß sich eine H^+-Konzentration von $2 \cdot 10^{-4}$ ergab.

Lösung: $3 \cdot 10^{-14}$

18.59. Wird FeS aus einer gesättigten H_2S-Lösung ausfallen, wenn die Lösung 0,01 mol/l Fe^{2+} enthält, sowie noch (*a*) 0,2 mol/l H^+ und (*b*) 0,001 mol/l H^+? K_{LP} von FeS beträgt $8 \cdot 10^{-19}$.

Lösung: (*a*) Nein; (*b*) Ja

18.60. Gegeben ist eine Lösung von jeweils 0,001 0 mol Cd^{2+} und Fe^{2+} in 1 l 0,020 M HCl, die mit H_2S gesättigt ist. K_{LP} von CdS beträgt $1{,}4 \cdot 10^{-29}$ und von FeS $8 \cdot 10^{-19}$. (*a*) Bestimmen Sie, ob diese Ionen als Sulfide gefällt werden oder nicht. (*b*) Wieviel Cd^{2+} verbleibt im Gleichgewicht in der Lösung?

Lösung: (*a*) nur CdS wird ausgefällt; (*b*) $4{,}7 \cdot 10^{-12}$ mol

18.61. Bei einem Versuch der Bestimmung des Löslichkeitsproduktes von Tl_2S wurde die Löslichkeit dieser Verbindung in reinem, CO_2-freien Wasser zu $3{,}6 \cdot 10^{-6}$ mol/l bestimmt. Wie groß ist der berechnete Wert von K_{LP}? Nehmen Sie an, daß das gelöste Sulfid praktisch vollständig zu HS^- hydrolysiert und daß die weitere Hydrolyse zu H_2S vernachlässigt werden kann.

Lösung: $8 \cdot 10^{-21}$

18.62. Berechnen Sie die Löslichkeit von FeS in reinem Wasser. $K_{LP} = 8 \cdot 10^{-19}$. (*Hinweis*: Die zweite Stufe der Hydrolyse, die H_2S erzeugt, kann nicht vernachlässigt werden.)

Lösung: $4 \cdot 10^{-7}$ mol/l

Kapitel 19

Elektrochemie

In diesem Kapitel behandeln wir zwei Aspekte der Verbindung zwischen Chemie und Elektrizität: Die *Elektrolyse* oder die Zersetzung von Materie infolge Elektrizitätsdurchleitung und die *Wirkung der galvanischen Zelle* oder die Nutzung einer chemischen Reaktion als elektrischem Generator.

ELEKTRISCHE EINHEITEN

Das *Coulomb* (C) ist die SI-Einheit der elektrischen Ladung. Aus dem Sichtpunkt der Fundamentalteilchen ist die *elementare* Einheit die Ladung eines Protons, die betragsmäßig gleich der Ladung eines Elektrons ist. Es ist kein chemisches Teilchen bekannt, dessen Ladung nicht ein ganzzahliges Vielfaches dieser Elementarladung beträgt, deren Wert $1{,}602 \cdot 10^{-19}$ C ist.

Der *elektrische Strom* ist die Geschwindigkeit des Ladungsflusses. Die SI-Einheit, das *Ampere* (A), entspricht einer Fließgeschwindigkeit von einem Coulomb pro Sekunde (1A = 1 C/s).

Die *elektrische Potentialdifferenz* zwischen zwei Punkten in einem Stromkreis verursacht den Transport von Ladung von einem Punkt zum anderen. Das *Volt* (V) ist die SI-Einheit der elektrischen Potentialdifferenz. Wenn eine Ladung von 1 C eine Potentialdifferenz von 1 V durchläuft, gewinnt sie eine Energie von 1 J:

$$\begin{aligned}\text{Energie in Joule} &= (\text{Ladung in Coulomb}) \cdot (\text{Potentialdifferenz in Volt}) \\ &= (\text{Strom in Ampere}) \cdot (\text{Zeit in Sekunden}) \cdot (\text{Potentialdifferenz in Volt}) \qquad (19\text{-}1)\end{aligned}$$

Das *Watt* (W) ist die SI-Einheit der *Leistung* (elektrische oder andere); 1 W wird entwickelt, wenn eine Arbeit von 1 J innerhalb einer Zeit von 1 s verrichtet wird. Aus (*19-1*) ergibt sich:

$$\text{Leistung in Watt} = (\text{Strom in Ampere}) \cdot (\text{Potentialdifferenz in Volt}) \qquad (19\text{-}2)$$

In der Elektrochemie haben wir es üblicherweise mit Gleichstrom (DC) zu tun. Die obige Diskussion der Einheiten gilt jedoch genauso gut für Wechselstrom (AC), der konventionellen Stromart, zu Hause oder im Labor.

DIE FARADAYSCHEN GESETZE DER ELEKTROLYSE

1. Die an einer Elektrode freigesetzte oder abgeschiedene Menge einer beliebigen Substanz ist proportional zur elektrischen Ladung (d.h. der Anzahl Coulomb), die durch den Elektrolyten geleitet wurde.
2. Die durch die gleiche Ladungsmenge (d.h. durch die gleiche Anzahl Coulomb) freigesetzten oder abgeschiedenen Mengen verschiedener Substanzen sind proportional zu den Äquivalentmassen (Kapitel 12) der Substanzen.

Man kann heute zeigen, daß diese Gesetze, die von Faraday über ein halbes Jahrhundert vor der Entdeckung des Elektrons formuliert wurden, einfache Konsequenzen der elektrischen Natur der Materie sind. Bei jeder Elektrolyse muß an der Kathode eine Reduktion stattfinden, um die aus einem externen Stromkreis in die Elektrode fließenden Elektronen zu entfernen. An der Anode muß eine Oxidation stattfinden, um die Elektronen zur Verfügung zu stellen, die die Elektrolysezelle über diese Elektrode verlassen. Aufgrund des Prinzips der Konstanz des Stromflusses müssen die Elektronen an der Kathode mit derselben Geschwindigkeit freigesetzt werden, wie sie von der Anode aufgenommen werden. Nach der Definition der Äquivalentmasse für Oxidations/Reduktions-Reaktionen (jener Bruchteil der molaren Masse, der mit der Übertragung eines Mols Elektronen verbunden ist), muß die Anzahl von *Äquivalenten* der Elektrodenreaktion proportional zur Menge der in die oder aus der Elektrolysezelle transportierten Ladung sein. Tatsächlich muß diese Anzahl von Äquivalenten gleich der Anzahl *Mol der Elektronen* sein, die in dem Stromkreis transportiert wurden. Die *Faraday-Konstante* ($\mathcal{F}$) ist gleich der Ladung eines Mols an Elektronen:

$$\mathcal{F} = (1{,}602 \cdot 10^{-19}\ \text{C/Elektron})(6{,}022 \cdot 10^{23}\ \text{Elektronen/Mol}) = 9{,}65 \cdot 10^{4}\ \text{C/mol}$$

Das übliche Symbol $n(e^-)$ kann verwendet werden, um sich auf die Anzahl Mol elektrischer Ladung, d.h., die Anzahl von Äquivalenten, zu beziehen.

Die für Elektrolyse-Rechnungen nötige Äquivalentmasse kann durch Formulierung der bilanzierten Halbreaktionen der Elektrodenprozesse ermittelt werden. So lautet die Kathodenreaktion für die elektrolytische Reduktion von Cu^{2+}:

$$Cu^{2+} + 2e^- \rightarrow Cu$$

Die Äquivalentmasse von Kupfer beträgt die Hälfte der molaren Masse. Wenn man eine Lösung von Cu^+ elektrolysieren würde, wäre die Äquivalentmasse gleich der molaren Masse von Kupfer, weil pro gebildetem Kupferatom nur ein Elektron eingefangen wird:

$$Cu^+ + e^- \rightarrow Cu$$

Wie bei normalen Oxidations/Reduktions-Reaktionen benötigt man oft spezielle Informationen über die Elektrodenreaktionen, um die Äquivalentmasse für die Elektrolyse zu bestimmen. Wenn eine Fe^{3+}-enthaltende Lösung bei niedriger Spannung elektrolysiert wird, könnte die Elektrodengleichung für das Eisen lauten:

$$Fe^{3+} + e^- \rightarrow Fe^{2+}$$

und die Äquivalentmasse des Eisens wäre gleich der molaren Masse. Bei höheren Spannungen könnte die Reaktion lauten:

$$Fe^{3+} + 3e^- \rightarrow Fe$$

und die Äquivalentmasse von Eisen wäre ein Drittel der molaren Masse.

GALVANISCHE ZELLEN

Viele Oxidations/Reduktions-Reaktionen können so durchgeführt werden, daß sie Elektrizität erzeugen. Eine solche Anordnung zur Produktion eines elektrischen Stroms wird *galvanische* oder *elektrochemische Zelle* genannt. Im Prinzip ist dies immer für spontante Oxidations/Reduktions-Reaktionen in wäßrigem Medium möglich, wenn die folgenden experimentellen Rahmenbedingungen eingehalten werden:

1. Die Oxidations- und Reduktionsmittel befinden sich nicht in physikalischem Kontakt miteinander, sondern sind in getrennten Kammern, genannt *Halbzellen*, enthalten. Jede Halbzelle enthält eine Lösung und einen Leiter (Elektrode), der üblicherweise ein Metall ist.
2. Das Reduktions- oder Oxidationsmittel in einer Halbzelle kann entweder die Elektrode selbst, eine auf der Elektrode abgeschiedene feste Substanz, ein Gas, das über die Elektrode geleitet wird, oder ein gelöster Stoff in der Lösung, die die Elektrode umgibt, sein. Genau wie bei der Elektrolyse bezeichnet man die Elektrode, an der die Reduktion stattfindet, als *Kathode*, und diejenige, an der die Oxidation stattfindet, als *Anode*.
3. Die Lösungen der beiden Halbzellen werden auf bestimmte Weise miteinander verbunden, so daß Ionen zwischen ihnen bewegt werden können. Einige der möglichen Anordnungen, um dies zu erreichen, sind: (*a*) vorsichtige Überschichtung der dichteren Lösung mit der weniger dichten; (*b*) Trennung der beiden Lösungen mittels eines porösen Materials wie einer Glasfritte, unglasiertem Porzellan oder einer mit einer Elektrolytlösung getränkten Faser; (*c*) Einfügung einer verbindenden Elektrolytlösung (einer *Salzbrücke*) zwischen den beiden Lösungen.

Das zwischen den beiden Elektroden entwickelte Potential verursacht den Fluß eines elektrischen Stroms und den Ablauf der Halbzellenreaktionen, wenn die Elektroden über einen externen Stromkreis miteinander verbunden werden.

Abbildung 19-1 (*a*) zeigt eine einfache galvanische Zelle, bei der eine Halbzelle aus einem Metall besteht, das sich in Kontakt mit einer Lösung seiner Ionen befindet. Die Richtung der Reaktion, die Stromrichtung und die Klemmenspannung wurden durch Methoden abgeleitet, die in den folgenden Abschnitten beschrieben werden. Abhängig von den Aggregatzuständen von Reaktanten und Produkten gibt es verschiedene Aufbauten für Halbzellen. In Abbildung 19-1 (*b*) ist die Wasserstoff-

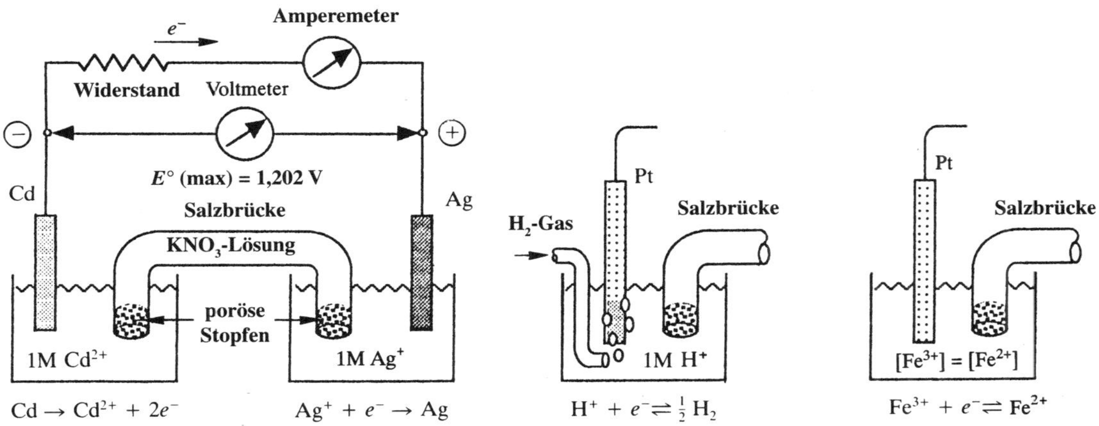

(*a*) Galvanische Zelle (*b*) Wasserstoff-Halbzelle (*c*) Fe^{3+}/Fe^{2+}-Halbzelle

Abb. 19-1

Halbzelle dargestellt, bei der die reduzierte Form (H_2-Gas) auf einer Platinoberfläche adsorbiert wird, einem elektrischen Leiter, der selbst unter diesen Reaktionsbedingungen chemisch inert ist. Abbildung 19-1 (*c*) zeigt eine Halbzelle, bei der sich sowohl die oxidierte als auch die reduzierte Form in Lösung befindet und ein inerter Leiter (Pt) die Elektronen zum oder aus dem externen Stromkreis transportiert.

Dieses Kapitel befaßt sich hauptsächlich mit Reaktionen in wäßrigen Medien, allerdings können die Prinzipien auch auf technische Entwicklungen wie Brennstoffzellen und Hochtemperatur-Batterien mit exotischen nichtwäßrigen Elektrolyten ausgeweitet werden.

STANDARD-HALBZELLENPOTENTIALE

Die in jeder Halbzelle stattfindende Reaktion kann durch eine Ionen-Elektronen-Partialgleichung der in Kapitel 11 beschriebenen Art dargestellt werden. Die Funktion der gesamten Zelle beinhaltet einen Elektronenfluß im externen Stromkreis. Die bei der Oxidations-Halbreaktion erzeugten Elektronen treten in die Anode ein, wandern durch den externen Stromkreis zur Kathode und werden an der Kathode durch die Reduktions-Halbreaktion verbraucht. Nach dem Grundsatz der Gleichheit des Stromes an allen Punkten innerhalb eines unverzweigten Stromkreises muß die bei der Oxidation erzeugte Anzahl von Elektronen exakt gleich der bei der Reduktion verbrauchten Anzahl von Elektronen sein. Dies verlangt für die Kombination zweier Halbreaktionen zu einer bilanzierten Gesamtreaktion nach derselben Regel, die in Kapitel 11 verwendet wurde.

In der Halbzelle des Reduktionsmittels sammelt sich das Oxidationsprodukt während des Betriebs der Zelle an. Während des Betriebs der Zelle findet man daher das Reduktionsmittel, zusammen mit seinem Oxidationsprodukt (auch als *Paar* bezeichnet), im gleichen Gefäß. Genauso enthält die andere Halbzelle ein Paar, das aus dem Oxidationsmittel und seinem Reduktionsprodukt besteht. Ein willkürliches Paar, das aus dem Produkt und dem Reaktanten einer Oxidations/Reduktions-Halbreaktion besteht, kann, abhängig von dem anderen Paar, einmal der reduzierende und einmal der oxidierende Teil einer galvanischen Zelle sein. Das (Fe^{3+}/Fe^{2+})-Paar zum Beispiel nimmt die oxidierende Rolle ein, wenn man es mit dem stark reduzierenden (Zn^{2+}/Zn)-Paar kombiniert, und die reduzierende Rolle, wenn es mit dem stark oxidierenden (Ce^{4+}/Ce^{3+})-Paar zusammengeschaltet wird. (Die oxidierte Form wird immer zuerst angegeben.)

Jedes Paar besitzt eine intrinsische Fähigkeit zum Verbrauch von Elektronen. Dieser Fähigkeit kann man einen numerischen Wert, genannt das *Elektrodenpotential*, zuordnen. Elektrodenpotentiale können durch Symbole wie $E(Fe^{3+}/Fe^{2+})$ oder $E(Zn^{2+}/Zn)$ dargestellt werden. Wenn zwei Paare zu einer Gesamtzelle kombiniert werden, stellt das Paar mit dem höheren Elektrodenpotential das Oxidationsmittel, absorbiert an seiner Elektrode Elektronen aus dem externen Stromkreis, und ist positiv. Das andere Paar stellt das Reduktionsmittel, liefert Elektronen aus seiner Elektrode an den exter-

Tabelle 19-1. Standard-Elektrodenpotentiale bei 25 °C

Reaktion	E°/V
$F_2 + 2e^- \rightarrow 2F^-$	2,87
$S_2O_8^{2-} + 2e^- \rightarrow 2SO_4^{2-}$	1,96
$Co^{3+} + e^- \rightarrow Co^{2+}$	1,92
$H_2O_2 + 2H^+ + 2e^- \rightarrow 2H_2O$	1,763
$Ce^{4+} + e^- \rightarrow Ce^{3+}$ (in 1 M $HClO_4$)	1,70
$MnO_4^- + 8H^+ + 5e^- \rightarrow Mn^{2+} + 4H_2O$	1,51
$Cl_2 + 2e^- \rightarrow 2Cl^-$	1,358
$Tl^{3+} + 2e^- \rightarrow Tl^+$	1,25
$MnO_2 + 4H^+ + 2e^- \rightarrow Mn^{2+} + 2H_2O$	1,23
$O_2 + 4H^+ + 4e^- \rightarrow 2H_2O$	1,229
$Br_2 + 2e^- \rightarrow 2Br^-$	1,065
$AuCl_4^- + 3e^- \rightarrow Au + 4Cl^-$	1,002
$Pd^{2+} + 2e^- \rightarrow Pd$	0,915
$Ag^+ + e^- \rightarrow Ag$	0,799 1
$Fe^{3+} + e^- \rightarrow Fe^{2+}$	0,771
$O_2 + 2H^+ + 2e^- \rightarrow H_2O_2$	0,695
$I_2(s) + 2e^- \rightarrow 2I^-$	0,535
$Cu^+ + e^- \rightarrow Cu$	0,520
$Fe(CN)_6^{3-} + e^- \rightarrow Fe(CN)_6^{4-}$	0,361
$CO\ (dip)_3^{3+} + e^- \rightarrow CO\ (dip)_3^{2+}$	0,34
$Cu^{2+} + 2e^- \rightarrow Cu$	0,34
$Ge^{2+} + 2e^- \rightarrow Ge$	0,247
$PdI_4^{2-} + 2e^- \rightarrow Pd + 4I^-$	0,18
$Sn^{4+} + 2e^- \rightarrow Sn^{2+}$	0,15
$Ag(S_2O_3)_2^{3-} + e^- \rightarrow Ag + S_2O_3^{2-}$	0,017
$2H^+ + 2e^- \rightarrow H_2$	0,000 0
$Ge^{4+} + 2e^- \rightarrow Ge^{2+}$	0,00
$Pb^{2+} + 2e^- \rightarrow Pb$	–0,126
$Sn^{2+} + 2e^- \rightarrow Sn$	–0,14
$Ni^{2+} + 2e^- \rightarrow Ni$	–0,257
$Tl^+ + e^- \rightarrow Tl$	–0,336
$Cd^{2+} + 2e^- \rightarrow Cd$	–0,403
$Fe^{2+} + 2e^- \rightarrow Fe$	–0,44
$Zn^{2+} + 2e^- \rightarrow Zn$	–0,762 6
$Na^+ + e^- \rightarrow Na$	–2,713
$Li^+ + e^- \rightarrow Li$	–3,040

nen Stromkreis und ist negativ. Die treibende Kraft für den Stromfluß ist die *algebraische Differenz* zwischen den beiden Elektrodenpotentialen und ist numerisch gleich zur von der Zelle gelieferten Spannung (unter der Bedingung, daß diese bei einem Stromfluß von Null gemessen wird).

Der numerische Wert eines Elektrodenpotentials hängt von der Natur der einzelnen Chemikalien, von der Temperatur und von den Konzentrationen der einzelnen Mitglieder des Paars ab. Für Referenzzwecke hat man die Halbzellenpotentiale für die Standardzustände aller Chemikalien, definiert als 1013 mbar Druck für Gase, der reinen Substanz für jede Flüssigkeit oder jeden Festkörper und 1 mol/l für jeden nicht-gasförmigen gelösten Stoff, der in der bilanzierten Halbzellen-Reaktion erscheint, tabelliert. Alle anderen Werte wurden durch Abmessungen gegen diese Standard-Wasserstoffelektrode ermittelt. Da durch die Zellenspannung nur *Differenzen* zwischen zwei Elektrodenpotentialen gemessen werden können, gibt es auf dieser Skala einen willkürlichen Nullpunkt, der dem Potential der Standard-Wasserstoffelektrode (H^+/H_2) zugeordnet wird. Solche Referenzpotentiale werden *Standard-Elektrodenpotentiale* genannt und mit dem Symbol $E°$ bezeichnet. Dasselbe Symbol wird für das Standardpotential der gesamten Zelle verwendet, das durch Messung bei den Standardzuständen aller Reaktanten und Produkte realisiert werden könnte. Eine unvollständige Aufstellung von Standard-Elektrodenpotentialen bei 25 °C ist in Tabelle 19-1 angegeben. Einige der Werte in Tabelle 19-1 stimmen nicht vollständig mit denen in anderen Aufstellungen überein, aber die numerischen Aufgaben in diesem Buch sind allesamt mit den angegebenen Werten konsistent.

Ein Paar mit einem großen positiven $E°$-Wert wie (F_2/F^-) wirkt stark oxidierend, fängt Elektronen von der Elektrode ein und ist im Experiment verglichen mit der Standard-Wasserstoffelektrode *positiv*. Umgekehrt wirkt ein Paar mit einem großen negativen $E°$-Wert wie (Li^+/Li) stark reduzierend, d.h., es erfährt Oxidation und liefert dadurch Elektronen an die Elektrode. Eine solche Standard-Halbzelle ist im Experiment verglichen mit der Standard-Wasserstoffelektrode *negativ*, da der externe Stromkreis Elektronen von der Halbzelle aufnimmt.

KOMBINATIONEN VON HALBZELLEN

Es gibt einen weiteren Weg zur Kombination zweier Halbzellen-Reaktionen, bei dem sich die Elektronen nicht herauskürzen. Dies kann keiner Gesamtzelle entsprechen, da sich bei dieser die Elektronen immer herauskürzen. Dies ist eine hypothetische Situation, die oft dazu verwendet wird, um ein unbekanntes Halbzellenpotential auf Grundlage zweier bekannter Halbzellenpotentiale zu berechnen. In einem solchen Fall kann man die Elektronenzahl nicht außer acht lassen. Wenn n die Anzahl der Elektronen in der Halbreaktion darstellt, ist, wie im nächsten Abschnitt diskutiert, $nE°$ proportional zur mit ihr verbundenen freien Energie. Wie in Kapitel 16 kann man bei Addition zweier Reaktionen ebenso ihre freien Energien addieren, um die freie Energie für die Gesamtreaktion zu erhalten. Die Regel für diesen Fall lautet folgendermaßen:

Wenn zwei Reduktions-Halbreaktionen addiert oder subtrahiert werden und damit eine dritte Reduktions-Halbreaktion ergeben, werden die beiden Produkte $nE°$ entsprechend addiert oder subtrahiert und ergeben den $nE°$-Wert für die resultierende Halbreaktion.

BEISPIEL 1 Berechnen Sie unter Verwendung der Werte aus Tabelle 19-1 $E°$ für das (Fe^{3+}/Fe)-Paar.

		$E°$	n	$nE°$
	$Fe^{2+} + 2e^- \rightarrow Fe$	–0,44 V	2	–0,88 V
	$Fe^{3+} + e^- \rightarrow Fe^{2+}$	0,77	1	0,77
Summe	$Fe^{3+} + 3e^- \rightarrow Fe$		3	–0,11 V

Da $nE°$ für die resultierende Halbreaktion –0,11 V beträgt und $n = 3$ ist, muß $E° = -0{,}11/3 = -0{,}04$ V sein.

Diese Regel ermöglicht es, den Umfang der Tabellenwerke zu verringern, da viele Halbreaktionen auch dann berechnet werden können, wenn sie nicht tabelliert sind.

FREIE ENERGIE, NICHT-STANDARD-POTENTIALE UND DIE RICHTUNG VON OXIDATIONS/REDUKTIONS-REAKTIONEN

Die nach (*16-4*) folgende Diskussion zeigte, daß die *Abnahme* der freien Energie eines Systems gleich der maximalen Menge an Arbeit gesetzt werden kann, die das System bei konstanter Temperatur und konstantem Druck in anderen Formen als Expansions- oder Kontraktionsarbeit leisten kann. An dieser Stelle können wir Gebrauch von diesem Prinzip machen, indem wir feststellen, daß die von einer galvanischen Zelle geleistete elektrische Arbeit gleich der Spannung mal der an jeder Elektrode übertragenen Ladung ist. Für den Übergang von n Mol Elektronen ist die übertragene Ladung gleich $n\mathcal{F}$. Daher ist die elektrische Arbeit in Joule gleich $n\mathcal{F}E$. Die *maximale* Arbeitsmenge, die von einer galvanischen Zelle geleistet werden kann, ist der Wert von $n\mathcal{F}E$ unter Bedingungen, bei denen die Elektrodenprozesse reversibel sind. Für viele Elektroden kann die Reversibilität angenähert werden, wenn das Zellenpotential bei sehr niedrigem Strom gemessen wird. Solche Messungen sind tatsächlich die Grundlage der bei der Erstellung von Tabellen wie Tab. 19-1 verwendeten Werte. Da die elektrische Arbeit außer Expansions- oder Kontraktionsarbeit die einzige Form von Arbeit ist, die von einer typischen galvanischen Zelle geleistet wird, kann man das Prinzip der freien Energie formulieren als:

$$\Delta G = -n\mathcal{F}E \qquad (19\text{-}3)$$

Die Abhängigkeit eines Zellenpotentials von den Konzentrationen der Reaktanten und Produkte kann aus der bekannten Abhängigkeit von ΔG von der Konzentration (*16-6*) abgeleitet werden:

$$E = -\frac{\Delta G}{n\mathcal{F}} = -\frac{\Delta G^\circ + RT\ln Q}{n\mathcal{F}} \qquad (19\text{-}4)$$

Worin, wie in Kapitel 16, $R = 8{,}314\,5$ J/K ist, wenn ΔG in Joule ausgedrückt wird. Wenn alle Reaktanten und Produkte in ihren Standardzuständen vorliegen, ist $Q = 1$ (s. Kapitel 16) und $E = E^\circ$; daher gilt $\Delta G^\circ = -nFE^\circ$. Durch Rücksubstitution in (*19-4*) erhalten wir die *Nernstsche Gleichung*:

$$E = E^\circ - \frac{RT}{n\mathcal{F}}\ln Q \qquad (19\text{-}5)$$

Wenn die Konstanten zusammengefaßt und der natürliche Logarithmus in den dekadischen umgewandelt wird, lautet der Ausdruck für das Potential (in Volt) bei 25 °C:

$$E = E^\circ - \frac{0{,}0592}{n}\log Q \qquad (19\text{-}6)$$

In (*19-6*) wurde n dimensionslos gemacht. Für eine Halbreaktion ist n die Anzahl der Elektronen in der Teilgleichung, für eine Gesamtzellen-Reaktion ist n die Zahl der Elektronen in *einer* der multiplizierten Teilgleichungen vor dem Herauskürzen der Elektronen. Die Nernst-Gleichung ist eng mit den Gesetzen des chemischen Gleichgewichts verknüpft. Das Prinzip von Le Chatelier gilt für das Potential einer Zelle in genau demselben Sinn wie für die Ausbeute in einem Gleichgewichtsprozeß. Da bei Q die Produktkonzentrationen im Zähler und die Reaktant-Konzentrationen im Nenner stehen, führt eine höhere Konzentration des Produkts zur Erniedrigung und eine erhöhte Konzentration des Reaktanten zur Vergrößerung des Potentials.

Derselbe Gleichungstyp kann zur Beschreibung der Konzentrationsabhängigkeit des Potentials einer einzelnen Halbzelle, d.h., eines Elektrodenpotentials, verwendet werden. In diesem Fall enthält der Reaktionsquotient Q Terme im Zähler, die sich auf die Produkte der als Reduktion formulierten bilanzierten Halbzellen-Reaktion beziehen, und Terme im Nenner, die zu den Reaktanten gehören, aber keine Terme für die Elektronen. Zum Beispiel:

$$E\left(Fe^{3+}/Fe^{2+}\right) = E^\circ\left(Fe^{3+}/Fe^{2+}\right) - 0{,}0592\log\frac{[Fe^{2+}]}{[Fe^{3+}]}$$

$$E\left(MnO_4^- / Mn^{2+}\right) = E^\circ\left(MnO_4^- / Mn^{2+}\right) - 0{,}0592\log\frac{[Mn^{2+}]}{[MnO_4^-][H^+]^8}$$

Spontane Oxidations/Reduktions-Reaktionen

Wenn das Potential einer vollständigen Zelle positiv ist, ist nach (*19-3*) die Änderung der freien Energie negativ. Damit verläuft die entsprechende Oxidations/Reduktions-Reaktion spontan in der formulierten Richtung, und eine galvanische Zelle würde spontan funktionieren, wobei die Elektronen, die an den externen Stromkreis abgegeben werden, von der Halbzelle geliefert werden, in der die Oxidation stattfindet. Wenn das Potential negativ ist, ist die Änderung der freien Energie positiv, und die entsprechende Reaktion läuft nicht spontan ab. Diese Aussagen über die Richtung von spontanen Reaktionen gelten unabhängig davon, ob die Reaktion in einer galvanischen Zelle stattfindet oder als normale Reaktion, bei der die Reaktanten und Produkte sich alle im selben Gefäß befinden, da die Änderung der freien Energie bei einer Reaktion von den Konzentrationen abhängt, nicht jedoch von der Art und Weise, wie die Reaktion durchgeführt wird. Speziell gilt: Wenn sowohl die reduzierten als auch die oxidierten Mitglieder zweier Paare gemischt werden und sich alle Substanzen in ihren Standardzuständen befinden (Einheit relative Konzentrationen), kann jedes Reduktionsmittel ein Oxidationsmittel reduzieren, das in der Tabelle der Standard-Elektrodenpotentiale weiter oben steht. Dieselbe Regel der relativen Position in der Tabelle kann auf allgemeine Konzentrationswerte angewendet werden, wenn man $E°$ durch die mit der Nernst-Gleichung berechneten Werte von E für jede Halbzelle ersetzt. Normalerweise ändert sich die auf den $E°$-Werten beruhende qualitative Vorhersage selbst bei merklichen Abweichungen vom Standardzustand nicht, wenn die $E°$-Werte sich mindestens um einige zehntel Volt unterscheiden.

Es sollte angemerkt werden, daß die nach dieser Regel durchgeführten Vorhersagen andeuten, welche Reaktionen stattfinden *könnten*, aber nichts über die Geschwindigkeiten aussagen, mit denen diese *tatsächlich* ablaufen.

Elektrodenreaktionen bei der Elektrolyse

Eine nicht spontan ablaufende Oxidations/Reduktions-Reaktion, für die das berechnete Zellenpotential negativ ist, kann durch Elektrolyse induziert werden, d.h., durch Anlegen eines externen elektrischen Potentials, das Elektronen in das zu reduzierende Paar hineindrückt und aus dem zu oxidierenden Paar Elektronen abzieht. Das *minimale* äußere Potential, das zur Elektrolyse benötigt wird, hat den Wert des berechneten Zellpotentials der Reaktion. (Das tatsächliche Elektrolysepotential ist wegen der Irreversibilität von Elektrodenprozessen, die mit meßbarer Geschwindigkeit ablaufen, größer als dieser Minimalwert.)

Bei fast reversiblen Bedingungen gilt folgende Regel:

Von allen möglichen Reaktionen, die elektrolytisch an einer Kathode stattfinden können, ist diejenige am wahrscheinlichsten, für die das entsprechende Elektrodenpotential den algebraisch größten Wert hat. Umgekehrt ist die wahrscheinlichste anodische Oxidation diejenige, bei der das entsprechende Elektroden- (Reduktions-) Potential algebraisch am niedrigsten ist.

Bei der Anwendung dieser Regel sollten die Studierenden im Auge behalten, daß (*a*) ein gelöstes Molekül oder Ion sowohl Oxidation als auch Reduktion erfahren kann; (*b*) daß Anodenmaterial selbst oxidiert werden kann; (*c*) daß Lösungsmittel oxidiert oder reduziert werden kann.

BEISPIEL 2 Lassen Sie uns Möglichkeit (*c*) für Wasser von 25 °C darstellen:

Die *Reduktion* zu molekularem Wasserstoff findet sich in Tabelle 19-1:

$$2H^+ + 2e^- \rightarrow H_2 \qquad E° = 0{,}000\,0\text{ V}$$

Nehmen Sie an, daß das H_2-Gas bis zu einem Partialdruck von 1 atm angesammelt wird. In Neutrallösungen, bei denen $[H^+] = 10^{-7}$ ist und der H_2-Druck seinen Einheitswert behält, gilt:

$$E = E° - 0{,}059\,2 \log \frac{P(H_2)}{[H^+]^2} = 0{,}000\,0 - 0{,}029\,6 \log \frac{1}{(10^{-7})^2}$$

$$= 0{,}000\,0 - 0{,}029\,6 \cdot 14 = -0{,}414\text{ V}$$

Wasser ist daher in neutralen Lösungen schwieriger zu reduzieren als in Säuren, wohingegen Wasserstoff leichter zu oxidieren ist.

Für die *Oxidation* von Wasser zu molekularem Sauerstoff lautet der passendste Eintrag in Tabelle 19-1:

$$O_2 + 4H^+ + 4e^- \rightarrow 2H_2O \qquad E° = 1{,}229\text{ V}$$

Die Standardzustände, auf die sich dieser $E°$-Wert bezieht, sind 1 atm für Sauerstoffgas und 1 mol/l für H^+. Wir können mit der Nernst-Gleichung E für die obige Halbzelle berechnen, wenn eine neutrale Lösung vorliegt, für die $[H^+] = 10^{-7}$ gilt. Unter der Annahme, daß Sauerstoff in seinem Standardzustand $P(O_2) = 1$ atm bleibt, ergibt sich:

$$E = E° - 0{,}059\,2 \log \frac{1}{[H^+]^4 P(O_2)} = 1{,}229 - 0{,}014\,8 \log \frac{1}{(10^{-7})^4}$$
$$= 1{,}229 - 0{,}014\,8 \cdot 28 = 0{,}815 \text{ V}$$

Die Reduktion von Sauerstoff ist daher gegenüber sauren Lösungen in neutraler Lösung erschwert, während die Oxidation von Wasser erleichtert wird.

VERWENDUNG VON $E^{\circ\prime}$-WERTEN

Die obigen Beispiele zeigen, daß die tatsächlichen Werte der Elektrodenpotentiale bei Reaktionen, an denen in fast neutralen Lösungen H^+ oder OH^- beteiligt sind, stark von den $E°$-Werten abweichen können. Da die meisten Reaktionen in der Zellbiologie in Lösungen nahe pH 7 stattfinden, ist es bei den Biochemikern üblich geworden, einen $E^{\circ\prime}$-Wert als ein Elektrodenpotential zu definieren, bei dem alle Reaktanten außer H^+ und OH^- in der Einheitskonzentration vorliegen und $[H^+] = 10^{-7}$ beträgt. Die im vorigen Abschnitt berechneten Werte –0,414 V und 0,815 V können als die $E^{\circ\prime}$-Werte der H^+/H_2- und O_2/H_2O-Paare angesehen werden. Dann kann man für jede Reaktion, die in einer Pufferlösung von pH 7 ausgeführt wird, eine modifizierte Form der Nernst-Gleichung für das Elektrodenpotential bei 25 °C formulieren:

$$E = E^{\circ\prime} - \frac{0{,}059\,2}{n} \log \frac{[\text{reduziert}]}{[\text{oxidiert}]} \qquad (19\text{-}7)$$

In *(19-7)* ist [reduziert]/[oxidiert] analog zu Q, enthält aber keine $[H^+]$- oder $[OH^-]$-Terme.

Da in der Praxis die Konzentrationen der hauptsächlichen oxidierten und reduzierten Spezies (außer H^+ und OH^-) häufig dieselbe Größenordnung haben, weichen die E-Werte von den $E^{\circ\prime}$-Werten nicht stark ab. Ein weiterer Vorteil der Verwendung eines $E^{\circ\prime}$-Wertes, der als Standardzustand $[H^+]$ bei einem pH von 7 beinhaltet, ist der, daß wir uns keine Gedanken über die verschiedenen Ionisationszustände der oxidierten und reduzierten Spezies machen müssen. Die relative Verteilung der Ionisationszustände ist bei konstantem pH fixiert, und es ist bei biochemischen Anwendungen üblich geworden, [reduziert] oder [oxidiert] als die relative stöchiometrische Konzentration, d.h., als den numerischen Wert der Summe der molaren Konzentrationen aller Ionisationszustände des Oxidations- oder Reduktionsmittels, zu definieren.

Aufgaben und Lösungen

ELEKTRISCHE EINHEITEN

19.1. Eine Lampe nimmt einen Strom von 2,0 A auf. Berechnen Sie die von der Lampe in 30 s aufgenommene Ladungsmenge in Coulomb.

Ladung in Coulomb = (Strom in Ampere) · (Zeit in Sekunden) = (2,0 A) (30 s) = 60 C

19.2. Berechnen Sie die nötige Zeit, um 36 000 C mit einem Strom von 5 A durch ein Galvanikbad zu leiten.

$$\text{Zeit in Sekunden} = \frac{\text{Ladung in Coulomb}}{\text{Strom in Ampere}} = \frac{36\,000 \text{ C}}{5\text{A}} = 7\,200 \text{ s} = 2 \text{ h}$$

19.3. Ein Generator liefert 15 A bei 120 V. (*a*) Berechnen Sie die vom Generator zur Verfügung gestellte Leistung in Kilowatt. (*b*) Wieviel elektrische Energie (in Kilowattstunden) liefert der Generator in 2 h? (*c*) Wieviel kostet diese Energie bei einem Preis von 6 Pf. pro Kilowattstunde?

(*a*) Leistung = (15 A)(120 V) = 1 800 W = 1,8 kW
(*b*) Energie = (1,8 kW)(2 h) = 3,6 kW · h
(*c*) Kosten = (3,6 kW · h)(6 Pf. / kW · h) = 22 Pf.

19.4. Ein Widerstands-Heizdraht wurde um einen Metallzylinder von 50 g Gewicht gewickelt. Durch den Heizdraht wurde für 24 s ein Strom von 0,65 A geleitet, wobei der gemessene Spannungsabfall über dem Heizdraht 5,4 V betrug. Die Temperatur des Zylinders betrug vor der Aufheizung 22,5 °C und danach 19,8 °C. Wie groß ist die spezifische Wärmekapzität des Zylindermetalls in J/g · K, wenn Wärmeverluste an die Umgebung vernachlässigt werden können?

Nach (*19-1*) gilt:

$$\text{Energiezufuhr} = (0{,}65\ \text{A})\ (5{,}4\ \text{V})\ (24\ \text{s}) = 84\ \text{J}$$

Aber auch:

$$\text{Energiezufuhr} = (\text{Masse}) \cdot (\text{spezifische Wärmekapazität}) \cdot (\text{Temperaturanstieg})$$

Daher gilt:

$$84\ \text{J} = (50\ \text{g})(\text{spezifische Wärmekapazität})[(29{,}8 - 22{,}5)\ \text{K}]$$

Daraus ergibt sich eine spezifische Wärmekapazität von 0,23 J/g · K.

19.5. Wieviele Elektronen fließen pro Sekunde durch den Querschnitt eines Kupferkabels, das einen Strom von 10^{-16} A führt?

Da 1 A = 1 C/s ist, gilt:

$$\text{Geschwindigkeit} = \frac{10^{-16}\,\text{C/s}}{1{,}6 \cdot 10^{-19}\,\text{C/Elektron}} = 600\ \text{Elektronen/s}$$

DIE FARADAYSCHEN GESETZE DER ELEKTROLYSE

19.6. Genau 0,2 mol Elektronen werden durch drei in Reihe geschaltete Elektrolysezellen geleitet. Eine enthält Silber-Ionen, die zweite Zink-Ionen und die dritte Eisen(III)-Ionen. Nehmen Sie an, daß die einzige Kathodenreaktion in jeder Zelle die Reduktion des Ions zum Metall ist. Wieviel Gramm eines jeden Metalls werden abgeschieden?

Ein Mol Elektronen setzt 1 Äquivalent eines Elements frei. Die Äquivalentmassen von Ag^+, Zn^{2+} und Fe^{3+} sind:

$$\frac{107{,}9}{1} = 107{,}9 \qquad \frac{65{,}39}{2} = 32{,}70 \qquad \frac{55{,}85}{3} = 18{,}62$$

Damit ergibt sich:

$$\text{Abgeschiedenes Ag} = (0{,}2\ \text{mol}\ e^-)(107{,}9\ \text{g/mol}\ e^-) = 21{,}58\ \text{g}$$

$$\text{Abgeschiedenes Zn} = (0{,}2\ \text{mol}\ e^-)(32{,}70\ \text{g/mol}\ e^-) = 6{,}54\ \text{g}$$

$$\text{Abgeschiedenes Fe} = (0{,}2\ \text{mol}\ e^-)(18{,}62\ \text{g/mol}\ e^-) = 3{,}72\ \text{g}$$

19.7. Ein Strom von 5,00 A, der genau 30 min lang fließt, scheidet an der Kathode 3,048 g Zink ab. Berechnen Sie aus dieser Information die Äquivalentmasse von Zink.

$$\text{Anzahl verwendeter Coulomb} = (5{,}00\ \text{A})[(30 \cdot 60)\ \text{s}] = 9{,}00 \cdot 10^3\ \text{C}$$

$$\text{Verwendete}\ n(e^-) = \frac{9{,}00 \cdot 10^3\,\text{C}}{9{,}65 \cdot 10^4\,\text{C/mol e}^-} = 0{,}0933\ \text{mol e}^-$$

$$\text{Äquivalentmasse} = \text{von 1 mol}\ e^-\ \text{abgeschiedene Masse} = \frac{3{,}048\ \text{g}}{0{,}0933\ \text{mol}\ e^-} = 32{,}7\ \text{g/eq}$$

19.8. Ein bestimmter Strom setzt in 2 h 0,504 g Wasserstoff frei. Wieviel Gramm Sauerstoff und Kupfer (aus Cu^{2+}-Lösungen) können durch denselben Strom in derselben Zeit freigesetzt werden?

Die Massen verschiedener Substanzen, die durch dieselbe Anzahl Coulomb freigesetzt werden, sind proportional zu ihren Äquivalentmassen. Die Äquivalentmasse von Wasserstoff ist 1,008, die von Sauerstoff 8,00 (s. unten) und die von Kupfer 31,8.

$$\text{Anzahl Äquivalente Wasserstoff in 0,504 g} = \frac{0,504\ \text{g}}{1,008\ \text{g/eq}} = 0,500\ \text{eq}$$

Damit können je 0,500 eq von Sauerstoff und Kupfer freigesetzt werden.

$$\text{Masse freigesetzten Sauerstoffs} = 0,500\ \text{eq}\ (8,00\ \text{g/eq}) = 4,00\ \text{g}$$

$$\text{Masse freigesetzten Kupfers} = 0,500\ \text{eq}\ (31,8\ \text{g/eq}) = 15,9\ \text{g}$$

Für Elektrolysen wird die Äquivalentmasse einer beliebigen Substanz aus der bilanzierten Elektrodengleichung bestimmt. Für die Freisetzung von Sauerstoff aus Wasser lautet die Anodenreaktion:

$$2H_2O \rightarrow O_2 + 4H^+ + 4e^-$$

Die molare Masse von O_2 beträgt 32,00. Die Äquivalentmasse entspricht der molaren Masse, geteilt durch die Anzahl von Elektronen, die zur Produktion eines Moleküls fließen müssen, also 32,00/4 = 8,00.

19.9. Dieselbe Menge Elektrizität, die 2,158 g Silber freisetzte, wurde durch eine Lösung eines Goldsalzes geleitet und führte zur Abscheidung von 1,314 g Gold. Die Äquivalentmasse von Silber beträgt 107,9. Berechnen Sie die Äquivalentmasse von Gold. Welche Oxidationsstufe besitzt das Gold in diesem Gold-Salz?

$$\text{Anzahl Äquivalente in 2,158 g} = \frac{2,158\ \text{g}}{107,9\ \text{g/eq}} = 0,020\,00\ \text{eq Ag}$$

Dann müssen 1,314 g Au 0,020 00 eq entsprechen, und damit ist

$$\text{Äquivalentmasse von Au} = \frac{1,134\ \text{g}}{0,020\,00} 65,70\ \text{g/eq}$$

Oxidationsstufe = zur Bildung eines Goldatoms durch Reduktion nötige Menge Elektronen

$$= \frac{\text{molare Masse von Au}}{\text{Äquivalentmasse von Au}} = \frac{197,0}{65,7} = 3$$

19.10. Wie lange würde es brauchen, um 100 g Al bei einem Strom von 125 A aus einer Elektrolysezelle, die Al_2O_3 enthält, abzuscheiden? Nehmen Sie an, daß die Al-Bildung die einzige Kathodenreaktion darstellt.

$$\text{Äquivalentmasse von Al} = (^1/_3\ \text{molare Masse}) = {}^1/_3(27,0) = 9,0\ \text{g Al/mol}\ e^-$$

$$n(e^-) = \frac{100\ \text{g Al}}{9,0\ \text{g Al/mol}\ e^-} = 11,1\ \text{mol}\ e^-$$

$$\text{Zeit} = \frac{\text{Ladung}}{\text{Strom}} = \frac{(11,1\ \text{mol}\ e^-)(9,65\cdot 10^4\ \text{C/mol}\ e^-)}{125\ \text{A}} = 8,6\cdot 10^3\,\text{s} = 2,4\ \text{h}$$

19.11. Zur Abscheidung von Ni aus einem $NiSO_4$-Bad wird ein Strom von 15,0 A angewendet. Sowohl Nickel als auch H_2 werden an der Kathode gebildet. Die Stromausbeute bezüglich der Bildung von Nickel beträgt 60 Prozent. (*a*) Wieviel Gramm Nickel werden pro Stunde an der Kathode abgeschieden? (*b*) Wie groß ist die Dicke der Beschichtung, wenn die Kathode aus einer quadratischen Metallfolie mit 4,0 cm Kantenlänge besteht, die auf beiden Seiten beschichtet wird? Die Dichte von Nickel beträgt 8,9 g/cm³. (*c*) Welches Volumen H_2 (S.T.D.) wird pro Stunde gebildet?

(*a*) Gesamtzahl verbrauchter Coulomb = (15,0 A) (3 600 s) = $5,40 \cdot 10^4$ C

$$\text{Verwendete } n(e^-) = \frac{5{,}40 \cdot 10^4\,\text{C}}{9{,}65 \cdot 10^4\,\text{C/mol } e^-} = 0{,}560 \text{ mol } e^-$$

Anzahl eq abgeschiedenes Ni = (0,60)(0,560 mol e^-)(1eq Ni/mol e^-) = 0,336 eq Ni

Äquivalentmasse von Ni = $\frac{1}{2}$ (molare Masse) = $\frac{1}{2}$ (58,69) = 29,3 g/eq

Masse abgeschiedenes Ni = (0,336 eq)(29,3 g/eq) = 9,8 g

(*b*) Fläche zweier Seiten = 2(4,0 cm)(4,0 cm) = 32 cm^2

$$\text{Volumen von 9,8 g Ni} = \frac{\text{Masse}}{\text{Dichte}} = \frac{9{,}8\text{ g}}{8{,}9\text{ g/cm}^3} = 1{,}10\text{ cm}^3$$

$$\text{Dicke der Beschichtung} = \frac{\text{Volumen}}{\text{Fläche}} = \frac{1{,}10\text{ cm}^3}{32\text{ cm}^2} = 0{,}034\text{ cm}$$

(*c*) Anzahl freigesetzter eq H_2 = (0,40)(0,560 $\mathcal{F}$)(1 eq $H_2/\mathcal{F}$) = 0,224 eq H_2

Volumen von 1 eq (d.h. $\frac{1}{2}$ mol) H_2 = $\frac{1}{2}$(22,4 l) = 11,2 l H_2

Volumen von freigesetztem H_2 = (0,224 eq)(11,2 l/eq) = 2,51 l H_2

Beachten Sie die Verwendung des Symbols $\mathcal{F}$, der Faraday-Konstante, die synonym zur Einheit mol e^- ist.

19.12. Wieviele Coulomb müssen zur elektrolytischen Herstellung von 245 g $NaClO_4$ aus $NaClO_3$ durch eine Zelle geleitet werden? Aufgrund von Nebenreaktionen beträgt die Ausbeute an der Anode für die gewünschte Reaktion 60 Prozent.

Es ist zunächst nötig, die Äquivalentmasse von $NaClO_4$ für diese Reaktion zu kennen. Die bilanzierte Gleichung für die Anodenreaktion lautet:

$$ClO_3^- + H_2O \rightarrow ClO_4^- + 2H^+ + 2e^-$$

$$\text{Äquivalentmasse von NaClO}_4 = \frac{\text{molare Masse}}{\text{Anzahl übertragener Elektronen}} = \frac{122{,}5}{2} = 61{,}2$$

$$\text{Anzahl eq NaClO}_4 = \frac{245\text{ g}}{61{,}2\text{ g/eq}} = 4{,}00\text{ eq NaClO}_4$$

$$\text{benötigte } n(e^-) = \frac{4{,}00\text{ eq}}{0{,}60\text{ eq Anoden} - \text{Produkt/mol } e^-} = 6{,}7\text{ mol } e^-$$

Anzahl benötigter Coulomb = (6,7 mol e^-)(9,6 · 10^4 C/mol e^-) = 6,4 · 10^5 C.

GALVANISCHE ZELLEN UND ELEKTRODENPROZESSE

19.13. Wie groß ist das Standardpotential einer Zelle, die aus (Zn^{2+}/Zn) und (Ag^+/Ag)-Paaren besteht? Welches Paar bildet den Minuspol? Formulieren Sie die Gleichung der Zellreaktion für die relativen Einheitskonzentrationen (den Standardzuständen).

Die Standard-Elektrodenpotentiale für (Zn^{2+}/Zn) und (Ag^+/Ag) sind nach Tabelle 19-1 –0,763 V und +0,799 V. Das Standardpotential der Zelle entspricht der Differenz dieser beiden Zahlen 0,799–(–0,763) = 1,562 V. Das Potential der Silberelektrode ist höher, und daher ist das Silberion das Oxidationsmittel. Das Zink-Paar stellt das Reduktionsmittel und bildet daher den Minuspol. Die Gleichung lautet:

$$Zn + 2Ag^+ \rightarrow Zn^{2+} + 2Ag$$

19.14. Kann Fe^{3+} bei relativen Einheitskonzentrationen Br^- zu Br_2 oxidieren?

Aus Tabelle 19-1 erkennen wir, daß das (Fe^{3+}/Fe^{2+})-Paar mit 0,771 V das niedrigere Standard-Elektrodenpotential als das (Br_2/Br^-)-Paar mit 1,065 V besitzt. Daher kann Fe^{2+} Br_2 reduzieren, Br^- reduziert allerdings nicht Fe^{3+}, d.h., Fe^{3+} kann Br^- nicht oxidieren. Andererseits wird I^-, das ein viel niedrigeres Standard-Elektrodenpotential (0,535 V) aufweist, von Fe^{3+} leicht zu I_2 oxidiert.

19.15. Wie groß ist das Standard-Elektrodenpotential von (MnO_4^-/MnO_2) in saurer Lösung? ($[H^+]$ =1,00 M)

Die Reduktions-Halbreaktion dieses Paars ist:

$$MnO_4^- + 4H^+ + 3e^- \rightarrow MnO_2 + 2H_2O$$

was als Differenz der beiden Halbreaktionen formuliert werden kann, deren Elektrodenpotentiale in Tabelle 19-1 aufgeführt sind. Die $nE°$-Werte können entsprechend subtrahiert werden.

		n	$E°$	$nE°$
	$MnO_4^- + 8H^+ + 5e^- \rightarrow Mn^{2+} + 4H_2O$	5	1,51 V	7,55
	$MnO_2 + 4H^+ + 2e^- \rightarrow Mn^{2+} + 2H_2O$	2	1,23	2,46
Differenz:	$MnO_4^- - MnO_2 + 4H^+ + 3e^- \rightarrow 2H_2O$	3		5,09 V

Umordnung ergibt $MnO_4^- + 4H^+ + 3e^- \rightarrow MnO_2 + 2H_2O$, die gewünschte Reaktion, bei der $n = 3$ ist.

$$E° \text{ für die gewünschte Reaktion } = \frac{5,09}{3} = 1,70 \text{ V}$$

19.16. Sagen Sie die Stabilitäten wäßriger Lösungen der unkomplexierten Zwischen-Oxidationsstufen von (*a*) Thallium und (*b*) Kupfer bei 25 °C voraus.

(*a*) Die Frage ist, ob der Zwischenzustand Tl^+ sich spontan in die niedrigeren und höheren Oxidationsstufen Tl und Tl^{3+} umwandelt. Die angenommene Disproportionierungsreaktion

$$3Tl^+ \rightarrow 2Tl + Tl^{3+}$$

könnte nach der Ionen-Elektronen-Methode formuliert werden als

	$E°$ (red) für das Paar (Tabelle 19-1)
$2 \cdot (Tl^+ + e^- \rightarrow Tl)$	–0,336 V
$Tl^+ \rightarrow Tl^{3+} + 2e^-$	1,25 V

In (*1*) fungiert das (Tl^+/Tl)-Paar als Oxidationsmittel, während das (Tl^{3+}/Tl^+)-Paar in (2) das Reduktionsmittel darstellt. Die Reaktion würde bei Einheitskonzentrationen stattfinden, wenn $E°$ des reduzierenden Paars niedriger als $E°$ des oxidierenden Paars wäre. Da 1,25 V größer als –0,336 V sind, kann die Reaktion nicht wie formuliert ablaufen. Wir schließen daraus, daß sich Tl^+ nicht spontan in Tl und Tl^{3+} zersetzt. Stattdessen läuft die umgekehrte Reaktion spontan ab:

$$2Tl + Tl^{3+} \rightarrow 3Tl^+$$

Dies bedeutet, daß Tl(III)-Salze in Lösung in der Gegenwart von metallischem Tl unstabil sind.

(*b*) Die angenommene Disproportionierung von Cu^+ würde die folgende Form annehmen:

$$2Cu^+ \rightarrow Cu + Cu^{2+}$$

Die Ionen-Elektronen Partialgleichungen lauten:

	$E°$ (red) für das Paar (Tabelle 19-1)
$Cu^+ + e^- \rightarrow Cu$	0,520 V
$Cu^+ \rightarrow Cu^{2+} + e^-$	0,160 V (berechnet)

Dieser Prozeß könnte stattfinden, wenn $E°$ des angenommenen reduzierenden Paares (Cu^{2+}/Cu^{+}) niedriger als $E°$ für das oxidierende Paar (Cu^{+}/Cu) wäre. Tatsächlich sind +0,16 V (berechnet nach der Methode aus Aufgabe 19.15.) niedriger als 0,52 V. Daher ist Cu^{+} in Lösung unstabil gegenüber der Disproportionierung. Verbindungen von Cu(I) können nur als extrem unlösliche Substanzen oder als so stabile Komplexe vorkommen, daß nur eine sehr kleine Konzentration von freiem Cu^{+} in Lösung existiert.

19.17. (*a*) Wie groß ist das Potential einer Zelle bei 25 °C, die die (Zn^{2+}/Zn)- und (Cu^{2+}/Cu)-Paare enthält, wenn die Zn^{2+}- und Cu^{2+}-Konzentrationen 0,1 M bzw. 10^{-9} M betragen? (*b*) Wie groß ist ΔG für die Reduktion von 1 mol Cu^{2+} durch Zn bei den angegebenen Konzentrationen der Ionen und wie groß ist $\Delta G°$ für die Reaktion (beides bei 25 °C)?

(*a*) Die Zellreaktion lautet $Zn + Cu^{2+} \rightarrow Zn^{2+} + Cu$, mit einem *n*-Wert von 2.

$$E = E° - \frac{0{,}0592\ \log Q}{n}$$

Das Standard-Zellenpotential $E°$ ist gleich der Differenz zwischen den Standard-Elektrodenpotentialen:

$$0{,}34 - (-0{,}76) = 1{,}10\ \text{V}$$

Die Konzentrations-Funktion Q enthält keine Terme für die festen Metalle, weil diese in ihren Standardzuständen vorliegen.

$$E = 1{,}10 - \frac{0{,}0592}{2}\log\frac{[Zn^{2+}]}{[Cu^{2+}]} = 1{,}10 - 0{,}0296\log\frac{10^{-1}}{10^{-9}}$$

$$= 1{,}10 - (0{,}029\,6)(8) = 0{,}86\ \text{V}$$

(*b* Aus (*19-3*) ergibt sich:

$$\Delta G = -n\mathcal{F}E = -(2\ \text{mol}\ e^{-})(9{,}65 \cdot 10^{4}\ \text{C/mol}\ e^{-})(0{,}86\ \text{V}) = -166 \cdot 10^{3}\ \text{C} \cdot \text{V} = -166\ \text{kJ}$$

$$\Delta G° = -n\mathcal{F}E = -(2 \cdot 9{,}65 \cdot 10^{4} \cdot 1{,}10)\ \text{J} = -212\ \text{kJ}$$

19.18. Um wieviel wird die Oxidationskraft des (MnO_4^{-}/Mn^{2+})-Paares erniedrigt, wenn die H^{+}-Konzentration bei 25 °C von 1 M auf 10^{-4} M gesenkt wird?

Die Halbzellenreaktion für die Reduktion lautet:

$$MnO_4^{-} + 8H^{+} + 5e^{-} \rightarrow Mn^{2+} + 4H_2O$$

mit einem *n*-Wert von 5. Nehmen Sie an, daß nur die H^{+}-Konzentration von 1 mol/l abweicht.

$$E = 1{,}10 - \frac{0{,}0592}{2}\log\frac{[Zn^{2+}]}{[Cu^{2+}]} = 1{,}10 - 0{,}0296\log\frac{10^{-1}}{10^{-9}}$$

$$= -(0{,}011\,8)(32) = -0{,}38\ \text{V}$$

Das Paar hat sich, ausgehend von seinem Standardwert in der Tabelle, um 0,38 V (zu einer Position niedrigerer Oxidationskraft) nach unten bewegt.

19.19. Sagen Sie bei der fortgesetzten Elektrolyse jeder der folgenden Lösungen bei pH 7,0 und 25 °C das Hauptprodukt an jeder Elektrode voraus, wenn es keine (irreversiblen) Polarisationseffekte an den Elektroden gibt: (*a*) 1 M $NiSO_4$ mit Palladium-Elektroden; (*b*) 1M $NiBr_2$ mit inerten Elektroden; (*c*) 1 M Na_2SO_4 mit Cu-Elektroden.

(*a*) *Kathoden-Reaktion.*

Man kann die beiden folgenden möglichen Reduktionsprozesse berücksichtigen:

		$E°$
(*1*)	$Ni^{2+} + 2e^{-} \rightarrow Ni$	−0,25 V
(*2*)	$2H^{+} + 2e^{-} \rightarrow H_2$	0,00

Nach der Regel, daß die wahrscheinlichste Kathodenreaktion jene ist, für die das entsprechende Elektrodenpotential algebraisch am höchsten ist, wird bei Einheitskonzentrationen das Wasserstoff-Paar bevorzugt. Berücksichtigung des Effekts des pH 7,0-Puffers erniedrigt jedoch E von (2) auf –0,41 V, wie das in Beispiel 2 vorgeführt wurde. Dadurch wird die Reduktion des Nickels zum bevorzugten Prozeß.

Anoden-Reaktion.

Man kann drei mögliche Oxidationsprozesse berücksichtigen, die die Umkehrung der folgenden Reduktions-Halbreaktionen darstellen:

		$E°$
(*3*)	$O_2 + 4H+ + 4e^- \rightarrow Ni$	1,23 V
(*4*)	$Pd^{2+} + 2e^- \rightarrow Pd$	0,915
(*5*)	$S_2O_8^{2-} + 2e^- \rightarrow 2SO_4^{2-}$	1,96

Die Standardpotentiale liegen so, daß (*4*) und (*5*) berücksichtigt werden müssen. Obwohl die anfängliche Konzentrationen von Pd^{2+} und $S_2O_8^{2-}$ Null sind, würden sie bei längerdauernder Elektrolyse ansteigen, wenn diese Spezies die Hauptprodukte wären. Im Fall von (*3*) jedoch verhindert die Pufferung der Lösung den Aufbau von $[H^+]$, und es wäre passender, den in Beispiel 2 berechneten E-Wert 0,82 V für pH 7,0 zu verwenden. Es ist offensichtlich, daß von den drei Reaktionen (*3*) den kleinsten E-Wert aufweist und die Umkehrung von (*3*) von den möglichen Anodenreaktionen am leichtesten ablaufen wird.

Zusammenfassend lauten die zu erwartenden Elektrodenprozesse:

Anode:	$2H_2O \rightarrow O_2 + 4H^+ + 4e^-$
Kathode:	$Ni^{2+} + 2e^- \rightarrow Ni$
Gesamt:	$2H_2O + 2Ni^{2+} \rightarrow O_2 + 4H^+ + 2Ni$

(*b*) *Kathodenreaktion.*

Wie bei (*a*) wird die Reduktion von Nickel stattfinden.

Anodenreaktion.

Der Ausdruck "inerte Elektrode" wird häufig verwendet, um anzudeuten, daß wir die Reaktion des Elektrodenmaterials entweder aufgrund eines intrinsisch hohen Wertes seines Elektrodenpotentials oder aufgrund von Polarisationseffekten, die durch die Herstellung der Elektrodenoberläche zustande kommen, vernachlässigen können. Die verbleibenden möglichen Anodenreaktionen sind die Umkehrungen der folgenden Gleichungen:

		$E°$
(*6*)	$Br_2 + 2e^- \rightarrow 2\,Br^-$	1,23 V
(*3*)	$O_2 + 4H^+ + 4e^- \rightarrow 2H_2O$	1,23

Wenn der E-Wert von (*3*) für pH 7 wie in (*a*) zu 0,82 V berechnet wird, hat die Sauerstoffentwicklung Vorrang. [In der Praxis ist eine "Überspannung" oder Polarisation im Fall von Gasreaktionen (O_2) schwieriger zu vermeiden als im Fall von Flüssigkeiten und gelösten Stoffen, so daß an den meisten Elektroden die Elektrolyse von $NiBr_2$ wahrscheinlich zur Bildung von Br_2 führen würde.]

(*c*) *Kathodenreaktion.*

Das zu berücksichtigende neue Paar ist das Natrium-Paar, für das die Reduktionsreaktion lautet:

		$E°$
(*7*)	$Na^+ + e^- \rightarrow Na$	–2,71 V

Dieser E-Wert ist algebraisch viel niedriger als der von (*2*), der Entwicklung von H_2 bei pH 7 (–0,41 V). Daher wird an der Kathode Wasserstoffentwicklung stattfinden.

Anodenreaktion.

Zusätzlich zu (*3*) und (*5*) muß die Reaktion der Cu-Anode berücksichtigt werden, deren Umkehrung lautet:

		$E°$
(*8*)	$Cu^{2+} + 2e^- \rightarrow Cu$	0,34 V

Vorgang (*8*) hat den niedrigsten E-Wert, und die Auflösung von Kupfer (die Umkehrung von (*8*)) ist daher gegenüber der Sauerstoffentwicklung bevorzugt.

Bei diesem Beispiel war das gelöste Natriumsulfat überhaupt nicht in die Reaktion verwickelt, sondern diente als elektrischer Leiter. Wenn sich Cu^{2+} bildet und das Kupfer zur Kathodenregion wandert, wird Reaktion (*8*) schließlich Reaktion (*2*) als Kathodenreaktion ersetzen.

19.20. Berechnen Sie E für eine Silber/Silberchlorid-Elektrode, die bei 25 °C in 1 M KCl getaucht wird, wenn bekannt ist, daß K_{LP} von AgCl $1{,}8 \cdot 10^{-10}$ beträgt.

Die Elektrodenreaktion ist ein spezieller Fall des (Ag^+/Ag)-Paars, nur daß sich Silber der Oxidationsstufe +1 als festes AgCl auf der Elektrode selbst ansammelt. Aber selbst festes AgCl steht mit einer kleinen Menge Ag^+ in Lösung im Gleichgewicht. Diese $[Ag^+]$ kann aus der Gleichung für K_{LP} berechnet werden:

$$[Ag^+] = \frac{K_{LP}}{[Cl^-]} = \frac{1{,}8 \cdot 10^{-10}}{1} = 1{,}8 \cdot 10^{-10}$$

Dieser Wert von $[Ag^+]$ kann in die Nernst-Gleichung für die (Ag^+/Ag)-Halbreaktion eingesetzt werden.

$$Ag^+ + e^- \rightarrow Ag \qquad E° = 0{,}799\ V$$

$$E = E° - \frac{0{,}0592}{1}\log\frac{1}{[Ag^+]} = 0{,}799 - 0{,}0592\log\frac{1}{1{,}8\cdot 10^{-10}} = 0{,}799 - 0{,}577 = 0{,}222\ V$$

19.21. Berechnen Sie die Gesamt-Komplexbildungskonstante K_K von $Ag(S_2O_3)_2^{3-}$ bei 25 °C aus den Daten in Tabelle 19-1.

Die Tabelle enthält zwei Einträge für Paare, die die Oxidationsstufen Null und +1 von Silber verbinden:

		$E°$
(*1*)	$Ag^+ + e^- \rightarrow Ag$	0,799 V
(*2*)	$Ag(S_2O_3)_2^{3-} + e^- \rightarrow Ag + 2S_2O_3^{2-}$	0,017

Vorgang (*1*) bezieht sich auf das Paar, bei dem Ag^+ in der Einheitskonzentration vorliegt. Die Ag^+-Konzentration, auf die sich $E°$ von (*2*) bezieht, ist derjenige Wert, der das Komplexionen-Gleichgewicht erfüllt, wenn die anderen Spezies in den Einheitskonzentrationen vorliegen. Die Bildungsreaktion dieses Komplexes lautet:

$$Ag^+ + 2S_2O_3^{2-} \rightleftharpoons Ag(S_2O_3)_2^{3-}$$

$$K_K = \frac{[Ag(S_2O_3)_2^{3-}]}{[Ag^+][S_2O_3^{2-}]^2} \qquad [Ag^+] = \frac{[Ag(S_2O_3)_2^{3-}]}{K_K[S_2O_3^{2-}]^2} = \frac{1}{K_K}$$

Mit anderen Worten können die Standardbedingungen für Paar (*2*) als die nicht-Standardbedingungen $[Ag^+] = 1/K_K$ für Paar (*1*) angesehen werden. Dann ergibt die Nernst-Gleichung für (*1*):

$$E = E° - 0{,}0592\log\frac{1}{[Ag^+]} \quad \text{oder} \quad 0{,}017 = 0{,}799 - 0{,}0592\log K_K$$

woraus sich ergibt:

$$\log K_K = \frac{0{,}799 - 0{,}017}{0{,}0592} = 13{,}21 \quad \text{und} \quad K_K = 1{,}6 \cdot 10^{13}$$

19.22. (*a*) Wie groß muß [Ag^+] bei äquimolaren Konzentrationen von Fe^{2+} und Fe^3 sein, damit die Spannung einer galvanischen Zelle aus (Ag^+/Ag)- und (Fe^{3+}/Fe^{2+})-Elektroden gleich Null ist?

$$Fe^{2+} + Ag^+ \rightleftharpoons Fe^{3+} + Ag$$

(*b*) Bestimmen Sie die Gleichgewichtskonstante dieser Reaktion bei 25 °C.

(*a*) So, wie sie formuliert ist, gilt für die Reaktion:

$$E° = E°(Ag^+/Ag) - E°(Fe^{3+}/Fe^{2+}) = 0{,}799 - 0{,}771 = 0{,}028 \text{ V}$$

Aus der Nernst-Gleichung ergibt sich:

$$E = E° + 0{,}059\,2 \log \frac{[Fe^{3+}]}{[Fe^{2+}][Ag^+]}$$

$$0 = 0{,}28 - 0{,}059\,2 \log \frac{1}{[Ag^+]} = 0{,}028 + 0{,}059\,2 \log[Ag^+]$$

$$\log[Ag^+] = -\frac{0{,}028}{0{,}059\,2} = -0{,}47$$

$$[Ag^+] = 0{,}34$$

(*b*) Zur Bestimmung der Gleichgewichtskonstante müssen wir die Beziehung zwischen K und $\Delta G°$ (*16-8*) mit der Beziehung zwischen $\Delta G°$ und $E°$ aus (*19-3*), $\Delta G° = -n\mathcal{F}E°$, kombinieren.

$$\log K = -\frac{\Delta G°}{2{,}303\,RT} = \frac{n\mathcal{F}\,E°}{2{,}303\,RT} = \frac{nE°}{0{,}059\,2}$$

Beachten Sie, daß hier dieselbe Kombination von Konstanten mit dem Wert 0,059 2 bei 25 °C auftritt, wie in der Nernst-Gleichung.

$$\log K = \frac{0{,}028}{0{,}059\,2} = 0{,}47 \quad \text{weswegen gilt:} \quad \log K = \frac{[Fe^{3+}]}{[Fe^{2+}][Ag^+]} = 3{,}0$$

Der obige Teil (*a*) hätte alternativ durch Verwendung der Gleichgewichtskonstante gelöst werden können, wenn man [Fe^{2+}] = [Fe^{3+}] beachtet und nach [Ag^+] aufgelöst hätte:

$$[Ag^+] = \frac{[Fe^{3+}]}{[Fe^{2+}] \cdot 3{,}0} = \frac{1}{3{,}0} = 0{,}33$$

Die beiden Methoden müssen äquivalent sein, da die Spannung einer galvanischen Zelle Null wird, wenn die beiden Paare miteinander im Gleichgewicht stehen.

19.23. Ein Überschuß von flüssigem Quecksilber wurde zu einer angesäuerten, 1,00 • 10^{-3} M Lösung von Fe^{3+} gegeben. Man fand, daß im Gleichgewicht bei 25 °C lediglich 5,4 Prozent des Eisens als Fe^{3+} übrigblieben. Berechnen Sie $E°(Hg_2^{2+}/Hg)$, wenn Sie annehmen, daß die einzige stattfindende Reaktion lautete:

$$2Hg + 2Fe^{3+} \rightarrow Hg_2^{2+} + 2Fe^{2+}$$

Wir berechnen zunächst die Gleichgewichtskonstante der Reaktion. Im Gleichgewicht gilt:

$$[Fe^{3+}] = (0{,}054)(1{,}00 \cdot 10^{-3}) = 5{,}4 \cdot 10^{-5}$$

$$[Fe^{2+}] = (1 - 0{,}054)(1{,}00 \cdot 10^{-3}) = 9{,}46 \cdot 10^{-4}$$

$$[Hg_2^{2+}] = \tfrac{1}{2}\,[Fe^{2+}] = 4{,}73 \cdot 10^{-4}$$

Flüssiges Quecksilber liegt im Überschuß und in seinem Standardzustand vor.

$$K = \frac{[Hg_2^{2+}][Fe^{2+}]^2}{[Fe^{3+}]^2} = \frac{(4{,}73 \cdot 10^{-4})(9{,}46 \cdot 10^{-4})^2}{(5{,}4 \cdot 10^{-5})^2} = 0{,}145$$

Das zu der Reaktion gehörende Standardpotential kann aus der in Aufgabe 19.22. (*b*) gefundenen Beziehung berechnet werden:

$$E° = \frac{0,0592}{n}\log K = \frac{(0,0592)(-0,839)}{2} = -0,025 \text{ V}$$

So, wie sie formuliert wurde, gilt für die Reaktion:

$$E° = E°(Fe^{3+}/Fe^{2+}) - E°(Hg_2^{2+}/Hg)$$

oder: $$E°(Hg_2^{2+}/Hg) = E°(Fe^{3+}/Fe^{2+}) - E° = 0,771 - (-0,025) = 0,796 \text{ V}$$

19.24. Die $E°'$-Werte für die (Pyruvat/Lactat) und (NAD^+/NADH)-Paare sind bei pH 7 und 25 °C –0,19 V bzw. –0,32 V. Wie groß ist $E°'$ für die enzymatische Reduktion von Pyruvat zu Lactat (2 Elektronen pro Molekül) durch NADH (2 Elektronen pro Molekül) und wie groß ist $\Delta G°'$ bei pH 7 pro Mol reduzierten Pyruvats?

Abgesehen von H_2O und seinen Ionen kann die Reaktion folgendermaßen formuliert werden:

$$\text{Pyruvat} + \text{NADH} \rightleftharpoons \text{Lactat} + NAD^+$$

Dann gilt: $$E° = E°(\text{Pyruvat/Lactat}) - E°(NAD^+/\text{NADH}) = -0,19 - (-0,32) = 0,13 \text{ V}$$

oder: $$\Delta G° = -n\mathcal{F}E°' = -(2 \text{ mol } e^-)(9,65 \cdot 10^4 \text{ C/mol } e^-)(0,13 \text{ V})$$

$$= -2,5 \cdot 104 \text{ J} = -25 \text{ kJ}$$

Zusatzaufgaben

ELEKTRISCHE EINHEITEN

19.25. Wieviele Coulomb fließen pro Stunde durch ein Galvanikbad, das einen Strom von 5 A verwendet?
Lösung: $1,8 \cdot 10^4$ C/h

19.26. Berechnen Sie die Kosten für den 8-stündigen Betrieb eines Elektromotors, der bei 110 V 15 A aufnimmt, wenn die Kilowattstunde 5 Pfennig kostet.
Lösung: 66 Pf.

19.27. Ein Tank, der 0,2 m^3 Wasser faßt, wurde als Bad mit konstanter Temperatur verwendet. Wie lang würde es dauern, um das Bad mit einem 250 W-Tauchsieder von 20 °C auf 25 °C zu erwärmen? Vernachlässigen Sie die Wärmekapazität der Tankwandung und alle Wärmeverluste an die Umgebung.
Lösung: 4,6 h

19.28. Die spezifische Wärmekapazität einer Flüssigkeit wurde durch Einbringen von 100 g der Flüssigkeit in ein Kalorimeter gemessen. Die Flüssigkeit wurde durch einen elektrischen Tauchsieder erhitzt. Die Wärmekapazität des Kalorimeters, zusammen mit dem Tauchsieder, wurde zuvor zu 31,4 J/K bestimmt. Mit der 100 g-Probe im Kalorimeter wurde ein Strom von 0,500 A für exakt 3 min. durch den Tauchsieder geleitet. Die Spannung zwischen den Anschlüssen des Tauchsieders wurde zu 1,50 V bestimmt. Die Temperatur der Probe stieg um 0,800 °C. Bestimmen Sie die spezifische Wärmekapazität der Flüssigkeit.
Lösung: 1,37 kJ/kg • K

19.29. Die Lösungswärme von NH_4NO_3 in Wasser wurde durch die Messung der Menge an elektrischer Arbeit bestimmt, die nötig war, um die sonst eintretende Abkühlung bei Auflösung des Salzes zu kompensieren. Nachdem das NH_4NO_3 zum Wasser gegeben worden war, wurde elektrische Energie durch den Stromfluß durch eine Wiederstandsschleife zugeführt, bis die Temperatur der Lösung den Wert erreichte, den sie vor der Zugabe des Salzes hatte. Bei einem typischen Experiment wurden 4,4 g NH_4NO_3 zu 200 g Wasser gegeben. Ein Strom von 0,75 A wurde durch die Heizschleife geleitet, die Spannung zwischen den Anschlüssen betrug 6,0 V. Der Strom floß exakt 5,2 min. lang. Berechnen Sie ΔH für die Lösung von 1 mol NH_4NO_3 in soviel Wasser, daß dieselbe Konzentration wie in obigem Experiment erreicht wird.
Lösung: 25,5 kJ

DIE FARADAYSCHEN GESETZE

Wenn nichts anderes angegeben ist, nehmen Sie bei den Elektrolyseaufgaben an, daß die Elektrodeneffizienz für die primäre Elektrodenreaktion 100 Prozent beträgt.

19.30. Welcher Strom ist nötig, um pro Stunde 1 mol Elektronen durch eine Elektrolysezelle zu leiten? Wieviele Gramm Aluminium und Cadmium werden durch 1 mol Elektronen freigesetzt?

Lösung: 26,8 A, 8,99 g Al, 56,2 g Cd

19.31. Welche Masse Aluminium wird durch einen Strom von 40 A in 30 min. elektrolytisch abgeschieden?

Lösung: 6,7 g

19.32. Wieviel Ampere sind nötig, um aus einer Lösung eines Goldsalzes mit Gold in der Oxidationsstufe +3 auf der Kathode 5,00 g Gold pro Stunde abzuscheiden?

Lösung: 2,04 A

19.33. Wieviele Stunden wird es dauern, um 100 lb Elektrolyse-Chlor aus NaCl in einer Zelle zu produzieren, die einen Strom von 1000 A führt? Die Anoden-Effizienz für die Chlor-Reaktion beträgt 85 Prozent.

Lösung: 40,4 h

19.34. Eine gegebene Elektrizitätsmenge fließt durch zwei getrennte Elektrolysezellen, die Lösungen von $AgNO_3$ bzw. $SnCl_2$ enthalten. Wieviel Gramm Zinn werden in einer Zelle abgeschieden, wenn in der anderen Zelle 2,00 g Silber abgeschieden werden?

Lösung: 1,10 g Sn

19.35. Eine Elektrolysezelle enthält eine Lösung von $CuSO_4$ und eine Anode aus verunreinigtem Kupfer. Wieviel Kilogramm Kupfer werden durch einen für 12,0 h aufrechterhaltenen Strom von 150 A veredelt (auf der Kathode abgeschieden)?

Lösung: 2,13 kg Cu

19.36. Eine Brennstoffzelle an Bord eines Raumfahrzeugs wird durch folgende Gesamtreaktion betrieben:

$$2H_2 + O_2 \rightarrow 2H_2O$$

Sie liefert einen Dauerstrom von 10,0 Ampere und wird mit H_2-Gas aus einem 3,5 ft^3 großen Tank bei 2 000 psi und 31 °C betrieben. Wie lange wird sie laufen? ("psi" = lbf/in^2, s. Aufgabe 1.9.)

Lösung: $1,04 \cdot 10^7$ Sekunden oder 121 Tage

19.37. Wasserstoffperoxid kann durch die beiden nachstehenden aufeinanderfolgenden Reaktionen hergestellt werden:

$$2NH_4HSO_4 \rightarrow H_2 + (NH_4)_2S_2O_8$$

$$(NH_4)_2S_2O_8 + 2H_2O \rightarrow 2NH_4HSO_4 + H_2O_2$$

Der erste Schritt ist eine elektrolytische Reaktion und der zweite eine Dampfdestillation. Welcher Strom müsste in der ersten Reaktion verwendet werden, um genügend Intermediat zur Herstellung von 100 g reinem H_2O_2 pro Stunde zu erzeugen? Gehen Sie von einer anodischen Stromausbeute von 50 Prozent aus

Lösung: 315 A

19.38. Eine wichtige "Kenngröße" einer Batterie ist die *Energiedichte*, also die gelieferte Energie, geteilt durch die Masse der verbrauchten Reaktanten. Vergleichen Sie die Energiedichte von (*a*) einem Bleiakkumulator mit (etwa) 2,00 V, für den die Entladungsreaktion lautet:

$$Pb + PbO_2 + 2H_2SO_4 \rightarrow 2PbSO_4 + 2H_2O$$

mit (*b*) einem NiCd-Akku mit (etwa) 1,30 V, für den die Entladungsreaktion lautet:

$$Cd + 2NiOOH + 2H_2O \rightarrow Cd(OH)_2 + 2Ni(OH)_2$$

Beachten Sie, daß diese Rechnungen keine praktischen Faktoren wie den Bruchteil nicht reagierender Reaktanten oder die Menge nichtreaktiver Strukturmaterialien berücksichtigen.

Lösung: (*a*) 601 kJ/kg; (*b*) 756 kJ/kg

19.39. Ingenieure, die an der Entwicklung leichter Akkumulatoren interessiert sind, haben sich den Gruppe-I-Elementen Li und Na zugewendet, die zusätzlich zu ihrer niedrigen Äquivalentmasse sehr negative Reduktionspotentiale aufweisen. (Da die Elektrolyten nicht wäßrig sind, können die Akku-Spannungen aus Aufstellungen wie Tabelle 19-1 nicht genau berechnet werden. Die unten angegebenen Spannungen sind sehr grobe Schätzungen.) Berechnen Sie die Energiedichten von (*a*) dem ≈ 3,00 Volt Lithium-Titan(IV)sulfid-Akku und (*b*) dem ≈ 2,60 Volt Natrium-Schwefel-Akku, für die die folgenden Entladungsreaktionen angenommen werden können:

$$(a)\ Li + TiS_2 \rightarrow (Li^+)(TiS_2^-) \qquad (b)\ 2Na + S_2 \rightarrow (Na^+)_2(S_2^{2-})$$

Lösung: (*a*) $2{,}43 \cdot 10^3$ kJ/kg; (*b*) $4{,}56 \cdot 10^3$ kJ/kg

19.40. Sagen Sie das Hauptprodukt der fortgesetzten Elektrolyse bei 25 °C an jeder Elektrode für jedes der folgenden Systeme voraus, wenn Sie Polarisationseffekte der Elektroden vernachlässigen: (*a*) 1 M $Fe_2(SO_4)_3$ mit inerten Elektroden in 0,1 M H_2SO_4; (*b*) 1 M LiCl mit Silberelektroden; (*c*) 1 M $FeSO_4$ mit inerten Elektroden bei pH 7,0; (*d*) geschmolzenes NaF mit inerten Elektroden.

Lösung: (*a*) Fe^{2+} und O_2; (*b*) H_2 und AgCl; (*c*) H_2 und Fe^{3+}; (*d*) Na und F_2

19.41. Eine galvanische Zelle wurde unter fast ideal reversiblen Bedingungen bei einem Strom von 10^{-16} A betrieben. (*a*) Wie lange würde es bei diesem Strom dauern, um 1 mol Elektronen zu liefern? (*b*) Wieviele Elektronen würden von der Zelle an einen gepulsten Meßkreis bei einer Betriebszeit von 10 ms geliefert?

Lösung: (*a*) $3 \cdot 10^{13}$ Jahre; (*b*) 6

19.42. Die Menge Antimon in einer Lösung kann durch Umwandlung in die Oxidationsstufe +3 und Titration mit einem Standard von Iod in Bicarbonat-Lösung bestimmt werden:

$$H_2SbO_3^- + 3HCO_3^- + I_2 \rightarrow HSbO_4^{2-} + 2I^- + 3CO_2 + 2H_2O$$

Bei einer Abwandlung dieser Methode, die sich besonders für kleine Proben eignet, werden überschüssige Iodid-Ionen zur Lösung gegeben und das nötige Iod durch Elektrolyse erzeugt:

$$2I^- \rightarrow I_2 + 2e^-$$

Bestimmen Sie die Masse von Antimon in einer Lösung, die zur Erreichung des Endpunktes bei der obigen "coulometrischen" Titration einen konstanten Strom von 23,2 Milliampere für exakt 182 Sekunden benötigte.

Lösung: 2,66 mg Sb

GALVANISCHE ZELLEN UND OXIDATION/REDUKTION

Alle Aufgaben beziehen sich auf 25 °C.

19.43. (*a*) Wie groß ist das Standardpotential einer Zelle aus den (Cd^{2+}/Cd)- und (Cu^{2+}/Cu)-Paaren? (*b*) Welches Paar ist positiv?

Lösung: (*a*) 0,74 V; (*b*) (Cu^{2+}/Cu)

19.44 Wie groß ist das Standardpotential der Zelle, die die (Sn^{2+}/Sn)- und (Br_2/Br^-)-Paare enthält?

Lösung: 1,20 V

19.45. Warum sind Co^{3+}-Salze in Wasser unstabil?

Lösung: Co^{3+} kann H_2O oxidieren, die Hauptprodukte sind Co^{2+} und O_2.

19.46. Welche Reaktion ist wahrscheinlicher, wenn H_2O_2 mit Fe^{2+} gemischt wird: Die Oxidation von Fe^{2+} zu Fe^{3+} oder die Reduktion von Fe^{2+} zu Fe? Formulieren Sie die Reaktion für jede Möglichkeit und berechnen Sie das Standardpotential der entsprechenden elektrochemischen Zelle.

Lösung: Wahrscheinlicher: $H_2O_2 + 2H^+ + 2Fe^{2+} \rightarrow 2H_2O + 2Fe^{3+}$; $E° = 0{,}99$ V. Weniger wahrscheinlich: $H_2O_2 + Fe^{2+} \rightarrow Fe + O_2 + 2H^+$. Die Umkehrung dieser Reaktion findet mit einem Standardpotential von 1,14 V statt.

19.47. Welche Substanz kann zur Oxidation von Fluoriden zu Fluor verwendet werden?

Lösung: Fluoride können elektrolytisch oxidiert werden, aber nicht chemisch durch eine in Tabelle 19-1 aufgeführte Substanz.

19.48. Sind Fe^{2+}-Lösungen luftstabil? Warum können solche Lösungen durch die Gegenwart von Eisennägeln stabilisiert werden?

Lösung: Sie sind nicht stabil, weil O_2 Fe^{2+} zu Fe^{3+} oxidiert. Fe allerdings reduziert Fe^{3+} zu Fe^{2+}.

19.49. Wie groß ist das Standardpotential der (Tl^{3+}/Tl)-Elektrode?

Lösung: 0,72 V

19.50. Welche der folgenden intermediären Oxidationsstufen ist bezüglich der Disproportionierung in sauerstoffreien, nichtkomplexierenden Medien stabil: Germanium(II), Zinn(II)?

Lösung: Zinn(II)

19.51. Würde sich H_2O_2 gegenüber den folgenden Paaren bei Einheitskonzentrationen als Oxidations- oder Reduktionsmittel verhalten: (*a*) (I_2/I^-); (*b*) ($S_2O_8^{2-}/SO_4^{2-}$); (*c*) (Fe^{3+}/Fe^{2+})?

Lösung: (*a*) Oxidationsmittel; (*b*) Reduktionsmittel; (*c*) Beides, tatsächlich katalysieren sehr kleine Mengen von Eisensalzen der Oxidationsstufen +2 oder +3 die Selbst-Oxidation/Reduktion von H_2O_2.

19.52. Wie groß ist das Potential einer Zelle, die zwei Wasserstoffelektroden enthält, wobei die negative in Kontakt mit 10^{-8} molarer H^+ und die positive in Kontakt mit 0,025 molarer H^+ steht?

Lösung: 0,379 V

19.53. Die Zelle aus der vorigen Aufgabe stellt gewissermaßen ein pH-Meter dar. Nehmen Sie an, daß eine Halbzelle 1,00 M H^+, den Standardzustand, enthielt. Leiten Sie die Relation (bei 25 °C) zwischen dem pH der anderen Halbzelle und der beobachteten Spannung ab (wobei der positive Anschluß des Meßgeräts mit der Standard-Halbzelle verbunden wird).

Lösung: V = 0,059 2 pH

19.54. Ein Voltmeter kann den traditionellen Indikator bei Titrationen ersetzen, indem das Titrationsgefäß als Halbzelle (mit einer passenden Elektrode) ausgeführt und diese über eine Salzbrücke mit einer Referenz-Halbzelle verbunden wird. Zur Verfolgung der Titration in Aufgabe 18.56. wird eine Silber/Silberchlorid-Elektrode in die Halogenid-Lösung getaucht, und die Referenz-Halbzelle ist eine in 1,00 M KCl getauchte Silber/Silberchlorid-Elektrode. Die Referenzelektrode ist mit dem positiven Anschluß des Voltmeters verbunden. Berechnen Sie die abgelesene Spannung an jedem der fünf Punkte der Titration, die in Aufgabe 18.56. angegeben sind. Die Temperatur beträgt 25 °C.

Lösung: (*a*) 0,179 V; (*b*) –0,101 V; (*c*) –0,195 V; (*d*) –0,288 V; (*e*) –0,399 V

19.55. Die Verbrennung von Methanol könnte die Grundlage für eine bequem anwendbare Brennstoffzelle sein. Suchen Sie zunächst nach einer guten Katalysatoroberfläche für die Anodenreaktion:

$$CH_3OH(l) + 6OH^- \rightarrow CO_2(g) + 5H_2O\ (l) + 6e^-$$

Die Kathodenreaktion ist die gleiche wie bei der erfolgreichen Wasserstoff/Sauerstoff-Brennstoffzelle:

$$O_2(g) + 2H_2O(l) + 4e^- \rightarrow 4OH^-$$

Berechnen Sie die Spannung dieser Brennstoffzelle (für die Standardzustände). Hinweis: Verwenden Sie die Daten aus Tabelle 16-1.

Lösung: $E° = 1{,}213$ V

19.56. Berechnen Sie das Potential des (Ag^+/Ag)-Paars bezüglich (Cu^{2+}/Cu), wenn die Konzentrationen von Ag^+ und Cu^{2+} $4{,}2 \cdot 10^{-6}$ M bzw. $1{,}3 \cdot 10^{-3}$ M betragen. Wie groß ist der Wert von ΔG für die Reduktion von 1 mol Cu^{2+} durch Ag bei den gegebenen Ionenkonzentrationen?

Lösung: 0,23 V, –44 kJ

19.57. Kupfer kann Zinkionen reduzieren, wenn die resultierenden Kupferionen durch die Bildung eines unlöslichen Salzes auf ausreichend niedriger Konzentration gehalten werden. Wie groß ist die Maximalkonzentration von Cu^{2+} in Lösung, wenn diese Reaktion bei einer Zn^{2+}-Konzentration von 1 M noch ablaufen soll?

Lösung: $7 \cdot 10^{-38}$ M

19.58. Schätzen Sie die Gleichgewichtskonstante für die folgende Reaktion ab:

$$Fe(CN)_6^{4-} + Co(dip)_3^{3+} \rightleftharpoons Fe(CN)_6^{3-} + Co(dip)_3^{2+}$$

Lösung: 0,5

19.59. Als ein Stab aus metallischem Blei zu einer 0,010 0 M Lösung von $Co(en)_3^{3+}$ gegeben wurde, fand man, daß 68 Prozent des Cobaltkomplexes durch das Blei zu $Co(en)_3^{2+}$ reduziert wurden. (*a*) Berechnen Sie den Wert von *K* für:

$$Pb + 2Co(en)_3^{3+} \rightleftharpoons Pb^{2+} + 2Co(en)_3^{2+}$$

(*b*) Wie groß ist der Wert von $E°$ ($Co(en)_3^{3+}/Co(en)_3^{2+}$)?

Lösung: (*a*) 0,015 4; (*b*) –0,180 V

19.60. Ein (Tl^+/Tl)-Paar wurde durch Sättigung von 0,1 M KBr mit TlBr hergestellt, indem man das Tl^+ aus dem relativ unlöslichen Bromid ins Gleichgewicht kommen ließ. Für dieses Paar beobachtete man ein Potential von –0,443 V bezüglich eines (Pb^{2+}/Pb)-Paars, bei dem das Pb^{2+} 0,1 molar war. Wie groß ist das Löslichkeitsprodukt von TlBr?

Lösung: $3{,}7 \cdot 10^{-6}$

19.61. K_D der vollständigen Dissoziation von $Ag(NH_3)_2^+$ in Ag^+ und NH_3 beträgt $6{,}0 \cdot 10^{-8}$. Berechnen Sie unter Bezugnahme auf Tabelle 19-1 $E°$ für die folgende Halbreaktion:

$$Ag(NH_3)_2^+ + e^- \rightarrow Ag + 2NH_3$$

Lösung: 0,372 V

19.62. Berechnen Sie K_K für die Bildung von PdI_4^{2-} aus Pd^{2+} und I^-.

Lösung: 10^{25}

19.63. Referenztabellen enthalten den folgenden Eintrag:

$$HO_2^- + H_2O + 2e^- \rightarrow 3OH^-$$

Bestimmen Sie K_1 für die Säuredissoziation von H_2O_2, indem Sie diese Information mit relevanten Einträgen aus Tabelle 19-1 verknüpfen.

Lösung: 10^{-12}

19.64. Berechnen Sie $\Delta G^{\circ\prime}$ für die Oxidation von 1 mol Flavin (2 Elektronen pro Molekül) durch molekularen Sauerstoff (1 atm) bei pH 7. Der $E^{\circ\prime}$-Wert für das Flavin-Paar beträgt –0,22 V. (*Hinweis*: Stellen Sie sicher, daß Sie für die Reduktion von O_2 zu H_2O $E^{\circ\prime}$ statt E° verwenden.)

Lösung: –201 kJ

Kapitel 20
Reaktionskinetik

Die Diskussion des chemischen Gleichgewichts oder der Richtung von spontanen Vorgängen wird häufig von der Aussage begleitet, daß die Thermodynamik nicht die *Geschwindigkeit* erklärt, mit der spontane Prozesse stattfinden oder mit der das chemische Gleichgewicht eingestellt wird. Der Zweig der Chemie, der sich mit den Geschwindigkeiten von Reaktionen befaßt, wird *chemische Kinetik* genannt. Dieses Kapitel hat zwei Hauptziele: Die Systematisierung der Daten, die mit der Abhängigkeit der Reaktionsgeschwindigkeit von kontrollierbaren Variablen verbunden sind und den Folgerungen für den molekularen Reaktionsmechanismus, die sich aus den beobachteten Geschwindigkeiten ergeben. Dieses Kapitel befaßt sich hauptsächlich mit Systematik.

GESCHWINDIGKEITSKONSTANTEN UND REAKTIONSORDNUNGEN

Reaktionen, die vollständig in einem einzigen Aggregatzustand, speziell in flüssiger oder gasförmiger Phase, ablaufen, werden *homogene Reaktionen* genannt. Reaktionen, die zumindest teilweise an der Grenzfläche zwischen zwei Phasen wie fest und flüssig oder fest und gasförmig verlaufen, werden *heterogene Reaktionen* genannt. Wenn nichts Gegenteiliges angegeben ist, werden sich die Diskussionen und Aufgaben in diesem Kapitel auf homogene Reaktionen beziehen.

Nach dem *Geschwindigkeitsgesetz* hängt die Geschwindigkeit einer chemischen Reaktion bei einer gegebenen Temperatur, ausgedrückt als die pro Volumeneinheit und Zeiteinheit reagierende Menge, nur von den Konzentrationen der verschiedenen Substanzen ab, die die Geschwindigkeit beeinflussen (und nicht zum Beispiel von der Größe des Reaktionsgefäßes). Die Substanzen, die die Geschwindigkeit beeinflussen, sind in der Regel einer oder mehrere der Reaktanten, gelegentlich eins der Produkte und manchmal ein Katalysator, der nicht in der bilanzierten chemischen Gesamtgleichung erscheint. Die Abhängigkeit der Geschwindigkeit von der Konzentration kann in vielen Fällen durch eine direkte Proportionalität ausgedrückt werden, bei der die Konzentrationen in der nullten, ersten oder zweiten Potenz auftreten. Die Potenz, mit der die Konzentration einer Substanz in das Geschwindigkeitsgesetz eingeht, wird die *Reaktionsordnung* bezüglich dieser Substanz genannt. Es folgen einige Beispiele:

(*1*) Geschwindigkeit = k_1[A]	erster Ordnung in A
(*2*) Geschwindigkeit = k_2[A][B]	erster Ordnung in A und erster Ordnung in B
(*3*) Geschwindigkeit = k_3[A]^2	zweiter Ordnung in A
(*4*) Geschwindigkeit = k_4[A]^2[B]	zweiter Ordnung in A und erster Ordnung in B
(*5*) Geschwindigkeit = k_5	nullter Ordnung

Bemerkung: In allen Geschwindigkeitsgleichungen gibt [X] die Stoffmengenkonzentration von X an (und nicht die relative Konzentration) und trägt auch die Einheit einer Konzentration (z.B. mol/l).

Die Ordnung kann nicht aus der chemischen Gleichung abgeleitet werden, sondern muß durch das Experiment bestätigt werden. Die Gesamtordnung einer Reaktion ist die Summe der Ordnungen bezüglich der Einzelsubstanzen. Bei den obigen Beispielen betragen die Gesamtordnungen 1, 2, 2, 3 und 0.

Die Proportionalitätsfaktoren k, genannt *Geschwindigkeitskonstanten* oder *spezifische Geschwindigkeiten*, sind bei einer gegebenen Temperatur konstant, können aber von der Temperatur abhängen. Die k-Werte können Dimensionen besitzen, und die Einheiten sollten bei der Tabellierung von k-Werten angegeben werden. Die Geschwindigkeit selbst ist definiert als die Konzentrationsänderung eines Reaktanten oder Produkts pro Zeiteinheit. Wenn A ein Reaktant und C ein Produkt ist, kann die Geschwindigkeit ausgedrückt werden als:

$$\text{Geschwindigkeit} = -\frac{\Delta[\mathrm{A}]}{\Delta t} \quad \text{oder als} \quad \text{Geschwindigkeit} = -\frac{\Delta[\mathrm{C}]}{\Delta t}$$

wobei Δ[X] die *Änderung* der Konzentration von X und Δt das Zeitintervall darstellt, während dem die Änderung gemessen wird. Wenn sich die Geschwindigkeit schnell ändert, sollte Δt klein sein.

Das Geschwindigkeitsgesetz gilt nur für sehr kleine Werte von Δt; in diesem Fall ersetzt die differentielle Schreibweise der Formel

$$-\frac{d[\mathrm{A}]}{dt} \quad \text{oder} \quad \frac{d[\mathrm{C}]}{dt}$$

die Intervall-Schreibweise. Das Minuszeichen wird zum Ausdruck der Geschwindigkeit in Abhängigkeit einer Reaktant-Konzentration (die während der Reaktion abnimmt) verwendet und ein Pluszeichen für eine Produkt-Konzentration (die während der Reaktion ansteigt), so daß die Geschwindigkeit stets eine positive Größe darstellt.

BEISPIEL 1 Bei einigen Reaktionen gibt es keine Zweideutigkeit bei der Definition der Geschwindigkeit. Zum Beispiel kann für

$$CH_3OH + HCOOH \rightarrow HCOOCH_3 + H_2O$$

die Geschwindigkeit ausgedrückt werden als:

$$-\frac{\Delta[\mathrm{CH_3OH}]}{\Delta t} \quad \text{oder} \quad -\frac{\Delta[\mathrm{HCOOH}]}{\Delta t} \quad \text{oder} \quad -\frac{\Delta[\mathrm{HCOOCH_3}]}{\Delta t}$$

da diese drei Verhältnisse alle gleich sind, wenn die Konzentrationen in molaren Einheiten eingesetzt werden und es keine Konkurrenz- oder Nebenreaktionen gibt. Jedoch sind in der folgenden Gleichung

$$N_2 + 3H_2 \rightarrow 2NH_3$$

die Koeffizienten für die verschiedenen Substanzen nicht gleich; die Konzentration von H_2 sinkt dreimal so schnell wie die von N_2 in der gleichen molaren Einheit, und NH_3 wird doppelt so schnell gebildet, wie N_2 verbraucht wird. Jedes dieser drei Verhältnisse

$$-\frac{\Delta[\mathrm{N_2}]}{\Delta t} \qquad -\frac{\Delta[\mathrm{H_2}]}{\Delta t} \qquad \frac{\Delta[\mathrm{NH_3}]}{\Delta t}$$

könnte zur Angabe der Geschwindigkeit verwendet werden, dabei sollte allerdings die Bezugssubstanz angegeben werden, weil der numerische Wert von k (allerdings nicht die Ordnung) von dieser Wahl abhängt.

Reaktionen erster Ordnung

Im speziellen Fall einer Reaktion erster Ordnung, bei der die Geschwindigkeit wie in (*1*) proportional zur Konzentration des Reaktanten [A] ist, liefern die Methoden der Integralrechnung:

$$[\mathrm{A}] = [\mathrm{A}]_0 e^{-kt} \qquad (20\text{-}1)$$

(Eine Definition von e, der Basis des natürlichen Logarithmus, ist in in Anhang C angegeben.) $[\mathrm{A}]_0$ ist der Wert von [A] am Anfang des Experiments, wo $t = 0$ ist. Die logarithmische Form kann aus der obigen Gleichung abgeleitet werden:

$$2{,}303 \ \log \frac{[\mathrm{A}]}{[\mathrm{A}]_0} = -kt \qquad (20\text{-}2)$$

Die Zeit $t_{1/2}$, die eine Reaktion erster Ordnung benötigt, um 50 Prozent Umsatz zu erreichen, ist nach (*20-2*) gegeben als:

$$t_{1/2} = -\frac{2{,}303 \ \log \frac{1}{2}}{k} = \frac{0{,}693}{k} \qquad (20\text{-}3)$$

Beachten Sie, daß $t_{1/2}$, genannt *Halbwertszeit*, unabhängig von der Anfangskonzentration von A ist. Diese Unabhängigkeit von $[\mathrm{A}]_0$ ist ein Charakeristikum, das nur bei Reaktionen erster Ordnung auftritt. Beachten Sie auch, daß $t_{1/2}$ genauso wie k unabhängig von der Einheit ist, in der [A] ausgedrückt wird.

Andere Geschwindigkeitsgesetze

Ungeradzahlige Reaktionsordnungen treten ebenfalls auf (zum Beispiel Ordnung $^1/_2$ oder $^3/_2$, bei der die Geschwindigkeit proportional zu $[\mathrm{A}]^{1/2}$ bzw. $[\mathrm{A}]^{3/2}$ ist.) Einige Reaktionsgeschwindigkeiten können überhaupt nicht mit einer einfachen Proportionalität ausgedrückt werden. Ein Beispiel für eine komplexe Geschwindigkeitsgleichung lautet:

$$(6)\ \text{Geschwindigkeit} = \frac{k_1[A]^2}{1+k_2[A]}$$

Die Geschwindigkeit einer heterogenen Reaktion kann proportional zur Berührungsfläche zwischen den Phasen, aber auch zu den Konzentrationen der Reaktanten in einer bestimmten Phase sein, wie das bei vielen Oberflächen-katalysierten Reaktionen der Fall ist.

AKTIVIERUNGSENERGIE

Die Temperaturabhängigkeit einer Reaktionsgeschwindigkeit kann durch die Arrhenius-Gleichung ausgedrückt werden:

$$k = Ae^{-E_a/RT} \tag{20-4}$$

Der *präexponentielle Faktor A* wird auch *Frequenzfaktor* genannt, und E_a ist die *Aktivierungsenergie*; die Einheit von E_a (und von *RT*) ist J/mol. Sowohl *A* als auch E_a können zumindest in einem kleinen Temperaturbereich als konstant angesehen werden. Nach (*20-4*) sind die Geschwindigkeitskonstanten bei zwei verschiedenen Temperaturen verküpft durch:

$$\log\frac{k_2}{k_1} = \frac{E}{2{,}303\,R}\left(\frac{1}{T_1}-\frac{1}{T_2}\right) \tag{20-5}$$

REAKTIONSMECHANISMEN

Es wurde bereits erwähnt, daß eine chemische Gleichung ein exaktes Abbild der Natur der Ausgangs- und Endsubstanzen einer chemischen Reaktion liefert, daß aber der Reaktionspfeil auf bequeme Weise unsere Unkenntnis der dazwischen ablaufenden Vorgänge überdeckt. Aus wie vielen aufeinanderfolgenden Schritten besteht der Gesamtvorgang? Wie sehen die räumlichen und energetischen Voraussetzungen für die Wechselwirkung in jeder Stufe aus? Wie groß ist die Geschwindigkeit für jeden Schritt? Obwohl Geschwindigkeitsmessungen normalerweise nur die Gesamtreaktion beschreiben, trägt die Messung der Geschwindigkeit unter verschiedenen Bedingungen oft zum Verständnis des Mechanismus bei.

Molekularität

Die Molekularität gibt die Anzahl der Moleküle an, die in einem bestimmten mechanistischen Schritt miteinander wechselwirken. Eine *monomolekulare* Reaktion ist ein Schritt, bei dem ein einzelnes Molekül spontan eine Reaktion eingeht, eine *bimolekulare* Reaktion setzt das Zusammentreffen zweier Moleküle voraus, eine *trimolekulare* Reaktion ist eine, bei der in einem einzelnen Schritt drei Moleküle wechselwirken. Es gibt keine bekannten Einzelschritte höherer Molekularität als trimolekular.

Eine monomolekulare Reaktion ist erster Ordnung bezüglich der Spezies, die die spontane Umlagerung oder Zersetzung erfährt. Dies ist der Fall, da eine intrinsische Wahrscheinlichkeit dafür besteht, daß ein Molekül diese Reaktion in einer Zeiteinheit durchläuft, und die Gesamtgeschwindigkeit pro Volumeneinheit ist das Produkt dieser Wahrscheinlichkeit pro Zeiteinheit und der Gesamtzahl von Molekülen pro Volumeneinheit (die wiederum proportional zur Konzentration ist).

Die Geschwindigkeit einer bimolekularen Reaktion ist proportional zur Frequenz der Zusammenstöße zwischen zwei Molekülen der reagierenden Spezies. Es ist aus der Theorie der Kinetik bekannt, daß die Frequenz von Zusammenstößen zwischen zwei gleichen Molekülen A proportional zu $[A]^2$ und die Frequenz der Zusammenstöße zwischen einem Molekül A und einem Molekül B proportional zu [A][B] ist. Wenn die Spezies, deren Moleküle zusammenstoßen, in begrenzten Konzentrationen vorhandene Ausgangssubstanzen sind, liegt eine Reaktion zweiter Ordnung vor, die dem Geschwindigkeitsgesetz des Typs (*3*) oder des Typs (*2*) folgt.

Die Geschwindigkeit einer trimolekularen Reaktion ist proportional zur Frequenz von Dreierstößen, die wiederum proportional zu $[A]^3$, $[A]^2[B]$ oder [A][B][C] ist, abhängig davon, ob die drei zusammenstoßenden Moleküle eine, zwei oder drei Spezies darstellen. Wenn diese Spezies Ausgangssubstanzen sind, ist die Reaktion dritter Ordnung.

Obwohl die Ordnung eines einzelnen mechanistischen Schrittes aus der Molekularität vorhergesagt werden kann, ist es nicht möglich, aus der Ordnung der Gesamtreaktion auf die Molekularität eines oder mehrerer Schritte zu schließen. Es existiert eine Reihe von Komplikationen, die die automatische Schlußfolgerung unmöglich machen, daß eine Reaktion erster Ordnung monomolekular, eine Reaktion zweiter Ordnung bimolekular und eine Reaktion dritter Ordnung trimolekular ist. In vielen Fällen besteht die Reaktion aus einer Abfolge von Schritten, wobei die Gesamtgeschwindigkeit vom langsamsten Schritt bestimmt wird. Die experimentellen Bedingungen können die relativen Geschwindigkeiten der verschiedenen Schritte vertauschen, dadurch würde sich die Ordnung scheinbar ändern. Eine andere Schwierigkeit ergibt sich dadurch, daß der langsamste oder geschwindigkeitsbestimmende Schritt die Reaktion einer instabilen Zwischenstufe beinhalten kann und es nötig ist, die Konzentration dieser Spezies bezüglich der Reaktanten auszudrücken, bevor die Gesamtordnung der Reaktion bestimmt werden kann. Die gelösten Aufgaben werden einige Beispiele für diese Schwierigkeiten geben.

Energieprofile

Bei den meisten Molekülzusammenstößen tritt keine Reaktion ein. Selbst wenn die nötige Anzahl von Molekülen zusammenkommt, können nur jene, die genügend Energie besitzen (die normalerweise weit größer als die mittlere Energie ist), die starken Verzerrungen der Bindungslängen und -winkel durchlaufen, die für die zur chemischen Reaktion führenden Umlagerungen nötig sind. Die Aktivierungsenergie E_a ist ein Maß für die von den Molekülen für die Reaktion benötigte Überschußenergie, und der Exponentialterm in der Arrhenius-Gleichung *(20-4)* ist größenordnungsmäßig gleich dem Bruchteil der Moleküle, die diese Überschußenergie besitzen.

Der *aktivierte Komplex* wurde als diejenige verzerrte Kombination der reagierenden Moleküle definiert, die den Mindestwert an Überschußenergie besitzt, so daß die Kombination oder der *Komplex* sich genauso leicht unter Bildung der Produkte umlagern könnte wie unter Rückbildung der Reaktanten. Die Energie des aktivierten Komplexes kann mit der potentiellen Energie eines Bergpasses verglichen werden, den ein Kletterer überqueren muß, um von einer Seite des Berges auf die andere zu gelangen. Bei einem Satz reversibler Reaktionen muß in beiden Richtungen derselbe aktivierte Komplex durchlaufen werden. Für Reaktionen, die bei konstantem Druck durchgeführt werden, gilt daher:

$$(1\ \text{mol})[E_a(\text{Hinreaktion}) - E_a(\text{Rückreaktion})] = \Delta H \qquad (20\text{-}6)$$

Der Faktor (1 mol) wurde in *(20-6)* eingefügt, damit die Enthalpieänderung der Reaktion wie üblich die Einheit einer Energie aufweist. Diese Beziehungen sind graphisch in Abb. 20-1 dargestellt. Wenn zwei Reaktantmoleküle mit hoher Geschwindigkeit zusammenstoßen, wird ihre kinetische Energie in die hohe Energie des Komplexes umgewandelt. Wenn dieser Komplex aufbricht, fliegen die Fragmente (Produkte oder Reaktanten) auseinander, wobei ihre kinetische Energie aus der im Komplex gespeicherten Energie stammt.

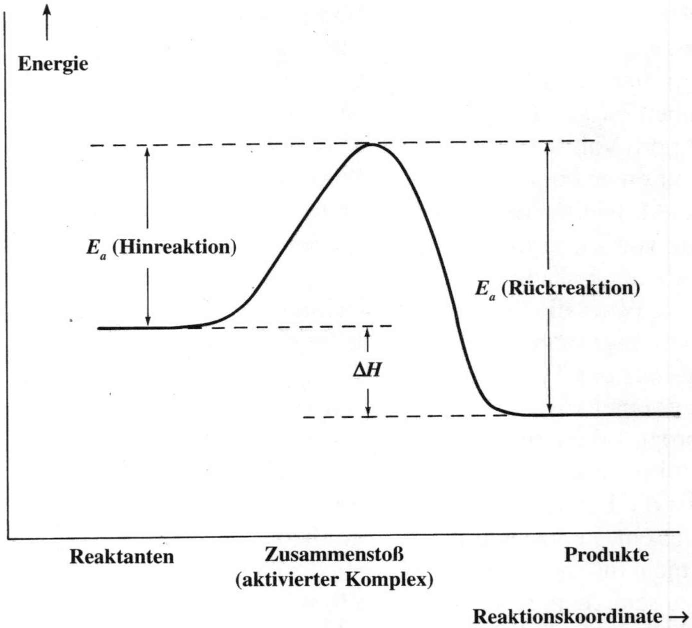

Abb. 20-1 Energiebeziehungen bei einer Reaktion (Hinreaktion ist exotherm).

Aufgaben und Lösungen

GESCHWINDIGKEITSKONSTANTEN UND REAKTIONSORDNUNG

20.1. Bei einem Katalyseexperiment zum Haber-Bosch-Verfahren ($N_2 + 3H_2 \rightarrow 2NH_3$) wurde folgende Reaktionsgeschwindigkeit gemessen:

$$\frac{\Delta[NH_3]}{\Delta t} = 2{,}0 \cdot 10^{-4}\,\text{mol} \cdot \text{l}^{-1} \cdot \text{s}^{-1}$$

Wie groß war die Reaktionsgeschwindigkeit bezüglich (*a*) N_2; (*b*) H_2, wenn es keine Nebenreaktionen gibt?

(*a*) Aus den Koeffizienten der bilanzierten Gleichung ergibt sich $\Delta n(N_2) = -\frac{1}{2}\,\Delta n(NH_3)$. Daher gilt:

$$-\frac{\Delta[N_2]}{\Delta t} = \frac{1}{2}\frac{\Delta[NH_3]}{\Delta t} = 1{,}0 \cdot 10^{-4}\,\text{mol} \cdot \text{l}^{-1} \cdot \text{s}^{-1}$$

(*b*) Analog zu (*a*) ergibt sich:

$$-\frac{\Delta[N_2]}{\Delta t} = \frac{3}{2}\frac{\Delta[NH_3]}{\Delta t} = 3{,}0 \cdot 10^{-4}\,\text{mol} \cdot \text{l}^{-1} \cdot \text{s}^{-1}$$

20.2. Wie lauten die Einheiten der Geschwindigkeitskonstante *k* für (*a*) eine Reaktion nullter Ordnung; (*b*) eine Reaktion erster Ordnung; (*c*) eine Reaktion zweiter Ordnung; (*d*) eine Reaktion dritter Ordnung; (*e*) eine Reaktion der Ordnung 0,5, wenn die Konzentrationen in molaren Einheiten und die Zeit in Sekunden ausgedrückt werden?

In jedem Fall schreiben wir die vollständige Gleichung auf und bestimmen die Einheit von *k*, die die Gleichung erfüllt.

(*a*)
$$-\frac{\Delta[A]}{\Delta t} = k$$

$$\text{Einheit von } k = \text{Einheit von } \frac{[A]}{t} = \frac{\text{mol/l}}{\text{s}} = \text{mol} \cdot \text{l}^{-1} \cdot \text{s}^{-1}$$

Beachten Sie, daß die Einheit von $\Delta[A]$, der Konzentrationsänderung, die gleiche ist wie für [A] selbst. Gleiches gilt für Δt.

(*b*)
$$-\frac{\Delta[A]}{\Delta t} = k[A] \qquad \text{oder} \qquad k = -\frac{1}{[A]}\frac{\Delta[A]}{\Delta T}$$

$$\text{Einheit von } k = \frac{1}{\text{mol/l}} \cdot \frac{\text{mol/l}}{\text{s}} = \text{s}^{-1}$$

Reaktionen erster Ordnung sind die einzigen Fälle, bei denen *k* unabhängig von den zur Angabe der Konzentrationen der Reaktanten und Produkte verwendeten Einheiten denselben numerischen Wert besitzt.

(*c*)
$$-\frac{\Delta[A]}{\Delta t} = k[A]^2 \qquad\qquad -\frac{\Delta[A]}{\Delta t} = k[A][B]$$

$$k = \frac{1}{[A]^2}\frac{\Delta[A]}{\Delta t} \qquad\qquad k = \frac{1}{[A][B]}\frac{\Delta[A]}{\Delta t}$$

$$\text{Einheit von } k = \frac{1}{(\text{mol/l})^2} \cdot \frac{\text{mol/l}}{\text{s}} = 1 \cdot \text{mol}^{-1} \cdot \text{s}^{-1}$$

Beachten Sie, daß die Einheit von k von der *Gesamt*ordnung der Reaktion abhängt und nicht von der Art und Weise, wie sich diese Gesamtordnung aus den Ordnungen bezüglich der einzelnen Reaktanten zusammensetzt.

(*d*)
$$-\frac{\Delta[A]}{\Delta t} = k[A]^3 \qquad \text{oder} \qquad k = -\frac{1}{[A]^3}\frac{\Delta[A]}{\Delta t}$$

$$\text{Einheit von } k = \frac{1}{(\text{mol/l})^3}\cdot\frac{\text{mol/l}}{\text{s}} = \text{l}^2\cdot\text{mol}^{-2}\cdot\text{s}^{-1}$$

(*e*)
$$-\frac{\Delta[A]}{\Delta t} = k[A]^{1/2} \qquad \text{oder} \qquad k = -\frac{1}{[A]^{1/2}}\frac{\Delta[A]}{\Delta t}$$

$$\text{Einheit von } k = \frac{1}{(\text{mol/l})^{1/2}}\cdot\frac{\text{mol/l}}{\text{s}} = \text{mol}^{1/2}\cdot\text{l}^{-1/2}\cdot\text{s}^{-1}$$

20.3. In einer bestimmten verschmutzten Atmosphäre, die O_3 in einer stationären Konzentration von $2{,}0 \cdot 10^{-8}$ mol/l enthielt, wurde die stündliche Produktion von O_3 aus allen Quellen zu $7{,}2 \cdot 10^{-13}$ mol/l abgeschätzt. Berechnen Sie die durch das Geschwindigkeitsgesetz für $-\Delta[O_3]/\Delta t$ definierte Geschwindigkeitskonstante für die Abbaureaktion von O_3, wenn der einzige Mechanismus zum Abbau von O_3 die Reaktion zweiter Ordnung $2O_3 \rightarrow 3O_2$ ist.

Im stationären Zustand muß die Abbaugeschwindigkeit von O_3 gleich seiner Bildungsgeschwindigkeit sein, nämlich $7{,}2 \cdot 10^{-13}\ \text{mol}\cdot\text{l}^{-1}\cdot\text{h}^{-1}$. Aus dem Geschwindigkeitsgesetz für die zweite Ordnung ergibt sich:

$$\frac{\Delta[O_3]}{\Delta t} = k[O_3]^2$$

$$k = -\frac{1}{[O_3]^2}\frac{\Delta[O_3]}{\Delta t} = \frac{1}{(2{,}0\cdot 10^{-8}\text{mol/l})^2}\,\frac{7{,}2\cdot 10^{-13}\text{mol}\cdot\text{l}^{-1}\cdot\text{h}^{-1}}{3{,}6\ \text{s}\cdot\text{h}^{-1}} = 0{,}5\ \text{l}\cdot\text{mol}\cdot\text{s}^{-1}$$

20.4. Ein Virus-Präparat wurde in einem chemischen Bad inaktiviert. Man fand, daß der Inaktivierungsvorgang erster Ordnung ist und daß am Anfang des Experiments pro Minute 2,0 Prozent der Viren inaktiviert wurden. Berechnen Sie k für den Inaktivierungsvorgang.

Aus dem Geschwindigkeitsgesetz für Reaktionen erster Ordnung ergibt sich:

$$-\frac{\Delta[A]}{\Delta t} = k[A] \qquad \text{oder} \qquad k = -\frac{1}{[A]}\frac{\Delta[A]}{\Delta t}$$

Man kann erkennen, daß nur die *relative* Konzentrationsänderung $-\Delta[A]/[A]$ benötigt wird, also 0,020, wenn $\Delta t = 1$ min = 60 s ist. Diese Form der Gleichung kann für die *Anfangsgeschwindigkeit* verwendet werden, wenn sich der Wert von [A] noch nicht stark ändert. Diese Bedingung gilt sicherlich, wenn in der ersten Minute nur 2 Prozent inaktiviert werden.

$$k = \frac{0{,}020}{60\ \text{s}} = 3{,}3\cdot 10^{-4}\text{s}^{-1}$$

20.5. Welche Zeit wäre bei dem in Aufgabe 20.4. beschriebenen Vorgang nötig, um den Virus (*a*) zu 50 Prozent und (*b*) zu 75 Prozent zu inaktivieren?

Die in Aufgabe 20.4. verwendete Methode kann hier nicht benützt werden, weil sich [A] im Verlauf der Reaktion deutlich ändert. Hier gilt vielmehr Gleichung (*20-1*), (*20-2*) oder (*20-3*).

(*a*) Die Zeit für einen Umsatz von 50 Prozent ist die Halbwertszeit, und (*20-3*) liefert:

$$t_{1/2} = \frac{0{,}693}{k} = \frac{0{,}693}{3{,}3\cdot 10^{-4}\text{s}^{-1}}\,2{,}1\cdot 10^3\text{s} = 35\,\text{min}$$

(*b*) Man kann Gleichung (*20-2*) anwenden. Wenn 75 Prozent der Viren inaktiviert sind, beträgt der verbleibende Bruchteil $[A]/[A]_0$ 0,25.

$$t = -\frac{2,303\ \log\frac{[A]}{[A]_0}}{k} = -\frac{2,303\ \log 0.25}{3,3\cdot 10^{-4}\,s^{-1}} = 4,2\cdot 10^3 s = 70\,\text{min}$$

Eine alternative Lösung besteht in der zweimaligen Anwendung der Halbwertszeit. Da es unabhängig von der Anfangskonzentration 35 min dauert, bis die Hälfte der Viren inaktiviert sind, wird die nötige Zeit, um die Virenaktivität von 50 Prozent auf 25 Prozent zu senken, einer weiteren Halbwertszeit entsprechen. Die Gesamtzeit zur Erniedrigung auf $\frac{1}{4}$ der Aktivität beträgt daher zwei Halbwertszeiten oder 70 min.

Entsprechend beträgt die nötige Zeit zur Erniedrigung der Anfangsaktivität auf $^1/_8$ drei Halbwertszeiten, auf $^1/_{16}$ vier Halbwertszeiten und so weiter. Diese Methode funktioniert nur bei Reaktionen erster Ordnung.

20.6. Bei der Fermentation von Zucker in einer Enzymlösung, die anfangs 0,12 M ist, sinkt die Konzentration des Zuckers in 10 h auf 0,06 M und in 20 h auf 0,03 M. Wie groß ist die Ordnung der Reaktion und wie groß ist die Geschwindigkeitskonstante?

Diese Aufgabe ist analog zu Aufgabe 20.5. Da die Verdoppelung der Zeit den überlebenden Bruchteil des Reaktanten auf die Hälfte reduziert, muß eine Reaktion erster Ordnung vorliegen. Alternativ kann man die Erniedrigung der Zuckerkonzentration von 0,06 M auf 0,03 M als neues Experiment mit einer Anfangskonzentration von 0,06 M ansehen. Da bei beiden Experimenten dieselbe Halbwertszeit (10 h) beobachtet wurde, muß eine Reaktion erster Ordnung vorliegen, da nur bei dieser die Halbwertszeit unabhängig von der Anfangskonzentration ist. Die Geschwindigkeitskonstante kann über (*20-3*) aus der Halbwertszeit bestimmt werden.

$$k = \frac{0,693}{t_{1/2}} = \frac{0,693}{10\text{ h}} = 6,9\cdot 10^{-2}\,h^{-1}$$

$$= \frac{6,9\cdot 10^{-2}\,h^{-1}}{3,6\cdot 10^3 s\cdot h^{-1}} = 1,9\cdot 10^{-5} s^{-1}$$

20.7. Eine Reaktion zwischen den Substanzen A und B läuft stöchiometrisch nach A + B → C ab. In drei unterschiedlichen Experimenten erhält man folgende Beobachtungen über die Reaktionsgeschwindigkeit:

	Anfangskonzentrationen		Dauer des Experiments	Endkonzentrationen,
	$[A]_0$/M	$[B]_0$/M	Δt / h	$[A]_f$ /M
(*1*)	0,100 0	1,0	0,50	0,097 5
(*2*)	0,100 0	2,0	0,50	0,090 0
(*3*)	0,050 0	1,0	2,00	0,045 0

Wie groß ist die Ordnung bezüglich eines jeden Reaktanten und wie lautet der Wert für die Geschwindigkeitskonstante?

Lassen Sie uns zunächst die Anfangsgeschwindigkeiten der Reaktion für jedes Experiment tabellieren, wobei wir beachten, daß $\Delta[A] = [A]_E - [A]_0$ in jedem Fall klein genug ist, um die Geschwindigkeit bezüglich der Änderungen während der Gesamtdauer des Experiments auszudrücken.

	Anfangskonzentrationen				Anfangsgeschwindigkeiten
	$[A]_0$/M	$[B]_0$/M	$\Delta[A]$/M	Δt/h	$-\frac{\Delta[A]}{\Delta t}$ $M\cdot h^{-1}$
(*1*)	0,100 0	1,0	–0,002 5	0,50	0,005 0
(*2*)	0,100 0	2,0	–0,010 0	0,50	0,020 0
(*3*)	0,050 0	1,0	–0,005 0	2,00	0,002 5

Beim Vergleich der Experimente (*1*) und (*2*) bemerken wir, daß [A] in beiden gleich, aber [B] in (*2*) doppelt so groß ist. Da die Geschwindigkeit von (*2*) viermal so groß ist wie von (*1*), muß die Reaktion bezüglich B zweiter Ordnung sein.

Beim Vergleich der Experimente (*1*) und (*3*) bemerken wir, daß [B] in beiden gleich, aber [A] in (*1*) doppelt so groß ist. Da die Geschwindigkeit von (*1*) doppelt so groß ist wie von (*3*), muß die Reaktion bezüglich A erster Ordnung sein.

Das Geschwindigkeitsgesetz kann entsprechend formuliert werden als:

$$-\frac{\Delta[\mathrm{A}]}{\Delta t} = k[\mathrm{A}][\mathrm{B}]^2$$

und k kann aus jedem der Experimente bestimmt werden. Wir nehmen (*1*) als Beispiel und verwenden gemittelte Werte von [A] und [B]. ([B] ändert sich während des Experiments kaum, da es in so großem Überschuß vorliegt.)

$$k = \frac{-\frac{\Delta[\mathrm{A}]}{\Delta t}}{[\mathrm{A}][\mathrm{B}]^2} = \frac{0{,}0050\ \ M \cdot h^{-1}}{(0{,}099\ \ M)(1{,}0\ \ M)^2} = 0{,}051\ \ \mathrm{l}^2 \cdot \mathrm{mol}^{-2} \cdot \mathrm{h}^{-1}$$

oder $1{,}4 \cdot 10^{-5}\ \mathrm{l}^2 \cdot \mathrm{mol}^{-2} \cdot \mathrm{s}^{-1}$. Der Leser sollte überprüfen, daß man bei Verwendung der Daten aus den beiden anderen Experimenten zum selben Ergebnis gelangt.

20.8. Die Veresterung von Essigsäureanhydrid durch Ethylalkohol kann durch die folgende bilanzierte Gleichung dargestellt werden:

$$\underset{\mathrm{A}}{(CH_3CO)_2O} + \underset{\mathrm{B}}{C_2H_5OH} \rightarrow CH_3COOC_2H_5 + CH_3COOH$$

Wenn die Reaktion in verdünnter Lösung in Hexan durchgeführt wird, kann man die Geschwindigkeit durch k[A][B] darstellen. Wenn Ethylalkohol (B) das Lösungsmittel ist, wird die Geschwindigkeit durch k[A] dargestellt. (Die Werte von k sind in den beiden Fällen nicht gleich.) Erklären Sie diesen Unterschied in der scheinbaren Ordnung der Reaktion.

Wenn ein Lösungsmittel gleichzeitig ein Reaktant ist, ist seine Konzentration, verglichen mit dem Ausmaß der Reaktion, so groß, daß sie sich nicht ändert. (Vergleichen Sie mit der Konvention, die wir bei der Betrachtung der Thermodynamik von wäßrigen Lösungen verwendet hatten, wobei Wasser definitionsgemäß in allen verdünnten Lösungen in seinem Standardzustand vorliegt.) Daher kann die Abhängigkeit der Geschwindigkeit von der Konzentration des Ethylalkohols nicht bestimmt werden, solange der Ethylalkohol nicht selbst in einem anderen Lösungsmittel gelöst wird, so daß man seine Konzentration ändern kann.

20.9. Bei erhöhten Temperaturen zersetzt sich gasförmiges Chlorethan nach folgender Gleichung in Ethen und HCl:

$$CH_3CH_2Cl \rightarrow CH_2CH_2 + HCl$$

Bei einer bestimmten Temperatur wurden mit einem Experiment bei konstantem Volumen durch photometrische Beobachtung des Ethens die folgenden Daten erhalten:

Zeit	0	1	3	5	10	20	30	50	>100
[Ethen]/(mol/l)	0	$8{,}3 \cdot 10^{-4}$	$2{,}3 \cdot 10^{-3}$	$3{,}6 \cdot 10^{-3}$	$6{,}1 \cdot 10^{-3}$	$9{,}0 \cdot 10^{-3}$	$1{,}05 \cdot 10^{-2}$	$1{,}16 \cdot 10^{-2}$	$1{,}19 \cdot 10^{-2}$

Überprüfen Sie die Daten, um zu entscheiden, ob eine Reaktion erster Ordnung vorliegt oder nicht und bestimmen Sie die Geschwindigkeitskonstante, wenn die Reaktion erster Ordnung ist.

Da die Reaktion nach 100 Stunden praktisch vollständig ist, betrug die Anfangskonzentration $[\mathrm{A}]_0$ von Chlorethan $1{,}19 \cdot 10^{-2}$ M, und die späteren Konzentrationen [A] können durch Subtraktion der Ethenkonzentration von diesem Wert erhalten werden. Dann bildet man das Verhältnis $[\mathrm{A}]/[\mathrm{A}]_0$ und logarithmiert. Diese Schritte sind untenstehend tabelliert. (Der 50 Stunden-Punkt, der zum letzten genauen Wert dieses Verhältnisses gehört, wurde weggelassen.)

In Abb. 20-2 ist die graphische Auftragung von $\log([\mathrm{A}]/[\mathrm{A}]_0)$ gegen t dargestellt. Da die Punkte alle auf einer Geraden liegen, ist die Reaktion erster Ordnung. Die in der Abbildung berechnete Steigung der

Geraden beträgt –0,031 2 h^{-1}, was in Übereinstimmung mit Gleichung (*20-2*) gleich $-k/2{,}303$ ist und $k = 7{,}2 \cdot 10^{-2}\ h^{-1}$ oder $2{,}0 \cdot 10^{-5}\ s^{-1}$ liefert. Wir können unsere Berechnungen grob überprüfen, indem wir feststellen, daß $t_{1/2} = 0{,}693 / k = 9{,}6$ h beträgt und daß nach den Originaldaten die Reaktion in 10 h etwas mehr als zur Hälfte abgelaufen ist.

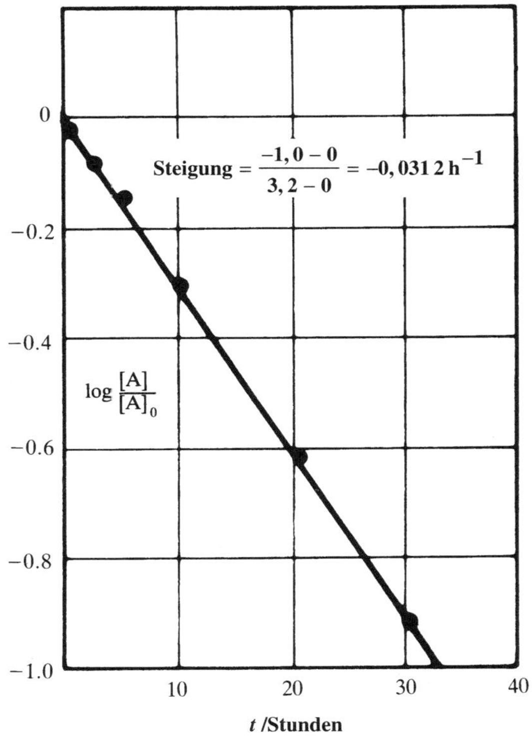

Abb. 20-2 Überprüfung der Daten aus 20-9 auf erste Ordnung.

Zeit, *t*	0	1	3	5	10	20	30
$[A] \cdot 10^2$	1,19	1,11	0,96	0,83	0,58	0,29	0,14
$[A]/[A]_0$	1,00	0,933	0,807	0,697	0,487	0,244	0,118
$\log([A]/[A]_0)$	0	–0,030	–0,093	–0,156	–0,312	–0,613	–0,929

20.10. Die Komplexierung von Eisen mit dem chelatisierenden Liganden Dipyridyl (abgekürzt dipy) wurde sowohl bezüglich der Hinreaktion als auch der Rückreaktion kinetisch untersucht. Für die Komplexierungsreaktion

$$Fe^{2+} + 3\ dipy \rightarrow Fe\ (dipy)_3^{2+}$$

ist die Komplexbildungsgeschwindigkeit bei 25 °C gegeben durch:

$$\text{Geschwindigkeit} = (1{,}45 \cdot 10^{13}\ l^3 \cdot mol^{-3} \cdot s^{-1})[Fe^{2+}][dipy]^3$$

Für die Umkehrung der obigen Reaktion ist die Geschwindigkeit für den Abbau des Komplexes:

$$(1{,}22 \cdot 10^4\ s^{-1})[Fe\ (dipy)_3^{2+}]$$

Wie groß ist die Komplexbildungskonstante K_K für den Komplex?

Nicht alle Reaktionen können ohne weiteres in beiden Richtungen untersucht werden. Wenn dies aber möglich ist, dann wissen wir, daß im dynamischen Gleichgewicht die Geschwindigkeit der Komplexbildung gleich der Abbaugeschwindigkeit des Komplexes sein muß, da die Konzentrationen der verschiedenen Spezies festgelegt bleiben.

Geschwindigkeit Hinreaktion = Geschwindigkeit Rückreaktion

$$(1{,}45 \cdot 10^{13}\ l^3 \cdot mol^{-3} \cdot s^{-1})[Fe^{2+}][dipy]^3 = (1{,}22 \cdot 10^{-4} s^{-1})[Fe(dipy)_3^{2+}]$$

Auflösung ergibt:

$$K_K = \frac{[Fe(dipy)_3^{2+}]}{[Fe^{2+}][dipy]^3} = \frac{1{,}45 \cdot 10^{13}}{1{,}22 \cdot 10^{-4}} = 1{,}19 \cdot 10^{17}$$

(In der Formel für die Gleichgewichtskonstante ist [X] im Gegensatz zu Geschwindigkeitsgleichungen dimensionslos, weil hier die Konzentration relativ zum Standardzustand von 1 mol/l angegeben wird.)

AKTIVIERUNGSENERGIE UND REAKTIONSMECHANISMEN

20.11. Die Zersetzung von N_2O in N_2 und O folgt in der Gegenwart gasförmigen Argons einer Kinetik zweiter Ordnung mit:

$$k = (5{,}0 \cdot 10^{11}\ l \cdot mol^{-1} \cdot s^{-1})e^{-29\,000\ K/T}$$

Wie groß ist die Aktivierungsenergie dieser Reaktion?

Durch Vergleich der Formel für k in diesem Fall mit (*20-4*) erkennen wir, daß der Exponent von e gleich $-E_a/RT$ ist.

$$\frac{E_a}{RT} = \frac{29\,000\ K}{T}$$

$$E_a = (29\,000\ K)\ R = (29\,000\ K)(8{,}314\,5\ J \cdot K^{-1} \cdot mol^{-1}) = 241\ kJ \cdot mol^{-1}$$

20.12. Die Geschwindigkeitskonstante erster Ordnung für die Hydrolyse von CH_3Cl in H_2O hat bei 25 °C einen Wert von $3{,}32 \cdot 10^{-10}\ s^{-1}$ und bei 40 °C einen Wert von $3{,}13 \cdot 10^{-9}\ s^{-1}$. Wie groß ist der Wert für die Aktivierungsenergie?

Gleichung (*20-5*) kann nach E_a aufgelöst werden:

$$E_a = 2{,}303\,R\left(\frac{T_1T_2}{T_2 - T_1}\right)\left(\log\frac{k_2}{k_1}\right)$$

$$= (2{,}303)(8{,}314\,5\ \ J \cdot K^{-1} \cdot mol^{-1})\left(\frac{298 \cdot 313}{313 - 298}\,K\right)\left(\log\frac{3{,}13 \cdot 10^{-9}}{3{,}32 \cdot 10^{-10}}\right)$$

$$= (119\ kJ \cdot mol^{-1})(\log 9{,}4) = 116\ kJ \cdot mol^{-1}$$

20.13. Eine Reaktion zweiter Ordnung, deren Geschwindigkeitskonstante bei 800 °C einen Wert von $5{,}0 \cdot 10^{-3}\ l \cdot mol^{-1} \cdot s^{-1}$ hatte, zeigte eine Aktivierungsenergie von 45 kJ · mol^{-1}. Wie groß ist der Wert für die Geschwindigkeitskonstante bei 875 °C?

Gleichung (*20-5*) kann nach k_2, der Geschwindigkeitskonstante bei der höheren Temperatur, aufgelöst werden:

$$\log\frac{k_2}{k_1} = \frac{E_a(T_2 - T_1)}{2{,}303\,RT_1T_2}$$

$$= \frac{(4{,}5 \cdot 10^4\ J \cdot mol^{-1})[(875 - 800)\,K]}{(2{,}303)(8{,}314\,5\ J \cdot K^{-1} \cdot mol^{-1})(1073\ K)(1148\ K)}$$

$$\frac{k_2}{k_1} = 1{,}39$$

$$k_2 = (1{,}39)(5{,}0 \cdot 10^{-3}\ l \cdot mol^{-1} \cdot s^{-1}) = 7{,}0 \cdot 10^{-3}\ l \cdot mol^{-1} \cdot s^{-1}$$

20.14. Die *trans* → *cis*-Isomerisierung von 1,2-Dichlorethen besitzt eine Aktivierungsenergie von 55,3 kcal · mol^{-1}. Der mit der Reaktion verbundene Wert von ΔH beträgt 1,0 kcal. Welchen Wert von E_a sagen Sie für die umgekehrte *cis* → *trans*-Isomerisierung voraus?

Aus (*20-6*) ergibt sich:

$$E_a(\text{Rückreaktion}) = E_a(\text{Hinreaktion}) - \frac{\Delta[\text{H}]}{1\,\text{mol}} = 55{,}2 - 1{,}0 = 54{,}3\ \text{kcal} \cdot \text{mol}^{-1}$$

20.15. Ein gasförmiges Molekül A kann sich monomolekular zu C zersetzen, wenn es eine kritische Energiemenge aufnimmt. Solch ein energetisch hochliegendes Molekül von A, als A* bezeichnet, kann durch den Zusammenstoß zwischen zwei normalen A-Molekülen gebildet werden. In Konkurrenz zur monomolekularen Zersetzung von A* zu C steht die bimolekulare Deaktivierung von A* durch Zusammenstoß mit einem normalen A-Molekül. (*a*) Formulieren Sie eine bilanzierte Gleichung und das Geschwindigkeitsgesetz für jeden der obigen Schritte. (*b*) Wie würde das Geschwindigkeitsgesetz für die Bildung von C bezüglich [A] und Konstanten für die einzelnen Schritte lauten, wenn die Annahmen gemacht werden, daß A* in allen Prozessen genauso schnell verschwindet, wie es gebildet wird, und daß [A*] viel kleiner als [A] ist? (*c*) Welche limitierende Ordnung bezüglich A würde die Bildung von C bei niedrigen Drücken von A aufweisen, und welche bei hohen Drücken?

(*a*) (*1*) Aktivierung: $A + A \rightarrow A^* + A$ $\qquad \frac{\Delta[A^*]}{\Delta t} = k_1[A]^2$

(*2*) Deaktivierung: $A^* + A \rightarrow A + A$ $\qquad -\frac{\Delta[A^*]}{\Delta t} = k_2[A^*][A]$

(*3*) Reaktion: $A^* \rightarrow C$ $\qquad -\frac{\Delta[A^*]}{\Delta t} = k_3[A^*]$

(*b*) Beachten Sie, daß A* in jedem der drei Einzelschritte auftaucht. Die Gesamtänderung von [A*] kann durch Summierung über alle drei Schritte bestimmt werden:

$$\left(\frac{\Delta[A^*]}{\Delta t}\right)_{Gesamt} = k_1[A]^2 - k_2[A^*][A] - k_3[A^*]$$

Mit der Annahme, daß die Gesamtgeschwindigkeit der Änderung von [A*] gleich Null ist, kann die rechte Seite der Gleichung gleich Null gesetzt werden.

$$k_1[A]^2 - k_2[A^*][A] - k_3[A^*] = 0 \qquad \text{oder} \qquad [A^*] = \frac{k_1[A]^2}{k_3 + k_2[A]}$$

Einsetzen dieses Wertes in das Geschwindigkeitsgesetz von Schritt (*3*) und Erkennung, daß für diesen Schritt $-\Delta[A^*] = \Delta[C]$ ist, liefert:

$$(4) \qquad \frac{\Delta[C]}{\Delta t} = \frac{k_1[A]^2}{k_3 + k_2[A]}$$

Daher folgt die Bildung von C einem komplexen kinetischen Ausdruck, der nicht durch eine einfache Ordnung beschrieben werden kann.

(*c*) Bei sehr niedrigen Drücken (d.h. kleinem [A]) wird der zweite Term im Nenner der rechten Seite von (*4*) im Vergleich zum ersten vernachlässigbar.

$$\text{Grenzfall niedriger Druck:} \quad \frac{\Delta[C]}{\Delta t} = \frac{k_3 k_1[A]^2}{k_3} = k_1[A]^2$$

Die Ordnung scheint zwei zu sein, mit der Geschwindigkeitskonstante zweiter Ordnung k_1.

Bei sehr hohen Drücken wird andersherum der erste Term des Nenners im Vergleich zum zweiten vernachlässigbar.

$$\text{Grenzfall hoher Druck:} \quad \frac{\Delta[C]}{\Delta t} = \frac{k_3 k_1[A]^2}{k_2[A]} = \frac{k_3 k_1}{k_2}[A]$$

Nun scheint die Ordnung eins zu sein, mit einer scheinbaren Geschwindigkeitskonstante von $k_3 k_1/k_2$.

Diese Aufgabe verdeutlicht das Konzept des geschwindigkeitsbestimmenden Schrittes. Im bekannten Beispiel einer Eimerkette, bei der ein Wassereimer immer von einer Person zur nächsten weitergereicht wird, bis er schließlich den zu füllenden Tank erreicht, kann die Gesamtgeschwindigkeit des Wassertransportes nicht größer als die Geschwindigkeit des langsamsten Schrittes sein. In diesem Beispiel ist der Aktivierungsschritt (*1*) am langsamsten, wenn [A] niedrig ist, und der Reaktionsschritt (*3*) am langsamsten, wenn [A] groß ist. Schritt (*1*), der quadratisch von [A] abhängt, reagiert empfindlicher auf Druckänderungen als Schritt (*3*).

20.16. Für die Hydrolyse von Methyl-formiat $HCOOCH_3$ in saurer Lösung gilt:

$$\text{Geschwindigkeit} = k\,[HCOOCH_3][H^+]$$

Die bilanzierte Gleichung lautet $HCOOCH_3 + H_2O \rightarrow HCOOH + CH_3OH$. Warum erscheint $[H^+]$ im Geschwindigkeitsgesetz, wenn es nicht in der bilanzierten Gleichung steht?

H^+ ist der Katalysator der Reaktion. Es ist tatsächlich ein Reaktant in einer frühen Zwischenstufe der Reaktion und wird zu einem späteren Zeitpunkt wieder an die Lösung abgegeben.

20.17. Die Umwandlung des optischen Isomers D von gasförmigem

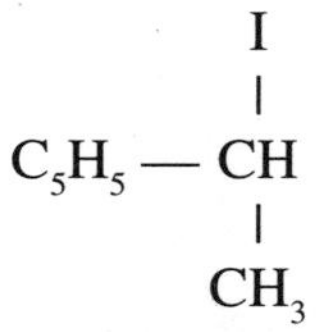

in das L-Isomer in der Gegenwart von Ioddampf folgt dem Gesetz Geschwindigkeit = $kP(A)P(I_2)^{1/2}$, wobei A das D-Isomer darstellt. (Partialdrücke stellen eine legitime Form für den Ausdruck von Konzentrationen gasförmiger Stoffe in Geschwindigkeitsgesetzen dar.) Schlagen Sie einen Mechanismus vor, der die ungeradzahlige Reaktionsordnung erklären könnte.

I_2 ist zu einem geringen Anteil in I-Atome dissoziiert. Dieses System erreicht schnell ein Gleichgewicht:

$$I_2 \rightleftharpoons 2I \qquad K_p = \frac{P(I)^2}{P(I_2)}$$

Der Partialdruck der Iodatome kann bezüglich dieses Gleichgewichts formuliert werden als:

$$P(I) = K_p^{1/2} \cdot P(I_2)^{1/2}$$

Wenn eine Zwischenstufe der Reaktion die Addition eines Iodatoms an A beinhaltet, gefolgt von der Abspaltung des Iodatoms, das ursprünglich ein Teil des A-Moleküls war, und wenn die Addition von I an A bimolekular (mit einer Geschwindigkeitskonstante k_2) abläuft und geschwindigkeitsbestimmend ist, dann ergibt sich:

Beobachtete Geschwindigkeit = Geschwindigkeit der I-Addition

$$= k_2P(A)P(I) = k_2P(A) \cdot K_p^{1/2} \cdot P(I_2)^{1/2} = (k_2K_p^{1/2})P(A)P(I_2)^{1/2}$$

Der numerische Wert des eingeklammerten Terms $(k_2K_p^{1/2})$ ist der numerische Wert der scheinbaren Geschwindigkeitskonstante für die Reaktion mit einer Gesamtordnung von $^3/_2$.

Der obige Mechanismus ist plausibel und mit den Beobachtungen konsistent. Allein mit den kinetischen Daten können wir jedoch nicht sicher sein, daß es nicht einen anderen Mechanismus gibt, der ebenfalls mit den Beobachtungen übereinstimmt. Andere Arten von Experimenten sind nötig, um einen auf kinetischen Daten basierenden Mechanismus zu bestätigen. Jedoch kann ein vorgeschlagener Mechanismus, der ein anderes als das beobachtete Geschwindigkeitsgesetz ergibt, mit Sicherheit als falsch bezeichnet werden.

Zusatzaufgaben

GESCHWINDIGKEITSKONSTANTEN UND REAKTIONSORDNUNGEN

20.18. Für die Reaktion

$$3BrO^- \rightarrow BrO_3^- + 2Br^-$$

in alkalischer wäßriger Lösung wurde der Wert der Geschwindigkeitskonstante zweiter Ordnung (für BrO^-) bei 80 °C im Geschwindigkeitsgesetz für $-\Delta[BrO^-]/\Delta t$ zu 0,056 l · mol⁻¹ · s⁻¹ bestimmt. Wie groß ist die Geschwindigkeitskonstante, wenn das Geschwindigkeitsgesetz für (*a*) $\Delta[BrO_3^-]/\Delta t$ und (*b*) $\Delta[Br^-]/\Delta t$ formuliert wird?

Lösung: (*a*) 0,018 7 $l \cdot mol^{-1} \cdot s^{-1}$; (*b*) 0,037 $l \cdot mol^{-1} \cdot s^{-1}$

20.19. Die Hydrolyse von Methylacetat in alkalischer Lösung

$$CH_3COOCH_3 + OH^- \rightarrow CH_3COO^- + CH_3OH$$

folgte dem Ausdruck Geschwindigkeit = $k[CH_3COOCH_3][OH^-]$ mit k = 0,137 $l \cdot mol^{-1} \cdot s^{-1}$ bei 25 °C. Es wurde eine Reaktionsmischung hergestellt, die Anfangskonzentrationen von Methylacetat und OH^- von jeweils 0,050 M aufwies. Wie lange würde es dauern, bis bei 25 °C 5,0 Prozent des Methylacetats hydrolysiert wären?

Lösung: 7,7 s

20.20. Eine Reaktion erster Ordnung in wäßriger Lösung war zu schnell, um sie mit einer Methode zu verfolgen, die in der Lage ist, Reaktionen mit einer Halbwertszeit von mindestens 2,0 ns zu detektieren. Wie hoch ist der Minimalwert von k für diese Reaktion?

Lösung: $3{,}5 \cdot 10^8\ s^{-1}$

20.21. Gasförmiges Cyclobuten isomerisiert in einer Reaktion erster Ordnung mit einem k-Wert von $3{,}3 \cdot 10^{-4}\ s^{-1}$ bei 153 °C zu Butadien.Wieviele Minuten würde es bei dieser Temperatur brauchen, bis die Isomerisierung zu 40 Prozent vollständig wäre?

Lösung: 26 min

20.22. Die Annäherung an das folgende Gleichgewicht wurde kinetisch aus beiden Richtungen verfolgt:

$$PtCl_4^{2-} + H_2O \rightleftharpoons Pt(H_2O)Cl_3^- + Cl^-$$

Bei 25 °C fand man bei einer Ionenstärke von 0,3:

$$-\frac{\Delta[PtCl_4^{2-}]}{\Delta t} = (3{,}9 \cdot 10^{-5} s^{-1})[PtCl_4^{2-}] - (2{,}1 \cdot 10^{-3} l \cdot mol^{-1} \cdot s^{-1})[Pt(H_2O)Cl_3^-][Cl^-]$$

Wie groß ist der Wert von K_4' für die Komplexierung des vierten Cl^- durch Pt(II) (der scheinbaren Gleichgewichtskonstante für die Umkehrung der oben formulierten Reaktion) bei einer Ionenstärke von 0,3?

Lösung: 54

20.23. Die folgende Reaktion wurde bei 25 °C in benzolischer Lösung, die 0,1 M Pyridin enthielt, untersucht:

$$\underset{A}{CH_3OH} + \underset{B}{(C_6H_5)_3CCl} \rightarrow \underset{C}{CH_3OC(C_6H_5)_3} + HCl$$

Die folgenden Datensätze wurden bei drei getrennten Experimenten erhalten:

	Anfangskonzentrationen				
	$[A]_0$/M	$[B]_0$/M	$[C]_0$/M	Δt/min	Endgültige [C]/M
(*1*)	0,100 0	0,050 0	0,000 0	2,5	0,003 3
(*2*)	0,100 0	0,100 0	0,000 0	15,0	0,003 9
(*3*)	0,200 0	0,100 0	0,000 0	7,5	0,007 7

Welches Geschwindigkeitsgesetz ist konsistent mit den obigen Daten und was ist der beste Mittelwert für die Geschwindigkeitskonstante, ausgedrückt in Sekunden und molaren Konzentrationseinheiten?

Lösung: Geschwindigkeit = $k[A]^2[B]$, $k = 4{,}6 \cdot 10^{-3}\ l^2 \cdot mol^{-2} \cdot s^{-1}$

20.24. Die Zersetzung einer Substanz A wurde bei einer bestimmten Temperatur genau verfolgt, und man erhielt die unten aufgeführten Daten. Ist die Reaktion erster oder zweiter Ordnung bezüglich A? Vorschläge: Testen Sie zunächst eine Auftragung von $\log([A]/[A]_0)$ vs. t für einige Punkte und versuchen Sie dann, das Verhältnis $(\Delta[A]/\Delta t)/[A]^2$ zu berechnen und die Ergebnisse über einige kurze Intervalle zu vergleichen.

t/min	0	20	40	60	80	100	120	140	160	180	200	220	240
[A]/(mol/l)	0,462	0,449	0,437	0,426	0,416	0,406	0,396	0,387	0,378	0,370	0,362	0,354	0,347

Lösung: Zweiter Ordnung

AKTIVIERUNGSENERGIE UND REAKTIONSMECHANISMEN

20.25. Die Geschwindigkeitskonstante für die nach erster Ordnung verlaufende Zersetzung von Ethylenoxid in CH_4 und CO kann durch folgende Gleichung beschrieben werden:

$$\log k\left(\text{in s}^{-1}\right) = 14{,}34 - \frac{1{,}25 \cdot 10^4\ \text{K}}{T}$$

(*a*) Wie groß ist die Aktivierungsenergie der Reaktion? (*b*) Wie groß ist der Wert von k bei 670 K?

Lösung: (*a*) 239 kJ · mol^{-1}; (*b*) $5 \cdot 10^{-5}\ s^{-1}$

20.26. Die nach erster Ordnung verlaufende Zersetzung von gasförmigem N_2O_4 in NO_2 hat bei 1 °C einen k-Wert von $4{,}5 \cdot 10^3\ s^{-1}$ und eine Aktivierungsenergie von 58 kJ · mol^{-1}. Bei welcher Temperatur hat k einen Wert von $1{,}00 \cdot 10^4\ s^{-1}$?

Lösung: 10 °C

20.27. Biochemiker definieren häufig Q_{10} für eine Reaktion als das Verhältnis der Geschwindigkeitskonstante bei 37 °C zur Geschwindigkeitskonstante bei 27 °C. Wie groß muß die Aktivierungsenergie einer Reaktion sein, die einen Q_{10}-Wert von 2,5 aufweist?

Lösung: 71 kJ · mol^{-1}

20.28. Bei für das Verständnis der oberen Atmosphäre wichtigen Gasphasenreaktionen reagieren H_2O und O bimolekular unter Bildung zweier OH-Radikale. ΔH beträgt für diese Reaktion bei 500 K 72 kJ und E_a ist 77 kJ · mol^{-1}. Schätzen Sie E_a für die bimolekulare Rekombination zweier OH-Radikale unter Bildung von H_2O und O ab.

Lösung: 5 kJ · mol^{-1}

20.29. H_2 und I_2 reagieren in der Gasphase bimolekular unter Bildung von HI, und HI zersetzt sich wiederum bimolekular in H_2 und I_2. Die Aktivierungsenergien für diese beiden Reaktionen wurden im selben Temperaturbereich nahe 100 °C zu 163 kJ · mol^{-1} bzw. 184 kJ · mol^{-1} bestimmt. Was sagen Sie aus diesen Daten für ΔH der Gasphasenreaktion $H_2 + I_2 \rightleftharpoons 2HI$ bei 100 °C voraus?

Lösung: –21 kJ

20.30. Sagen Sie die Form des Geschwindigkeitsgesetzes für die Reaktion $2A + B \rightarrow$ Produkte voraus, wenn der erste Schritt die reversible Dimerisierung von A ist, gefolgt von der Reaktion von A_2 mit B in einem bimolekularen Schritt. Nehmen Sie an, daß die Gleichgewichtskonzentration von A_2, verglichen mit [A], sehr klein ist.

Lösung: Geschwindigkeit = $k[A]^2[B]$

20.31. Die folgende Reaktion wurde in wäßriger Lösung beobachtet:

$$2Cu^{2+} + 6CN^- \rightarrow 2Cu(CN)_2^- + (CN)_2$$

Man fand, daß die Geschwindigkeit der Formel $k[Cu^{2+}]^2[CN^-]^6$ gehorcht. Welcher geschwindigkeitsbestimmende Schritt könnte die beobachteten kinetischen Daten erklären, wenn der erste Schritt die schnelle Einstellung des Komplexierungsgleichgewichtes unter Bildung des (bezüglich der Umkehrung des Komplexierungsschrittes) relativ unstabilen $Cu(CN)_3^-$ ist?

Lösung: Bimolekulare Zersetzung: $2Cu(CN)_3^- \rightarrow 2Cu(CN)_2^- + (CN)_2$

20.32. Die Hydrolyse von $(i\text{-}C_3H_7O)_2POF$ wurde bei verschiedenen Aziditäten untersucht. Die scheinbare Geschwindigkeitskonstante erster Ordnung *k* bei einer bestimmten Temperatur hing vom pH-Wert ab, aber nicht von der Natur oder der Konzentration des zur Einstellung des pH-Werts verwendeten Puffers. *k* war von pH 4 bis pH 7 relativ konstant, stieg aber ausgehend von diesem konstanten Wert bei pH-Werten kleiner 4 oder größer 7 an. Was ist die Natur des Phänomens, das für dieses Verhalten verantwortlich ist?

Lösung: Die Reaktion wird sowohl durch H^+ als auch durch OH^- katalysiert.

20.33. Man fand, daß die Reaktionsgeschwindigkeiten eines Ketons in schwach basischer Lösung für die drei folgenden Reaktionen identisch sind: (*a*) Reaktion mit Br_2, die zur Substitution eines H's am Keton durch ein Br führt; (*b*) Umwandlung des D-Isomers des Ketons in eine äquimolare Mischung der D- und L-Isomere; (*c*) Isotopenaustausch eines Wasserstoffatoms an dem Kohlenstoff neben der C=O Gruppe des Ketons durch ein Deuterium-Atom im Lösungsmittel. Die Geschwindigkeit dieser Reaktionen ist gleich $k[\text{Keton}][OH^-]$ und ist unabhängig von $[Br_2]$. Was kann man aus diesen Beobachtungen über den Mechanismus aussagen?

Lösung: Der geschwindigkeitsbestimmende Schritt muß in allen drei Fällen die vorgelagerte Reaktion des Ketons mit dem OH^- sein, die wahrscheinlich zur konjugaten Base des Ketons führt. Die konjugate Base reagiert dann sehr schnell mit (*a*) Br_2; (*b*) einer Säure im Medium oder (*c*) dem deuterierten Lösungsmittel.

20.34. Viele Reaktionen freier Radikale (z.B. Polymerisation) können durch eine lichtempfindliche Substanz P gestartet werden, deren Moleküle infolge Absorption eines Photons in zwei freie Radikale dissoziieren. Folgereaktionen sind entweder die *Propagierung*, bei der ein Radikal R• für jedes verbrauchte Radikal gebildet wird, oder der *Abbruch*, bei dem zwei Radikale unter Bildung eines nichtradikalischen Produkts kombinieren. Der Großteil der chemischen Umwandlung beruht auf dem Propagations-Schritt. Eine kleine Gleichgewichtskonzentration freier Radikale ist während der Reaktion ständig vorhanden. Erklären Sie, wie ein solcher Mechanismus die Abhängigkeit der Geschwindigkeit von der Quadratwurzel der Lichtintensität I erklärt.

Lösung: Da die Propagation die Konzentration der freien Radikale nicht ändert, muß die Geschwindigkeit der Startreaktion gleich der Geschwindigkeit der Abbruchreaktion sein. Wenn die Geschwindigkeit der Startreaktion bezüglich P erster Ordnung und proportional zur Lichtintensität ist ($k_S[P]I$) und die Abbruchreaktion bimolekular mit einer Geschwindigkeit $k_A[R\cdot]^2$ verläuft, gilt im stationären Zustand:

$$[R\cdot] = [(k_S/k_A)[P]I\,]^{1/2}$$

Wenn der Propagationsschritt erster Ordnung bezüglich $[R\cdot]$, d.h., proportional zu $[R\cdot]$ ist, beobachtet man eine wie oben gezeigte zu $I^{1/2}$ proportionale Geschwindigkeit.

20.35. Die Zugabe eines Katalysators zu einer bestimmten Reaktion eröffnet einen alternativen Reaktionsweg mit einer Aktivierungsenergie, die im Vergleich zur unkatalysierten Reaktion um 14,7 kJ/mol niedriger ist. Um welchen Faktor wird die Geschwindigkeitskonstante durch den Katalysator bei einer Temperatur von 420 K erhöht? Um welchen Faktor wird die Geschwindigkeitskonstante der Rückreaktion erhöht? (Nehmen Sie an, daß der Frequenzfaktor durch den Katalysator nicht beeinflußt wird.)

Lösung: 67; identisch für die Rückreaktion.

Kapitel 21

Kernreaktionen

Bei normalen chemischen Reaktionen ordnen sich die Atome der Edukt-Moleküle unter Bildung der Produkt-Moleküle um. Bei solchen Reaktionen durchlaufen die Außenelektronen der Atome Umlagerungen, indem sie ganz oder teilweise von einem Atom zum anderen übertragen werden. Im Gegensatz dazu verschieben die Atomkerne ihre relativen Positionen zueinander, bleiben aber sonst unverändert.

Es gibt auch andere Reaktionen, bei denen die Kerne selbst auseinandergebrochen werden und bei denen die Produkte nicht dieselben Elemente wie die Edukte enthalten. Die Chemie solcher Kernreaktionen wird Kernchemie genannt. Die spontane Zersetzung einzelner Kerne wird normalerweise von der Emission stark durchdringender Strahlung begleitet und ist als Radioaktivität bekannt. Andere Kernumwandlungen ergeben sich aus den Wechselwirkungen eines Neutrons oder eines hochenergetischen Photons mit einem Kern oder aus dem Zusammenstoß eines geladenen Partikels hoher Geschwindigkeit mit einem Zielkern. Die Ergebnisse eines solchen Kernbeschusses hängen stark von der Energie ab.

FUNDAMENTALTEILCHEN

Für die Zwecke dieses Kapitels werden wir die Diskussion der Fundamentalteilchen, die in Kernreaktionen vorkommen, auf die *Nukleonen* (das *Proton* und das *Neutron*), das (negative) *Elektron* und das (positive) *Positron* beschränken. In Tabelle 21-1 sind die Massen dieser Teilchen in atomaren Masseneinheiten (Kapitel 2) angegeben, und ihre Ladungen sind als Vielfache der Elementarladung $e = 1{,}602 \cdot 10^{-19}$ C ausgedrückt.

Tabelle 21-1

Teilchen	Symbol	Masse/u	Ladung/e
Proton	p	1,007 276 5	+1
Neutron	n	1,008 664 9	0
Elektron	e^-, β^-	0,000 548 6	−1
Positron	e^+, β^+	0,000 548 6	+1

BINDUNGSENERGIEN

Die Masse eines Atoms ist im allgemeinen nicht gleich der Summe der enthaltenen Protonen, Neutronen und Elektronen. Wenn wir uns eine Reaktion vorstellen könnten, bei der freie Protonen, Neutronen und Elektronen unter Bildung eines Atoms reagieren, würden wir finden, daß bei allen Nukliden außer ^{1}H die Masse des Atoms etwas geringer als die Masse der enthaltenen Teilchen ist und daß bei der Reaktion eine enorme Energiemenge freigesetzt wird. Der Massenverlust ist exakt äquivalent zur freigesetzten Energie nach der Einsteinschen Gleichung

$$E = mc^2$$

$$\text{Energie} = (\text{Massenänderung}) \cdot (\text{Lichtgeschwindigkeit})^2$$

Dieses Energie-Äquivalent des berechneten Massenverlustes wird die *Bindungsenergie* des Atoms oder Kerns genannt. Wenn m in Kilogramm und c in Meter pro Sekunde ausgedrückt wird, ergibt sich E in Joule. Eine bequemere Einheit für die Energie von Kernreaktionen ist das MeV (s. Kapitel 8). Die Einsteinsche Gleichung liefert:

$$\text{Energie} = \frac{(\text{Massenänderung in u})(1{,}6605 \cdot 10^{-27}\,\text{kg/u})(2{,}998 \cdot 10^{8}\,\text{m/s})^2}{1{,}6022 \cdot 10^{-13}\,\text{J/MeV}}$$

$$= (931{,}5\ \text{MeV}) \cdot (\text{Massenänderung in u})$$

KERNGLEICHUNGEN

Die Regeln zur Bilanzierung von Kerngleichungen unterscheiden sich von denen zur Bilanzierung normaler chemischer Gleichungen:

1. Jedem Teilchen wird als Superscript (links unten) die Massenzahl oder Nukleonenzahl A und als Index (links oben) die Ordnungs- oder Kernladungszahl Z zugeordnet.
2. Ein freies Proton ist der Kern des Wasserstoffatoms, ihm wird daher die Notation ${}^1_1\text{H}$ zugeordnet.
3. Ein freies Neutron erhält die Ordnungszahl Null, weil es keine Ladung besitzt. Die Massenzahl eines Neutrons ist 1. Die vollständige Notation eines Neutrons lautet ${}^1_0n$.
4. Einem Elektron (e^- oder β^-) wird eine Massenzahl von Null und eine Ladungszahl von –1 zugewiesen, die vollständige Notation lautet daher ${}^{0}_{-1}e$.
5. Dem Positron (e^+ oder β^+) wird eine Massenzahl von Null und eine Ladungszahl von +1 zugewiesen, die vollständige Notation lautet daher ${}^{0}_{+1}e$.
6. Ein *Alpha-Teilchen* (α-Teilchen) ist ein Helium-Kern und wird daher durch die vollständige Notation ${}^4_2\text{He}$ (oder ${}^4_2\alpha$) dargestellt.
7. Ein *Gamma-Quant* (γ)ist ein Photon (Kapitel 8); es hat eine Massenzahl und eine Ladung von Null und wird daher als ${}^0_0\gamma$ formuliert.
8. In einer bilanzierten Gleichung muß die Summe der geschriebenen oder implizierten Indices (Ladungszahlen) auf beiden Seiten der Gleichung übereinstimmen. Dasselbe gilt für die Summen der formulierten oder implizierten Superscripte (Massenzahlen), die ebenfalls auf beiden Seiten der Gleichung übereinstimmen müssen. Daher lautet die Gleichung für den ersten Schritt des radioaktiven Zerfalls von ${}^{226}\text{Ra}$:

$${}^{226}_{88}\text{Ra} \rightarrow {}^{222}_{86}\text{Rn} + {}^4_2\text{He}$$

Viele Kernprozesse können durch eine Kurzschreibweise dargestellt werden, bei der ein leichtes Beschußteilchen und ein leichtes Produktteilchen in Klammern zwischen den Symbolen des ursprünglichen Zielkerns und des Produktkerns stehen. Die Symbole n, p, d, α, β^-, β^+ und γ werden zur Darstellung von Neutron, Proton, Deuteron (${}^2_1\text{H}$), Alpha-Teilchen, Elektron, Positron und Gamma-Quanten verwendet. Die Ordnungszahlen werden üblicherweise weggelassen, weil das Symbol eines jeden Elements seine Ordnungszahl impliziert. Nachfolgend sind einige Beispiele für die jeweilige Lang- und Kurzschreibweise mehrerer Reaktionen aufgeführt:

$${}^{14}_{7}\text{N} + {}^1_1\text{H} \rightarrow {}^{11}_{6}\text{C} + {}^4_2\text{He} \qquad {}^{14}\text{N}(p,\ \alpha)^{11}\text{C}$$

$${}^{27}_{13}\text{Al} + {}^1_0\text{n} \rightarrow {}^{27}_{12}\text{Mg} + {}^1_1\text{H} \qquad {}^{27}\text{Al}(n,\ p)^{27}\text{Mg}$$

$${}^{55}_{25}\text{Mn} + {}^2_1\text{H} \rightarrow {}^{55}_{26}\text{Fe} + 2{}^1_0\text{n} \qquad {}^{55}\text{Mn}(d,\ 2n)^{55}\text{Fe}$$

Genau wie eine normale *chemische* Gleichung eine Kurzversion der vollständigen thermochemischen Gleichung ist, die sowohl die Energie- als auch die Massenbilanz enthält, so ist jede Kerngleichung mit einem explizit ausgeschriebenen oder implizierten Term verbunden, der die Energiebilanz ausdrückt. Das Symbol Q wird üblicherweise zur Kennzeichnung der *freigesetzten* Gesamtenergie verwendet, wenn alle Reaktant- und Produktteilchen der Materie eine Geschwindigkeit von Null besitzen. Q ist das Energieäquivalent zum Massenverlust, der die Reaktion begleitet, und wird normalerweise in MeV ausgedrückt.

RADIOCHEMIE

Spezielle Eigenschaften radioaktiver Nuklide machen diese zu nützlichen Markern für die Verfolgung komplexer Vorgänge. Die *Radiochemie* ist jener Zweig der Chemie, der die Anwendung der Radioaktivität auf chemische Problemstellungen und die chemische Umwandlung radioaktiver Substanzen beinhaltet.

Ein radioaktives Nuklid wandelt sich durch einen der folgenden Vorgänge, der jeweils mit einer Erniedrigung der Gesamtmasse verbunden ist, spontan in ein anderes Nuklid um.

1. *Alpha-Zerfall*: Ein α-Teilchen wird emittiert, und der Tochterkern hat eine um zwei Einheiten niedrigere Ordnungszahl Z sowie eine um vier Einheiten niedrigere Massenzahl A als der Mutterkern. Daher gilt:
$$^{226}_{88}\mathrm{Ra} \rightarrow {}^{222}_{86}\mathrm{Rn} + {}^{4}_{2}\alpha$$
2. β^-*-Zerfall*: Ein Elektron wird emittiert, und der Tochterkern hat einen um eine Einheit größeren Z-Wert als der Mutterkern, während sich A nicht ändert. Daher gilt:
$$^{31}_{14}\mathrm{Si} \rightarrow {}^{31}_{15}\mathrm{P} + {}^{0}_{-1}\beta$$
3. β^+*–Zerfall*: Ein Positron wird emittiert, und der Tochterkern hat einen um eine Einheit niedrigeren Z-Wert als der Mutterkern, während sich A nicht ändert. Daher gilt:
$$^{20}_{41}\mathrm{Sc} \rightarrow {}^{20}_{40}\mathrm{Ca} + {}^{0}_{+1}\beta$$
Das emittierte Positron ist in der Gegenwart von Elektronen instabil und wird normalerweise durch die folgende Paarvernichtungsreaktion verbraucht, nachdem es durch Stöße abgebremst wurde:
$${}^{0}_{+1}\beta + {}^{0}_{-1}\beta \rightarrow {}^{0}_{0}\gamma + {}^{0}_{0}\gamma$$
4. *K-Elektronen Einfang*: Durch den Einfang eines Elektrons aus seiner eigenen Elektronenschale kann ein Kern seinen Z-Wert um eine Einheit verringern, ohne daß sich A ändert. Daher gilt:
$${}^{7}_{4}\mathrm{Be} + {}^{0}_{-1}e\,(\mathrm{K\text{-}Einfang}) \rightarrow {}^{7}_{3}\mathrm{Li}$$

Ein radioaktiver Kern zerfällt in einer Reaktion erster Ordnung, so daß (*20-1*), (*20-2*) und (*20-3*) gelten. Die Stabilität eines Kerns gegenüber dem spontanen Zerfall kann durch dessen Geschwindigkeitskonstante erster Ordnung k oder seine Halbwertszeit $t_{1/2}$ angegeben werden.

Radioaktivität wird durch Beobachtung der direkt oder indirekt als Ergebnis des Zerfallsprozesses entstehenden hochenergetischen Teilchen gemessen. Eine bequeme Einheit zur Angabe der Radioaktivität ist das *Curie*, das folgendermaßen definiert ist:

$$1\ \mathrm{Ci} = 3{,}700\,0 \cdot 10^{10}\ \text{Zerfälle pro Sekunde}$$

Die in Curie ausgedrückte Aktivität einer Probe hängt sowohl von der Anzahl der Atome des Radionuklids (d.h. von der Masse der Probe) als auch von der Halbwertszeit (oder der Geschwindigkeitskonstante des Zerfalls) ab (s. Aufgabe 21.14.). Die abgeleiteten Einheiten Millicurie (mCi) und Mikrocurie (μCi) sind ebenfalls gebräuchlich.

Aufgaben und Lösungen

21.1. Wieviele Protonen, Neutronen und Elektronen gibt es in jedem der folgenden Atome: (*a*) ^{3}He; (*b*) ^{12}C; (*c*) ^{206}Pb?

(*a*) Aus der Tabelle der Atommassen (Seiten -) oder der Periodentafel erkennen wir, daß die Ordnungszahl von He 2 ist, daher muß der Kern 2 Protonen enthalten. Da die Massenzahl dieses Isotops 3 beträgt, ist die Summe der Protonen- und Neutronenzahl 3, deswegen gibt es 1 Neutron. Die Anzahl der Elektronen in dem Atom ist gleich der Ordnungszahl, nämlich 2.

(*b*) Die Ordnungszahl von Kohlenstoff ist 6; daher muß der Kern 6 Protonen enthalten. Die Anzahl der Neutronen beträgt 12 – 6 = 6. Die Anzahl von Elektronen entpricht der Ordnungszahl, nämlich 6.

(*c*) Die Ordnungszahl von Blei ist 82, daher gibt es im Kern 82 Protonen. Die Anzahl von Neutronen ist 206 – 82 = 124. Es gibt 82 Elektronen.

21.2. Vervollständigen Sie die folgenden Kerngleichungen:

(*a*) $^{14}_{7}N + ^{4}_{2}He \rightarrow ^{17}_{8}O + ...$	(*d*) $^{30}_{15}P \rightarrow ^{30}_{14}S + ...$
(*b*) $^{9}_{4}Be + ^{4}_{2}He \rightarrow ^{12}_{6}C + ...$	(*e*) $^{3}_{1}H \rightarrow ^{3}_{2}He + ...$
(*c*) $^{9}_{4}Be(p,\ a)...$	(*f*) $^{43}_{20}Ca(\alpha, ...)^{46}_{21}Sc$

(*a*) Die Summe der Indices auf der linken Seite beträgt 7 + 2 = 9. Der Index des ersten Produktes auf der rechten Seite ist 8. Daher muß das zweite Produkt auf der rechten Seite den Index (Kernladung) 1 haben.

Die Summe der Superscripts auf der linken Seite beträgt 14 + 4 = 18. Der Superscript des ersten Produktes auf der rechten Seite ist 17. Daher muß das zweite Produkt auf der rechten Seite ein Superscript (Kernladung) von 1 haben. Das Teilchen mit einer Kernladung und Massenzahl von 1 ist das Proton $^{1}_{1}H$.

(*b*) Die Kernladung des zweiten Produktteilchens (sein Index) beträgt (4 + 2) – 6 = 0. Die Massenzahl des Teilchens (sein Superscript) beträgt (9 + 4) – 12 = 1. Daher muß das Teilchen ein Neutron $^{1}_{0}n$ sein.

(*c*) Die Reaktanten $^{9}_{4}Be$ und $^{1}_{1}H$ haben eine Gesamt-Kernladung von 5 und eine Massenzahl von 10. Zusätzlich zum α-Teilchen wird ein Produkt der Ladung 5 – 2 = 3 und der Massenzahl 10 – 4 = 6 gebildet. Das ist $^{6}_{3}Li$, da Lithium das Element mit der Ordnungszahl 3 ist.

(*d*) Die Kernladung des zweiten Teilchens ist 15 – 14 = +1. Die Massenzahl beträgt 30 – 30 = 0. Daher muß das Teilchen ein Positron $^{0}_{+1}e$ sein.

(*e*) Die Kernladung des zweiten Teilchens beträgt 1 – 2 = –1. Seine Massenzahl ist 3 – 3 = 0. Daher muß das Teilchen ein Elektron $^{0}_{-1}e$ sein.

(*f*) Die Reaktanten $^{43}_{20}Ca$ und $^{4}_{2}He$ haben eine Gesamtkernladung von 22 und eine Massenzahl von 47. Das abgegebene Produkt wird eine Ladung von 22 – 21 = 1 und eine Massenzahl von 47 – 46 = 1 haben. Dies ist ein Proton und sollte in den Klammern als *p* formuliert werden.

21.3. Wie groß ist die Gesamt-Bindungsenergie von ^{12}C und wie groß ist die mittlere Bindungsenergie pro Nukleon?

Obwohl sich die "Bindungsenergie" auf den Kern bezieht, ist es bequemer, bei Berechnungen die Masse des gesamten Atoms (Nuklids) zu verwenden, da diese Massen in Tabellen angegeben sind. Wenn *M*(*X*) die Atommasse des Nuklids X ist, gilt:

$$M(\text{Kern}) = M(X) - ZM(e^-) \qquad (1)$$

Der Kern von X besteht aus *Z* Protonen und *A* – *Z* Neutronen. Daher ist seine Bindungsenergie BE gegeben durch:

$$\text{BE} = \{ZM(p) + (A - Z)M(n)\} - M(\text{Kern}) \qquad (2)$$

Anwendung von (*1*) auf den Kern von X und auf das Proton, das ein $^{1}_{1}H$-Kern ist, und Substitution in (2) liefert:

$$\begin{aligned} \text{BE} &= \left\{Z\left[M\left(^{1}_{1}H\right) - M\left(e^-\right)\right] + (A - Z)M(n)\right\} - \left\{m(X) - ZM\left(e^-\right)\right\} \\ &= \left\{ZM\left(^{1}_{1}H\right) + (A - Z)M(n)\right\} - M(X) \end{aligned}$$

Mit anderen Worten können bei der Berechnung der Bindungsenergie Nuklearmassen durch Atom- (Nuklid-) Massen ersetzt werden. Tatsächlich können für Massendifferenzrechnungen bei allen Arten von Kernreaktionen, die in diesem Kapitel diskutiert werden, Gesamtatommassen verwendet werden, außer bei β^+-Prozessen, bei denen es zur Annihilierung zweier Elektronenmassen (ein β^+ und ein β^-) kommt.

Die für ^{12}C nötigen Daten können aus den Tabellen 2-1 und 21-1 erhalten werden.

Masse von 6 ^{1}H-Atomen = 6 · 1,007 83	= 6,046 98
Masse von 6 Neutronen = 6 · 1,008 66	= 6,051 96
Gesamtmasse enthaltener Teilchen	= 12,098 94
Masse von ^{12}C	= 12,000 00
Massenverlust bei Bildung von ^{12}C	= 0,098 94 u
Bindungsenergie = (931,5 MeV)(0,098 94)	= 92,1 MeV

Da es 12 Nukleonen (Protonen und Neutronen) gibt, beträgt die mittlere Bindungsenergie pro Nukleon (92,1 MeV)/12 oder 7,68 MeV.

21.4. Berechnen Sie Q für die Reaktion ^{7}Li(p, n)^{7}Be.

Die Massenänderung bei der Reaktion muß berechnet werden:

Reaktanten		Produkte	
$^7_3$Li	7,016 00	^1_0n	1,008 66
$^1_1$H	1,007 83	$^7_4$Be	7,016 93
	8,023 83		8,025 59

Anstieg der Masse = 8,025 59 – 8,023 83 = 0,001 76 u

Eine entsprechende Gesamtmenge an Energie muß aufgenommen werden, und die ist gleich (931,5)(0,001 76) MeV oder 1,64 MeV. Daher ist Q = –1,64 MeV. Diese Energie wird als kinetische Energie vom Beschußproton zur Verfügung gestellt und ist ein *Teil* der nötigen Beschleunigung des Protons, die vom Teilchenbeschleuniger geliefert werden muß.

21.5. Der Q-Wert für die Reaktion ^{3}He(n, p) beträgt 0,76 MeV. Wie groß ist die Nuklidmasse von ^{3}He?

Die Reaktion ist:

$$^3_2\text{He}+^1_0\text{n}\rightarrow^1_1\text{H}+^3_1\text{H}$$

Der Massenverlust muß 0,76/931,5 = 0,000 82 u sein.
Die Massenbilanz kann auf Grundlage ganzer Atome berechnet werden:

Reaktanten		Produkte	
^{3}He	x	^{1}H	1,007 83
n	1,008 66	^{3}H	3,016 05
	x + 1,008 66		4,023 88

Dann ist (x + 1,008 66) – 4,023 88 = 0,000 82 oder x = 3,016 04 u.

21.6. Berechnen Sie die maximale kinetische Energie des beim radioaktiven Zerfall von ^{6}He emittierten β^-. Nehmen Sie an, daß das β^- seine maximale Energie besitzt, wenn der Vorgang durch keine andere Emission begleitet wird.

Der angesprochene Vorgang ist:

$$^6_2\text{H}\rightarrow^6_3\text{Li}+^0_{-1}\beta$$

Bei der Berechnung der Massenänderung während dieser Reaktion müssen nur die Gesamt-Atommassen von ^{6}He und ^{6}Li berücksichtigt werden, da man bei Addition zweier Elektronen auf jeder Seite der obigen (Kern) Reaktion genug für ein ganzes Helium-Atom links und ein ganzes Lithium-Atom rechts zur Verfügung hat.

Masse von ^{6}He = 6,018 89
Masse von ^{6}Li = 6,015 12
Massenverlust = 0,003 77 u

Energieäquivalent = (931,5)(0,003 77) MeV = 3,51 MeV

Die maximale kinetische Energie des β^--Teilchens beträgt 3,51 MeV.

21.7. ^{13}N zerfällt unter β^+-Emission. Die maximale kinetische Energie des β^+ beträgt 1,20 MeV. Wie groß ist die Nuklidmasse von ^{13}N?

Die Reaktion lautet:

$$^{13}_{7}N \rightarrow ^{13}_{6}C + ^{0}_{+1}\beta$$

Dies ist die in Aufgabe 21.3. angesprochene Art von Vorgang, bei der eine einfache Differenz von Gesamt-Atommassen nicht die gewünschte Größe darstellt.

$$\begin{aligned}\text{Massenunterschied} &= [M(\text{Kern) von } ^{13}N] - [M(\text{Kern) von } ^{13}C] - M(e)\\ &= [M(^{13}N) - 7M(e)] - [M(^{13}C) - 6M(e)] - M(e)\\ &= M(^{13}N) - M(^{13}C) - 2M(e) = M(^{13}N) - 13{,}003\,35 - 2(0{,}000\,55)\\ &= M(^{13}N) - 13{,}004\,45\end{aligned}$$

Dieser Ausdruck muß dem Massenäquivalent der maximalen kinetischen Energie des β^+ entsprechen.

$$\frac{1{,}20\ \text{MeV}}{931{,}5\ \text{MeV/u}} = 0{,}00129\ \text{u}$$

Dann gilt:

$$0{,}001\,29 = M(^{13}N) - 13{,}004\,45 \quad \text{oder} \quad M(^{13}N) = 13{,}005\,74\ \text{u}$$

21.8. Betrachten Sie die beiden Nuklide der Massenzahl 7 ^7Li und ^7Be. Welches der beiden ist stabiler? Wie zerfällt das instabile Nuklid in das stabile?

Tabelle 2-1 zeigt, daß ^7Be eine größere Masse als ^7Li aufweist. Daher kann ^7_4Be spontan in ^7_3Li zerfallen, umgekehrt ist dies nicht möglich. Es gibt zwei Zerfallsarten, bei denen Z um eine Einheit verringert wird, während sich die Massenzahl A nicht ändert: β^+-Emission und K-Einfang. Diese beiden Vorgänge stellen unterschiedliche Anforderungen an die Massenbilanz.
Nehmen Sie an, daß der Vorgang die β^+-Emission ist:

$$^{7}_{4}Be \rightarrow ^{0}_{+1}\beta + ^{7}_{3}Li$$

Es wurde in Aufgabe 21.7. gezeigt (dritte Zeile der Gleichung für die Massendifferenz), daß eine Positronenemission nur stattfinden kann (d.h., Q ist positiv und die Reaktion spontan), wenn die *Nuklidmasse* des Mutterkerns die *Nuklidmasse* des Tochterkerns um mindestens das doppelte der Ruhemasse des Elektrons 2(0,000 55) = 0,001 10 u übersteigt. Im vorliegenden Fall beträgt der tatsächliche Massenunterschied zwischen Mutter- und Tochternuklid 7,016 93 – 7,016 00 = 0,000 93 u. Wir sehen daher, daß in diesem Fall die Positronenemission unmöglich ist. Nach dem Ausschlußprinzip erkennen wir, daß ^7Be durch K-Einfang zerfällt.

Beachten Sie, daß wir nur vorhergesagt haben, daß ^7Be durch K-Einfang in ^7Li zerfallen *sollte*. Wir haben nichts über die Geschwindigkeit eines solchen Vorgangs ausgesagt. *Messungen* zeigen für diesen Vorgang eine Halbwertszeit von 53 Tagen.

21.9. Eine isotopische Spezies von Lithiumhydrid ($^6Li^2H$) ist auf der Grundlage folgender Reaktion ein potentieller Kernbrennstoff:

$$^{6}_{3}Li + ^{2}_{1}H \rightarrow 2\,^{4}_{2}He$$

Berechnen Sie die erwartete Energieproduktion in Megawatt, die mit dem Verbrauch von 1,00 g von $^6Li^2H$ pro Tag verbunden ist. Nehmen Sie bei diesem Vorgang eine Effizienz von 100 Prozent an.

Zunächst wird die Massenänderung für die Reaktion berechnet:

$$\begin{aligned}\text{Masse von } ^{6}_{3}Li &= 6{,}015\,12\\ \text{Masse von } ^{2}_{1}H &= \underline{2{,}014\,10}\\ \text{Gesamtmasse der Reaktanten} &= 8{,}029\,22\\ \text{Gesamtmasse der Produkte} = 2(4{,}002\,60) &= \underline{8{,}005\,20}\\ \text{Massenverlust} &= 0{,}024\,02\ \text{u}\end{aligned}$$

$$\text{Energie pro atomarem Ereignis} = (0{,}024\,02\text{ u})\,(931{,}5 \cdot 10^6\text{ eV/u})\,(1{,}602\,2 \cdot 10^{-19}\text{ J/eV})$$
$$= 3{,}584 \cdot 10^{-12}\text{ J}$$
$$\text{Energie pro mol LiH} = (3{,}854 \cdot 10^{-12}\text{ J})\,(6{,}02 \cdot 10^{23}\text{ mol}^{-1}) = 2{,}16 \cdot 10^{12}\text{ J/mol}$$
$$\text{Energieproduktion} = \frac{\left[(2{,}16 \cdot 10^{12}\text{ J/mol})/(8{,}03\text{ g/mol})\right](1{,}00\text{ g/d})}{(24\text{ h/d})(3{,}6 \cdot 10^3\text{s/h})}$$
$$= 3{,}11 \cdot 106\text{ W} = 3{,}11\text{ MW}$$

21.10. Man fand, daß in 366 min. 90 Prozent von ^{18}F radioaktiv zerfallen. Wie groß ist die aus dieser Beobachtung berechnete Halbwertszeit?

Die Geschwindigkeitskonstante für den Zerfall kann nach (*20-2*) berechnet werden. 90 Prozent Zerfall entsprechen 10 Prozent oder 0,10 noch vorhandenem Material. Bei der Behandlung des radioaktiven Zerfalls wird statt seiner Konzentration die Gesamtpopulation des radioaktiven Elements verwendet. (Erinnern Sie sich, daß bei Reaktionen erster Ordnung die Geschwindigkeitskonstante und damit auch die Halbwertszeit unabhängig von den Konzentrationseinheiten ist.) Setzen Sie daher statt des Konzentrationsverhältnisses $[A]/[A]_0$ das Verhältnis der Atomzahlen, der Anzahl Mole oder der Massen N/N_0 des radioaktiven Elements ein. Die im Labor verwendeten Massen radioaktiver Elemente sind enorm klein, eine typische Probe kann nur durch ihre Aktivität gemessen werden. Da die entsprechenden Aktivitäten proportional zur Population sind, kann das beobachtete Aktivitätsverhältnis A/A_0 statt dem Zahlenverhältnis N/N_0 verwendet werden.

$$k = -\frac{2{,}303 \log \dfrac{N}{N_0}}{t} = -\frac{2{,}303 \log 0.10}{366\ \text{min}} = 6{,}29 \cdot 10^{-3}\ \text{min}^{-1}$$

Damit kann die Halbwertszeit aus (*20-3*) berechnet werden:

$$t_{1/2} = \frac{0{,}693}{k} = \frac{0{,}693}{6{,}29 \cdot 10^{-3}\ \text{min}^{-1}} = 110\ \ \text{min}$$

21.11. Schätzen Sie das Alter einer ägyptischen Mumie ab, von der ein Stück der Leinenhülle analysiert wurde, die eine ^{14}C-Aktivität von 8,1 Impulsen (Zerfällen) pro Minute und Gramm Kohlenstoff hatte.

Die Halbwertszeit von ^{14}C beträgt 5 730 Jahre. Man nimmt allgemein an, daß wenigstens während der letzten 30 000 Jahre der ^{14}C-Gehalt des atmosphärischen Kohlenstoffes (als CO_2) im wesentlichen konstant geblieben ist. Lebende Pflanzen, die ihren Kohlenstoff durch Photosynthese aus der Luft beziehen, hatten daher während dieser Zeit eine konstante Aktivität, deren Wert zu 15,3 Impulsen pro Minute und Gramm Kohlenstoff bestimmt wurde.

Nachdem der Flachs geerntet und zu Leinen verarbeitet war, fand keine Absorption von ^{14}C aus der Atmosphäre mehr statt, und die Aktivität nahm ab. Verwenden Sie (*20-3*) zur Berechnung von k und danach (*20-2*) zur Bestimmung der Zeit t, die nötig war, um die Aktivität auf den gegenwärtigen Wert abfallen zu lassen.

$$k = \frac{0{,}693}{t_{1/2}} = \frac{0{,}693}{5\ \ 730a} = 1{,}209 \cdot 10^{-4} a^{-1}$$

$$t = \frac{-2{,}303}{k} \log\left(\frac{A}{A_0}\right) = \frac{-2{,}303}{1{,}209 \cdot 10^{-14} a^{-1}} \log\left(\frac{8{,}1}{15{,}3}\right) = \frac{(-2{,}303)(-0{,}276)}{1{,}209 \cdot 10^{-4} a^{-1}} = 5\ \ 260a$$

21.12. Eine Probe von Uraninit, einem uranhaltigen Mineral, enthielt nach Analyse 0,214 g Blei für jedes Gramm Uran. Schätzen Sie die Zeit ab, zu der das Mineral in der Erdkruste gebildet wurde, wenn Sie annehmen, daß das Blei vollständig aus dem radioaktiven Zerfall des Urans seit der geologischen Bildung des Uraninits stammt, und daß alle Isotope außer ^{238}U vernachlässigt werden können. Die Halbwertszeit von ^{238}U beträgt $4{,}5 \cdot 10^9$ Jahre.

Der radioaktive Zerfall von ^{238}U führt nach 14 Schritten zu dem stabilen Bleiisotop ^{206}Pb. Der erste dieser Schritte, der α-Zerfall von ^{238}U mit einer Halbwertszeit von 4,5 · 10^9 Jahren ist mehr als 10^4 mal langsamer (gemessen an der Halbwertszeit) als jeder der nachfolgenden Schritte. Daher ist die für den ersten Schritt nötige Zeit praktisch identisch mit der Zeit, die für die gesamte 14-stufige Sequenz nötig ist.

In einer Probe, die 1 g U enthält, gibt es:

$$\frac{0,214 \text{ g } Pb}{206 \text{ g/mol}} = 1,04 \cdot 10^{-3} \text{ mol Pb}$$

und

$$\frac{1,000 \text{ g U}}{238 \text{ g/mol}} = 4,20 \cdot 10^{-3} \text{ mol U}$$

Wenn jedes Bleiatom in dem heutigen Mineral aus dem Zerfall eines Uranatoms stammt, daß zur Zeit der Bildung des Minerals existiert hatte, wäre die ursprünglich in der Probe vorhandene Anzahl Mol Uran gewesen:

$$(1,04 + 4,20) \cdot 10^{-3} = 5,24 \cdot 10^{-3}$$

Damit ist der verbleibende Bruchteil:

$$\frac{N}{N_0} = \frac{4,20 \cdot 10^{-3}}{5,24 \cdot 10^{-3}} = 0,802$$

Sei t die seit der Bildung des Minerals in der Erdkruste bis heute vergangene Zeit. Damit erhalten wir:

$$k = \frac{0,693}{t_{1/2}} = \frac{0,693}{4,5 \cdot 10^9 a} = 1,54 \cdot 10^{-10} a^{-1}$$

$$t = \frac{2,303 \log \frac{N}{N_0}}{k} = -\frac{-2,303 \log 0.802}{1,54 \cdot 10^{-10} a^{-1}} = 1,4 \cdot 10^9 a$$

21.13. Eine Probe von $^{14}CO_2$ sollte für ein biologisches Markierungsexperiment mit normalem CO_2 gemischt werden. Wieviele Mikrocurie radioaktiven Kohlenstoffs sind nötig, um 60 l des verdünnten Gases herzustellen, so daß 10 cm³ (S.T.D.) dieses Gases 10^4 Zerfälle pro Minute aufweisen?

$$\text{Gesamtaktivität} = \frac{10^4 \text{ Zerf/min}}{10 \text{ cm}^3} \cdot \frac{(60 \text{ l})(10^3 \text{ cm}^3/\text{l})}{60 \text{ s/min}}$$

$$= \left(10^6 \text{ Zerf/s}\right)\left(\frac{1 \text{ Ci}}{3,7 \cdot 10^{10} \text{ Zerf/s}}\right)\left(\frac{10^6 \mu\text{Ci}}{1 \text{ Ci}}\right) = 27 \mu\text{Ci}$$

Um die nötige *Masse* an ^{14}C zur Bereitstellung von 27µCi zu erhalten, würde man die Methode aus Aufgabe 21.14. anwenden.

21.14. Die Halbwertszeit von ^{40}K beträgt 1,25 · 10^9 Jahre. Welche Masse dieses Nuklids besitzt eine Aktivität von 1 µCi?

Lassen Sie uns zunächst die Geschwindigkeitskonstante berechnen und diese in s^{-1} ausdrücken:

$$k = \frac{0,693}{t_{1/2}} = \frac{0,693}{\left(1,25 \cdot 10^9 a\right)(365 \text{ d}/a)(24 \text{ h/d})\left(3,6 \cdot 10^3 \text{s/h}\right)} = 1,76 \cdot 10^{-17} \text{s}^{-1}$$

Die Zerfallsgeschwindigkeit stellt einen Momentanwert dar, der unter der Bedingung der exakten Konstanz der Konzentration (d.h. Population) der ^{40}K-Atome gemessen wurde. Die Form der Geschwindigkeitsgleichung ist die in Kapitel 20 verwendete, wobei der numerische Wert der Geschwindigkeit aus der Definition des Curie bestimmt wurde.

$$\text{Geschwindigkeit} = -\frac{\Delta N}{\Delta t} = kN = \left(3,70 \cdot 10^{10}\,\text{Zerf.} \cdot \text{s}^{-1} \cdot \text{Ci}^{-1}\right)\left(10^{-6}\,\text{Ci} \cdot \mu\text{Ci}^{-1}\right)$$

$$= 3,70 \cdot 104\ \text{Zerf.} \cdot \text{s}^{-1} \cdot \mu\text{Ci}^{-1}$$

$$N = \frac{\text{Geschwindigkeit}}{k} = \frac{3,70 \cdot \text{Atome} \cdot \text{s}^{-1} \cdot \mu\text{Ci}^{-1}}{1,76 \cdot 10^{-17}\,\text{s}^{-1}} = 2,10 \cdot 10^{21}\,\text{Atome} \cdot \mu\text{Ci}^{-1}$$

Die entsprechende Masse ist:

$$\frac{\left(2,10 \cdot 10^{21}\,\text{Atome} \cdot \mu\text{Ci}^{-1}\right)\left(40\ \text{g}\ {}^{40}\text{K/mol}\right)}{6,02 \cdot 10^{23}\,\text{Atome/mol}} 0,140\ g\ {}^{40}\text{K} / \mu\text{Ci}$$

21.15. ^{227}Ac hat bezüglich des radioaktiven Zerfalls eine Halbwertszeit von 21,8 Jahren. Der Zerfall folgt zwei parallelen Pfaden, von denen der eine zu ^{227}Th und der andere zu ^{223}Fr führt. Die prozentualen Ausbeuten dieser Tochternuklide betragen 1,4 bzw. 98,6 Prozent. Wie groß ist die Geschwindigkeitskonstante in a^{-1} für jeden der beiden Pfade?

Die Geschwindigkeitskonstante für den Zerfall von Ac (k_{Ac}) kann aus der Halbwertszeit berechnet werden:

$$k_{Ac} = \frac{0,693}{t_{1/2}} = \frac{0,693}{21,8\ a} = 3,18 \cdot 10^{-2}\,a^{-1}$$

Die Gesamt-Geschwindigkeitskonstante für einen Satz paralleler Reaktionen erster Ordnung muß gleich der Summe der einzelnen Geschwindigkeitskonstanten sein:

$$k_{Ac} = k_{Ac(Th)} + k_{Ac(Fr)}$$

Dann ist die anteilige Ausbeute jedes Prozesses gleich dem Verhältnis der Geschwindigkeitskonstante für diesen Prozeß zur Gesamt-Geschwindigkeitskonstante:

$$k_{Ac(Th)} = (\text{anteilige Ausbeute Th}) \cdot k_{Ac} = (0,014)(3,18 \cdot 10^{-2}\,a^{-1}) = 4,5 \cdot 10^{-4}\,a^{-1}$$
$$k_{Ac(Fr)} = (\text{anteilige Ausbeute Fr}) \cdot k_{Ac} = (0,986)(3,18 \cdot 10^{-2}\,a^{-1}) = 3,14 \cdot 10^{-2}\,a^{-1}$$

Zusatzaufgaben

21.16. Bestimmen Sie die Anzahl von (*a*) Kernprotonen; (*b*) Kernneutronen; (*c*) Elektronen in jedem der folgenden Atome: (1) ^{70}Ge; (2) ^{72}Ge; (3) ^{9}Be; (4) ^{235}U.
Lösung: (1): (*a*) 32; (*b*) 38; (*c*) 32 (3): (*a*) 4; (*b*) 5; (*c*) 4
(2): (*a*) 32; (*b*) 40; (*c*) 32 (4): (*a*) 92; (*b*) 143; (*c*) 92

21.17. Schreiben Sie die vollständigen Nuklidsymbole für natürliches Natrium, Phosphor und Iod. Jedes besitzt nur ein stabiles Isotop.
Lösung: $^{23}_{11}$Na, $^{31}_{15}$P, $^{127}_{53}$I

21.18. ^{238}U emittiert durch natürliche Radioaktivität ein α-Teilchen. Der zurückbleibende schwere Kern wird UX_1 genannt. UX_1 emittiert wiederum ein β^--Teilchen. Der nach diesem radioaktiven Prozeß zurückbleibende schwere Kern wird UX_2 genannt. Bestimmen Sie die Ordnungs- und Massenzahlen von (*a*) UX_1 und (*b*) UX_2.
Lösung: (*a*) 90, 234; (*b*) 91, 234

21.19. $^{239}_{93}$Np emittiert durch radioaktiven Zerfall ein β^--Teilchen. Der zurückbleibende schwere Kern ist ebenfalls radioaktiv und zerfällt zu ^{235}U. Welches kleine Teilchen wird gleichzeitig zur Bildung von ^{235}U emittiert?
Lösung: α-Teilchen

21.20. Vervollständigen Sie die folgenden Gleichungen:

(*a*) $^{23}_{11}\text{Na} + {}^{4}_{2}\text{He} \rightarrow {}^{26}_{12}\text{Mg} + ?$ (*c*) $^{106}\text{Ag} \rightarrow {}^{106}\text{Cd} + ?$

(*b*) $^{64}_{29}\text{Cu} \rightarrow {}^{0}_{+1}\beta + ?$ (*d*) $^{10}_{5}\text{B} + {}^{4}_{2}\text{He} \rightarrow {}^{13}_{7}\text{N} + ?$

Lösung: (*a*) $^{1}_{1}$H; (*b*) $^{64}_{28}$Ni; (*c*) $^{0}_{-1}\beta$; (*d*) $^{1}_{0}n$

21.21. Vervollständigen Sie die Notationen der folgenden Kernprozesse:

(*a*) ^{24}Mg (d, α)? (*c*) ^{40}Ar (α, p)? (*e*) ^{130}Te $(d, 2n)$? (*g*) ^{59}Co (n, α)?
(*b*) ^{26}Mg (d, p)? (*d*) ^{12}C (d, n)? (*f*) ^{55}Mn (n, γ)?

Lösung: (*a*) ^{22}Na; (*b*) ^{27}Mg; (*c*) ^{43}K; (*d*) ^{13}N; (*e*) ^{130}I; (*f*) ^{56}Mn; (*g*) ^{56}Mn

21.22. Welche chemische Natur hat das sich ergebende Element, wenn ein Nuklid eines Elements aus Gruppe I (Alkalimetalle) des Periodensystems unter Emission eines Positrons radioaktiv zerfällt?
Lösung: Edelgas (chemisch fast inert)

21.23. Ein Erdalkalimetall ist radioaktiv. Es zerfällt, genau wie seine Tochterelemente, durch Emission von 3 Alpha-Teilchen in Folge. In welcher Gruppe wird man das resultierende Element finden?
Lösung: Gruppe IV (C-Gruppe)

21.24. Ein Kernreaktor bezieht seine Energie aus der Neutronen-induzierten Spaltung, normalerweise von ^{235}U. Die Spaltung ist nicht symmetrisch und es ergeben sich verschiedene Produktpaare. Bestimmen Sie in den beiden unten genannten Beispielen das fehlende Spaltprodukt.

(*a*) $n + {}^{235}\text{U} \rightarrow 4n + {}^{139}\text{Cs} + \ldots$
(*b*) $n + {}^{235}\text{U} \rightarrow 5n + {}^{135}\text{I} + \ldots$

Lösung: (*a*) ^{93}Rb; (*b*) ^{96}Y

21.25. Beachten Sie bei allen Fällen in der vorherigen Aufgabe, daß die Massenzahl *A* der Spaltprodukte viel höher als die mittlere Atommasse der stabilen Elemente ist. Alle werden durch Beta- (Elektronen-) Emission zerfallen, um ein normaleres *A* zu *Z*-Verhältnis zu erreichen. Formulieren Sie die Zerfallsreaktionen für die vier oben erwähnten Spaltprodukte.
Lösung: $^{139}\text{Cs} \rightarrow \beta^- + {}^{139}\text{Ba}$
$^{93}\text{Rb} \rightarrow \beta^- + {}^{93}\text{Sr}$
$^{135}\text{I} \rightarrow \beta^- + {}^{135}\text{Xe}$
$^{96}\text{Y} \rightarrow \beta^- + {}^{96}\text{Zr}$

21.26. Welche anderen Teilchen und wie viele davon werden produziert, wenn ein Atom von ^{235}U nach Absorption eines langsamen Neutrons unter Bildung eines Atoms ^{139}Xe und eines Atoms ^{94}Sr gespalten wird?
Lösung: 3 Neutronen

21.27. Welches Nuklid ist in jedem der folgenden Paare das unstabilere und welche Art Zerfall könnte der unstabile Kern jeweils erfahren? (*a*) ^{16}C, ^{16}N; (*b*) ^{18}F, ^{18}Ne
Lösung: (*a*) ^{16}C, β^--Zerfall; (*b*) ^{18}Ne, sowohl β^+-Zerfall als auch *K*-Elektronen-Einfang sind nach den gegebenen Daten möglich

21.28. Einer der stabilsten Kerne ist ^{55}Mn. Seine Nuklidmasse beträgt 54,938 u. Bestimmen Sie seine Gesamt-Bindungsenergie und die mittlere Bindungsenergie pro Nukleon.
Lösung: 483 MeV, 8,78 MeV pro Nukleon

21.29. Wieviel Energie wird bei jeder der folgenden Fusionsreaktionen frei?

(*a*) ${}^1_1\text{H} + {}^7_3\text{Li} \rightarrow 2\,{}^4_2\text{He}$ (*b*) ${}^3_1\text{H} + {}^2_1\text{H} \rightarrow {}^4_2\text{He} + {}^1_0n$

Lösung: (*a*) 17,4 MeV; (*b*) 17,6 MeV

21.30. Wie groß ist die Geschwindigkeit der beiden Alpha-Teilchen, wenn die in Reaktion (*a*) der vorigen Aufgabe freigesetzte Energie gleichmäßig zwischen ihnen aufgeteilt wird?
Lösung: $2{,}0 \cdot 10^7$ m/s (ohne relativistische Korrektur)

21.31. Es wird angenommen, daß ^{14}C in der oberen Atmosphäre durch einen (n, p)-Prozeß aus ^{14}N entsteht. Wie groß ist *Q* für diese Reaktion?
Lösung: 0,62 MeV

21.32. Bei der Reaktion $^{32}S(n, \gamma)^{33}S$ mit langsamen Neutronen entsteht das γ-Quant mit einer Energie von 8,65 MeV. Wie groß ist die Nuklidmasse von ^{33}S?

Lösung: 32,971 46 u

21.33. Wie groß ist die Energie in MeV jedes γ-Quants, wenn sich ein β^+- und ein β^--Teilchen gegenseitig auslöschen und ihre Ruhemassen in zwei γ-Quanten gleicher Energie umgewandelt werden?

Lösung: 0,51 MeV

21.34. ΔE für die Verbrennung eines Mols Ethylen in Sauerstoff beträgt $-1{,}4 \cdot 10^3$ kJ. Wie groß wäre der Massenverlust (ausgedrückt in u), der die Oxidation eines Moleküls Ethylen begleitet?

Lösung: $1{,}6 \cdot 10^{-8}$ u (Dieser Wert ist, verglichen mit der Molekülmasse, so klein, daß die Massenänderung wie bei allen chemischen Reaktionen normalerweise nicht in Betracht gezogen wird.)

21.35. Man nimmt an, daß die Sonnenenergie aus einer Serie von Kernreaktionen stammt, deren Gesamtergebnis die Umwandlung von vier Wasserstoffatomen in ein Helium-Atom ist. Wieviel Energie wird bei der Bildung eines Heliumatoms freigesetzt? (Einschließlich der Annihilierungsenergie der bei den Kernreaktionen gebildeten beiden Positronen mit zwei Elektronen.)

Lösung: 26,8 MeV

21.36. Die Verwendung der Kernfusionsreaktion

$$2\,{}^2_1H \rightarrow {}^3_1H + {}^1_1H + \text{Energie}$$

wird zur industriellen Elektrizitätsproduktion vorgeschlagen. Wieviel Gramm Deuterium-Brennstoff werden pro Tag benötigt, wenn die Ausgangsleistung 50 MW betragen soll und die Energie der obigen Reaktion mit einer Effizienz von 30 Prozent genützt wird?

Lösung: 149 g/Tag

21.37. Ein reines radiochemisches Präparat zerfiel um 1:35 mit einer Geschwindigkeit von 4 280 Impulsen pro Minute. Um 16:55 desselben Tages betrug die Zerfallsgeschwindigkeit der Probe nur noch 1 070 Impulse pro Minute. Die Zerfallsgeschwindigkeit ist proportional zur Anzahl der radioaktiven Atome in der Probe. Wie groß ist die Halbwertszeit des Materials?

Lösung: 100 min.

21.38. Es wurde eine Atombatterie für Taschenuhren entwickelt, die die Beta-Teilchen von ^{147}Pm als primäre Energiequelle nutzt. Die Halbwertszeit von ^{147}Pm beträgt 2,62 Jahre. Wie lange würde es brauchen, bis die Geschwindigkeit der Beta-Emission in der Batterie auf 10 Prozent ihres Ausgangswertes gesunken ist?

Lösung: 8,7 Jahre

21.39. Ein Satz Kolbenringe, der 120 g wog, wurde in einem Kernreaktor mit Neutronen bestrahlt, wobei ein Teil des im Stahl vorhandenen Kobalts zu ^{60}Co umgewandelt wurde. Die Bestrahlung wurde fortgesetzt, bis die Gesamtaktivität von ^{60}Co 360 mCi betrug. Die Ringe wurden dann in einen Automotor eingesetzt, der 24 h unter Normalbedingungen betrieben wurde. Danach fand man 0,27 µCi der ^{60}Co-Aktivität im Ölfilter wieder. Berechnen Sie die Abnützungsgeschwindigkeit der Kolbenringe in mg/a, wenn Sie annehmen, daß sich das gesamte erodierte Metall im Ölfilter gesammelt hatte.

Lösung: 33 mg/a

21.40. Man nimmt an, daß eine Holzkohle-Probe, die aus einer Feuergrube in einer archäologischen Ausgrabung einer Felshöhle stammt, sich gebildet hatte, als frühe Bewohner der Höhle Holz zum Kochen verbrannten. Eine Probe von 100 mg reinem Kohlenstoff aus der Holzkohle hatte 1979 eine Zerfallsrate von 0,25 Impulsen pro Minute. In welchem Jahrtausend wuchs der Baum, von dem die archäologische Probe stammte? Verwenden Sie die Daten aus Aufgabe 21.11.

Lösung: vor 15 Jahrtausenden

21.41. Alle natürlich vorkommenden Rubidium-Erze enthalten ^{87}Sr, das durch den Beta-Zerfall von ^{87}Rb entsteht. In natürlich vorkommendem Rubidium sind 278 von 1 000 Rubidium-Atomen ^{87}Rb. Ein Mineral, das 0,85% Rubidium enthielt, wurde analysiert und enthielt 0,008 9% Strontium. Schätzen Sie das Alter des Minerals, wenn Sie annehmen, daß das gesamte Strontium aus dem radioaktiven Zerfall von ^{87}Rb stammt. ^{87}Rb hat eine Halbwertszeit von $4{,}9 \cdot 10^{10}$ Jahren.
Lösung: $2{,}6 \cdot 10^{9}$ Jahre

21.42. Man glaubte ursprünglich, daß Transuran-Elemente nicht in der Natur vorkommen, weil sie relativ kurze Halbwertszeiten besitzen. Dann wurde ^{244}Pu in einem natürlichen Erz entdeckt. Die Halbwertszeit von ^{244}Pu beträgt $8{,}08 \cdot 10^{7}$ Jahre. Welcher Bruchteil des ursprünglichen ^{244}Pu-Gehalts wäre noch vorhanden, wenn man annimmt, daß das Erz $5 \cdot 10^{9}$ Jahre alt ist, unter der Voraussetzung, daß dieses Element stabiler ist als jedes seiner radioaktiven Vorläufer und sich daher in dem Erz seit dessen Ablagerung nicht in signifikantem Ausmaß gebildet hat?
Lösung: 10^{-19}

21.43. Vor dem Einsatz von Nuklearwaffen betrug die spezifische Aktivität von ^{14}C in löslichen Carbonaten im Meer 16 Zerfälle pro Minute und Gramm Kohlenstoff. Die Kohlenstoffmenge in diesen Carbonaten wurde auf $4{,}5 \cdot 10^{16}$ kg geschätzt. Wieviele Megacurie ^{14}C enthielten die Carbonate im Meer?
Lösung: 320 MCi

21.44. Berechnen Sie die Massen benötigten reinen ^{14}C's, um eine Beta-Aktivität von 27 µCi zu erreichen. Ziehen Sie die Aufgaben 21.13. und 21.11. zu Rate.
Lösung: $6{,}1 \cdot 10^{-6}$ Gramm

21.45. Wie groß wäre die maximale Halbwertszeit, die ein Meßsystem an einer 1 g-Probe eines Nuklids mit einer Massenzahl um 200 bestimmen könnte, wenn die Detektionsgrenze für eine Probe von 1g bei 0,002 Zerfällen pro Sekunde liegt?
Lösung: $3 \cdot 10^{16}$ Jahre

21.46. Die Aktivität von 30 µg ^{247}Cm beträgt 2,8 nCi. Berechnen Sie die Geschwindigkeitskonstante des Zerfalls und die Halbwertszeit von ^{247}Cm.
Lösung: $1{,}42 \cdot 10^{-15}\ s^{-1}$, $1{,}55 \cdot 10^{7}$ Jahre

21.47. Wieviel Wärme würde pro Stunde von einer 1 Ci-Probe ^{14}C entwickelt werden, wenn die gesamte Energie des β^--Zerfalls eingefangen werden würde?
Lösung: 3 J/h

21.48. ^{32}P hat eine Halbwertszeit von 14,3 Tagen und emittiert ein energiereiches β^--Teilchen. Daher ist er nützlich für Stoffwechseluntersuchungen in Pflanzen und Tieren. Eine 0,10 µCi-Probe von ^{32}P in Form eines löslichen Phosphats wurde zu einem hydroponischen Bad gegeben, das eine junge Tomatenpflanze enthielt. Genau drei Wochen später wurde die gesamte Pflanze gespült, getrocknet und mazeriert. Ein 1/100-Aliquot wurde in einen Gesamtaktivitätszähler gebracht. Während einer Zeit von 1,00 min wurden durchschnittlich 625 Impulse registriert. Wie effizient hat die wachsende Tomatenpflanze den Phosphor genützt?
Lösung: mit einer Effizienz von 78%

21.49. Eine Chemikerin hatte eine Lösung verschiedener Natriumsalze vorliegen, von der sie den gesamten Natriumgehalt bestimmen wollte. Sie fügte eine HCl-Menge zu, von der sie glaubte, daß sie im Vergleich zum Natriumionen-Äquivalent einen Überschuß darstellte, und gab dann exakt 0,422 9 g reines NaCl zu, das eine Gesamtaktivität von ^{22}Na von 22 110 Impulsen/min hatte. (^{22}Na ist ein Positronen-Strahler mit einer Halbwertszeit von 2,6 Jahren.) Die Lösung wurde gründlich gemischt und dann eingedampft, bis NaCl-Kristalle erhalten wurden. Diese wurden abfiltriert und mehrfach umkristallisiert, bis man eine kleine Probe reinen NaCl's erhielt, das eine Aktivität von 483 Impulsen/min und Gramm aufwies. Wie groß war die Masse der Natrium-Ionen in der ursprünglichen Lösung?
Lösung: 17,8 g

Anhang A

Potenzen

A. In der folgenden Aufstellung sind einige Zehnerpotenzen angegeben:

$10^0 = 1$

$10^1 = 10$

$10^2 = 10 \cdot 10 = 100$

$10^3 = 10 \cdot 10 \cdot 10 = 1000$

$10^4 = 10 \cdot 10 \cdot 10 \cdot 10 = 10\,000$

$10^5 = 10 \cdot 10 \cdot 10 \cdot 10 \cdot 10 = 100\,000$

$10^6 = 10 \cdot 10 \cdot 10 \cdot 10 \cdot 10 \cdot 10 = 1\,000\,000$

$10^{-1} = \frac{1}{10} = 0{,}1$

$10^{-2} = \frac{1}{10^2} = \frac{1}{100} = 0{,}01$

$10^{-3} = \frac{1}{10^3} = \frac{1}{1000} = 0{,}001$

$10^{-4} = \frac{1}{10^4} = \frac{1}{10\,000} = 0{,}0001$

In dem Ausdruck 10^5 stellt 10 die *Basis* und 5 den *Exponenten* dar.

B. Bei der Multiplikation von Exponentialausdrücken werden die Exponenten mit gleicher Basis addiert:

(1) $a^3 \cdot a^5 = a^{3+5} = a^8$
(2) $10^2 \cdot 10^3 = 10^{2+3} = 10^5$
(3) $10 \cdot 10 = 10^{1+1} = 10^2$
(4) $10^7 \cdot 10^{-3} = 10^{7-3} = 10^4$
(5) $(4 \cdot 10^4)(2 \cdot 10^{-6}) = 8 + 10^{4-6} = 8 \cdot 10^{-2}$
(6) $(2 \cdot 10^5)(3 \cdot 10^{-2}) = 6 \cdot 10^{5-2} = 6 \cdot 10^3$

C. Bei der Division von Exponentialausdrücken werden die Exponenten mit gleicher Basis subtrahiert:

(1) $\frac{a^5}{a^3} = a^{5-3} = a^2$

(2) $\frac{10^2}{10^5} = 10^{2-5} = 10^{-3}$

(3) $\frac{8 \cdot 10^2}{2 \cdot 10^{-6}} = \frac{8}{2} \cdot 10^{2+6} = 4 \cdot 10^8$

(4) $\frac{5{,}6 \cdot 10^{-2}}{1{,}6 \cdot 10^4} = \frac{5{,}6}{1{,}6} \cdot 10^{-2-4} = 3{,}5 \cdot 10^{-6}$

D. Jede Zahl kann als ganzzahlige Potenz von 10 oder als Produkt zweier Zahlen ausgedrückt werden, von denen eine eine ganzzahlige Potenz von 10 ist (z.B. $300 = 3 \cdot 10^2$).

(1) $22\,400 = 2{,}24 \cdot 10^4$
(2) $7\,200\,000 = 7{,}2 \cdot 10^6$
(3) $454 = 4{,}54 \cdot 10^2$
(4) $0{,}454 = 4{,}54 \cdot 10^{-1}$
(5) $0{,}045\,4 = 4{,}54 \cdot 10^{-2}$
(6) $0{,}000\,6 = 6 \cdot 10^{-5}$
(7) $0{,}003\,06 = 3{,}06 \cdot 10^{-3}$
(8) $0{,}000\,000\,5 = 5 \cdot 10^{-7}$

Die Verschiebung des Dezimalpunkts um eine Stelle nach rechts ist äquivalent zur Multiplikation einer Zahl mit 10; die Verschiebung des Dezimalpunkts um zwei Stellen nach rechts ist äquivalent zur Multiplikation mit 100 und so weiter. Wann immer der Dezimalpunkt um n Stellen nach rechts verschoben wird, kann man dies durch gleichzeitige *Division* durch 10^n kompensieren, der Wert der Zahl bleibt dann unverändert. Daher ist:

$$0{,}032\,5 = \frac{3{,}25}{10^2} = 3{,}25 \cdot 10^{-2}$$

Die Verschiebung des Dezimalpunkts um eine Stelle nach links ist äquivalent zur Division durch 10. Wann immer der Dezimalpunkt um n Stellen nach links verschoben wird, kann man dies durch gleichzeitige *Multiplikation* mit 10^n kompensieren; der Wert der Zahl bleibt dann unverändert. Zum Beispiel gilt:

$$7\,296 = 72{,}96 \cdot 10^2 = 7{,}296 \cdot 10^3$$

E. Ein Ausdruck mit einem Exponenten von Null hat immer den Wert 1:

(1) $a^0 = 1$ **(2)** $10^0 = 1$ **(3)** $(3 \cdot 10)^0 = 1$ **(4)** $7 \cdot 10^0 = 7$ **(5)** $8{,}2 \cdot 10^0 = 8{,}2$

F. Man kann einen Faktor vom Zähler in den Nenner eines Bruches verschieben (oder umgekehrt), indem man das Vorzeichen des Exponenten ändert:

(1) $10^{-4} = \frac{1}{10^4}$ **(2)** $5 \cdot 10^{-3} = \frac{5}{10^3}$ **(3)** $\frac{7}{10^{-2}} = 7 \cdot 10^2$ **(4)** $-5a^{-2} = -\frac{5}{a^2}$

G. Die Bedeutung eines ungeradzahligen Exponenten wird durch die folgenden Beispiele verdeutlicht:

(1) $10^{2/3} = \sqrt[3]{10^2}$ **(2)** $10^{3/2} = \sqrt{10^3}$ **(3)** $10^{1/2} = \sqrt{10}$ **(4)** $4^{3/2} = \sqrt{4^3} = \sqrt{64} = 8$

H. **(1)** $(10^3)^2 = 10^{3 \cdot 2} = 10^6$ **(2)** $(10^{-2})^3 = 10^{-2 \cdot 3} = 10^{-6}$ **(3)** $(a^3)^{-2} = a^{-6}$

I. Um die Quadratwurzel einer Zehnerpotenz zu ziehen, müssen Sie den Exponenten durch 2 teilen. Wenn der Exponent ungerade ist, sollte er um 1 vergrößert oder verkleinert und der Koeffizient entsprechend korrigiert werden. Um die Kubikwurzel aus einer Zehnerpotenz zu ziehen, ändern Sie den Exponenten so, daß er durch 3 teilbar ist. Dann teilen Sie den Exponenten durch 3. Die Koeffizienten werden getrennt behandelt:

(1) $\sqrt{90\,000} = \sqrt{9 \cdot 10^4} = \sqrt{9} \cdot \sqrt{10^4} = 3 \cdot 10^2$ oder 300

(2) $\sqrt{3{,}6 \cdot 10^3} = \sqrt{3{,}6 \cdot 10^2} = \sqrt{36} \cdot \sqrt{10^2} = 6 \cdot 10^1$ oder 60

(3) $\sqrt{4{,}9 \cdot 10^{-5}} = \sqrt{49 \cdot 10^{-6}} = \sqrt{49} \cdot \sqrt{10^{-6}} = 7 \cdot 10^{-3}$ oder 0,007

(4) $\sqrt[3]{8 \cdot 10^9} = \sqrt[3]{8} \cdot \sqrt[3]{10^9} = 2 \cdot 10^3$ oder 2000

(5) $\sqrt[3]{1{,}25 \cdot 10^5} = \sqrt[3]{125 \cdot 10^3} = \sqrt[3]{125} \cdot \sqrt[3]{10^3} = 5 \cdot 10$ oder 50

J. Multiplikation und Division von Zahlen, die in Zehnerpotenzen angegeben sind:

(1) $8000 \cdot 2500 = (8 \cdot 10^3)(2{,}5 \cdot 10^3) = 20 \cdot 10^6 = 2 \cdot 10^7$ oder 20 000 000

(2) $\frac{48\,000\,000}{1200} = \frac{4{,}8 \cdot 10^6}{12 \cdot 10^2} 4 \cdot 10^{6-2} = 4 \cdot 10^4$ oder 40 000

(3) $\frac{0{,}0078}{120} = \frac{7{,}8 \cdot 10^{-3}}{1{,}2 \cdot 10^2} = 6{,}5 \cdot 10^{-5}$ oder 0,000 065

(4) $(4 \cdot 10^{-3})(5 \cdot 10^4)^2 = (4 \cdot 10^{-3})(5^2 \cdot 10^8) = 4 \cdot 5^2 \cdot 10^{-3+8} = 100 \cdot 10^5 = 1 \cdot 10^7$

(5) $$\frac{(6\,000\,000)(0{,}000\,04)^2}{(800)^2(0{,}000\,2)^3} = \frac{(6 \cdot 10^6)(4 \cdot 10^{-5})^4}{(8 \cdot 10^2)^2(2 \cdot 10^{-4})^3} = \frac{6 \cdot 4^4}{8^2 \cdot 2^3} \cdot \frac{10^6 \cdot 10^{-20}}{10^4 \cdot 10^{-12}}$$

$$= \frac{6 \cdot 256}{64 \cdot 8} \cdot \frac{10^{6-20}}{10^{4-12}} = 3 \cdot \frac{10^{-14}}{10^{-8}} = 3 \cdot 10^{-6}$$

(6) $\left(\sqrt{4,0\cdot 10^{-6}}\right)\left(\sqrt{8,1\cdot 10^{3}}\right)\left(\sqrt{0,0016}\right)=\left(\sqrt{4,0\cdot 10^{-6}}\right)\left(\sqrt{8,1\cdot 10^{2}}\right)\left(\sqrt{16\cdot 10^{-4}}\right)$

$=\left(2\cdot 10^{-3}\right)\left(9\cdot 10^{1}\right)\left(4\cdot 10^{-2}\right)$

$=72\cdot 10^{-4}=7,2\cdot 10^{-3}$ oder $0,0072$

(7) $\left(\sqrt[3]{6,4\cdot 10^{-2}}\right)\left(\sqrt[3]{27000}\right)\left(\sqrt[3]{2,16\cdot 10^{-4}}\right)=\left(\sqrt[3]{6,4\cdot 10^{-3}}\right)\left(\sqrt[3]{27\cdot 10^{3}}\right)\left(\sqrt[3]{216\cdot 10^{-6}}\right)$

$=\left(4\cdot 10^{-1}\right)\left(3\cdot 10^{1}\right)\left(6\cdot 10^{-2}\right)$

$=72\cdot 10^{-2}$ oder $0,72$

Anhang B

Signifikante Stellen

EINFÜHRUNG

Der numerische Wert einer jeden Meßgröße stellt eine Näherung dar. Keine physikalische Messung wie Masse, Länge, Zeit, Volumen oder Geschwindigkeit ist absolut genau. Die Genauigkeit (Zuverlässigkeit) jeder Messung ist durch die Zuverlässigkeit des Meßgeräts begrenzt, das niemals absolut genau ist.

Beispielsweise sei die Länge eines Objektes zu 15,7 cm bestimmt worden. Konventionsgemäß bedeutet dies, daß die Länge auf das *nächste* Zehntel eines Zentimeters gemessen wurde und daß der exakte Wert zwischen 15,65 und 15,75 cm liegt. Wenn die Messung auf ein hundertstel Zentimeter genau gewesen wäre, hätte die Angabe 15,70 cm gelautet. Der Wert 15,7 cm enthält *drei signifikante Stellen* (1, 5, 7), während die Angabe 15,70 cm *vier signifikante Stellen* (1, 5, 7, 0) beinhaltet. Eine signifikante Stelle ist eine, die als ausreichend zuverlässig angesehen werden kann.

Genauso bedeutet eine Massenangabe von 3,406 2 g, die mit einer Analysenwaage bestimmt wurde, daß die Masse des Objektes auf ein zehntel Milligramm genau bestimmt wurde. Diese Angabe enthält fünf signifikante Stellen (3, 4, 0, 6, 2), wobei die letzte Stelle (2) ausreichend genau ist und die Gültigkeit der vier vorhergehenden Stellen garantiert.

Eine 50 ml-Bürette hat Markierungen, die einer Volumendifferenz von 0,1 ml entsprechen. Die hundertstel Milliliter werden geschätzt. Ein gemessenes Volumen von 41,83 cm^3 entspricht vier signifikanten Stellen. Die letzte, geschätzte Stelle (3) kann um eins oder zwei in beiden Richtungen danebenliegen. Die vorhergehenden Ziffern (4, 1, 8) sind absolut sicher.

Bei Messungen in Chemie und Physik ist die letzte Ziffer ein Schätzwert und wird als signifikante Stelle angesehen.

NULLEN

Ein zu 28 ml bestimmtes Volumen beinhaltet zwei signifikante Stellen (2, 8). Wenn man dieses Volumen als 0,028 l angeben würde, enthielte es immer noch nur zwei signifikante Stellen. Nullen, die als erste Ziffern einer Zahl erscheinen, sind nicht signifikant, da sie lediglich die Lage des Dezimalpunkts angeben. Jedoch sind die Werte 0,028 0 l und 0,280 l auf drei signifikante Stellen (2, 8 und die abschließende 0) genau. Der Wert 1,028 l besitzt vier signifikante Stellen (1, 0, 2, 8) und der Wert 1,028 0 l fünf signifikante Stellen (1, 0, 2, 8, 0). Genauso enthält der Wert 19,00 für die Atommasse von Fluor vier signifikante Stellen.

Die Angabe, daß ein Erzbrocken 9 800 lb wiegt, gibt nicht automatisch die Genauigkeit der Wägung an. Die letzten beiden Nullen hätten einfach zur Definition des Dezimalpunkts dienen können. Wenn die Wägung auf hundert Pfund genau gewesen wäre, enthält das Gewicht nur zwei signifikante Stellen und kann als Potenz $9{,}8 \cdot 10^3$ lb geschrieben werden. Wenn sie auf zehn Pfund genau wäre, hätte man $9{,}80 \cdot 10^3$ lb schreiben können, was bedeutet, daß der Wert auf drei signifikante Stellen genau ist. Da die Null in diesem Fall nicht zur Festlegung des Dezimalpunkts nötig ist, muß sie eine signifikante Stelle sein. Wenn das Objekt auf ein Pfund genau gewogen worden wäre, kann man das Gewicht zu $9{,}800 \cdot 10^3$ lb (vier signifikante Stellen) angeben. Ebenso ist die Angabe, daß die Lichtgeschwindigkeit 186 000 mi/s beträgt, auf drei signifikante Stellen genau, weil der Wert nur auf tausend Meilen pro Sekunde genau bestimmt wurde. Um Verwirrung zu vermeiden, kann dieser Wert als $1{,}86 \cdot 10^5$ mi/s angegeben werden. (Normalerweise steht der Dezimalpunkt nach der ersten signifikanten Stelle.)

EXAKTE ZAHLEN

Einige numerische Werte sind definitionsgemäß auf beliebig viele signifikante Stellen genau. Zu dieser Kategorie gehören die bei der Definition von Einheiten verwendeten numerischen Äquivalente von Präfixen. Zum Beispiel ist definitionsgemäß 1 cm = 0,01 m, und der Einheiten-Umrechnungsfaktor $1{,}0 \cdot 10^{-2}$ m/cm ist auf eine unendliche Anzahl von signifikanten Stellen genau.

Andere numerische Werte sind definitionsgemäß exakt. Zum Beispiel wurde die Skala der Atommassen festgelegt, indem man die Masse eines Atoms von ^{12}C als 12,000 0 u definiert hat. Man könnte so viele Nullen anhängen, wie gewünscht. Andere Beispiele sind die Definition des Inch (1 in = 2,540 0 cm) und der Kalorie (1 cal = 4,184 00 J).

RUNDUNGEN

Eine Zahl wird auf die gewünschte Anzahl von signifikanten Stellen gerundet, indem man auf der rechten Seite eine oder mehrere Stellen abschneidet. Wenn die erste abgeschnittene Zahl kleiner als 5 ist, sollte die letzte verbleibende Stelle nicht verändert werden, wenn sie größer als 5 ist, wird die letzte verbleibende Stelle um eins erhöht. Wenn sie genau 5 ist, wird zur letzten verbleibenden Stelle 1 addiert, wenn diese Ziffer ungerade ist. Daher kann die Größe 51,75 g auf 51,8 gerundet werden, 51,65 g auf 51,6 g und 51,85 g auf 51,8 g. Wenn mehr als eine Stelle abgeschnitten werden muß, sollte man in einem Schritt und nicht Stelle für Stelle runden.

ADDITION UND SUBTRAKTION

Nach Addition oder Subtraktion sollte das Ergebnis so gerundet werden, daß rechts nur so viele signifikante Stellen übrigbleiben, bis die erste Spalte einen Schätzwert enthält. (Erinnern Sie sich, daß die letzte signifikante Stelle ein Schätzwert ist.)

BEISPIELE Addieren Sie die folgenden in Gramm ausgedrückten Größen:

(1)	**(2)**	**(3)**	**(4)**
25,340	58,0	4,20	415,5
5,465	0,003 8	1,652 3	3,64
0,322	0,000 01	0,015	0,238
31,127 g (*Lsg.*)	58,003 81	5,867 3	419,378
	= 58,0 g (*Lsg.*)	= 5,87 g (*Lsg.*)	= 419,4 g (*Lsg.*)

Eine alternative Methode besteht darin, die Einzelwerte vor Durchführung der arithmetischen Operation so zu runden, daß rechts vom Dezimalpunkt nur die Spalten übrigbleiben, die bei jedem zu addierenden oder subtrahierenden Wert eine Stelle beitragen. Die obigen Beispiele **(2)**, **(3)** und **(4)** würden dann folgende Ergebnisse liefern:

(2)	**(3)**	**(4)**
58,0	4,20	415,5
0,0	1,65	3,6
0,0	0,02	0,2
58,0 g	5,87 g	419,3 g

Beachten Sie, daß die Lösung zu **(4)** in der letzten Stelle von der vorherigen Lösung um eins abweicht. Es ist jedoch ohnehin bekannt, daß die letzte Stelle mit einer gewissen Unsicherheit behaftet ist.

MULTIPLIKATION UND DIVISION

Das Ergebnis sollte auf so viele signifikante Stellen gerundet werden, wie der ungenaueste Faktor enthält. Zum Beispiel sollte das Ergebnis mit drei signifikanten Stellen angegeben werden, wenn man 7,485 mit 8,61 multipliziert oder 0,164 2 durch 1,52 dividiert.

Diese Regel ist eine Näherung der exakteren Formulierung, nach der der relative oder prozentuale Fehler einer Multiplikation oder Division nicht geringer als der relative oder prozentuale Fehler eines Faktors sein kann. Aus diesem Grund müssen Zahlen, deren erste signifikante Stelle eine 1 (oder manchmal eine 2) ist, eine zusätzliche signifikante Stelle enthalten, um, verglichen mit einer Zahl, die mit 8 oder 9 beginnt, denselben relativen Fehler aufzuweisen.

Betrachten Sie die Division:

$$\frac{9,84}{9,3} = 1,06$$

Nach der genäherten Regel sollte die Lösung 1,1 lauten (zwei signifikante Stellen). Jedoch ergibt ein Unterschied von 1 in der letzten Stelle von 9,3 (9,3 ± 0,1) einen Fehler von etwa 1 Prozent, während ein Unterschied von 1 in der letzten Stelle von 1,1 (1,1 ± 0,1) einen Fehler von um die 10 Prozent ergibt. Daher besitzt die Lösung 1,1 eine viel niedrigere prozentuale Genauigkeit als 9,3. Deswegen sollte in diesem Fall die Lösung 1,06 lauten, weil ein Unterschied von 1 in der letzten Stelle des ungenauesten in der Rechnung verwendeten Wertes (9,3) etwa denselben prozentualen Fehler ergibt (etwa 1 Prozent), wie ein Unterschied von 1 in der letzten Stelle von 1,06 (1,06 ± 0,01). Ebenso ist 0,92 · 1,13 = 1,04. Bei fast allen praktischen Rechnungen in der Chemie benötigt man nur eine Genauigkeit von zwei bis vier signifikanten Stellen. Daher muß der Leser Multiplikationen und Divisionen nicht von Hand durchführen.

Da nicht alle elektronischen Taschenrechner gleich sind, können hier keine detaillierten Anleitungen gegeben werden. Lesen Sie die Bedienungsanleitung. Sie sollten sich einen Rechner zulegen, der zusätzlich zu den +, –, · und ÷ - Funktionen mindestens noch folgendes beherrscht: wissenschaftliche Schreibweise (Zehnerpotenzen), Logarithmen und inverse Logarithmen, sowohl natürlich als auch dekadisch (Basis zehn), sowie Potenzrechnungen (y^x). Wenn er diese Funktionen besitzt, beherrscht er wahrscheinlich auch Reziprokwerte ($1/x$), Quadrierung, Quadratwurzeln und trigonometrische Funktionen.

Die Verwendung der arithmetischen Funktionen ist offensichtlich, Sie sollten aber (außer in trivialen Fällen) Zehnerpotenzen verwenden. Zur Eingabe von “96 500” betrachten Sie diesen Wert als $9,65 \cdot 10^4$ und tippen 9,65 Exp 4 (bei den meisten Rechnern bedeutet “Exp 4” $\cdot\ 10^4$). Der Rechner sorgt für die richtige Lage des Dezimalpunkts und liefert eine Lösung zwischen dem 1 und 10fachen der passenden Zehnerpotenz. Er wird normalerweise viel mehr Stellen liefern, als wirklich signifikant sind, und Sie müssen das Ergebnis entsprechend runden. Wenn wenigstens ein Faktor als Zehnerpotenz eingegeben wurde, wird der Rechner diese Schreibweise beibehalten, und Sie müssen weder fürchten, daß Sie aus dem Anzeigebereich herauskommen, noch daß signifikante Stellen nicht angezeigt werden.

Anhang C
Logarithmen

EINFÜHRUNG

Allgemeine Logarithmen

Der Logarithmus (abgekürzt log) einer positiven Zahl ist der Exponent einer gegebenen Basis, der nötig ist, um diese Zahl zu erzeugen. Da beispielsweise 1 000 = 10^3, 100 = 10^2, 10 = 10^1 und 1 = 10^0 ist, sind die Logarithmen von 1 000, 100, 10 und 1 zur Basis 10 entsprechend 3, 2, 1 und 0. Es ist offensichtlich, daß $10^{1,5377}$ eine Zahl größer 10 (was 10^1 ist), aber kleiner als 100 (10^2) ergibt. Tatsächlich ist $10^{1,5377}$ = 34,49, und daher ist log 34,49 = 1,537 7.

Das Logarithmensystem zur Basis 10 (genannt *dekadisches* oder *Briggs'sches* System) war vor der Entwicklung elektronischer Rechner oder Computer zur Durchführung numerischer Berechnungen (Multiplikationen oder Divisionen) weit verbreitet. Diese Techniken werden weiter unten in diesem Anhang vorgestellt, und numerische Tabellen sind in Anhang D angegeben. Leser, die einen Rechner besitzen, benötigen diese Techniken nicht, sollten sie aber dennoch lernen, um ihr Verständnis von Logarithmen zu vertiefen und im Notfall eine unabhängige Berechnungsmethode zur Verfügung zu haben.

Natürliche Logarithmen

Die Logarithmusfunktion, die in Physik und Chemie allgemein als Teil der Lösung bestimmter Differentialgleichungen vorkommt, besitzt als Basis nicht die Zahl 10 sondern die transzendente Zahl e = 2,718 28 .... Um zwischen dem dekadischen und dem *natürlichen* oder *Neperschen* Logarithmus zu unterscheiden, kann eine eindeutigere Schreibweise verwendet werden: $\log_{10} N = x$ und $\log_e N = y$, wobei $10^x = N$ und $e^y = N$ ist. In diesem und vielen anderen Chemie- und Physikbüchern wird die Schreibweise log N für den Logarithmus zur Basis 10 und ln N für den natürlichen Logarithmus zur Basis e verwendet.

Obwohl es möglich ist, Logarithmentafeln für die Basis e und auch für jede andere Basis aufzustellen, gibt es eine einfache Beziehung zwischen zwei beliebigen Basissystemen, so daß die unter Verwendung der normalen Logarithmentafel gefundene Zahl leicht in den Logarithmus einer beliebigen anderen Basis umgewandelt werden kann. Speziell kann man für die Umwandlung von dekadischem und natürlichem Logarithmus zeigen, daß gilt:

$$\ln N = 2{,}303 \log N \qquad (1)$$

Weitere Eigenschaften von Logarithmen

Negative Zahlen besitzen keine Logarithmen.

Der Logarithmus von Zahlen größer 1 ist positiv, der von Zahlen kleiner 1 negativ. Der Logarithmus von 0 ist minus unendlich.

Wenn der Logarithmus einer Zahl zu einer bestimmten Basis gegeben ist, nennt man den Vorgang des Auffindens der Zahl die Ermittlung des Antilogarithmus. Die Ermittlung des Antilogarithmus ist synonym zur Potenzierung der Basis mit einer Zahl, die gleich dem Logarithmus ist.

Logarithmen selbst haben keine Einheiten. Auch ist es im Prinzip nicht möglich, den Logarithmus einer Zahl mit Einheit anzugeben, was aber dennoch häufig durchgeführt wird, wenn man Beziehungen verwendet, für die die Einheiten zugeordnet wurden. Zum Beispiel ist pH = – log[H^+], wenn [H^+] in der Einheit mol/l angegeben ist.

ERMITTLUNG VON LOGARITHMEN MIT ELEKTRONISCHEN RECHNERN

Geben Sie die Zahl entweder direkt oder in der Exponentialschreibweise ein. Stellen Sie sicher, daß das Vorzeichen positiv ist. Drücken Sie LOG für den dekadischen oder LN für den natürlichen Logarithmus, und das Ergebnis wird angezeigt. Um den inversen Logarithmus zu ermitteln, geben

Sie den Wert ein, versehen ihn mit dem richtigen Vorzeichen und drücken Sie zuerst INV (invers) und dann LOG oder LN, je nachdem, ob der Wert ein dekadischer oder ein natürlicher Logarithmus ist. Einige Rechner besitzen statt INV LOG und INV LN die Funktionen 10^x und e^x.

GRUNDPRINZIPIEN VON LOGARITHMEN

Da alle Logarithmen Potenzen sind, gelten alle Eigenschaften von Potenzen auch für Logarithmen.

A. Der Logarithmus des Produkts zweier Zahlen ist die Summe ihrer Logarithmen:

$$\log ab = \log a + \log b \qquad \log (5\,280 \cdot 48) = \log 5\,280 + \log 48$$

B. Der Logarithmus des Quotienten zweier Zahlen ist der Logarithmus des Zählers minus dem Logarithmus des Nenners:

$$\log \frac{a}{b} = \log a - \log b \qquad \log \frac{536}{24{,}5} = \log 536 - \log 24{,}5$$

C. Der Logarithmus der $n$ten Potenz einer Zahl ist n mal der Logarithmus dieser Zahl:

$$\log a^n = n \log a \qquad \log (4{,}28)3 = 3 \log 4{,}28$$

Diese Regel kann zur Ableitung von (*1*) verwendet werden. Wenn gilt:

$$x = \log N$$

das heißt, wenn

$$10^x = N$$

ist, dann ergibt sich aus dem obigen Grundprinzip **C** für Logarithmen, jetzt angewendet auf die Basis e:

$$\ln N = \ln 10x = x \ln 10 = (\log N)\ (\ln 10)$$

Der numerische Wert von ln 10 ist 2,302 585 ..., mit vier signifikanten Stellen ergibt sich also:

$$\ln N = 2{,}303 \log N$$

D. Der Logarithmus der $n$ten Wurzel einer Zahl ist der Logarithmus dieser Zahl geteilt durch n.

$$\log \sqrt[n]{a} = \frac{1}{n} \log a \qquad \log \sqrt{32} = \frac{1}{2} \log 32 \qquad \log \sqrt[3]{792} = \frac{1}{3} \log 792$$

Dies ist ein Spezialfall von **C**, da die $n$te Wurzel einer Zahl gleich der $(1/n)$ten Potenz dieser Zahl ist.

VERWENDUNG DEKADISCHER LOGARITHMEN FÜR RECHNUNGEN

Begriffsdefinitionen

Die Zahl vor dem Dezimalpunkt wird *Charakter* des Logarithmus genannt, während der Dezimalbruchteil *Mantisse* heißt. In dem Beispiel log 34,49 = 1,537 7 ist der Charakter 1 und die Mantisse ,537 7.

Die Mantisse des Logarithmus einer Zahl findet sich in Tabellen, wo sie ohne Dezimalpunkt dargestellt ist. Bei jeder Mantisse in der Tabelle wird ein vorgestellter Dezimalpunkt und ein positiver Wert angenommen.

Der Charakter wird durch Untersuchung der Zahl selbst nach folgenden Regeln bestimmt:

(1) Für eine Zahl größer als 1 ist der Charakter positiv und um eins *niedriger* als die Anzahl der Stellen vor dem Dezimalpunkt. Zum Beispiel:

Zahl	5297	348	900	60	4,764	3
Charakter	3	2	2	1	0	0

(2) Für eine positive Zahl kleiner 1 ist der Charakter negativ und sein Wert um eins *höher* als die Anzahl von Nullen, die unmittelbar nach dem Dezimalpunkt folgen. Das negative Vorzeichen des Charakters wird in einer von drei Arten geschrieben: (*a*) über dem Charakter, wie $\bar{1}$, $\bar{2}$ und so weiter; (*b*) als 9, – 10, 8, – 10 und so weiter; (*c*) in der üblichen Weise vor der Zahl wie –1, –2 und so weiter. Daher ist der Charakter des Logarithmus von 0,348 5 , 9, – 10 oder –1; vom Logarithmus 0,051 3 ist er $\bar{1}$, 8, – 10 oder –2, (Diese Diskussion gilt nicht für die allgemeinen Logarithmen von Zahlen kleiner 1, die von einem elektronischen Rechner angezeigt werden. Die Differenz, die immer negativ ist, erscheint direkt im Display.)

Verwendung der dekadischen Logarithmentafeln

Nehmen Sie an, daß es nötig ist, den kompletten Logarithmus der Zahl 728 zu bestimmen. Gehen Sie in der Logarithmentafel in Anhang D die N-Spalte bis 72 entlang und dann horizontal nach rechts bis Spalte 8 und halten Sie den Eintrag 8621 fest, der die benötigte Mantisse darstellt. Da der Charakter 2 beträgt, ist log 728 = 2,862 1. (Dies bedeutet, daß 728 = $10^{2,8621}$ ist.)

Die Mantisse für log 72,8, log 7,28, log 0,728, log 0,0728 usw. lautet 0,862 1, aber die Charaktere unterscheiden sich. Daher gilt:

$\log 728 = 2{,}8621$	$\log 0{,}728$	$= \bar{1}{,}8621$	oder	$9{,}8621 - 10$	oder	$-1 + {,}8621$
$\log 72{,}8 = 1{,}8621$	$\log 0{,}0728$	$= \bar{2}{,}8621$	oder	$8{,}8621 - 10$	oder	$-2 + {,}8621$
$\log 7{,}28 = 0{,}8621$	$\log 0{,}00728$	$= \bar{3}{,}8621$	oder	$7{,}8621 - 10$	oder	$-3 + {,}8621$

Beachten Sie, daß ein Pluszeichen vor die Mantisse geschrieben werden muß, wenn ein negativer Charakter nach der dritten oben vorgestellten Methode formuliert wird, da die Mantisse immer positiv ist.

Bestimmung von log 46,38: Gehen Sie die N-Spalte bis 46 entlang, dann horizontal bis Spalte 3, und notieren Sie die Mantisse 6 656. Weiter rechts in derselben Zeile findet sich die Zahl 7 unter Spalte 8 der Proportionalteile. Die benötigte Mantisse ist ,665 6 + ,000 7 = ,666 3. Da der Charakter 1 beträgt, ist log 46,38 = 1,666 3.

Die Mantisse ist für log 4 638, log 463,8, log 46,38 usw. immer ,666 3, aber die Charaktere unterscheiden sich wie im obigen Beispiel.

Übungen. Bestimmen Sie die Logarithmen der folgenden Zahlen:

(1) 454	**(6)** 0,621	*Lsg.*	**(1)** 2,6571	**(6)** $\bar{1}{,}7931$	oder	$9{,}7931 - 10$	oder	$-1 + {,}7931$
(2) 5280	**(7)** 0,9463		**(2)** 3,7226	**(7)** $\bar{1}{,}9760$	oder	$9{,}9760 - 10$	oder	$-1 + {,}9760$
(3) 96500	**(8)** 0,0353		**(3)** 4,9845	**(8)** $\bar{2}{,}5478$	oder	$8{,}5478 - 10$	oder	$-2 + {,}5478$
(4) 30,48	**(9)** 0,60022		**(4)** 1,4840	**(9)** $\bar{3}{,}3424$	oder	$7{,}3424 - 10$	oder	$-3 + {,}3424$
(5) 1,057	**(10)** 0,0002645		**(5)** 0,0241	**(10)** $\bar{4}{,}4224$	oder	$6{,}4224 - 10$	oder	$-4 + {,}4224$

Manchmal muß der Logarithmus einer Zahl in einer algebraischen Gleichung wie $y = 7{,}5 \log x$ oder in Graphen verwendet werden. Wenn x größer als 1 ist, ist log x positiv und es gibt kein besonderes Problem. Wenn aber x zwischen Null und 1 liegt, ist log x negativ. Dieser negative Logarithmus wird nach den obigen Regeln als die Summe einer positiven Mantisse und eines negativen Charakters geschrieben. Für algebraische Manipulationen ist es vorzuziehen, den log x als einzelne Zahl mit einem definierten Vorzeichen, entweder positiv oder negativ, zu behandeln. Für diesen Zweck würde man ,748 als –1,251 4 schreiben, was durch algebraische Addition von –2 und +,748 6 erhalten wird.

Übungen. Schreiben Sie die Logarithmen der folgenden Zahlen als Größen auf, die für die Einsetzung in eine algebraische Gleichung geeignet sind.

(1) 0,275 **(2)** 0,000 394 **(3)** 0,014 9 *Lösung:* **(1)** –0,560 7 **(2)** –3,404 5 **(3)** –1,826 8

Antilogarithmen

Der Antilogarithmus (Antilog) ist die Zahl, die zu einem gegebenen Logarithmus gehört. Der "Antilogarithmus von 3" bedeutet "die Zahl, deren Logarithmus 3 ist". Diese Zahl ist offensichtlich 1 000. Allgemein ist antilog $N = 10^N$.

Nehmen Sie an, daß es nötig ist, den antilog von 2,674 7 zu bestimmen, d.h., jene Zahl, deren Logarithmus 2,674 7 ist. Der Charakter ist zwei und die Mantisse ,674 7. Suchen Sie in der Logarithmentafel in Anhang D die Mantisse 673 9, die den Stellen 472 entspricht. Dies ist 8 weniger als die gewünschten 674 7, was in der Tabelle der Proportionalteile einer 9 für die vierte Stelle entspricht und das Ergebnis 472 9 liefert. Da der Charakter 2 ist, stehen links vom Dezimalpunkt drei Stellen. Daher ist 472,9 die gesuchte Zahl.

Man sollte sich darüber klar sein, daß der antilog von 1,674 7 gleich 47,29, der antilog von 0,674 7 gleich 4,729, der antilog von 9,674 7 – 10 gleich 0,472 9 usw. ist. Andererseits muß der antilog von –1,674 7 als antilog von ,325 3 oder 8,325 3 – 10 oder –2 + ,325 3 umgeschrieben werden, bevor die Tafeln verwendet werden können, weil dort nur positive Mantissen zu finden sind.

Übungen. Bestimmen Sie die Zahlen, die den folgenden Logarithmen entsprechen:

(1) 3,156 8 **(7)** 0,000 8
(2) 1,693 4 **(8)** 9,750 7 – 10 oder 1–,750 7 oder $\overline{1}$ + ,750 7
(3) 5,693 4 **(9)** 8,003 4 – 10 oder 2–,003 4 oder $\overline{2}$ + ,003 4
(4) 2,500 0 **(10)** 7,200 6 – 10 oder 3–,200 6 oder $\overline{3}$ + ,200 6
(5) 2,0436 **(11)** –0,243 6
(6) 2,914 2 **(12)** –3,762 9

Lösungen: **(1)** 1 435 **(7)** 1,002
(2) 1 435 **(8)** 1,002
(3) 493 700 **(9)** 0,010 08
(4) 316,2 **(10)** 0,001 587
(5) 110,6 **(11)** 0,570 7
(6) 8,208 **(12)** 0,000172 6

Logarithmen von Zahlen in Exponentialschreibweise

$$\log (4{,}50 \cdot 10^7) = \log 4{,}50 + \log 10^7 = 7 + \log 4{,}50 = 7 + 0{,}653\,2 = 7{,}653\,2$$
$$\log (4{,}50 \cdot 10^{-4}) = \log 4{,}50 + \log 10^{-4} = -4 + \log 4{,}50 = -4 + 0{,}653\,2 = \overline{4}{,}653\,2 = 6{,}653\,2 - 10$$

Allgemein gilt: Wenn eine Zahl als Produkt zweier Faktoren ausgedrückt wird, wobei der erste eine Zahl zwischen 1 und 10 sowie der zweite eine ganzzahlige Potenz von zehn ist, hat der Logarithmus als Mantisse den Logaritmus des ersten Faktors und als Charakter den Exponenten von zehn im zweiten Faktor.

Übungen. Bestimmen Sie den Logarithmus der folgenden Zahlen:

(1) $3{,}75 \cdot 10^2$ **(3)** $6{,}6 \cdot 10^{-27}$ **(5)** $60{,}3 \cdot 10^{-8}$
(2) $6{,}02 \cdot 10^{23}$ **(4)** $0{,}75 \cdot 10^4$ **(6)** $2{,}09 \cdot 10^{-15}$

Lösungen: **(1)** 2,574 0 **(3)** $\overline{27}{,}819\,5 = 3{,}819\,5 - 30 = -27 + {,}819\,5$ **(5)** $\overline{7}{,}780\,3 = 3{,}780\,3 - 10 = -7 + {,}780\,3$
(2) 23,779 6 **(4)** 3,875 1 **(6)** $\overline{15}{,}320\,1 = 5{,}320\,1 - 20 = -15 + {,}320\,1$

Umgekehrt kann der Antilogarithmus direkt in der Exponentialschreibweise ausgedrückt werden. Die Zehnerpotenz ist der Charakter, und der Koeffizient der Zehnerpotenz ist der antilog der Mantisse, wobei der Dezimalpunkt im antilog nach der ersten Stelle steht.

$$\text{antilog } 3{,}842\,0 = (\text{antilog } {,}842\,0) \cdot (\text{antilog } 3) = 6{,}95 \cdot 10^3$$
$$\text{antilog } \overline{3}{,}842\,0 = (\text{antilog } {,}842\,0) \cdot [\text{antilog } (-3)] = 6{,}95 \cdot 10^{-3}$$
$$\text{antilog } -3{,}842\,0 = \text{antilog } \overline{4}{,}158\,0 = (\text{antilog } {,}158\,0) \cdot [\text{antilog } (-4)] = 1{,}439 \cdot 10^{-4}$$

Übungen. Schreiben Sie die Antilogarithmen der folgenden Zahlen in Exponentialschreibweise auf:

(1) 10,476 9 **(3)** 5,040 3 **(5)** 7,621 6
(2) $\overline{19}{,}204\,4$ **(4)** 4,140 2 – 20 **(6)** –8,276 3

Lösungen: **(1)** $2{,}998 \cdot 10^{10}$ **(3)** $1{,}097 \cdot 10^5$ **(5)** $4{,}184 \cdot 10^7$
(2) $1{,}602 \cdot 10^{-19}$ **(4)** $1{,}381 \cdot 10^{-16}$ **(6)** $5{,}292 \cdot 10^{-9}$

Veranschaulichungen der Verwendung von Logarithmen

1. Bestimmen Sie den Wert von 487 · 2,45 · 0,038 7.

Sei $x = 487 \cdot 2,45 \cdot 0,038\,7$.

$\log x = \log 487 + \log 2,45 + \log 0,038\,7$

$= 1,664\,4$

$x = \text{antilog}\ 1,664\,4 = 46,17$ oder 46,2 (auf drei signifikante Stellen)

$\log 487 = 2,687\,5$

$\log 2,45 = 0,389\,2$

$\log 0,038\,7 = \underline{8,587 - 10}$ (Addition)

$\log x = 11,664 - 10$

oder $1,664\,4$

2. Bestimmen Sie

$$x = \frac{136,3}{65,38}$$

$\log x = \log 136,3 - \log 65,38 = 0,319\,1$

$x = \text{antilog}\ 0,319\,1 = 2,085$

$\log 136,3 = 2,134\,5$

$\log 65,38 = \underline{1,815\,4}$ (Subtraktion)

$\log x = 0,319\,1$

3. Bestimmen Sie

$$x = \frac{1}{22,4}$$

$\log x = \log 1 - \log 22,4 = 8,649\,8 - 10$

$x = \text{antilog}\ 8,649\,8 - 10 = 0,044\,56$ oder 0,044 6 (auf drei signifikante Stellen)

$\log 1 = 0 = 2,134\,5$

$\log 22,4 = \underline{1,350\,2}$ (Subtraktion)

$\log x = 8,649\,8 - 10$

Addition oder Subtraktion von 10,000 0 – 10, 20,000 0 – 20 usw. zu oder von einem beliebigen Logarithmus ändert dessen Wert nicht.

4. Bestimmen Sie $x = \dfrac{17,5 \cdot 1,92}{0,283 \cdot 0,0314}$

$\log x = (\log 17,5 + \log 1,92) - (\log 0,283 + \log 0,031\,4)$

$\log 17,5 = 1,243\,0$

$\log 1,92 = \underline{0,283\,3}$ (Addition)

$1,526\,3$ oder $11,526\,3 - 10$

$\log 0,283 = 9,451\,8 - 10$

$\log 0,031\,4 = \underline{8,496\,9} - 10$ (Addition)

$17,948\,7 - 20$ oder $7,948\,7 - 10$

$\log 17,5 + \log 1,92 = 11,526\,3 - 10$

$\log 0,283 + \log 0,031\,4 = 7,948\,7 - 10$ (Subtraktion)

$\log x = 3,577\,6$

$x = \text{antilog}\ 3,577\,6 = 378\,1$ oder $3,78 \cdot 10^3$

5. Bestimmen Sie x = (6,138)3.

log x = 3 (log 6,138) = 3 (0,788 1) = 2,364 3

x = antilog 2,364 3 = 231,4

6. Bestimmen Sie $x = \sqrt{7514}$ oder $(7514)^{1/2}$.

$$\log x = \tfrac{1}{2}(\log 7514) = \tfrac{1}{2}(3,8758) = 1,9379$$

x = antilog 1,937 9 = 86,68

7. Bestimmen Sie $x = \sqrt[3]{0,0592}$ oder $(0,0592)^{1/3}$.

$$\log x = \tfrac{1}{3}\log 0,0592 = \tfrac{1}{3}(8,7723 - 10) = \tfrac{1}{3}(28,7723 - 30) = 9,5908 - 10$$

x = antilog 0,590 8 – 10 = 0,389 8 oder 0,390 (drei signifikante Stellen)

8. Bestimmen Sie $x = \sqrt{(152)^3}$.

$$\log x = \tfrac{1}{2}(3\ \ \log 152) = \tfrac{1}{2}(3 \cdot 2,1818) = \tfrac{1}{2}(6,5454) = 3,2727$$

x = antilog 3,272 7 = 1 874 oder $1,87 \cdot 10^3$ (drei signifikante Stellen)

9. Bestimmen Sie $(6{,}8 \cdot 10^{-4})^3$ oder $(6{,}8)^3 \cdot 10^{-12}$

$\log (6{,}8)^3 = 3 (\log 6{,}8) = 3 (0{,}832\,5) = 2{,}497\,5$

$(6{,}8)^3 = \text{antilog}\ 2{,}497\,5 = 314{,}4$ oder $3{,}14 \cdot 10^2$ (drei signifikante Stellen)

Dann gilt: $(6{,}8 \cdot 10^{-4})^3 = 3{,}14 \cdot 10^2 \cdot 10^{-12} = 3{,}14 \cdot 10^{-10}$

10. Bestimmen Sie $\sqrt{8{,}31 \cdot 10^{-11}}$ oder $\sqrt{83{,}1 \cdot 10^{-12}}$ oder $\sqrt{83{,}1} \cdot 10^{-6}$.

$\log \sqrt{83{,}1} = \frac{1}{2}(\log 83{,}1) = \frac{1}{2}(1{,}9196) = 0{,}9598$

$\sqrt{83{,}1} = \text{antilog} 0{,}9598 = 9{,}116$ oder $9{,}12$

Dann gilt $\sqrt{8{,}31 \cdot 10^{-11}} = 9{,}12 \cdot 10^{-6}$

11. Bestimmen Sie $x = 971{,}665$

$\log x = 1{,}665 (\log 97)$

$= 1{,}665 (1{,}986\,8) = 3{,}309$

$x = \text{antilog}\ 3{,}309 = 2{,}04 \cdot 10^3$

$\log 1{,}665 = ,221\,4$

$\log 1{,}987 = \underline{,298\,3}$

$\log (1{,}665 \cdot 1{,}987) = ,519\,7$

$1{,}665 \cdot 1{,}987 = 3{,}309$

Beachten Sie, daß der Logarithmus eines Logarithmus bestimmt werden muß, wenn man für diese Art Rechnung eine Logarithmentafel verwendet.

12. Bestimmen Sie $x = \ln 28{,}25$

$x = 2{,}303 \log 28{,}25 = 2{,}303 \cdot 1{,}451\,0$

$\log x = \log 2{,}303 + \log 1{,}451\,0 = ,524\,0$

$x = \text{antilog}\ 0{,}524\,0 = 3{,}342$

$\log 2{,}303 = ,362\,3$

$\log 1{,}451\,0 = \underline{,161\,7}$ (Addition)

$\log x = ,524\,0$

13. Bestimmen Sie $x = 57{,}9 \ln (3{,}25 \cdot 10^4)$.

$x = 57{,}9 \cdot 2{,}303 \log (3{,}25 \cdot 10^4)$

$= 57{,}9 \cdot 2{,}303 \cdot 4{,}512$

$\log x = \log 57{,}9 + \log 2{,}303 + \log 4{,}512$

$= 2{,}779\,4$

$x = \text{antilog}\ 2{,}779\,4 = 602$

$\log 57{,}9 = 1{,}762\,7$

$\log 2{,}303 = ,362\,3$

$\log 4{,}512 = \underline{,654\,4}$ (Addition)

$2{,}779\,4$

Anhang D

Vierstellige dekadische Logarithmen

N	0	1	2	3	4	5	6	7	8	9	Proportionalteile								
											1	2	3	4	5	6	7	8	9
10	0000	0043	0086	0128	0170	0212	0253	0294	0334	0374	4	8	12	17	21	25	29	33	37
11	0414	0453	0492	0531	0569	0607	0645	0682	0719	0755	4	8	11	15	19	23	26	30	34
12	0792	0828	0864	0899	0934	0969	1004	1038	1072	1106	3	7	10	14	17	21	24	28	31
13	1139	1173	1206	1239	1271	1303	1335	1367	1399	1430	3	6	10	13	16	19	23	26	29
14	1461	1492	1523	1553	1584	1614	1644	1673	1703	1732	3	6	9	12	15	18	21	24	27
15	1761	1790	1818	1847	1875	1903	1931	1959	1987	2014	3	6	8	11	14	17	20	22	25
16	2041	2068	2095	2122	2148	2175	2201	2227	2253	2279	3	5	8	11	13	16	18	21	24
17	2304	2330	2355	2380	2405	2430	2455	2480	2504	2529	2	5	7	10	12	15	17	20	22
18	2553	2577	2601	2625	2648	2672	2695	2718	2742	2765	2	5	7	9	12	14	16	19	21
19	2788	2810	2833	2856	2878	2900	2923	2945	2967	2989	2	4	7	9	11	13	16	18	20
20	3010	3032	3054	3075	3096	3118	3139	3160	3181	3201	2	4	6	8	11	13	15	17	19
21	3222	3243	3263	3284	3304	3324	3345	3365	3385	3404	2	4	6	8	10	12	14	16	18
22	3424	3444	3464	3483	3502	3522	3541	3560	3579	3598	2	4	6	8	10	12	14	15	17
23	3617	3636	3655	3674	3692	3711	3729	3747	3766	3784	2	4	6	7	9	11	13	15	17
24	3802	3820	3838	3856	3874	3892	3909	3927	3945	3962	2	4	5	7	9	11	12	14	16
25	3979	3997	4014	4031	4048	4065	4082	4099	4116	4133	2	3	5	7	9	10	12	14	15
26	4150	4166	4183	4200	4216	4232	4249	4265	4281	4298	2	3	5	7	8	10	11	13	15
27	4314	4330	4346	4362	4378	4393	4409	4425	4440	4456	2	3	5	6	8	9	11	13	14
28	4472	4487	4502	4518	4533	4548	4564	4579	4594	4609	2	3	5	6	8	9	11	12	14
29	4624	4639	4654	4669	4683	4698	4713	4728	4742	4757	1	3	4	6	7	9	10	12	13
30	4771	4786	4800	4814	4829	4843	4857	4871	4886	4900	1	3	4	6	7	9	10	11	13
31	4914	4928	4942	4955	4969	4983	4997	5011	5024	5038	1	3	4	6	7	8	10	11	12
32	5051	5065	5079	5092	5105	5119	5132	5145	5159	5172	1	3	4	5	7	8	9	11	12
33	5185	5198	5211	5224	5237	5250	5263	5276	5289	5302	1	3	4	5	6	8	9	10	12
34	5315	5328	5340	5353	5366	5378	5391	5403	5416	5428	1	3	4	5	6	8	9	10	11
35	5441	5453	5465	5478	5490	5502	5514	5527	5539	5551	1	2	4	5	6	7	9	10	11
36	5563	5575	5587	5599	5611	5623	5635	5647	5658	5670	1	2	4	5	6	7	8	10	11
37	5682	5694	5705	5717	5729	5740	5752	5763	5775	5786	1	2	3	5	6	7	8	9	10
38	5798	5809	5821	5832	5843	5855	5866	5877	5888	5899	1	2	3	5	6	7	8	9	10
39	5911	5922	5933	5944	5955	5966	5977	5988	5999	6010	1	2	3	4	5	7	8	9	10
40	6021	6031	6042	6053	6064	6075	6085	6096	6107	6117	1	2	3	4	5	6	8	9	10
41	6128	6138	6149	6160	6170	6180	6191	6201	6212	6222	1	2	3	4	5	6	7	8	9
42	6232	6243	6253	6263	6274	6284	6294	6304	6314	6325	1	2	3	4	5	6	7	8	9
43	6335	6345	6355	6365	6375	6385	6395	6405	6415	6425	1	2	3	4	5	6	7	8	9
44	6435	6444	6454	6464	6474	6484	6493	6503	6513	6522	1	2	3	4	5	6	7	8	9
45	6532	6542	6551	6561	6571	6580	6590	6599	6609	6618	1	2	3	4	5	6	7	8	9
46	6628	6637	6646	6656	6665	6675	6684	6693	6702	6712	1	2	3	4	5	6	7	7	8
47	6721	6730	6739	6749	6758	6767	6776	6785	6794	6803	1	2	3	4	5	5	6	7	8
48	6812	6821	6830	6839	6848	6857	6866	6875	6884	6893	1	2	3	4	4	5	6	7	8
49	6902	6911	6920	6928	6937	6946	6955	6964	6972	6981	1	2	3	4	4	5	6	7	8
50	6990	6998	7007	7016	7024	7033	7042	7050	7059	7067	1	2	3	3	4	5	6	7	8
51	7076	7084	7093	7101	7110	7118	7126	7135	7143	7152	1	2	3	3	4	5	6	7	8
52	7160	7168	7177	7185	7193	7202	7210	7218	7226	7235	1	2	2	3	4	5	6	7	7
53	7243	7251	7259	7267	7275	7284	7292	7300	7308	7316	1	2	2	3	4	5	6	6	7
54	7324	7332	7340	7348	7356	7364	7372	7380	7388	7396	1	2	2	3	4	5	6	6	7
N	**0**	**1**	**2**	**3**	**4**	**5**	**6**	**7**	**8**	**9**	1	2	3	4	5	6	7	8	9

N	0	1	2	3	4	5	6	7	8	9	Proportionalteile 1	2	3	4	5	6	7	8	9
55	7404	7412	7419	7427	7435	7443	7451	7459	7466	7474	1	2	2	3	4	5	5	6	7
56	7482	7490	7497	7505	7513	7520	7528	7536	7543	7551	1	2	2	3	4	5	5	6	7
57	7559	7566	7574	7582	7589	7597	7604	7612	7619	7627	1	2	2	3	4	5	5	6	7
58	7634	7642	7649	7657	7664	7672	7679	7686	7694	7701	1	1	2	3	4	4	5	6	7
59	7709	7716	7723	7731	7738	7745	7752	7760	7767	7774	1	1	2	3	4	4	5	6	7
60	7782	7789	7796	7803	7810	7818	7825	7832	7839	7846	1	1	2	3	4	4	5	6	6
61	7853	7860	7868	7875	7882	7889	7896	7903	7910	7917	1	1	2	3	4	4	5	6	6
62	7924	7931	7938	7945	7952	7959	7966	7973	7980	7987	1	1	2	3	3	4	5	6	6
63	7993	8000	8007	8014	8021	8028	8035	8041	8048	8055	1	1	2	3	3	4	5	5	6
64	8062	8069	8075	8082	8089	8096	8102	8109	8116	8122	1	1	2	3	3	4	5	5	6
65	8129	8136	8142	8149	8156	8162	8169	8176	8182	8189	1	1	2	3	3	4	5	5	6
66	8195	8202	8209	8215	8222	8228	8235	8241	8248	8254	1	1	2	3	3	4	5	5	6
67	8261	8267	8274	8280	8287	8293	8299	8306	8312	8319	1	1	2	3	3	4	5	5	6
68	8325	8331	8338	8344	8351	8357	8363	8370	8376	8382	1	1	2	3	3	4	4	5	6
69	8388	8395	8401	8407	8414	8420	8426	8432	8439	8445	1	1	2	2	3	4	4	5	6
70	8451	8457	8463	8470	8476	8482	8488	8494	8500	8506	1	1	2	2	3	4	4	5	6
71	8513	8519	8525	8531	8537	8543	8549	8555	8561	8567	1	1	2	2	3	4	4	5	5
72	8573	8579	8585	8591	8597	8603	8609	8615	8621	8627	1	1	2	2	3	4	4	5	5
73	8633	8639	8645	8651	8657	8663	8669	8675	8681	8686	1	1	2	2	3	4	4	5	5
74	8692	8698	8704	8710	8716	8722	8727	8733	8739	8745	1	1	2	2	3	4	4	5	5
75	8751	8756	8762	8768	8774	8779	8785	8791	8797	8802	1	1	2	2	3	3	4	5	5
76	8808	8814	8820	8825	8831	8837	8842	8848	8854	8859	1	1	2	2	3	3	4	5	5
77	8865	8871	8876	8882	8887	8893	8899	8904	8910	8915	1	1	2	2	3	3	4	4	5
78	8921	8927	8932	8938	8943	8949	8954	8960	8965	8971	1	1	2	2	3	3	4	4	5
79	8976	8982	8987	8993	8998	9004	9009	9015	9020	9025	1	1	2	2	3	3	4	4	5
80	9031	9036	9042	9047	9053	9058	9063	9069	9074	9079	1	1	2	2	3	3	4	4	5
81	9085	9090	9096	9101	9106	9112	9117	9122	9128	9133	1	1	2	2	3	3	4	4	5
82	9138	9143	9149	9154	9159	9165	9170	9175	9180	9186	1	1	2	2	3	3	4	4	5
83	9191	9196	9201	9206	9212	9217	9222	9227	9232	9238	1	1	2	2	3	3	4	4	5
84	9243	9248	9253	9258	9263	9269	9274	9279	9284	9289	1	1	2	2	3	3	4	4	5
85	9294	9299	9304	9309	9315	9320	9325	9330	9335	9340	1	1	2	2	3	3	4	4	5
86	9345	9350	9355	9360	9365	9370	9375	9380	9385	9390	1	1	2	2	3	3	4	4	5
87	9395	9400	9405	9410	9415	9420	9425	9430	9435	9440	0	1	1	2	2	3	3	4	4
88	9445	9450	9455	9460	9465	9469	9474	9479	9484	9489	0	1	1	2	2	3	3	4	4
89	9494	9499	9504	9509	9513	9518	9523	9528	9533	9538	0	1	1	2	2	3	3	4	4
90	9542	9547	9552	9557	9562	9566	9571	9576	9581	9586	0	1	1	2	2	3	3	4	4
91	9590	9595	9600	9605	9609	9614	9619	9624	9628	9633	0	1	1	2	2	3	3	4	4
92	9638	9643	9647	9652	9657	9661	9666	9671	9675	9680	0	1	1	2	2	3	3	4	4
93	9685	9689	9694	9699	9703	9708	9713	9717	9722	9727	0	1	1	2	2	3	3	4	4
94	9731	9736	9741	9745	9750	9754	9759	9763	9768	9773	0	1	1	2	2	3	3	4	4
95	9777	9782	9786	9791	9795	9800	9805	9809	9814	9818	0	1	1	2	2	3	3	4	4
96	9823	9827	9832	9836	9841	9845	9850	9854	9859	9863	0	1	1	2	2	3	3	4	4
97	9868	9872	9877	9881	9886	9890	9894	9899	9903	9908	0	1	1	2	2	3	3	4	4
98	9912	9917	9921	9926	9930	9934	9939	9943	9948	9952	0	1	1	2	2	3	3	4	4
99	9956	9961	9965	9969	9974	9978	9983	9987	9991	9996	0	1	1	2	2	3	3	3	4
N	**0**	**1**	**2**	**3**	**4**	**5**	**6**	**7**	**8**	**9**	1	2	3	4	5	6	7	8	9

Stichwortregister

Tabelle der Atommassen (1993)

Skaliert auf die relative Atommasse $A_r(^{12}C) = 12$

Name	Symbol	Ordungszahl	Atommasse	Name	Symbol	Ordungszahl	Atommasse
Actinium	Ac	89	(227)	Holmium	Ho	67	164,930 32
Aluminium	Al	13	26,981 539	Indium	In	49	114,818
Americium	Am	95	(243)	Iod	I	53	126,904 47
Antimon	Sb	51	121,760	Iridium	Ir	77	192,217
Argon	Ar	18	39,948	Kalium	K	19	39,098 3
Arsen	As	33	74,921 59	Kohlenstoff	C	6	12,011
Astat	At	85	(210)	Krypton	Kr	36	83,80
Barium	Ba	56	137,327	Kupfer	Cu	29	63,546
Berkelium	Bk	97	(247)	Lanthan	La	57	138,905 5
Beryllium	Be	4	9,012 182	Lawrencium	Lr	103	(262)
Bismut	Bi	85	208,980 37	Lithium	Li	3	6,941
Blei	Pb	82	207,2	Lutetium	Lu	71	174,967
Bor	B	3	10,811	Magnesium	Mg	12	24,305 0
Brom	Br	35	79,904	Mangan	Mn	25	54,938 05
Cadmium	Cd	48	112,411	Mendelevium	Md	101	(258)
Calcium	Ca	20	40,078	Molybdän	Mo	42	95,94
Californium	Cf	98	(251)	Natrium	Na	11	22,989 768
Cäsium	Cs	55	132,905 43	Neodym	Nd	60	144,24
Cer	Ce	58	140,115	Neon	Ne	10	20,179 7
Chlor	Cl	17	35,452 7	Neptunium	Np	93	(237)
Chrom	Cr	24	51,996 1	Nickel	Ni	28	58,693 4
Cobalt	Co	27	58,933 20	Niob	Nb	41	92,906 38
Curium	Cm	96	(247)	Nobelium	No	102	(259)
Dysprosium	Dy	66	162,50	Osmium	Os	76	190,23
Einsteinium	Es	99	(252)	Palladium	Pd	46	106,42
Eisen	Fe	26	55,845	Phosphor	P	15	30,973 762
Erbium	Er	68	167,26	Platin	Pt	78	195,08
Europium	Eu	63	151,965	Plutonium	Pu	94	(244)
Fermium	Fm	100	(257)	Polonium	Po	84	(209)
Fluor	F	9	18,998 403 2	Praseodym	Pr	59	140,907 65
Francium	Fr	87	(223)	Promethium	Pm	61	(145)
Gadolinium	Gd	64	157,25	Protactinium	Pa	91	231,035 9
Gallium	Ga	31	69,723	Quecksilber	Hg	80	200,59
Germanium	Ge	32	72,61	Radium	Ra	88	226,025 4
Gold	Au	79	196,966 54	Radon	Rn	86	(222)
Hafnium	Hf	72	178,49	Rhenium	Re	75	186,207
Helium	He	2	4,002 602	Rhodium	Rh	45	102,905 50

Name	Symbol	Ordungszahl	Atommasse	Name	Symbol	Ordungszahl	Atommasse
Rubidium	Rb	37	85,467 8	Titan	Ti	22	47,867
Ruthenium	Ru	44	101,07	Uran	U	92	238,028 9
Samarium	Sm	62	150,36	Vanadium	V	23	50,941 5
Sauerstoff	O	8	15,999 4	Wasserstoff	H	1	1,007 94
Scandium	Sc	21	44,955 910	Wolfram	W	74	183,84
Schwefel	S	16	32,066	Xenon	Xe	54	131,29
Selen	Se	34	78,96	Ytterbium	Yb	70	173,04
Silber	Ag	47	107,868 2	Yttrium	Y	39	88,905 85
Silizium	Si	14	28,085 5	Zink	Zn	30	65,39
Stickstoff	N	7	14,006 74	Zinn	Sn	50	118,710
Strontium	Sr	38	87,62	Zirconium	Zr	40	91,224
Tantal	Ta	73	180,947 9				
Technetium	Tc	43	(98)			104	(261)
Tellur	Te	52	127,60			105	(262)
Terbium	Tb	65	158,925 34			106	(263)
Thallium	Tl	81	204,383 3			107	(262)
Thorium	Th	90	232,038 1			108	(265)
Thulium	Tm	69	168,934 21			109	(266)

Ein eingeklammerter Wert für ein Element ohne stabile Nuklide ist die atomare Massenzahl des Isotops dieses Elements mit der längsten bekannten Halbwertszeit.

Nuklidmassen ausgewählter Radionuklide

Name	Symbol	Ordungszahl	Nuklidmasse	Name	Symbol	Ordungszahl	Nuklidmasse
Actinium	Ac	89	227,027 8	Plutonium	Pu	94	244,064 2
Americium	Am	95	243,061 4	Polonium	Po	84	208,982 4
Astat	At	85	209,987 1	Promethium	Pm	61	144,912 7
Berkelium	Bk	97	247,070 3	Radon	Rn	86	222,017 6
Californium	Cf	98	251,079 6	Technetium	Tc	43	97,907 2
Curium	Cm	96	247,070 3	–	–	104	261,11
Einsteinium	Es	99	252,083	–	–	105	262,114
Fermium	Fm	100	257,095 1	–	–	106	263,118
Francium	Fr	87	223,019 7	–	–	107	262,12
Lawrencium	Lr	103	262,11	–	–	108	–
Mendelevium	Md	101	258,10	–	–	109	–
Neptunium	Np	93	237,048 2				
Nobelium	No	102	259,100 9				

Die angegebene Masse ist die des langlebigsten Isotops des aufgeführten Elements.